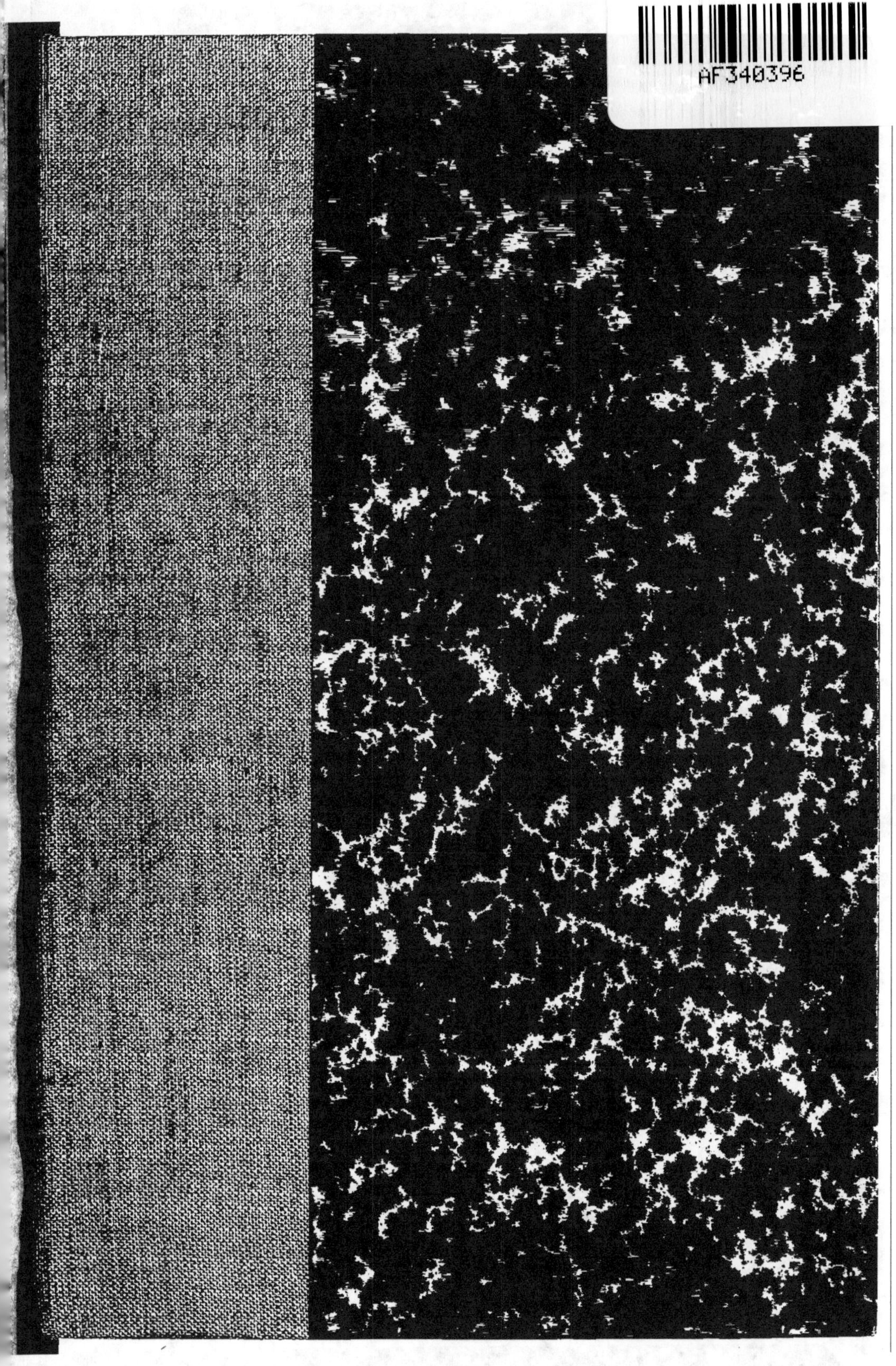
AF340396
AF340396

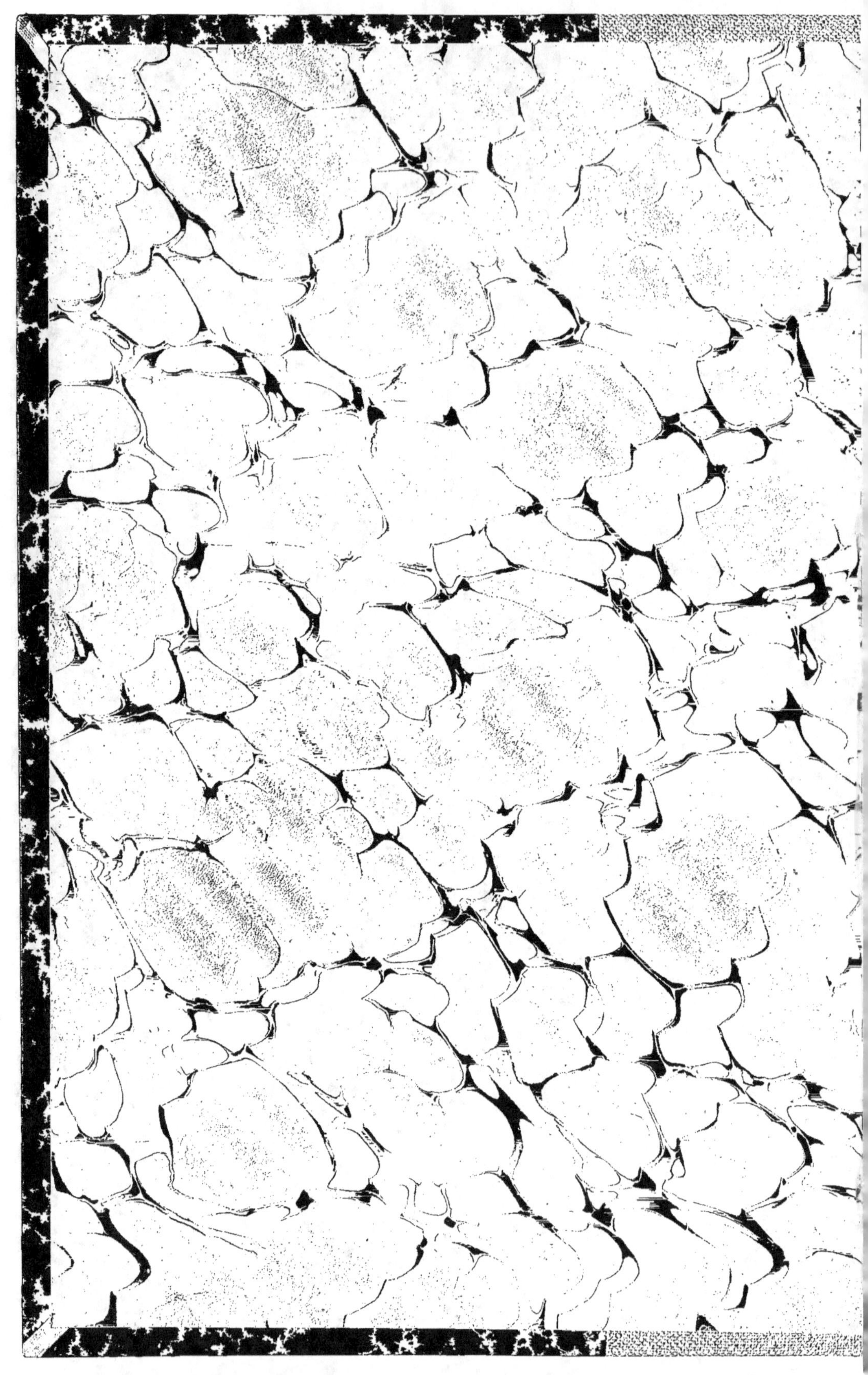

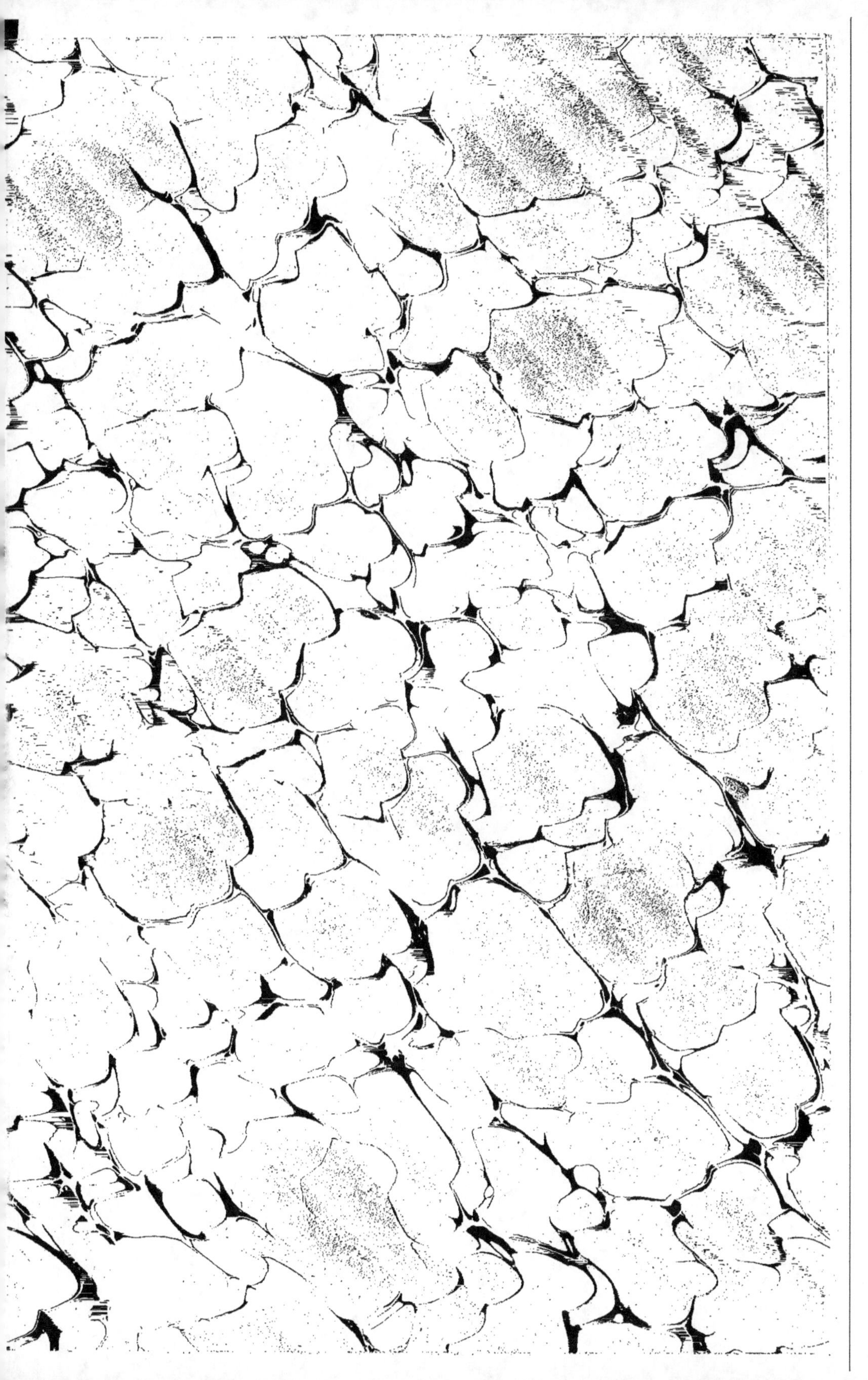

J. Richard.

L'Océanographie

PARIS

VUIBERT & NONY ÉDITEURS

63, Boulevard Saint-Germain, 63

L'Océanographie

CHARTRES. — IMPRIMERIE DURAND, RUE FULBERT.

J. Richard.

L'Océanographie

PARIS

VUIBERT & NONY ÉDITEURS

63, Boulevard Saint-Germain, 63

S. A. S. le Prince Albert Iᵉʳ de Monaco

PRÉFACE

Il n'existe guère en France, à l'heure actuelle, que deux ouvrages d'ensemble, d'ailleurs fondamentaux, sur l'Océanographie : ce sont le Traité d'océanographie déjà quelque peu ancien (1890) de M. Thoulet, et L'Océan, ses lois et ses problèmes (1904), du même auteur. On peut y ajouter le chapitre que M. de Lapparent a consacré à l'océanographie dans son magistral Traité de Géologie, et qui est particulièrement développé dans la dernière édition.

L'ouvrage que nous présentons au public n'a pas la prétention de remplacer ceux de M. Thoulet : ce n'est pas un traité, et d'autre part il ne peut doubler le livre si attachant et si littéraire qui a nom L'Océan.

Notre but a été de faire un livre de haute vulgarisation scientifique. Nous avons voulu donner un aperçu des moyens et des méthodes employés actuellement pour l'étude de la mer et faire un exposé des principaux résultats obtenus en océanographie. En raison même du but poursuivi, nous avons dû laisser de côté ou ne présenter que très sommairement certaines questions difficiles, ou peu attrayantes, ou encore trop discutées ; de même la partie historique, développée dans d'autres ouvrages antérieurs bien connus, a été fortement réduite. En revanche, nous présentons une quantité de documents, accompagnés de nombreux dessins, dont l'ensemble constitue les bases de l'océanographie moderne.

Je dois adresser ici mes plus vifs remerciements aux savants éminents, aux amis et aux éditeurs qui m'ont permis de puiser dans leurs œuvres ce qui fait le meilleur de ce livre. Leurs noms, trop nombreux pour être cités ici, et dont je risquerais d'oublier quelques-uns, se trouvent dans le corps même de l'ouvrage ou à l'Index bibliographique qui le termine.

C'est pour moi une bien vive satisfaction d'offrir à S. A. S. le Prince Albert Ier de

Monaco, qui a bien voulu l'agréer, la dédicace de ce livre, en témoignage de respectueuse gratitude, et d'autant plus justement que sans lui je n'aurais jamais pu avoir même l'idée de ce travail. Associé depuis plus de vingt ans à ses travaux, et ayant pris part à dix-sept de ses croisières scientifiques annuelles, il m'a été possible de rapporter ici diverses observations et indications que l'on ne peut obtenir qu'à la mer, dans des conditions spéciales. Ceci dit, le lecteur s'expliquera tout naturellement que ce soient surtout les travaux exécutés et les résultats obtenus par le Prince et ses collaborateurs qui fassent l'objet des développements de cet ouvrage. Les services rendus à la Science par le Fondateur du magnifique Institut océanographique sont d'ailleurs universellement connus aujourd'hui.

Monaco, au Musée océanographique, le 15 novembre 1907.

Dr RICHARD.

L'OCÉANOGRAPHIE

INTRODUCTION

L'Océanographie étudie l'histoire naturelle de la mer, si l'on prend cette expression d'histoire naturelle dans son sens le plus large, c'est-à-dire que cette science étudie les phénomènes naturels qui se passent dans le sein des eaux marines tant au point de vue mécanique qu'aux points de vue physique, chimique et biologique. L'océanographie qui, à certains égards, fait partie de la géologie — phénomènes actuels — et de la géographie, doit être considérée comme une étude monographique spéciale des eaux marines. Cette étude ne peut se faire qu'avec le concours de sciences diverses ; la météorologie, cette science de l'océan aérien, se trouve dans des conditions analogues. L'océanographie, dont le domaine est l'eau de la mer, a des rapports très étroits avec la météorologie, dont le domaine est l'air atmosphérique. Ces deux domaines, quoique bien distincts par la nature même de leur élément, ont de telles surfaces de contact et tant de rapports que l'étude de l'un est indispensable pour une connaissance complète de l'autre.

L'océanographie n'est pas une simple spéculation scientifique : elle est utile à la physique du globe en étudiant les constantes physiques et chimiques de la mer, et, en dehors de la satisfaction qu'elle procure à notre curiosité naturelle, elle offre un intérêt immédiat et direct au point de vue des applications industrielles et des pêcheries. D'ailleurs tout se tient dans cette étude ; l'océanographe pur et le biologiste doivent marcher en même temps et d'accord, comme l'a fort bien compris et établi le Bureau permanent international pour l'exploration de la mer.

Pour arriver à des résultats utiles au point de vue pratique, il faut étudier le sujet suivant les principes de la méthode scientifique : apprendre à connaître le milieu, en mesurer la profondeur, l'étendue, la température, les propriétés physiques et chimiques, les mouvements, enfin s'occuper des êtres qui le peuplent, de leurs rapports, etc. Cette connaissance s'obtient par l'emploi d'engins et de méthodes appropriés, dont les chapitres suivants contiennent l'exposition succincte en même temps que celle des principaux résultats obtenus jusqu'à présent.

CHAPITRE 1

PROFONDEURS ET LIMITES DES MERS

Mesure de la profondeur. — Sondages : sondeurs et instruments employés. — I. Mesure directe de la profondeur. — II. Mesure de la profondeur par le fonctionnement d'une hélice. — III. Mesure de la profondeur par la pression de l'eau. — IV. Mesure de la profondeur par la compressibilité de l'eau de mer. — V. Mesure de la profondeur par la propagation du son. — VI. Mesure de la profondeur par la variation de la pesanteur. — Accumulateurs et dynamomètres. — Machines à sonder.

La mesure des profondeurs des mers constitue un des problèmes capitaux de l'océanographie ; on obtient cette mesure au moyen des sondages.

Nous allons passer en revue les divers instruments employés à notre époque ou dont la disposition présente quelque intérêt. Nous verrons combien d'ingéniosité a été dépensée pour la solution de ce problème, si simple en apparence, du sondage en eau profonde, et les recherches continuent de tous côtés.

Tout le monde connaît le moyen qui consiste à envoyer au fond un corps lourd attaché à une ligne de sonde. Nous allons voir comment, en outre, on a cherché à mesurer la profondeur en se basant, soit sur le nombre de tours d'une hélice qui descend dans l'eau, soit sur les variations de la pression de l'eau suivant la profondeur, soit sur la compressibilité de l'eau de mer, soit encore sur les variations de la gravité suivant l'épaisseur de la couche d'eau de mer, soit sur la vitesse du son. Enfin l'on a pu mesurer la profondeur moyenne des mers au moyen des ondes sismiques, en se basant sur leur vitesse de propagation.

I. — SONDEURS POUR LA MESURE DIRECTE DE LA PROFONDEUR

Cette catégorie, de beaucoup la plus nombreuse, comprend les sondeurs donnant directement la distance verticale au-dessus du fond ; ils sont constitués par un lest qui entraîne une ligne de sonde dont la longueur immergée suivant la verticale donne la profondeur. Le sondeur peut être un simple lest (plomb de sonde garni de suif par exemple) ou être formé, en outre du lest qui est ou non détachable, d'un appareil capable de rapporter un échantillon du fond.

Pour les recherches océanographiques, il est nécessaire d'obtenir des échantillons du fond dans un état et en quantité convenables pour en permettre un examen aisé et une analyse détaillée. Le plomb de sonde suiffé ne répond à aucun de ces desiderata, car il donne toujours un échantillon insuffisant, et le plus souvent inutilisable à cause du suif qui l'imprègne. C'est pourquoi une foule de sondeurs ont été imaginés à mesure que les recherches et les expéditions se multipliaient. On pourrait presque dire des sondeurs ce qu'on dit des nombreux remèdes destinés à combattre une même maladie, qu'aucun d'eux n'est bon. Pour les sondeurs, aucun d'eux n'est parfait pour tous les genres de fond à la fois.

Plomb de sonde. — Le plomb de sonde est une simple masse de plomb de 5 à 10^{kg} à laquelle on donne généralement la forme d'une pyramide dont la base élargie est creusée d'une petite cavité. On remplit ce creux de suif de façon que celui-ci fasse saillie. Le plomb est suspendu à une corde plus ou moins forte suivant le poids à supporter, et divisée en mètres par des morceaux d'étoffe de couleurs différentes. L'appareil étant mis à l'eau, on sent à la main une secousse et un arrêt lorsque le fond est atteint, la corde ne filant plus ; la profondeur est indiquée par la marque qui affleure alors au niveau de l'eau. Le suif rapporte souvent du fond des échantillons qui permettent d'en caractériser la nature.

Le plomb de sonde est d'un usage très fréquent pour les petites profondeurs, particulièrement pour déterminer la place exacte d'un mouillage, pour la navigation et pour l'hydrographie dans les parages peu profonds. On peut utiliser cet appareil extrêmement simple jusqu'à plus de 100^m. Il va sans dire que pour des travaux de précision, surtout à des profondeurs considérables, on emploie d'autres appareils que nous allons décrire et qu'on immerge au moyen de machines à sonder spéciales dont nous parlerons plus loin.

Fig. 1*. — Sondeur à coupe.

Sondeur à coupe. — Une coupe conique (fig. 1) en fer est fixée à l'extrémité d'une tige de même métal, au-dessous d'une masse de plomb allongée qui sert à entraîner le tout dans la profondeur. Un disque de cuir épais ou d'une autre substance, enfilé sur la tige, peut se déplacer entre la coupe et la partie inférieure du lest. Ce disque a un diamètre un peu plus grand que celui de la coupe. Pendant la descente de l'appareil, le disque de cuir est retenu en haut, près du lest, par la résistance de l'eau ; la coupe entre donc ouverte dans le sol sous-marin sous l'action du poids qui généralement tombe de côté. Quand on relève l'engin, le disque pressé contre l'orifice de la coupe ferme celle-ci et empêche le contenu de sortir ou de se laver peu à peu.

En théorie, tout se passe très bien. En pratique, il n'en est pas toujours de même ; suivant la vitesse de la descente, la profondeur, la nature du fond, il arrive que l'appareil revient fermé sans avoir rien pris, ou reste ouvert et se vide par le lavage causé par la houle, ou bien encore que l'appareil n'a pas pénétré dans le sol.

Le sondeur à coupe a surtout servi en Amérique et à bord du *Porcupine*. Il est peu utilisé aujourd'hui.

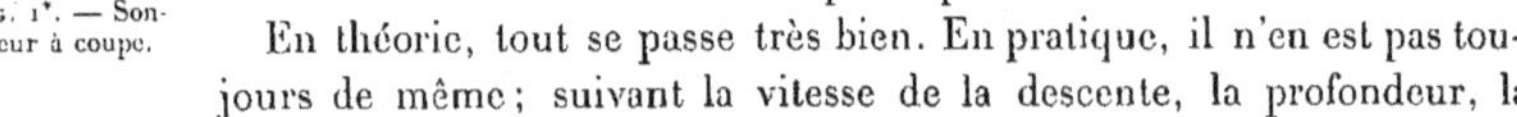

* Ce signe renvoie à l'*Index bibliographique* placé à la fin du volume.

Sondeur de Gilson. — Tout récemment, M. le Professeur Gilson, de Louvain, a décrit un sondeur qui vient se placer à côté du sondeur à coupe, mais n'a de commun avec lui que la coupe. Le mode d'action et le mécanisme diffèrent complètement. Tandis que dans le premier la coupe, très étroite, est destinée à s'enfoncer verticalement dans le sol pour s'y remplir, dans le second, c'est par son bord tranchant que la coupe, très large, entame le sol pendant la remontée après être tombée obliquement. Un mécanisme très ingénieux fait fermer la coupe au moment où elle quitte le fond, mais pas avant, afin d'empêcher toute altération de l'échantillon. Voici maintenant quelques détails que j'extrais, en même temps que les figures ci-contre, du texte et des dessins manuscrits que M. Gilson a bien voulu me communiquer.

La fig. 2 représente l'ensemble de l'appareil prêt à être immergé.

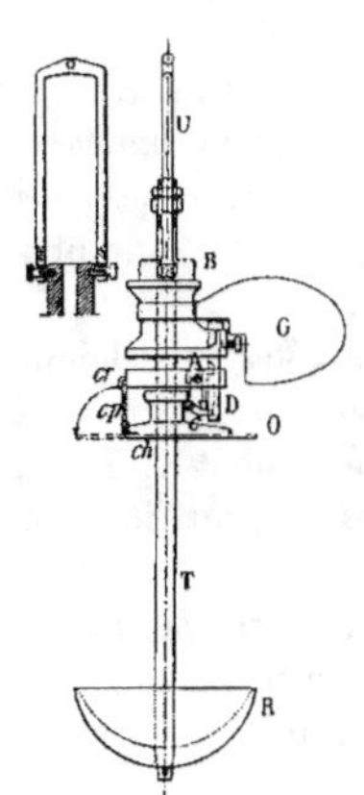

Fig. 2*. — Sondeur de Gilson.

Un axe T terminé en haut par un solide écrou porte la coupe R solidement vissée à son extrémité inférieure. Cet axe T porte encore d'une façon fixe et rigide un solide plateau métallique E (fig. 3), tandis qu'il coulisse librement dans la pièce inférieure O qui n'est autre chose que le lourd couvercle destiné à fermer la coupe. L'axe, à section carrée dans cette partie, coulisse aussi librement dans la pièce B qui est une lourde masse de fonte, munie de l'anse U à laquelle est attaché le câble de suspension. La pièce G est un gouvernail fixé à la pièce B. Celle-ci porte une pièce D munie d'une coulisse cl, (fig. 3) qui constitue, avec des annexes de la pièce E, le mécanisme de déclanchement du couvercle. La fig. 2 étant trop petite pour y inscrire les détails, il faut se reporter pour ce qui suit aux désignations inscrites sur la fig. 3 (qui montre la position du système déclancheur quand l'appareil a quitté le sol). Supposons que l'appareil descende, ce qu'il ne doit pas faire trop vite : l'appareil étant suspendu par l'anse U s'oriente par le gouvernail G suivant le courant ou l'erre du navire. La pièce B supporte le couvercle O, par l'intermédiaire de la pièce D, grâce à la came C qui maintient le talon tl sous le rebord r du couvercle et empêche celui-ci de tomber. Une portion p du couvercle est à charnière (ch) et se trouve tenue relevée pendant la descente par le crochet cr. Quand l'appareil touche le fond, B qui n'est plus porté par le câble, coulisse sur la tige T, la pièce D s'abaisse comme B, la came C se dégage, la tige tg glisse dans l'orifice de la pièce tl' qui par sa largeur empêche la lame L d'entrer dans la coulisse cl ; de son côté la tige tg empêche l'extrémité de la came C de retomber dans la coulisse cl, si l'appareil vient à se coucher du mauvais côté. Pendant tout le temps que l'appareil reste sur le fond, la pièce L qui peut tourner autour de l'axe A reste parallèle à la coulisse D et le talon tl de la pièce L tient toujours le couvercle suspendu. La coupe entre donc dans le sol. Quand on tire sur le câble, la pièce B est remontée, la pièce D qui lui est fixée la suit, la partie inférieure de la coulisse D vient bientôt accrocher le talon tl'' de la pièce L qui bascule autour de A, le talon tl se dégage alors du couvercle qui tombe à ce moment seulement, et pas avant, sur la coupe et la ferme. Le clapet cp du couvercle se rabat en même temps ;

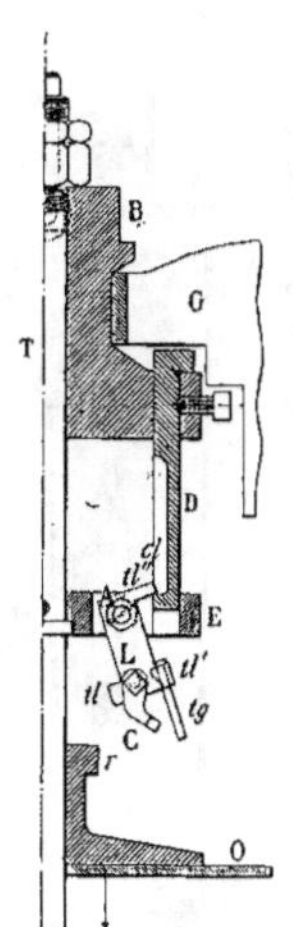

Fig. 3*. — Sondeur de Gilson (détail du déclanchement).

à l'arrivée, en le soulevant, on peut voir de suite l'échantillon recueilli. Ce clapet sert aussi, quand il est relevé, à permettre au bord correspondant de la coupe, c'est-à-dire au côté opposé au gouvernail, de s'incliner davantage pour entamer plus profondément le sol.

La coupe se dévisse et peut être remplacée par des coupes diverses appropriées à la nature du terrain à explorer. Son diamètre varie de 40 à 50 centimètres. Le poids de l'appareil est de 39^{kg} sans la coupe dont le modèle lourd pèse 22^{kg} et le plus léger 11^{kg}.

Cet appareil que M. Gilson a employé très fréquemment sur les côtes de Belgique rapporte des échantillons volumineux, avec la disposition des couches superposées quand la nature du sol s'y prête. Il ramène aussi des animaux du fond dont M. Gilson donne une liste très nombreuse et des objets variés parmi lesquels on peut citer une défense de mammouth.

Et voilà comment le sondeur à coupe, généralement abandonné, se transforme en un appareil excellent pour des cas particuliers. Il va sans dire qu'on ne confiera pas un sondeur Gilson à un fil d'acier de 0^{mm},7 pour ramener un échantillon de vase de 6 000^{m}.

Sondeur à chambre (fig. 4). — Cet appareil, employé pendant les expéditions du *Challenger* et de la *Gazelle* est le plus ancien des sondeurs du type à emporte-pièce. Il est constitué par un lest fixe en plomb semblable à celui du sondeur à coupe, traversé par une tige de fer dont la partie inférieure contient une cavité cylindrique d'environ 8^{cm} de profondeur ; les bords de l'ouverture sont tranchants et l'entrée porte une soupape en ailes de papillon. A la descente, l'eau soulève les deux ailes de papillon dans l'intérieur du tube et sort par des orifices latéraux ménagés à la partie supérieure de la cavité. En arrivant sur le fond, le cylindre fait emporte-pièce dans le sol et se remplit. A la montée les deux ailes de papillon tombent sur leur siège et ferment le cylindre qui rapporte l'échantillon intact…, d'après la théorie. Il arrive en effet très souvent que la consistance de l'échantillon ou la présence de graviers empêche la fermeture de la soupape et permet le lavage du contenu.

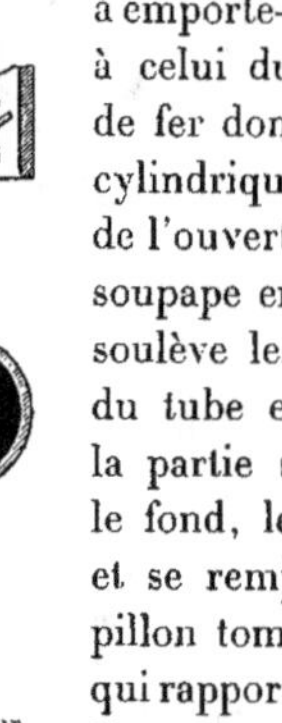

Fig. 4*. — Sondeur à chambre.

Le *Vöringer* s'est aussi servi du sondeur à chambre à poids fixe quand la profondeur ne dépassait pas 1852^{m}.

Sondeur de Fitzgerald ou du *Lightning* (fig. 5). — En 1868, pendant la campagne du *Lightning*, on se servit, jusqu'à 1189^{m} de profondeur, du sondeur de Fitzgerald ; malgré des temps déplorables et dans les circonstances les moins propices, le Professeur Wyville-Tomson ne l'a jamais vu

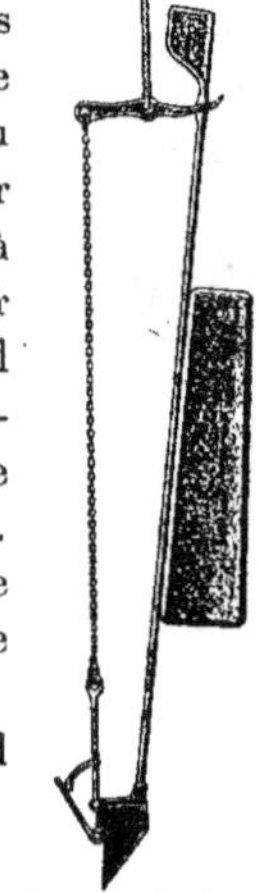

Fig. 5. — Sondeur de Fitzgerald.

manquer son coup. Néanmoins cet engin ne semble pas avoir été utilisé par d'autres expéditions.

A la descente, l'ensemble de l'appareil est disposé comme l'indique la fig. 5. En arrivant sur le fond, l'écope métallique à bord tranchant en fer de bêche s'enfonce dans le sol et s'y remplit de sédiments, mais la barre n'étant plus tendue par la ligne de sonde se retire du trou percé dans l'extrémité de la tige de fer qui porte le lest ; celui-ci tombe sur le sol en entraînant la tige. Quand on relève l'instrument la tige de fer pend en bas, le lest, qui y était fixé par deux crochets dirigés vers le haut pendant la descente, tombe alors et l'écope remplie par l'échantillon vient s'appliquer contre son couvercle, sous l'action du poids de la lourde tige de fer.

Sondeur du *Bull-Dog* (fig. 6). — C'est en 1860 que le mécanicien Steil inventa ce sondeur, à bord du navire anglais le *Bull-Dog* commandé par le capitaine sir L. M'Clintock pendant une campagne de sondages faite en vue de préparer la pose d'un câble télégraphique entre l'Angleterre et l'Amérique, notamment dans les parages de l'Islande, du Grönland, de Terre-Neuve et du Labrador.

Deux godets demi-cylindriques sont réunis par une charnière à la façon d'une paire de ciseaux ; l'ensemble est soutenu par l'axe de la charnière au moyen d'un câble qui traverse le lest creux et dont l'anneau de fer terminal vient s'attacher à un système de déclic relié à l'extrémité de la ligne de sonde. Un autre câble partant de cette dernière ligne est attaché aussi à l'axe de la charnière. Les branches supérieures opposées des ciseaux sont reliées par un fort anneau de caoutchouc qui, lorsqu'il est libre d'agir, appuie les deux godets l'un contre l'autre ; ceux-ci forment ainsi une cavité complètement fermée. Le lest, lorsqu'il est mis en place, a pour effet de vaincre momentanément la résistance des anneaux de caoutchouc et de maintenir la cavité ouverte. Quand l'appareil touche le fond, la ligne de sonde n'étant plus tendue, le déclic fonctionne, le lest tombe de côté, les anneaux de caoutchouc ferment la cavité pleine de l'échantillon du fond et on remonte l'appareil suspendu par le câble tandis que le lest reste sur le fond.

Fig. 6. — Sondeur du *Bull-Dog*.

L'appareil fonctionne très bien, paraît-il. Le Professeur Wyville-Thomson le trouvait trop compliqué. Il est très probable que dans bien des cas, le contenu disparaît plus ou moins complètement, par lavage, pendant la montée, si quelque gravier empêche la fermeture complète des deux godets.

Sondeur à cuillers (fig. 7 et 8). — Dans cet engin, qui est employé couramment par la *London telegraph construction and maintenance Company*, les deux cavités articulées à charnière ont la forme de cuillers ; elles sont maintenues ouvertes, malgré un fort ressort extérieur qui tend à les fermer, au moyen d'un système à déclic situé dans l'intérieur des cuillers et qui est analogue à celui qui est employé pour le déclanchement de certains pièges à renard. Dès que l'appareil touche le fond, le déclic fonctionne et les deux cuillers sont fortement appliquées l'une contre l'autre par le ressort extérieur. Comme dans le sondeur du *Bull-Dog*, l'échantillon peut être lavé si un gravier se prend entre les bords des cuillers. On peut adapter ici aussi le système de déclanchement du lest décrit pour le sondeur du *Bull-Dog*. Le sondeur à cuillers ainsi modifié a servi pendant la campagne scientifique de la *Valdivia*.

Les deux sondeurs qui précèdent dérivent évidemment de la « deep-sea clamm » ou « pincette des mers profondes » que sir John Ross inventa en 1818 à bord de l'*Isabella* qu'il commandait, pendant une campagne d'exploration dans la baie de Baffin. Le sondeur de Ross se composait d'une paire de fortes pinces, disposées de telle sorte qu'une cheville qui les maintenait ouvertes tombait dès que le fond était atteint ; un poids de fer venait alors les fermer et l'appareil remontait avec un échantillon volumineux du sol sous-marin. C'est ainsi que le 6 septembre 1818, Ross remonta d'environ 1950^m près de 3^{kg} de boue liquide.

Fig. 7. — Sondeur à cuillers, ouvert, à la descente.

Fig. 8. — Sondeur à cuillers, fermé, à la montée.

Sondeur Léger (fig. 9 à 11). — Nous avons encore ici deux poches à bords coupants BC réunies par une charnière et disposées comme le montrent les fig. 9 à 11, qui représentent le sondeur dans les diverses positions.

Pour la descente, les deux poches sont maintenues écartées l'une de l'autre par une tige de cuivre plate DX, articulée autour du point X et portant vers son extrémité libre une encoche permettant l'accrochage après un bouton D. Les butées KK empêchent le système de basculer de côté. A l'arrivée sur le fond, la charnière et la tige de suspension continuent à descendre sous l'action du lest P, ce qui amène les deux poches à tourner autour de la charnière, vers le haut, jusqu'à ce que les deux butées K touchent la base de la tige de suspension ; dans ce mouvement l'encoche de la tige DX se dégage du bouton D. A ce moment les deux poches sont aussi écartées que possible l'une de l'autre et mordent dans le sol ; quand on remonte le tout les deux poches se rapprochent, à cause de leur poids convenablement distribué, en draguant le sol dont une partie se trouve prise entre les deux poches qui finalement se referment complètement, fortement appliquées l'une contre l'autre. L'appareil remonte dans la position de la fig. 11.

Le grand avantage que présente le sondeur Léger sur les sondeurs du *Bull-Dog* et à cuillers est la simplicité de son mécanisme et ce fait que la forme intérieure des poches est telle que, même si un gravier vient empêcher la fermeture complète, chacune des poches rapporte un échantillon suffisant, situé au-dessous de la ligne MN et qui ne peut se laver à la montée grâce au dispositif décrit.

Ce sondeur a été imaginé en 1904 par l'ingénieur Léger dans le but de ramener surtout des échantillons de sable, de gravier et de petits cailloux, qu'il est si difficile d'obtenir avec la plupart des autres sondeurs dans des conditions satisfaisantes, c'est-à-dire en quantité suffisante et non lavés. Il arrive quelquefois qu'il remonte ouvert quand le fond est fait de certaine vase très molle. Il est donc surtout destiné aux petites profondeurs. La machine à sonder de la *Princesse-Alice* permettant de remonter

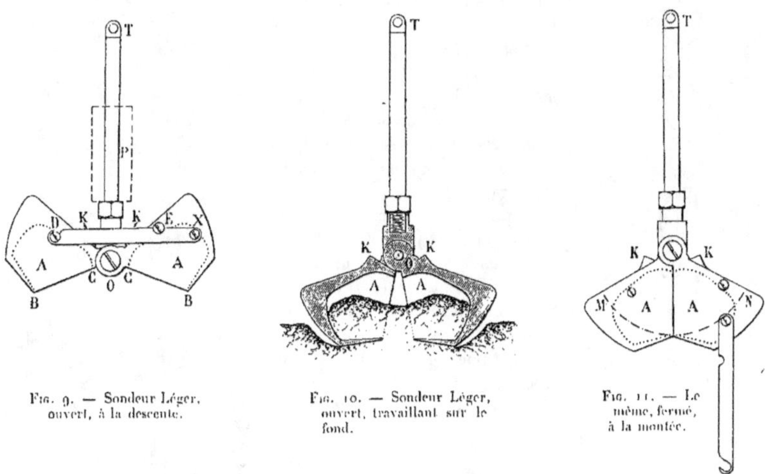

Fig. 9. — Sondeur Léger, ouvert, à la descente.

Fig. 10. — Sondeur Léger, ouvert, travaillant sur le fond.

Fig. 11. — Le même, fermé, à la montée.

les sondeurs avec leur lest, quand on le désire, le sondeur Léger tel qu'il vient d'être décrit, c'est-à-dire avec son lest fixe, a fonctionné régulièrement jusqu'à 4 560^m de profondeur sur des fonds de vase; c'est pourquoi il n'a pas été construit jusqu'à présent avec un système pour le déclanchement des poids. Il serait d'ailleurs facile de lui en adjoindre un, analogue par exemple à celui du sondeur du *Bull-Dog*.

A bord de la *Princesse-Alice* le sondeur Léger est maintenant employé toutes les fois que l'on a des raisons de croire que la nature du fond ne permettrait pas l'usage de tube sondeur emporte-pièce.

Sondeur Belknap-Sigsbee (fig. 12 à 14). — Nous ne décrirons que l'appareil définitif connu sous ce nom sans parler des dispositifs préliminaires qui l'ont précédé. La partie spéciale destinée au déclanchement des poids est due au commandant Sigsbee du *Blake*; le tube sondeur qui y est adapté est du commandant Belknap, qui l'imagina pour la croisière du *Tuscarora*, chargé en 1873 de faire des sondages entre la Californie et le Japon pour préparer l'immersion d'un câble télégraphique entre ces deux contrées.

La fig. 12 représente l'appareil prêt à descendre; la fig. 13 montre une coupe de l'ensemble dans cette position. On voit que le système se compose d'un tube sondeur *aa*, surmonté d'un cône percé de trous *p*, et fixé à une tige terminée par un anneau de suspension K.

A la descente le boulet *q* est suspendu par la boucle *rr* en fil métallique, au crochet *m* tenu dans cette position par la dent inférieure de la pièce *l*. Le boulet est remonté tout à fait contre le cône pour fermer le vide entre le cône et le tube sondeur, comme on peut s'en rendre compte sur la coupe, fig. 13. Pendant la descente, par la résistance de l'eau, la soupape inférieure *f* se soulève en forçant le ressort *hh*, l'eau pénètre largement, suit les orifices supérieurs et sort par les trous du cône. Quand l'appareil touche le fond, la soupape est déjà ouverte, en tout cas elle s'ouvre par la pression du sol sur le bouton saillant en bas de cette soupape, le tube sondeur entre dans le sol, se remplit plus ou moins ; en même temps, le poids appuyant sur le crochet *m*, alors que le câble de suspension n'est plus tendu et que le ressort *n* tend à faire rentrer le crochet *m* dans l'intérieur de la partie supérieure de la monture, le boulet se détache et reste au fond. A la montée la soupape se ferme par l'action du ressort intérieur *hh*, action à laquelle plus rien ne s'oppose, et le tube sondeur vient s'appliquer sous le cône comme le montre la fig. 14, puisqu'il n'est plus empêché de le faire par le boulet, et toute circulation d'eau est interrompue. On peut retirer l'échantillon en dévissant la partie inférieure du tube suivant le pas de vis *bb*.

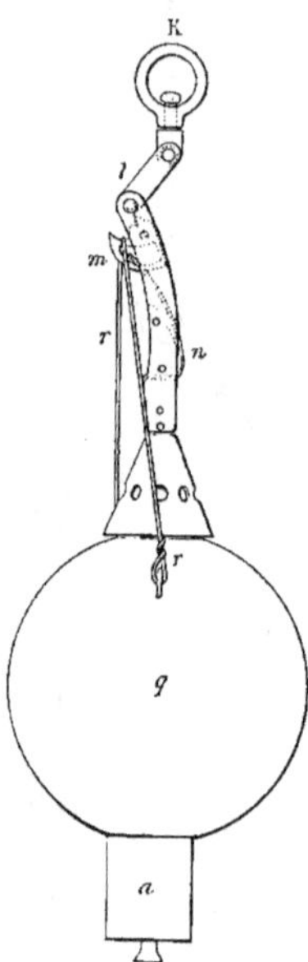

Fig. 12*. — Sondeur Belknap-Sigsbee, à la descente.

Cet appareil, très ingénieux à tous les points de vue, est presque uniquement employé, depuis déjà bien des années, dans la marine des États-Unis, notamment sur le *Blake* et sur l'*Albatross*. C'est cependant un engin compliqué ; il a, au point de vue scientifique, un grand désavantage sur d'autres systèmes beaucoup plus simples, celui de ne pas donner un boudin de vase du fond avec la stratification régulière des couches, inconvénient qu'il partage d'ailleurs avec tous les appareils possédant un mode quelconque de fermeture, en exceptant seulement le sondeur de l'*Hirondelle*, dernier modèle. Le Dr Schott, l'océanographe de la *Valdivia*, avait déjà fait cette remarque, aussi fit-il remplacer, avec raison, le cylindre et le cône Belknap par un simple tube emporte-pièce sans soupape, tout en conservant le dispositif Sigsbee pour le déclanchement des lests, parce que son fonctionnement est excellent.

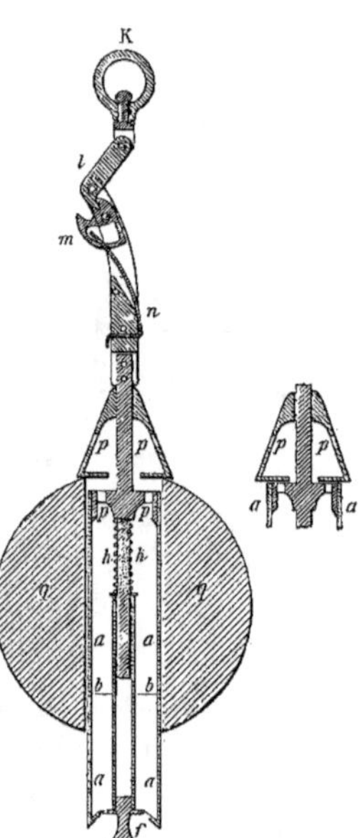

Fig. 13 et 14*. — Sondeur Belknap-Sigsbee. Coupe montrant la disposition intérieure et détail de la fermeture supérieure.

Sondeur à clef de l'*Hirondelle* (fig. 15 et 16). — Tel est le nom sous lequel le Prince Albert de Monaco a décrit en 1889 l'appareil construit par M. J. Le Blanc et qui a servi d'abord sur l'*Hirondelle* puis sur le yacht *Princesse-Alice*.

Ce sondeur ressemble beaucoup à celui du *Travailleur*, notamment en ce qui concerne le mécanisme du déclanchement des poids et ces poids eux-mêmes. Il en dif-fère, ainsi que de tous les sondeurs construits jusqu'à présent, par la partie inférieure du tube sondeur qui se ferme au moyen d'un véritable robinet, comme le montrent les dessins. Quand le sondeur arrive sur le fond, les boucles du fil suspenseur du lest se détachent, le lest tombe, ferme en passant le robinet, et l'échantillon entré dans le tube ne peut s'échapper.

Dans la suite, des perfectionnements sont intervenus ; la partie du tube du sondeur située au-dessus du robinet peut s'ouvrir largement sur presque toute sa longueur, au moyen d'un demi-manchon qui découvre l'intérieur du tube quand on le fait tourner d'un demi-tour sur celui-ci, ce qui permet de recueillir facilement l'échantillon (2ᵉ instrument de la fig. 16). Cet appareil fonctionne très bien ; on peut lui reprocher d'avoir l'orifice du robinet plus étroit que la cavité du tube sondeur. Aussi le Prince a-t-il remédié à cet inconvénient depuis la description primitive, en faisant établir un modèle dans lequel le robinet et le tube ont le même diamètre intérieur ; c'est avec un modèle ainsi modifié que M. le Professeur Max Weber a pu obtenir dans l'archipel malais, pendant la remarquable croisière du *Siboga*, des boudins de vase de 40ᶜᵐ de long montrant la stratification des différentes couches.

Sondeur du *Travailleur*. — C'est encore un sondeur emporte-pièce à poids détachable. Le dispositif de déclanchement du lest est le même que dans le sondeur de l'*Hirondelle* (fig. 15), la disposition et la forme des poids sont aussi très semblables à celles de ce dernier. La caractéristique de cet instrument est sa partie inférieure.

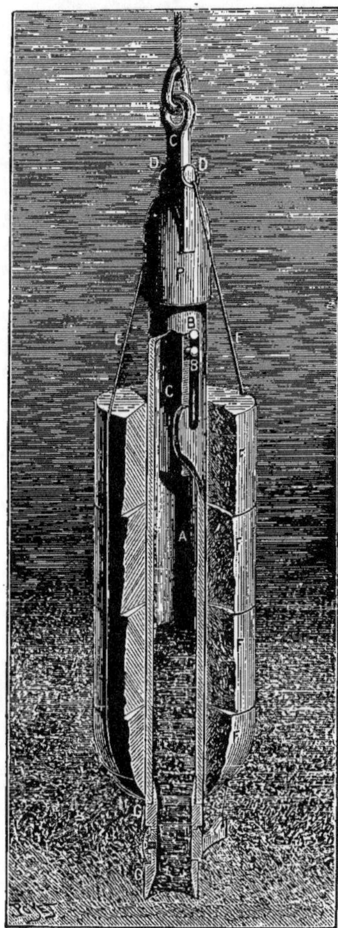

Fɪɢ. 15. — Sondeur à clef de l'*Hirondelle*, travaillant sur le fond.

C'est une boîte cylindrique en bronze prolongeant le tube auquel elle est vissée, et portant à son orifice deux clapets s'ouvrant en ailes de papillon de bas en haut. Chacun des clapets est muni d'un mouvement de sonnette, de sorte que les branches qui gouvernent les clapets sont verticales quand

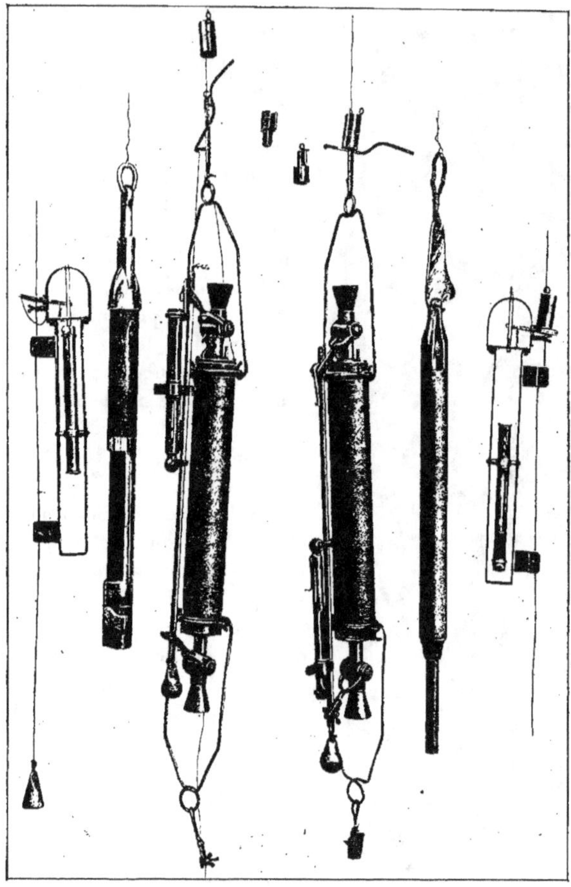

Fig. 16. — Sondeurs et autres appareils employés pendant les campagnes
du Prince de Monaco.

Le 1ᵉʳ instrument est une monture de thermomètre à renversement, fixée sur le câble de sondage et prête à être immergée ; la dernière figure à droite représente le même appareil dont le
thermomètre a été retourné par l'action d'un messager, dont on voit en haut, entre les deux appareils du centre, les deux moitiés isolées.
Le 2ᵉ instrument est un sondeur de l'*Hirondelle* débarrassé de son lest et dont la fermeture à
coulisse est ouverte.
Les deux appareils du milieu représentent la bouteille à eau Buchanan, la 1ʳᵉ ouverte, prête à
descendre, la 2ᵉ fermée dans la position de montée, avec le thermomètre renversé.

les clapets sont fermés et horizontales quand ils sont ouverts. Quand le sondeur touche le fond les
poids tombent et brisent les fils qui tiennent les soupapes soulevées, c'est-à-dire qu'à ce moment

le tube sondeur a son extrémité inférieure fermée, emprisonnant l'échantillon du fond, tandis que les lests restent sur le sol.

Construit par l'ingénieur Thibaudier, pour les campagnes océanographiques dirigées par le regretté A. Milne-Edwards, à bord du *Travailleur*, ce sondeur a donné de très bons résultats. Les poids de fonte pesaient les uns 19^{kg}, les autres 28^{kg}.

Chacune des branches des clapets avait été munie d'une sorte de petite cuiller dont l'intérieur contenait du suif destiné à rapporter du sable, du gravier ou des coquilles, complétant ainsi le tube sondeur qui ne convient bien que pour les fonds de vase et d'argile.

Sondeur de l'*Hydra*. — En 1868, sur l'*Hydra*, le capitaine Shortland se servit dans la mer d'Oman d'un sondeur utilisé ensuite sur le *Porcupine* en 1869.

C'est un long tube de cuivre formé de 4 morceaux vissés les uns au bout des autres ; les trois morceaux inférieurs ont leur extrémité supérieure fermée par une soupape conique. Le bas du segment inférieur est fermé aussi par une soupape s'ouvrant en haut. Les soupapes ne ferment pas complètement, de façon à laisser passer un peu d'eau. Le segment supérieur contient un piston dont la tige se continue en un prolongement terminé par l'anneau de suspension. La partie supérieure du tube qui contient le piston est percée de deux trous opposés vers le milieu de sa longueur. La portion supérieure de la tige du piston porte une sorte de dent latérale qui passe dans un trou percé au milieu d'un ressort d'acier, quand ce dernier est comprimé latéralement. C'est à cette dent qu'on accroche la boucle du fil métallique qui supporte le lest, formé de cylindres de fonte percés et superposés ; la tension des poids maintient le ressort comprimé et la dent saillante. Pendant la descente, l'eau traverse le tube en soulevant les soupapes, elle sort par les trous pratiqués dans la partie supérieure du tube ; le piston est complètement tiré. Quand le sondeur touche le fond, le poids fait descendre le piston, mais lentement, l'eau du tube ne pouvant s'échapper que par les soupapes presque fermées et par les deux petits trous percés dans le piston même ; le poids a ainsi le temps d'enfoncer l'extrémité du tube dans le sol sous-marin.

Cet appareil est compliqué, il ne ramène qu'un faible échantillon du fond, mais il est très intéressant par l'intention qu'il dénote, pour la première fois, d'obtenir une grande pénétration du tube dans le sol. Nous aurons à revenir sur ce point.

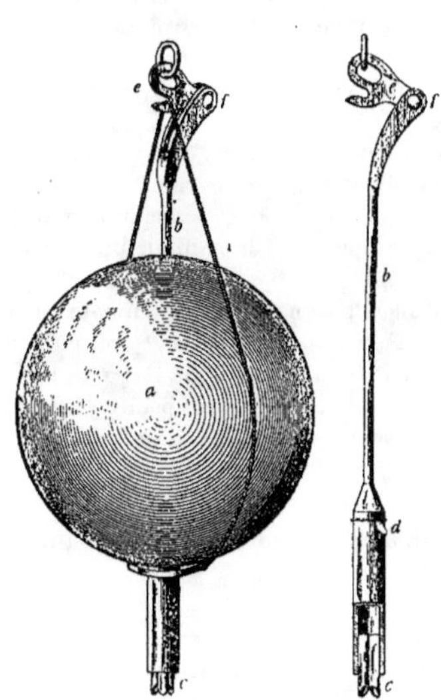

Fig. 17*. Fig. 18*.

Sondeur de Brooke : 17, prêt à descendre ; 18, sans son lest, pour montrer les détails.

Sondeur de Brooke (fig. 17 et 18). — Vers 1854, un officier de la marine américaine, J.-M. Brooke, trouva un moyen ingénieux de laisser sur le fond les poids qui entraînent le sondeur.

Voici la description de son engin : *a* est un boulet de canon, d'environ 30^{kg}, percé de part en part pendant la fonte, et muni de deux légères rainures, opposées suivant un méridien pour recevoir et maintenir la boucle en corde qui sert à suspendre le boulet au crochet *e,* grâce à l'anneau situé sous le boulet. Dans cet anneau et dans le boulet passe la tige *b* en fer, recourbée dans sa partie supérieure, et portant en haut une pièce métallique munie à la fois d'un crochet pour attacher la boucle qui porte le boulet, et d'un anneau de suspension pour le câble de sondage. Cette pièce métallique tourne autour d'un axe horizontal *f.* L'extrémité inférieure de la tige de fer est creuse et contient des tuyaux de plumes d'oie *c* ouverts aux deux bouts, taillés en biseau, et se maintenant ainsi pressés par leur élasticité. En haut de la partie creuse est une petite soupape de cuir *d* qui s'ouvre en dehors et permet à l'eau de circuler à travers les tuyaux de plume pendant la descente ; à la montée, la soupape fermée par la résistance de l'eau empêche le lavage des sédiments qui ont rempli les tuyaux de plumes fonctionnant chacun comme un petit emporte-pièce ; en même temps le câble de sondage prenant du mou le boulet de canon tombe sur le fond, la boucle qui le retenait ayant quitté le crochet.

On reproche à cet appareil de ramener un échantillon beaucoup trop faible du fond et d'avoir un système de déclanchement du lest tellement sensible que le boulet se détache souvent d'une façon accidentelle avant d'arriver au fond.

Un autre dispositif du même sondeur consiste en une tige droite portant en haut deux pièces *e* de suspension à crochet, une pour chaque extrémité de la corde qui supporte le boulet. Une patte d'oie partant de l'anneau de suspension commun réunit les deux pièces à crochet. Le système est ainsi beaucoup plus stable : quand le sondeur touche le fond, chaque pièce à crochet se rabat et laisse tomber l'attache du boulet qui reste sur le fond. Malheureusement il arrive aussi que les deux pièces à crochet tombent du même côté et qu'une seule attache se dégage ; alors le boulet reste fixé sur la tige du sondeur et on est obligé de le remonter, ainsi que cela est arrivé à la *Valdivia.*

Le commandant Dayman, du *Cyclops,* modifia en 1857 le sondeur de Brooke en agrandissant la cavité destinée à contenir l'échantillon ; il munit cette cavité d'une soupape s'ouvrant à l'intérieur et remplaça le boulet par un cylindre de plomb qui offre moins de résistance et permet une descente plus rapide. On revenait ainsi au sondeur à chambre en y adaptant le dispositif de Brooke pour détacher le lest sur le fond.

A bord de la *Valdivia* le tube de Brooke pouvait être modifié de façon à recevoir au moyen d'un pas de vis, soit un simple tube emporte-pièce de 60^{cm} de long sur 50 à 55^{mm} de large, soit un tube emporte-pièce taillé en biseau, de 12 à 40^{cm} de long et 14 à 28^{mm} de large, et dont la partie supérieure se fermait à la montée. Ce dispositif a été imaginé par le Dr Bachmann pour obtenir des échantillons du fond propres aux recherches bactériologiques dont il était chargé à bord de la *Valdivia.*

Sondeur de Baillie. — C'est un appareil très analogue à un sondeur à chambre modifié de façon à rendre le lest détachable.

Il se compose d'un tube emporte-pièce avec soupape à ailes de papillon à l'orifice inférieur, et percé de trous latéraux à la partie supérieure pour permettre la libre circulation de l'eau entrée par le bas pendant la descente. La partie supérieure présente un dispositif spécial destiné à maintenir le lest suspendu jusqu'à ce que le sondeur touche le fond et à laisser tomber ce lest aussitôt après comme dans le sondeur de l'*Hirondelle* (fig. 15 et 16). Supposons l'appareil suspendu par l'anneau supérieur, nous constatons que cet anneau est fixé, non pas au tube, mais à une pièce de fer aplatie qui coulisse entre certaines limites, dans le tube. Quand elle est complètement tirée dans la position de suspension de l'ensemble par l'anneau, nous voyons qu'elle présente deux crochets ou échancrures latérales symétriques, qui rentrent dans l'intérieur du tube si la pièce de fer qui porte l'anneau est livrée à elle-même. Ces deux crochets sont destinés à recevoir les deux boucles supérieures des fils métalliques reliés à l'anneau de fer sur lequel reposera le lest. Celui-ci est formé d'un nombre variable à volonté et suivant la profondeur, de disques de fonte percés d'un trou, dans lequel peut passer le tube sondeur, et de deux rainures verticales opposées pour loger les fils métalliques de soutien. Quelquefois les lests présentent des saillies et des cavités correspondantes de façon à s'empiler en un seul bloc rigide. Généralement le lest supérieur et le lest inférieur sont arrondis à l'extrémité libre pour diminuer la résistance au frottement dans l'eau. Ces anneaux de fonte pèsent de 15 à 20^{kg} en moyenne.

Le moyen le plus simple pour installer le sondeur est de se servir d'un solide tabouret percé d'un trou de diamètre supérieur à celui du tube; on place au-dessus l'anneau destiné à soutenir les poids, et enfin ces derniers ; on introduit alors le tube sondeur par en haut, à travers les poids, l'anneau et le tabouret ; on amène les boucles des deux fils métalliques sur les encoches de la pièce mobile qui porte l'anneau et on tire sur le câble pour soulever le tout. Lorsque la sonde touchera le fond, la pièce qui porte l'anneau de suspension tombera d'elle-même en libérant les boucles et par suite le lest. Celui-ci restera sur le fond et le tube sondeur remontera seul.

Le tube entier mesure environ 1^m,50 avec un diamètre extérieur de 6 à 7^{cm} et de 4,5 à 5^{cm},5 intérieur. La partie supérieure du tube est en bronze et a de 30 à 35^{cm} de longueur ; la coulisse pour la plaque de suspension a une course d'environ 12^{cm}.

Le sondeur de Baillie fonctionne très bien, en ce sens que le déclanchement des poids se fait très régulièrement. La présence de la soupape présente naturellement le même inconvénient que dans le sondeur à chambre.

Cet appareil a été beaucoup employé par le *Challenger*, par la *Gazelle,* par le *Vöringen*, aux États-Unis, etc. La partie inférieure du tube, en se dévissant, permettait de recueillir facilement l'échantillon rapporté de la profondeur.

Nous avons décrit en détail cet instrument parce que nous retrouvons dans d'autres sondeurs certains éléments du sondeur de Baillie, notamment le système de déclanchement des poids et la disposition même de ces derniers.

Sondeur-bouteille de Buchanan (fig. 16, 5e instrument, et fig. 19). — Je décrirai d'une façon plus détaillée cet instrument en raison de son importance.

Il se compose d'un tube emporte-pièce en laiton de 25^{mm} de diamètre intérieur et dont la longueur varie de 30 à 50^{cm}. Ce tube se visse sur un cylindre de bronze plus large, fermé à ses deux extrémités par une soupape de caoutchouc s'ouvrant en haut et reposant chacune sur un disque en forme de roue dont les rayons supportent la soupape. Le centre du disque de la soupape inférieure porte un petit robinet qui fait saillie vers le bas. La partie supérieure du tube est filetée et peut recevoir un cône supérieur évidé, muni de l'appareil de suspension. Celui-ci est constitué simplement par une plaque métallique pouvant tourner dans le plan vertical autour d'un

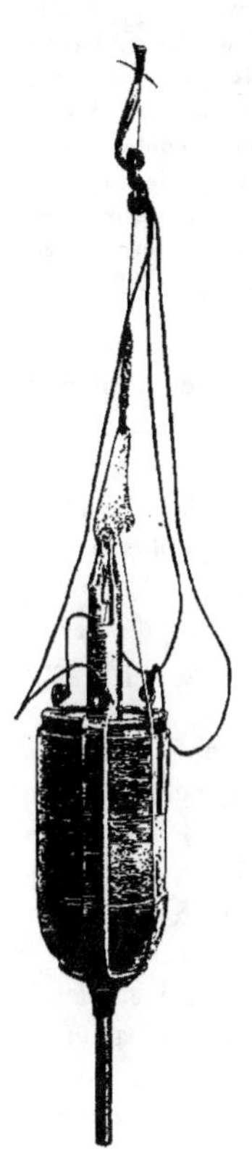

Fig. 19 — Tube sondeur Buchanan, prêt à descendre et disposé pour ramener le lest.

axe horizontal fixé dans le sommet du cône. Cette plaque porte 3 crochets : l'inférieur reçoit la boucle de suspension d'un plomb conique enfermé dans le cône évidé ; le crochet intermédiaire a sa cavité dirigée en haut et le supérieur a la sienne dirigée en bas, quand la plaque est verticale. Les lests ordinaires sont maintenus par une boucle de fil de fer reliée à l'anneau habituel sur lequel reposent les lests ; la boucle vient s'accrocher dans le crochet intermédiaire. L'appareil ainsi suspendu est envoyé à la mer, avec le petit plomb attaché au crochet inférieur. Pendant la descente, l'eau pénètre par le bas du tube, soulève les deux soupapes du cylindre qui fait suite au tube emporte-pièce et sort par le cône évidé. En arrivant sur le fond le tube emporte-pièce s'enfonce profondément dans la vase, s'en remplit, pendant que le cylindre se remplit de l'eau qui est en contact immédiat avec le fond. La ligne de sonde n'étant plus tendue, le lest fait incliner la plaque de suspension de sorte que la boucle qui porte le lest quitte le crochet intermédiaire. Mais les poids ne sont pas lâchés pour cela ; leur boucle vient dans le crochet supérieur qui a alors son ouverture dirigée en haut. Le résultat est que le lest pèse sur le tube et l'enfonce de plus en plus dans le sol. En même temps que la boucle qui porte les poids lâche le crochet intermédiaire, le petit plomb conique quitte le crochet inférieur, tombe sur la soupape de caoutchouc et la maintient désormais fermée. Quand on remonte l'instrument, la boucle, encore maintenue par le crochet supérieur, quitte ce dernier lorsque la plaque de suspension redevient verticale, puisque, dans cette position, l'ouverture de ce crochet est dirigée en bas. Alors, mais seulement alors, le lest est abandonné sur le fond. Le tube sondeur revient donc avec l'orifice inférieur bouché par le boudin de vase et l'orifice supérieur bouché par la soupape maintenue en place par le petit plomb supérieur.

On a ainsi un litre environ de l'eau qui surmonte le sol sous-marin, et un boudin de vase qu'on fait sortir au moyen d'un mandrin et qui présente sur sa longueur la stratification régulière des couches sans qu'aucun mécanisme de fermeture ou soupape soit venu en altérer la disposition. C'est là un point très important, négligé dans la plupart des autres sondeurs qu'on a voulu utiliser sur les fonds les plus divers.

On vide l'eau par le petit robinet inférieur après avoir dévissé le tube emporte-pièce, mais il est mieux au contraire de la vider par en haut après avoir dévissé le cône supérieur ; il suffit alors d'incliner l'appareil en soulevant la soupape supérieure et en conservant en place le tube emporte-pièce.

Le sondeur mixte imaginé par M. Buchanan, l'éminent physicien du *Challenger*, est excellent pour les grandes profondeurs et les fonds suffisamment agglutinés, car il permet de recueillir, sans complication instrumentale, et dans de très bonnes conditions, un échantillon très intéressant de la vase et de l'eau du fond. Le déclanchement des poids, en deux temps, permet d'une façon très ingénieuse d'obtenir un boudin qui peut souvent atteindre 40^{cm} de longueur et même quelquefois plus.

Je considère que c'est l'instrument de choix pour les fonds indiqués précédemment, de même que le sondeur Léger est le sondeur de choix pour les fonds de sable, de gravier et de cailloux.

Le sondeur Buchanan a été employé sur le *Dacia* et sur l'*International*, navires qui ont préparé la pose du câble de Cadix aux Canaries. Il a fonctionné également sur le *Challenger* ; le Prince de Monaco s'en sert depuis plusieurs années à bord de la *Princesse-Alice*.

Sondeur d'Ekman [1] (fig. 20 à 22). — C'est un tube emporte-pièce très ingé-

[1] *Conseil permanent internat. pour l'exploration de la mer* (Public. de circonstance, n° 27, 1905).

nieusement combiné par M. W. Ekman. Il est caractérisé par un empennage destiné à le faire descendre verticalement, malgré la position très élevée de son lest, et par un système de fermeture de l'orifice inférieur, qui empêche l'échantillon recueilli de tomber pendant la montée de l'appareil.

La fig. 20 montre l'appareil descendant. Le tube emporte-pièce a, qui a $1^m,80$ de long et 4^{cm} de diamètre intérieur, se termine par une portion coupante m. En haut il porte 2 lests distincts : le plus petit, h, d'environ 5^{kg} porte, attachée par 2 chaînettes, une sorte de double valve gg, dont la fig. 22 montre l'usage et le mécanisme. Ce lest est retenu au départ par une chaîne, à la goupille i, lorsque l'appareil est suspendu (ce qui amène la goupille i à toucher le disque e, de sorte que l'anneau de la chaîne ne peut quitter la goupille). La tige r, qui traverse le tube c portant l'empennage métallique d, sert à suspendre le tout au moyen de l'armature à bayonnette f. Le lest b est un cylindre creux en plomb, d'environ 25 à 30^{kg}, enfilé sur l'extrémité supérieure du tube emporte-pièce. A l'intérieur de celui-ci se loge un tube mince d'égale longueur et divisé en deux moitiés longitudinales. Le tube descend verticalement grâce à son empennage ; il s'enfonce droit dans le sol sous l'action des lests b et h ; la tige r non tendue laisse tomber le disque e qui la termine et par suite la chaîne qui retenait le petit lest h se dégage ; ce lest tombe, et, quand on retire le sondeur, il vient avec ses deux valves fermer l'orifice inférieur du tube (fig. 22). Une fois à bord on extrait le tube intérieur, on en sépare les deux moitiés longitudinales et l'on a l'échantillon entier avec la stratification des différentes couches.

Nansen a remplacé avec succès ce tube métallique intérieur par un tube de verre, ou par plusieurs tubes réunis par des fragments de tubes de caoutchouc, de sorte que l'échantillon est visible tout en restant bien protégé, en particulier contre la transformation, rapide au contact de l'air, de l'oxyde ferreux en oxyde ferrique.

Fig. 20*. — Sondeur d'Ekman, descendant.

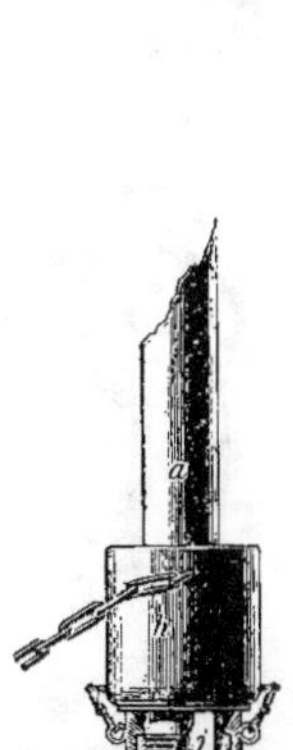

Fig. 21 et 22*. — Sondeur d'Ekman. Détail des parties supérieure et inférieure.

Sondeur électrique de Delacroix. — Imaginons une sonnette électrique dont le bouton, envoyé au fond de la mer au bout d'un câble, établirait le contact quand il s'appuierait sur le fond, et nous aurons le principe du sondeur électrique de Delacroix. Imaginons ce bouton lesté, disposé convenablement et suspendu à son double câble, dont un compteur marque le déroulement. Quand la sonnette se fait entendre, on lit la longueur de ligne filée verticalement ; c'est la profondeur atteinte. On relève un peu le sondeur et on continue sa route, s'il touche encore le fond la sonnette fonctionne de nouveau. On peut donc sonder ou bien être prévenu du moment où la profondeur atteint tel ou tel minimum que l'on fixe en ne laissant à l'eau que la longueur de ligne correspondante, en tenant compte de la vitesse du navire.

Cet appareil peut donc, à notre avis, dit le Dr Regnard, servir à éclairer la route d'un bateau qui navigue dans une région d'écueils ou près d'une côte pendant le brouillard. Le sondeur avertisseur ne pourra fonctionner utilement que si son câble n'a que quelques mètres de long. Quant à l'utiliser pour la connaissance des grandes pressions et l'exploration des grands fonds, il n'y faut pas songer.

J'irai même plus loin ; les difficultés d'ordre pratique qui se présentent toutes les fois qu'il s'agit d'isoler des fils électriques immergés dans l'eau de mer, même sous une pression de quelques atmosphères seulement, permettent de penser qu'un appareil de ce genre ne peut être utilisé pratiquement d'une façon courante. Je ne pense pas qu'un seul fonctionne actuellement et je n'ai parlé de cet instrument que pour en exposer le principe à la fois élégant, original et intéressant.

II. — MESURE DE LA PROFONDEUR PAR LE FONCTIONNEMENT D'UNE HÉLICE

Sondeur de Massey. — C'est une plaque métallique suspendue par une extrémité à la ligne de sonde et portant à l'autre un lest destiné à l'entraîner. La plaque métallique porte une hélice à 3 ou 4 ailes qui tourne autour d'un axe vertical terminé par une vis sans fin agissant sur un compteur de tours. Cette hélice va tourner par la résistance de l'eau d'autant plus vite que la vitesse de chute sera plus grande, mais le nombre de tours ne dépendra que de la hauteur verticale parcourue, c'est-à-dire de la profondeur de l'eau, si, par un moyen quelconque on empêche l'hélice de tourner en sens inverse à la montée. Cette dernière condition est réalisée par un simple désembrayage automatique de sorte que l'hélice tourne folle à la montée, sans agir sur le compteur, ou bien est maintenue fixe. On établit par des expériences préliminaires la longueur de chemin parcourue correspondant à un tour d'hélice ; il est alors facile de convertir le nombre de tours en mètres. Le Coëntre a construit un autre appareil (fig. 23) sur le même principe, qui est aussi celui du loch. La différence est que le loch sert à mesurer le chemin horizontal parcouru par un bateau, au lieu que les sondeurs de Massey et de Le Coëntre mesurent le chemin vertical parcouru par un poids.

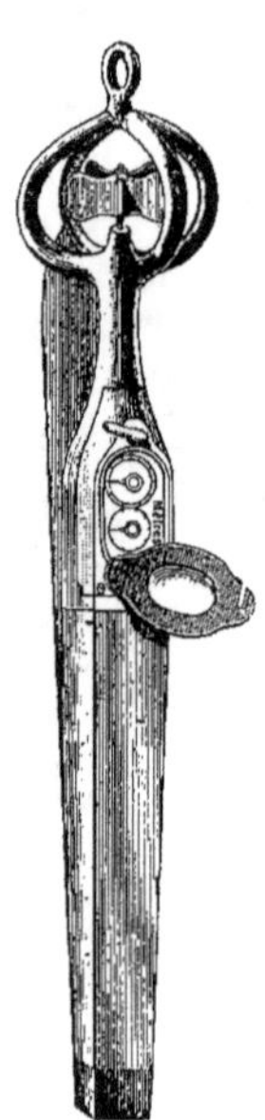

Fig. 23. — Sondeur à hélice Le Coëntre.

Ces instruments sont très bons pour des profondeurs moyennes, notamment jusqu'à 3 000[m]. Au delà ils ne fonctionnent plus convenablement ainsi que cela arrive, paraît-il, à tous les appareils à engrenages. Ils permettent de contrôler les sondages opérés par les moyens ordinaires là ou des courants profonds étaient supposés exister, à une époque où l'on sondait avec des lignes de chanvre et avec des machines à sonder plus ou moins primitives. Mais les méthodes actuelles permettent fort bien de se passer de ce contrôle.

Les hélices à compteur de tours ne sont d'ailleurs pas toujours irréprochables, car si ces appareils traversent des zones de courant suffisamment fort, le nombre de tours indiqué n'est plus exact : l'hélice tournerait alors même qu'elle serait maintenue à un même niveau. Nous verrons que c'est un appareil analogue qui est employé pour mesurer la vitesse des courants.

Massey construisit son premier appareil en 1832. Il essaya même, dans le courant de cette année-là, à bord du bateau anglais *Trinculo*, d'y adapter le principe du flotteur de Leo Battista Alberti. Au lieu de descendre l'instrument au bout d'une ligne de sonde, on le munissait d'un flotteur fixe et d'un lest disposé de façon à se détacher au contact du fond. Le sondeur remonte alors seul grâce à son flotteur. Les résultats insuffisants ont fait abandonner aussitôt le procédé.

III. — MESURE DE LA PROFONDEUR PAR LA PRESSION DE L'EAU

La loi de Mariotte nous apprend que, pour une même température, le volume d'un gaz (de l'air dans le cas présent) est inversement proportionnel à la pression qu'il supporte. Si un tube de 1^m de long, ayant partout le même diamètre, maintenu à une température constante, est plein d'air à la pression atmosphérique, le volume de cet air n'occupe plus que 50^{cm} du tube, c'est-à-dire la moitié du volume primitif, si la pression est portée à 2 atmosphères ; il n'est plus que de 1^{cm} si la pression est de 100 atmosphères et de 1^{mm} si elle est portée à 1 000 atmosphères, en supposant la loi de Mariotte exacte. 1 atmosphère de 760^{mm} de mercure correspond à une colonne de $10^m,065$ d'eau de mer de densité $= 1,026$. Si donc nous arrivons à connaître le volume occupé par l'air à la profondeur cherchée, nous pourrons en déduire cette profondeur, sans avoir à nous occuper de la verticalité de la ligne de sonde qui servira à immerger le tube gradué, puisque la hauteur verticale de l'eau au point considéré est seule en question ; cette ligne pourra même être très oblique, de sorte que l'appareil pourra être employé pendant la marche du navire, ce qui n'est pas de mince importance.

L'exemple que nous avons pris montre que pour les petites profondeurs les lectures seront faciles ; ainsi sur le tube de 1^m, à 10 atmosphères, soit environ 100^m de profondeur, le volume de l'air occupera encore 10^{cm} de longueur, c'est-à-dire que les 90^{cm} occupés par l'eau correspondent à ces 10 atmosphères, tandis que pour toutes les pressions possibles, au delà de 10 atmosphères, il ne reste que 10^{cm} à envahir par l'eau. Ainsi la différence de profondeur de $1\,000^m$, entre 1 000 et $2\,000^m$, ne correspondra qu'à une différence de 5^{mm} de longueur. C'est pourquoi le procédé n'est applicable, d'une façon pratique, que pour les petites profondeurs.

L'air enfermé dans le tube supporte, outre la pression de l'eau, celle de la colonne d'air qui la surmonte, c'est-à-dire la pression barométrique, qui est variable, et dont il faut tenir compte quand elle s'écarte de la normale au delà d'une certaine limite. La température joue aussi un rôle, négligeable le plus souvent, mais que les expériences préliminaires permettent d'apprécier pour chaque instrument. Il n'y a pas lieu non plus de tenir compte de la compressibilité de l'eau, de la dissolution des gaz, etc., parce qu'il ne s'agit que de faibles profondeurs et que ces mesures ne s'appliquent pas à des sondages de précision.

Diverses tentatives avaient déjà été faites dans cette voie, mais sans succès, jusqu'au jour où sir William Thomson, aujourd'hui l'illustre lord Kelvin, rendit cette méthode pratique. Actuellement son appareil plus ou moins perfectionné et plus ou moins modifié se trouve en service sur presque tous les navires un peu importants et constitue un instrument de première nécessité pour la navigation, notamment pour les atterrissages, sans arrêter la marche du navire. La machine qui sert à immerger le sondeur Thomson est une simple bobine dont on peut arrêter le mouvement par un frein robuste. Un poids est fixé à l'extrémité du câble métallique enroulé sur la bobine, un peu au-dessus est placé le sondeur Thomson. On desserre complètement le frein, le câble file très rapidement, dès que sa vitesse de déroulement diminue, c'est que le fond est atteint; on remonte le sondeur sur lequel il est facile de lire la profondeur tout en tenant compte de la pression atmosphérique au moyen des tables dressées à cet effet.

Sondeur Thomson, premier modèle. — Un étui métallique attaché à la ligne au-dessus du plomb de sonde ordinaire peut recevoir un tube de verre fermé à l'extrémité supérieure. Ce tube est revêtu à l'intérieur d'un enduit rouge de chromate d'argent; le niveau auquel l'eau aura pénétré, une fois l'appareil retiré du fond, sera indiqué par la limite entre la couche rouge sèche et la couche blanche mouillée résultant de la décomposition du chromate d'argent par le sel de l'eau de mer. On mesure la longueur de l'une ou l'autre partie et on en déduit la profondeur suivant les principes expliqués ci-dessus. Il faut naturellement changer le tube à chaque sondage, la limite entre les deux zones blanche et rouge n'est pas toujours perpendiculaire à l'axe du tube, la capillarité peut entraîner l'eau de mer plus haut que la profondeur seule l'exige, etc. C'est pourquoi sir W. Thomson perfectionna son appareil en le modifiant assez profondément ainsi que l'on va le voir.

Sondeur Thomson, nouveaux modèles. — 3 tubes semblables à celui indiqué fig. 25 sont disposés ensemble dans une même monture de cuivre, et de façon que les graduations des tubes Ab soient bien visibles. Les tubes Aa sont en cuivre, leur orifice inférieur est fermé par un morceau d'étoffe peu serrée qui, mouillée, laisse passer l'eau mais non l'air. Les extrémités b des tubes mesureurs peuvent être obturées ensemble par une plaque de caoutchouc qu'on peut appliquer contre elles au moyen d'une vis. L'appareil ainsi préparé est placé dans l'étui attaché à la ligne de sonde, au-dessus du lest, et immergé. L'eau pénètre à travers les bouchons d'étoffe, comprime l'air dans les tubes Ab dans lesquels l'eau des tubes Aa se déverse quand ceux-ci sont pleins. On ramène le tout, on lit la graduation qui convient, et en dévissant la vis inférieure on fait écouler l'eau des tubes Ab qui sont ensuite fermés par la plaque de caoutchouc au moyen de la vis; l'instrument est ainsi prêt à être immergé de nouveau.

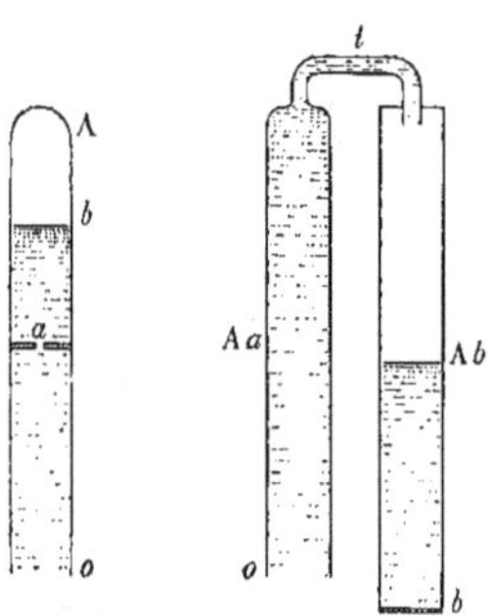

Fig. 24 et 25. — Schéma des tubes du sondeur Thomson.

Dans ce nouveau modèle du sondeur Thomson, on se base sur le fait qu'on peut arriver à connaître la pression, et par suite la profondeur à laquelle a été soumis un récipient quelconque, de volume connu et plein d'air, d'après la quantité d'eau qui y a pénétré à la profondeur cherchée. Si V est le volume total, mesuré une fois pour toutes, de l'air qui remplit le récipient à la pression atmosphérique b donnée par le baromètre, si v est le volume de l'air comprimé à la profondeur cherchée où la pression est $x + b$, la loi de Mariotte donne $\dfrac{V}{v} := \dfrac{b + x}{b}$; v est donné par lecture de l'appareil remonté de la profondeur de pression $x + b$; il est facile de calculer x et par suite la profondeur. On a dressé des tables qui permettent de simplifier les calculs. Pour l'usage courant on a fait mieux : chaque tube mesureur est gradué en mètres et il suffit d'en lire le nombre en regard du niveau de l'eau.

Soit le tube A (fig. 24) régulièrement cylindrique. Immergeons-le plein d'air et verticalement à 40 mètres ; sous ces 4 atmosphères le volume de l'air est réduit au quart, l'eau monte jusqu'à b ; en remontant, le tube d'air décomprimé refoule l'eau, et une fois l'appareil arrivé à la surface il ne reste pas trace de ce qui s'est passé. Si nous recommençons, après avoir placé par l'esprit l'orifice capillaire a, il en est de même. Supposons maintenant le tube A divisé en deux parties disposées comme dans la fig. 25 et réunies par le tube capillaire t, qui remplace le diaphragme a. L'eau entrée par o franchit bientôt le tube t et tombe dans le tube Ab ; à la montée l'eau du tube Aa sortira par o, mais l'eau qui est entrée dans le tube Ab n'en sortira plus à cause de la disposition adoptée. Il suffira d'en mesurer le volume ou mieux de graduer à l'avance le tube en mètres. C'est là un des trois tubes du sondeur Thomson, dans lequel l'extrémité b est fermée par la plaque de caoutchouc.

Quand les profondeurs sont grandes, il y a intérêt à faire le tube Ab plus étroit par rapport au tube Aa, de façon que l'air très comprimé occupe encore des longueurs assez grandes pour que les lectures soient faciles. Dans la pratique, on place dans la même monture 3 ou 4 doubles tubes différant dans le rapport des calibres de leurs parties, de sorte que pour toutes les profondeurs auxquelles peut fonctionner l'instrument, au moins un des tubes permet une lecture précise.

Les tubes sont généralement gradués pour un maximum de 250^{m}.

Dans des modèles plus récents de lord Kelvin et d'autres constructeurs, il suffit de lire la profondeur inscrite en regard d'un index déplacé par l'action de la pression de l'eau.

Sondeur de Bamberger. — Il ne comporte qu'un long tube conique, plus large en bas, terminé en haut par un tube capillaire dont l'orifice est dirigé en bas. L'extrémité inférieure du tube est fermée par une rondelle de caoutchouc et une vis comme dans le sondeur Thomson. L'appareil est immergé plein d'air, l'eau entre par l'orifice capillaire supérieur, mais une fois entrée ne peut plus sortir. Après lecture on évacue l'eau par en bas et on referme. L'appareil, gradué en mètres, est prêt à servir de nouveau.

Sondeur de Stahlberger. — Ce sondeur n'est autre chose qu'un baromètre métallique de Bourdon. C'est un tube de laiton à section elliptique, à parois minces et élastiques, complètement fermé. Ce tube est fortement recourbé en arc de cercle. A mesure que le tube sera immergé la pression extérieure augmentera la courbure de l'arc de cercle dont les extrémités se rapprocheront. Le tube est fixé par son milieu à un cadre support, les mouvements des deux extrémités se transmettent par deux petites bielles à une aiguille qui se meut sur un cadran gradué. Un index reste à l'endroit où le pousse l'aiguille au maximum de profondeur atteint, de sorte que lorsque l'aiguille revient à sa place normale au niveau de la mer, la position de l'index indique jusqu'à quelle profondeur est allé l'instrument. Ce bathomètre est destiné aux petites profondeurs. Je ne sache pas qu'on se serve actuellement d'un appareil de ce genre, qui est sans doute assez délicat et que l'appareil si répandu de sir W. Thomson remplace couramment.

M. Berget a fait construire par Richard un thermobathymètre enregistreur basé sur le même principe du manomètre métallique, et son appareil comporte en outre un thermomètre enregistreur.

Sondeur de Hopfgartner et d'Arzberger. — C'est une série de boîtes métalliques aplaties, à faces élastiques et communiquant ensemble, mais sans communication avec l'extérieur, exactement comme les séries de boîtes discoïdes élastiques des baromètres anéroïdes enregistreurs. Le tout est protégé par une boîte de métal dans laquelle l'eau peut entrer. A la série des disques est fixé un cadre disposé de façon à tirer vers le bas un curseur qui se déplace à frottement sur une tige graduée fixée à la partie supérieure de la boîte protectrice. Quand l'appareil est immergé, la pression augmente, la hauteur de la série des boîtes diminue et le curseur est attiré par le cadre jusqu'à une certaine division de la tige graduée ; il reste à cette place après la remontée de l'appareil puisque le cadre qui ne peut agir sur lui qu'à la descente le quitte en remontant. On gradue ce sondeur par des expériences préliminaires ; comme celui de Stahlberger, il ne peut servir que pour de petites profondeurs ; c'est dans ces conditions qu'il a très bien fonctionné aux environs de Trieste. On peut creuser dans le fond de la boîte extérieure une cavité qu'on garnit de suif, ou adapter à ce fond des pinces destinées à ramener un échantillon du fond.

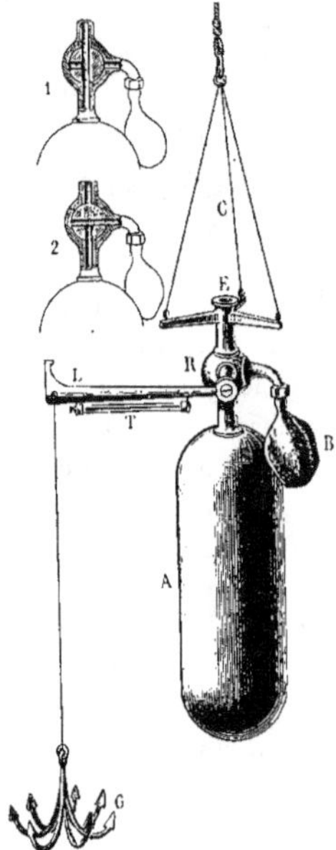

Fig. 26. — Bathomètre de Regnard.

IV. — MESURE DE LA PROFONDEUR BASÉE SUR LA COMPRESSIBILITÉ DE L'EAU DE MER.

Bathomètre du Dr Regnard. — La fig. 26 montre l'ensemble de l'appareil prêt à descendre :

A est une grande bouteille de cuivre, de 100 litres par exemple ; le robinet R à trois voies est mis dans la position 1 qui fait communiquer la bouteille avec l'extérieur ; celle-ci se remplit donc d'eau dès qu'elle est immergée, tandis que le ballon B en caoutchouc épais est isolé et descendu vide d'eau. Arrivée sur le fond la bouteille tombe de côté, le grappin G en mordant sur le sol abaisse le levier L (au moins à la montée) ce qui ferme le robinet R dans la position 2, où l'intérieur de la bouteille ne communique plus avec le milieu ambiant, mais avec le ballon B. Quand on remonte le tout, l'eau se décomprime, l'excès de liquide résultant va dans le ballon B. Une fois à bord, celui-ci est détaché ; son contenu vidé dans une éprouvette graduée et on en mesure ainsi le volume. Si des gaz se dégagent ils vont aussi dans la poche B et s'échappent sans influer en rien sur l'opération.

Supposons que la bouteille de 100 litres ait été fermée sur le fond à 3 000^m de profondeur. On peut admettre que l'eau se décomprime de 0,000 004 66 par mètre, on voit que pour 3 000^m de montée 100 litres donneront une augmentation de volume de 0,000 004 66 $\times$ 100 $\times$ 3 000 soit 1^{litre},390 qui seront entrés dans la poche B quand celle-ci arrivera à la surface. On voit donc que

pour avoir la profondeur il n'y a qu'à diviser le volume donné par B (ici, 1',390) par le volume de la bouteille multiplié par le coefficient de compressibilité.

Comme l'eau a été enfermée à une température plus basse que celle à laquelle elle se trouve à la surface, il y a une correction à faire pour la dilatation due à l'excès de température. C'est pourquoi le levier L est muni d'un thermomètre à renversement qui bascule avec le levier et donne la température du fond. Il est évident que plus la bouteille sera grande, plus on aura de précision dans la mesure de la profondeur.

Cet appareil n'a pas été expérimenté, ni même construit.

V. — MESURE DE LA PROFONDEUR PAR LA PROPAGATION DU SON

Nous ne nous attarderons pas aux essais rudimentaires tentés autrefois à diverses reprises pour mesurer la profondeur par la vitesse de propagation du son dans l'eau et nous nous contenterons de parler, sommairement d'ailleurs, du projet récent d'un ingénieur norvégien.

Bathymètre Berggraf ([1]). — Le principe sur lequel M. Berggraf a basé l'appareil qu'il appelle bathymètre est fort ingénieux. Il est fondé sur le temps mis par le son pour aller de la surface au fond de la mer et pour revenir à la surface. Comme le son parcourt environ 1 435^m à la seconde, dans l'eau, il faudra nécessairement que le temps soit mesuré avec une précision extrême.

L'appareil comprend un transmetteur, un récepteur acoustique et le dispositif chronométrique. Le transmetteur est un cornet acoustique immergé, dont le tube traverse la paroi du navire et envoie dans l'eau les vibrations d'un timbre frappé par un marteau actionné au moyen d'un électro-aimant ; de l'autre côté du navire se trouve, immergé aussi, un cornet acoustique récepteur, avec microphone, destiné à recevoir les sons émis par le transmetteur et revenus du fond par réflexion. Le circuit de ce microphone est celui d'un téléphone ordinaire dont la membrane n'est influencée que par les sons pour lesquels elle est accordée, grâce à un tube de résonance qui s'y trouve électriquement relié. Si les sons émis par le marteau du transmetteur ont une période correspondant aux sons renforcés du tube de résonance, la membrane, au retour des ondes sonores, fait fortement vibrer celle du téléphone. Le temps qui sépare le moment de la transmission de celui de la réception sert à calculer la profondeur ; ces moments s'enregistrent d'ailleurs automatiquement au moyen de l'électricité. M. Berggraf a même imaginé un dispositif tel que les profondeurs viennent directement s'inscrire. On peut ainsi connaître à chaque instant la profondeur qui se trouve sous le navire et un dispositif spécial permet de mettre automatiquement en vibration un signal d'alarme si la profondeur atteint telle ou telle limite fixée à l'avance.

Ainsi qu'on peut le voir par ce qui précède, le bathymètre Berggraf a de nombreuses qualités, mais il présente aussi un grand défaut, c'est de n'avoir pas encore la sanction de l'expérience ; son inventeur a bien voulu, en effet, m'informer qu'il n'a pas encore pu faire construire son instrument ; c'est pourquoi je me suis borné à en donner une simple idée. Cet appareil ne conviendrait sans doute pas pour les grandes profondeurs ; sa construction est particulièrement délicate et l'expérience seule pourra faire connaître si les résultats compensent les difficultés d'installation,

---

([1]) *Rivista marittima*, déc. 1905. (D'après l'*Elektroteknisk Tidsskrift* de Copenhague.)

notamment à bord d'un navire. Quoi qu'il en soit, la solution théorique du problème est fort ingénieuse et élégante.

VI. — MESURE DE LA PROFONDEUR PAR LA VARIATION DE LA PESANTEUR

L'attraction exercée sur un corps pesant varie avec l'épaisseur et la densité des couches qui se trouvent au-dessous de lui. Elle est plus faible à la surface d'une mer très profonde dont l'eau a une densité moyenne de 1,026 que sur la terre dont la densité moyenne est d'environ 2,75. Plus la couche d'eau sera épaisse, plus l'attraction sera faible et par conséquent plus le poids du corps considéré sera faible aussi, toutes choses égales d'ailleurs. Cette variation dans le poids d'un corps ne peut s'apprécier au moyen d'une balance, puisque les poids qui serviraient à peser seraient soumis exactement à la même variation de la pesanteur. Mais supposons qu'un poids de 1^{kg} indiquant ce poids sur l'échelle d'un peson à ressort soit suspendu à ce peson et que l'intensité de la pesanteur soit subitement réduite de moitié, on verrait aussitôt l'aiguille du peson ne plus marquer que 500^{gr} tandis qu'une balance n'accuserait aucun changement.

Si donc on suppose un peson très sensible installé dans des conditions favorables sur un navire en route suivant un cercle de même latitude, les variations indiquées par le peson correspondront à des différences de profondeur de l'eau. S'il est enregistreur, la courbe de l'appareil représentera le profil du fond suivant l'itinéraire parcouru. Des sondages effectués de temps à autre ou existant déjà sur les cartes permettront un contrôle facile et indiqueront s'il faut relever ou abaisser tout ou partie de la courbe d'une quantité déterminée. Comme la pesanteur varie avec la latitude, il y aura lieu de faire la correction qui la concerne, suivant l'itinéraire. En réalité les choses sont moins simples : l'intensité de la pesanteur ou gravité g présente des variations locales dont l'étude est à peine commencée sur les océans. D'ailleurs par le fait même qu'une étendue plus ou moins grande de la masse du globe agit sur le peson en un point donné, il est évident que ce moyen ne fournit pas la profondeur absolue en ce point, mais seulement une profondeur moyenne pour un espace assez grand. Il n'en est pas moins vrai que ce peson enregistreur idéal, s'il ne peut prétendre à remplacer la sonde pour atterrir, donnerait d'une façon rapide et pratique le profil moyen du fond des océans et permettrait de combler ainsi des lacunes très grandes dans nos connaissances sur la profondeur des mers. Il permettrait aussi de révéler les reliefs, bancs, hauts-fonds, etc., plus ou moins saillants, sans autre peine que la lecture de la courbe enregistrée ; l'attention serait ainsi attirée sur des particularités dont l'étude détaillée se ferait par les procédés ordinaires de sondage.

Bathomètre de Siemens, 1er modèle (fig. 27). — L'appareil est en verre et comporte un grand réservoir d'air A, dont le fond est occupé par du mercure dans lequel plonge un tube ; on a comprimé l'air en A de façon que le niveau du mercure arrive à peu près au milieu du réservoir B. Le reste de ce réservoir contient de l'alcool jusqu'en c, puis de l'huile jusqu'au milieu du réservoir C. On bouche l'extrémité o. Supposons que tout l'ensemble soit tenu à une température absolument constante et que l'appareil installé à la cardan soit emporté sur un navire au-dessus de profondeurs de plus en plus grandes : l'air de A est un ressort parfait qui soutient le poids de la colonne liquide ; l'intensité de la pesanteur diminuant, ce ressort pousse la colonne de mercure dont les dénivellations se traduisent, amplifiées, par le déplacement de la limite c entre l'alcool et l'huile ; cette limite qui sert d'index se promène le long d'une graduation établie par des expériences préalables au-dessus de fonds connus. La sensibilité peut théoriquement être aussi grande qu'on le désire en réduisant le calibre du tube cd par rapport au réservoir B. Cet appareil apparait merveilleux de simplicité : mais je sais par expérience combien il en est autrement dans la pratique ; il est extrêmement difficile, sinon pratiquement impossible, de maintenir un tel appareil à une température constante et les oscillations du navire rendent les lectures fort douteuses sur une colonne en mouvement continuel, malgré divers dispositifs destinés à obvier à cet inconvénient. C'est pourquoi nous n'insisterons pas davantage sur les points de détail.

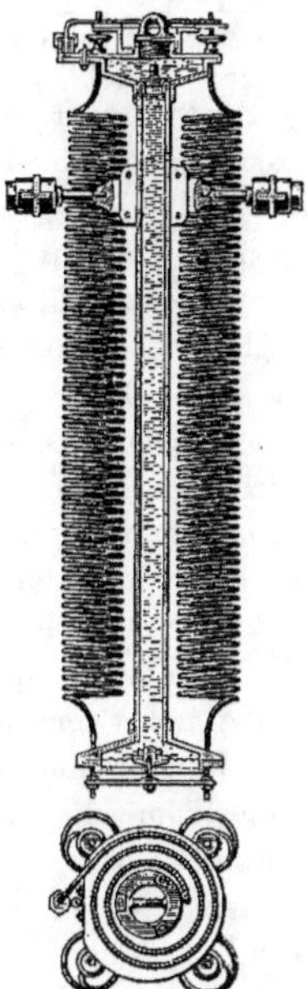

Fig. 28. — Bathomètre Siemens (2e modèle).

2e modèle (fig. 28). — Dans ce modèle, la colonne de mercure sur laquelle s'exerce la pesanteur est soutenue non plus par de l'air comprimé comme dans le premier, mais par un système de quatre ressorts spiraux en acier. L'instrument est formé par un tube d'acier étroit, vissé à chaque extrémité à une large coupe du même métal, et il est suspendu à la cardan un peu au-dessus du centre de gravité du système. La coupe inférieure est fermée par une membrane très mince en acier ondulé dont le centre est soutenu par une pièce reliée aux quatre ressorts. Le mercure de la coupe supérieure est surmonté d'une petite couche d'huile ou d'eau colorée qui peut pénétrer, grâce à un orifice ménagé dans le couvercle, dans un tube de verre enroulé sur lui-même dans un plan horizontal et posé sur un disque gradué. Quand la pesanteur diminue, c'est-à-dire quand la profondeur de l'eau augmente, les ressorts soulèvent la plaque d'acier ondulée et l'huile, poussée par le mercure, s'avance plus ou moins loin dans le tube, gradué par des expériences préalables.

Fig. 27. — Bathomètre Siemens (1er modèle).

L'instrument employé par Siemens avait un diaphragme ondulé de 90^{mm} de diamètre et la colonne de mercure mesurait 60^{cm} de long, représentant une pression de 51^{kg} soumise à la variation de la pesanteur.

Tel est le schéma général de l'appareil ; nous n'entrerons pas dans les détails sur les variations d'élasticité des ressorts, la compensation des effets de la température, de la pression atmosphérique, etc., etc.

Le bathomètre de Siemens a été construit, expérimenté et les résultats publiés par son auteur pouvaient faire penser qu'avec des perfectionnements on arriverait à des observations intéressantes. M. Alex. Siemens, qui a fait soit à bord du *Faraday,* soit à terre, de nombreuses observations sur le bathomètre pour sir W. Siemens, a bien voulu me faire savoir pourquoi l'instrument fut abandonné. « Toutes les fois que le navire était dans une position calme, m'écrivait-il, les observations ainsi faites furent en parfait accord les unes avec les autres, mais un très faible mouvement du navire produisait, en raison de l'inertie du mercure, des fluctuations tellement violentes dans les indications, que l'appareil fut abandonné comme étant de peu de valeur. » Siemens avait construit cet appareil surtout pour éviter les interminables sondages qui doivent précéder toute pose de câbles télégraphiques; le problème l'intéressait directement et on peut penser qu'il apporta à la solution tous ses efforts. Il n'a pas été possible jusqu'ici de construire un autre bathomètre Siemens, ni même de trouver les plaques de tôle ondulée minces qui en sont l'élément principal. Il est cependant très probable que l'appareil perfectionné serait très utilisable au moins pendant les périodes de calme.

EMPLOI SIMULTANÉ DU BAROMÈTRE ET DE L'HYPSOMÈTRE. — Le baromètre est une vraie balance dans laquelle la colonne atmosphérique équilibre la colonne mercurielle. Si l'intensité de la pesanteur diminuait brusquement de moitié, on n'observerait aucun changement dans le baromètre. La colonne de mercure aurait la même hauteur, mais la pression qu'elle exerce sur sa base aurait diminué de moitié; c'est pourquoi un baromètre *anéroïde* qui est soumis à la *pression*, indiquerait une pression moitié moindre, car il se comporte comme le peson, tandis que le baromètre est une véritable balance. On conçoit ainsi que l'observation simultanée d'un baromètre à mercure et d'un baromètre anéroïde permette de suivre les variations de la pesanteur. Comme l'anéroïde n'est pas identique à lui-même on le remplace par l'hypsomètre qui donne lui aussi, mais d'une façon très précise, la *pression* atmosphérique, tout simplement en déterminant le point d'ébullition de l'eau. Si par exemple la pesanteur diminue de moitié, la pression diminue de moitié et par suite l'eau qui bouillait à 760^{mm} bout à 380^{mm}. On constate que dans le 1er cas l'eau bout à 100° et seulement à 80° dans le second. Les tables de Regnault permettent de trouver très vite la pression atmosphérique d'après le point d'ébullition. Donc il est facile par l'observation simultanée du baromètre à mercure et du point d'ébullition de l'eau, d'étudier les variations de l'intensité de la pesanteur ou, ce qui revient ici au même, les variations de la profondeur de la mer. Il faut naturellement faire les corrections usuelles pour la latitude, etc.

M. Hecker ([1]), chargé par l'Association géodésique internationale, des observations de la pesanteur sur les océans, a utilisé cette méthode en employant un appareil composé de 5 baromètres et de 6 hypsomètres.

Les hauteurs barométriques, qui doivent être connues à quelques millièmes de millimètre près, étaient enregistrées photographiquement. M. Hecker a fait de nombreuses observations entre Hambourg et le Brésil, entre Sydney et San-Francisco, et entre cette dernière ville et Yokohama. Il a constaté que l'intensité de la pesanteur est normale en général sur les océans et présente des écarts en plus ou en moins quand les fonds changent brusquement. C'est ainsi qu'il a trouvé un écart positif très marqué dans le voisinage de l'île Oahu (Sandwich ou Hawaï) et à l'extrémité nord de la Nouvelle-Zélande, un écart négatif, au contraire, très marqué au-dessus du ravin des Tonga et un nouvel écart positif sur le plateau qui se trouve au sud de ces îles.

([1]) BOURGEOIS, « L'état de la géodésie », *Rev. gén. des Sciences pures et appl.*, 30-1-1907, p. 59.

En réalité ces observations concordent avec ce que nous savons sur les profondeurs relatives des régions considérées, bien que les observations de M. Hecker ne semblent pas avoir été faites dans ce but et si les anomalies très prononcées ont seules été bien mises en relief, cela tient sans doute à ce que les variations faibles et graduelles sont difficiles à démêler parmi les oscillations perpétuelles de l'extrémité de la colonne de mercure du baromètre dont il faut avoir la hauteur avec une précision extrême. Il en résulte qu'un procédé très simple sur la terre ferme, où d'ailleurs le professeur Mohn l'a utilisé, devient extrêmement difficile et délicat sur un navire ; nous avons vu que c'est souvent le cas.

Accumulateurs et dynamomètres.

Ce n'est pas d'aujourd'hui que l'on a imaginé d'atténuer les secousses brusques des véhicules au moyen de ressorts. Ce sont aussi des ressorts que l'on emploie, sous les noms d'accumulateurs et de dynamomètres, pour atténuer les mouvements brusques subis par la sonde ou par la drague pendant le roulis ou le tangage, de la façon que nous expliquerons plus loin. Les ressorts employés peuvent être de différentes sortes, et, suivant qu'ils sont munis ou non d'une graduation permettant de mesurer la tension qu'ils supportent, on les nomme dynamomètres ou accumulateurs.

Dans le type du *Blake* le ressort est formé par du caoutchouc exactement comme dans l'appareil imaginé depuis par l'ingénieur allemand Fehrmann pour mieux utiliser les efforts des chevaux dans l'attelage des voitures. Dans le même but, un constructeur suédois, M. Siden, a inventé de son côté un instrument formé de deux spirales d'acier enroulées en sens inverse, et il est assez curieux de constater que cet instrument n'est pas autre chose que le dynamomètre à ressorts emboîtés du Prince de Monaco, qui utilise depuis déjà longtemps ce dispositif.

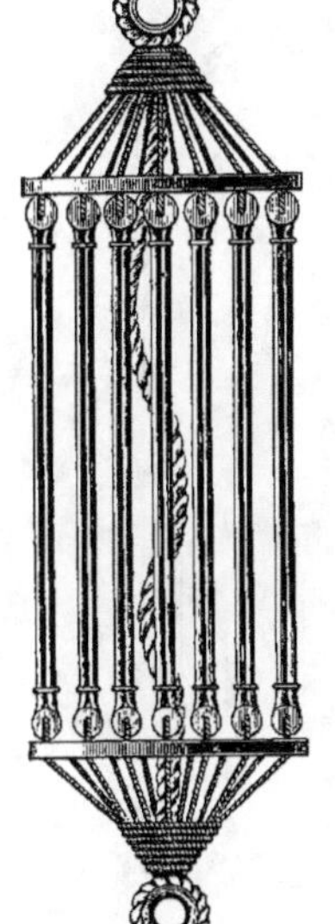

Fig. 29*. — Accumulateur de Hodgé.

Accumulateur de Hodgé (fig. 29). — Le modèle de Hodgé, plus ou moins modifié, consiste en deux disques de bois percés de trous symétriques par lesquels passent des cordes qui, attachées à des doubles rubans de caoutchouc, vont se réunir à un anneau de suspension supérieur et à un autre inférieur. Ces doubles rubans de caoutchouc cèdent sous la traction et pour que leur limite de résistance ne soit pas dépassée, un fort câble relie solidement les deux boucles d'attache mais il ne peut être tendu et remplacer les ressorts de caoutchouc que lorsque l'extension de ceux-ci dépasse une limite qui a été fixée à l'avance.

Dans les accumulateurs du *Challenger* et de la *Gazelle* les rubans de caoutchouc avaient 2^{cm} d'épaisseur et 90^{cm} de longueur, ils pouvaient s'allonger à 5^{m},50, ce qui correspondait pour chacun à une résistance de 32^{kg}. Le câble réunissant les deux boucles d'attache avait $4^m,5o$ de longueur. Le nombre des rubans et leur force varie suivant l'usage ; le *Vöringen* en avait un de 15 rubans pour les sondages et un de 3o pour les dragages. Un allongement de $2^m,75$ correspondait à une tension de 23^{kg} pour chaque double ruban.

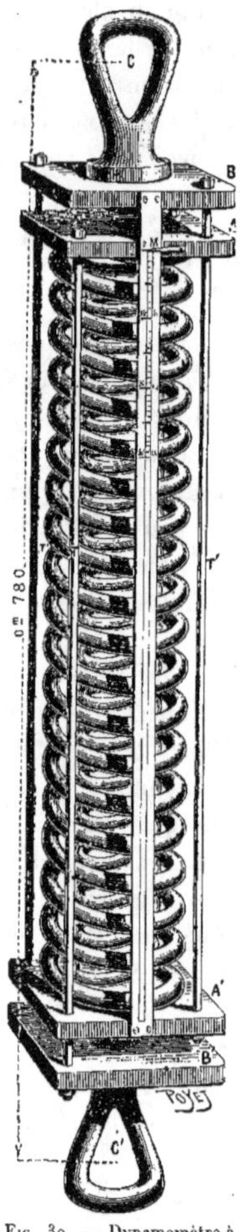

Accumulateur du *Blake*. — Il se compose d'une série de disques épais en caoutchouc séparés par des disques minces en métal ; le tout est enfilé sur une tige d'acier munie d'un anneau d'attache inférieur et fixé en haut à un solide plateau métallique traversé par des tiges qui servent de guides et le long desquels il peut glisser entre deux autres plateaux. L'appareil étant suspendu par la boucle supérieure, lorsqu'une traction s'exerce sur l'attache inférieure de la tige centrale, les disques de caoutchouc sont comprimés proportionnellement à l'effort et jouent le même rôle que les rubans de l'accumulateur de Hodgé.

Sur le *Blake* l'accumulateur contenait 39 disques de caoutchouc d'environ 14^{cm} de diamètre et 75^{mm} d'épaisseur. Les disques métalliques avaient environ $4^{mm},5$ d'épaisseur et 15^{cm} de large. L'ensemble avait près de 4^m de long et l'extension pouvait s'élever jusqu'à environ 2^m.

Une graduation déterminée par l'expérience indiquait au moyen d'un index la valeur de la traction qui pouvait varier de 200 à $3\,ooo^{kg}$ environ.

Accumulateur ou dynamomètre à ressorts emboîtés de l'*Hirondelle* (fig. 3o et 31). — Cet accumulateur présente en somme la même disposition que celui du *Blake* ; les disques de caoutchouc sont remplacés par deux forts ressorts en spirale de même pas et d'inclinaison contraire,

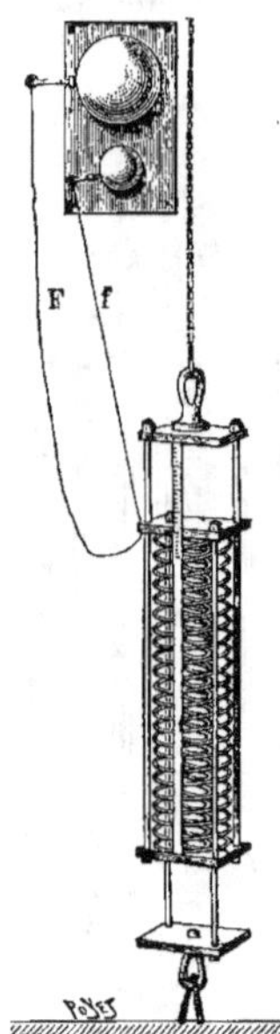

Fig. 31. — Dynamomètre à ressorts emboîtés montrant le dispositif au moyen duquel les timbres avertisseurs sont actionnés par l'aiguille indicatrice.

Fig. 3o. — Dynamomètre à ressorts emboîtés du Prince de Monaco.

emboîtés l'un dans l'autre (fig. 3o). Une règle graduée et un index permettent d'apprécier en centaines de kilogrammes l'effort supporté ; cette graduation est établie au préalable expérimentalement. A bord de l'*Hirondelle*, le dynamomètre était disposé de façon que lorsqu'une certaine tension était atteinte un timbre avertisseur se faisait entendre; la fig. 31 montre que l'on peut même facilement installer plusieurs timbres semblables fonctionnant successivement pour des tensions indiquées d'avance.

Cet accumulateur à ressorts emboîtés construit par J. Le Blanc n'a pas cessé d'être employé par le Prince de Monaco et, à bord de la *Princesse-Alice,* c'est encore à lui qu'on a recours. L'un de ces instruments est capable de mesurer des tractions allant jusqu'à 7 000^{kg}.

Machines à sonder.

Quand il s'agit de très petites profondeurs on se contente du plomb de sonde et l'on n'a pas besoin de machine à sonder. Mais dès que l'on veut faire des sondages de précision ou sonder dans les grands fonds, une machine est indispensable pour obtenir un travail régulier et des résultats dignes de confiance.

Les machines à sonder actuelles comportent toutes: 1° une bobine sur laquelle est enroulée la ligne de sonde (câble ou fil); 2° un compteur de tours qu'actionne une poulie de circonférence exactement déterminée sur laquelle passe le câble (si la poulie a 1^m de circonférence le nombre de tours donnera le nombre de mètres); 3° un frein permettant de modifier à volonté la vitesse de descente du sondeur; 4° un dynamomètre ou accumulateur servant à contre-balancer l'action perturbatrice des mouvements de roulis ou de tangage du navire. Le frein et le dynamomètre sont généralement liés de façon que le fonctionnement du frein soit automatique et arrête le déroulement de la ligne quand le sondeur touche le fond; 5° une installation permettant de remonter la ligne de sonde (manivelle à main, moteur électrique ou à vapeur).

Les choses seraient bien simplifiées s'il ne fallait pas compter avec les maudits mouvements de roulis et de tangage qui compliquent énormément toutes les opérations à la mer. En effet les mouvements du roulis (ou du tangage, suivant la position de la machine) empêchent un enroulement ou un déroulement régulier de la ligne de sonde et provoquent des secousses brusques qui peuvent occasionner des ruptures de cette ligne, surtout s'il s'agit d'un fil métallique qui prend du mou et fait des coques, ou saute d'une poulie pour se couper sur une pièce quelconque à l'effort qui suit ce relâchement. Il a donc fallu trouver le moyen de maintenir toujours le fil tendu convenablement, en tirant dessus quand il se relâche, ou au contraire en cédant quand sa tension s'exagère.

C'est aux accumulateurs qu'incombe ce soin, qu'ils soient sous forme de ressorts à boudin, sous forme de disques de caoutchouc empilés, ou simplement sous forme de contrepoids. Pour les grandes profondeurs la question se complique encore parce que, pendant la descente, le poids du sondeur s'augmente du poids non négligeable de plusieurs milliers de mètres du fil ou du câble de sondage; le frottement de l'eau sur le câble agit en sens inverse. Les accumulateurs, quels qu'ils soient, sont reliés au frein d'une part et de l'autre à une poulie mobile sur laquelle passe le fil de sonde. Les choses sont disposées pour que le frein, actionné par le poids du sondeur et du fil immergé, fonctionne de la façon suivante: si le roulis produit du mou dans le fil c'est comme si le poids du sondeur diminuait et le frein, serré par l'accumulateur, ralentit le déroulement de la bobine. Si dans le mouvement inverse du roulis la tension du fil augmente, c'est comme si le poids du sondeur augmentait, le frein ne pouvant le contre-balancer n'agit pas et le déroulement s'accélère, ce qui diminue la tension dangereuse. Si le sondeur touche le fond il ne pèse plus au bout du câble, c'est comme s'il était supprimé, l'accumulateur serre le frein à bloc et la machine s'arrête automatiquement.

Dans toutes ces machines on applique les principes établis par sir W. Thomson ; la bobine qui porte le fil d'acier doit être aussi légère que possible, tout en restant extrêmement solide, afin que lorsque le sondeur atteint le fond, le fil ne continue pas à se dérouler par l'inertie de la bobine ce qui amènerait des coques dans un fil aussi élastique que le fil d'acier ; or, chaque coque est fatalement le point d'une rupture plus ou moins précoce. C'est pourquoi il est bon que l'extrémité du fil d'acier soit attachée à un câble de chanvre de 8 à 10^m de longueur qui, lui, peut sans inconvénient se lover sur le fond ; l'essentiel est que le fil d'acier reste tendu, ce qu'on obtient par le seul poids du câble de chanvre, ou par un petit plomb allongé placé à l'union du câble de chanvre et du fil d'acier. Tout l'art du sondage consiste d'après Thomson, à appliquer à la bobine une résistance telle qu'elle s'arrête quand le lest touche le fond ; c'est ce qu'on obtient automatiquement comme nous l'avons vu tout à l'heure.

Il va sans dire que quelle que soit la machine dont on dispose, la première chose à faire est d'apprendre à la connaître et à s'en servir. Le plus important, surtout pour les machines où l'on emploie un simple fil d'acier, est de bien régler le frein qui doit être serré ni trop ni trop peu. S'il l'est trop, l'arrêt de la machine peut se produire sans que le sondeur ait atteint le fond ; s'il ne l'est pas assez, la bobine peut s'emballer, le fil faire des coques et casser.

Le Dr Schott a étudié ce qui se passe quand on sonde dans les grandes profondeurs avec un fil de 0^{mm},9 de diamètre : 1 000^m de ce fil pèsent dans l'air 5^{kg},6 et dans l'eau 4^{kg},9 ; 6 000^m pèsent 29^{kg},4 dans l'eau. Il faudrait donc quand on sonde par 6 000^m augmenter au frein la résistance de la quantité correspondant à cette augmentation de poids de 29^{kg},4 s'il n'y avait pas le *frottement*. Pour le fil en question la surface de frottement est de 2^{mq},8274 pour 1 000^m, presque 12 mètres carrés pour 4 000^m. Le rapport entre l'augmentation de poids et l'augmentation de résistance par friction, pour chaque 1 000^m, est tel que la résistance par friction augmente plus vite et ainsi ralentit de plus en plus la chute du sondeur, de sorte qu'il faut desserrer de plus en plus le frein si l'on veut obtenir une vitesse de chute constante. Le contraire peut d'ailleurs se présenter, suivant le diamètre et la forme de la ligne.

Sur l'*Albatross* on avait un fil de 0^{mm},7 pesant à peu près 3^{kg} par 1 000^m et résistant à environ 95^{kg}.

Machine à sonder du *Talisman* (fig. 32). — Cette machine ressemble beaucoup à celle de W. Thomson telle qu'on l'employa d'abord sur le *Blake*.

Une bobine P porte 8 000 mètres de fil d'acier de 1^{mm} de diamètre, le fil passe de là sur la poulie

B qui a juste 1^m de circonférence et dont l'axe engrène par une vis sans fin avec les deux roues dentées d'un compteur de tours; le fil passe ensuite sur la poulie A fixée à un chariot mobile sur deux rails inclinés. La bobine P porte un frein *f* à levier, relié par une corde C, au chariot mobile. De la poulie du chariot mobile A le fil va sur une dernière poulie K située hors du navire et de là tombe à la mer. Une plate forme extérieure permet d'approcher du fil et d'installer le sondeur et les instruments qu'il doit porter.

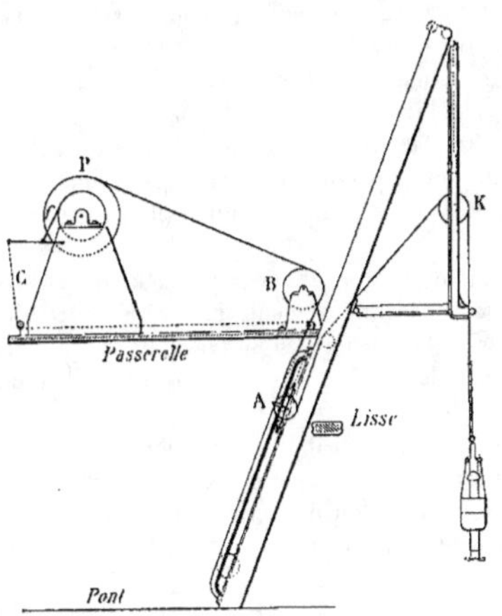

Fig. 32. — Appareil de sondage du *Talisman*.

Dans les mouvements de roulis le chariot monte ou descend la pente des rails et actionne le frein de la bobine par la corde qui relie ces différentes parties. Quand le sondeur touche le fond, le chariot tombe au bas de sa course et le frein ainsi serré à bloc arrête net le déroulement du fil de sonde.

Pour compenser l'augmentation du poids de la partie immergée quand la profondeur atteinte devient de plus en plus grande, on ajoute des poids au chariot mobile. Mais alors celui-ci devenant très lourd agit sur le frein ce qui contrarie la descente ; il faut alors charger aussi le sondeur. Sur le *Talisman* en 1883, on s'arrangeait avec les poids de façon à avoir dès le début une vitesse de déroulement de 200^m à la minute. On ne se sert plus aujourd'hui de cette machine, due à l'ingénieur Thibaudier.

C'est une machine très semblable à celle du *Talisman* que le Prince Albert de Monaco employait en 1887 et 1888 à bord de l'*Hirondelle*, deux hommes suffisaient pour remonter le fil de sonde ; sur le *Talisman* le fil était remonté à la vapeur.

Machine à sonder de Sigsbee (fig. 33). — Une bobine A porte le fil de sonde. Elle est munie d'un côté d'une rainure taillée en V pour recevoir la corde qui servira de frein. En quittant la bobine, le fil de sonde vient sur une

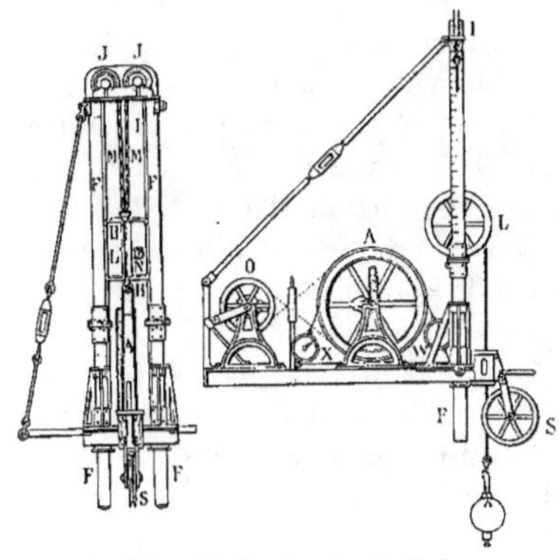

Fig. 33*. — Machine à sonder de Sigsbee.

poulie L qui a juste 1^m de circonférence et qui est munie d'un compteur N. Puis le fil descend, passe à travers un cylindre creux et de là va à la mer. La poulie L est portée par une sorte de chariot rectangulaire HH qui peut glisser entre deux colonnes creuses FF, munies de guides MM le long desquelles glissent, en les embrassant, les extrémités des traverses HH du chariot. Ce dernier est suspendu par le milieu de sa partie supérieure au moyen de 2 chaînes I fixées en ce point, et qui, passant l'une à droite et l'autre à gauche, chacune sur une poulie J, vont s'attacher à la partie supérieure d'un ressort à boudin puissant ou accumulateur logé dans la partie inférieure de chaque colonne F. L'extrémité inférieure de chaque accumulateur est fixée au fond intérieur de la colonne correspondante. Chaque colonne porte extérieurement une règle de cuivre graduée expérimentalement et donnant en kilogrammes la tension exercée sur les accumulateurs.

Le frein automatique est établi de la façon suivante : une corde très solide est fixée par une extrémité au bâti de la machine, soit directement soit par l'intermédiaire du dynamomètre X, en arrière de la rainure en V de la bobine; cette corde passe dans cette rainure, puis, directement ou par l'intermédiaire du dynamomètre W, et d'une poulie sur la poulie attachée à la partie inférieure médiane du chariot glissant, de là elle descend sur une autre poulie et enfin vient s'attacher, tendue à volonté, après un taquet, sur le bâti.

C'est le dispositif du chariot glissant entre les deux colonnes et relié d'une part aux accumulateurs et de l'autre à la corde-frein, qui amortit et rend inoffensifs les mouvements du navire. Grâce à la liaison qui existe entre le chariot et le frein de la bobine la machine est autorégulatrice, puisque lorsque le navire roule le frein serre ou se relâche suivant le sens et l'amplitude du mouvement du chariot.

La poulie O est munie d'une roue à rochet avec son cliquet et d'une manivelle mobile. On peut donc remonter le câble à la main par l'intermédiaire d'une courroie croisée (en pointillé sur le dessin) dont on peut modifier la tension. Il est facile de faire tourner cette poulie par un petit moteur électrique ou à vapeur ou d'actionner directement l'axe de la bobine par l'intermédiaire d'un embrayage quelconque.

La poulie S est disposée de façon à avoir toujours en contact au fond de sa rainure le fil de sonde qui passe au centre du cylindre creux autour duquel la monture de la poulie S peut tourner; cela est surtout utile pour remonter le fil de sonde pendant la marche du navire.

La machine de Sigsbee, plus ou moins modifiée depuis dans certains détails, est employée depuis 1877 sur le *Blake*, puis sur l'*Albatross*. Elle a toujours été très appréciée de ceux qui ont eu l'occasion de s'en servir. La *Valdivia* en possédait une mue à l'électricité; le Dr Schott déclare qu'elle a fonctionné par des temps très mouvementés pendant lesquels d'autres machines auraient été inutilisables.

A bord de la *Valdivia* le fil de sonde était remonté par un moteur électrique de 2^{chx},5 à 1 100 tours sous 110 volts. La bobine faisait un tour pour 12 tours du moteur. Le fil ayant 0^{mm},9 de diamètre, on employait un lest de 28 à 30^{kg}. On réglait le déroulement du début de façon à ne pas dépasser 3^m par seconde, en moyenne 2^m,6 à 2^m,8. Le déroulement diminue à mesure que le frottement augmente avec la longueur du fil et finalement il se fait avec 2^m,4 et 2^m,2 par seconde.

La bobine doit être d'un seul bloc d'acier fondu, car elle est exposée à des pressions formidables, comme d'ailleurs dans les autres machines analogues où la bobine est en même temps treuil. Si par exemple, ce qui est fréquent, le fil est enroulé avec une tension de 25^{kg} sur chaque extrémité d'un même diamètre, soit 50^{kg} par tour, on a, pour 6 000^m occupant environ 3 000 tours de la bobine, une pression de 150 tonnes ! C'est l'histoire du fil enroulé autour du doigt avec une petite tension constante pour chaque tour et qui finit, avec le nombre de tours, par le comprimer fortement.

Aussi la bobine de la *Valdivia* s'est-elle brisée plusieurs fois en remontant le fil de sonde, avec une vitesse de 2^m,4 ou 2^m,7 à la seconde, de profondeurs dépassant 5 000^m.

Il n'est pas sans intérêt de comparer les chiffres obtenus au moyen de la machine Sigsbee, à bord de la *Valdivia*, avec ceux que donne M. Buchanan pour le *Challenger*. A bord de ce navire on employait uniquement des lignes de chanvre pesant, dans l'air, 49^{kg},5oo par 1 ooo^m et seulement 14^{kg},85o dans l'eau. Le lest pesait en moyenne 152^{kg}. Avec un tel poids la descente se faisait tout d'abord à une vitesse très grande, dépassant même 2^m,6 par seconde tout au début (156^m par minute), mais déjà à 1 8oo^m cette vitesse n'est plus que de 1^m,78 par seconde (107^m par minute) et de 1^m,25 (75^m par minute) vers 7ooo^m. La vitesse de montée qui variait de 2^m,4 à 2^m,7 par seconde (144 à 162 par minute) sur la *Valdivia*, variait de 1^m,5o à o^m,65 (9o à 39^m par minute) à bord du *Challenger*. Il n'est pas douteux que le fil d'acier permet beaucoup plus de rapidité avec un poids beaucoup moindre, mais on hésite à lui confier des séries d'instruments tels que des bouteilles à eau et des thermomètres dont l'ensemble augmente très notablement le poids immergé et expose à des ruptures ; on s'adresse alors à un câble d'acier.

Les compagnies de câbles télégraphiques que la profondeur seule intéresse, et qui se soucient peu de perdre du fil d'acier pourvu qu'elles gagnent du temps, emploient un fil d'acier qui n'a pas plus de o^{mm},7 ou même o^{mm},6 de diamètre.

Machine à sonder de la *Princesse-Alice*. — La fig. 34 représente cette machine, récemment modifiée par son constructeur M. Jules Le Blanc et actionnée par une dynamo ; dans la fig. 35 on a l'ensemble, vu d'en haut, tandis que la fig. 36 montre l'installation telle qu'elle existe à bord du yacht *Princesse-Alice*. Il sera facile de retrouver dans les dessins 34 et 36 les différentes parties indiquées par des lettres dans la fig. 35 et de comprendre ainsi le fonctionnement de cette machine à sonder.

Nous avons vu que dans la machine de Sigsbee et, en somme, dans toutes celles où le fil s'enroule directement

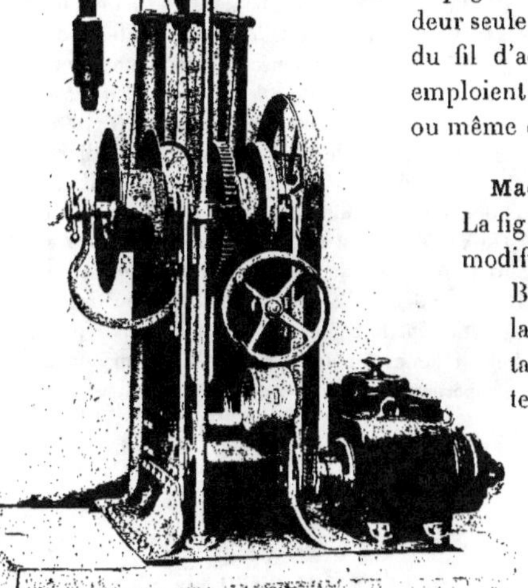

Fig. 34. — Machine à sonder de la *Princesse-Alice* modifiée (Le Blanc).

sur la bobine, il se produit à la montée, si la vitesse et le poids sont suffisamment grands, des efforts considérables qui font éclater des bobines très solides.

Cet inconvénient s'étant produit plusieurs fois aussi pendant les campagnes du Prince de

Monaco, M. Le Blanc installa à bord de la *Princesse-Alice* la machine décrite ici et dont le principe consiste en ce que le câble de sondage, au lieu d'être remonté et enroulé directement sur la bobine D, passe d'abord sur le treuil C qui peut faire tout l'effort nécessaire, et ensuite seulement sur la bobine D dont la vitesse de rotation doit être telle que le câble passant de l'un à l'autre par l'intermédiaire de la poulie supérieure (fig. 34 et 36) soit toujours tendu convenablement. Le câble part donc de la bobine D, va de là sur la poulie supérieure (celle que tient le matelot dans la figure 36); de là il va sur le treuil C où il fait deux ou trois tours, puis descend sur une poulie inférieure (visible

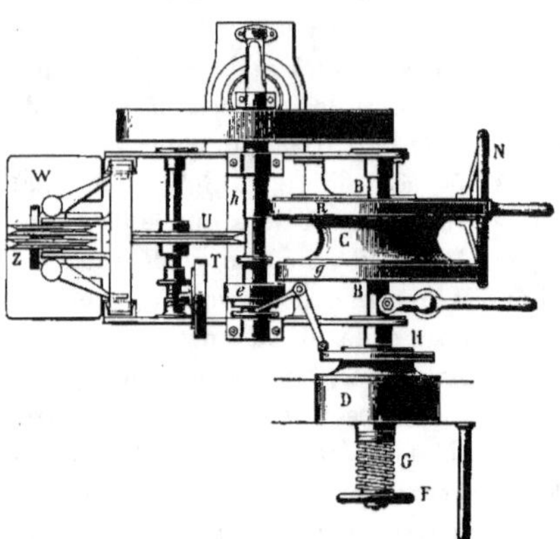

dans les fig. 34, 36) suspendue par des ressorts à boudin qui servent de dynamomètre, grâce à une aiguille fixée à l'un d'eux et qui peut se promener le long d'une règle graduée au moyen d'expériences préalables. Ce dynamomètre sert à indiquer, en kilogrammes, la traction exercée sur le câble; il sert aussi comme accumulateur pour corriger les mouvements dus au roulis. De cette poulie qui suit le mouvement des ressorts, le câble passe sur la poulie U (invisible sur la fig. 34 mais bien apparente sur la fig. 36) située au-dessus de la précédente et dont la circonférence est juste de 1^m, de sorte que dans le compteur de tours à cadran T les aiguilles indiquent directement la profondeur en mètres.

Le volant N sert à actionner un frein R du treuil C, tandis que la couronne dentée *g* du treuil peut être engrenée avec un pignon denté *e* fixé à l'axe de rotation *h* qui transmet le mouvement d'une petite machine à vapeur (fig. 36)

- Fig. 35*. — Machine à sonder de la *Princesse-Alice*; détails.

ou d'une dynamo (fig. 34). Comme le diamètre de la bobine pleine de câble augmente ou diminue à mesure que celui-ci s'enroule ou se déroule et diffère du diamètre constant du treuil, il est nécessaire de pouvoir faire varier la vitesse de rotation de la bobine par rapport à celle du treuil afin de maintenir le câble convenablement tendu. On y arrive ainsi : la bobine D est entraînée à tourner simplement parce qu'elle est plus ou moins énergiquement appuyée par friction par le ressort G au moyen du volant F contre la plaque H qui est fixée à l'arbre B. Il suffit de tourner le volant F dans un sens ou dans l'autre pour que la rotation de la bobine soit plus ou moins rapide que celle du treuil. Pendant le sondage on doit donc de temps à autre agir sur F suivant que le câble qui passe du treuil sur la bobine par la poulie supérieure, est trop ou pas assez tendu, ce que l'expérience apprend rapidement.

Les poulies Z de la fig. 35 sont celles d'où le câble tombe directement à la mer, au-dessus de la plate-forme W extérieure au navire comme le montre la fig. 37.

Grâce à l'existence séparée d'un treuil en acier capable d'efforts considérables et de la bobine qui sert uniquement à recevoir, pour ainsi dire sans aucun effort, l'enroulement du câble, les accidents d'éclatement de la bobine-treuil n'existent plus. En outre on peut employer avec facilité non plus un simple fil d'acier mais un vrai câble et ne plus abandonner le lest sur le fond quand la profondeur n'est pas excessive, lorsque, par exemple, elle ne dépasse pas $3\,000^m$. On peut aussi confier à ce câble des instruments variés et en série. A bord de la *Princesse-Alice* on emploie depuis très longtemps un câble de $2^{mm},3$ de diamètre, formé de 3 torons de 3 fils d'acier galvanisé, ayant une résistance de 240^{kg} et dont le poids est d'environ 16^{kg}

par 1 000 mètres. La bobine représentée dans la figure 36 contient 12 000^m de ce câble.

Lorsqu'il s'agit uniquement de sonder, les expéditions océanographiques préfèrent en général se servir de la machine de Sigsbee. Mais le petit câble employé avec la machine que nous venons de décrire, à la place du simple fil d'acier, tout en per-

Fig. 36. — Machine à sonder de la *Princesse-Alice* en fonctionnement.

mettant de sonder avec précision, donne beaucoup de commodité pour nombre d'opérations que l'usage du gros câble de dragage rendrait compliquées ; c'est le cas notamment des prises de température et d'échantillons d'eau en série.

La vitesse de déroulement du câble entraîné par un lest d'environ 60^kg peut dépasser 2^m par seconde. Ainsi, le 8 août 1905 dans la mer des Sargasses (26°37' N. 36°35 W. Stn. 2 081) la sonde mit 44 minutes pour atteindre le fond à 5 382^m et fut ramenée à bord en 45 minutes.

Autres machines à sonder. — Il existe encore un certain nombre de machines à sonder, de petit volume, faciles à installer sur des embarcations, comme celles de Tanner, de Lucas, de Belloc, etc. Elles sont toutes basées sur le même principe que celle de Sigsbee : fil d'acier enroulé sur une bobine dont le déroulement est arrêté

Fig. 37*. — Machine à sonder de la *Princesse-Alice*. Plateforme de sondage et série de bouteilles à eau.

automatiquement par un frein quand le sondeur touche le fond. Nous ne ferons que signaler l'existence de ces machines.

Quel que soit le procédé employé pour sonder il ne suffit pas de faire un sondage, il faut encore en déterminer la position sur la carte. Lorsque l'on peut prendre des relèvements à terre dans de bonnes conditions, la position d'un sondage (ou d'une opération quelconque à la mer) peut être établie avec une très grande exactitude ; mais il n'en est plus de même quand on perd la côte de vue et quand on est réduit à fixer la position par la détermination de la latitude et de la longitude. En effet chacune de ces opérations comporte une erreur telle que la position ainsi déterminée se trouve quelque part dans la surface d'un cercle de plus de 5^{km} de diamètre, sans qu'on puisse préciser davantage la position du point à fixer. Or, si dans bien des cas, notam

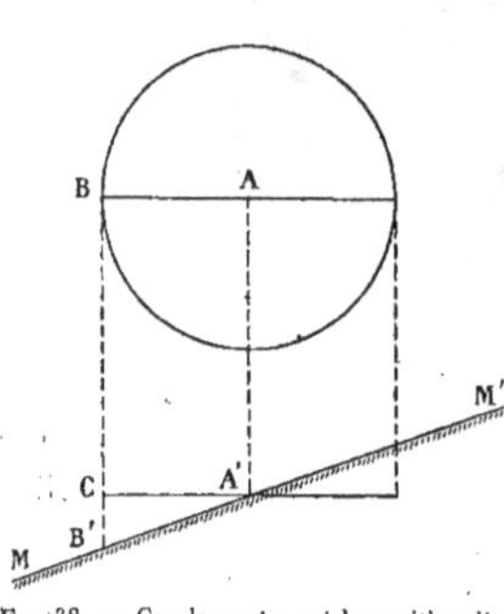

Fig. 38. — Cercle contenant la position d'un point déterminé astronomiquement.

ment dans les très grandes profondeurs, les variations de niveau du sol dans un cercle de 5^{km} sont peu sensibles, il n'en est pas de même dans les régions où le fond présente une pente plus ou moins forte. Il est alors facile de voir par la fig. 38

que, suivant que le point de sondage est placé en A ou en B dans le cercle, la profondeur peut être fort différente; ainsi il se trouve très au large de Lorient, à la limite du plateau continental, une zone où sur cette distance de 5^{km} les fonds passent de 350^m à 850^m environ, de sorte que, dans le cercle donné comme point pour un sondage, la profondeur peut varier de 500^m d'une extrémité à l'autre d'un même diamètre NE-SW.

CHAPITRE II

ÉTENDUE DES TERRES ET DES MERS

Rapports entre l'étendue des terres et celle des mers. — Opposition entre les océans polaires. — Hémisphère
terrestre et hémisphère maritime. — Rapports des reliefs immergé et émergé du globe : de la plus haute
montagne au plus profond abîme sous-marin. — Niveau moyen de la mer. — Rapports des surfaces de profondeurs et d'altitudes diverses. — Longueur totale des rivages.

Cartes bathymétriques. — La conférence de Wiesbaden. — Projet de carte bathymétrique de M. Thoulet exé-
cuté grâce à l'intervention du Prince de Monaco. — Terminologie sous-océanique. — Fond convexe des océans.
— Topographie du fond des différentes mers. — Plateau continental. — Vallées sous-marines.

Nous devons rappeler d'abord que, bien que certains auteurs récents aient voulu
en faire une poire, la Terre est un sphéroïde aplati aux pôles dans des conditions telles
que le rayon polaire est plus court de 21^{km} que le rayon équatorial. L'aplatissement
est compris entre 1/294 et 1/300.

Le rayon équatorial mesure $6\,378\,284^m$ d'après Clarke, $6\,377\,397^m$ d'après Bessel.

— polaire	$6\,356\,607$	— ,	$6\,356\,079$ —
Différence	$21\,677^m$		$21\,318^m$

Le rayon moyen est $6\,371^{km}$, à peu près la distance de l'embouchure de l'Amazone
au cap Horn.

Nous avons une tendance naturelle à croire que notre planète présente une forme
géométrique parfaite comme celle que nous nous plaisons à attribuer aux corps célestes
et que nous croyons nécessaire à la précision mathématique des calculs astrono-
miques. Nous savons aujourd'hui que cette forme de la terre n'est pas aussi régulière,
que la surface libre des mers, par exemple, n'est pas une surface de niveau ; cette
surface n'est pas partout perpendiculaire à la verticale indiquée par le fil à plomb ;
nous verrons en effet que la surface de la mer est modifiée par l'attraction qu'exercent
sur celle-ci les masses continentales voisines. C'est ainsi qu'on a constaté que la
surélévation de l'océan près des côtes peut atteindre jusqu'à 250 mètres au-dessus
du niveau moyen de la mer. L'ellipsoïde de révolution que formerait théoriquement
la surface des mers en supposant qu'elle se continue tout autour du globe en se prolongeant sous les terres est donc, dans la réalité, assez notablement modifié par la
masse des terres émergées et devient ce qu'on a appelé un *géoïde*. Celui-ci diffère
précisément de l'ellipsoïde théorique par les irrégularités de la surface des mers dues
à l'attraction des masses terrestres. Nous laissons de côté, comme irrégulières et peu

importantes, les variations de niveau de la mer produites par la densité inégale due à la différence de salure aux différents points, par les vents et par les courants.

Rappelons encore que la densité moyenne du globe est 5,5. Comme la densité de l'eau de mer dépasse peu 1, comme celle de presque toutes les roches qui constituent la croûte terrestre est comprise entre 2 et 3, il est nécessaire d'admettre que la densité des couches profondes est très élevée.

Un des premiers points que nous avons à considérer est le rapport que présentent les surfaces des mers et des continents. La surface du globe étant évaluée à 510 000 000 de kilomètres carrés, il y en a 354 062 350 d'après Murray et 361 100 000 d'après Krümmel, occupés par la mer. Pour Wagner il faut compter 365 501 000, soit en chiffres ronds 365 000 000 $^{km^2}$ pour la surface des eaux marines et 145 000 000 pour la surface émergée ; cela fait environ 252 parties de surface marine pour 100 de surface terrestre, soit presque les trois quarts (71/100) de la surface du globe.

D'un autre côté ces surfaces des terres et des mers sont très inégalement distribuées ; l'examen d'une mappemonde et surtout d'un globe nous le montre immédiatement avec la plus grande netteté. Il est facile de voir que les terres sont surtout développées dans l'hémisphère nord et d'autant plus qu'on s'élève vers le cercle polaire, tandis que le contraire a lieu dans l'hémisphère sud : en effet, abstraction faite du continent polaire, les terres deviennent plus rares à mesure qu'on descend au Sud. Les proportions des terres émergées sont telles qu'on peut admettre que la surface des terres de l'hémisphère nord est deux fois et quart plus grande que dans l'hémisphère sud. Mais il y a mieux : au lieu de prendre les hémisphères classiques, imitons l'exemple de M. Penck qui a eu l'idée de choisir comme pôle un point situé près de Cloyes, à quelque distance d'Orléans ; nous obtenons ainsi un globe dont l'équateur passe à peu près par le cap de Bonne-Espérance, la pointe de la presqu'île de Malacca et de celle de Californie, puis traverse obliquement l'Amérique du Sud (fig. 39). L'hémisphère nord ainsi défini a reçu de M. Penck le nom d'hémisphère terrestre : en effet la surface des terres y est presque égale à celle des mers (dans le rapport de 1 à 1,1), tandis que dans l'hémisphère sud la surface des mers est huit fois et demie plus grande que la surface émergée. Cet hémisphère maritime ne comprend, en fait de terres, que le continent polaire, l'Australie, la Nouvelle-Guinée, les îles de la Sonde et la poussière d'îles du Pacifique. Et l'on peut dire avec M. de Lapparent que l'espace qui contient Berlin, Londres et Paris forme la partie centrale du massif de la terre ferme, car en prenant cet espace comme centre les résultats précédents ne changent pas sensiblement.

En revenant aux pôles classiques, l'examen d'un globe permet de constater encore un certain nombre de faits signalés depuis plus ou moins longtemps par les géographes et les géologues : par exemple, l'opposition entre l'océan Arctique où Nansen a trouvé jusqu'à 3 800^m de profondeur, et le continent Antarctique ; le fait que le centre du Pacifique a son antipode à peu près au centre de la masse européo-asiatique. On a remarqué aussi depuis longtemps que l'ensemble des terres forme trois massifs terminés en pointe vers le Sud : Amériques, Europe-Afrique, Asie-Australasie ; la disposition des masses océaniques est inverse ; en effet la masse principale entoure le

continent Antarctique et envoie vers le Nord trois grands prolongements : Atlantique,
océan Indien, Pacifique. C'est l'ensemble de ces rapports qui a fait comparer l'écorce
solide de la terre à une pyramide à quatre faces triangulaires dont trois angles feraient
saillie autour de l'océan Arctique, tandis que le quatrième formerait le continent
polaire opposé.

On peut voir que les extrémités en pointe des trois masses terrestres sont déviées
vers l'Est, cela est surtout marqué pour l'Amérique du Sud et pour l'Australie qu'on

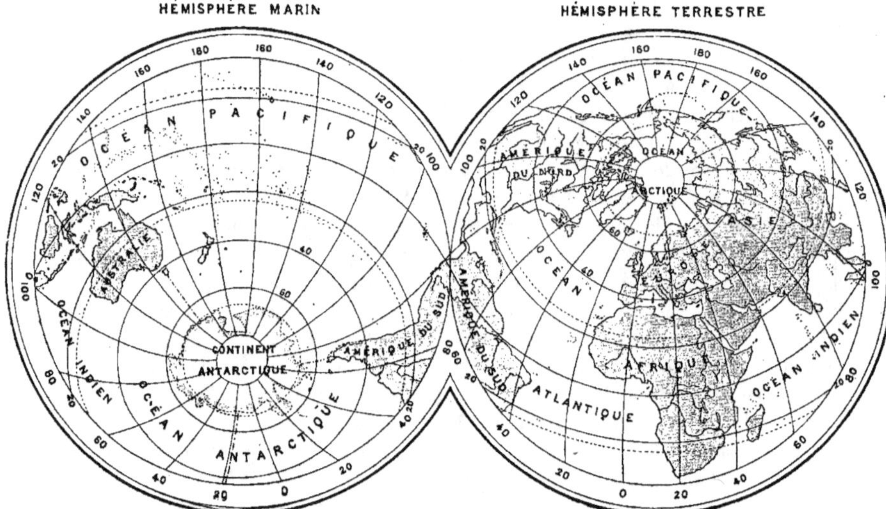

Fig. 39. — Hémisphère marin et hémisphère terrestre.

peut rattacher à ce point de vue à la masse asiatique. On a constaté que la zone où se
produit cette déviation vers l'Est se trouve partout rencontrer une zone de dépression
qui entoure le globe et qu'on a appelée dépression méditerranéenne parce que la
Méditerranée en est la portion la plus caractéristique. Cette zone de dépression se
continue par la mer Rouge, l'océan Indien, traverse le Pacifique, l'isthme de Panama
et l'Atlantique jusqu'à Gibraltar, comme le montre l'étude bathymétrique et géolo-
gique de ces différentes régions. Il semble donc que cette déviation vers l'Est des
pointes continentales résulte d'un mouvement de torsion de notre globe suivant la
dépression qui l'entoure.

La longueur totale des rivages des mers du globe est évaluée par M. Penck à
261 700^{km} et à 259 000^{km} par M. Krümmel, soit en chiffre rond 260 000^{km}, c'est-à-
dire plus de six fois le tour de la terre. D'après Andréas Hansen, en tenant compte
de toutes les indentations des fjords et des contours des îles principales, la longueur
des côtes de la seule Norvège atteint le chiffre fantastique de 20 000^{km}, soit la moitié

de la circonférence terrestre ([1]). Nous devons à E. Reclus le tableau suivant qui donne le nombre de kilomètres carrés correspondant à 1^{km} de côtes pour divers pays :

Afrique, 1420.	Australie, 534.	Grèce et Turquie, 83.
Asie, 763.	Amérique du Nord, 407.	Péloponèse, 20.
Amérique du Sud, 689.	Europe entière, 289.	Norvège, 16,2.

L'Afrique massive a la plus petite longueur de côtes par rapport à sa surface, tandis que le Péloponèse, découpé, offre juste le contraire ; il se trouve que la Norvège l'emporte encore cependant sur lui en présentant 1^{km} de côtes pour $16,2^{kmq}$.

Il nous est très difficile de nous représenter nettement les rapports existant entre les parties de notre globe qui en forment le relief aérien ou sous-marin et les dimensions mêmes de ce globe. Ainsi, dire que la montagne la plus élevée, l'Everest ([2]), qui atteint 8840^m n'égale que la 720e partie du rayon terrestre et que le mont Blanc (4810^m) est 1 321 fois plus petit que ce rayon ne représente rien de bien net à notre esprit. Il est d'ailleurs facile d'exposer ces rapports sous une forme plus saisissante en les ramenant à des dimensions avec lesquelles nous sommes mieux familiarisés : sur une sphère de 1^m de diamètre l'Everest serait représenté par une saillie de $0^{mm},7$, pas même 1 millimètre ! La plus grande profondeur connue jusqu'ici est de 9636^m, soit 660 fois plus faible que le rayon terrestre, c'est-à-dire que sur le globe de 1^m de diamètre le maximum de profondeur de notre planète sera représenté par un creux de $0^{mm},75$. La dénivellation totale, représentant la différence de niveau entre le plus haut sommet de la terre et le fond le plus considérable des océans, ne dépasserait pas $1^{mm},45$, soit moins de un millimètre et demi sur un globe de 1^m de diamètre. Aussi a-t-on pu dire avec raison que la surface de la terre peut être comparée, au point de vue de l'importance du relief, à la coquille d'un œuf, et cela d'autant plus justement que les hauteurs comme celles de l'Everest et les profondeurs de plus de 6000^m sont extrêmement rares. Si bien qu'en réalité, quoiqu'il nous paraisse, le relief terrestre est vraiment insignifiant par rapport aux dimensions de notre planète, ce qui ne nous empêche pas de parler des abîmes quelquefois même en les accompagnant de l'épithète insondables !

Nous venons de parler des plus hautes montagnes et des plus grandes profondeurs marines ; mais où est le point de départ de ces mesures ? C'est le niveau de la mer, expression que nous employons ou lisons chaque jour sans nous rendre compte des difficultés que présente sa définition. Nous avons vu déjà que ce niveau, même en l'absence de vent et de courant, n'est pas le même partout puisqu'il s'élève au voisinage des masses terrestres sous l'influence de l'attraction ; il y a encore les marées, l'influence de la pluie, de la hauteur barométrique ; quant au vent, il peut aussi produire des dénivellations importantes qui peuvent dépasser 2^m et même 3^m dans certaines conditions. Si l'on veut prendre comme base des mesures le *niveau moyen de*

([1]) RABOT, *La Géographie*, n° 8, 1900, p. 124.
([2]) Le Gaurisankar situé à 57^{km} de l'Everest n'a que 7143 m (*La Géographie*, 1904, p. 315).

la mer il faut tenir compte de toutes ces variations soit directement, et alors il faut continuer les observations marégraphiques pendant de longues années (18 ans d'après M. Bouquet de la Grye), soit employer d'autres procédés que nous étudierons dans la suite. Du reste le niveau de la mer n'est pas le même dans les différentes mers dont la salure et par suite la densité sont différentes ; ces mers qui communiquent entre elles se trouvent soumises aux mêmes lois que les vases communiquants contenant des liquides de densités différentes.

Il fallait donc choisir un point de départ, un repère fondamental. Cette base du nivellement général de la France se trouve dans le puits du marégraphe de l'anse du port Calvo à Marseille. Ce nivellement général entrepris en 1884 par l'ingénieur Lallemand a été conduit avec une précision telle que l'erreur probable de la dénivellation entre deux repères situés l'un à Dunkerque, l'autre à Perpignan, ne dépasse pas 7^{cm}. On sait aujourd'hui que la différence de niveau de la mer à Brest par rapport à Marseille est de 0^m,17 au lieu de 1^m,62, chiffre adopté jusque-là ; que le niveau est sensiblement le même à Gênes qu'à Venise et diffère de 0^m,18 entre Trieste et Amsterdam.

Profondeur des mers.

La plus grande profondeur authentique connue se trouve au sud-est et près de l'île Guam, une des Mariannes, dans le Pacifique ; la mer atteint là 9 636^m. L'Everest y disparaîtrait entièrement et aurait encore près de 800^m d'eau au-dessus de sa pointe. Comme on le voit, les plus hauts sommets correspondent assez bien, en valeur absolue, aux plus grandes profondeurs, car les profondeurs de 15 000 et 16 000^m qu'on a cru trouver autrefois sont le résultat de sondages défectueux.

La profondeur moyenne des mers augmente à mesure que nos connaissances progressent ; le Professeur Krümmel avait trouvé d'abord 3 438^m, puis M. Supan admit 3 650 ; plus récemment M. Penck trouva 3 650 et M. Wagner 3 500. Se basant sur ce fait que les sondages font découvrir de nouvelles fosses profondes, et sur cet autre que l'Antarctique, autrefois compté parmi les surfaces marines, doit être rendu aux continents, M. de Lapparent estime que l'on ne peut pas faire une grande erreur en admettant 4 000^m pour la profondeur moyenne des mers du globe. En admettant ce chiffre, le volume de la masse marine serait de 1 500 millions de kilomètres cubes, c'est-à-dire 15 fois celui des continents et 12 à 13 fois seulement si l'on n'admet que 3 500^m pour la profondeur moyenne. La hauteur moyenne des terres émergées peut être évaluée à 700^m d'après le même géologue.

Le diagramme ci-joint (fig. 40) réunit les données les plus importantes relativement à l'étendue et au relief des parties émergées et immergées de notre globe. Il a été établi d'après les chiffres de MM. Supan, Penck, Murray, etc. De part et d'autre d'une ligne représentant le niveau de la mer on voit les échelles verticales du relief, terrestre à gauche jusqu'à 8 840^m (Everest) et marin à droite jusqu'à 9 636^m de profondeur. La longueur *ac* représente les 145 millions de km^2 de la surface émergée, tandis que *cb* figure les 365 millions de la surface marine, au total les 510 millions de km² de notre globe. Les espaces portés, tant sur la partie terrestre que sur la partie marine de la ligne du niveau de la mer, représentent proportionnellement les étendues situées à tel ou tel niveau. Ainsi l'espace *op* est celui dont la profondeur va de 3 000 à 4 000ᵐ. Et il est facile de voir que tandis que la surface des terres dont le niveau est inférieur à 1 000ᵐ d'altitude est considérable et dépasse de beaucoup la surface des terres situées à plus de 1 000ᵐ, la surface immergée à moins de 1 000ᵐ de profondeur est, au contraire, très faible par rapport au reste ; les surfaces immergées les plus grandes sont celles qui se trouvent entre 4 000ᵐ et 5 000ᵐ de profondeur. Le même diagramme nous montre, par l'étroitesse des espaces qui représentent

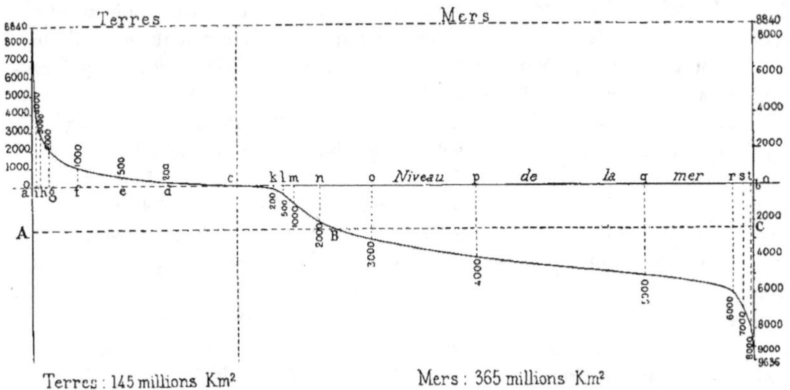

Fɪɢ. 40. — Diagramme représentant l'étendue et le relief des parties du globe émergées et immergées.

leurs surfaces, que les très grandes altitudes et les très grandes profondeurs sont des exceptions et n'occupent qu'une très petite surface de notre globe.

M. Supan a fait très justement remarquer par le diagramme précédent que la courbe du relief terrestre est concave vers l'extérieur, profil que donne partout l'érosion, tandis que la courbe du relief immergé présente deux convexités très nettes, l'une entre 0 et 2 000ᵐ, l'autre entre 5 000 et 9 000ᵐ. Ces convexités caractérisent des plis du sol qui, protégés contre l'érosion, se sont maintenus intacts.

Si dans le diagramme nous menons par la profondeur de 2 360ᵐ environ une parallèle ABC au niveau de la mer, cette ligne représente ce que M. Romieux a appelé surface d'équidéformation, parce que le volume des mers au-dessous de cette surface serait justement égal au volume des terres. De plus, d'après lui le poids de la masse océanique serait égal au poids des masses continentales qui sont au-dessus de cette surface d'équidéformation, les deux poids s'équilibreraient. Enfin si les terres étaient nivelées les mers les recouvriraient d'une couche d'eau uniforme de 2 500ᵐ d'épaisseur.

Cartes bathymétriques.

Au moyen des méthodes et des instruments que nous avons décrits, des sondages en nombre considérable ont été effectués dans toutes les mers du globe par une foule de navires de toutes les nationalités et appartenant soit aux marines de guerre, soit à des expéditions scientifiques, soit, et pour une très large part, à des compagnies de câbles télégraphiques. Le besoin se fit bientôt sentir de dresser des cartes d'ensemble permettant de se rendre compte immédiatement de l'allure et de l'aspect du relief sous-marin, tout en étant suffisamment détaillées. Nous ne pouvons pas donner ici en détail l'historique des cartes bathymétriques, ni nous occuper particulièrement des cartes côtières dressées par les services hydrographiques des différents pays, uniquement pour les besoins de la navigation et pour lesquelles ces services ne se préoccupent guère des fonds supérieurs à 200^m.

Parmi les cartes bathymétriques générales établies dans le but indiqué plus haut, les plus importantes sont certainement celle publiée en 1893 par le bureau de la marine impériale allemande (*Reichs-Marine-Amt*), puis celle que sir John Murray a jointe à la publication de l'expédition du *Challenger* (*Summary of results*, 1895). Les trois feuilles de cette dernière carte donnent à la fois le relief terrestre et le relief sous-marin ; elles ont été condensées par leur auteur en une carte plus petite mais mise au courant des dernières découvertes de l'époque (1899) [1]. La même année le Professeur Supan présentait aussi une petite carte bathymétrique générale [2]. Nous ne pouvons qu'indiquer en passant les cartes partielles publiées à la suite d'expéditions scientifiques du *Travailleur* et du *Talisman*, du *Blake*, de l'*Albatross*, du *Pola*, du *Siboga*, de la *Valdivia*, de la *Scotia* pour ne citer que les plus importantes.

Mais toutes les cartes d'ensemble sont à une trop petite échelle pour qu'on y puisse marquer tous les détails nécessaires aux études océanographiques qui ont pris un si grand développement, et aussi pour répondre aux besoins des recherches qui doivent aboutir au progrès des pêches et de diverses industries, sans parler des besoins de la science pure. C'est pourquoi le Congrès international de géographie de Berlin (1899) et après lui les Conférences océanographiques internationales de Stockholm (1899) et de Christiania (1901), exprimèrent le désir de voir publier rapidement une carte générale bathymétrique des océans et établir la terminologie de la topographie sous-marine. Dans ce but le congrès de Berlin avait nommé une commission qui se réunit à Wiesbaden les 15 et 16 avril 1903, sous la présidence du Prince Albert de Monaco en l'absence du Baron de Richthofen. Les membres présents, groupés dans la photographie ci-jointe (fig. 41), étaient MM. les Professeurs Krümmel de Kiel, Hugh Robert Mill d'Edimbourg, O. Pettersson de Stockholm, Supan, et Thoulet de Nancy, tous océanographes bien connus ; les autres membres n'avaient pu se rendre à la conférence (MM. l'amiral Makaroff, sir John Murray, F. Nansen). M. Thoulet présenta

---

[1] *Scottish geogr. magazine*, octob. 1899.
[2] *Petermanns geogr. Mitt.*, 1899.

alors son projet d'une carte générale ([1]), projet qui fut approuvé à l'unanimité par
la Commission ; il ne restait plus qu'à le mettre à exécution, et c'est là que les difficultés se présentèrent, et en première ligne la plus grosse, la question d'argent, car
le travail représenté par le projet de M. Thoulet entraîne des frais considérables et la
Commission de Wiesbaden n'aurait pas abouti si son président, le Prince de Monaco,
n'avait alors assumé la lourde charge de cette publication dont il confia la direction
à M. Sauerwein son aide de camp, enseigne de vaisseau de la marine française et qui
avait rempli les fonctions de secrétaire aux séances de la Commission. M. Thoulet

(M. Sauerwein)   M Krümmel   M. Thoulet   Prince de Monaco   M. Supan   M. Pettersson   M. Mill

Fig. 41. — Les membres de la Commission de Wiesbaden.
(Photographie Schiffer.)

put présenter au Congrès international de géographie de Washington la minute défi-
nitive de la carte, dressée par M. Tollemer, qui fut adoptée par le Congrès le 13 septembre 1904, et dont la première édition était en distribution en juin 1905. Cette
carte générale est au dixmillionième (1/10 000 000) et en 24 feuilles de $1^m \times 0^m,59$;
le méridien d'origine est celui de Greenwich ; les profondeurs sont indiquées en
mètres ; les courbes isobathes tracées sont celles de 200^m, 500^m, $1\,000^m$, $2\,000^m$, etc. ;
les surfaces comprises entre deux courbes de niveau consécutives sont teintées en
bleu de plus en plus foncé à mesure que la profondeur est plus grande.

([1]) *Bull. Musée océanogr. de Monaco*, n° 21, 1904.

3*

CARTE BATHYMÉTRIQUE DE L'ATLANTIQUE
d'après
la Carte générale bathymétrique des Océans
de M. Thoulet, publiée sous les auspices
de S.A.S. Mgr l'Prince de Monaco
et d'après la Carte de sir
John Murray.
PROFONDEURS
200 Mètres
1000
3000
4000
5000
6000
7000
OCÉAN GLACIAL ARCTIQUE
MER DU GRÖNLAND
GRÖNLAND
BASSIN ARCTIQUE
CRÊTE DE L'ISLANDE
Islande
Fœroë
MER DU NORD
NORVÈGE
SUÈDE
GOLFE DU GRÖNLAND OU DE BAFFIN
BASSIN DE L'HUDSON
LABRADOR
CRÊTE DE REYKJANÆS
ÎLES BRITANNIQUES
ALLEMAGNE
CANADA
Bcs DE TERRE NEUVE
FRANCE
ITALIE
ÉTATS-UNIS
Mississipi
PLATEAU DES AÇORES
(6006m)
ESPAGNE
PORTUGAL
BASSIN DE
(6492m)
PLATEAU DU DOLPHIN
FOSSE DE MONACO, (6290m)
Madère
MAROC
Bermudes
L'AMÉRIQUE DU NORD
FOSSE DE NARES
(6751m)
(6068m)
Canaries
BASSIN MEXICAIN
SEUIL DE L'ATLANTIQUE
VALLÉE DE L'ATLANTIQUE
VALLÉE DE L'ATLANTIQUE EST
(15526)
PLATEAU DU CAP VERT
Cap Vert
AFRIQUE
AMÉRIQUE CENTRALE
BASSIN CARAÏBE
(6040m)
Niger

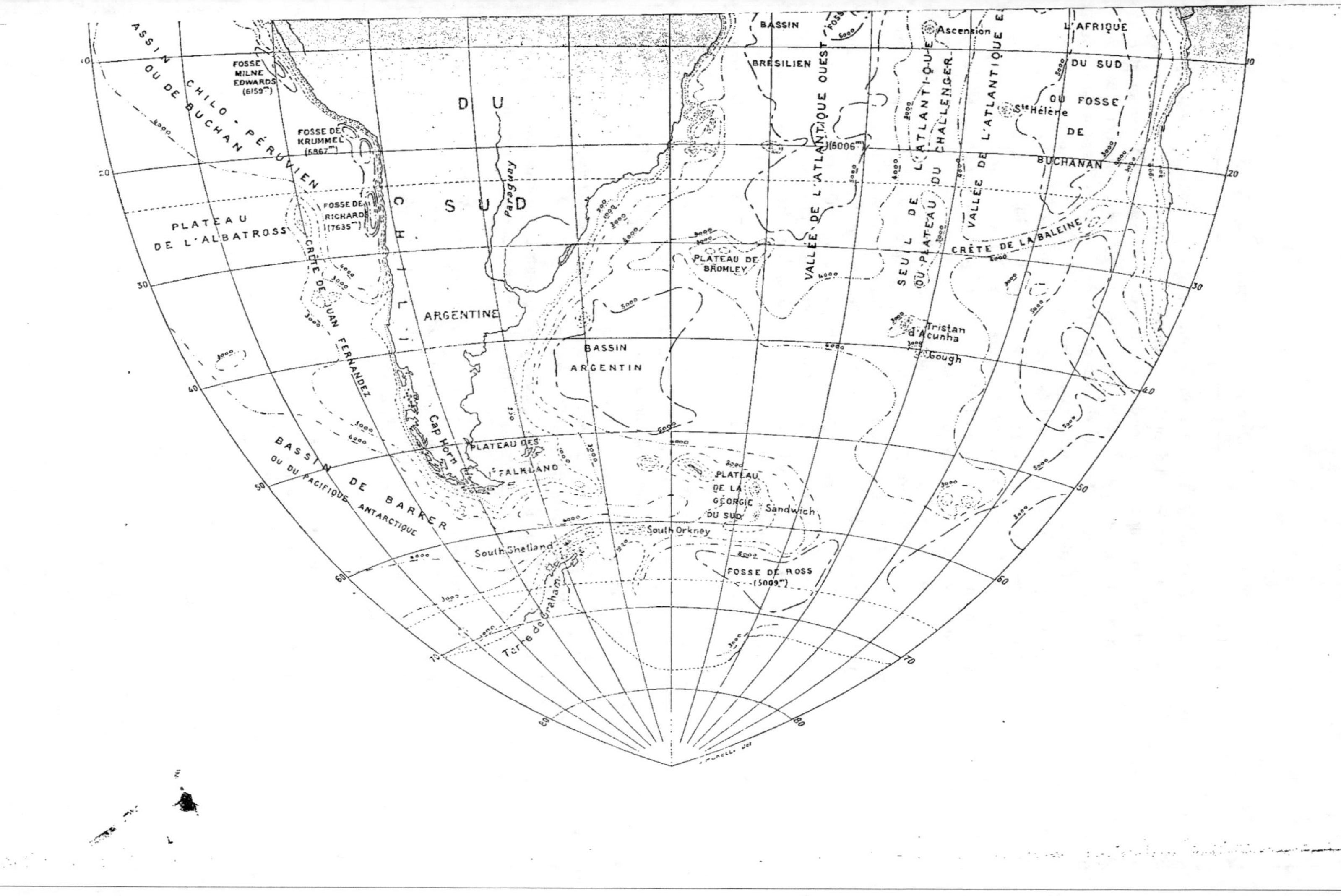

BASSIN CHILO-PÉRUVIEN OU DE BUCHAN
FOSSE MILNE EDWARDS (6159")
FOSSE DE KRUMMEL (6867")
FOSSE DE RICHARDS (7635")
PLATEAU DE L'ALBATROSS
CRÊTE DE JUAN FERNANDEZ
CHILI
DU SUD
Paraguay
ARGENTINE
Cap Horn
BASSIN ARGENTIN
PLATEAU DE BROMLEY
BASSIN BRÉSILIEN
VALLÉE DE L'ATLANTIQUE OUEST
(6006")
Ascension
SEUIL DE L'ATLANTIQUE OU PLATEAU DU CHALLENGER
VALLÉE DE L'ATLANTIQUE E
St-Hélène
L'AFRIQUE DU SUD
OU FOSSE DE BUCHANAN
CRÊTE DE LA BALEINE
Tristan d'Acunha
Gough
BASSIN DE BARKER OU DU PACIFIQUE ANTARCTIQUE
PLATEAU DES FALKLAND
PLATEAU DE LA GÉORGIE DU SUD
Sandwich
South Orkney
South Shetland
Terre de Graham
FOSSE DE ROSS (5009")

Cette œuvre considérable, qui a vu le jour grâce à l'amour de la science et à la générosité du Prince Albert de Monaco, méritait d'être signalée ici d'une façon toute spéciale, parce qu'elle marque une date importante dans l'histoire de l'Océanographie ; un pareil ouvrage ne peut atteindre du premier coup toute la perfection désirable, mais comme il doit être tenu au courant des travaux incessants des explorateurs de la mer, il est facile de l'améliorer graduellement et la deuxième édition, qui est en préparation, marquera un progrès très grand sur la première.

Un des premiers résultats importants d'un travail de revision et d'ensemble de ce genre, et peut-être le plus net, est de mettre en relief l'insuffisance des documents dont nous disposons. Ce qui frappe le plus, lorsqu'on examine cette grande carte, ce sont les immenses étendues de mer dans lesquelles on n'observe pas un seul sondage ; c'est notamment le cas pour le Pacifique ; mais il n'est pas nécessaire d'aller si loin ; il y a un de ces grands vides dans la Méditerranée, entre la Sardaigne et les Baléares ; tout près de la côte du Portugal il se trouve un espace aussi grand que ce royaume dans lequel la sonde n'a jamais été jetée. Dans un ouvrage comme celui-ci nous avons dû présenter une carte bathymétrique réduite et établie d'une façon différente de la grande carte indiquée ci-dessus ; le mieux nous a paru de suivre l'exemple de sir John Murray et de donner cette carte en 3 feuilles contenant chacune un des grands océans : Atlantique, Indien, Pacifique, mais nous avons utilisé les données de la grande carte bathymétrique pour mettre la nôtre au courant de la science actuelle.

La conférence de Wiesbaden étudia aussi et adopta la terminologie présentée par M. Supan pour les formes du relief sous-marin ; le congrès de Washington en approuva le principe. Nous nous bornerons à résumer la traduction française donnée par M. Thoulet ([1]).

I. *Formes de première grandeur*, c'est-à-dire formes d'une certaine étendue, éléments de l'ossature principale du lit océanique.

1. *Socle* ou *plateau continental*, bordure continentale en pente douce depuis le rivage jusqu'à environ 200^m de profondeur, puis tombant brusquement en pente abrupte.

2. Profondeurs encloses de tous côtés par des relèvements du sol sous-marin : *a*, les *bassins*, ayant les deux dimensions horizontales à peu près égales ; *b*, les *vallées*, excavations allongées et larges avec flancs doucement inclinés ; ces vallées peuvent être morcelées en bassins ; *c*, les *ravins*, excavations allongées mais relativement étroites, à bords escarpés dont le bord continental est plus élevé que le bord océanique.

Les ramifications des vallées et des bassins sont : *a*, larges et arrondies ou triangulaires et alors on les appelle *golfes* ; *b*, allongées, ce sont des *chenaux* (chenal des Färöer, chenal de Norvège).

3. Les élévations sont entourées de tous côtés par des creux, ou bien elles se

---

([1]) *Bull. Musée océanogr. de Monaco*, n° 21, 1904, p. 24-27.

détachent du rebord continental : *a,* les *seuils* sont toutes les élévations, larges ou allongées, de hauteur quelconque, mais qui montent doucement sous des angles de quelques minutes. Leur rôle est peu important à cause de leur aplatissement. On les considère comme formes de première grandeur parce qu'elles fonctionneraient comme principaux faîtes de partage des eaux si le lit de la mer devenait terre ferme ; *b,* les *crêtes* sont les élévations allongées, à pentes plus abruptes ; *c,* les *plateaux* sont des élévations plus raides, de plus grande étendue, de longueur et de largeur à peu près égales.

4. Les points les plus bas des creux s'appellent *fosses.*

II. *Formes de seconde grandeur,* d'étendue restreinte mais se détachant nettement sur le fond environnant par un talus plus raide.

1. Élévations ; *a,* allongées, étroites : *crêtes ; b,* isolées ou montagnes sous-marines : α, les *dômes* ont une base exiguë mais des pentes raides, se rencontrant dans des profondeurs dépassant 200^m. (Ex. dôme *Dacia*) ; β, les *bancs,* montent à moins de 200^m, mais n'arrivent pas à 11^m au-dessous de la surface (Ex. banc *Princesse-Alice* au sud de Fayal, Açores) ; γ, les *récifs* ou *hauts-fonds,* au-dessus desquels la mer a moins de 11^m de profondeur et qui constituent un danger pour la navigation.

2. Creux ; *a, caldeiras,* effondrements plus ou moins abrupts d'une aire relativement restreinte ; *b, sillons,* coupures en forme de vallée ou de canal qui pénètrent dans le plateau continental suivant des directions plus ou moins perpendiculaires.

A cause de la forme de notre globe la surface des mers est convexe et la ligne qui réunit deux points opposés des bords d'un océan, en suivant cette courbe, est un arc de cercle ACB dont la corde AB est presque toujours au-dessous du fond de la mer, c'est-à-dire que ce fond est presque toujours convexe (fig. 42). Pour qu'il fût concave il faudrait que la profondeur de

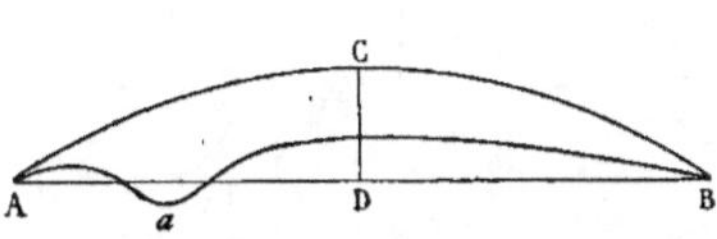

Fig. 42. — Schéma du fond convexe de l'Océan ; en *a* seulement il présente une concavité.

l'eau descendît plus bas que la corde AB. Eh bien, si nous faisons une coupe verticale en travers de l'Atlantique, nous trouvons qu'il occupe un arc tel que sa flèche CD atteint 1 150^{km}. « Ainsi, dit M. de Lapparent, si on suppose le fond AB de cet océan absolument plat d'une rive à l'autre, l'épaisseur de la mer en son milieu serait 150 fois plus grande que le maximum de profondeur observé dans l'Atlantique. » Il n'y a que quelques fosses étroites et profondes comme celles des Mariannes, celle des Tonga, ou certains détroits, qui aient un fond concave. Le Pas-de-Calais présente un exemple très frappant de ce cas ; en effet l'arc ACB a 32^{km} ; or la flèche d'un tel arc a 19^m ; comme le détroit atteint 60^m de profondeur, son fond est bien nettement concave.

Contrairement à ce que prétendait le Père Kircher, séduit sans doute par les idées de symétrie, les plus grandes profondeurs des océans ne se trouvent pas dans les parties centrales, mais bien au contraire près des côtes ou près de chaînes d'îles ; il

CARTE BATHYMÉTRIQUE DE L'OCÉAN INDIEN

d'après

la Carte générale bathymétrique des Océans

de M. Thoulet, publiée sous les auspices

de S. A. S. Mgr le Prince de Monaco

et d'après la carte de sir

John Murray.

PROFONDEURS

200 Mètres
1000 "
3000 "
5000 "
6000 "

SEYCHELLES
Chagos
PLATEAU DE RODRIGUEZ
FOSSE DE SUNDA (7000 m)
OCÉAN INDIEN
Mascareignes
Madagascar
AUSTRALIE
BANC D'AGULHAS
Amsterdam St.Paul
SEUIL DES CROZET
Crozet
Bouvet
PLATEAU DES KERGUELEN
VALLÉE DES KERGUELEN
Zambèze
FOSSE DE WHARTON (6459 m)

suffit, pour s'en convaincre immédiatement, d'examiner une carte bathymétrique ;
on constate par exemple que la plus grande profondeur de l'Atlantique se trouve
confinée contre l'île de Puerto-Rico (8 526ᵐ) ; dans le Pacifique nous remarquerons
la même particularité encore plus accentuée. Nulle part les plus grandes profondeurs
ne sont centrales ; la partie centrale de l'Atlantique, tant nord que sud, est même

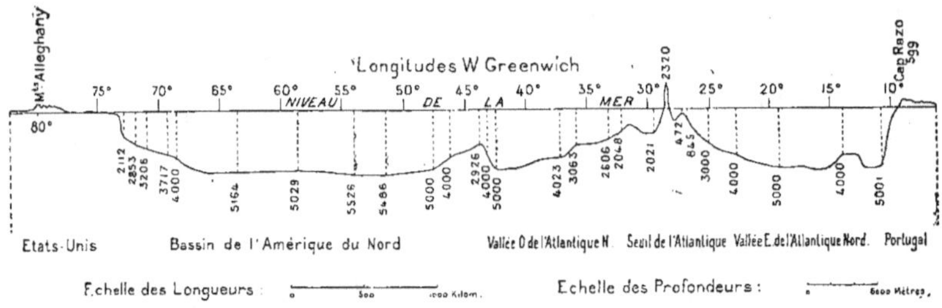

Fig. 43. — Coupe de l'Atlantique passant par le sommet de Pico (Açores).

occupée, au contraire, par le *seuil* de l'Atlantique, longue saillie qui porte les Açores
et sépare l'Atlantique en deux profondes vallées longitudinales.

L'examen des cartes bathymétriques nous montre donc que le relief du fond des
océans ne présente pas plus d'ordre et de régularité que le relief terrestre émergé.

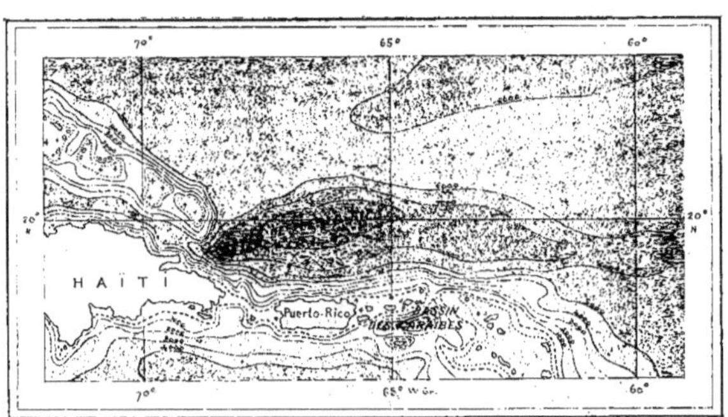

Fig. 44. — Ravin de Puerto-Rico, d'après la Carte générale bathymétrique des Océans.

« C'est en vain, dit M. de Lapparent, qu'on chercherait, dans ce qu'on appelle un
océan, quelque dessin d'ensemble, attesté par la convergence de toutes les pentes
vers une fosse centrale. L'ensemble a été justement comparé à une marqueterie dont
les différentes pièces auraient joué, les unes par rapport aux autres[1]. » On ne
trouve que des compartiments plus ou moins profonds qui paraissent indépendants

[1] DE LAPPARENT, *Géographie physique*, p. 15 et 16.

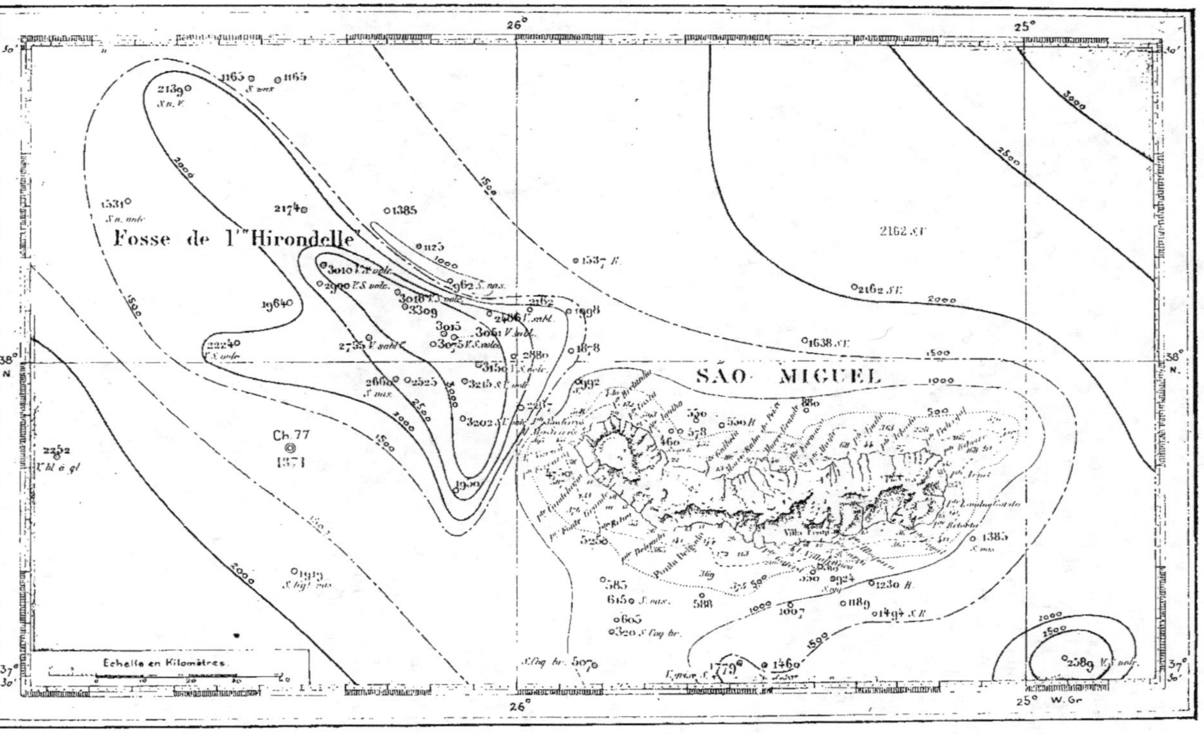

Fig. 45. — Fosse de l'Hirondelle et île São-Miguel (Açores).

les uns des autres. Des exemples
bien nets de ces compartiments
déprimés sont les mers des îles
de la Sonde : mers ou bassins
de Célèbes, de Banda, etc.,
bordés de toutes parts par
des chaînes d'îles monta-
gneuses ou des hauts-
fonds entre lesquels ces
bassins présentent
des profondeurs
énormes de 4 000
à 6 000ᵐ.

Le sol sous-ma-
rin ne diffère donc
du sol aérien que
par les détails et
surtout par ce fait
que le sol immergé
a le dessin de ses
lignes plus simple
et plus régulier, tan-
dis que celles du re-
lief émergé sont
déchiquetées et irré-
gulières par le fait de
l'érosion. Mais dans les
deux cas le relief provient
des mêmes causes, forma-
tion de plis par compression
latérale due à la contraction
de l'écorce terrestre et affaisse-
ments locaux. L'océan Pacifique
est le plus grand de ces compartiments affaissés : nous trouvons en effet
que toutes ses côtes sont formées par des
bourrelets de hautes montagnes, souvent volcaniques, soit à l'Est soit à l'Ouest, montagnes
qui se continuent sous la mer jusqu'à des ravins très
profonds, tandis que le fond général est plat et plus
ou moins divisé en compartiments secondaires. Nous avons

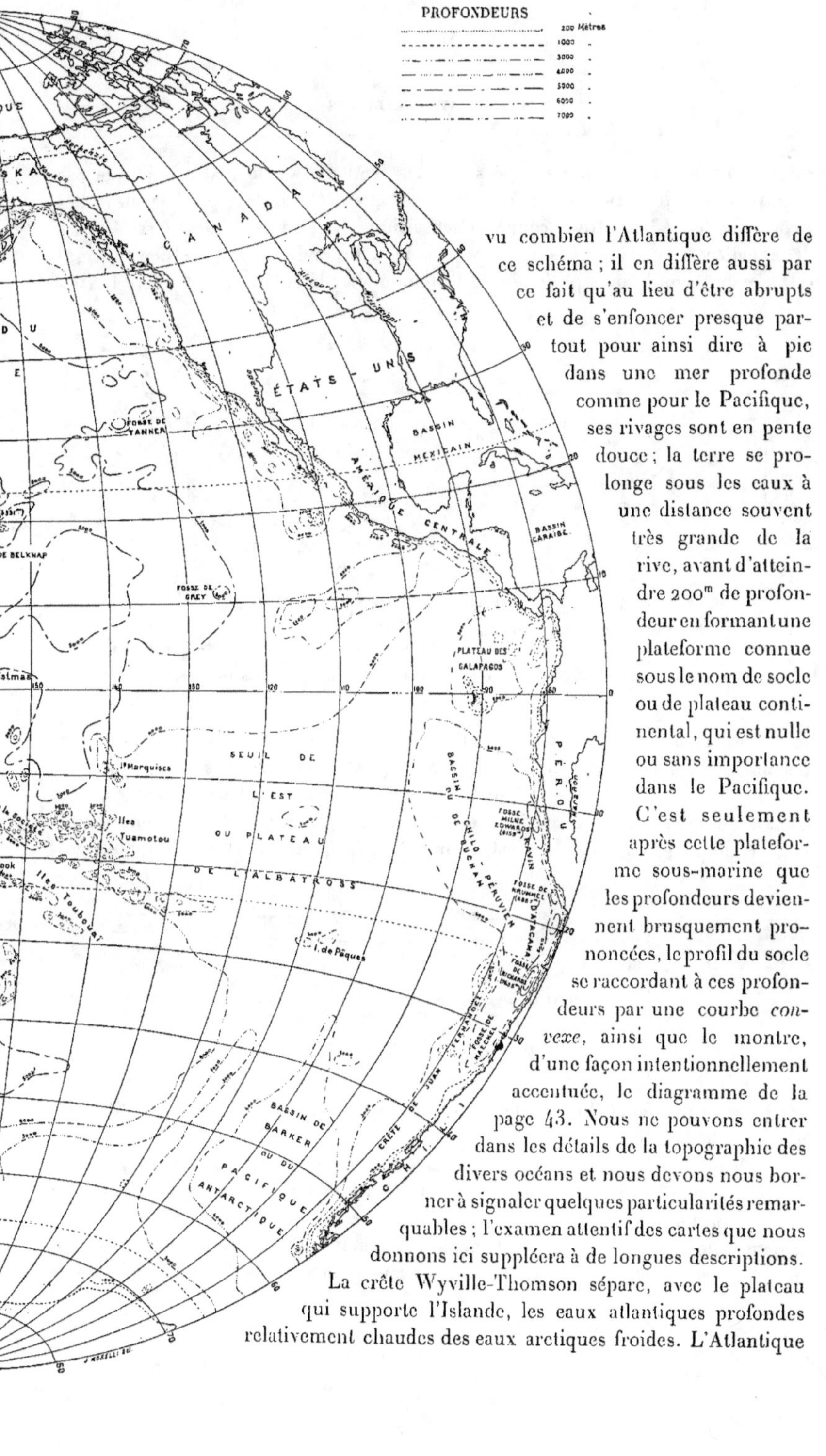

vu combien l'Atlantique diffère de ce schéma ; il en diffère aussi par ce fait qu'au lieu d'être abrupts et de s'enfoncer presque partout pour ainsi dire à pic dans une mer profonde comme pour le Pacifique, ses rivages sont en pente douce ; la terre se prolonge sous les eaux à une distance souvent très grande de la rive, avant d'atteindre 200^m de profondeur en formant une plateforme connue sous le nom de socle ou de plateau continental, qui est nulle ou sans importance dans le Pacifique. C'est seulement après cette plateforme sous-marine que les profondeurs deviennent brusquement prononcées, le profil du socle se raccordant à ces profondeurs par une courbe *convexe*, ainsi que le montre, d'une façon intentionnellement accentuée, le diagramme de la page 43. Nous ne pouvons entrer dans les détails de la topographie des divers océans et nous devons nous borner à signaler quelques particularités remarquables ; l'examen attentif des cartes que nous donnons ici suppléera à de longues descriptions.

La crête Wyville-Thomson sépare, avec le plateau qui supporte l'Islande, les eaux atlantiques profondes relativement chaudes des eaux arctiques froides. L'Atlantique est partagé en deux grandes vallées par un seuil qui va de l'Islande jusque par le travers du cap de Bonne-Espérance, et qui atteint la surface par le plateau des Açores. La fig. 43 montre la coupe caractéristique de cet océan avec son seuil et ses deux vallées, par le travers de Pico (Açores). Le ravin de Puerto-Rico (fig. 44) est la dépression la plus profonde de l'Atlantique, elle atteint 8 526^m. Vers l'extré-

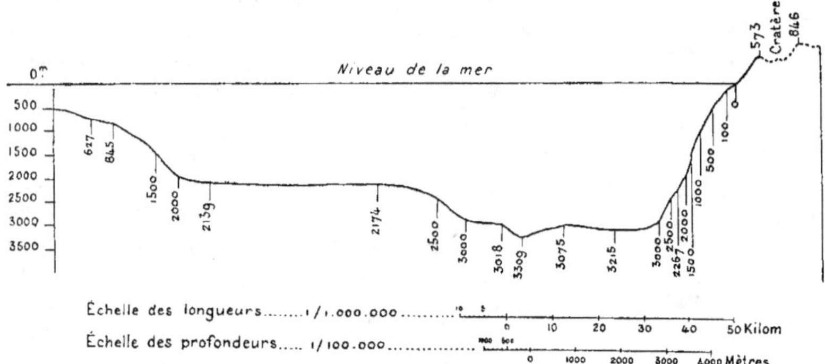

Fig. 46. — Fosse de l'*Hirondelle*. Coupe : hauteurs 10 fois plus grandes que les longueurs.

mité nord de la fosse de Tizard, sous l'équateur, un fond de 7 370^m a été découvert par la *Romanche*, en revenant du cap Horn ; il est désigné sous le nom de fosse de la Romanche sur les cartes allemandes, et il est intéressant de constater que le *Gauss*, de l'expédition antarctique allemande, a trouvé 7 230^m au même point ; cette concordance à 140^m près est vraiment remarquable pour de si grandes pro-

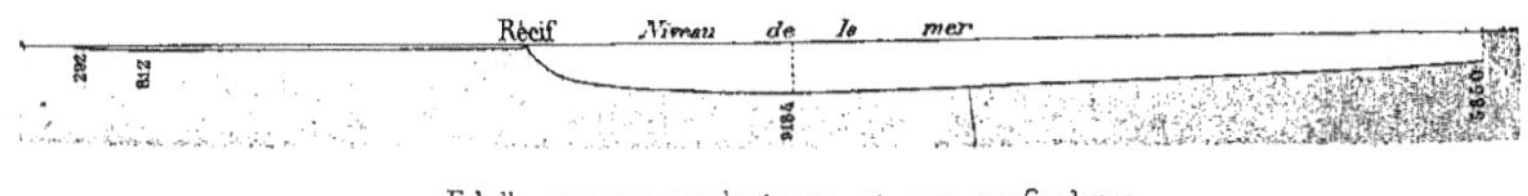

Fig. 47. — Coupe du ravin des Tonga.

fondeurs et permet d'éliminer les doutes émis tout d'abord sur la valeur des sondages de la *Romanche*.

Sur le plateau même des Açores se trouve une fosse découverte en 1887 par l'*Hirondelle* et que le Prince de Monaco a étudiée à différentes reprises (fig. 45). C'est entre la partie sud-est de son bord et la pointe Ferraria qu'apparut le 18 juin 1811 la fameuse île Sabrina qui disparut bientôt. L'étendue de cette fosse est un peu plus grande que celle du lac Léman ; d'après l'examen qu'a fait M. Thoulet ([1]) de l'obsi-

([1]) *C. R. Ac. des Sciences*, 18 juillet 1904.

dienne et des ponces qui en forment le fond, cette dépression serait un cratère adventif des Açores.

Quant aux basins qui dépendent de l'Atlantique, nous ferons seulement remarquer ce fait qu'il existe encore dans la mer Méditerranée, qui devrait être la mieux connue de toutes, un immense espace situé entre la Corse, la Sardaigne et les Baléares, qui est à peu près complètement inconnu au point de vue bathymétrique.

Pour l'océan Indien, la plus grande profondeur, qui est de 7 000ᵐ, a été trouvée récemment (1906), dans une petite fosse située au sud de Java, par l'expédition scientifique allemande du *Planet*.

C'est le Pacifique qui présente les plus grandes profondeurs connues ; le ravin des Tonga offre une pente moyenne de 15°/₀,

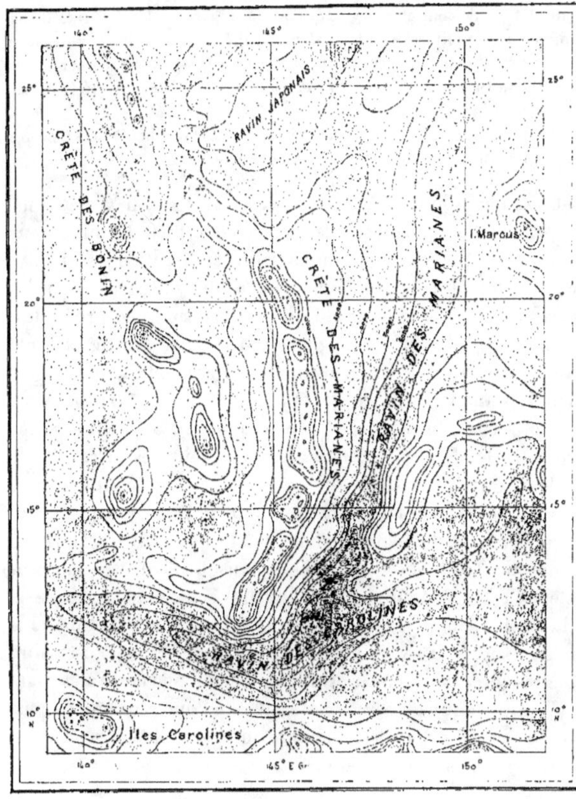

Fig. 48. — Ravins des Carolines et des Mariannes, d'après la Carte générale bathymétrique des océans.

car son fond de 9 184ᵐ n'est qu'à 60ᵏᵐ de certains récifs (fig. 47) ; mais la plus grande profondeur atteinte jusqu'à présent se trouve dans le ravin des Carolines (fig. 48) par 9 636ᵐ.

Au Pacifique se rattachent les bassins ou mers intérieures de Sulu, de Célèbes, de Banda, des Moluques, de Timor. de Florès dans l'archipel malais ; le plus profond est celui de Banda où l'on aurait trouvé 7 315ᵐ au sud de l'île de Céram. M. Max Weber, qui a fait avec le *Siboga* de nombreux sondages dans cette mer, dit que cette profondeur n'existe pas et qu'il n'y a pas plus de 6 500ᵐ. Avouons que c'est déjà bien joli !

4**

Tous ces bassins profonds ne communiquent entre eux ou avec le Pacifique que par des détroits ou canaux plus ou moins larges et plus ou moins élevés au-dessus de leur fond, de telle sorte qu'il arrive ce qui se passe dans la Méditerranée et les mers analogues : l'eau du fond a partout la même température à partir du seuil qui laisse se faire la communication avec le Pacifique et cette température est précisément celle du Pacifique au niveau de ce seuil. M. Max Weber à bord du *Siboga* a eu maintes fois l'occasion de vérifier le fait et aussi de constater que le détroit qui sépare les îles Bali et Lombok n'a pas plus de 312^m de profondeur. Ce fait est peu favorable à la théorie de Wallace, en partie basée sur la grande profondeur hypothétique de ce détroit par lequel passe la fameuse *ligne de Wallace* limitant à l'ouest une région indienne et à l'est une région australienne, caractérisées par des faunes très différentes.

Un fait intéressant est la grande quantité de végétaux terrestres, grosses branches, troncs d'arbres enfouis dans les fonds de ces bassins qui sont entourés d'une riche végétation.

Océan Arctique. — C'est l'opposé de l'Antarctique : en effet, au lieu d'être annulaire, il est central et entouré des plus grandes masses terrestres. Comme pour l'Antarctique, nous sommes loin d'avoir une connaissance suffisante de la bathymétrie de ce bassin et cela surtout à cause de l'étendue considérable occupée par les glaces. On a longtemps cru que ce bassin ne contenait que des eaux peu profondes, parce que les portions explorées, telles que la région du détroit de Bering et toute la zone qui longe le rivage de la Sibérie sont en effet dans ces conditions et présentent le socle continental asiatique avec, en général, moins de 200^m d'eau. Ainsi dans la région du détroit de Bering, les sondages faits jusqu'ici ne donnent pas plus de 150^m, dans la mer de Kara les fonds supérieurs à 200^m sont très rares ; il y a cependant à l'est de l'île de Vaïgatch une dépression qui atteint 743^m de profondeur ; il en est de même pour le peu qu'on connaît de la côte nord d'Amérique jusqu'aux îles Parry. Mais lorsqu'on s'éloigne du plateau continental, qui est très large au nord de l'Asie (en moyenne de 300 à 600^{km}), on tombe brusquement dans un profond bassin dont l'existence a été démontrée par l'illustre Nansen au cours de la mémorable expédition du *Fram*. Alors qu'au large des îles de la Nouvelle-Sibérie il obtenait 100^m de profondeur par 78°31' N, il trouvait 1 463^m par 78°42', c'est-à-dire à une vingtaine de kilomètres plus loin vers le Nord, puis les fonds croissaient jusqu'à 3 999^m, oscillaient ensuite autour de 3 500, pour atteindre encore 3 800^m à plus de 84°30' et 3 399^m à 83° au nord du Spitzberg, malgré que l'amiral Makaroff croie à l'existence d'une grande terre dans cette direction.

Océan Antarctique. — C'est l'immense couronne d'eau qui s'étend du 40° S jusqu'au continent polaire. Cette couronne est continue, ce qui explique la régularité des vents et des vagues dans cet océan où aucun relief ne vient amortir ni gêner leur effet. La portion la plus resserrée de cette couronne s'étend entre le cap Horn et les Shetland du Sud ; elle mesure environ 1 500^{km}. C'est cette couronne antarctique qui se continue vers le Nord, en formant à partir du 40° S, les océans Atlantique, Indien et Pacifique.

Plateau continental et plateforme littorale.

Sur une très grande longueur des rivages actuels des mers s'étend, à une distance plus ou moins grande de la côte une plateforme immergée, à pente très faible, d'un niveau très égal et qui après avoir atteint au maximum une profondeur de 200^m, cesse brusquement pour se raccorder par une courbe convexe avec la pente rapide qui mène aux grands fonds du large. C'est là le *socle* ou *plateau continental* qui forme comme une bordure sous-marine, plus ou moins large et plus ou moins interrompue, aux massifs continentaux.

Ce plateau continental est surtout développé dans l'océan Arctique, où Nansen l'a étudié d'une façon très approfondie. Les îles arctiques du Spitzberg, de François-Joseph, de la Novaïa Zemlia, de la Nouvelle-Sibérie, sont situées sur l'immense plateforme plus ou moins découpée qui prolonge sous l'eau la côte de Sibérie. Cette plateforme se continue du côté de l'Europe, et, d'autre part, le plateau continental arctique américain, avec ses archipels, n'est que la continuation du plateau sibérien. Les fonds sont le plus souvent situés à moins de 100^m. Au nord de la Sibérie, la largeur du plateau varie de 300 à 640^{km}, le fond en est très égal, nivelé par la dérive des gros glaçons pris dans la banquise et dont l'extrémité inférieure a raboté les inégalités de ce fond. C'est ainsi que Nansen explique comment la *Vega* et le *Fram* ont souvent pu naviguer le long de la Sibérie orientale en n'ayant que quelques mètres d'eau sous la quille, sans courir le risque d'échouer tout à coup ; les gros glaçons et les hummocks leur avaient aplani le passage. La pente du plateau continental sibérien est entre 1/2 480 et 1/5 500, soit entre 1'23″ et 38″, c'est-à-dire excessivement faible. Nansen trouva par exemple que pour aller d'un point de 14^m de profondeur à un autre de 100^m il fallait parcourir 400^{km}. En plusieurs régions, notamment vers le large, le plateau présente des dépressions qui sont la continuation sous-marine de fjords ou de vallées de la côte. Ces dépressions peuvent être plus ou moins comblées par des dépôts glaciaires ou par les apports des fleuves, surtout du côté du rivage où elles sont moins nettes que vers le bord abrupt du plateau. Ces mêmes caractères se retrouvent plus ou moins modifiés ou développés aussi bien dans la mer de Kara que dans celle de Barents.

Mais c'est surtout en Norvège que le plateau continental a été le mieux étudié ; de nombreux géologues et Nansen en particulier, s'en sont occupés d'une façon très suivie [1]. Le plateau y est très irrégulier, la profondeur de son bord extrême varie de 80^m à 300^m, sa largeur de 18 à 260^{km}. Les cartes montrent que les grandes vallées et les fjords longitudinaux et transversaux se continuent dans le plateau continental. Un caractère des fjords sous-marins est que leur plus grande profondeur (400^m et même plus de 500^m) se trouve plus près de la côte que du bord libre du plateau continental ; de ce côté ils cessent quelquefois complètement ou sont séparés des grandes profondeurs océaniques par une barrière ou seuil, situés par exemple à 280^m ou à 300^m tandis que les profondeurs maxima correspondantes descendent dans le fjord à 430^m et 553^m.

Un autre caractère de tous ces fjords sous-marins c'est d'être moins profonds que dans la partie qui les prolonge parmi les terres ; ainsi, tandis que le Bindal fjord a

<hr>

[1] Nansen a publié une étude magistrale sur cette question dans l'ouvrage suivant où nous avons beaucoup puisé : *The bathymetrical features of the north polar seas, with a discussion of the continental shelves and previous oscillations of the shore-lines* (The Norwegian North polar expedition 1893-1896). Christiania, 1904.

jusqu'à 725^m, le fjord sous-marin qui le prolonge n'atteint que 480^m à 510^m : le Trondhjem fjord a 578^m, son prolongement sous-marin n'a que de 500 à 520^m, dans le Vestfjord 650^m à l'intérieur des terres correspondent à 460^m environ dans la partie immergée.

La largeur et la profondeur du plateau varient avec la nature du sol et la force des vagues ; là où la roche est dure, la profondeur et la largeur du plateau sont plus faibles que là où le sol est formé de matériaux plus faciles à détruire. La pente abrupte qui mène du bord du plateau dans les grandes profondeurs atteint jusqu'à 1/11,3 et même 1/3 soit 5°30′ et 20° dans la région des Lofoten.

En général, en Norvège, l'allure du plateau continental et de ses attaches est représentée par la coupe ci-contre (fig. 49) établie d'après Nansen et passant par l'île Valvær, située un peu au delà du cercle polaire. Nous voyons une série de pics

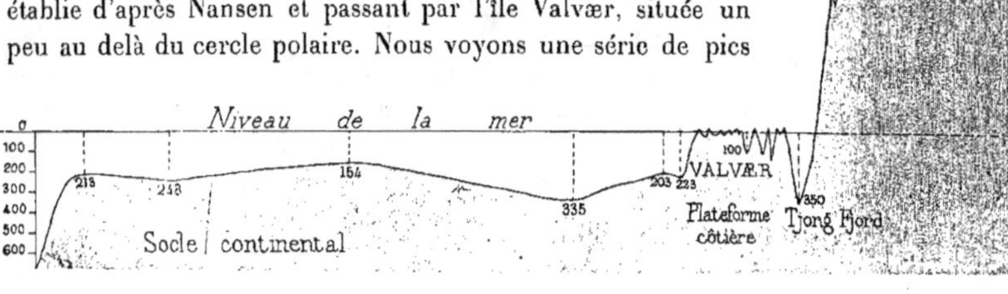

Fig. 49. — Coupe du plateau continental norvégien près du cercle polaire, d'après Nansen.

aigus, dont le plus élevé est le Snetind qui atteint 1 599^m, et dont le dernier tombe à pic dans le Tjong Fjord qui a 350^m de profondeur ; vient ensuite une *plateforme littorale* plus ou moins large qui a ici 25^{km} environ et formée de bas-fonds et d'îlots entrecoupés de fjords sous-marins dont deux ont ici une centaine de mètres de profondeur. La coupe nous montre bien que cette plateforme littorale est formée par les restes de pics analogues à ceux du massif du Snetind, et détruits par l'érosion marine et l'érosion atmosphérique combinées. On rencontre ensuite une chute brusque et souvent une dépression représentant l'intervalle entre deux montagnes décapitées, et enfin le plateau continental qui atteint environ 150^{km} de large dans l'exemple choisi.

La plateforme littorale se trouve presque tout le long de la côte de Norvège et atteint jusqu'à 60^{km} de largeur dans la province de Nordland. Elle forme les milliers de roches et d'îlots arrondis, polis par les glaces, s'élevant de 0 à 40^m d'altitude et les innombrables écueils, bas-fonds, dangers immergés de 0^m à 10^m ou 15^m de profondeur. Sur l'espace de 148^{km} qui séparent Lekö de Trænen on compte 100 000 de ces têtes de roches faisant saillie au-dessus de l'eau. Cette plateforme littorale présente un aspect bien caractéristique, avec sa poussière d'îles basses dépassées parfois par quelques collines rocheuses plus élevées ; c'est comme un pays bas découpé par des fjords et étendu au pied de hautes montagnes. S'il n'y avait pas les fjords et les détroits pour séparer ces îlots on aurait une plaine extrêmement égale et plus régulière même que le socle continental, qu'on ne doit pas confondre avec la plateforme littorale. La photographie ci-contre que j'ai prise pendant l'été 1906 donne une idée de cet aspect spécial (fig. 50).

Fig. 50. — Plateforme littorale en Norvège.

Le plateau continental paraît faire défaut au sud de la Norvège, mais le chenal sous-marin qui longe cette partie de la côte doit être considéré comme un fjord

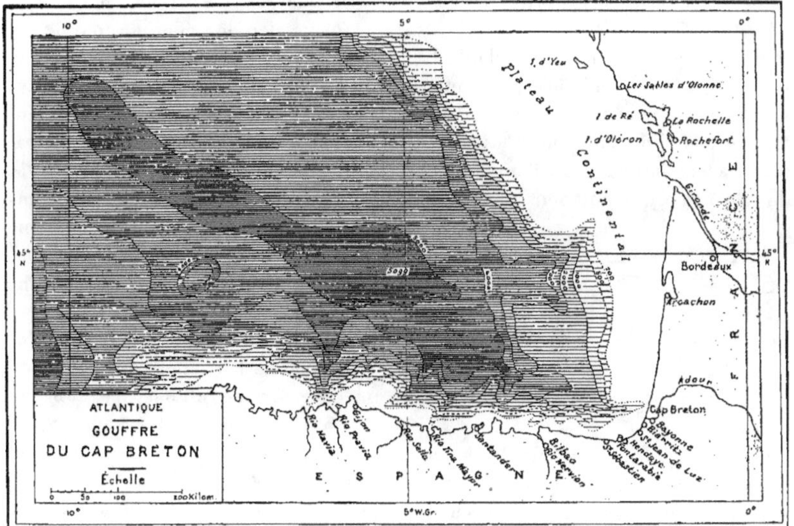

Fig. 51. — Plateau continental du golfe de Gascogne et gouffre du cap Breton.

immergé, entaillé dans le plateau continental qui n'est autre ici que le fond de la mer du Nord. Ce fjord n'a pas moins de 890^{km} de longueur et 104 de largeur moyenne, sa plus grande profondeur atteint 700^m et se trouve, comme pour les fjords typiques, plus près de la côte que du large. Pour Nansen cette dépression est une partie du lit de l'ancienne *rivière baltique* qui drainait les eaux du bassin baltique ainsi que celles de la Suède et de la Norvège méridionales.

Le plateau continental des Iles Britanniques et de la mer du Nord se continue sur la côte de France où il est très large dans le golfe de Gascogne (fig. 51). Il s'y présente comme une plaine très égale, à pente très faible, dont la profondeur moyenne est de 100 à 150^m et qui dépasse 300^{km} de large, par le travers de Lorient. La pente est là de 1/1 500 soit 0,06 %. Puis le plateau cesse et présente une pente rapide conduisant aux grandes profondeurs ; par le travers de Lorient cette pente atteint plus de 1/10 ou 10 %. Du banc de La Chapelle, par 182^m de profondeur, il suffit d'avancer vers le large pendant 35^{km} pour trouver 3 475^m de profondeur (fig. 52 et 53). Par le travers de la pointe de la Coubre à l'embouchure de la Gironde le plateau a 182^{km} de largeur, il se termine par une pente de 1/22 soit 4,5 %.

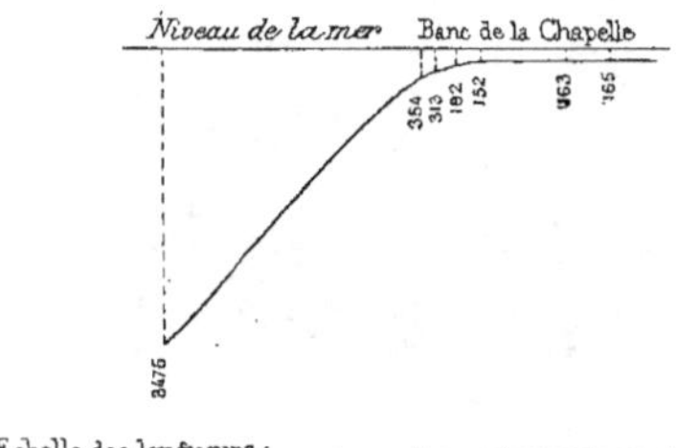

Echelle des longueurs :   0   10   20   30   40 Kil.

Echelle des profondeurs :   0   1000   2000   3000   4000 m.

Fig. 52. — Coupe du plateau continental par le travers de Lorient.
Échelle différente pour les longueurs et les profondeurs.

L'expression de pente abrupte ne désigne que quelque chose de relatif. La pente de 1/10 est abrupte par rapport à la pente de 1/1 500 indiquée précédemment pour celle du plateau qui s'étend devant Lorient ; pour mieux exprimer le fait graphiquement on emploie généralement une échelle différente pour les longueurs et pour les hauteurs. Les deux graphiques ci-contre représentent la même portion du plateau continental, c'est-à-dire la pente qui unit son bord extrême à la même profondeur de 3 475^m ; dans le premier les profondeurs sont à une échelle 10 fois plus grande que les longueurs, tandis que l'échelle est la même pour les deux dimensions dans le deuxième, qui donne par suite une plus juste idée de la réalité. Un exemple du même genre nous est offert par la fig. 46 (p. 56) où l'échelle des hauteurs est

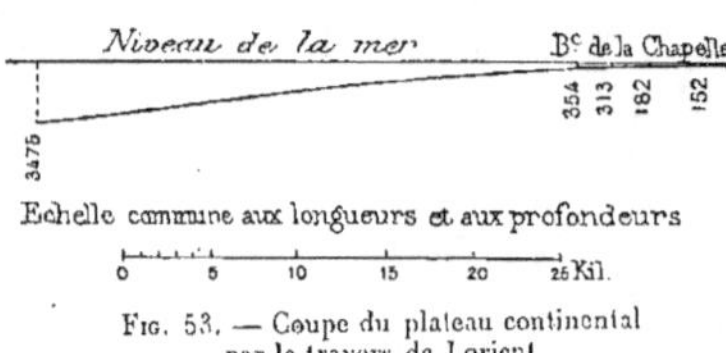

Echelle commune aux longueurs et aux profondeurs

0   5   10   15   20   25 Kil.

Fig. 53. — Coupe du plateau continental
par le travers de Lorient.

10 fois plus grande que celle des longueurs. On est facilement porté à se faire des idées très inexactes de ce qui existe réellement quand on se borne à examiner des graphiques dans lesquels l'échelle est très différente pour les dimensions. Il était bon d'attirer l'attention sur ce point. Sur les côtes de l'Espagne cette pente atteint 36° (1/1,6) au cap Torinana, un peu au nord du cap Finisterre.

Une des particularités les plus intéressantes du plateau continental est la présence des mêmes accidents de terrain que dans la partie correspondante de la région émergée ; ils sont plus ou moins faciles à reconnaître et quelquefois complètement masqués ; nous en avons déjà parlé à propos des fjords si caractéristiques de la Norvège, mais nous devons y revenir pour entrer dans quelques détails sur les vallées submergées qu'on rencontre en des régions extrêmement éloignées les unes des autres. M. Hull, par exemple, a constaté, par une étude attentive des cartes bathymétriques détaillées et en traçant les diverses courbes de niveau, que le plateau continental des Iles Britanniques et de la France est sillonné de vallées sous-marines qui prolongent les vallées des fleuves actuels et qui affectent parfois toutes les allures des *canyons* américains.

Il y a reconnu toutes les caractéristiques des vallées formées par les rivières, c'est-à-dire que la profondeur et la largeur du lit augmentent à mesure qu'on s'éloigne de l'origine, l'allure est ondulée et bien différente des crevasses rectilignes formées par dislocation, souvent des dépressions latérales se présentent qui ont la signification de rameaux latéraux tributaires. Ces vallées sous-marines sont faciles à reconnaître (fig. 51) sur la côte nord de l'Espagne (vallée de la Caneira notamment) et sur la côte ouest de l'Espagne et du Portugal (vallées du Douro, du Mondego et surtout du Tage). Sur la côte de France les vallées sont plus difficiles à suivre, surtout là où le plateau continental est large et peu profond ; le lit sous-marin est alors caché par les sables et les alluvions dans une région très exposée aux violentes tempêtes. Aussi ne peut-on guère tracer le lit sous-marin de la Loire ni celui de la Garonne.

Il n'en est pas de même de la dépression qui se trouve dans l'angle sud-est du golfe de Gascogne et qu'on appelle la fosse de Cap Breton (fig. 51) ; elle a été explorée en 1880 par le *Travailleur* et le Prof. A. Milne-Edwards la considérait comme étant l'ancien lit de l'Adour. C'est aussi l'opinion de la plupart des savants qui l'ont étudiée, en particulier de MM. Hull et Nansen qui y retrouvent l'allure ondulée caractéristique. Cette vallée sous-marine atteint 350^m de profondeur à une dizaine de kilomètres seulement du rivage, ce qui correspond en ce point à 234^m au-dessous du niveau du plateau sous-marin. La vallée se continue et atteint 1120^m de profondeur à 40^{km} de son origine de Cap Breton, puis elle va se perdre dans l'Océan dans des fonds d'environ 3000^m.

On trouve également une vallée sous-marine dans le prolongement du Congo, de l'Hudson et d'autres grands fleuves.

Le Gange et l'Indus sont aussi continués chacun par une vallée sous-marine creusée dans le plateau continental de l'Inde ; comme d'ordinaire, l'origine de la vallée est masquée au contact de la côte par les sédiments du fleuve jusqu'à 20 ou 30^{km} du littoral, mais on peut ensuite la suivre fort loin. Sur les cartes de M. Thorpe ([1]) le Gange a son embouchure sous-marine à 140^{km} environ de la côte la plus rapprochée. Le lit immergé de l'Indus (fig. 54), se présente de son côté comme un sillon onduleux d'environ 110^{km} de longueur entre l'isobathe de 30^m et son embouchure où la profondeur atteint 1134^m alors que, de chaque côté, à très petite distance, le fond n'atteint pas 200^m ; c'est la limite du plateau continental où s'ouvre la vallée sous-marine sur moins de 20^{km} d'ouverture.

([1]) *The geogr. Journal,* nov. 1905, p. 568.

Dans la Méditerranée M. Hull a pu reconnaître les lits sous-marins de l'Èbre et du Rhône. Dès 1887 M. A. Issel décrivait ceux d'une série de rivières de la Ligurie sans réussir à attirer l'attention que méritaient ses recherches ; c'est en étudiant les sondages exécutés par l'amiral Magnaghi à bord du *Washington* que M. Issel reconnut ces « sinuosités profondes » dirigées vers la côte et surtout nettes au bord du plateau continental dont la largeur ne dépasse guère une douzaine de kilomètres.

L'existence de plusieurs de ces vallées sous-marines, notamment de celle de la Roya, a été confirmée plus récemment par les sondages que fit faire le Prince de Monaco, par M. Sauerwein au mois de mars 1905, à bord de son yacht *Princesse-Alice,* à la demande de M. Boule. Ce naturaliste désirait en effet connaître l'allure du sol sous-marin, entre Menton et Vintimille, en vue des recherches stratigraphiques occasionnées par l'étude des grottes préhistoriques de Grimaldi. Le plateau continental laissé à sec par la mer en se retirant formait « un espace assez vaste, dit M. Boule([1]), pour permettre aux éléphants, aux rhinocéros, aux hippopotames, de se livrer à des évolutions auxquelles la topographie actuelle ne saurait se prêter. »

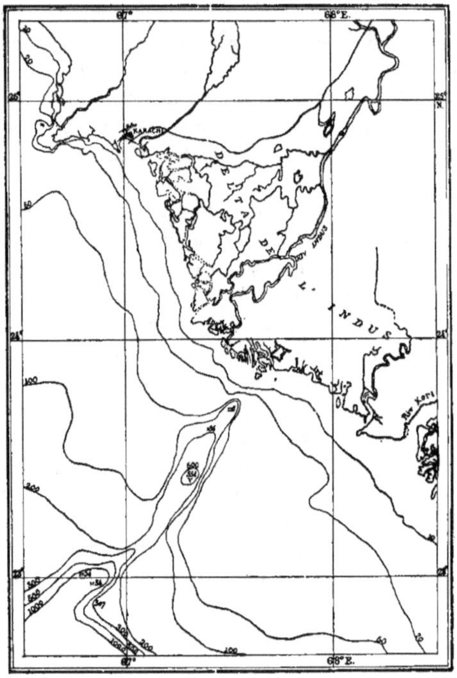

Nous voyons donc qu'un plateau continental plus ou moins développé est un fait général ;

Fig. 54. — Vallée sous-marine de l'Indus, d'après M. Thorpe (*Geogr. Journ*).

c'est aussi un fait général que les accidents du sol émergé se continuent plus ou moins nettement dans ce plateau : fjords, vallées fluviales sous-marines, etc. Ces dépressions sous-marines peuvent être dues, suivant les cas, à des dislocations (formation de failles, de plissements de l'écorce, etc.) ; c'est même là la cause principale de la formation des fjords ; elles peuvent être dues aussi à l'érosion par les cours d'eau alors que le plateau continental était plus ou moins considérablement élevé au-dessus du niveau actuel de la mer. L'érosion marine est intervenue pendant l'immersion graduelle pour niveler la plateforme continentale ; cette action

([1]) *Les Grottes de Grimaldi* ; vol. I, fasc. II, p. 125. Monaco, 1906.

s'exerçait surtout efficacement pendant les oscillations multiples, grandes ou petites, des lignes de rivage.

Il ne nous est pas possible d'entrer dans les discussions, encore ouvertes, relatives aux diverses époques et aux diverses causes auxquelles sont dues ces oscillations ; bornons-nous à dire que les unes furent générales comme celles qui permirent la formation du plateau continental à un même niveau moyen en des régions très éloignées, tandis que d'autres ont été ou sont plus ou moins locales et dues à des causes variées.

Les uns veulent que le sol lui-même se soulève ou s'affaisse tandis que d'autres attribuent ces changements de niveau à l'abaissement ou à l'élévation de l'Océan ; il est sans doute plus rationnel de penser que les deux causes ont pu se présenter et qu'elles sont même le plus souvent liées ensemble[1] ; le niveau de la mer peut être élevé par la quantité des glaces qui y flottent ; des terres peuvent s'affaisser sous le poids d'épaisses couches de glace, et c'est par les oscillations de ce poids que Nansen explique, par exemple, les oscillations successives indiquées par les terrasses marines qu'on rencontre à différents niveaux dans les fjords de la Norvège et dans beaucoup de régions arctiques ; quand le poids de la glace diminue, le sol se relève et peut revenir à son niveau primitif si la calotte de glace disparait complètement. Diverses observations qu'il serait trop long de rapporter permettent de penser que la cause invoquée par Nansen et d'autres[2] est capable de produire des effets plus considérables que ceux auxquels on est porté à s'attendre. C'est pendant la plus grande période glaciaire que l'affaissement atteignit jusqu'à 110 et 130^m au-dessus du niveau actuel de la mer en Norvège et permit à l'érosion marine de creuser le fameux tunnel du Torghatten et diverses cavernes au niveau élevé que nous venons d'indiquer ; puis, l'épaisseur de la calotte de glace diminuant, la mer se retire en laissant de nombreuses terrasses avec coquilles marines subfossiles à des niveaux variés.

Il faut aussi admettre avec sir John Murray[3] que les sédiments augmentent la charge du sol sous-marin tandis que leur disparition du sol émergé permet l'élévation de celui-ci.

Il y a des changements de niveau des lignes de rivage, dus à des mouvements locaux du sol, comme ceux qu'on observe en Scandinavie et sur les bords de la Baltique où il se produit des changements de niveau contraires et simultanés à des distances peu considérables, tandis que s'il s'agissait d'un retrait ou d'une élévation de l'océan le changement de niveau serait égal et de même sens sur de très grandes étendues de côtes.

Quoi qu'il en soit, le niveau moyen des lignes de rivage des continents est depuis de longues périodes géologiques à très peu près le même que maintenant sur de vastes étendues du globe ; la régularité de cette ligne de rivage, montre que si elle a subi des oscillations de grande amplitude, elle présente une grande stabilité près d'un certain niveau auquel elle parait revenir partout également. Ainsi que le fait remarquer Nansen, tout se passe comme si la croûte terrestre avait une tendance très marquée à revenir à une certaine position d'équilibre parfait, qui est probablement déterminée par la flottaison de cette croûte sur la masse fluide centrale.

[1] J. Murray, *The geogr. Journal*, déc. 1905, p. 610.
[2] *Ibid.*, déc. 1905, p. 608.
[3] *Ibid.*, p. 610.

CHAPITRE III

LE SOL SOUS-MARIN

Constitution du sol sous-marin. — Origines diverses des sédiments marins. — Description d'un échantillon du fond. — Étude des analyses et classifications des fonds marins. — Cartes lithologiques. — Dépôts littoraux ; Dépôts terrigènes : vases bleues, rouges, vertes ; vases et sables volcaniques ; vases et sables coralliens. — Cailloux sous-marins. — Dépôts pélagiques : vases à globigérines, à ptéropodes, à diatomées. — Argile rouge des grands fonds. — Formations chimiques dans les dépôts sous-marins : nodules de manganèse, glauconie, concrétions phosphatées, phillipsite. — La silice ; le carbonate de chaux. — L'or sous-marin. — L'arsenic. — La pélagosite.
Les éruptions sous-marines.

CONSTITUTION DU SOL SOUS-MARIN

Bien qu'Ehrenberg ait, en 1836, signalé le rôle important des organismes microscopiques dans la constitution du sol sous-marin et que Bailey ait distingué la forme arrondie des grains soumis à l'action du mouvement des eaux de la forme anguleuse des grains situés plus profondément, là où les courants ne peuvent les rouler, il faut arriver à Delesse pour trouver une étude systématique des dépôts marins, encore ne s'agit-il que des dépôts de la région côtière. C'est à la suite de l'expédition du *Challenger* que Murray et Renard publièrent leur ouvrage capital sur les dépôts de mer profonde (*Deep-sea deposits*), auquel il faut sans cesse se reporter, cependant que de nombreux travaux spéciaux étaient effectués de divers côtés, notamment par M. Thoulet qui poursuit depuis un grand nombre d'années des recherches expérimentales relatives aux fonds sous-marins.

Le sol sous-marin est formé par des matériaux de deux ordres bien différents : d'une part la partie la plus superficielle de la croûte terrestre qui se prolonge sous les eaux et, d'autre part, les apports d'origines très diverses qui viennent s'accumuler sur la croûte initiale, en quantité le plus souvent assez considérable pour masquer complètement le substratum. C'est seulement dans des régions peu profondes, très limitées, et où les courants empêchent les dépôts étrangers, qu'il est possible de connaître, au moyen des engins dont nous disposons, la nature initiale du fond, qui se recouvre lui-même des produits de sa propre altération.

Presque partout ce fond est recouvert par des matériaux d'origines multiples que nous énumérerons brièvement : en première ligne, les produits de la destruction des rivages par les eaux marines (vagues, etc.) et les agents atmosphériques ; ce sont les

blocs, galets, graviers, sables, vases, dont la distribution se fait par ordre
décroissant de grosseur, du rivage vers le large, avec régularité quand elle n'est pas
contrariée par des causes secondaires dépendant des courants, de la nature et de la
disposition des côtes, etc. Les parties les plus fines des vases sont entraînées loin de
leur origine et jusqu'au milieu des océans, où elles contribuent à former une partie
des dépôts même les plus éloignés et les plus profonds. Viennent ensuite les apports
des fleuves : sables et vases. La masse immense des organismes pélagiques munis
d'une carapace ou squelette calcaire ou siliceux laisse tomber en pluie les cadavres de
ses individus pour amener la formation, sur le fond, des vases à globigérines, à
radiolaires, à diatomées. Les éruptions volcaniques sous-marines semblent apporter
une quantité de matériaux plus grande qu'on ne l'a cru jusqu'à présent. D'autre
part les produits volcaniques rejetés à la mer par les volcans aériens, notamment
sous forme de ponces ou de cendres ne forment pas un apport négligeable. Il convient de ne pas oublier les débris minéraux et autres, cailloux plus ou moins volumineux que les glaces flottantes transportent bien loin de leur origine pour les laisser
tomber sur le fond lorsque la fusion de ces glaces est suffisamment avancée. Le vent
peut aussi enlever et distribuer très loin au large des poussières et surtout les sables
fins des régions désertiques. M. Rabot [1], par exemple, a obtenu dans des pêches
de surface au filet fin au sud de l'Islande des fragments de minéraux caractéristiques
du basalte et emportés de cette île par les vents. Enfin les poussières cosmiques,
véritables météorites microscopiques qui tombent de l'espace, arrivent surtout à la
mer, à cause de la grande surface que celle-ci occupe sur le globe, et viennent s'ajouter
aux autres matériaux du fond. Voilà pour les sédiments venus de points éloignés.
Il faut remarquer qu'en raison de leur origine, de leur mode de transport et de la
mobilité du milieu où ils arrivent, on doit s'attendre à ne pas trouver dans la composition des fonds des différences typiques et absolues, mais seulement des différences dans les proportions relatives de certains éléments, ce qui rend les classifications peu précises.

A côté des éléments précédents, apportés, peut-on dire, de l'extérieur, on en rencontre qui se forment sur place par l'intervention de la matière, vivante ou morte,
des êtres vivants : dans la première catégorie se rangent les masses calcaires formées
par des algues spéciales et par les coraux constructeurs de récifs, ainsi que les bancs
d'huîtres, etc.

Dans la seconde catégorie nous comptons la formation, sur le fond, de la
glauconie, des nodules ferro-manganésiens, des concrétions phosphatées, où la
matière organique intervient plus ou moins. Enfin certaines substances, comme
la phillipsite et la palagonite, semblent être indépendantes de la matière organique.

Tel est le tableau général et sommaire des éléments qui constituent les dépôts
dont la sonde et la drague nous révèlent l'existence sur le fond de l'Océan.

Nous avons décrit en détail les divers instruments ou sondeurs qui permettent de

[1] *La Géographie*, V. nº 2, 1902.

ramener un échantillon du fond. Toutes les fois que la nature du sol s'y prête on s'efforcera d'obtenir un échantillon en forme de boudin, avec un sondeur du type emporte-pièce et on n'abandonnera ce procédé que lorsque la fluidité de la vase ou la nature sableuse ou graveleuse du fond obligera à employer un autre sondeur, le sondeur Léger par exemple. Quel que soit le procédé employé l'échantillon doit revenir complet, sans avoir été lavé pendant son trajet vers la surface et il doit autant que possible être assez important et peser 50^{gr} par exemple.

L'étude complète des fonds marins doit porter à la fois sur la composition chimique, la composition minéralogique et la composition biologique de ces fonds. Mais il y a avantage à commencer par séparer méthodiquement, d'une façon mécanique, les divers éléments du fond ; on se sert pour cela de tamis en toile métallique ou en soie à bluter, à mailles régulières, de plus en plus fines, en associant ce tamisage au lavage et à la décantation. On isole ainsi les particules de vase les plus fines des grains minéraux et des petits organismes. Ceux-ci, débarrassés de la vase, sont alors faciles à étudier et à déterminer. L'analyse chimique peut ensuite intervenir ; son rôle le plus important consiste dans la détermination du carbonate de chaux, par les procédés ordinaires en usage dans les laboratoires.

Dès 1880, M. Thoulet([1]) a indiqué et beaucoup perfectionné depuis un moyen de différencier, d'après leur indice de réfraction, des minéraux offrant à peu près la même apparence, même quand ils sont, comme dans les vases, en particules si fines qu'il en faut environ 20000 pour peser 1 milligramme. Un minéral immergé dans un liquide de même indice de réfraction que lui disparaît à la vue s'il a la même couleur que le liquide, et si la couleur est différente les bords du minéral sont invisibles, tandis qu'ils sont d'autant plus nets et plus tranchés que l'indice de réfraction du liquide diffère de celui du minéral. M. Thoulet soumet donc les minéraux, sous le microscope, à l'action de mélanges d'indices différents, formés d'huile de vaseline dont l'indice est 1,47 et de naphtaline monobromée dont l'indice est 1,67. On détermine ainsi l'indice de réfraction du minéral qui disparaît presque à la vue puisque son indice est le même que l'indice, connu à l'avance, du liquide employé. Comme le nombre des minéraux les plus fréquents est relativement faible, ce procédé suffit dans bien des cas ou sert à mettre sur la voie pour la détermination des minéraux plus rares pour lesquels on met alors en œuvre divers autres procédés variables suivant les cas qui se présentent et dans le détail desquels nous ne saurions entrer ici.

D'une façon générale, et ainsi que l'on peut s'y attendre, la grosseur des éléments qui recouvrent le sol sous-marin est d'autant plus petite qu'on s'éloigne davantage des terres ; les galets et les gros blocs ne se rencontrent que près du bord, exception faite naturellement pour ceux qui sont déposés par les glaces flottantes, ou qui ont été immergés après coup à des profondeurs plus ou moins grandes à la suite d'affaissement des rivages. Plus loin viennent les graviers, puis les sables, et les vases. Cette distribution n'est pas aussi régulière parce que les dépôts plus ou moins grossiers n'existent que dans les faibles profondeurs où les courants sont puissants et viennent troubler l'ordre logique des dépôts du rivage vers le large. M. Thoulet a

([1]) *La Nature*, 2 mars 1907, p. 214.

insisté avec raison sur le fait que la grosseur des grains minéraux qui se rencontrent en un point déterminé du fond donnent en quelque sorte la mesure de la force du courant qui a existé à un moment donné en ce point où il a été capable d'apporter les grains en question. C'est pourquoi l'analyse mécanique préconisée par M. Thoulet présente dans un grand nombre de cas un intérêt spécial. Voici comment il divise les matériaux du fond.

Les pierres ou galets sont les fragments dont le poids dépasse 3^{gr}. On notera leur poids, leurs dimensions, l'état anguleux ou arrondi de leurs angles et de leurs arêtes.

Les graviers sont gros, moyens ou fins selon qu'ils sont arrêtés par les tamis, 3, 6 et 10, c'est-à-dire par les tamis qui ont 3, 6, ou 10 mailles à l'ancien pouce de 27^{mm}, mesures employées dans le commerce pour les soies à bluter et les toiles métalliques ; il est d'ailleurs facile d'en déduire la dimension de la maille pour chaque tamis.

Les sables sont gros, moyens, fins et très fins s'ils sont respectivement arrêtés par les tamis 30, 60, 100 et 200, après avoir passé par les tamis précédents.

Est appelé vase tout ce qui a franchi le tamis 200 et qui comprend des grains minéraux fins-fins qu'on peut déterminer au microscope à l'aide de procédés divers ; et une partie amorphe, même aux plus forts grossissements ; cette portion est formée d'argile pure qui reste comme résidu après l'action de l'acide chlorhydrique étendu qui en sépare, en la dissolvant, une quantité plus ou moins faible de calcaire.

Comme on ne rencontre presque jamais des sables purs mais bien le plus souvent des mélanges de sable et de vase, il convient d'établir des gradations : un échantillon de sable continuera à être désigné ainsi tant qu'il ne contiendra pas plus de 5 %, de vase ; si l'échantillon contient de 5 à 25 %, de vase, ce sera un sable vaseux ; si la vase atteint de 25 à 90 %, de la masse, ce sera de la vase sableuse et on appliquera le mot vase quand le sable ne dépassera pas 10 %.

De même un échantillon quelconque est faiblement calcaire s'il contient au plus 5 %, de carbonate de chaux.

—	médiocrement —	—	de 5 à 25	—
—	calcaire	—	25 à 50	—
—	très calcaire	—	50 à 75	—
—	extrêmement —	—	plus de 75	—

Il ne faut pas se dissimuler que l'analyse mécanique, très importante pour les régions peu profondes où les éléments sont des grains minéraux, l'est beaucoup moins pour les grandes profondeurs formées presque uniquement de vase, ou dans lesquelles le sable est constitué par des carapaces fragiles, des foraminifères et d'autres organismes que les manipulations réduisent souvent en fragments, ce qui entraîne des erreurs notables dans le classement des grains. C'est en réalité l'examen biologique qui prend alors de l'importance ; vient ensuite le dosage du carbonate de chaux total, celui de l'argile et la détermination minéralogique des grains épars.

Pour obtenir la désignation rapide d'un échantillon aussitôt après sa récolte, on en introduit un fragment dans un tube étroit, gradué, rempli aux trois quarts d'eau de mer et on agite jusqu'à dissociation complète de l'échantillon, puis le tube étant vertical on mesure le dépôt après une minute de repos : ce dépôt est considéré comme sable ; on mesure ensuite après 30 minutes de repos, on considère comme vase ce qui est tombé à partir de la deuxième minute. Il est facile alors d'établir le rapport et de distinguer entre la vase sableuse et le sable vaseux, ainsi que l'a montré l'expérience. En outre l'examen à la loupe de l'échantillon ainsi dissocié dans l'eau de mer permet de reconnaître divers organismes ou même des minéraux.

L'analyse suivante peut servir de type :

STATION 1320 [1]

6 août 1902.	Lat. 38°09′ N
Fosse de l'Hirondelle (Açores).	Long. 26°22′45″ W
Tube sondeur Buchanan.	Prof. 3 010 mètres.

VASE SABLEUSE MÉDIOCREMENT CALCAIRE A OBSIDIENNE

Sable.		20	Après acide. . . .	17
Vase. . . { Fins-fins.	27 } 80		—	24
{ Argile calcaire. . .	53 }		—	
Argile..		»	—	43
Calcaire.		»	—	16
		100		100

Ammoniaque totale : 113^{mmg} par kilogramme.

Caractères macroscopiques à l'état humide. — Vase gris verdâtre subgrenue ; le sable est composé de matériaux volcaniques contenant des Orbulines et de rares Globigérines.

Caractères microscopiques. — Foraminifères (Globigérines, R ; Orbulines) ; Radiolaires, R ; spicules siliceux, R ; Rhabdolithes, Coccolithes.

Obsidienne brune, AA ; ponce ; magma basaltique, R ; palagonite ocreuse. Magnétite, pyroxène, feldspath, R.

Obs. Longueur du boudin = 280^{mm} : à partir du haut 80^{mm} de vase, puis couche épaisse de 20^{mm} et oblique de sable noir volcanique, preuve de courants violents ou pluie de matériaux volcaniques sur un sol bouleversé. Ce sable est un mélange de ponces et de scories en grains assez fins, surtout ceux des scories. Le reste du boudin est de la vase semée de grains identiques à ceux du sable.

M. Thoulet a dressé une carte lithologique des côtes de France indiquant d'une façon frappante, à l'aide de couleurs, la nature du fond comme les cartes géologiques montrent la nature du sol. Mais les difficultés qui se présentent pour l'établissement d'une carte lithologique sous-marine sont bien plus considérables et il se passera encore bien des années avant que cette carte soit en état de rendre les services que l'on peut en attendre. Une telle carte serait en effet de la plus haute importance pour la connaissance précise des terrains de pêche. L'utilité de cartes de ce genre a été démontrée d'une façon extrêmement nette par les observations du commandant de Roujoux, qui, par le seul moyen de la sonde, donnant la profondeur et la nature du fond, pouvait diriger à coup sûr son navire dans l'obscurité ou dans la brume la plus épaisse au milieu de l'Iroise, c'est-à-dire dans les parages très accidentés situés au large de Brest et de la baie de Douarnenez. Il pouvait en effet déterminer la place de chaque sondage rapidement, grâce à la carte bathymétrique et lithologique de la région qu'il avait établie au préalable d'une façon très précise. En étudiant la même région, à bord du *Laborieux* en 1897, c'est-à-dire environ 30 ans après M. de Roujoux, M. Thoulet a constaté, fait très important, qu'aucun changement n'y avait

[1] THOULET, *Mémoires océanographiques*; 1re série (Monaco, 1905).

eu lieu dans la distribution des fonds, ce qui montre qu'on peut avoir confiance dans la méthode indiquée.

La classification suivante a été établie par MM. Murray et Renard sur les nombreux échantillons rapportés, non seulement par le *Challenger*, mais encore par d'autres navires, en particulier par ceux de plusieurs compagnies de câbles télégraphiques :

Dépôts d'eau profonde. . .	Argile rouge. Vases à radiolaires. — diatomées. — globigérines. — ptéropodes.	Dépôts pélagiques formés loin des terres.
	Boues bleues. — rouges. — et sables verts. — — volcaniques. — — coralliens.	Dépôts terrigènes formés près des terres.
Dépôts d'eau peu profonde. .	Sables, graviers, boues, etc.	
Dépôts littoraux.	Sables, graviers, boues.	

Évidemment cette classification n'est pas parfaite, mais nous croyons qu'elle mérite d'être conservée en l'associant à celle de M. Thoulet qui lui donnerait la précision désirable ; il serait fâcheux à notre avis de faire disparaître des termes aussi heureux que ceux de dépôts terrigènes et de dépôts pélagiques, par exemple, qui indiquent immédiatement l'origine des dépôts en question ; quant aux subdivisions des dépôts pélagiques, leur nom indique immédiatement l'élément dominant de leur constitution.

Ceci dit, étudions d'un peu plus près la constitution des fonds marins, tout en prévenant le lecteur qu'il trouvera dans la partie biologique les compléments nécessaires pour ceux de ces fonds dans lesquels interviennent les plantes ou les animaux.

Dépôts littoraux.

Ce sont ceux qui se rencontrent dans la zone littorale, c'est-à-dire dans la partie du rivage soumise au jeu des marées. L'amplitude des marées étant très variable, ainsi que la nature des côtes, il est évident que les dépôts y varient aussi, ainsi que la faune. On y comprend aussi les dépôts qui se trouvent dans les zones des laminaires, des corallines et des coraux de mer profonde, jusqu'à environ une centaine de mètres de profondeur, c'est-à-dire sur une notable portion du plateau continental. Ces dépôts comprennent tous les gros éléments : cailloux, galets, graviers, gros sables avec innombrables débris d'animaux, notamment de coquillages, etc., il s'y trouve aussi des boues mélangées aux autres éléments. Au delà s'étend sur la partie éloignée du plateau, à sa limite, une vase de nature et de couleur variable constituant les dépôts terrigènes.

Parmi les dépôts littoraux comptent ceux qui se font à l'embouchure des fleuves par l'accumulation des matériaux que ceux-ci déversent dans la mer. Ce sont des sables et des vases, rarement des graviers. L'eau de mer ayant la propriété d'accélérer le dépôt des particules en suspension, dépôt qui s'y fait en 15 fois moins de temps que dans l'eau douce, les vases apportées par un fleuve se précipitent au contact de l'eau de mer et généralement ce dépôt, disposé transversalement et à une distance variable avec les marées et l'importance du cours d'eau, forme une barre qui gêne souvent l'entrée des navires dans certains fleuves. Quand la marée est faible ainsi que les courants de la région, les sédiments forment un delta qui comble l'embouchure. Murray a calculé que l'Océan reçoit par les fleuves 10^{km^3} et demi de matières solides dans une année.

Dépôts terrigènes.

Ils sont distribués surtout en eau profonde sur le pourtour des continents. Les *vases bleues* sont ainsi nommées parce qu'au moment où on les recueille elles présentent une couleur bleuâtre due à des matières organiques et à du sulfure de fer très divisé ; elles ont souvent une odeur d'œufs pourris due à un dégagement d'hydrogène sulfuré ; généralement la couche superficielle est rougeâtre par suite de la transformation du sulfure de fer superficiel en oxyde ferrique. Le *Challenger* a trouvé de ces boues surtout depuis 200^m environ jusqu'à plus de 5000^m. On les trouve même par moins de 2^m dans les estuaires et dans les ports. Elles sont riches en argile et se rencontrent à des profondeurs d'autant plus grandes que celles-ci sont plus rapprochées des terres. Cette vase bleue est fréquente dans la Méditerranée et dans les régions arctiques.

Dans ces boues la matière organique décompose le sulfate de chaux pour donner du sulfure de calcium qui, en présence de l'acide carbonique dégagé par la décomposition des matières organiques, se transforme en bicarbonate de chaux. Le soufre ainsi libéré se porte sur l'oxyde de fer et donne le sulfure de fer qui colore la vase bleue.

Les **vases rouges** sont apportées par l'Amazone et l'Orénoque le long de la côte nord-est de l'Amérique du Sud, et par le Yang-tsé-kiang dans la mer Jaune. Elles sont colorées en jaune plus ou moins rouge brunâtre par le peroxyde de fer ; c'est la couleur de la latérite, produit de la décomposition à l'air des roches riches en oxyde de fer qui abondent dans l'intérieur des terres. On ne trouve ni glauconie, ni sulfure de fer dans cette vase où la matière organique ne fait cependant pas défaut. Le fait n'a pas encore été expliqué. C'est à l'aspect que la vase rouge délayée donne à la mer Jaune que celle-ci doit son nom.

Les **vases vertes** diffèrent des vases bleues surtout par la présence de la glauconie (silicate de fer hydraté de couleur verte) et d'une quantité notablement plus grande de foraminifères. On rencontre surtout ces vases le long des côtes escarpées où aucun grand fleuve ne déverse ses eaux et jusque vers 2000^m. MM. Collet et Lee ont montré que dans la vase bleue le sulfure de fer, en présence de l'hydrogène sulfuré, ne peut pas se transformer en silicate ou glauconie, tandis que si l'hydrogène sulfuré fait défaut le sulfure de fer peut se transformer en sulfate et celui-ci en silicate. Dans certains cas la vase verte est remplacée par du sable vert dont chaque grain, d'environ $0^{mm},6$, est le moule interne, en glauconie, de nombreuses globigérines. On en a surtout signalé sur la côte ouest des États-Unis.

Vases et sables volcaniques. — Les phénomènes volcaniques sous-marins sont sans doute beaucoup plus importants qu'on ne l'a cru jusqu'ici et il est probable qu'ils jouent un grand rôle dans la constitution du lit sous-marin profond. La nature des fonds qui entourent les régions volcaniques, comme les Açores, par exemple, dépend des roches qui constituent ces îles dont les rivages se comportent comme ceux des continents en ce qui concerne la distribution des matériaux détritiques du littoral vers le large : galets, graviers, sables, vases, le tout généralement de couleur noire. Leur composition chimique dépendra de celle des roches initiales et des éléments surajoutés, restes minéraux des organismes pélagiques, etc., pour aboutir au loin et dans la profondeur à des vases plus ou moins fines. La *Princesse-Alice* a recueilli plus d'une fois, particulièrement dans la région des Açores, des boudins de vase dans lesquels on reconnaît très nettement des couches de sable noir volcanique intercalées entre deux couches de vase et cela jusqu'à plus de $3\,000^m$ de profondeur. C'est le cas de l'échantillon de la Stn. 1320 dont j'ai reproduit l'analyse qu'en a donnée M. Thoulet, en raison de l'intérêt qu'elle présente. La vase pure et le calcaire sont souvent peu abondants, tandis que les minéraux prédominent ordinairement dans ces fonds.

Vases et sables coralliens. — Ces dépôts se forment autour des îles et récifs coralliens de la même façon que les vases et sables volcaniques autour des îles volcaniques. Ils se composent de débris d'organismes divers : algues calcaires, coraux, mollusques, échinodermes, foraminifères, etc. La vase corallienne en s'éloignant de sa source passe graduellement à des vases pélagiques à ptéropodes ou à foraminifères. Le calcaire domine naturellement, tandis que l'argile fine et les minéraux sont rares. Ces dépôts coralliens sont bien développés dans le Pacifique et dans l'océan Indien ; dans l'Atlantique on les trouve surtout autour des Bermudes.

Cailloux sous-marins. — Leur provenance est variable. Ils peuvent résulter de la désagrégation sur place de la roche qui les renfermait comme c'est le cas dans le Pas-de-Calais par 30^m de profondeur. D'autres ont été abandonnés par les glaces flottantes actuelles ou quaternaires, c'est probablement le cas des cailloux dragués par le *Talisman* en 1883 au large des Açores de $3\,000$ à $5\,000^m$. En 1902, le chalut de la *Princesse-Alice* a ramené de la fosse de l'*Hirondelle*, par $3\,018^m$, un bloc anguleux de roche volcanique (basalte) pesant 98^{kg}, il était altéré à sa surface et en partie couvert d'enduit manganésien. D'autre part le 5 septembre 1903 à 800^m de profondeur à peu près par le travers de l'île d'Yeu et très au large, le chalut ramena des blocs de grès et de syénite (d'après M. Thoulet) de 23, 70 et 93^{kg} présentant des tubes calcaires d'annélides, des valves de coquilles, dont une d'huître.

Il faut aussi tenir compte des pierres rejetées par les bateaux qui les avaient prises comme lest.

Dépôts pélagiques.

Vase à globigérines (fig. 55). — Les carapaces calcaires des rhizopodes pélagiques qu'on appelle globigérines se rencontrent sur presque toute l'étendue du fond des océans, de l'équateur aux plus hautes latitudes. C'est pourquoi sir J. Murray a réservé le nom de vase à globigérines à celle qui contient au moins 30 % de ces formations calcaires. La teneur en carbonate de chaux de cette vase atteint jusqu'à 97 %. Elle renferme aussi des minéraux variés suivant les régions où elle se forme et notamment les suivants : magnétite, feldspaths, pyroxène, ponce, etc. Je renvoie le lecteur au chapitre biologique sur les protozoaires pour tout ce qui concerne les globigérines. Les curieuses algues calcaires connues sous le nom de coccolithes et de rhabdolithes sont souvent associées aux globigérines en quantité notable. Le plus souvent la vase à globigérines a une couleur blanchâtre ou rosée et donne entre les doigts la sensation d'un sable fin à grains arrondis.

La vase à globigérines occupe presque tout le fond de l'Atlantique, tandis que celui du Pacifique est presque entièrement occupé par l'argile rouge, bien que les globigérines soient aussi abondantes dans les eaux de surface de ce dernier océan. Murray et ses élèves

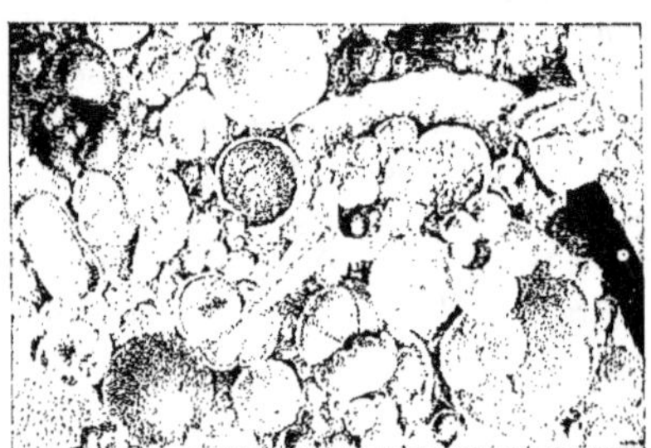

Fig. 55. — Vase à globigérines, d'après Murray et Renard (*Challenger*).

pensent que cela tient à ce que le Pacifique étant plus profond, les globigérines ont le temps de se dissoudre avant d'arriver au fond, tandis que dans l'Atlantique qui est moins profond, ces carapaces calcaires arrivent plus rapidement sur le sol. D'après Murray, le calcaire diminue avec la profondeur : ainsi sa teneur serait de 87 % au-dessous de 1 000^m, de 61 % entre 3 650 et 4 550^m, de 49 % au delà de 4 550^m. Cependant le *Gauss* a trouvé le maximum de cette teneur, soit 96 %, par 3 774^m entre les îles Sainte-Hélène et l'Ascension. D'autre part les analyses que M. Thoulet a faites de nombreux échantillons de fonds de l'Atlantique provenant des campagnes de la *Princesse-Alice* lui ont montré que la teneur totale en calcaire augmente avec la profondeur ; mais, pour lui, ce n'est pas la profondeur qui règle la proportion du calcaire, mais bien les conditions qui influencent le développement des globigérines dans les eaux sus-jacentes, en particulier l'action des courants qui les disséminent au loin. Les variations de la teneur en carbonate de chaux sont bien faites quelquefois, pour dérouter ; ainsi la *Princesse-Alice* a recueilli le même jour, à quelque vingt kilomètres de distance, à des profondeurs très semblables de 5 430^m et de 5 460^m, des échantillons qui donnèrent à M. Thoulet l'un

14 °/₀ et l'autre 55 °/₀ de calcaire! (sud-ouest de Madère, Stns. 1226 et 1227). D'autre part la Stn. 1169 dans le sud-ouest des îles du Cap-Vert, lui fournit, par 6035ᵐ, seulement 1 °/₀ de calcaire contre 99 d'argile. Il y a, comme on le voit, encore des recherches à faire pour élucider complètement ce problème intéressant de la distribution du calcaire dans la profondeur.

Un autre problème, fort intéressant aussi, est celui qui a été suscité par la découverte de la vase à globigérines. On la considéra pendant longtemps comme de la craie en formation, au point que Wyville Thomson affirmait que la craie continuait à se former de nos jours, de sorte que « nous pouvons dire que nous vivons à l'époque crétacée ». Depuis l'on a reconnu, surtout après les travaux de M. Cayeux ([1]), que la craie et la vase à globigérines actuelle sont en réalité bien différentes, tant au point de vue des minéraux observés dans les deux cas, qu'au point de vue des formes animales accompagnant ces dépôts ; la craie est un dépôt d'eau peu profonde, tandis que c'est le contraire pour la vase à globigérines.

Vase à ptéropodes (fig. 56). — Cette vase, qui passe graduellement à la vase à globigérines, diffère de cette dernière par la quantité plus ou moins grande de coquilles de ptéropodes qu'elle contient (jusqu'à 30 °/₀). On la rencontre de 700 à 2700ᵐ de profondeur, surtout dans les régions tropicales, dans l'Atlantique et dans le Pacifique. Les coquilles très délicates de ces mollusques ne se trouvent guère au delà de 3000ᵐ et pas du tout à plus de 4000ᵐ ; on admet qu'elles sont dissoutes pendant leur chute au delà d'un certain trajet. La composition très différente de la vase à ptéropodes suivant qu'elle se trouve près des continents ou loin de toute terre montre bien le défaut de cette classification ; suivant les cas, en effet, les fonds n'ont entre eux de commun que la présence des

Fig. 56. — Vase à ptéropodes, d'après Murray et Renard (Challenger).

ptéropodes, tandis que le reste de l'échantillon peut être un dépôt terrigène ou un dépôt pélagique. La teneur totale en calcaire va de 50 à 98 °/₀. D'après Murray, 1 °/₀ de la surface du fond du Pacifique est recouvert de vase à ptéropodes et 18 °/₀ de vase à globigérines ; c'est l'argile rouge qui y est le plus répandue. Dans l'Atlantique nord on trouve cette vase à ptéropodes sur le socle açoréen, au large des Bermudes, et dans la zone équatoriale. On ne l'a pas rencontrée dans l'Atlantique sud.

Vase à radiolaires (fig. 57). — Cette vase ne diffère, en somme, de l'argile rouge des grands fonds que par la présence d'une proportion de 20 à 80 °/₀ de débris siliceux

---

([1]) *Contribution à l'étude micrographique des terrains sédimentaires.* Lille, 1897.

de radiolaires et de spongiaires. On y retrouve tous les éléments constants ou accidentels de l'argile rouge que nous allons étudier. La silice de ces organismes est à l'état d'opale et peut être plus ou moins dissoute. Le *Challenger* a trouvé cette vase entre 4 300 et 8 000ᵐ dans les parties tropicales du Pacifique et de l'océan Indien, elle n'existe pas dans l'Atlantique ; les causes de cette absence ne paraissent pas connues.

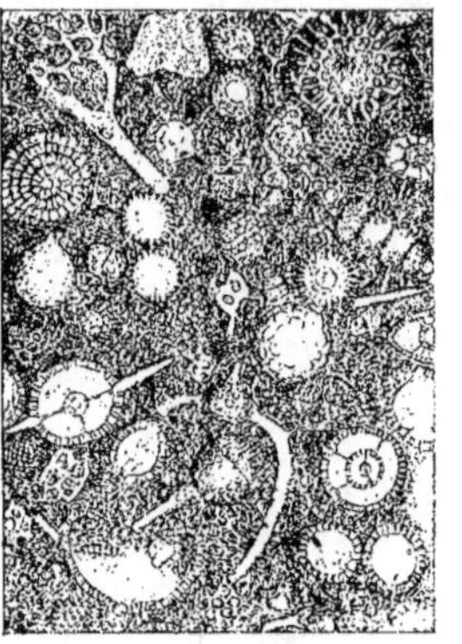

Fɪɢ. 57. — Vase à radiolaires, d'après Murray et Renard *(Challenger).*

Vase à diatomées. — La véritable vase à diatomées a été découverte par le *Challenger* entre les Kerguelen et la grande barrière des glaces antarctiques. C'est généralement un dépôt blanchâtre qu'on rencontre entre 1 000 et 3 600ᵐ dans ces régions ; il est surtout caractérisé par une grande quantité de carapaces siliceuses de diatomées qui forment 20 et jusqu'à 60 °/₀ du dépôt. On y trouve un peu de calcaire provenant de foraminifères antarctiques. Suivant que cette vase provient de régions plus ou moins voisines du continent polaire, le reste du dépôt est mêlé ou non de débris amenés par les glaces. La vase à diatomées se rencontre tout autour des terres antarctiques et aussi sur la bordure du Pacifique nord.

Le *Nero* a recueilli des vases à diatomées dans l'ouest du Pacifique, du côté de l'île Guam, entre 4 449ᵐ et 6 700ᵐ environ de profondeur, c'est-à-dire dans une région où le fait était tout à fait inattendu. Ce sont là des dépôts très limités, dus à une seule espèce tropicale (*Coscinodiscus rex*). On ignore les conditions de ces dépôts très particuliers.

Argile rouge. — C'est encore au *Challenger* qu'est due la découverte de l'argile rouge, par 5 011ᵐ, pendant son trajet des Canaries aux Antilles. Elle est formée surtout d'argile (silicate hydraté d'alumine) colorée en rouge par le peroxyde de fer dans l'Atlantique, tandis que dans le Pacifique de petits grains manganésifères la rendent plus brune. Cette argile plastique happe à la langue ; elle contient toujours une certaine quantité de matières étrangères, particulièrement des matières volcaniques, ponces et cendres ; les fragments des minéraux accidentels qu'on y trouve sont naturellement à angles vifs : magnétite, oxyde de manganèse, quartz, etc. En un mot on y trouve des débris de toutes sortes d'animaux, calcaires ou siliceux, et les minéraux très variés qui peuvent arriver par diverses voies sur ces fonds. On y trouve des nodules manganésiens (fig. 58), des dents de requins (fig. 59) et des os tympaniques de cétacés recouverts ou non d'une couche plus ou moins épaisse d'oxyde de manganèse ; on y rencontre aussi une espèce minérale intéressante du groupe des zéolithes qu'on appelle phillipsite et qui se forme dans les grandes profondeurs ; il faut encore citer la palagonite résultant de la décomposition des éléments volcaniques. Il paraît fort naturel d'admettre, avec M. Thoulet, que l'argile rouge a une origine multiple et est l'aboutissant final, la dernière transformation de tous les sédiments marins et qu'elle peut aussi bien être formée par les particules vaseuses impalpables entraînées à des centaines de kilomètres des côtes que par l'altération sur place du fond même de l'océan ou des matériaux qu'y amènent les éruptions sous-marines. Au point de vue de la suspension, à l'état impalpable, de l'argile dans l'eau de mer, nous avons observé un cas probablement unique en 1903, le 7 et le 10 septembre, en plein golfe de Gascogne au-dessus de fonds atteignant 4 730^m (45°27′ N, 6°05′ W, Stn. 1 556) et 4 805^m (44°43′ N, 6°24′ W, Stn. 1 563). En effet, l'eau ramenée, absolument limpide entre la surface et 1 000^m de profondeur, présentait à partir de 1 500^m dans le premier cas, et de 1 000^m dans le second, une teinte opaline très spéciale qui s'observait jusqu'au fond. Par le repos il se déposa au fond des flacons une poudre impalpable d'aspect blanc bleuâtre que l'analyse montra être simplement de l'argile pure dont il paraît difficile d'expliquer l'origine dans les conditions où elle se présentait. Quant à leur nature les vases passent en réalité de l'une à l'autre suivant les localités et les conditions générales des dépôts. Nous avons parlé déjà de la teneur des grands fonds en carbonate de chaux, inutile d'y revenir.

Fig. 58. — Nodule manganésien, d'après Murray et Renard (Challenger).

Les produits volcaniques et en particulier les cendres pleines de bulles gazeuses sont transportés à des distances considérables au-dessus des mers où ils tombent et contribuent à la formation du sol sous-marin ; le résultat est le même quand des amas de ponces flottantes s'entrechoquent en s'usant sous l'influence de l'agitation des vagues ; on a vu de ces amas rejetés par le Krakatau s'étendre sur des kilomètres carrés et former un banc plongeant à deux mètres sous l'eau et s'élevant à un mètre au-dessus !

L'argile rouge recouvre plus de la moitié du fond de l'océan Pacifique ; ce dépôt est séparé en une partie nord et une partie sud par la bande équatoriale de vase à radiolaires qui n'est qu'une variété d'argile rouge. On retrouve l'argile rouge dans l'océan Indien et dans l'Atlantique, où elle a son minimum de développement, peut-être plus par manque de largeur de cet océan que par manque de profondeur. En effet c'est l'Atlantique qui reçoit le plus de sédiments fluviaux tout en étant le plus étroit, tandis que le Pacifique proprement dit n'en reçoit qu'extrêmement peu, tous les fleuves de l'Asie orientale arrivant dans des mers secondaires fermées et plus ou moins isolées du Pacifique. L'océan Indien se présente dans des conditions analogues quoique à un moindre degré. En outre c'est dans l'Atlantique que les courants sont le plus intenses et le plus capables de disséminer au loin les sédiments en suspension. Ainsi s'expliquent

Fig. 59. — Dent de squale avec concrétions manganésiennes, d'après Murray et Renard (Challenger).

facilement les grandes étendues d'argile rouge et la très faible et très lente sédimentation de certaines régions du Pacifique où l'on peut faire 9 000^{km} sans rencontrer un îlot ! D'après Murray l'argile rouge ne recouvre pas moins de 130 millions de kilomètres carrés, soit plus de 35 °/₀ de la surface immergée.

Il est évident que les différentes espèces de fonds que nous venons d'examiner présenteront souvent des particularités communes : ainsi les poussières cosmiques ou d'origine terrestre peuvent tomber aussi bien sur les fonds littoraux que sur ceux d'origine pélagique ou sur l'argile rouge des grands fonds. On pourrait citer un grand nombre d'exemples de pluies de poussières à l'ouest du Sahara, entraînées par les vents alizés. Je ne citerai qu'une des plus récentes. En février 1903 eut lieu une très importante chute de poussières qui intéressa plus particulièrement le sud de l'Angleterre, la Hollande, la Belgique et l'Allemagne. Le 22 février cette chute se révélait par la présence d'un brouillard jaune, épais, semblable au classique brouillard de Londres ou par le dépôt épais d'une poudre jaune rougeâtre sur les arbres et les toits. La nature de cette poussière, en grande partie formée de particules très fines d'une argile rouge (latérite), la grande sécheresse de l'air dont la température était supérieure à la normale, et les circonstances révélées par l'enquête du Dr H.-R. Mill, ont montré la provenance africaine de cette chute de poussières, ce que confirment les observations météorologiques et en particulier les troubles cycloniques extraordinaires qui eurent lieu dans le nord de l'Afrique à cette époque ([1]).

Ces chutes de poussières ne doivent pas être négligées dans l'étude du sol sous-marin, particulièrement au large des continents où les sédiments côtiers ne peuvent être apportés par les courants. On a constaté que les poussières du Sahara vont jusqu'à plus de 2·000^{km} de la côte après avoir atteint de grandes hauteurs.

Il faut rapprocher de cette catégorie de dépôts la véritable pluie d'escarbilles et de débris de charbon qui se produit sur le trajet des grandes lignes de navigation. Ces débris se rencontrent très fréquemment dans les dragages et ils ne peuvent que devenir plus nombreux ; il n'est pas impossible qu'une étude attentive de ces dépôts révèle des actions chimiques intéressantes et la présence de nouveaux composés.

Formations chimiques dans les dépôts sous-marins.

Nous devons dire encore quelques mots d'un certain nombre de particularités présentées par les dépôts marins, en particulier des nodules manganésiens et de la glauconie.

Nodules manganésiens. — La drague ou le chalut ramènent quelquefois des très grandes profondeurs de l'Océan des concrétions globuleuses ou nodules noirâtres ou brunâtres, formés d'oxydes de fer et de manganèse. Le *Challenger* en recueillit pour la première fois (fig. 58) ; depuis, l'*Albatross*, la *Princesse-Alice*, la *Valdivia* et d'autres

---

([1]) *The geogr. Journal*, avril 1904, p. 516.

navires en rencontrèrent des spécimens plus ou moins abondants dans des conditions analogues. La forme de ces nodules est très variable, comme le sont en général les concrétions ; une coupe à travers l'un d'eux montre un noyau de nature très diverse (fragment de ponce, dents de squales (fig. 59), otolithes), pouvant être n'importe quel corps solide, autour duquel se sont déposées des couches concentriques noirâtres ; quelquefois plusieurs nodules se développant à côté les uns des autres s'unissent et forment un gros nodule à plusieurs noyaux. On a signalé dans la composition de ces nodules des traces appréciables de métaux rares tels que le titane, le cobalt et le nickel.

On rencontre aussi des dépôts d'oxyde de manganèse sous forme de nodules et d'enduit dans les dépôts terrigènes. Ce manganèse provient, d'après Murray et Irvine, de la décomposition des roches continentales par l'eau chargée d'acide carbonique et surtout d'acides humique et autres qui se combinent avec l'oxyde de manganèse en le transportant à la mer où il est précipité sous forme d'enduit sur des pierres ou sous forme de nodule.

Les nodules manganésiens des grandes profondeurs proviendraient, d'après les auteurs précédents, de la décomposition des roches volcaniques sous-marines dont le manganèse, sous forme de bicarbonate, se précipiterait rapidement à l'état d'oxyde sur des corps solides qui deviendraient des points d'attraction autour desquels se déposeraient graduellement des couches successives. Ils sont surtout fréquents dans l'argile rouge du Pacifique. Dans cet océan le *Challenger* en a recueilli d'un seul coup plus de 500^{kg} par 4 300^m environ. Ils sont beaucoup plus rares dans l'Atlantique ; la *Princesse-Alice* y a assez souvent obtenu des fragments de roche recouverts d'un enduit manganésien, mais rarement des nodules. Parmi ceux-ci je citerai des échantillons de la grosseur d'une noix de la Stn. 527 par 4 020^m dans l'est des Açores.

Glauconie ([1]). — La glauconie est un silicate ferrico-potassique de couleur verte qui remplit souvent l'intérieur de foraminifères ou qui se rencontre à l'état de grains. Quelquefois elle colore en vert des masses minérales sans présenter de formes définies et à un état de division extrême, on l'appelle alors glauconie pigmentaire. Mais on l'observe surtout, à l'état de grains arrondis, dans les vases et sables verts des dépôts terrigènes. La glauconie est souvent mélangée à des éléments étrangers qu'elle englobe : argile et minéraux divers. Les coquilles de foraminifères morts se remplissent en certaines localités de matières ferrugineuses qui passent graduellement du brun au vert en commençant par la périphérie. La coquille venant à disparaître il reste le grain, qui peut continuer à s'accroître. La glauconie se forme suivant trois étapes d'après MM. Collet et Lee : dans la première, la formation de la glauconie est représentée par des moules gris de foraminifères, moules exclusivement faits d'argile ou silicate d'alumine. Au deuxième stade les moules présentent les différentes nuances du brun, dues au remplacement plus ou moins complet de l'alumine de l'argile par

---

([1]) Voir les *Recherches sur la glauconie* de L. Collet et W. Lee, à qui nous empruntons les éléments de ce paragraphe (*Proc. Roy. Soc. Edinburgh*, 1906).

le peroxyde de fer, c'est-à-dire qu'il s'est formé du silicate de fer. Le troisième stade, celui de la *glauconitisation* consiste dans l'adjonction de la potasse et l'apparition de la coloration verte ; on ne connaît d'ailleurs pas les conditions de cette transformation et on n'a encore jamais pu la réaliser dans le laboratoire.

Concrétions phosphatées (¹). — Ces formations se présentent ordinairement en masses très irrégulières de 1 à 10^{cm}, dépassant quelquefois 20^{cm} de longueur, souvent couvertes en partie de bryozoaires ou d'autres animaux qui se sont développés sur elles. Les concrétions phosphatées sont essentiellement formées sur la place même où on les rencontre par les différents matériaux (débris d'animaux et de roches) qui se trouvent répandus sur le fond et qui sont cimentés par une pâte où le phosphate de chaux (PO⁴)²Ca³ domine sans jamais y revêtir une forme spécialisée. On y trouve aussi de la glauconie plus ou moins altérée. Dans beaucoup de cas les restes des animaux, coquilles de mollusques, squelettes de polypiers, ont conservé leur forme, mais le carbonate de chaux qui les constituait a été transformé, et remplacé par du phosphate de chaux, comme cela s'observe dans les phosphorites de certaines couches géologiques. D'après ce qui précède il est évident que la composition chimique des concrétions phosphatées doit varier beaucoup et c'est ce qui arrive en effet. En moyenne on y trouve de 30 à 50 °/₀ de phosphate de chaux, accompagné d'une quantité variable de carbonate de chaux et d'autres matières minérales. Quelquefois la proportion atteint près de 90 °/₀ de phosphate de chaux, comme cela arrive à l'île Christmas, dans le sud-ouest de Java, où l'on exploite les plus riches phosphates connus.

On a émis plusieurs hypothèses pour expliquer la formation de ces concrétions phosphatées au fond de la mer ; la plus plausible paraît être celle qui fait intervenir la matière organique des animaux détruits en grande quantité dans les régions peu profondes où des courants de température très différente se rencontrent, ou bien où les écarts de la température de l'eau sont très grands. C'est en effet dans les parages où ces phénomènes s'observent qu'on rencontre le plus abondamment les concrétions phosphatées, notamment sur le banc d'Agulhas, dans la région du cap de Bonne-Espérance, sur la côte atlantique des États-Unis, dans le détroit de la Floride, et en nombre d'autres régions. Dans certains cas le phosphate de chaux ne provient pas des squelettes des animaux morts et tombés sur le fond, mais d'une source extérieure ; ainsi dans les îles coralliennes les phosphates sont formés par l'action de l'acide phosphorique des guanos sur les masses calcaires coralliennes. Mais la formation des concrétions par le premier procédé est de beaucoup la plus générale et M. Cayeux a expliqué la formation des phosphorites ou phosphates fossiles par la destruction en masse d'animaux des périodes géologiques sous l'action des changements des courants, ou de la température des eaux lors des modifications survenues dans l'extension et l'équilibre des mers anciennes.

(¹) D'après le mémoire de MM. Collet et Lee sur les concrétions phosphatées du banc d'Agulhas, *Proc. Roy. Soc. Edinburgh*, vol. XXV, 1905.

Phillipsite. — C'est une zéolithe, un silicate hydraté d'alumine avec chaux, potasse, etc., qui se forme par l'altération des roches volcaniques sous l'influence de l'eau, aussi bien au fond des océans qu'à la surface de la terre. On en rencontre surtout dans les régions dont le fond est riche en matériaux volcaniques et éloigné des terres. La phillipsite se présente sous la forme de cristaux microscopiques ; elle a été découverte par le *Challenger* entre les îles Hawaï et celles de la Société, où elle arrive à former jusqu'à 3o °/₀ de certains échantillons.

Silice. — La silice est sans doute le corps le plus répandu de la nature puisqu'il entre pour une large part dans la constitution de la croûte terrestre ; c'est sous forme de quartz ou cristal de roche qu'elle est le mieux connue. Un très grand nombre d'êtres marins se construisent des squelettes formés de silice hydratée, c'est-à-dire d'opale : ce sont surtout les diatomées, les radiolaires et les éponges siliceuses. Il y a si peu de silice dans l'eau de mer, à l'état de dissolution, que cette quantité ne peut guère expliquer l'abondance des diatomées dans les régions antarctiques par exemple. D'après Murray et Irvine l'eau de mer ne contient en effet qu'une partie de silice pour 200 000 ou 5oo ooo parties d'eau ; ces deux savants ont montré par des expériences ingénieuses que les diatomées savent extraire la silice de l'argile qui flotte impalpable et pour ainsi dire invisible dans les eaux en apparence les plus pures. D'après eux, alors qu'il y a 185o tonnes de matière argileuse dans l'eau du Firth of Forth à environ deux kilomètres de la côte, dans un kilomètre cube d'eau, on en trouve encore 43 tonnes dans la mer Rouge et dans la mer d'Oman où l'eau est chaude et très salée. La suspension des particules argileuses est favorisée par la basse température de l'eau des régions antarctiques où les diatomées sont le plus abondantes.

Carbonate de chaux. — Le carbonate de chaux joue, dans la mer, un rôle autrement important que celui de la silice et de toutes les autres matières minérales que nous avons passées en revue, du moins au point de vue biologique. Le calcaire en effet est la base des parties solides et squelettiques d'animaux variés appartenant à tous les groupes, depuis les protozoaires comme les foraminifères, jusqu'aux cétacés (à un moindre degré) en passant par les polypiers, les échinodermes et surtout les mollusques ; les algues calcaires si abondantes dans les eaux chaudes ne doivent pas être oubliées. La quantité de carbonate de chaux dissoute dans l'eau de mer à la faveur de l'acide carbonique, et sous forme de bicarbonate, est faible (o,o625 par litre), soit environ 21 fois moindre que celle du sulfate de chaux (1,323 environ par litre). Les animaux savent extraire la chaux de ces deux sels au moyen de réactions chimiques dans leurs tissus et en fabriquer leurs coquilles ou leurs squelettes. Il semble bien que la température joue un rôle important dans ces réactions, car c'est dans les eaux chaudes que les organismes à calcaire présentent leur plus grand développement : c'est le cas des algues calcaires des régions tropicales, qui forment là des dépôts considérables dans les petites profondeurs : c'est le cas aussi des coraux, et enfin des animaux pélagiques à carapace, qui sont si nombreux dans cette zone tandis qu'ils disparaissent lorsqu'on s'éloigne vers les pôles ou ne présentent plus

que des coquilles extrêmement minces ou même plus de coquilles du tout (ptéropodes, etc.). De même dans les eaux froides des grandes profondeurs la sécrétion du
calcaire par les animaux est ralentie et moins abondante.

A côté de ces formations calcaires je signalerai en passant les dépôts concrétionnés
de couleur foncée qui se forment à une certaine hauteur au-dessus du niveau de la
mer sur les rochers calcaires des environs de Nice et d'ailleurs, sous l'influence
directe des embruns de la mer. J'ai trouvé ce dépôt auquel on a donné le nom de
pélagosite le long de la côte entre Nice et Menton et on peut en recueillir dans le port
même de Monaco. M. Allemandet y a trouvé, après Cloëz, une quantité notable de
matière organique et surtout du carbonate de chaux.

L'or sous-marin. — Il est intéressant de signaler que les sédiments des côtes tant
pacifiques qu'atlantiques de la Colombie paraissent contenir de l'or en quantité suffisante pour être exploité. En effet le *Diario oficial* de ce pays, du 16 mai 1906,
publie le contrat passé entre le gouvernement et un M. Allen Webster, par lequel
celui-ci est autorisé à exploiter des surfaces aurifères situées en dessous des eaux
de la mer pour une période de 25 ans.

Les Éruptions sous-marines.

Les phénomènes volcaniques sous-marins sont probablement beaucoup plus fréquents qu'on ne l'a cru jusqu'à présent ; mais ils ne sont mis en évidence qu'assez
rarement, par la formation d'îles nouvelles par exemple, ou par la rupture, avec des
circonstances spéciales, de câbles télégraphiques. Les échantillons rapportés par la
sonde montrent que les produits volcaniques sont répandus sur de grands espaces.

Les éruptions sous-marines ont été observées depuis déjà longtemps. Dans son
analyse d'un ouvrage important de M. Thoroddsen sur la géologie de l'Islande,
M. Ch. Rabot ([1]) nous apprend que la crête sous-marine, longue de 80 kilomètres,
découverte en 1896 par l'amiral Wandel au sud-ouest de l'Islande a été le siège de
fréquentes manifestations volcaniques pendant la période historique ; c'est la crête
de Reykjanæs, ainsi nommée parce qu'elle continue sous l'eau le cap du même nom.
M. Thoroddsen a trouvé mention, dans les annales islandaises, d'une éruption qui eut
lieu en 1211. C'est la plus anciennement connue. Des îles nouvelles apparurent
tandis que d'autres sombrèrent. De nombreuses éruptions furent signalées au large
aux 13e, 15e et 16e siècles. En mai 1783 plusieurs navires observèrent une épaisse
fumée qui s'élevait de la mer à 53 kilomètres du cap Reykjanæs : une île élevée
apparue récemment rejeta une telle quantité de cendres et de ponces que la mer en
fut couverte dans un rayon de 150 à 200 kilomètres ; l'île disparut d'ailleurs bientôt.
En 1830, 1879, 1884, de nouvelles éruptions sont signalées dans les mêmes parages.
« C'est dans cette région, dit M. Rabot, que les légendes et cartes placent la fameuse
« terre de Busse » qui se serait abîmée dans les flots après le 16e siècle, et que la

([1]) *La Géographie,* 15 juillet 1904, p. 35.

carte de Ruysch contenue dans l'édition de Ptolémée de 1508 représente comme une île entre le Grönland et l'Islande, accompagnée de la légende : *Insula hac (?) in anno 1456 fuit totaliter combusta,* c'est-à-dire : « Cette île fut complètement brûlée en 1456. »

Quand les câbles télégraphiques sont rompus par des actions volcaniques, l'élévation locale de la température fait fondre le goudron, la gutta-percha ou les autres matières qui servent à isoler les fils métalliques et dans plusieurs cas des températures anormales ont été constatées directement. Des faits de ce genre ont été observés notamment près de la Martinique pendant la période d'éruption de la Montagne Pelée.

Le Dr Giovanni Platania a étudié les phénomènes sous-marins produits à diverses dates par les éruptions de l'île Vulcano (Lipari) : les 21-22 novembre 1888 le câble reliant Lipari à Milazzo en Sicile fut abîmé et le service interrompu ; le même fait se reproduisit le 30 mars 1889. Peu après le premier accident, des marins qui se trouvaient dans le voisinage virent soudain la surface de l'eau s'agiter en un point au milieu de la mer calme, et l'eau gargouiller comme si elle était en ébullition ; presque en même temps des pierres ponces venaient flotter à la surface pendant que le cratère de Vulcano lançait des pierres et beaucoup de cendres. Dans plusieurs cas non seulement la substance isolante des câbles fut fondue par la chaleur, mais encore le câble lui-même fut comme écrasé sur une grande longueur, ou complètement coupé ; les sondages montrèrent que la profondeur avait diminué de 68[m]. Dans d'autres circonstances on a vu de nombreux poissons morts venir flotter à la surface après des éruptions sous-marines. Il faut sans doute attribuer à une cause analogue le dépeuplement dans l'archipel des Açores, du banc *Princesse-Alice* où le poisson était autrefois très abondant, tandis qu'en 1902 les pêches qu'y tenta le Prince de Monaco furent complètement infructueuses : si l'on songe que le câble télégraphique sous-marin a été interrompu entre les îles S. Miguel et Terceira, qu'on a constaté au point de rupture des traces de l'action d'une température élevée, en même temps qu'une température anormale dans l'eau profonde de cette région, ainsi que le C[t] Chaves l'a fait connaître, on est porté à penser que les phénomènes volcaniques des Antilles ont eu une répercussion aux Açores et que l'existence et le développement d'une foule d'animaux en ont été fort éprouvés.

Les éruptions sous-marines les mieux connues sont celles de Santorin dans les Cyclades ; elles ont été très bien étudiées par M. Fouqué, qui eut l'occasion de recueillir les gaz dégagés à travers l'eau de mer et parmi lesquels il reconnut l'hydrogène atteignant jusqu'à 30 °/₀ du volume total. La combustion de ce dernier et d'autres encore explique nettement les flammes émises par les volcans. Les éruptions de Santorin commencées en 97 avant J.-C. n'ont cessé qu'en 1870 et ont donné dans cet intervalle, naissance à plusieurs îles ; en 1650 une éruption violente couvrit pendant 3 mois la mer de ponces flottantes, et exhaussa le fond. En 1866 un récif apparaissait, à la surface duquel adhéraient des galets et des coquilles ; ce récif devint bientôt un cratère d'où sortirent des masses de lave telles que l'île initiale de Néa Kaméni, née en 1709, vit sa surface plus que doublée en 1870.

En 1831, entre la Sicile et l'île de Pantellaria surgit l'île Julia au milieu de fumées épaisses émises par son cratère, pendant que la mer se couvrait de poissons morts et de scories. Après avoir atteint 33^m de hauteur elle diminua peu à peu, détruite par la mer, et quelques mois après elle avait disparu. En 1863 on la vit renaître et atteindre 80^m d'altitude, puis elle fut encore détruite par les flots.

Un cône de scories, bientôt démoli par les vagues, s'est montré à différentes reprises à la pointe nord-ouest de l'île S. Miguel, aux Açores. En 1811 le capitaine anglais Tillard, commandant la frégate *Sabrina*, vit une masse s'élever à une centaine de mètres au milieu d'une fumée blanche, avec accompagnement de détonations répétées. Une île cratériforme se développa, analogue à l'île actuelle de Corvo ; mais déjà en octobre 1811 elle avait disparu et c'est en vain qu'on a jeté la sonde pour en retrouver la trace.

On pourrait allonger considérablement la liste des îles volcaniques apparues ou disparues depuis les temps historiques. Citons, pour finir, les îles Bogosloff de la mer de Bering dont deux datent respectivement de 1883 et de 1906.

CHAPITRE IV

L'EAU DE MER

La température. — Instruments : thermomètres ordinaires; thermomètres à déversement ; à maxima et minima ; à renversement. — Thermomètres enregistreurs. — Thermomètres électriques.
Température de la mer : à la surface ; dans les couches intermédiaires ; au fond ; sous l'équateur et dans les eaux polaires.

En 1778 l'Anglais Six construit son thermomètre si ingénieux à maxima et à minima ; Krusenstern l'emploie le premier pour les recherches océanographiques (1803-1806), bientôt suivi par Kotzebue, Ross, etc. Mais pendant longtemps encore le thermomètre de Six attendit les perfectionnements qui devaient lui permettre de fournir des résultats vraiment dignes de confiance, notamment la protection contre la pression croissante avec la profondeur. Pendant le voyage de la *Vénus* (1836-1839) Dupetit-Thouars se servit de thermomètres de Six protégés par une enveloppe métallique, mais d'une façon insuffisante, car ils ne résistèrent pas.

Les résultats obtenus dans toutes ces mesures de températures profondes sont inutilisables à cause des erreurs plus ou moins considérables dont ils sont entachés. Les températures de surface purent au contraire servir à Franklin pour entreprendre la détermination des limites du Gulf-Stream, en recommandant aux navires qui traversaient ce dernier de prendre de nombreuses températures superficielles dans leur traversée.

En 1857 le capitaine anglais Pullen, du *Cyclop*, se servit d'un thermomètre de Six protégé contre la pression par une solide enveloppe de verre fermée à la lampe et opéra ainsi jusqu'à 4 876^m.

Pendant l'expédition du *Lightning*, en 1868, les thermomètres variés emportés à bord se montrèrent défectueux et au retour on étudia les moyens de remédier à leurs inconvénients. L'étude précise de la distribution des températures dans la profondeur est en effet capitale pour l'océanographie en général et pour la mesure du volume, de l'épaisseur et de la direction de la plupart des courants. MM. Miller et Casella résolurent le problème en enfermant le thermomètre de Six dans une enveloppe de verre dont l'air fut remplacé presque entièrement par de l'alcool et des vapeurs de ce liquide, ces vapeurs et le peu d'air resté suffisant à absorber pour ainsi dire l'action de la pression extérieure sans que le thermomètre en soit faussé. Les expériences faites à ce sujet établirent nettement l'utilité de ce dispositif, car de deux thermomètres semblables soumis à la même température et à une pression d'environ 148 atmosphères, l'un, muni de l'enveloppe protectrice, ne fut pas sensiblement influencé, alors que la température indiquée par l'autre thermomètre non protégé était de 4°,15 plus élevée à cause de la pression.

En plaçant un thermomètre dans son appareil pour l'étude de la pression sur les animaux, le Dr Regnard ([1]) montra que sous une pression de 600 atmosphères, correspondant à peu près à 6 000[m] de profondeur, l'index du thermomètre employé indiquait une température de 155° alors que l'eau du récipient est à 14°. Ces expériences montrent combien cette cause d'erreur peut avoir d'importance.

L'Américain Saxton avait bien proposé l'emploi du thermomètre bimétallique de Bréguet, mais les expériences montrèrent que cet instrument est d'autant plus inexact et irrégulier qu'on l'immerge plus profondément. Aussi revint-on au thermomètre de Six-Miller-Casella, dont le *Challenger* se servit exclusivement. Aujourd'hui on peut obtenir des thermomètres à renversement très précis et qui ne laissent rien à désirer ; ces appareils, dont le principe a été trouvé en 1878 par Negretti et Zambra, de Londres, indiquent avec une grande précision la température en un point donné, celui où on les a retournés, sans que les températures des couches qu'ils traversent, en remontant à bord, puissent modifier en quoi que ce soit la température enregistrée à la profondeur voulue. Le lecteur en trouvera la description détaillée dans les pages suivantes qui compléteront en même temps ce court historique.

MESURE DE LA TEMPÉRATURE. — LES INSTRUMENTS

Pour obtenir la température de la surface de la mer on immerge, autant que possible vers l'avant du navire, un seau de bois, on le laisse baigner un moment pour qu'il prenne la température de l'eau, on le remonte vivement et on introduit au milieu de l'eau un bon thermomètre à mercure à grande amplitude et même, si possible, divisé en cinquièmes ou en dixièmes de degré ; on fait la lecture quand la température devient stationnaire.

Thermomètres ordinaires.

Thermomètre à pinceau. — On a aussi proposé d'immerger directement à la mer, au bout d'une ligne, un thermomètre installé de façon que son réservoir soit noyé au milieu d'un gros pinceau à longs poils. Lorsque l'appareil est resté un temps suffisant dans l'eau, on le retire lestement, le corps du pinceau appliqué autour du réservoir permet de conserver la température initiale pendant le temps nécessaire à la lecture et préserve de l'abaissement de température dû à l'évaporation superficielle.

Thermomètre avec monture à soupapes. — Ce dispositif est destiné à l'observation de la température de couches situées à une petite distance de la surface. Le thermomètre est dans un tube de verre protégé par une monture métallique et muni à

([1]) REGNARD, *La vie dans les eaux*, 1891, p. 276.

chaque extrémité d'une soupape qui s'ouvre de bas en haut. A la descente, l'eau traverse le tube ; à la profondeur voulue on arrête pour laisser l'équilibre de température s'établir, et on remonte le cylindre qui est fermé par les soupapes et qui contient une certaine masse d'eau conservant la température pendant un temps suffisant pour la lecture.

Thermomètre de Meyer. — Pour les profondeurs ne dépassant pas 50^m, la Commission de Kiel a adopté le thermomètre de Meyer : c'est un thermomètre ordinaire enveloppé d'un étui de caoutchouc durci qui a 25^{mm} d'épaisseur autour du réservoir et 10^{mm} partout ailleurs, sauf le long de la graduation. Cette enveloppe est tellement isolante qu'il faut maintenir le thermomètre pendant une heure et demie dans le milieu dont on veut prendre la température ! Il va sans dire qu'on ne peut l'employer sur un navire en marche. Il est protégé par une garniture de cuivre. On l'emploie surtout en Allemagne (Baltique et mer du Nord), dans les observatoires fixes, bateaux-feux, etc. Il est bien possible qu'il indique au bout d'une heure et demie une température qui n'existe plus depuis un certain temps.

Dès que la profondeur à laquelle on désire prendre la température de l'eau devient un peu considérable, il est nécessaire d'employer des thermomètres spéciaux, préservés par une enveloppe solide de verre fermée à la lampe, des effets de la pression qui s'augmente de 1 atmosphère (1^{kg} par cm^2) pour chaque accroissement de 10^m de profondeur.

Thermomètres à déversement.

L'idée des thermomètres à déversement est due à Collardeau et à Cavendish. En France on connaît surtout les modèles de Walferdin : ce sont des thermomètres à maxima ou à minima. Nous parlerons seulement du thermomètre à maxima pour bien montrer que ce n'est pas sans raison qu'on a cherché quelque chose de mieux et de plus pratique.

Thermomètre à maxima de Walferdin. — Il est représenté par la fig. 60. La division de l'échelle est arbitraire et ne marque pas des degrés. Pour s'en servir, on commence par faire en sorte que le mercure affleure à l'extrémité de la pointe quand l'appareil est porté à une température *connue*, 20° par exemple, *inférieure* à celle que l'on veut observer si l'on a des raisons de croire que cette température est supérieure à 20°. Pour cela on renverse le thermomètre de façon que la pointe plonge dans le mercure de l'ampoule, et ainsi placé, on le met dans le bain à 20°. Quand l'équilibre de température s'est établi on redresse le thermomètre ; à ce moment, à 20°, le mercure arrive à l'extrémité de la pointe et il ne peut plus rentrer de mercure, celui-ci étant dans la partie inférieure de l'ampoule. Le thermomètre est ainsi préparé ; on l'envoie, protégé par une monture, dans le milieu dont il s'agit de déterminer la température maximum, qu'on a des raisons de croire

Fig. 60. — Thermomètre à maxima de Walferdin.

supérieure à 20°, c'est-à-dire dans la mer, pour notre cas particulier. Il est évident que du mercure va couler de la pointe dans l'ampoule jusqu'à ce que l'équilibre soit établi et à ce moment le mercure affleurera à la pointe. On ramène le thermomètre, on le remet dans le bain à 20°, le niveau baisse dans la tige d'un certain nombre de divisions, 6 par exemple. Cela veut dire que la température cherchée dépasse 20° de la valeur en degrés de ces 6 divisions. Il faut déterminer la valeur de chacune de ces divisions. Pour cela on porte le thermomètre dans un bain de température connue, inférieure à 20°, à 18° par exemple et on constate que pour cette différence de 2° le mercure a baissé de 4 divisions, je suppose. C'est donc que 1 division correspond à 1/2°. 6 divisions correspondent à 3° et la température cherchée est 20° + 3° = 23°.

Le thermomètre à minima de Walferdin contient à la fois de l'alcool et du mercure et son emploi est encore plus compliqué.

Ces thermomètres sont très précis, aussi sensibles qu'on le désire et capables de fonctionner aux plus grandes profondeurs si on les protège par une enveloppe de verre épais. Mais les thermomètres à déversement ne donnent que des maxima et des minima et la complication qu'entraîne leur usage les a fait complètement abandonner. Il n'y a guère que Bravais et Martins (1839), l'amiral Fitz-Roy et Aimé qui les utilisèrent en les préservant ou non de la pression par une solide enveloppe.

Thermomètre de Six et de Miller-Casella. — Inventé par Six en 1782, ce thermomètre donne en même temps le maximum et le minimum des températures auxquelles il a été soumis. La fig. 61 représente le modèle adapté aux recherches en eau profonde. Mettant à exécution l'idée du Dr Miller, le constructeur Casella enveloppa le simple réservoir de Six d'une solide ampoule de verre contenant surtout de l'alcool et un peu d'air ; ce dispositif permet de soustraire le réservoir du thermomètre à la pression du dehors que

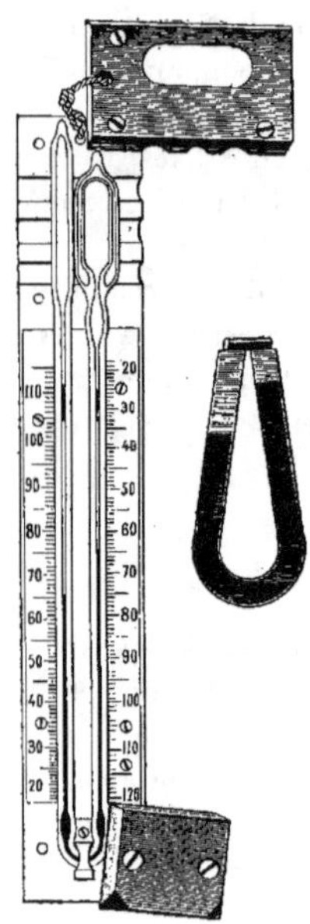

Fig. 61*. — Thermomètre de Six et Miller-Casella.

supporte seule l'enveloppe extérieure, l'air intermédiaire subissant sans inconvénient la diminution de volume qui en résulte. Le réservoir du thermomètre contient un mélange d'alcool, de créosote et d'eau. La partie inférieure recourbée en anse contient du mercure et l'autre branche se termine par une ampoule plus petite contenant, avec la tige qu'elle continue, une petite quantité du liquide créosoté et une certaine quantité d'air un peu comprimé qui doit servir par son élasticité à empêcher la colonne de mercure de quitter la colonne de liquide créosoté quand celle-ci se contracte vers le réservoir pendant les abaissements de température. Au-dessus de chaque extrémité de la colonne mercurielle se trouve un petit index de verre, contenant un fragment de fil de fer doux et entouré d'un cheveu qui, faisant ressort contre les parois du tube capillaire, permet à l'index de rester à la place où il a été poussé par la colonne de mercure correspondante. La colonne gauche marque le maximum et la colonne droite le minimum. On se sert de la façon suivante du thermomètre qui est installé dans une boîte protectrice : au moyen d'un aimant, on amène les index au contact du mercure, et on immerge l'appareil. Quand la température devient maximum, le liquide du réservoir refoule le mercure du côté gauche et soulève l'index gauche jusqu'à un niveau maximum où il reste par l'effet du cheveu-ressort, tout en baignant dans le liquide créosoté qui peut circuler autour de lui sans le déranger. Quand se présente le minimum, c'est l'index droit qui est poussé vers le gros réservoir et qui reste à la place à laquelle il a été amené. Il n'y a plus qu'à lire, à l'arrivée à bord, le degré indiqué de chaque côté, sur l'échelle correspondante, par le niveau inférieur de l'index.

Ce thermomètre a été beaucoup employé par les expéditions du *Lightning*, du *Porcupine*, du *Challenger*, etc., tant que l'on n'en a pas eu de meilleur. Les index sont sujets à se déplacer sous l'influence des trépidations et des vibrations du câble et l'appareil a le défaut d'être à maxima et à minima, c'est-à-dire de ne pas donner la température à une profondeur déterminée, mais seulement la plus haute et la plus basse de la colonne d'eau parcourue, de sorte que s'il y a une zone plus chaude entre deux autres plus froides, comme cela est fréquent dans les régions arctiques, par exemple, on ne sait à quelle profondeur on doit l'attribuer ; il n'en est pas de même dans la plupart des régions tropicales, où la température diminue régulièrement de la surface au fond. Il faut avoir soin en outre de maintenir le thermomètre toujours droit pour éviter un mélange des liquides.

Thermomètres à renversement.

Le principe en est très simple et on est vraiment étonné qu'il n'ait pas été utilisé plus tôt : la tige d'un thermomètre présente près du réservoir un étranglement du tube capillaire tel que, si on renverse l'instrument, la colonne de mercure se brise toujours en ce point et tombe à l'extrémité de la tige. Il est évident que la longueur de la colonne brisée est proportionnelle à la température du point où le thermomètre a été renversé. Il suffit donc de la graduer en degrés. On enverra le thermomètre à la profondeur voulue avec le réservoir en bas en s'assurant que le mercure du réservoir se continue avec celui de la colonne ; à la profondeur voulue on laisse l'équilibre de température s'établir ; puis, par un procédé quelconque on renverse le thermomètre à cette même profondeur et on remonte l'appareil, qu'il n'y a plus qu'à lire. On a alors la température de la profondeur à laquelle le thermomètre a été retourné, point capital, et non plus des maxima et des minima.

Voyons maintenant les différents modèles ainsi que les systèmes proposés pour leur renversement.

Thermomètre Negretti-Zambra. — Ce modèle (fig. 62) a l'avantage d'être complètement protégé contre la pression extérieure par un étui de verre épais, fermé à la lampe, et de ne nécessiter que le simple renversement d'un demi-tour pour son fonctionnement.

Le réservoir est entouré de mercure et d'air séparé par un bouchon (de caoutchouc ou d'autre substance) du reste de la cavité de l'enveloppe. Dans la position de descente le mercure du réservoir se prolonge dans la tige. A la profondeur voulue, au moyen d'un mécanisme très simple on renverse le thermomètre, la colonne mercurielle se brise en A et tombe au bas de la tige graduée qu'il suffit de lire dans cette position à la montée. Si, par suite des secousses ou de l'élévation de la température, un peu de mercure sortait de l'étranglement, il tomberait dans la petite ampoule B destinée à cet usage et n'irait pas fausser les indications en s'ajoutant à la colonne inférieure de mercure.

Pour renverser le thermomètre, on peut employer le dispositif de l'amiral Magnaghi. La fig. 63 suffit à en faire comprendre le mécanisme. Le thermomètre est maintenu droit au départ par la tige E commandée par l'hélice C qui, à la descente, bute par une petite goupille contre la pièce G ; à la montée, l'hélice tourne en sens inverse, dégage la tige E de l'étui du thermomètre qu'on remonte renversé, tenu dans cette position par la tige L commandée par le levier KK.

On peut aussi remplacer dans la monture l'hélice par un levier qu'on actionne au moment voulu par un messager de Rung par exemple. Le levier sous l'action du poids retire la tige qui maintenait en place l'étui du thermomètre et celui-ci bascule. C'est ce que montrent dans la fig. 16, p. 12 les deux instruments extrêmes de droite et de gauche.

A bord du *Talisman* on se servit de la monture imaginée par le Professeur A. Milne-Edwards et dans laquelle le déclanchement se faisait au moyen d'un levier relié par une ficelle au poids du sondeur, levier qui basculait quand il était tiré vers le bas par ce poids. Pour les positions intermédiaires on envoyait un large messager qui abattait le levier en passant. Cette monture du *Talisman* a également servi sur l'*Hirondelle*. A bord de la *Princesse-Alice* on a employé longtemps la monture Magnaghi dans laquelle l'hélice est remplacée par un levier actionné au moyen d'un messager. Aujourd'hui on ne s'y sert pas de monture isolée, mais le thermomètre est toujours accompagné d'une bouteille Richard dont le poids est à peine supérieur à une simple monture ordi-

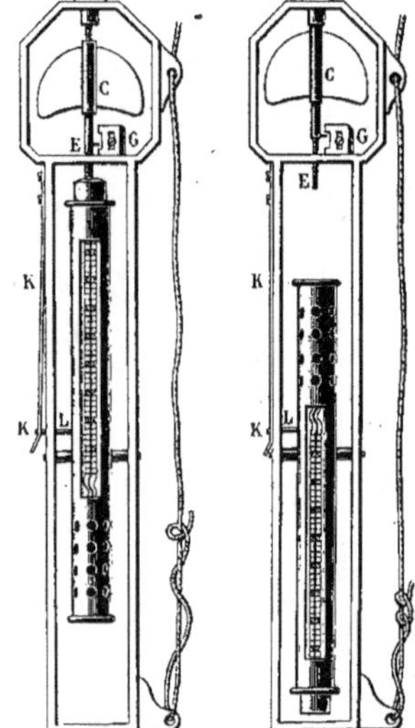

Fig. 63* et 64*. — Thermomètre à renversement dans monture Magnaghi à hélice ; à la descente et à la montée.

Fig. 62*. — Thermomètre Negretti-Zambra protégé contre la pression par une enveloppe de verre.

naire et qui présente beaucoup plus de commodité pour l'installation du thermomètre. (Voir plus loin la description et les dessins de cet instrument.)

On a reproché certains défauts au thermomètre Negretti-Zambra. On a dit que la
brisure de la colonne de mercure ne se faisait pas toujours avec précision et sûreté à
l'étranglement établi dans ce but. D'après le Prof. Schott, cela tient à ce qu'on
livre parfois dans le commerce des thermomètres qui laissent à désirer au point de
vue de la construction, mais on en trouve d'irréprochables et il en a eu, à bord de
la *Valdivia*, qui ont subi avec succès des centaines d'essais et qui ont toujours donné,
à $\pm 0°,1$ près, l'exactitude que l'on peut seulement exiger, d'après lui, dans les
recherches aux grandes profondeurs. Il faut donc n'accepter que des instruments en
bon état de fonctionnement et dans lesquels ni chocs ni secousses ne peuvent faire
franchir au mercure du réservoir l'étranglement du tube capillaire. Il ne serait donc
pas nécessaire, d'après Schott, de recourir aux formes de thermomètres de Chabaud
et de Knudsen décrites ci-dessous.

Le Prof. Schott a constaté d'autre part qu'aucun de ces thermomètres n'est
capable de donner la température correcte du point où on l'envoie si la différence
de température de ce point à la température maximum par laquelle il doit passer pour
revenir à bord dépasse une certaine amplitude. Si cette différence de température
dépasse 16° ou au maximum 20° d'amplitude, pour les thermomètres qu'il a observés,
du mercure sorti du réservoir sous l'influence de l'élévation de température à la montée,
remplit la petite ampoule et, la dépassant, vient rejoindre la colonne de mercure et fausser
les résultats. Cela se produit aussi bien dans les modèles Chabaud et Knudsen

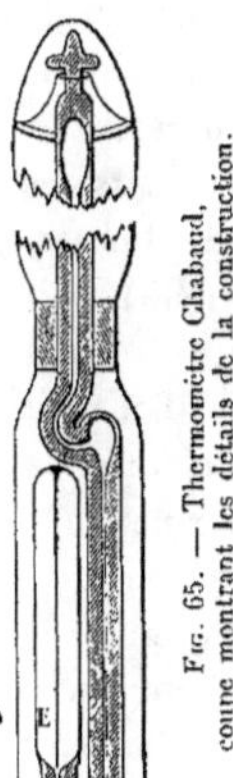

Fig. 65. — Thermomètre Chabaud, coupe montrant les détails de la construction.

que dans celui de Negretti-Zambra. Schott en conclut que l'on doit
renoncer à envoyer les thermomètres Negretti-Zambra et similaires
dans les grands fonds des mers tropicales, mais ne les plonger, dans ces
régions, que jusqu'à des profondeurs telles que l'écart ne dépasse pas 15°
par exemple. Partout où la température de la surface ne dépasse pas
15°, notamment dans les régions polaires, où ils sont indispensables,
l'usage des thermomètres Negretti-Zambra est indiqué. Pour les
grandes profondeurs des tropiques, Schott recommande l'emploi du
thermomètre à maxima et minima bien protégé contre la pression.

Nous allons voir que le thermomètre Richter résout complètement
le problème.

Comme on peut s'en convaincre par l'examen des figures, tous
ces thermomètres se terminent à l'extrémité opposée au réservoir
par un petit renflement constituant lui-même avec la colonne de
mercure qui le surmonte un véritable petit thermomètre. Il est
évident qu'en remontant dans les couches plus chaudes il indiquera
une température un peu plus élevée qu'il ne devrait. Il est donc nécessaire d'apporter
à la lecture une petite correction d'après la température maximum qu'il aura atteinte.

Thermomètre de Chabaud. — Dans ce thermomètre le réservoir a une position telle
(fig. 65) que lorsqu'il revient renversé les vibrations ne peuvent tendre à faire couler

du mercure du réservoir dans la tige, puisque l'orifice du réservoir est alors en haut. L'étranglement de la tige est remplacé par une obturation incomplète du canal thermométrique à la naissance même du réservoir au moyen d'une tige de verre E qui traverse ce dernier. L'ampoule ne sert plus qu'à recevoir le mercure sorti du réservoir sous l'action du réchauffement qui se produit pendant la montée dans les couches plus chaudes. Ce modèle, construit et décrit par Chabaud en 1892, paraît plus délicat que le thermomètre ordinaire de Negretti et Zambra.

Thermomètre de Knudsen. — Toujours dans le but d'éviter que les vibrations ne fassent sortir du mercure du réservoir pendant la montée, le Prof. Knudsen a eu l'idée de disposer le réservoir comme dans le thermomètre de Chabaud et publia son dispositif en 1899. L'étranglement du tube est situé immédiatement à la sortie du réservoir et aboutit à l'ampoule ; aussitôt après le tube forme l'anse, de sorte qu'une fois le renversement opéré l'ampoule surmonte l'orifice étranglé du réservoir et reçoit l'excédent de mercure sans que cet excédent puisse rejoindre intempestivement la colonne brisée.

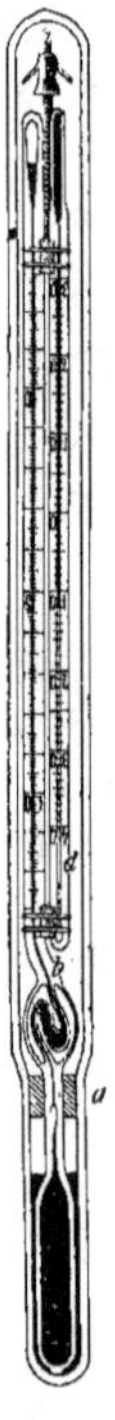

Thermomètre de Richter (fig. 66). — Toutes les objections faites aux divers modèles Negretti-Zambra, Chabaud, Knudsen, etc., tombent devant le modèle Richter, qui est le meilleur que l'on connaisse à l'heure actuelle, comme l'ont montré de très nombreuses expériences du Laboratoire central de Christiania. La tige est divisée en dixièmes de degré et le dispositif adopté pour provoquer la séparation de la colonne de mercure et recevoir l'excès du mercure qui peut sortir du réservoir par suite du réchauffement à la montée est tel, que les inconvénients des modèles précédents ne se présentent plus. Des thermomètres de Richter, employés sous les tropiques, ont montré que, même après avoir été portés à 50° après le renversement, il était impossible de faire passer, au moyen de secousses, du mercure du réservoir dans le tube capillaire. Un petit thermomètre secondaire est fixé contre la tige du grand et donne la température de l'extrémité renflée de cette tige de façon à permettre la correction qui doit être apportée à la lecture.

Ce thermomètre à renversement demande 5 minutes pour prendre la température du milieu ambiant. Sa précision est très grande, un degré y occupe 7ᵐᵐ. Comme tous les thermomètres de précision il doit être vérifié de temps à autre.

Fig. 66*. — Thermomètre Richter, d'après Ekman.

Thermomètre enregistreur de Pouchet. — Un tambour enregistreur ordinaire est enfermé dans une solide boîte de fonte que l'on peut fermer hermétiquement. La plume de l'enregistreur est soulevée ou abaissée par un tube spiral élastique, rempli d'alcool et communiquant par un tube métallique avec un cylindre de fer plein d'alcool formant le réservoir du thermomètre et placé dans l'eau ambiante au-dessus de la boîte. Quand le réservoir s'échauffe il chasse son alcool dilaté dans la spirale qui élève la plume et inversement.

Ainsi que l'a fait remarquer le Dr Regnard, l'objection principale à faire à cet appareil est que le réservoir est à une pression différente de celle de la spirale intérieure ; cette différence peut, suivant la profondeur et la résistance des parois du cylindre, injecter plus ou moins d'alcool dans la spirale, c'est-à-dire augmenter la température inscrite, lors même que cette température ne change pas. Mais pour de faibles profondeurs comme c'était le cas là où Pouchet faisait ses expériences, à Concarneau, l'installation pouvait être très bonne avec un réservoir à parois résistantes et il s'agissait surtout d'obtenir l'étanchéité de la boîte.

Thermomètre enregistreur du Dr Regnard. — C'est un thermomètre enregistreur (fig. 67) ordinaire T enfermé dans une boîte étanche A à laquelle on adapte un ballon compensateur B destiné à établir à l'intérieur la même pression qu'à l'extérieur, de sorte que tous les organes de l'appareil enregistreur sont à la même pression. Le tout est installé sur un support et immergé au bout d'un câble.

Le Dr Regnard a réussi à immerger ainsi dans la rade du Havre, par 40^m de profondeur, un de ces appareils pendant toute l'année 1888, malgré beaucoup de difficultés occasionnées par les curieux ou les maraudeurs qui allaient souvent couper le câble pour l'emporter avec la bouée servant de signal. Il fallut se résoudre à le faire immerger par un scaphandrier qui repérait sa position de façon à le trouver sans que rien pût déceler à l'extérieur la présence de l'installation. Tous les lundis on relevait l'appareil pour changer le papier du cylindre enregistreur.

Ballon compensateur des pressions du Dr Regnard. — Nous saisissons cette première occasion qui se présente de parler du ballon compensateur du Dr Regnard, pour en expliquer le mode de fonctionnement, parce que ce procédé tendant à soustraire une cavité fermée à l'écrasement par la pression de l'eau ambiante constitue une méthode générale capable de s'appliquer à une foule de cas.

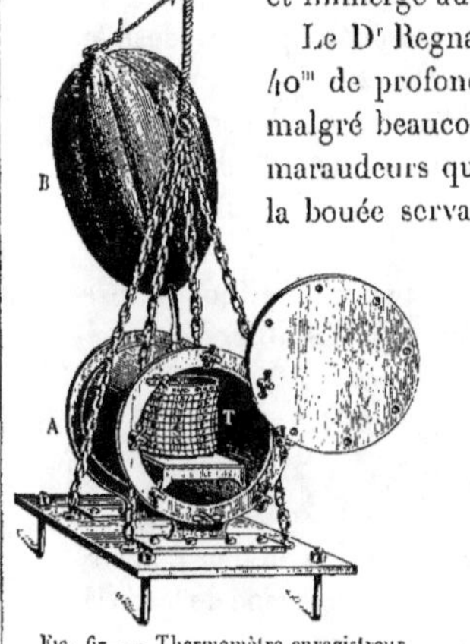

Fig. 67. — Thermomètre enregistreur de Regnard.

Pour annuler l'effet de la pression, qui croît d'une atmosphère, soit environ 1^{kg} par centimètre carré pour chaque augmentation de 10^m de profondeur, il suffit d'établir à l'intérieur la même pression qu'à l'extérieur. Supposons que la boîte quelconque, plus ou moins vide et fermée, qu'il s'agit d'immerger soit en relation par un tube avec un ballon de caoutchouc ou de toile caoutchoutée contenant de l'air. Quand on immerge l'ensemble, boîte et ballon, le ballon se comprime et injecte dans la boîte de l'air qui est précisément à la pression de l'endroit où se trouve la boîte, dont les parois supportent la même pression en dehors et en dedans. C'est comme si la boîte ne supportait aucune pression, de sorte qu'elle reste étanche et ne s'écrase pas. Il suffit de calculer la contenance de la boîte et de prendre un ballon contenant la quantité d'air voulue pour telle ou telle profondeur. Si par exemple la boîte contient un litre d'air il faudra un ballon de 3oo litres d'air pour arriver à une profondeur de 3 ooo^m, un ballon de 1oo litres suffirait pour atteindre 1 ooo^m.

Photothermomètre du Dr Michaelis. — Le principe en est très simple ([1]). Supposons que la tige verticale d'un thermomètre à mercure soit appliquée contre la fente étroite et unique d'un cylindre métallique dans lequel un papier photographique enroulé sur un tambour enregistreur passe en tournant devant la fente. Chaque fois qu'on éclairera la tige du thermomètre le papier qui est derrière sera impressionné là où le mercure n'intercepte pas les rayons lumineux envoyés par une lampe électrique. Celle-ci est enfermée dans une boîte très solide et étanche, avec le thermomètre et le cylindre enregistreur. Le courant électrique vient du navire au moyen de deux fils parfaitement isolés qui accompagnent le câble d'immersion ou ne font qu'un avec lui. Les choses sont disposées de façon que, avant d'allumer la lampe, le courant fait tourner d'un cran, au moyen d'un électro-aimant, le cylindre, de sorte que la lampe électrique éclaire une partie non encore exposée du papier sensible. Chaque allumage correspond à une inscription de température.

Il est inutile d'entrer dans les détails de construction d'un appareil certainement très ingénieux mais fort peu pratique, délicat et dispendieux et que la seule nécessité d'un double câble parfaitement isolé pour relier l'instrument au navire suffit à rendre d'un emploi difficile.

Neumayer ([2]) avait déjà imaginé de son côté un appareil thermométrique à enregistrement photographique, mais on peut renouveler à son sujet les observations ci-dessus.

Thermomètres électriques.

Thermomètre électrique de Siemens. — Le *Challenger* possédait un thermomètre électrique établi d'après les indications de C.-W. Siemens, sur le principe de la variation de la résistance électrique d'un conducteur avec sa température.

L'appareil consiste essentiellement en une bobine de fil métallique, immergée au moyen d'un câble à la profondeur désirée, et mise en communication avec un pont de Wheatstone, de façon à en former un des côtés. Le côté symétrique est formé par une bobine semblable à celle immergée, et telle que sa résistance est la même pour la même température. Cette dernière bobine est plongée dans un récipient d'eau que l'on peut réchauffer ou refroidir à volonté et dont un thermomètre à mercure donne la température. Suivant le principe même du pont de Wheatstone, le miroir du galvanomètre revient au zéro quand la température de la bobine immergée dans la mer

([1]) *Annalen der Hydrographie*, Berlin, 1883.
([2]) *Zeitschrift für Instrumentenkunde*, Berlin, 1883.

est la même que celle du récipient resté sur le pont ; il suffit donc de lire le thermomètre à mercure quand le galvanomètre est à zéro.

Plusieurs observations furent faites, avec plus ou moins de succès, à l'aide de cet instrument et s'accordèrent très bien avec celles qu'on fit avec des thermomètres. Mais comme il n'y avait pas, sur le navire, d'endroit convenable pour le galvanomètre ou pour l'appareil lui-même, on ne fit pas d'observations d'une façon continue et suivie. Par la moindre houle le galvanomètre ne pouvait être utilisé.

Le *Blake* fit aussi, en 1881, jusqu'à 1 464ᵐ, des essais avec un thermomètre électrique basé sur le même principe. Le Cᵗ Bartlett est très satisfait des résultats ; mais la méthode est très laborieuse. Quoi qu'il en soit, cet appareil ne paraît pas avoir été utilisé dans la suite.

Téléthermomètre électrique de Siemens et Halske. — L'expédition de la *Valdivia* entreprit des déterminations de températures dans les profondeurs au moyen d'un appareil nouveau, le téléthermomètre électrique de Siemens et Halske.

On expose aux différentes températures de la profondeur une spirale de platine dont la résistance à une température déterminée a été mesurée avec beaucoup de précision et dont le coefficient de température (en ce qui concerne la résistance électrique) est connu. Dans le cas de la *Valdivia* la spirale de platine employée avait une résistance de 100 ohms à + 2°,24 et un coefficient de température de 0,00353 par 1° centigrade. La formule qui donne la résistance à la température cherchée t. est $W_t = 100 [1 + 0,00353 (t - 2,24)]$, d'où $t = (W_t - 100) 2,83 + 2,24$. Il est facile d'établir une table donnant par dixième d'ohm de résistance la température correspondante entre 0° et 30° C. Nous n'entrerons pas dans les détails de l'appareil et de son installation. Disons seulement qu'on se sert ici encore de la méthode du pont de Wheatstone, d'une boîte de résistances et d'un galvanomètre : on introduit au moyen de la boîte de résistances une résistance telle que le galvanomètre revienne au zéro, c'est donc que la résistance introduite est égale à celle de la spire de platine. Comme cette résistance W_t est connue, il est facile d'en déduire la température au moyen de la formule et de la table indiquée plus haut.

Malheureusement, dans la pratique, le galvanomètre, même suspendu à la Cardan, devient inutilisable sur un navire constamment en mouvement. Ce n'est que dans quelques cas très rares, comme le 2 décembre 1898, alors que le navire était protégé contre la houle et les mouvements des vagues par les glaces qui l'entouraient presque complètement, que l'on put faire une série verticale de températures digne de confiance.

Le Dʳ Schmidt conclut de ses expériences que le téléthermomètre électrique serait l'instrument le plus rapide et le plus sûr pour les observations de températures en séries, s'il pouvait être relié à un galvanomètre qui, tout en restant suffisamment sensible, ne serait pas influencé par les oscillations du navire et par les changements de position par rapport au méridien magnétique. Je crains bien pour ma part que ce soit beaucoup demander à la fois !

En comparant les résultats du thermomètre électrique avec ceux obtenus le même jour au moyen des thermomètres à renversement, on trouva que la différence, qui n'était que de 0°,1 à environ 2ᵐ de profondeur, atteignait 2°,2 à 227ᵐ et que cette différence augmentait ainsi avec la profondeur pour une raison et suivant une loi encore inconnues ; d'après Schott cela tient vraisemblablement à un défaut dans l'isolement de quelque partie immergée ; des recherches nouvelles permettront sans doute de résoudre la question.

Il faut remarquer que, dans ces expériences, le câble immergé ayant un diamètre assez gros, ne reste pas vertical à cause de la dérive du navire, de sorte que la température n'est pas prise exactement à la profondeur indiquée par le compteur.

En 1901, M. Knudsen a appliqué avec succès la méthode de mesure des résistances d'un courant alternatif (?) moyen et d'un téléphone, à la mesure des températures et de la salinité, dans des eaux il est vrai très peu profondes.

DISTRIBUTION ET VARIATION DE LA TEMPÉRATURE

La température de la surface de la mer dépend d'un grand nombre de conditions : latitude, climats, courants marins, vents, saisons, conductibilité de l'eau, communications plus ou moins larges avec les mers froides, etc. La chaleur que le soleil rayonne directement est presque entièrement absorbée par la couche la plus superficielle ainsi que le Dr Regnard (1891) l'a vérifié expérimentalement sur l'eau de mer, en même temps qu'il constatait la thermanisation de la chaleur après la traversée de la couche superficielle ; c'est-à-dire que la chaleur qui a franchi la couche tout à fait superficielle de 1^{mm} se transmet en proportion beaucoup plus grande aux couches sous-jacentes que ne l'a fait la chaleur pour passer de l'air à travers le premier millimètre d'eau. Comme la conductibilité de l'eau est très faible, si on suppose la mer immobile, l'échauffement mettra beaucoup de temps à pénétrer à une grande profondeur ; bien mieux, avant que la chaleur ait atteint une certaine profondeur pendant la saison chaude, cette chaleur se perdra en allant de la profondeur vers la surface pendant la saison froide. De sorte que la chaleur due au soleil ne pourrait jamais dépasser une certaine limite. Mais l'agitation de la mer mélange les couches chaudes et froides, l'évaporation rend l'eau superficielle plus lourde et la fait tomber, pendant que l'eau plus légère monte pour remplacer la première.

La température moyenne de la surface diffère peu de celle de l'air en contact avec elle, à moins que des courants n'amènent des perturbations. La capacité calorifique de l'eau de mer étant beaucoup plus grande que celle de l'air, les variations sont beaucoup plus lentes dans l'eau ; c'est ainsi que les masses océaniques sont les grands régulateurs du climat des régions qui les entourent.

La température de la surface subit cependant une variation diurne et une variation annuelle, toutes les deux très faibles, surtout en pleine mer, où l'air venu de la côte égalise de plus en plus sa température avec celle de la mer à mesure qu'il va vers le large. D'autre part, plus le régime atmosphérique est constant, plus la variation annuelle est faible, c'est ce qui se passe à l'équateur. Les maxima et les minima de la température de l'eau sont toujours en retard sur ceux de l'air ; dans notre hémisphère le maximum est en août-septembre, le minimum en mars.

Par calme en plein océan, à la surface, la variation diurne est à peine de 1°.

Aimé a trouvé que la variation diurne se faisait sentir jusqu'à 18ᵐ de profondeur au maximum près d'Alger ; depuis on a trouvé qu'elle se produit plus profondément, mais il faut éviter certaines causes d'erreur comme les courants variables, l'état de la mer, etc. Le Dʳ Regnard a constaté au moyen de son thermomètre enregistreur que la variation diurne en rade du Havre par 40ᵐ de profondeur ne dépassait pas 0°,5, pendant que l'air variait de +7° à —7°. Pendant l'été, tandis que l'écart des températures de l'air au soleil atteignait 35°, le thermomètre immergé traçait une ligne presque droite à 15°.

La variation annuelle se produirait jusqu'à 300 à 400ᵐ dans la Méditerranée ; à partir de là, la température reste à 12°,8 jusqu'au fond, dans la partie occidentale et à 13°,5 environ dans l'est. Dans l'Atlantique, la variation annuelle ne dépasse guère 150ᵐ. Elle n'existe plus à 200ᵐ.

Pendant l'été les lignes isothermes s'éloignent de l'équateur, la chaleur s'étendant de part et d'autre, tandis qu'en hiver elles se resserrent vers cette ligne.

Dans la carte de la distribution de la température moyenne annuelle de la surface publiée par Schott (1902) on voit l'équateur traverser une large zone dont la température dépasse 25° et atteint 29° dans le sud de la mer Rouge. Le Gulf-Stream fait dévier les isothermes vers le nord-est ; ainsi l'isotherme de 5° qui commence au-dessous de Terre-Neuve par 46° ne se retrouve vers l'est qu'auprès du 60° de latitude, aux abords de l'Islande ; ainsi est adouci le climat de la côte nord-ouest d'Europe. Les parties sud des océans Atlantique, Indien et Pacifique, sont plus froides en moyenne, aussi bien à la surface que dans la profondeur, que les parties nord correspondantes, parce qu'elles s'ouvrent largement dans l'océan Antarctique.

La température la plus élevée de l'eau de mer, citée par Murray, serait de 35°,5 dans le golfe Persique. Le *Challenger* a observé 31°,1 dans la mer de Célèbes le 21 oct. 1874. Quant à la température de — 3° indiquée par l'expédition de la *Véga* près du détroit de Bering, elle serait la plus basse connue, mais il y a tout lieu de croire qu'elle est inexacte ; il est difficile d'admettre que de l'eau de mer, en contact avec de la glace, soit en surfusion à cette température, ainsi que l'a fait remarquer Nansen (1906). Par 65° S le *Challenger* a observé —2°,8 dans le voisinage d'icebergs, c'est encore là un chiffre douteux. Pendant une croisière faite en 1901 sur son petit bateau aujourd'hui célèbre, le *Gjoa*, le capitaine Amundsen observa —2°,4 dans une eau qui aurait dû se congeler à —1°,9 et qui était éloignée de toute glace.

C'est dans l'Atlantique nord que les eaux du fond sont le plus chaudes, on y trouve encore jusqu'à 2° et 3° entre 5000ᵐ et 6000ᵐ. L'océan Indien est celui où l'eau froide antarctique va le plus loin, on trouve en effet moins de 2° au fond dans le golfe du Bengale même. Il est remarquable que l'eau froide antarctique du fond suit la vallée ouest de l'Atlantique sud (avec 0° à 1°), tandis que l'autre vallée continue l'Atlantique nord au point de vue température, avec 2° ou 3°.

Je donne ici en les schématisant deux coupes très intéressantes de Schott (1902) montrant, l'une, la distribution de la température dans l'Atlantique nord et dans l'Atlantique sud suivant un profil longitudinal s'étendant du 46° S au 60° N par à

peu près 30° de longitude ouest (fig. 68), et l'autre la distribution verticale entre l'Amérique et le Maroc (fig. 69). Nous aurons à y revenir.

Quant à la distribution verticale dans les océans polaires soit du nord, soit du sud, on observe dans les deux cas l'existence générale d'une couche d'eau relative-

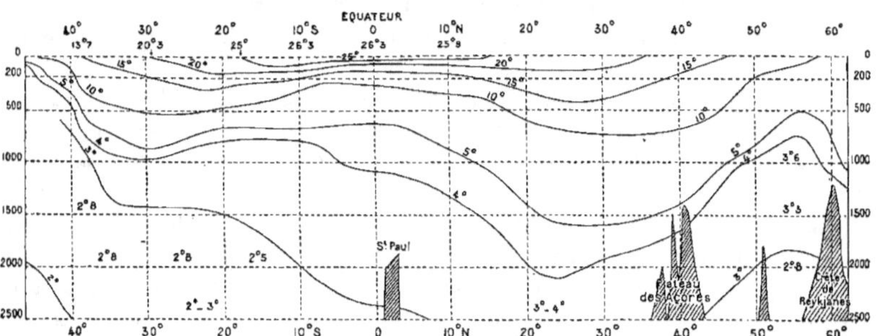

Fig. 68. — Distribution des températures suivant une section longitudinale de l'Atlantique, d'après Schott (*Valdivia*).

ment chaude, à température supérieure à 0°, entre deux couches froides, à température inférieure à 0°. Le diagramme ci-joint (fig. 70) emprunté à Nansen (1902)

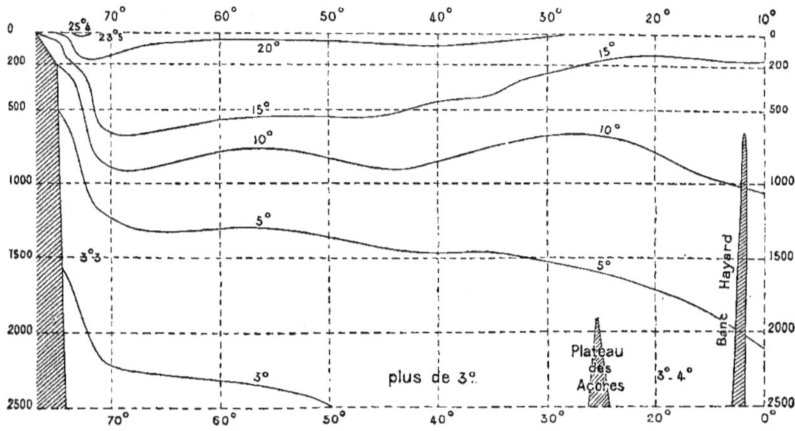

Fig. 69. — Distribution des températures suivant une section transversale de l'Atlantique nord, d'après Schott (*Valdivia*).

est tout à fait typique à cet égard : la température de — 1°,8 à la surface, arrive à 0° par environ 180ᵐ de profondeur, atteint + 1°,15 à 320-360ᵐ, puis descend à 0° à 840ᵐ et à partir de là reste au-dessous de 0° jusqu'au fond avec — 0°,9 environ à 3 000ᵐ.

On peut trouver, à peu de distance, des températures bien différentes à la même profondeur, quand une crête sous-marine vient former comme un mur entre deux bassins voisins ; c'est ainsi qu'au nord de la crête Wyville Thomson l'eau arctique descend jusqu'à — 1° tandis qu'au sud l'eau atlantique atteint 6°,5 à la même profondeur d'environ 1 000ᵐ.

On a cru longtemps que la température de l'eau du fond devait être uniformément de 4°, maximum de densité de l'eau douce, jusqu'au jour où l'expérience démontra que l'eau de mer étant plus ou moins salée n'a pas de maximum de densité fixe et que celui-ci n'est pas à + 4°.

D'après Murray, 92 % de l'étendue du fond des mers sont recouverts d'eau à une température inférieure à 4°.

Quand on examine les séries verticales de températures obtenues dans les tropiques, on constate des variations brusques dans différentes parties de la couche d'eau superficielle de 200ᵐ d'épaisseur. En général, alors que l'eau de la surface y est de 25° à 28°, on ne trouve plus que de 11° à 14° à 200ᵐ. La couche dite de variation n'est admise, d'après Schott (1902), que là où il y a une différence d'au moins 2° pour une différence de niveau de 25ᵐ. Cet océanographe a relevé avec soin toutes les observations recueillies jusqu'ici et a établi que la couche de variation ne dépasse pas 200ᵐ de profondeur, et n'a pas plus de 75ᵐ d'épaisseur ; elle est rapprochée de la surface dans l'Atlantique (25-80ᵐ), plus profonde dans l'océan Indien (90-140ᵐ) et encore davantage dans le Pacifique. Les observations de la *Princesse-Alice* confirment ce qui précède : en

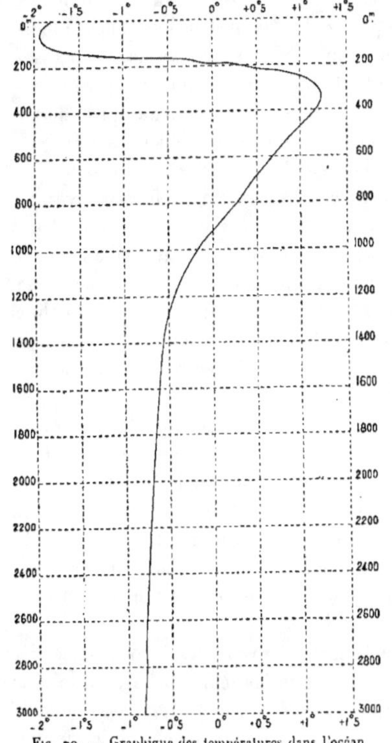

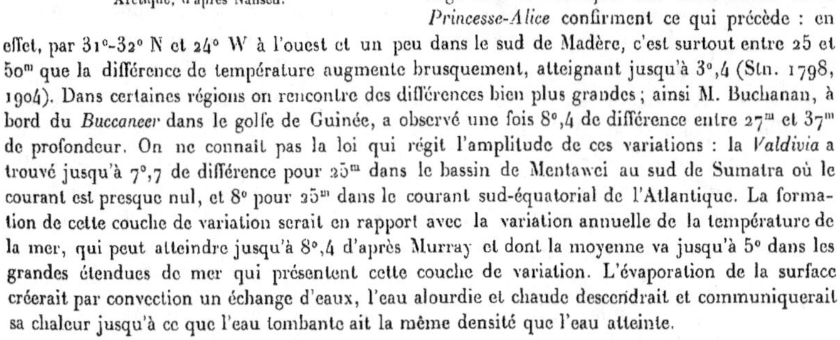

Fig. 70. — Graphique des températures dans l'océan Arctique, d'après Nansen.

effet, par 31°-32° N et 24° W à l'ouest et un peu dans le sud de Madère, c'est surtout entre 25 et 50ᵐ que la différence de température augmente brusquement, atteignant jusqu'à 3°,4 (Stn. 1798, 1904). Dans certaines régions on rencontre des différences bien plus grandes ; ainsi M. Buchanan, à bord du *Buccaneer* dans le golfe de Guinée, a observé une fois 8°,4 de différence entre 27ᵐ et 37ᵐ de profondeur. On ne connaît pas la loi qui régit l'amplitude de ces variations : la *Valdivia* a trouvé jusqu'à 7°,7 de différence pour 25ᵐ dans le bassin de Mentawei au sud de Sumatra où le courant est presque nul, et 8° pour 25ᵐ dans le courant sud-équatorial de l'Atlantique. La formation de cette couche de variation serait en rapport avec la variation annuelle de la température de la mer, qui peut atteindre jusqu'à 8°,4 d'après Murray et dont la moyenne va jusqu'à 5° dans les grandes étendues de mer qui présentent cette couche de variation. L'évaporation de la surface créerait par convection un échange d'eaux, l'eau alourdie et chaude descendrait et communiquerait sa chaleur jusqu'à ce que l'eau tombante ait la même densité que l'eau atteinte.

Les éléments dont la connaissance présente le plus d'importance dans l'étude de l'eau de mer sont la température, la densité et la salinité, qui sont d'ailleurs toutes trois dépendantes les unes des autres. La notion de la température seule ne suffisant pas pour arriver à la solution des divers problèmes qui se posent, on doit le plus souvent recueillir en chaque profondeur étudiée un échantillon d'eau et obtenir sa température *in situ*. Quand il s'agit des mers peu profondes et dans lesquelles la température de la surface diffère peu de celle des couches sous-jacentes on peut assez commodément employer la bouteille isolée de Pettersson-Nansen immergée à l'extrémité d'un câble et munie de son thermomètre. Il faut alors pour chaque profondeur faire une opération spéciale, c'est-à-dire puiser l'eau à une profondeur déterminée et lire la température de l'échantillon quand la bouteille est revenue à bord, recueillir l'eau, puis recommencer les mêmes opérations successivement aux différents niveaux. Cette méthode est inapplicable quand il s'agit de prendre des séries verticales d'échantillons d'eau et de températures dans les mers très profondes ; elle exige en effet beaucoup de temps et l'eau ainsi recueillie dans la profondeur ne peut conserver sa température initiale pendant un temps suffisamment long, parce que celle-ci se modifie en traversant une grande épaisseur d'eau à températures différentes de celles de l'échantillon remonté. C'est surtout le cas dans les mers où la température de la surface est beaucoup plus élevée que celle du fond.

Il est alors nécessaire de recourir à la méthode suivante qui est générale et convient à tous les cas : c'est de fixer plusieurs appareils à différentes distances sur le même câble. Maintenant que l'on possède des moyens simples et pratiques de déterminer la densité et la salinité d'une eau avec une très petite quantité de celle-ci, et que d'autre part on sait qu'il n'est pas nécessaire que les bouteilles à eau aient des parois très épaisses et très résistantes qui ne font que les alourdir sans présenter d'autres avantages en compensation, on se sert de bouteilles légères munies de thermomètres à renversement.

A bord de la *Princesse-Alice* on opère de la façon suivante : on commence par sonder avec le tube sondeur Buchanan surmonté d'une bouteille Richard munie de son thermomètre. On obtient ainsi un échantillon, en forme de boudin, du sol sous-marin et de l'eau du fond avec sa température. La profondeur ayant été déterminée ainsi préalablement, on fixe sur le câble de sondage, qui est très solide, et qu'on a lesté d'un poids de 60 à 75^{kg}, une série de bouteilles dont le nombre peut être considérable, mais que la pratique a montré convenable de limiter à 5 ou 6. A bord du *Grampus* les Américains en ont ainsi superposé 17. La fig. 37, page 36, montre l'installation pour un sondage thermométrique à bord de la *Princesse-Alice*. On voit suspendues le long du bord une série de bouteilles à eau munies de leur thermomètre. Pour fixer les idées prenons un exemple : à la station 1798, le 26 août 1904, entre les Açores et les Canaries, la *Princesse-Alice* trouve le fond à 5 422^m. Il est recommandé de prendre la température à la surface, à 25^m, 50^m, 100^m, 150^m, 200^m, 500^m, 1 000^m, 1 500^m, et ainsi de suite tous les 500^m jusqu'au fond. La température de la surface étant prise par la méthode ordinaire du seau, et le sondage ayant donné la température du fond, il reste à prendre l'eau et la température des 15 points intermédiaires indiqués plus haut, ce qui fera trois séries de cinq observations. On fixe alors

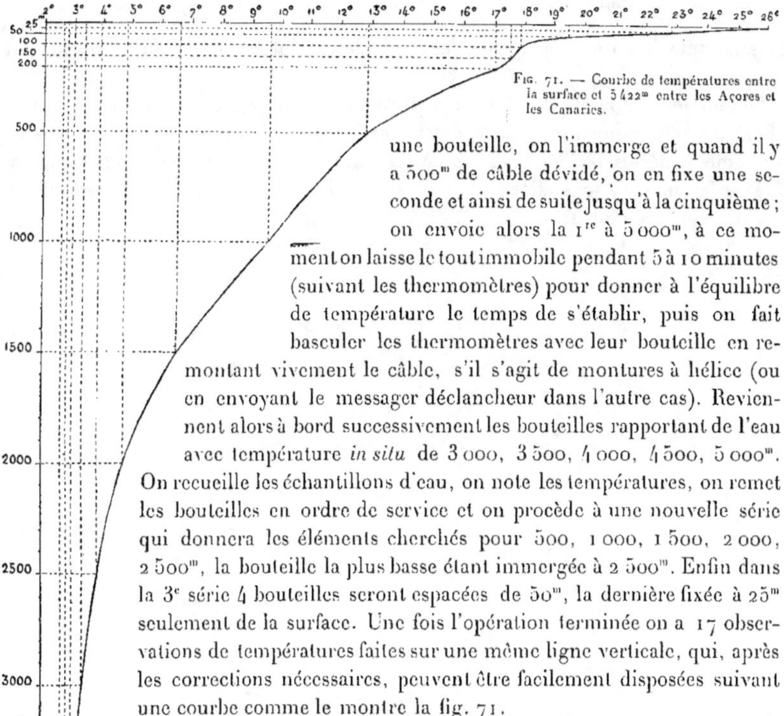

Fig. 71. — Courbe de températures entre la surface et 5 422ᵐ entre les Açores et les Canaries.

une bouteille, on l'immerge et quand il y a 500ᵐ de câble dévidé, on en fixe une seconde et ainsi de suite jusqu'à la cinquième ; on envoie alors la 1ʳᵉ à 5 000ᵐ, à ce moment on laisse le tout immobile pendant 5 à 10 minutes (suivant les thermomètres) pour donner à l'équilibre de température le temps de s'établir, puis on fait basculer les thermomètres avec leur bouteille en remontant vivement le câble, s'il s'agit de montures à hélice (ou en envoyant le messager déclancheur dans l'autre cas). Reviennent alors à bord successivement les bouteilles rapportant de l'eau avec température *in situ* de 3 000, 3 500, 4 000, 4 500, 5 000ᵐ. On recueille les échantillons d'eau, on note les températures, on remet les bouteilles en ordre de service et on procède à une nouvelle série qui donnera les éléments cherchés pour 500, 1 000, 1 500, 2 000, 2 500ᵐ, la bouteille la plus basse étant immergée à 2 500ᵐ. Enfin dans la 3ᵉ série 4 bouteilles seront espacées de 50ᵐ, la dernière fixée à 25ᵐ seulement de la surface. Une fois l'opération terminée on a 17 observations de températures faites sur une même ligne verticale, qui, après les corrections nécessaires, peuvent être facilement disposées suivant une courbe comme le montre la fig. 71.

Nous voyons sur cette courbe que la température de l'eau diminue depuis la surface jusqu'au fond (¹), d'abord rapidement puisque entre la surface et 100ᵐ la température passe de 25°,6 à 17°,8, soit 7°,8 de différence. De 100 à 200ᵐ la différence n'est plus que de 0°,8 ; de 200 à 500ᵐ elle est de 4°,2, soit 1°,4 pour chaque 100ᵐ ; de 500 à 1 000ᵐ elle est de 0°,66 par 100ᵐ ; de 1 000 à 1 500ᵐ elle est de 0°,60 ; de 1 500 à 2 000 elle n'est plus que de 0°,34 ; enfin de 2 500 à 5 000 la différence n'est plus guère que de 0°,05 par 100ᵐ en moyenne. Cela veut dire que la diminution de la température avec la profondeur, d'abord rapide, devient bientôt plus lente à une certaine distance de la surface, pour ne s'accuser ensuite qu'insensiblement et arriver sur le fond à une température voisine de 2°,5 dans les grandes profondeurs de la région considérée.

Les questions de température intervenant constamment dans l'étude des courants, nous arrêterons là ces généralités ; nous aurons

---

(¹) Il est difficile de décider sans de nouvelles expériences si la température un peu plus élevée du fond, constatée à plusieurs reprises dans ces parages et ailleurs par d'autres observateurs, est réelle ou due à un fonctionnement défectueux de la dernière bouteille à eau.

dans la suite l'occasion de signaler les particularités intéressantes qui se rapportent à ce sujet.

Le plus souvent la mesure des températures est accompagnée de la prise d'échantillons d'eau qui fourniront, par la détermination de leur salinité et de leur densité, les éléments nécessaires à une connaissance complète des mouvements et des qualités de l'eau examinée. Nous allons étudier les procédés qui permettent de recueillir l'eau aux diverses profondeurs.

CHAPITRE V

L'EAU DE MER *(Suite.)*

RÉCOLTE DES ÉCHANTILLONS D'EAU AUX DIVERSES PROFONDEURS

Surface. — Pour recueillir l'eau à la surface un simple seau suffit ; la chose importante est de prendre l'échantillon vers l'avant et au vent du navire de façon à éliminer autant que possible les causes d'altération provenant du voisinage du bateau.

Profondeur. — Dès qu'il s'agit de recueillir de l'eau au-dessous de la surface, il convient d'employer des bouteilles à eau spéciales en tenant compte du fait que toutes celles qui fonctionnent au moyen d'une hélice doivent traverser, ouvertes, une certaine hauteur d'eau, à la remontée, avant de se fermer. L'hélice doit faire un certain nombre de tours pour amener la fermeture, de sorte que l'eau de la bouteille provient toujours d'un niveau plus haut de quelques mètres que celui où la bouteille a été envoyée. Cela n'a pas d'importance pour les grandes profondeurs ; mais cela peut en avoir une grande pour les opérations faites au voisinage de la surface ou dans des mers peu profondes. Dans ces cas on se servira des autres modèles de bouteilles.

Bouteille de Meyer. — Le Dr Meyer, de la Commission de Kiel, inventa vers 1872 la bouteille qui porte son nom et que la fig. 72 représente prête à descendre. B est un cylindre largement ouvert à ses deux extrémités et traversé par 4 tiges aboutissant en haut au plateau de suspension qui est muni d'un système de déclanchement à crochet fixé à la ligne de sonde. Le cylindre est suspendu à ce crochet. Les 4 tiges relient entre elles d'une façon rigide deux valves soigneusement rodées *aa* destinées à venir s'appliquer sur les sièges qui ont été ménagés aux extrémités du cylindre, à leur bord intérieur.

Quand l'instrument touche le fond, le disque C, relié rigidement par une tige centrale à la soupape intérieure, empêche la bouteille d'entrer dans la vase (dont il peut rapporter un spécimen grâce à une modification légère), et, par le choc le déclic de suspension du cylindre fonctionne, le cylindre tombe et les sièges viennent s'appliquer sur leurs soupapes. Il n'y a plus qu'à remonter la bouteille qu'on peut vider par le robinet inférieur.

Si l'on veut prendre de l'eau dans la zone intermédiaire, entre la surface et le fond, on suspend le cylindre au plateau de suspension par deux petits crochets et on installe le dispositif écarteur indiqué dans la fig. 74. Quand l'appareil est arrivé à la profondeur voulue, on envoie un poids ou messager qui fait fonctionner l'écarteur. Celui-ci fait tomber, en les poussant de côté, les crochets de suspension du cylindre qui tombe alors comme précédemment et ferme la bouteille.

Cette bouteille est très lourde, elle est fort peu employée aujourd'hui ; il n'est pas facile de lui adjoindre un thermomètre à renversement et on ne peut pas en mettre une série sur le même câble. Elle a surtout servi pendant les campagnes de la *Pommerania* et de la *Gazelle*.

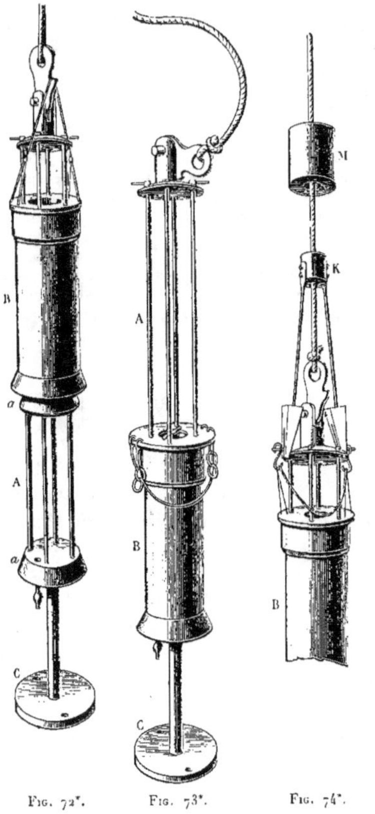

Bouteille de Milne. — C'est la bouteille de Meyer dans laquelle les 4 tiges sont remplacées par une pièce centrale robuste, à quatre ailes, guidant la chute du cylindre, de sorte que l'ensemble offre beaucoup plus de résistance et de rigidité. Cette bouteille de Meyer modifiée par Milne n'a guère servi qu'à bord du *Challenger* et uniquement pour prendre des échantillons d'eau du fond. Les fig. 75 à 77

Fig. 72*.   Fig. 73*.   Fig. 74*.

Bouteille de Meyer.

72, descendant ouverte. 73, remontant fermée. 74, mécanisme de déclanchement.

montrent la bouteille à la descente, puis à la montée, et enfin l'axe sans le cylindre d'enveloppe, ce qui permet de voir le mode de construction.

Bouteille à eau de Mill. — Comme le rodage des larges soupapes des bouteilles de Meyer et de Milne est délicat et facile à altérer, M. Mill a eu l'idée de remplacer ces soupapes par des rondelles ou des disques de caoutchouc. Tout l'appareil est fixé à un tube central dans lequel passe la ligne de sonde munie d'un lest. Le cylindre est suspendu au moyen de deux crochets à la partie supérieure du tube axial en laiton, par l'intermédiaire de deux ressorts. Une pièce est posée sur le tout de façon qu'un messager, en venant la frapper, rapproche les ressorts de l'axe et les dégage des crochets du cylindre qui tombe et, glissant sur une cloison médiane qui lui sert de guide, vient fermer ses deux orifices sur les soupapes garnies de caoutchouc.

La bouteille de Mill est surtout utilisée à la station maritime de Granton près d'Édimbourg.

Le messager qui sert au déclanchement et qui a reçu beaucoup d'autres applications, est ordinairement celui qu'a imaginé le capitaine Rung, de l'Institut météorologique de Copenhague, et qui est formé de deux moitiés s'emboîtant l'une dans l'autre. Ce messager peut être fixé à n'importe quel moment sur un câble quelconque. Dans la fig. 16 on voit un de ces messagers complet, et d'autre part les deux moitiés séparées.

Bouteille à eau de Buchanan (fig. 16, les deux appareils du centre). — Imaginons un cylindre portant à chaque extrémité un robinet. Les deux robinets sont reliés par une tige de façon qu'ils s'ouvrent ou se ferment tous les deux en même temps. Faisons descendre dans la mer un tel tube fixé verticalement à une ligne de sonde, avec les deux robinets ouverts. L'eau entre par le bas et sort par le robinet supérieur. Supposons que par un procédé quelconque nous fermions les deux robinets en même temps à une profondeur donnée ; la bouteille reviendra pleine d'eau de cette profondeur. Tel est le principe de la bouteille Buchanan.

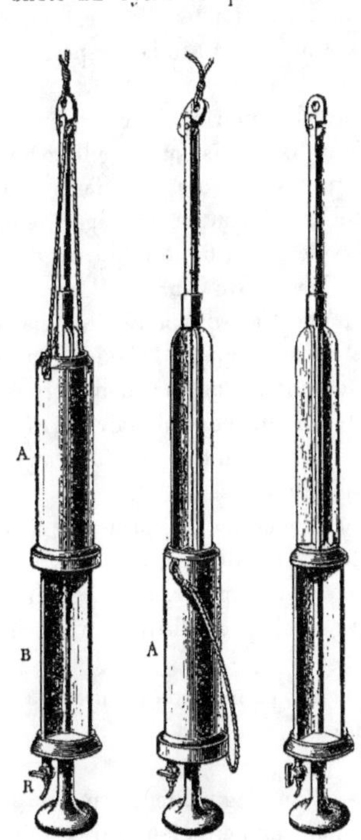

Fig. 75*.   Fig. 76*.   Fig. 77*.

Bouteille de Milne.

75, descendant ouverte. 76, remontant fermée. 77, privée de son cylindre pour montrer les détails de construction.

Dans la fig. 16, le 3ᵉ instrument représente cette bouteille à la descente. Elle est fixée sur le câble, par les anses en gros fil de cuivre attachées aux extrémités de la bouteille, au moyen de ficelle ou par l'intermédiaire de pinces qu'on peut serrer sur le câble par un écrou à oreilles. Au-dessus de l'attache supérieure est fixé, également par une pince analogue, un système de déclic qui est ici fermé et retient une boucle de ficelle supportant la tige de commande des robinets dans la position des deux robinets ouverts. Une branche du système de déclic se prolonge en un levier oblique par rapport au câble. Une monture avec son thermomètre à renversement, fixée à la tige de commande, est maintenue dans la position de la figure, parce que, en soulevant la tige, le rebord de la partie supérieure de la monture du thermomètre se prend dans un crochet fixé en haut de la tige. Quand l'instrument, ainsi préparé, est à la profondeur voulue, on envoie un messager, celui de Rung, par exemple, qui vient faire basculer, en le frappant, le levier du déclic, ce qui dégage la boucle qui retenait par la tige les robinets ouverts ; ceux-ci se ferment ; en même temps le crochet qui retenait la monture du thermomètre s'abaisse, quitte cette monture qui bascule et se retourne. La bouteille est donc remontée fermée avec le thermomètre renversé. Il n'y a plus qu'à lire la température et à recueillir l'eau en ouvrant les robinets.

Le cylindre a environ 52^{cm} de long et 8 de diamètre ; il rapporte 2 litres d'eau. La bouteille, toute en bronze, pèse environ 7^{kg}. On peut en fixer plusieurs sur le même câble, chacune ayant un messager qu'elle libérera et qui ira provoquer la fermeture de la bouteille suivante lorsqu'elle se sera elle-même fermée par le messager venu d'en haut. Les robinets se terminent par une pièce évasée en entonnoir qui est destinée (au moins pour le robinet inférieur) à augmenter la force du courant d'eau dans la bouteille. L'ouverture du robinet est étroite par rapport au diamètre de la bou-

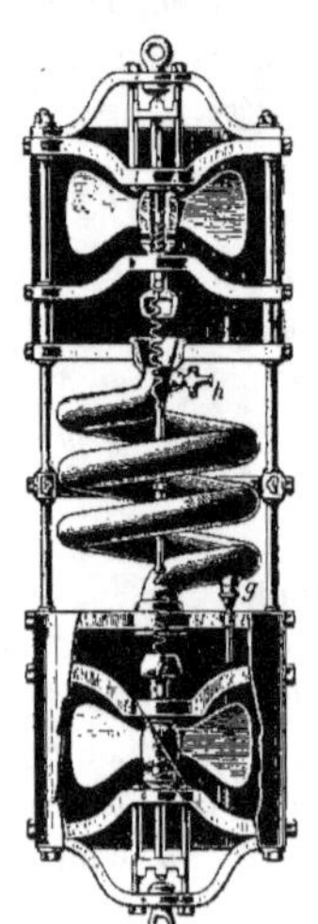

Fig. 78. — Bouteille de Wille, du *Vöringen*.

teille ; c'est là le point faible de cet instrument ; l'eau intérieure n'est pas complètement changée dans un déplacement vertical égal à la longueur de la bouteille ; il faut pour obtenir ce résultat un parcours d'environ 2^{m},50. Il est vrai que ce défaut a peu d'importance pour les grandes profondeurs.

Je ne parle pas du procédé automatique de fermeture à la remontée appliqué autrefois à cette bouteille, parce qu'il n'était pas sûr ; la fermeture pouvait, en effet, s'opérer, dans certaines circonstances, avant le moment voulu ; d'ailleurs son auteur lui-même l'a abandonné.

Une soupape spéciale permet l'expansion de l'eau due à la décompression pendant la montée.

Bouteille à eau de Wille. — Pour augmenter la capacité de la bouteille à eau tout en permettant une circulation très active de l'eau pendant la descente et l'emploi d'un grand orifice, le capitaine Wille, commandant du *Vöringen*, a eu l'idée d'employer un gros tube de cuivre étamé, contourné en spirale, et dont les extrémités sont munies chacune d'une soupape. La fermeture de chaque soupape est commandée par une hélice correspondante et par des ressorts. L'ensemble est suspendu à un câble et porte, en dessous, un lest pour entraîner l'appareil.

La fig. 78 représente l'appareil prêt à descendre. Les hélices sont disposées de façon à tourner à vide pendant cette phase, en maintenant les soupapes ouvertes, telles qu'on les a disposées au préalable. Quand on remonte le tout, sous l'influence de la résistance de l'eau, les hélices tournent en sens inverse et amènent les soupapes sur leur siège en même temps que les ressorts, libérés, aident à leur fermeture.

Cette bouteille contient 5 litres d'eau ; il va sans dire qu'elle est un peu lourde et encombrante et elle exige pour se fermer un parcours vertical de 11 à 13^{m}. Elle porte un robinet *h* en haut, et un autre *g* en bas. Celui-ci est en rapport avec un petit tube de verre fermé à son extrémité ; pendant la descente ce tube se remplit d'eau. Quand l'appareil revient, on le retourne de façon à mettre en haut le petit tube de verre, et on fait tourner la bouteille dans le sens voulu pour amener, dans le petit tube, les bulles de gaz, au cas où il s'en serait dégagé. Or la bouteille est toujours revenue pleine d'eau sans trace de gaz libres, si bien qu'au bout d'un certain temps on renonça à mettre en place le petit tube de verre. Retenons le fait qui paraît en contradiction avec celui qu'a permis de constater la bouteille du *Travailleur*.

Bouteille à eau d'Ekman (fig. 79). — Un cylindre de cuivre C, ouvert à ses deux extrémités est suspendu à la partie supérieure de la monture par le crochet *a*. L'ori-

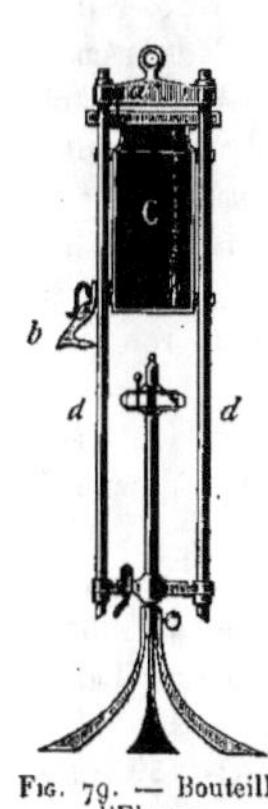

Fig. 79. — Bouteille d'Ekman.

fice supérieur du cylindre est muni d'une collerette métallique saillante, horizontale, aplatie. Ce cylindre peut glisser avec précision le long de 3 guides (dont on ne voit que deux, *dd*, dans la figure). Le cylindre ainsi suspendu par le crochet *a* est immergé. Bien vite après la mise à l'eau, la collerette fait résistance, le cylindre se soulève un peu, le crochet *a* tombe, laissant libre le cylindre qui est retenu en haut de la monture par la seule résistance de l'eau due à une descente rapide. Mais dès qu'on cesse de filer ou dès que le trépied-support de l'appareil touche le fond, le cylindre tombe sur le disque inférieur de la monture ; son bord, grâce aux guides, vient dans la rainure remplie de graisse ou de gutta-percha, tandis que l'orifice supérieur vient s'appliquer sur un disque situé au niveau *dd* et porté par une solide colonne qui sort de la base de l'instrument. Ce disque a une garniture circulaire de caoutchouc. Un robinet inférieur permet de retirer l'eau, pendant qu'on en provoque l'écoulement en enlevant la cheville du disque supérieur. Le crochet *b*, attaché au cylindre, est destiné à maintenir celui-ci en contact avec le plateau inférieur pendant la montée.

Cet appareil qui rappelle les bouteilles de Meyer et de Mill, a été inventé par le Prof. Ekman, de Stockholm ; il rapporte deux litres d'eau. Dans le modèle du *Vöringen* le trépied était remplacé par une pièce métallique à laquelle se fixait le tube sondeur.

Le point capital pour l'emploi de cette bouteille est de l'envoyer *sans arrêt* à la profondeur voulue ; tout arrêt prématuré exige naturellement que l'on recommence entièrement l'opération.

Il ne me paraît pas démontré que, dans certains moments de roulis, la bouteille ne se ferme pas prématurément : rien ne permet de contrôler le fait.

La bouteille est isolée par une enveloppe de gutta-percha de 25^{mm} d'épaisseur, de sorte que lorsqu'il s'agit de profondeurs ne dépassant pas 200^m dans les latitudes septentrionales, l'eau revient avec sa température initiale, au moins à très peu près, et on peut prendre cette température en plongeant un thermomètre par le petit orifice pratiqué dans le disque supérieur et qui sert à laisser pénétrer l'air quand on veut retirer l'eau par le robinet du bas.

Bouteille à eau du *Travailleur* (fig. 80) — Cette bouteille a été imaginée par deux officiers du *Travailleur,* MM. E. Richard et Villegente, et utilisée pendant la croisière de ce navire.

C'est un solide tube d'acier portant à chaque extrémité un double système de fermeture : à la fois un robinet et une soupape, celle-ci étant commandée par le robinet. Chaque robinet est muni d'un grand levier C dont la position perpendiculaire à l'axe de la bouteille correspond à l'ouverture du robinet, tandis que la position verticale vers le bas correspond à la fermeture. Chaque extrémité

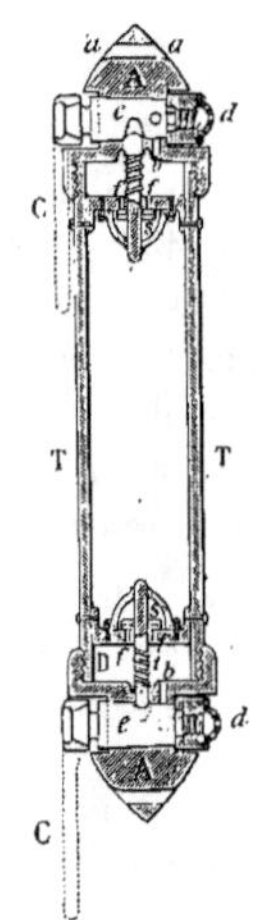

Fig. 80. — Bouteille
du *Travailleur.*

A du tube a une forme ogivale et permet de fixer la bouteille au câble par le canal *a a,* au moyen d'une corde qui y passe.

Dans cette position la bouteille est descendue, l'eau entre par le bas et sort par le haut en suivant le chemin suivant : elle entre par la crépine inférieure *d* (destinée à prévenir l'engorgement du robinet dans le cas où l'appareil reposerait sur le fond) dans le canal coudé du robinet, de là par le petit canal *b* dans la chambre D, puis dans le tube T T, par les petits canaux *ff* (bouchés par la soupape *s* sur la figure, qui représente la bouteille *fermée*), parce que dans la position d'ouverture du robinet, la tige *t,* malgré son ressort à boudin, est refoulée par le boisseau du robinet, et maintient la soupape *s* ouverte. L'eau sort par en haut en traversant les canaux *ff* supérieurs, ouverts pour la même raison que ceux d'en bas, le canal *b* en communication avec le canal coudé du robinet et par la crépine supérieure *d.*

A la profondeur voulue on envoie un messager, lourde bague de fonte assez large pour franchir la bouteille en abaissant ses deux leviers. La bouteille est alors fermée dans la position de la fig. 80.

En tournant de 90° le robinet, l'orifice intérieur de son canal est mis en rapport avec le petit canal *b,* donc première fermeture ; dans ce même mouvement du robinet, l'encoche *e* de celui-ci est venue se présenter devant l'extrémité de la tige *t* de la soupape *s,* le ressort de la tige *t* a poussé l'extrémité de cette tige dans l'encoche *e* et appliqué la soupape *s* sur son siège ; ainsi sont fermés les canaux *ff,* donc, deuxième fermeture. La même chose se passant aux deux extrémités, il est évident que plus l'eau du tube se dilate par la décompression et l'élévation de température à la montée, plus les soupapes *s* s'appliquent fortement sur leur siège et plus elles rendent la fermeture étanche.

On peut installer plusieurs bouteilles semblables sur le même câble, le même anneau de fonte les fermera successivement.

En ouvrant ces bouteilles après les avoir retirées de la mer, le Prof. A. Milne-Edwards a vu plusieurs fois s'en élancer un jet d'eau pouvant dépasser un mètre de longueur, et l'eau versée dans un récipient laissait dégager un grand nombre de bulles de gaz. Nous aurons l'occasion de revenir sur ce point quand nous étudierons plus loin cette question des gaz dissous dans l'eau de mer.

Pour le moment je me contenterai de faire remarquer que si la bouteille du *Travailleur* ne laisse rien à désirer au point de vue de la fermeture et de l'étanchéité, il n'en est pas de même pour son ouverture et pour la libre circulation de l'eau à l'intérieur. Il suffit de comparer les dimensions respectives du calibre intérieur de la bouteille, des canaux étroits et coudés qui font communiquer l'intérieur avec l'extérieur, la situation latérale des petits orifices, pour voir qu'aucune autre bouteille à eau ne présente autant de difficultés au renouvellement de l'eau pendant la descente.

Bouteille à eau de Sigsbee. — La fig. 81 représente la coupe de l'appareil au repos ; un cylindre de métal *aa* est muni de deux soupapes (*d* et *e*) s'ouvrant et se fermant ensemble par l'intermédiaire d'une tige rigide qui les réunit. A l'état de repos, les deux soupapes sont appuyées sur leur siège par un petit ressort à boudin (dont on voit la coupe en *g*). Si l'on descend à une vitesse convenable un tel cylindre fixé à un câble, la résistance de l'eau vainquant la force du ressort *g*, les deux soupapes s'ouvrent en se soulevant et laissent l'eau circuler à travers le cylindre. A l'arrêt, celui-ci contiendra de l'eau du niveau auquel il a été arrêté. A la montée, la résistance de l'eau aide l'action du ressort pour fermer les valves et le cylindre revient à la surface plein d'eau prise à la profondeur voulue.

Dans la pratique il convient de prendre plus de précautions ; dans les mouvements de descente dus au tangage et au roulis, par exemple, les soupapes s'ouvriraient comme elles le font pendant la descente normale et l'eau ramenée ne serait plus celle que l'on désirait recueillir. Pour maintenir les soupapes fermées pendant la montée, on utilise l'action d'une hélice installée dans la partie supérieure de l'instrument, au-dessus du cylindre. Cette hélice *nn* est disposée de telle façon qu'à la descente elle n'agit pas sur les soupapes et s'élève vers le sommet de la monture. A la montée, au contraire, elle descend, saisit par son prolongement *rr* la pièce *tt* qu'elle enfonce, en la vissant, sur la soupape supérieure ; dans tout mouvement de montée, normal ou non, la pièce *tt* est abandonnée par le prolongement de l'hélice de sorte que, dès le début de la montée, la soupape supérieure, et, par suite, l'inférieure aussi, sont fermées jusqu'à la surface.

Il est possible de fixer sur le câble autant de bouteilles qu'on le désire à des distances quelconques.

Cette bouteille, très bonne pour recueillir l'eau destinée aux déterminations de densité, ne conviendrait pas, d'après Tanner, pour retenir les gaz. Le Prof. Schott, qui s'est servi de la bouteille de Sigsbee à bord de la *Valdivia*, en a été très satisfait ; le Prof. Luksch avait éprouvé la même satisfaction en l'employant pendant les campagnes de la *Pola*. Les Américains en font un usage à peu près exclusif.

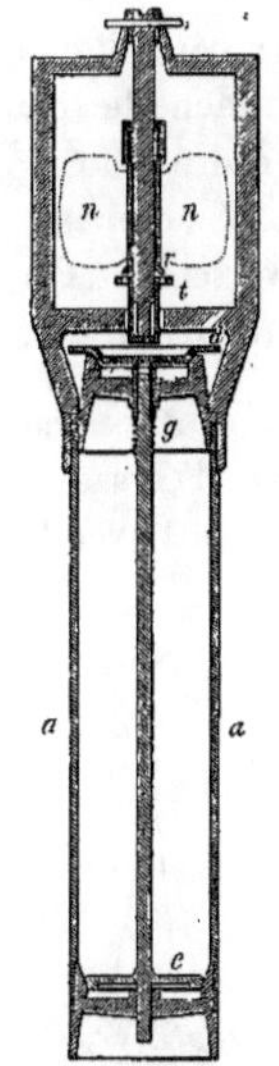

Fig. 81*. — Bouteille de Sigsbee.

Bouteille Kidder-Flint. — C'est une modification de la bouteille de Sigsbee ; elle est construite de façon à conserver les gaz de l'eau. Chaque soupape est actionnée par une hélice spéciale. Le cylindre, qui peut être retiré plein d'eau de sa monture, est pourvu d'un robinet et d'un tube d'expansion, muni d'un piston, et dans lequel l'eau peut se dilater pendant la montée sans communiquer avec l'extérieur. Les hélices sont disposées de façon qu'à la descente elles n'agissent pas sur les valves qui ont été ouvertes en grand à la main, avant le départ. L'instrument est descendu dans cette position. A la montée chaque hélice ferme sa valve. Cette bouteille, combinée par MM. Kidder, Flint et Tanner et employée sur l'*Albatross* pour la première fois en 1884, paraît demander encore quelques perfectionnements, de l'avis même de Tanner (1896), avant de pouvoir être déclarée tout à fait satisfaisante.

Bouteilles de Hamberg. — Pour les recherches qu'il a poursuivies en 1898 pendant l'expédition arctique de Nathorst, M. A. Hamberg s'est servi de deux bouteilles à eau qu'il a décrites en 1906 et dont nous donnerons seulement le schéma : le cylindre qui forme la bouteille est fixe ; un tube glissant sur l'axe central et portant à chaque extrémité un disque de caoutchouc peut être mis en liberté de façon que les disques caoutchoutés viennent fermer les deux orifices du cylindre en emprisonnant l'échantillon d'eau à l'intérieur.

Dans un modèle destiné à recueillir l'eau du fond, la bouteille se ferme par le fait seul que le lest suspendu sous elle touche le sol. Pour les eaux intermédiaires, la bouteille est dans un cadre et fonctionne par le moyen d'une hélice qui déclanche en même temps la tige obturatrice et le thermomètre à renversement. On peut fixer sur le même câble autant de bouteilles qu'on le désire.

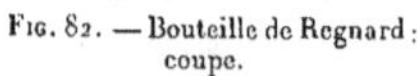

Fig. 82. — Bouteille de Regnard : coupe.

Bouteille du D' Regnard (fig. 82). — Un ballon en caoutchouc très épais P et tel que lorsqu'on l'écrase il reprend vivement sa forme, est fixé par le bas sur un tube communiquant avec le robinet R par l'intermédiaire de la soupape Denayrouze C ; en haut, ce ballon P est fixé à la partie inférieure d'un tube en ébonite T, percé de trous et s'ouvrant en haut par un robinet R'. Le tube en ébonite T est presque complètement entouré par un autre ballon de caoutchouc ordinaire à parois minces.

La figure 83 représente la bouteille prête pour la descente, après que, ayant fermé R, on a fait le vide par le robinet R', au moyen de la machine pneumatique à mercure, et fermé R'. Les parois des ballons sont fortement appliquées l'une contre l'autre. A la profondeur voulue, on envoie l'anneau de fonte A, qui ouvre le robinet R en abaissant le levier L. Le ballon P se dilate violemment et se remplit d'eau. La figure 84 représente alors l'appareil prêt pour remonter. En effet la soupape Denayrouse remplace le robinet R qui est ouvert, et elle se ferme d'autant plus hermétiquement que la pression intérieure augmente. Si l'eau recueillie se dilate pendant la montée, ou dégage des gaz, le ballon P' les reçoit et se distend à mesure des besoins. A l'arrivée à la surface on ferme R et l'on peut recueillir l'eau ou mettre R' en communication avec la machine destinée à l'extraction des gaz.

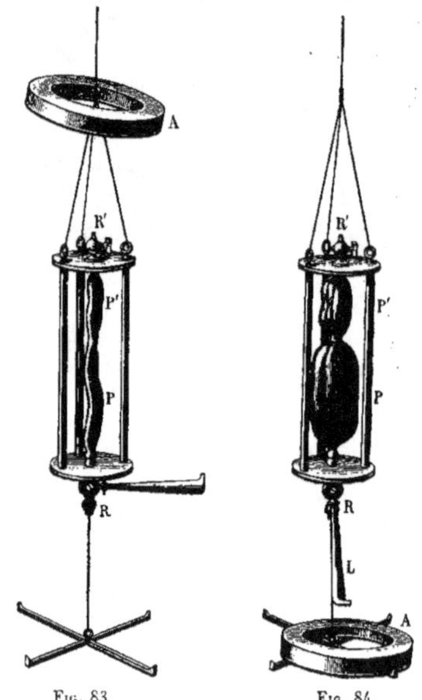

Fig. 83.   Fig. 84.

Bouteille de Regnard :

à la descente.   à la montée.

Le D' Regnard qui a inventé cette bouteille depuis plusieurs années, n'a pas eu l'occasion de l'essayer à plus de 100ᵐ de profondeur où elle a très bien fonctionné. Je ne vois pas de raison qui permette de croire qu'elle ne fonctionnerait pas à une profondeur quelconque ; et je pense que c'est surtout la nécessité d'y faire le vide avec une machine pneumatique à mercure qui empêchera de l'utiliser couramment.

Bouteille Nansen. — Employée en 1900 et décrite l'année suivante par Nansen, cette bouteille est formée de 2 tubes de cuivre d'environ 1^m de long et 2^{cm} de diamètre, munis chacun de deux robinets. Les robinets sont reliés par des pièces articulées sur une tige fixe située entre les deux tubes, et de façon que quand l'appareil fonctionne, les 4 robinets s'ouvrent ou se ferment en même temps. Les 2 tubes sont maintenus dans leur position la plus élevée par des crochets reliés à l'hélice ; les robinets sont alors ouverts et l'eau circule librement à leur intérieur grâce aux entonnoirs renversés qui sont fixés au bas des tubes et qui activent le courant, et grâce à ce fait que les orifices intérieurs des robinets ont le même diamètre que les tubes. Quand on remonte la bouteille, l'hélice tournant en sens inverse, les deux tubes tombent et ferment ainsi les robinets. Chaque tube présente dans le bas un petit robinet pour retirer l'eau, tandis qu'on peut dégager en haut un petit orifice qui permet l'accès de l'air et peut être muni d'une petite poche de caoutchouc pour recevoir l'excès d'eau décomprimée.

Dans un autre modèle, un des tubes était remplacé par un thermomètre à renversement pendant que le tube-bouteille à deux robinets était plus large que dans le modèle précédent et pouvait à lui seul donner 500^{cm^3} d'eau.

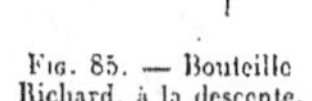

Fig. 85. — Bouteille Richard, à la descente.

Bouteille Richard. — Les fig. 85 et 86 permettent de comprendre aisément la construction et le fonctionnement de cette bouteille nommée par S. A. S. le Prince de Monaco et employée sur son yacht *Princesse-Alice* depuis 1902, époque à laquelle elle fut décrite. Dans une monture semblable à celle de Magnaghi pour les thermomètres à renversement, qu'elle soit à hélice ou à levier actionné par un messager, est installée la bouteille, tube de 25^{cm} de long et de 4^{cm} de diamètre, terminé par un robinet à chaque extrémité. Les deux robinets sont reliés par une tige de façon à s'ouvrir et à se fermer en même temps. La tige porte deux cupules de cuivre destinées à recevoir un thermomètre à renversement et qui peuvent coulisser librement sur la tige ou s'y fixer

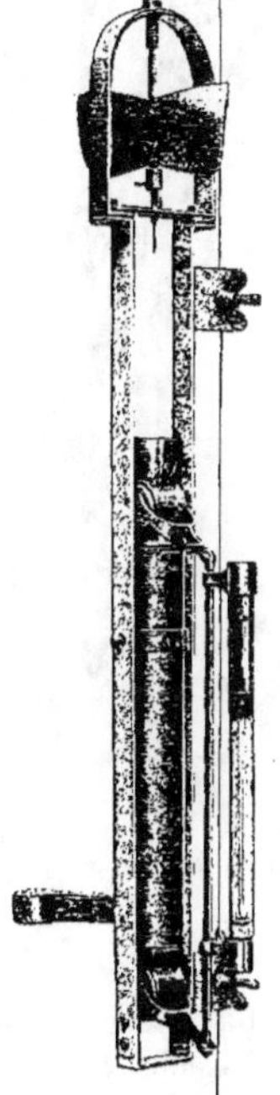

Fig. 86. — Bouteille Richard, à la montée.

au moyen d'une vis de pression. La bouteille peut basculer autour d'un axe horizontal situé à son tiers inférieur ; elle est tenue dans sa position de départ par un
prolongement de l'axe de l'hélice (ou d'une pièce dépendant du levier, dans le système à messager). La bouteille descend dans une position légèrement oblique et le
cône inférieur active le courant d'eau ; à la montée, l'hélice tournant en sens inverse

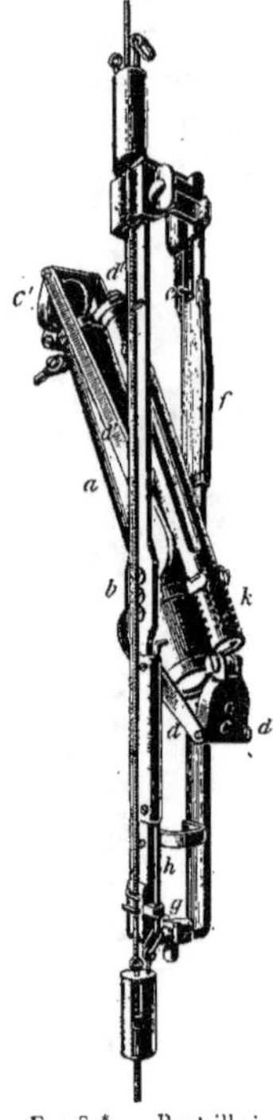

libère la bouteille qui bascule, les deux robinets se ferment et
d'autant mieux que le thermomètre les aide dans ce sens par son
poids tout en se renversant lui-même. Dans la monture à levier
le résultat est obtenu par l'envoi d'un messager. Un petit lest de
plomb aide la bouteille à venir buter contre un arrêt-ressort qui
la maintient après le retournement.

Il est évident qu'on peut fixer sur le même câble autant qu'on
voudra de ces bouteilles, et qu'on peut faire sur ce même modèle
des bouteilles d'une capacité quelconque ; il faut surtout que les
robinets aient leur ouverture autant que possible égale au diamètre
du tube.

Le modèle décrit ici donne 315^{cm^3} d'eau et pèse à peine $2^{kg},300$.

Bouteille à renversement du Laboratoire central de Christiania (fig. 87). — Cette bouteille décrite en avril 1905 par M. le
Dr W. Ekman est un tube ouvert aux deux extrémités, pouvant
basculer dans une monture, autour d'un axe horizontal. Les disques de fermeture c,c', sont à charnières et se ferment sur le tube
au moyen de 2 paires de leviers d,d'. La bouteille est retenue dans
la position de descente par la petite tige e. Quand le messager
arrive, cette tige e se sépare de la bouteille qui bascule, est saisie
et maintenue dans la position inverse par le crochet g, et les disques
sont alors appuyés fortement sur les extrémités du tube par
l'intermédiaire des disques de caoutchouc qui les garnissent. Une
monture k de thermomètre à renversement fonctionne en suivant le mouvement de bascule de la bouteille à laquelle elle est
fixée.

Fig. 87*. — Bouteille à
renversement du Laboratoire de Christiania.

On peut disposer plusieurs bouteilles les unes au-dessus des
autres sur le câble ; à cet effet, chacune est installée comme sur la
fig. 87, le crochet supérieur de la tige h est levé par le levier d quand la bouteille
bascule, ce qui libère le messager que cette tige h retenait au-dessous de la monture
et ce messager va déclancher la bouteille suivante et ainsi de suite.

Cette bouteille, qui pèse 5^{kg}, rapporte 520^{cm^3} d'eau ; un modèle plus grand a été
construit, qui pèse $7^{kg},5$ et ramène $1\ 070^{cm^3}$ d'eau.

Bouteilles à eau isolées.

Dans les bouteilles à eau que nous avons décrites jusqu'ici on se soucie peu que l'eau ramenée du fond se réchauffe pendant la montée, du moment que le thermo-mètre à renversement donne la température qu'elle avait en place. Il serait évidemment très désirable de ramener l'échantillon d'eau à la température qu'il avait *in situ*, ou au moins à une température très voisine de cette dernière, surtout en vue de l'analyse des gaz dissous ou de recherches spéciales. Pour cela il faut employer des bouteilles extrêmement bien protégées contre le réchauffement par un isolement très puissant. Les océanographes des mers du nord de l'Europe se sont activement appliqués à la solution de ce problème, plus facile à résoudre chez eux, dans des mers relativement peu profondes, où l'amplitude des différences de température entre le fond et la surface est peu élevée, que dans les grandes profondeurs des mers tropicales où cette amplitude devient considérable.

Nous avons vu dans la bouteille d'Ekman une première tentative dans cette voie, puisque sa bouteille était entourée d'une enveloppe de gutta de 25^{mm} d'épaisseur.

Le problème a été ensuite abordé surtout par le Prof. O. Pettersson, de Stockholm ; il s'agit de ramener à la surface, préservée du réchauffement des couches superficielles, une masse d'eau prise à une profondeur déterminée, en l'entourant d'une série d'enveloppes aussi mauvaises conductrices que possible. On commença par se servir d'enveloppes solides de matière très isolante, ce qui a l'inconvénient d'exiger un temps d'immersion très long pour permettre aux enveloppes de se mettre en équilibre de température avec l'eau à rapporter. Or ce temps varie comme le carré de l'épaisseur des lames isolantes. Si d'autre part on n'attend pas le temps nécessaire pour fermer la bouteille, l'eau ramenée ne marque plus la température correcte et les qualités de l'appareil deviennent illusoires. Le Prof. Pettersson eut alors l'idée très ingénieuse de se servir de l'eau elle-même comme matière isolante. L'enveloppe de la bouteille fut formée d'une série de cylindres verticaux concentriques de cuivre mince, tandis que le fond et le couvercle étaient des plateaux parallèles de caoutchouc, le tout disposé de façon que l'eau circule librement pendant que la bouteille reste ouverte, parce qu'alors le fond et le couvercle sont tenus éloignés des cylindres par un dispositif spécial. Les couches d'eau immobilisées entre les cylindres forment un isolement très bon à cause de la grande chaleur spécifique du liquide et de l'absence de circulation. Si non seulement les parois latérales sont formées de couches isolantes successives, mais si les plateaux de fermeture présentent une disposition analogue, la bouteille ainsi constituée sera aussi protégée que possible contre le réchauffement.

Nansen a fait observer que la température de l'eau de la bouteille descend toujours un peu pendant la montée, à cause de la décompression qui se produit jusqu'à la surface, en supposant la bouteille insensible aux variations de température de l'eau. Ainsi lorsque de l'eau à 4° revient de 1000^m de profondeur, sa température en arrivant à la surface, est abaissée de $0^o,08$ par le seul fait de la décompression et M. W. Ekman a fait remarquer qu'en venant à la surface, l'eau de la plus grande profondeur connue, soit de 9636^m, dont la température en place est entre 0° et 4°, aurait sa température abaissée d'environ $1^o,3$ à $1^o,4$. Cet abaissement dû à l'expansion de l'eau est environ de $0^o,001$ par atmosphère.

Les expériences de M. Ekman montrent que l'ébonite isole quatre fois mieux que l'eau. Mais comme les solides se refroidissent aussi par la décompression dans une mesure bien plus grande que pour l'eau, ce refroidissement accentue naturellement celui de l'eau intérieure. D'après M. Ekman la température des différentes parties solides du dernier modèle de la bouteille Pettersson-Nansen s'abaisse de 0°,39 pour une ascension de 1 000ᵐ. Néanmoins le réchauffement par les couches extérieures fait plus que de balancer ce refroidissement et, lorsqu'on prend la température de l'eau remontée et celle de la couche d'où elle provient, on trouve que la première est supérieure, et la différence est d'autant plus grande que l'amplitude de l'écart entre les deux niveaux est plus considérable. Le Dʳ Schott qui a beaucoup employé sur la *Valdivia* la bouteille de Pettersson a constaté ce qui suit : une fois, l'eau ramenée de 1 500ᵐ a donné + 0°,8 au lieu de la température réelle + 0°,1, la surface étant à — 1°,5 ; une autre fois, à 400ᵐ, l'eau donna 11°,4 au lieu de 10°,1, la surface étant à 28°,3 ; une troisième fois, il obtint 11° au lieu de 9°,2 (surface 27°,5). C'est pourquoi le Laboratoire central de Christiania recommande de ne pas se servir de cette bouteille à de grandes profondeurs, ni dans les mers chaudes.

Ceci dit, il est facile de comprendre la bouteille Pettersson-Nansen que nous allons décrire, en ne parlant que du modèle le plus récent, auquel on est arrivé après diverses modifications que nous n'énumérerons pas et dont les lignes précédentes font deviner les raisons.

Bouteille Pettersson-Nansen ([1]). — La fig. 88 montre la bouteille ouverte pour la descente. Par la partie supposée brisée de l'enveloppe extérieure h, on voit les cylindres concentriques r, le couvercle aa et le fond ii formés chacun d'un disque mm de caoutchouc, puis d'une série de trois autres disques p, en caoutchouc, maintenus par des disques de cuivre et unis ensemble par quatre piliers en ébonite z. Entre les quatre piliers du bas s'ouvre le canal en ébonite du robinet inférieur n. Le couvercle aa, ainsi construit, est suspendu à la partie supérieure de la monture par deux crochets b, tandis que le cylindre est suspendu à ce couvercle par les pièces y. Le thermomètre t, protégé par une enveloppe de verre épais, traverse tout le couvercle sans laisser de vide. La saillie f_2 permet de laisser entrer l'air extérieur par le petit canal g quand on peut vider l'eau par le robinet n.

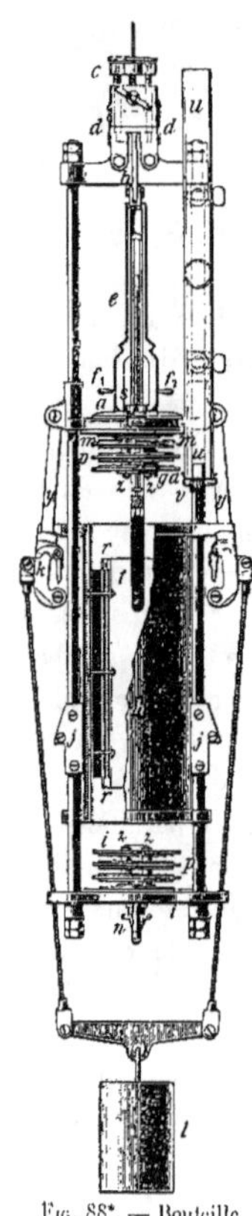

Fɪɢ. 88*. — Bouteille Pettersson-Nansen.

Le plateau c, surmonté d'un cuir qui doit amortir le choc du messager, peut être tenu par les ressorts dd dans trois positions distinctes. Les crochets b ne peuvent être mis en place que lorsque le plateau c est dans la position intermédiaire ; quand le plateau c est dans la position la plus élevée, il ne peut être déclanché accidentellement, même s'il vient à être heurté et couvert de glace. Quand on envoie le messager, il fait écarter les crochets b, et le couvercle aa tombe avec le cylindre contre le fond ii ; l'excentrique k se déclanche par la butée

---

([1]) *Public. de circonstance*, n° 23.

du crochet qui le retient sur la pièce *j*, et, à cause de la traction exercée par le poids de 5^{kg} *l*, les trois parties de la bouteille sont appliquées l'une contre l'autre et ferment hermétiquement la bouteille sur les disques de caoutchouc *mm* ; la pièce *j*, retenant *k* (fig. 88) empêche alors tout jeu entre les diverses parties de la bouteille.

Un thermomètre à renversement, enfermé dans une monture (fig. 88 *uu*), est adjoint à la bouteille ; il est retourné, par un ressort spiral, lorsque le levier est heurté par le couvercle *aa* dans sa chute.

Le poids total de l'instrument, y compris le plomb, est de 16^{kg}, sans le messager et sans la monture du thermomètre à renversement qui pèse 1^{kg},7. L'échantillon d'eau ramené est d'environ 440^{cm3}.

Rien n'empêche de remplacer le déclanchement au moyen d'un messager par un déclanchement à l'hélice. C'est même ce dernier procédé qui était employé jusqu'ici dans les divers modèles des bouteilles de ce genre.

Bouteille Nansen-Ekman (fig. 89 et 90)(¹).

89 et 90)(¹). — Les deux éminents océanographes dont cette bouteille porte les noms ont réussi à obtenir, pendant la marche du navire, un échantillon d'eau en même temps que l'indication de la profondeur d'où il provient, et dans des conditions d'isolement telles que l'on peut lire sa température à son arrivée à bord.

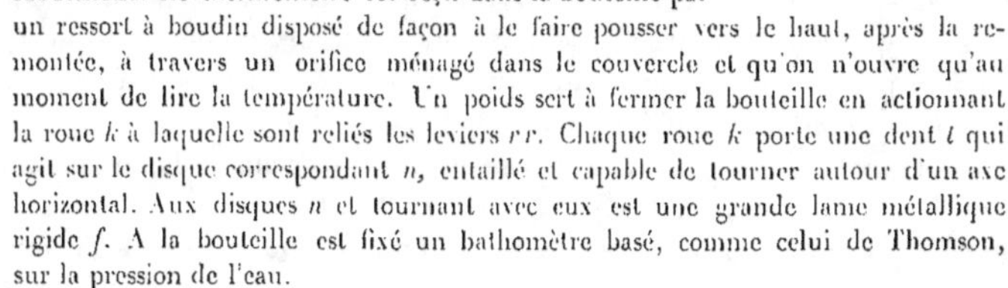

La bouteille est suspendue au câble par l'anse métallique supérieure (fig. 89). Elle est enveloppée d'une couche d'ébonite de 2^{mm} d'épaisseur et se compose de trois cylindres concentriques. Les disques à charnières qui ferment les extrémités sont en ébonite doublée d'une épaisse plaque de caoutchouc. Le thermomètre est reçu dans la bouteille par un ressort à boudin disposé de façon à le faire pousser vers le haut, après la remontée, à travers un orifice ménagé dans le couvercle et qu'on n'ouvre qu'au moment de lire la température. Un poids sert à fermer la bouteille en actionnant la roue *k* à laquelle sont reliés les leviers *rr*. Chaque roue *k* porte une dent *t* qui agit sur le disque correspondant *n*, entaillé et capable de tourner autour d'un axe horizontal. Aux disques *n* et tournant avec eux est une grande lame métallique rigide *f*. A la bouteille est fixé un bathomètre basé, comme celui de Thomson, sur la pression de l'eau.

La bouteille est immergée dans la position de la fig. 89, A. On file la corde régulièrement, et,

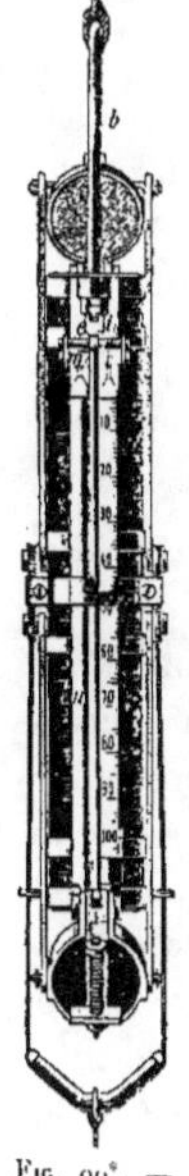
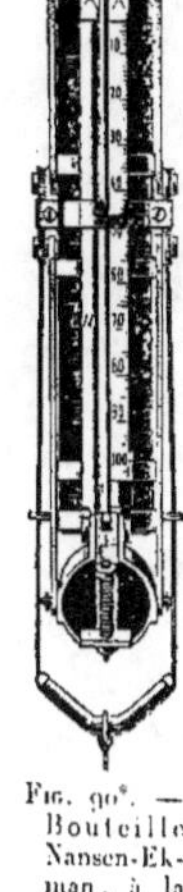
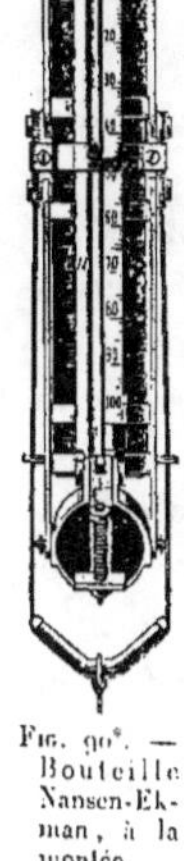

Fig. 90*. — Bouteille Nansen-Ekman, à la montée.

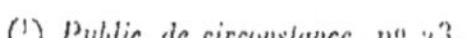

Fig. 89*. — Bouteille Nansen-Ekman, à la descente.

(¹) *Public. de circonstance*, nᵒ 23.

par la résistance de l'eau, la lame f prend la position de la fig. 89, B, dans laquelle l'effort exercé sur la lame f lui fait porter le poids p par l'intermédiaire du crochet t. Si dans cette position on cesse de filer, la lame f n'est plus maintenue soulevée par la résistance de l'eau, elle tombe, la dent t passe sous l'action du poids qui fait tourner la roue k et la bouteille se ferme sous l'action du lest par l'intermédiaire des leviers $r\,r$. En même temps le robinet m du bathomètre se ferme et un ressort q l'empêche de s'ouvrir accidentellement. On ramène rapidement l'appareil, on dégage l'orifice du thermomètre que son ressort pousse à l'extérieur et on fait la lecture, la bouteille restant 2 à 3 minutes à l'air sans que sa température intérieure change. On retire ensuite l'eau par le robinet inférieur o. La contenance de la partie centrale est d'environ 200$^{\text{cm3}}$.

Voici maintenant comment la bouteille indique elle-même la profondeur à laquelle elle a été fermée. A la descente, le tube u (fig. 90) ouvert par en bas communique avec le récipient e par l'intermédiaire d'un robinet à 2 voies m, l'air qui est contenu dans le tube u et le récipient e se comprime à mesure que la profondeur augmente. Pendant ce temps, le tube gradué g (fig. 89), qui s'ouvre en bas à l'extérieur par un petit tube capillaire h redressé, et en haut par un tube capillaire, aussi en communication avec l'extérieur, le tube g, dis-je, se remplit d'eau. Quand on arrête la bouteille, ce qui la ferme, nous avons vu que le robinet m se ferme aussi ; or il est disposé de telle sorte qu'à ce moment, le réservoir e qui contient de l'air comprimé ne communique plus avec le tube u, mais avec le tube g, qui de son côté ne communique plus en haut avec l'extérieur. Il en résulte qu'à mesure de la montée l'air comprimé dans e se dilate dans le tube g en refoulant l'eau par le tube inférieur h et occupe à la sortie de l'eau un volume repéré sur l'échelle graduée qui donne directement la profondeur correspondante.

Cette bouteille, décrite comme la précédente en 1905, était disposée pour fonctionner jusqu'à 60^{m} et jusqu'à une vitesse de 7 nœuds (environ 13^{km} à l'heure). Les expériences ont si bien réussi qu'un plus grand modèle a été établi, contenant 800$^{\text{cm3}}$, à 4 enveloppes et conservant sa température intérieure pendant 4 ou 5 minutes.

LA PRESSION ET LA COMPRESSIBILITÉ

La couche superficielle de la mer supporte simplement la pression atmosphérique, soit à très peu près 1^{kg} par centimètre carré. La tranche située à 10^{m} de profondeur supporte en outre la pression de la colonne d'eau de 10^{m} qui la surmonte et qui équivaut à 1 atmosphère. La pression augmente ainsi de 1 atmosphère pour chaque nouvelle épaisseur de 10^{m} d'eau, de sorte qu'à 4 000^{m} la pression est de 400 atmosphères et qu'elle dépasse 960 atmosphères, c'est-à-dire 960^{kg} par centimètre carré, au fond du ravin des Carolines où se trouve la plus grande profondeur connue, 9 636^{m}. Cela serait exact si l'eau de mer était incompressible ; or elle ne l'est pas absolument, de sorte que son poids spécifique augmente à mesure qu'on la considère à une profondeur plus grande. Il en résulte que l'épaisseur d'eau nécessaire pour augmenter la pression d'une atmosphère devient de plus en plus inférieure à 10^{m} à mesure que la profondeur augmente. Une masse d'eau qui occupe à la surface un volume de 100 litres n'occupe plus que 95^{lit},8 à 9 000^{m}. C'est sur cette compressibilité de l'eau de mer que le Dr Regnard a établi le bathomètre que nous avons décrit précédemment.

Un exemple présenté par le physicien anglais Tait montre bien que, toute faible qu'elle est, la compressibilité de l'eau peut produire des effets remarquables ; une colonne d'eau de mer de 9000 mètres de hauteur doit subir, par le fait de la compression des différentes couches, une perte de hauteur de 190^m. Cette perte en se distribuant sur les parties voisines amènerait un abaissement général du niveau de la mer, que M. Tait évalue à 35^m, et ainsi seraient exondés et ajoutés aux continents 5 millions de kilomètres carrés qui seraient restés immergés si l'eau de mer était absolument incompressible.

Piézomètres. — On désigne sous ce nom les appareils qui servent à mesurer la compressibilité des liquides. Le piézomètre d'Œrsted décrit dans tous les traités de physique est le plus connu. Le bathomètre Regnard devient un véritable piézomètre si on connaît la profondeur exacte à laquelle il a été immergé. Nous parlerons seulement du dernier modèle employé par M. Buchanan à bord de la *Princesse-Alice*, pour indiquer brièvement la méthode dont on fait généralement usage dans ces recherches. Il nous suffira d'indiquer le coefficient de compressibilité admis actuellement pour l'eau de mer, c'est-à-dire la quantité dont l'unité de volume se réduit pour l'unité de compression : un litre d'eau soumis à la pression de 1^m d'eau diminue de 0^l,000 004 66.

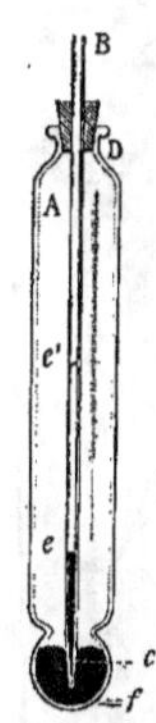

Piézomètre Buchanan (¹). — Le vase A (fig. 91) contient l'échantillon d'eau de mer dont la masse et la densité sont connues et dont on veut déterminer la compressibilité sous l'influence du poids d'une colonne donnée d'eau de mer. Le tube B est gradué volumétriquement. L'appareil étant rempli et bouché comme le montre la figure, on laisse sa température s'équilibrer avec l'eau de mer superficielle par exemple, on observe le niveau e du mercure et on fait descendre l'appareil à la profondeur prévue. Sous l'influence de la pression, tout le mercure du tube B est refoulé dans le réservoir C, le tube B se remplit d'eau de mer, puis cette eau traverse le mercure et va se réunir à celle qui était déjà en A, et en quantité plus ou moins grande suivant la profondeur. Quand on remonte l'appareil, la décompression commence, l'eau de A refoule le mercure dans le tube B et arrive au niveau e' quand le tout est revenu à la surface.

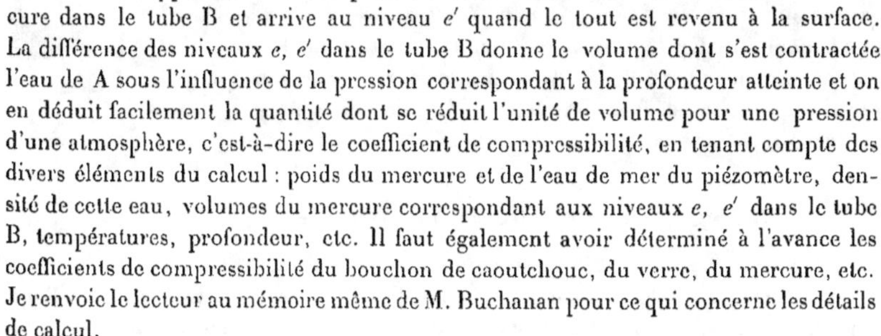

Fig. 91. — Piézomètre Buchanan.

La différence des niveaux e, e' dans le tube B donne le volume dont s'est contractée l'eau de A sous l'influence de la pression correspondant à la profondeur atteinte et on en déduit facilement la quantité dont se réduit l'unité de volume pour une pression d'une atmosphère, c'est-à-dire le coefficient de compressibilité, en tenant compte des divers éléments du calcul : poids du mercure et de l'eau de mer du piézomètre, densité de cette eau, volumes du mercure correspondant aux niveaux e, e' dans le tube B, températures, profondeur, etc. Il faut également avoir déterminé à l'avance les coefficients de compressibilité du bouchon de caoutchouc, du verre, du mercure, etc. Je renvoie le lecteur au mémoire même de M. Buchanan pour ce qui concerne les détails de calcul.

(¹) *C. R. Ac. des Sciences*, 18 juillet 1904, p. 239.

Les énormes pressions des grandes profondeurs produisent dans certains cas des effets assez particuliers : un tube spécial destiné à recueillir de l'eau pour les recherches bactériologiques ayant été immergé le 10 septembre 1902 à 5830ᵐ (Stn. 1432), profondeur supérieure à celle dont il pouvait supporter la pression, fut écrasé brusquement et revint à bord réduit en une poudre de verre (fig. 92) parmi laquelle se retrouvaient plus ou moins brisés les fragments du tube capillaire

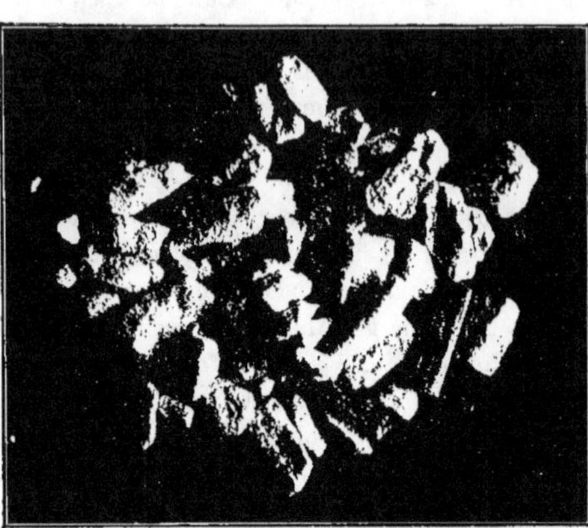

Fig. 92. — Tube de verre brisé par implosion sous l'influence de la pression dans les grandes profondeurs.

épais qui prolonge l'ampoule pulvérisée. Il se produit, dans ce cas, l'inverse d'une explosion, une *implosion* comme disent les physiciens anglais ; on voit des ferrures de chalut, formées de tubes d'acier hermétiquement fermés, *imploser* d'une façon analogue. M. Buchanan a signalé des cas curieux tels que le suivant : un tube de verre scellé à la lampe est enfermé dans une enveloppe métallique dans laquelle on pratique des orifices permettant à l'eau de pénétrer. Si le tout est immergé à une profondeur suffisante pour que le tube *implose*, cette implosion est tellement subite que l'eau n'a pas le temps de pénétrer assez vite pour remplir le vide produit et empêcher la pression extérieure d'agir sur l'enveloppe métallique qui est ainsi plus ou moins fortement écrasée. La fig. 93 représente une bouteille Richard immergée accidentellement pleine d'air et qui, entraînée rapidement à une certaine profondeur, a été écrasée par la pression. Nous insisterons plus loin sur l'action de la pression sur les organismes marins.

Fig. 93. — Bouteille Richard écrasée par la pression.

LE POIDS SPÉCIFIQUE ET LA DENSITÉ

Le *poids spécifique* $S_t^{t'}$ est le rapport du poids de l'unité de volume d'eau de mer à t^0 au poids du même volume d'eau distillée à t'^0. Ce poids spécifique s'appelle *densité* quand il est rapporté à l'eau distillée à 4°, c'est-à-dire quand celle-ci est considérée à son maximum de densité. La densité de l'eau de mer à t^0 a alors pour symbole S_4^t.

On possède un grand nombre de déterminations de poids spécifiques et de densités d'eau de mer, surtout pour l'eau de surface ; mais comme il n'y a pas entente entre les divers opérateurs, les températures choisies par eux pour les déterminations varient beaucoup, tant pour l'eau de mer que pour l'eau distillée ; chacun a pris celles qui lui convenaient le mieux. Il en résulte une grande complication et la nécessité de longs calculs pour passer des $S_4^{15,56}$ du *Challenger*, des $S_{17,5}^{17,5}$ du *Vöringen* et des Allemands, etc., à une autre valeur, S_4^0 par exemple. Cette transformation est indispensable si le physicien qui adopte S_4^0 veut utiliser pour un travail déterminé les résultats obtenus par d'autres savants. Ces transformations sont aujourd'hui très simplifiées grâce à diverses tables, notamment celles de M. Knudsen, dressées avec une extrême précision, et grâce au graphique de M. Thoulet, qui permet de passer très facilement de S_4^t à S_4^0, c'est-à-dire d'une densité à une température donnée t à la densité à une autre température θ.

Aujourd'hui il est recommandé de n'employer que la densité S_4^t et non plus le poids spécifique S_t^t ; c'est un premier pas vers l'unification des mesures et M. Thoulet propose de prendre la densité S_4^0 toutes les fois qu'on la considère en elle-même sans avoir en vue sa valeur dynamique. Il est très désirable qu'une entente complète se fasse sur ce point.

Quand on se sert des déterminations de densité pour l'étude des courants, c'est-à-dire pour l'étude dynamique de la mer, il faut, ainsi que l'a fait remarquer avec insistance et depuis longtemps M. Thoulet, prendre la *valeur dynamique* de la densité, soit de la densité de l'eau à la température et à la pression qu'elle possède *in situ*, autrement dit, à la place où elle se trouvait dans la masse océanique. Le symbole nS_4^θ représente cette valeur et signifie le poids du litre d'eau de mer à la température θ de l'eau, à la profondeur de n mètres et sous la pression correspondant aux n mètres de cette profondeur. Ainsi la valeur de nS_4^θ pour de l'eau de 5 440ᵐ était pour un échantillon recueilli par la *Princesse-Alice* de 1,05368, en tenant compte de la correction de compressibilité, tandis que sans cette correction la valeur est $S_4^\theta = 1,02762$. C'est dire que le poids du litre d'eau à 5 440ᵐ de profondeur à 0° est réellement 1 053ᵍʳ,68 et non 1 027ᵍʳ,62. Le premier poids est la valeur dynamique qu'il faudra prendre pour l'étude des mouvements de l'eau. Cette augmentation de la densité de l'eau avec la profondeur est, comme on le voit, bien loin de justifier l'idée répandue autrefois que l'eau devenait tellement lourde à une certaine profondeur qu'un boulet de canon y flotterait entre deux eaux ! Nous voyons au contraire que tout objet de densité supérieure à 1,1 arrivera sur le fond des mers les plus profondes.

La composition de l'eau de mer étant variable, le maximum de densité de cette eau varie aussi au lieu d'être fixe comme pour l'eau pure. Le maximum de densité de l'eau de mer est à une température plus basse que celle où elle se congèle, de sorte que la densité augmente jusqu'à la congélation. Ainsi de l'eau dont la densité est 1,0273 à + 20° se congèle à — 1°,84 pendant que son maximum de densité est à — 3°,67.

Mesure de la densité de l'eau de mer.

La détermination de la densité de l'eau de mer est une des opérations capitales de l'océanographie ; on a proposé plusieurs méthodes pour y arriver avec autant de simplicité et de précision que possible.

1° **Méthode du flacon ou du pycnomètre.** — On pèse, avec la plus grande précision, dans un flacon spécial appelé pycnomètre, un volume déterminé de l'eau de mer à une température déterminée $t°$. On a ainsi un poids P pour ce volume. On a pesé une fois pour toutes dans le même flacon de l'eau distillée à 4°, dont le poids est P'; $\dfrac{P}{P'}$ est la densité de l'eau de mer à $t°$, soit S_4^t. Nous avons vu que M. Thoulet propose de prendre $t° = o°$, en affleurant le trait qui détermine le volume d'eau pesé au pycnomètre, dans la glace fondante ; on a ainsi S_4^0, qu'on peut ensuite transformer en S_4^t quelconque.

Cette méthode classique des physiciens exige des pesées extrêmement précises et ne peut être employée que dans un laboratoire et non sur un navire. Elle demande beaucoup de temps, ce qui est un inconvénient grave quand le nombre des échantillons à étudier est élevé.

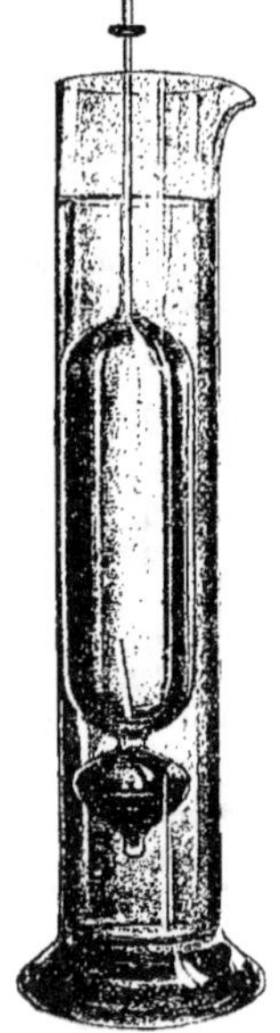

2° **Méthode par la mesure de la salinité.** — On peut déduire la densité de la mesure de la salinité, au moyen de tables spéciales. Cette mesure de la salinité se fait par un procédé dont il sera parlé plus loin et qui consiste à doser le chlore. M. Bouquet de la Grye employa le premier cette méthode pendant son voyage à l'île Campbell en 1873-74.

3° **Méthode des aréomètres.** — Ce sont des flotteurs de verre lestés par de la grenaille de plomb ou du mercure et dont on connaît à chaque instant le poids et le volume immergé, c'est-à-dire les éléments nécessaires pour déterminer la densité. Ils peuvent être employés sur un navire. On les divise en aréomètres à immersion partielle et en aréomètres à immersion totale. Les premiers se divisent encore en deux catégories : ceux à poids constant et à volume variable et ceux à poids et à volume variables. Ils se terminent tous par une tige de verre étroite et bien calibrée, portant intérieurement une échelle graduée sur papier. On les immerge dans une éprouvette contenant l'eau de mer dont il s'agit de mesurer la densité, ainsi que le montre la fig. 94.

Aréomètres a poids constant et a volume variable. — Ils sont surtout employés en Allemagne et en Norvège et gradués de façon à donner $S_{17,5}^{17,5}$, c'est-à-dire le poids spécifique de l'eau de mer à 17°,5 par rapport à celui de l'eau distillée à la même température. Comme pour les mesures de précision, un seul aréomètre ne peut embrasser toute l'échelle des variations de poids spécifique de l'eau de mer, il faut avoir une série de 5 ou 10 aréomètres dont chacun ne donne que le cinquième ou le dixième de cette échelle, et, suivant que le poids spécifique de l'échantillon est entre telles ou telles limites, on prend tel ou tel aréomètre de la série. Les indications de ces instruments ne sont correctes que si la température de l'eau dans l'éprouvette est $17°,5$, ce qui n'arrive pour ainsi dire jamais. Il faut alors passer du poids spécifique trouvé au $S_{17,5}^{17,5}$, au moyen de tables dressées par Karsten. Si, au lieu de poids spécifique, on veut avoir la densité, il faut transformer à son tour le $S_{17,5}^{17,5}$ au moyen de tables ou de graphiques spéciaux.

Aréomètres a poids et a volume variables. — Le meilleur est le modèle employé par M. Buchanan à bord du *Challenger*. Il est représenté par la fig. 94. Un seul instrument permet de mesurer avec une grande précision la densité de l'eau de mer, lorsqu'on a déterminé une fois pour toutes le poids de l'appareil, son volume et le volume de chaque division de la tige, qui est graduée en millimètres. On place l'aréomètre dans l'éprouvette contenant l'eau de mer ; en ajoutant des poids annulaires connus sur le petit chapeau qui surmonte la tige de l'instrument, le niveau de l'eau affleure à une certaine division : on connaît ainsi le volume V immergé, c'est-à-dire celui de l'eau déplacée ; la somme du poids de l'appareil et des poids ajoutés donne le poids P de l'eau déplacée, et $\dfrac{P}{V}$ donne la densité S_4^t à la température t de l'eau pendant l'expérience, tous les poids étant ramenés à la densité de l'eau à $4°$. Une notice accompagnant chaque instrument donne la valeur exacte des volumes et des poids de l'appareil ainsi que les corrections qui lui conviennent. Une lecture étant faite, on peut ajouter un nouveau poids et affleurer à une autre division de la tige ; il est possible de faire ainsi plusieurs observations de densité sans avoir à retirer l'aréomètre de l'eau et on prend la moyenne des densités ainsi obtenues. Comme pour toutes les mesures de précision il faut tenir compte des précautions recommandées dans les instructions techniques.

D'après M. Thoulet, cet aréomètre donne la densité à 3 ou 4 unités près de la cinquième décimale. Il est relativement facile à employer sur un navire en plaçant l'éprouvette sur une table à roulis comme j'ai eu souvent l'occasion de le faire à bord du yacht *Princesse-Alice*, ou en la suspendant au plafond.

Aréomètres a immersion totale. — Préconisés déjà par Pisati et d'autres, ces appareils ont été repris par Nansen. Ils diffèrent des précédents en ce qu'ils n'ont pas de tige graduée, mais seulement un petit prolongement destiné à porter le support des poids qu'il faut ajouter pour faire immerger complètement le flotteur. Ils sont à volume constant et à poids variable. Le poids ajouté doit être tel que le flotteur reste entre deux eaux sans monter ni descendre. A ce moment le volume, déterminé une fois pour toutes, est celui de l'eau déplacée dont le poids est la somme du poids du flotteur et des poids ajoutés. L'approximation est sans doute supérieure à celle que donne l'aréomètre Buchanan ; d'après Schetelig, assistant de Nansen, l'aréomètre à immersion totale donnerait la densité exacte à 2 unités près de la 6e décimale ; mais si cet aréomètre supprime la capillarité autour de la tige, il est plus délicat à manier et cette méthode en apparence si simple présente aussi ses difficultés.

Schott déclare qu'à bord de la *Valdivia* il n'a pu obtenir une exactitude moyenne plus grande que $\pm$ 0,00015 avec les aréomètres à poids constant et à volume variable. Le Prof. O. Pettersson considère les aréomètres comme insuffisamment précis. Comme on le voit les avis sont très partagés. Le Prof. Marini, de Messine [1], qui vient d'étudier à nouveau, après Krümmel, Nansen, Thoulet et bien d'autres, la question des aréomètres, conclut que les aréomètres à immersion partielle comme celui de Buchanan, convenablement employés, sont aussi bons que ceux à immersion totale et il indique les précautions à prendre pour leur meilleur emploi.

4° Méthode par la mesure de l'indice de réfraction. — L'indice de réfraction de l'eau de mer varie avec la densité et avec la température. L'Américain Hilgard a cherché à déduire la densité de l'indice de réfraction. L'échantillon d'eau, qui peut être de quelques centimètres cubes, est versé dans un prisme creux à faces parallèles et son indice est déterminé par la méthode ordinaire des physiciens. Des tables établies d'avance expérimentalement permettent d'obtenir la densité, connaissant la température et l'indice. D'après Hilgard, on obtient une approximation d'environ 0,000 006. Krümmel et Schott qui se sont servis de cette méthode à la mer en louent l'usage simple et rapide, mais leurs instruments ne semblent pas leur avoir donné la précision indiquée par Hilgard. Il serait très avantageux d'obtenir un instrument suffisamment précis, parce que l'emploi de cette méthode est tout à fait indépendant des mouvements du navire.

Tornoe est arrivé à un résultat semblable en étudiant les rapports de la salinité avec l'indice de réfraction. Quoi qu'il en soit, cette méthode est fort peu employée jusqu'ici.

5° Méthode par la mesure de la conductibilité électrique. — Cette conductibilité variant avec la quantité de sels dissous on conçoit qu'il soit possible d'en déduire la densité. Je ne fais que signaler le principe de cette méthode qui n'est pas encore entrée dans la pratique.

Nous aurons à revenir plus tard sur les densités, mais il convient d'exposer ici un cas intéressant qui se rapporte directement à notre sujet.

L'eau morte.

Les marins norvégiens parlent souvent d'un étrange phénomène qu'ils appellent « eau morte » et qui fait que, sans cause visible, le navire perd sa vitesse et ne gouverne plus. Le *Fram* rencontra à trois reprises l'eau morte pendant l'automne de 1893 au large de la côte de Sibérie, devant la presqu'île Taïmyr. Le Prof. Bjerknes, à qui Nansen demanda l'explication du phénomène, pense que lorsqu'une couche d'eau

---

[1] *Rivista di fisica*, etc. Pavia, mars 1907, et *R. Accad. dei Lincei*, 3 mars 1907.

douce ou saumâtre surmonte une couche d'eau salée, un navire ne produit pas seulement des vagues à la limite de séparation de l'eau et de l'air, mais aussi à la limite de séparation des deux couches d'eau de densités différentes, et que la grande résistance éprouvée par les navires est due au travail employé pour faire ces vagues invisibles. Si la vitesse est plus grande, les vagues disparaissent et avec elles la résistance qu'elles occasionnaient.

M. W. Ekman, sur les conseils de M. Bjerknes, étudia de très près cette question intéressante, non seulement par le calcul, mais aussi expérimentalement, et il publia en 1906 un travail magistral [1] auquel nous empruntons en les résumant les faits les plus intéressants.

On sait que le phénomène de l'eau morte ne se produit que là où la mer est recouverte d'une couche convenable d'eau douce ou saumâtre ; il est plus connu en Norvège que dans les autres contrées et les histoires relatives à l'eau morte ont été souvent regardées comme de purs produits de l'imagination. Il n'en est rien cependant et les expériences de M. W. Ekman ont confirmé entièrement les vues de M. Bjerknes.

Un navire qui entre dans l'eau morte à une vitesse faible ou modérée refuse généralement d'obéir au gouvernail et perd presque toute sa vitesse ; l'effet apparaît toujours brusquement. « Le bateau avançait si lentement, dit Nansen, que je pensai à aller en avant à la rame pour tirer un phoque. Pendant ce temps le *Fram* s'approchait lentement du bord de la glace avec sa machine marchant à toute vitesse ; on la stoppa seulement à une longueur de bateau de la glace et il sembla que le bateau était attiré en arrière et c'est à peine si le *Fram* toucha la glace. Il avait alors un tirant d'eau de 5^m ou plus. Sa vitesse ordinaire en eau calme et à pleine pression était alors 4,5 nœuds, peut-être 5 (8 à 9^{km} à l'heure). Je m'assurai moi-même que la machine avait bien marché à toute pression et à toute puissance. »

L'eau morte a un effet d'autant plus intense que la différence de densité entre les deux couches d'eau est plus grande ; l'effet était maximum sur le *Fram*, l'eau de la surface étant potable tandis que l'eau de mer pure arrivait au niveau de la chambre des machines. Dans les fjords de Norvège ce cas se produit souvent et le phénomène y est très marqué ; il est en particulier à redouter à l'embouchure du Glommen, dans le district de Trondhjem, et les remorqueurs doivent en tenir compte. On constate des bizarreries dont les causes ne sont pas apparentes : ainsi des navires en apparence semblables, se suivant à peu d'intervalle dans les mêmes eaux, ne sont pas tous pris par l'eau morte. Naturellement le tirant d'eau joue un rôle important.

Les marins pris en eau morte ont essayé de tous les moyens pour en sortir : changer de route ; pomper violemment ; verser du pétrole à l'avant du navire ; etc., voire même tirer des coups de canon dans l'eau ; le tout reste généralement sans effet ; l'agitation de l'eau avec des rames ou le traînage d'une seine le long du bord sont des procédés qui comptent quelques succès. Il ressort de l'expérience des marins et des recherches de M. Ekman que lorsqu'un vapeur est pris dans l'eau morte le mieux est

[1] « On dead-water », *The norwegian north-pol. Exped.* 1893-96. Vol. V. Christiania, 1906.

de stopper un instant, et, après que les vagues de limite ont disparu, de marcher brusquement à toute vitesse en avant.

En dehors des fjords de Norvège, M. Ekman cite un cas d'eau morte près de l'île de Vancouver et d'autres devant les embouchures des grandes rivières des deux Amériques. L'enquête à laquelle il s'est livré fait connaître un cas d'eau morte en Méditerranée dans l'archipel grec à 12 milles au sud-ouest de l'île de Cerigo. M. Ekman pense qu'il faut sans doute rapporter à des cas analogues quelques anciennes histoires qui apparaissent comme des fables. Ainsi Pline raconte que l'empereur Caligula, dans son voyage d'Astura à Antium, fut retardé parce qu'un seul navire de toute sa flotte était arrêté et ne pouvait avancer. On trouva un rémora, curieux poisson muni de ventouses sur la tête, fixé au gouvernail. Quand le poisson fut détaché et apporté devant l'empereur, au grand étonnement de celui-ci, son pouvoir avait disparu et le bateau put être remis en marche. C'est encore un rémora, qui arrêta, dit-on, à la bataille d'Actium, le navire d'Antoine, si bien que celui-ci fut obligé de monter sur un autre vaisseau.

M. Ekman pense qu'il faut attribuer encore à un cas d'eau morte l'histoire suivante rapportée par Bartolomeo Cresciento Romano dans ses *Nautica mediterranea* (1607) : « Dans un voyage de Gaëte à Naples la galère Sta Lucia étant sous voile par un vent frais et à 2 milles du port, s'arrêta tout à fait immobile en dépit de sa voilure. L'homme de barre examina le gouvernail pour voir si quelque câble ou filet s'y était fixé, et, comme il n'y avait rien, il commanda de mettre les rames et de forcer, en les frappant durement, les esclaves à ramer. Mais la galère ne bougea pas et, après être restée immobile pendant plus d'un quart d'heure, les autres galères qui l'avaient dépassée, réduisirent leur voilure pour l'attendre. Alors un homme nommé Catelano dit au capitaine d'éloigner du pont de la galère trois moines et certifia que la galère se mettrait aussitôt en marche, et quand le capitaine les eut éloignés la galère commença en effet à filer comme une flèche. Alors les hommes étaient sur le point de jeter les trois pauvres compagnons à la mer, en disant qu'ils étaient excommuniés, mais le même Catelano vint à leur secours en disant que c'était un stratagème du diable contre les moines et il obtint qu'on les laissât à bord. Ce cas aurait induit les savants à émettre l'hypothèse qu'un très petit poisson, retardant la marche du navire, avait enlevé la plus grande partie de la force des voiles et des avirons et arrêté le navire ». Toujours l'intervention du poisson !

Les cas d'eau morte sont certainement peu fréquents dans la Méditerranée et il n'est pas impossible que ceux qui ont été signalés aient quelque rapport avec de puissantes sources sous-marines d'eau douce.

LA TRANSPARENCE ET LA COLORATION DE L'EAU DE MER

La transparence de l'eau se mesure par la profondeur à laquelle un disque métallique de 30^{cm} de diamètre, peint en blanc à la céruse, cesse d'être vu. L'observateur doit se mettre à l'abri du soleil sous une ombrelle ou sous un voile noir, et regarder le disque à travers une lunette d'eau. Celle-ci est un tube conique dont la base, d'environ 25^{cm} de diamètre, est fermée par un verre mastiqué convenablement ; l'examen à travers cette lunette dont la base est immergée dans l'eau est de beaucoup préférable à l'examen à l'œil nu, parce qu'on est à l'abri des légers mouvements de la surface de l'eau qui gênent la vue. M. Thoulet recommande une sphère blanche de 15^{cm} de diamètre à la place du disque.

Les expériences bien connues de Secchi, Cialdi, Wolf, Luksch, Forel, et celles plus récentes de Krümmel, Schott, Thoulet et autres ont donné les résultats que nous rapportons plus loin en les résumant. De deux disques blancs le plus grand disparaît à une profondeur plus grande, mais il y a une limite ; la différence est d'ailleurs peu considérable : ainsi un disque de 2^m de diamètre disparaît à une profondeur supérieure seulement de 3^m à celle à laquelle disparaît un disque de 50^{cm}. Parmi les disques de différentes couleurs c'est le blanc qui se voit le plus profondément et le rouge qui disparaît le plus vite : l'eau absorbe donc les rayons rouges. En général, plus l'eau est bleue et salée et chaude, plus elle est transparente ; mais il n'y a pas en réalité de rapports directs entre ces divers facteurs, coloration, transparence, salinité et température ; cependant la grande transparence coïncide souvent avec une forte salinité, une haute température et une coloration bleue intense ; elle se rencontre surtout dans des régions calmes de grande profondeur, éloignées des continents, comme dans la mer des Sargasses, où le Prof. Krümmel a vu disparaître le disque blanc à 66^m,50, tandis que la transparence moyenne n'est que 21^m dans la mer Rouge. Schott cite 52^m dans le sud-est de Madère.

Le facteur le plus important pour la transparence est la quantité des particules minérales ou organiques, vivantes ou mortes, qui se trouvent en suspension dans l'eau. C'est pourquoi la transparence est, en général, plus grande en eau profonde et loin des côtes.

M. Thoulet a fait de nombreuses expériences (¹) pour évaluer, au moyen de la transparence, la quantité de matières en suspension dans l'eau, en représentant celles-ci par un sédiment type pour lequel il a choisi le kaolin pur et blanc, dont les particules impalpables donnent avec l'eau un liquide laiteux où elles restent très longtemps en suspension. Nous ne pouvons que donner une idée du résultat de ces expériences ; Luksch ayant trouvé que la transparence moyenne de la Méditerranée orientale est de 33^m, M. Thoulet en conclut que la teneur moyenne de ces eaux en sédiments équivaut à environ 0^{mgr},12 de kaolin par litre, quelle que soit la nature des matières en suspension. Cette méthode de mesure est beaucoup plus simple que celle qui consiste à filtrer l'eau de mer et à peser la masse restée sur le filtre, car il faut alors filtrer une quantité considérable d'eau, ce qui est très long et fastidieux.

Comme la transparence dépend beaucoup de la quantité des organismes vivant sous forme de plankton, on voit que la mesure de cette quantité est loin d'être dépourvue d'intérêt, notamment là où les particules minérales sont très peu abondantes, car alors la transparence mesure en quelque sorte, et jusqu'à un certain point, la quantité du plankton.

La couleur de l'eau de mer.

Les expériences de laboratoire ont montré que la couleur propre de l'eau distillée

(¹) *Mémoires océanographiques*, « Résultats des campagnes du Prince Albert Ier de Monaco », fasc. 29. Monaco, 1905.

sous une épaisseur de 1 à 2^m est d'un beau bleu. Il en est de même pour l'eau de mer optiquement vide, c'est-à-dire dépourvue de particules en suspension. Cette eau optiquement vide absorbe toutes les radiations lumineuses, puisque la lumière n'arrive pas au delà d'une certaine profondeur, et une épaisseur d'eau suffisante examinée par transparence paraîtrait noire ; l'eau absorbe les rayons lumineux en proportions inégales ; ainsi, pour une même épaisseur d'eau, les rayons de l'indigo sont dix fois moins absorbés que les rayons rouges. C'est pourquoi l'eau transparente paraît bleue : c'est cette couleur qui est la moins absorbée et elle est renvoyée vers la surface ; c'est pourquoi aussi la célèbre grotte d'Azur de Capri est bleue : les rayons qui l'éclairent sont des rayons bleus qui ont seuls traversé l'eau fermant l'entrée de la grotte ; les autres rayons ont été absorbés plus ou moins complètement par cette eau.

Les particules en suspension dans l'eau changent la couleur de celle-ci, le plus souvent en y introduisant un élément de couleur jaune qui mélangé au bleu fondamental, donne une nuance verte plus ou moins sensible. Plus l'eau est bleue et transparente, plus les particules en suspension sont rares et c'est pourquoi Schütt, ayant surtout en vue le plankton végétal jaune, considère le bleu comme « la couleur désertique de la mer ».

Le meilleur dispositif pour apprécier la couleur de l'eau est d'en examiner une tranche horizontale au moyen d'un miroir incliné à 45° et introduit, au bout d'un manche, dans un tube à parois noircies fixé à demeure sur un côté du navire et plongeant à 30 ou 40^{cm} de profondeur sous l'eau. Cette disposition élimine l'influence des nuages, celle des réflexions à la surface, celle de la nature du fond, etc., elle permet de plus de faire les observations pendant la marche du navire.

Il faut ensuite comparer la couleur ainsi observée avec une échelle déterminée, car on ne peut apprécier à l'œil les proportions du jaune qui, mélangé au bleu fondamental, donne les teintes plus ou moins vertes de l'eau de mer.

Échelle de Forel. — Jusqu'ici on rapporte la coloration observée à la gamme des couleurs de Forel. Cette gamme est constituée par une série de 10 tubes scellés à la lampe après qu'on les a remplis d'un mélange en proportions définies d'eau céleste des pharmaciens (1^{gr} de sulfate de cuivre dans 99^{gr} d'ammoniaque et 190^{gr} d'eau distillée) et de solution de 1^{gr} de chromate de potasse dans 199^{gr} d'eau. On a ainsi une série de nuances contenant des proportions bien déterminées de jaune et de bleu, le n° 1 étant du bleu pur, le n° 10 étant du jaune pur.

Lunette colorimétrique de Thoulet. — M. Thoulet, après avoir étudié de près la question, a trouvé avantageux et plus précis d'établir une lunette colorimétrique ([1]), dans laquelle la partie capitale consiste en deux prismes de verre taillés en coin, l'un bleu, l'autre jaune, et glissant l'un au-devant de l'autre, chacun mû par une vis indépendante, et en avant d'une fente verticale. On meut les deux prismes en regardant

---

([1]) *Mémoires océanographiques*, fasc. 29. Monaco, 1905 et *Bull. Musée océanogr. de Monaco*, n° 38, 1905.

au travers, dans la lunette, la fente verticale jusqu'à ce qu'on obtienne la teinte de la mer vue dans le miroir à 45° immergé. Une graduation en millimètres établie pour chaque prisme permet de dénommer la teinte et de connaître sa proportion de jaune et de bleu, d'après une échelle déterminée au préalable et donnant la valeur dans l'échelle centésimale de Forel. Cette lunette colorimétrique est certainement l'instrument le plus précis dont on dispose actuellement pour apprécier et mesurer la coloration de la mer, mesure qui, jointe à celle de la transparence, peut être fort utile dans l'étude du plankton.

Nous verrons dans la partie biologique de cet ouvrage que la couleur de l'eau de mer est, le plus souvent, due à la présence du plankton, notamment pour les couleurs accidentelles signalées à plusieurs reprises par les navigateurs : mer de lait, taches rouges, vertes, etc., en dehors des cas, fréquents à l'embouchure des grands fleuves, où les apports minéraux troublent l'eau et la colorent en jaune ou en rouge.

Pénétration de la lumière dans l'eau de mer.

H. Fol nous a appris que si l'on descend en scaphandre dans la mer on constate que l'intensité de la lumière diminue rapidement ; on voit au-dessus de soi un grand cercle lumineux qui a son maximum d'éclairement à midi, tandis que la lumière pénètre de moins en moins à mesure que les rayons solaires deviennent plus obliques, et l'éclairement cesse brusquement quand ils atteignent le moment de leur réflexion totale : « il m'est arrivé, écrit Fol, de remonter, croyant à l'arrivée de la nuit et, une fois sorti de l'eau, de me voir avec étonnement inondé par les rayons d'un soleil encore assez éloigné de son coucher. » A 30^m de profondeur, si le temps est couvert, on ne peut pas distinguer un rocher à plus de 7 ou 8 mètres. On a constaté que dans la mer Noire une lampe électrique de 8 bougies cesse d'être vue à 77^m.

L'œil humain est avantageusement remplacé par des appareils spéciaux pour évaluer la profondeur à laquelle la lumière solaire pénètre ; c'est dans le lac Léman que la plupart des expériences ont été faites et instituées par F. A. Forel, à qui l'océanographie doit beaucoup, quoiqu'il ait surtout opéré en eaux douces. Les premiers essais faits d'abord avec du papier sensible furent répétés et modifiés par Asper, Fol, Sarasin, Luksch, Chun et d'autres, en employant des plaques photographiques plus ou moins sensibles. Fol et Sarasin notamment constatèrent en 1885, au large de Villefranche et de Nice, que la limite des rayons actifs est voisine de 400^m en avril, vers midi par beau temps. A 300^m de profondeur les plaques sont impressionnées à toute heure de la journée, tandis qu'à 350^m elles ne le sont plus que pendant 8 heures.

Pour ces expériences, on enferme la plaque photographique dans une boîte spéciale fixée au-dessus d'un plomb de sonde, munie de deux volets en laiton et installée de telle sorte que lorsque le plomb repose sur le fond les volets s'ouvrent, la plaque est exposée et il suffit de relever la sonde pour que les volets se referment. On peut disposer une série de ces boîtes sur le même câble en modifiant un peu leur installation. Dans un autre modèle l'ouverture des volets s'obtient par l'envoi

d'un premier messager et la fermeture par l'envoi d'un second. Dans un autre
appareil un mouvement d'horlogerie découvre pendant un temps déterminé et cache
ensuite au moyen d'une lame obturatrice qu'il fait mouvoir, une série de plaques sensibles. La limite de 400ᵐ serait sans doute un peu dépassée si ces expériences de
1885 étaient refaites avec les plaques très rapides dont on dispose aujourd'hui.

Le Dr Regnard a étudié non plus la pénétration maximum de la lumière, mais la
variation de son intensité au cours d'une journée à une profondeur déterminée, à

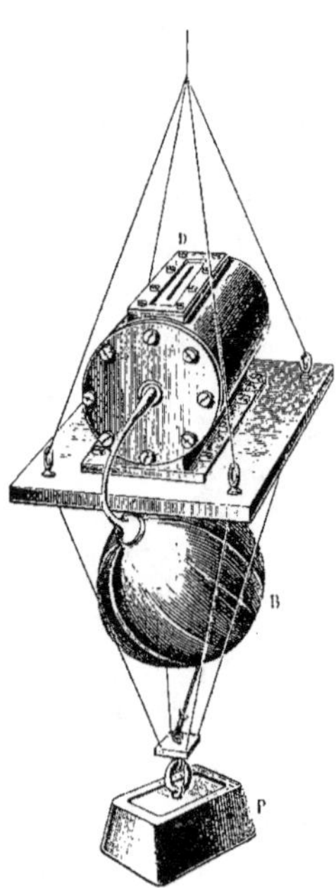

Fig. 95. — Photométrographe de Regnard.

l'aide de son *photométrographe* : dans un cylindre hermétiquement clos et protégé contre la pression par un
ballon compensateur, se trouve un mouvement d'horlogerie qui fait dérouler en 24 heures une feuille de papier sensible devant une fente de 1/10 de millimètre de
largeur et fermée par une glace. Le tout est convenablement lesté et immergé en même temps qu'un appareil
semblable est laissé à bord comme témoin (fig. 95).

Les expériences, faites par le Prince de Monaco à
Madère en mars 1889 avec le photométrographe de Regnard montrent que, à 20ᵐ de profondeur, le jour
aquatique, si j'ose dire, est de 4 heures plus court qu'à
l'air ; à 30ᵐ il y a 7 heures de jour de moins qu'à la surface et l'intensité y est très faible ; à 40ᵐ le papier n'a
montré qu'une trace très faible, limitée à 1 heure de
l'après-midi.

Dans une autre expérience, faite devant Monaco,
grâce à l'intérêt que le Prince portait à ses recherches, le Dr Regnard utilisa la propriété qu'a le sélénium
de diminuer de résistance électrique sous l'action de la
lumière. La pile au sélénium immergée à 1ᵐ indiqua
135 divisions au galvanomètre au lieu de 260 qu'elle
indiquait pour la surface, c'est donc le premier mètre
d'eau qui absorbe la plus grande partie de la lumière.
A partir de 4ᵐ la lumière, qui est déjà diffuse, diminue
très lentement.

C'est encore à Monaco que le Dr Regnard put évaluer la quantité de lumière qui
pénètre à une profondeur déterminée, par la méthode de Bunsen et Roscoe, c'est-à-
dire en mesurant la quantité d'acide chlorhydrique formé sous l'influence de la
lumière dans un mélange à parties égales d'hydrogène et de chlore. Ces deux
savants ont en effet démontré que cette quantité est proportionnelle à la quantité
de lumière qui agit sur le mélange, par unité de surface. Cinq tubes pleins du mélange des deux gaz obtenus par électrolyse d'acide chlorhydrique pur étaient recouverts d'un vernis noir à la gomme, puis échelonnés, pendant la nuit, de deux
mètres en deux mètres sur un câble retenu à une bouée. L'eau enlevait le vernis,
la lumière du jour agissait ; on retirait les tubes pendant la nuit suivante et on

mesurait la quantité des gaz non combinés. Le résultat fut le même qu'avec la pile à sélénium.

Il ne me paraît pas nécessaire d'insister sur l'importance que présentent ces recherches pour la physiologie des plantes et des animaux marins ; la chlorophylle a besoin de lumière pour se former ; Regnard a montré, il est vrai, que la simple phosphorescence bleue du sulfure de calcium suffit pour ce développement.

CHAPITRE VI

L'EAU DE MER *(Suite.)*

La composition chimique de l'eau de mer : matières minérales dissoutes. — La salinité : sa détermination par la densité, par l'indice de réfraction, par la titration du chlore. — Variations de la salinité : influence des vents, des fleuves, de la congélation. — Les gaz dissous dans l'eau de mer : récolte spéciale des échantillons. — Les gaz ne sont pas en plus grande quantité ni à une pression plus grande dans le fond qu'à la surface. — Expériences en apparence contraires du *Travailleur*. — Circulation verticale des gaz. — Matières organiques dissoutes.

LA COMPOSITION CHIMIQUE DE L'EAU DE MER

La mer est l'aboutissant final des eaux qui ont parcouru les continents tant à notre époque que pendant les périodes géologiques antérieures ; elle doit donc contenir tous les éléments chimiques connus, bien qu'un certain nombre n'y aient pas encore été signalés ; ces éléments proviennent de la condensation des vapeurs et de la formation initiale des sels à l'origine de notre globe, ou des substances apportées à l'état de dissolution par les eaux atmosphériques après avoir lavé et décomposé les roches qui se trouvent sur leur parcours. C'est le sel ordinaire, le chlorure de sodium, NaCl, qui est le plus abondant : il y en a $27^{gr},37$ dans un litre d'eau de l'Atlantique contenant au total $35^{gr},06$ de sels soit $78,6$ °/$_0$ de ceux-ci ; puis vient le chlorure de magnésium avec $9,6$ °/$_0$: c'est lui et le sulfate de magnésie ($6,5$ °/$_0$) qui donnent son amertume à l'eau de mer. Les autres sels sont en proportions beaucoup moindres. Beaucoup d'éléments ne peuvent être décelés qu'à l'état de traces, et dans le résidu d'évaporation d'une quantité très grande d'eau de mer. D'autres s'y trouvent à si faible dose que l'analyse chimique directe ne permet pas de les découvrir ; il faut alors s'adresser à des êtres vivants qui ont la curieuse propriété d'accumuler dans leurs tissus tel ou tel corps simple. C'est ainsi que le cuivre, le plomb, le zinc, le nickel, le manganèse, etc., sont concentrés dans les tissus de certaines plantes marines, fucus, algues diverses et se retrouvent dans leurs cendres. L'argent se rencontre dans certains coraux. L'or existerait dans l'eau de mer à l'état de traces suffisantes pour qu'on ait songé à l'extraire.

M. G. Bertrand [1], au moyen d'une méthode si sensible qu'elle permet de déceler le 1/2 millième de milligramme d'arsenic, a étudié la présence de ce métalloïde chez beaucoup d'animaux marins pris en 1902 pendant la campagne de la *Princesse-Alice*, au large et souvent à de grandes profondeurs, c'est-à-dire à l'abri de toutes les causes

[1] *Ann. Institut Pasteur*, XVII, janvier 1903.

de contamination « qui résultent du contact plus ou moins direct avec l'industrie actuelle (fig. 96). » C'est chez les éponges que l'arsenic s'est trouvé le plus abondant (plus de $0^{gr},001$ par kilogramme de matière sèche). Pour M. Bertrand, l'arsenic serait « au même titre que le carbone, l'azote, le soufre ou le phosphore, un élément fondamental du protoplasma », et existerait dans toutes les cellules vivantes.

Si l'évaporation de l'eau de mer est active et les apports d'eau douce peu abondants, le sel peut se déposer en cristaux ; c'est ce qui se produit sur une grande échelle dans la baie de Kara-Boghaz qui ne communique avec la Caspienne que par un goulet étroit ; un vent chaud et sec y active l'évaporation à un tel point qu'il se dépose environ 50 000 tonnes de sel par jour dans cette baie [1] et l'eau de la Caspienne arrive par le goulet avec une vitesse de 5 à 6 kilomètres à l'heure pour remplacer l'eau évaporée. Ainsi se forment de puissants dépôts de sels d'une façon naturelle, tandis que l'intervention de l'homme est nécessaire pour l'établissement des marais salants de nos régions.

Fig. 96. — Manipulations de chimie sur le pont de la *Princesse-Alice*.
M. le Prof. Bertrand recherchant l'arsenic dans les animaux des grandes profondeurs.

L'analyse complète et la détermination des sels d'un échantillon d'eau de mer sont des opérations très longues et très délicates que nous n'avons d'ailleurs pas à décrire ici. La connaissance de cette composition de l'eau de mer est cependant de la plus haute importance en océanographie : il faut pouvoir distinguer les eaux de diverses origines pour en suivre les mouvements, c'est-à-dire les courants, quand ceux-ci ne peuvent pas être étudiés directement. La question est d'ailleurs d'un intérêt général au point de vue de la physique du globe et de la géologie. Aussi a-t-on analysé de nombreux échantillons provenant de tous les points du globe : Forchhammer et Dittmar se sont notamment livrés à ce travail long et difficile. Ils sont arrivés à ce résultat que si la quantité des sels en dissolution dans l'eau de mer, c'est-à-dire la *salinité*, varie considérablement, les proportions des différents sels restent à très peu près les mêmes partout. M. Th. Schlœsing [2] qui a récemment analysé des eaux de la Méditerranée et de l'Atlantique conclut de son côté que l'eau de la Méditerranée peut

[1] MAILLARD, « L'industrie des salines côtières », *Revue scientifique*, 1907 et *Bull. Institut océanogr.*, n° 100, 1907.
[2] *C. R. Ac. des Sciences*, 5 février 1906.

être considérée comme homogène entre la France et l'Afrique et qu'elle ne diffère guère de celle de l'Atlantique que par le degré de salure ; les constitutions minérales des deux mers sont presque identiques et on peut présumer que tous les océans possèdent à peu près le même mélange salin. S'il en est ainsi, il suffit de déterminer la quantité d'un élément, dans un échantillon donné d'eau de mer, pour connaître les quantités des autres sels, en un mot la composition saline de cette eau. C'est en effet une méthode très employée ; il est très facile par exemple d'évaluer l'ensemble des halogènes (chlore, brome, iode) au moyen d'une liqueur titrée de nitrate d'argent : c'est une opération simple et rapide qui peut se pratiquer sur un échantillon restreint d'eau de mer. Une fois ce dosage de chlore obtenu, il est aisé de connaître non seulement la salinité, mais aussi la densité à diverses températures, grâce aux tables hydrographiques de Knudsen, établies par ce savant avec la plus grande précision. Ces tables permettent de même de trouver la salinité quand on connaît la densité de l'échantillon. La détermination de la salinité par dosage du chlore au moyen de la solution titrée de nitrate d'argent est préconisée par le Conseil permanent international pour l'exploration de la mer et utilisée par les institutions qui s'y rattachent.

Cette méthode est basée sur l'idée que l'eau de mer est une solution plus ou moins étendue d'un mélange des mêmes sels en proportions constantes. M. Thoulet s'est élevé avec force contre cette conception de la composition de l'eau de mer. Pour lui, au contraire, il n'y a pas deux échantillons d'eau de mer identiques, question de concentration mise à part, et deux échantillons d'eau ayant la même densité peuvent présenter des proportions différentes dans les quantités de leurs composants. Il n'est donc pas exact de déduire les quantités des différents sels de la mesure d'un seul d'entre eux et, à plus forte raison, d'en conclure la densité au moyen de tables établies expérimentalement. M. Thoulet a parfaitement raison, la composition de l'eau de mer n'est pas uniforme. Les termes mêmes dans lesquels les chimistes qui ont fait les analyses disent que les proportions de sels sont *à peu près* constantes ou *presque* identiques montrent qu'il y a des différences, attribuées d'ailleurs à l'imprécision des analyses. Mais le point capital pour la pratique est de savoir de quelle importance sont les erreurs qu'entraîne la méthode précédente. D'après Knudsen, l'erreur maximum dans la densité déterminée d'après la chloruration au moyen de ses tables peut atteindre 3 unités de la cinquième décimale, tolérance admise par le Conseil permanent pour l'exploration de la mer, alors que d'après M. Thoulet on ne peut obtenir par n'importe quel procédé une approximation dépassant 5 unités de la cinquième décimale. L'exactitude que donnent la chloruration et les tables de Knudsen est donc suffisante, et comme cette méthode est beaucoup plus rapide que la détermination directe des densités, on s'explique pourquoi elle est employée de préférence quand il s'agit d'examiner des échantillons d'eau très nombreux. Il faut d'ailleurs effectuer les opérations en suivant attentivement les recommandations données si l'on veut arriver au maximum de précision de la méthode et tenir compte des circonstances spéciales dans lesquelles ont été pris les échantillons ; c'est ainsi que l'eau qui entoure les masses de glace de mer présente plus qu'ailleurs des différences dans les proportions des sels dissous, parce que les sulfates se concentrent dans la glace formée, tandis que l'eau environnante se surcharge en chlorures ; de la salinité de cette eau on ne peut plus déduire les proportions des autres éléments et il est nécessaire dans ces cas particuliers d'employer les tables de Knudsen avec certaines précautions. Il n'en reste pas moins vrai que, avec ces réserves, la méthode de la chloruration permet d'obtenir la salinité avec une exactitude de 0,05 pour 1 000, ou la densité, au moyen des tables, avec une approximation de 3 à 5 unités de la cinquième décimale, ce qui est très suffisant pour les recherches courantes d'océanographie et ce qui a le grand mérite de la rapidité.

Le physicien norvégien Tornöe, de son côté, a étudié la relation qui existe entre la salinité et l'indice de réfraction de l'eau de mer et dressé des tables qui donnent la salinité correspondant à l'indice de réfraction d'un échantillon tout en tenant compte de sa température. D'après ce savant, l'erreur dans l'approximation obtenue est inférieure à 0,05 °/₀ de la salinité, c'est-à-dire que le procédé remplit les conditions demandées par la Conférence de Stockholm et le Conseil permanent pour l'exploration de la mer.

La salinité est la caractéristique la plus importante d'une eau de mer, c'est celle qui permet le mieux de suivre une eau déterminée au milieu de la masse océanique, et elle présente à l'esprit quelque chose de plus concret que la densité en indiquant immédiatement le poids des sels dissous dans 1 kilogramme d'eau. Là où soufflent des vents secs, l'évaporation est énergique et la salinité élevée à la surface : c'est le cas pour la région des alizés où les eaux ont une salinité de 36 et même 37 °/₀₀ ; elle est moindre (35 à 36 °/₀₀) dans les régions où, comme dans les parages du golfe de Guinée, l'air est humide et le vent relativement fort ; elle est encore faible et oscille autour de 35,5 dans les calmes humides équatoriaux.

Les grands fleuves font sentir quelquefois très loin à la surface leur influence sur la salinité ; ainsi la courbe d'égale salinité (ou isohaline) de 34 °/₀₀, résultant de l'influence de l'eau douce, s'étend jusqu'à plus de 500^{km} au large de l'embouchure du Congo, en refoulant vers l'ouest l'isohaline de 35 °/₀₀, ainsi que l'a constaté le Dr Schott pendant l'expédition de la *Valdivia*.

Aussi bien dans les régions arctiques que dans l'Antarctique, la salinité de la surface baisse par la fusion de la glace et descend jusqu'à 32 ou 33 °/₀₀, tandis que dans ces contrées c'est à la fin de l'hiver que l'eau a son maximum de salinité, parce que c'est à cette époque que la quantité d'eau transformée en glace est la plus grande. Nansen a calculé que si une mer a seulement 100^m de profondeur avec de l'eau de salinité moyenne de 34,4 °/₀₀, cette salinité montera à 35 °/₀₀ quand il se sera formé 2^m d'épaisseur de glace. C'est dans l'Atlantique nord que la salure du fond est la plus grande.

LES GAZ DISSOUS

La récolte des échantillons d'eau pour l'analyse des gaz dissous est plus délicate que lorsqu'il s'agit seulement de déterminer la salinité ; en général on prélève un échantillon dans la bouteille à eau dès qu'elle arrive à bord, au moyen d'ampoules de verre effilées aux deux bouts et dans lesquelles on a fait le vide ; il suffit de casser une des extrémités au milieu du liquide pour que celui-ci se précipite dans l'ampoule dont on scelle l'extrémité à la lampe. L'extraction des gaz se fait par l'ébullition de l'eau dans un récipient où le vide a été fait à l'avance, les gaz dégagés sont recueillis, mesurés et analysés par les méthodes en usage dans les laboratoires.

L'eau de mer étant en contact avec l'atmosphère sur une surface considérable contient naturellement les mêmes gaz qu'elle et en proportions variables : azote (et argon), oxygène, acide carbonique. Un litre d'eau de mer peut dissoudre 28^{cc} environ d'air à 0° et 17 seulement à 20". L'azote, inerte, varie peu ; sa quantité oscille autour de 13^{cc} par litre (60 °/$_0$ du volume des gaz). L'oxygène et l'acide carbonique varient beaucoup en raison de l'importance de leur rôle dans la respiration des animaux et des plantes. Les algues marines du plankton se comportent comme les autres plantes, et décomposent l'acide carbonique sous l'influence de la lumière, en dégageant l'oxygène, tandis que les animaux donnent de l'acide carbonique et absorbent de l'oxygène. Ce dernier gaz peut former suivant les cas de 36 à 10 °/$_0$ et même près de 0 °/$_0$ du volume des gaz dissous tandis que l'acide carbonique varie en sens inverse. C'est ainsi que dans la fosse la plus profonde de la Baltique, à 400^m, près de la côte suédoise, à l'est de Landsorts, la teneur en oxygène peut être nulle tandis qu'on trouve 50^{cc} d'acide carbonique par litre ; aussi n'y a-t-il là que quelques très rares animaux ([1]). Dans la Caspienne, Knipovitch a observé la même chose : la teneur en oxygène étant de 5^{cc},6 par litre à 100^m de profondeur n'est plus que de 0^{cc},32 à 700^m, le fond étant à 718^m. Aussi la limite de la faune ne dépasse-t-elle pas 400^m. Les bactéries seules habitent probablement sur le fond.

Quant à l'acide carbonique, il existe en grande quantité dans la mer soit à l'état de gaz dissous, soit à l'état de bicarbonate ; Chamberlin estime que la mer en contient 18 fois plus que l'atmosphère et qu'elle est le réservoir régulateur de l'acide carbonique de l'air.

L'acide sulfhydrique, qui résulte de la décomposition des matières organiques sous l'influence de certaines bactéries, ne se trouve en quantité appréciable que dans des circonstances spéciales. La vase du fond de la mer Noire, de la Caspienne et de la mer d'Aral en dégage beaucoup. Dans la mer Noire, notamment, M. Androusoff a trouvé que la quantité de ce gaz est telle qu'à partir de 200^m on ne rencontre plus d'animaux; à cette profondeur il y a déjà plus de 1/3 de centimètre cube de ce poison violent par litre d'eau, et la teneur atteint 6^{cc},5 à 2 166^m.

On a cru longtemps que la pression augmentant d'une atmosphère pour chaque tranche d'eau de 10^m d'épaisseur, les gaz dissous dans la profondeur devaient être en quantité et sous des pressions énormes. Dès 1843, Aimé a montré qu'il n'en est rien, en faisant basculer à la profondeur voulue, jusqu'à 1 249^m, une éprouvette pleine de mercure dont la partie écoulée dans un récipient venait fermer l'orifice avant la montée. Pendant l'expédition du *Vöringen* (1876-78) le commandant Wille obtint le même résultat. Mais les faits inattendus observés à bord du *Travailleur* en 1882

([1]) RABOT, *La Géographie* VII, n° 3, 1903.

appelaient de nouvelles recherches; le Prof. A. Milne-Edwards rapporte en effet que « *bien souvent*, au moment où nous retirions les bouteilles de la mer et où nous ouvrions le robinet, il nous arrivait de voir un jet d'eau s'élancer au dehors comme d'une bouteille d'eau de Seltz et atteindre plus d'un mètre et demi de distance ; de plus, l'eau, versée ensuite dans un vase, laissait dégager une quantité de bulles de gaz. » Il est à remarquer que ce cas ne s'est jamais produit pendant aucune autre expédition et qu'il n'a eu lieu qu'avec l'emploi de la bouteille à eau du *Travailleur*, alors que sur ce même navire l'eau recueillie par d'autres procédés ne donnait aucun

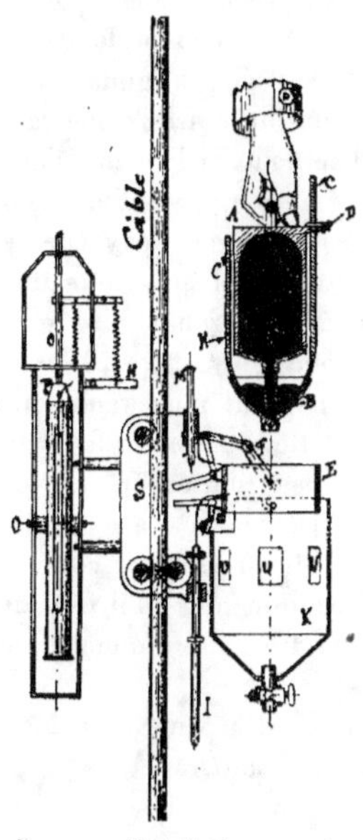

Fig. 97. — Bouteille à mercure de Richard, introduite dans son support.

excès de gaz. On expliqua le fait en admettant que la bouteille du *Travailleur* était la seule qui retînt les gaz grâce à sa fermeture hermétique. M. Thoulet, en signalant les résultats contradictoires précédents, estimait que la question devait être étudiée à nouveau et, en 1895, M. Delebecque trouva que jusqu'à 290^m de profondeur dans le lac Léman, l'air dissous n'est pas plus abondant qu'à la surface ni sous une plus forte pression, confirmant ainsi les expériences d'Aimé en se servant d'un appareil très analogue au sien. Il restait à vérifier expérimentalement le fait à de grandes profondeurs dans la mer ; c'est ce qu'il me fut possible de réaliser en 1896 à bord de la *Princesse-Alice*, grâce au Prince Albert de Monaco, pour qui M. Le Blanc construisit, sur mes indications, un appareil (fig. 97) dont le principe est le suivant : on envoie à la profondeur voulue une bouteille renversée pleine de mercure et dont le goulot plonge dans une cuvette également pleine de mercure ; on abaisse alors la cuvette pour libérer l'orifice de la bouteille, dont le mercure s'échappe et est remplacé par de l'eau ; ce mouvement se produit automatiquement lorsqu'un levier fixé à l'appareil vient buter sur un lest-heurtoir descendu préalablement à la profondeur voulue, à l'extrémité d'un câble le long duquel on laisse ensuite glisser la bouteille dans sa monture ; on fait ensuite tomber la bouteille de façon que son goulot vienne s'enfoncer dans le mercure et ceci s'obtient par l'envoi d'un poids-messager le long du câble. On remonte tout l'appareil. Comme la bouteille a toujours son unique orifice étroit dirigé en bas, si elle revient pleine de gaz, c'est que les gaz très abondants et sous pression ont chassé l'eau à travers le mercure de la cuvette ; si elle revient pleine d'eau, c'est qu'il n'y a pas plus de gaz au fond qu'à la surface et sous la même pression. Dans les deux expériences, faites dans l'Atlantique à 1 000^m et à 2 700^m de profondeur, la bouteille revint pleine d'eau avec une bulle de gaz de 0^{cc},5 à 1^{cc}, s'expliquant par la différence de température au fond et à la surface. L'analyse faite avec M. Schlœsing montra que la quantité de gaz dissous correspondait bien à celle que la température de 3°,3 à 2 700^m comporte. Mais alors comment expliquer les faits signalés par Milne-Edwards? Je pense que l'explication est la suivante : dans la bouteille du *Travailleur* les deux orifices sont petits et latéraux ; il ne se produit aucun courant d'eau dans la bouteille, à mesure que celle-ci descend, la pression fait pénétrer l'eau par les deux orifices et l'air de la bouteille est graduellement dissous ; la fermeture étant complète à la profondeur atteinte, le dégagement du gaz comprimé ne se fait que lorsqu'on ouvre le robinet étroit et il se produit un jet d'eau. Les gaz ne sont donc pas plus abondants dans la profondeur qu'à la surface (à température égale) et ils y sont à la pression atmosphérique ; les molécules gazeuses sont en communication avec l'atmosphère libre par les espaces qui séparent les molécules d'eau. Cela permet de comprendre, ainsi que l'a dit M. Thoulet, comment peut se renouveler en partie l'oxygène de la profondeur, par une sorte de circulation verticale gazeuse, indispensable à la vie des animaux des grands fonds et grâce à laquelle il se fait un échange par diffusion entre l'acide carbonique provenant de leur respiration et l'oxygène venu d'en haut. Si l'on met dans une éprouvette de l'eau bouillie contenant de la potasse et de l'acide pyrogallique, on voit le liquide noircir peu à peu de la surface vers le fond à mesure que l'oxygène de l'air pénètre par diffusion dans la profondeur ; si l'on jette dans l'éprouvette une poudre inerte quelconque, on voit chaque grain enveloppé d'une zone noire sous l'action de l'oxygène de l'air entraîné par lui sur le liquide sensible. Cette expérience intéressante due à M. Thoulet met bien en lumière les faits dont nous venons de parler. Le Dr Regnard a montré d'une façon analogue que cette pénétration dans un liquide immobile et maintenu à la même température était, dans son expérience, de 1^m pour trois mois et qu'il faudrait 1000 ans pour qu'une molécule de gaz arrive de la surface à 4 000^m de profondeur. Il suffit de penser que le phénomène est continu depuis bien des milliers d'années, qu'il a lieu sur une surface immense, qu'il est aidé par les chutes de poussières, l'agitation des eaux, pour se rendre compte que malgré les apparences, ses effets sont bien loin d'être négligeables.

On peut dire que l'étude des gaz dissous dans l'eau de mer est à peine ébauchée ; il y a là un champ immense ouvert à l'activité des chimistes océanographes.

MATIÈRES ORGANIQUES DISSOUTES

Outre les sels et les gaz, l'eau de mer contient en dissolution des matières organiques provenant des déchets des organismes : il suffit de songer à l'infinie variété des produits qui se dissolvent ainsi dans la mer pour apprécier les difficultés qu'offre cette étude. Cette partie de la chimie de la mer est certainement la plus difficile et il reste énormément à faire dans cette voie : le plus souvent on se contente d'évaluer la matière organique totale en l'oxydant par une solution titrée de permanganate de potasse ; les résultats ainsi obtenus ne paraissent pas présenter jusqu'ici un intérêt bien spécial. On a poussé cependant l'analyse un peu plus loin dans quelques cas, et évalué les combinaisons de l'azote sous forme d'ammoniaque libre ou albuminoïde ou de nitrite et de nitrate d'ammoniaque ; il est probable que les transformations et les destructions de ces composés azotés se font sous l'action de certaines bactéries chargées pour ainsi dire de la destruction des résidus vitaux. Le soufre et le phosphore des matières albuminoïdes aboutissent à la formation de sulfates et de phosphates que des organismes sauront transformer ensuite à leur avantage notamment pour la constitution de leur squelette, etc. Nous en verrons quelques cas particuliers dans le cours de cet ouvrage.

La présence de matières albuminoïdes en dissolution dans l'eau de mer, jointe aux analogies très grandes qu'on observe dans les proportions des sels entre l'eau de mer et les liquides intérieurs des animaux, a poussé M. Quinton à considérer l'eau de mer comme un plasma. Ramenant celle-ci, par addition d'eau distillée, à la même concentration que le sérum, il a préconisé ce sérum naturel pour remplacer le sérum artificiel ; les expériences, nombreuses aujourd'hui, paraissent très favorables à l'emploi de l'eau de mer diluée, à la condition que la stérilisation, par simple filtration, soit obtenue d'une façon certaine.

CHAPITRE VII

LA GLACE

La glace joue un rôle considérable dans les phénomènes de la mer, en particulier dans la circulation générale par le refroidissement des eaux polaires correspondant à l'échauffement des eaux superficielles de l'équateur et des tropiques. On trouve, aussi bien dans les mers arctiques que dans l'Antarctique, deux sortes de glace bien distinctes : de la glace de terre et de la glace de mer.

La glace de terre, due à la congélation de l'eau douce, a deux origines dans l'océan Arctique : l'une provient des glaciers qui aboutissent à la mer, l'autre de la débâcle des glaces des fleuves d'Amérique et de Sibérie. La glace de terre antarctique appartient toute à la première catégorie. La glace de mer résulte de la congélation de l'eau de mer. Ces deux sortes se trouvent très souvent mélangées ; l'eau de fusion de l'une est douce tandis que celle de l'autre est salée et présente des particularités spéciales qui ont surtout été étudiées par le Prof. O. Pettersson. Par la congélation, l'eau de mer se divise en effet en une partie solide et une liquide, contenant toutes deux des sels et ayant une composition chimique différente ; ainsi les sulfates se concentrent dans la partie solide ou glace, tandis que les chlorures se concentrent dans la partie liquide ou saumure, dont la densité et la salinité augmentent ; plus la glace vieillit, plus elle perd de chlorures. La glace de mer n'est donc pas homogène et on conçoit que la saumure qui accompagne sa formation ne présente pas les mêmes proportions de composants que dans l'eau de mer initiale.

La glace de terre provient surtout du vêlage des glaciers, c'est-à-dire de la destruction de la falaise par laquelle ils se terminent dans la mer. Ces glaciers polaires ne diffèrent pas essentiellement de ceux des autres contrées ; en raison du climat ils se rencontrent seulement à une altitude beaucoup plus basse et ce sont toujours des fleuves de glace mais aboutissant à la mer et présentant souvent des dimensions colossales. Dans le Nord ce sont les glaciers qui déchargent l'immense et épais manteau de glace ou inlandsis du Grönland qui présentent la plus grande hauteur à leur front que baigne la mer ; il en est qui présentent aussi une largeur considérable, tel le glacier de Humboldt dans le nord-ouest du Grönland, qui a environ 111^{km} de front et jusqu'à 90^m de haut. Ces fleuves de glace avancent graduellement leur front

dans la mer, quelquefois jusqu'à plusieurs kilomètres, où l'eau les supporte jusqu'au moment où diverses causes, les mouvements de la mer par exemple et notamment les marées, en provoquent la cassure qui se fait avec fracas et couvre l'eau de
blocs plus ou moins volumineux qu'on appelle icebergs quand ils atteignent de
grandes dimensions. Les plus grands icebergs arctiques proviennent du Grönland :
on en aurait vu de 120 à 150^m au-dessus de l'eau, ce qui ferait 1 000^m environ de
hauteur totale si on admet le rapport de 1/7 trouvé par Steenstrup pour la partie
émergée par rapport à la partie immergée ; d'une part, il ne semble pas que ces hauteurs formidables aient été réellement *mesurées* (¹) et d'autre part le rapport 1/7 n'est

Fig. 98. — Glaciers dans la baie Cross (Spitzberg) ; au premier plan une moraine latérale d'un glacier
qui tombe à la mer ; au loin deux glaciers suspendus.

pas constant ; il peut être moindre suivant la structure plus ou moins bulleuse de la
glace.

Au Spitzberg (fig. 98) les glaciers sont aussi très nombreux : dans la seule baie
Red on n'en compte pas moins de huit, encore sont-ils presque tous du même côté
ouest. Souvent des torrents boueux aboutissent à la mer sous le glacier et l'eau moins
salée qui résulte de leur mélange avec l'eau de mer paraît très favorable au développement de certains crustacés, car on observe ordinairement en ces endroits de très
nombreux oiseaux de mer qui se nourrissent de ces animaux ; les phoques en ont
aussi quelquefois une grande quantité dans l'estomac.

Dans l'Antarctique la question des glaces était encore peu claire jusqu'à ces dernières années. La fameuse barrière de glace qui arrêta Dumont d'Urville, Ross et

(¹) MM. d'Arodes et Bourée m'ont appris récemment qu'ils ont *mesuré* dans les parages de Terre-Neuve des
icebergs atteignant 90^m de haut.

bien d'autres, avait quelque chose de mystérieux que les expéditions du *Challenger* et celles plus récentes de la *Discovery* et de la *Scotia* ont définitivement fait disparaître. La grande barrière de Ross n'est que le front à pic de la nappe de glace de l'inlandsis qui recouvre presque complètement le continent antarctique. Cette barrière que Bruce a suivie aussi en partie, a une hauteur très variable : le capitaine Scott, qui l'a longée en 1901 sur une très grande étendue, pense que Ross en a exagéré la hauteur et l'uniformité. Scott a trouvé 20 à 25^m pour la hauteur moyenne, et 80^m est le maximum qu'il a constaté par des mesures précises ; en certains points la falaise n'avait pas plus de 2^m,50. Scott a montré par des sondages répétés au pied même de la barrière et par la mesure de la hauteur émergée de la falaise que les bords de l'inlandsis forment une nappe glacée qui ne repose pas sur le fond, mais flotte dans l'eau sur

Fig. 99. — Glaces et icebergs tabulaires antarctiques (W. S. Bruce, *Scotia*).

une étendue considérable ; la partie profonde de la glace est séparée du sol sous-marin par une très grande épaisseur d'eau. Le capitaine de la *Discovery* a même pu établir qu'à l'époque de Ross, soit 60 ans auparavant, la barrière s'étendait en certains points à 50^{km} plus au nord, toujours en flottant dans l'eau, et il a pu naviguer sur de grandes étendues qui étaient alors recouvertes par la nappe flottante de l'inlandsis dont l'élasticité est suffisante pour suivre les mouvements de la marée sans se rompre. Il arrive cependant que de temps à autre, sans doute à la suite de violentes tempêtes coïncidant avec de grandes marées, une partie de la nappe se détache et se brise, formant ainsi les immenses icebergs plats, tabulaires (fig. 99), à parois verticales, qui sont caractéristiques de l'Antarctique. On en a vu un de près de 100^{km} de long et de 100^m de haut en 1854. Le plus grand qui ait été rencontré par le *Challenger* avait au moins 8^{km} de long et 75^m de haut ; il en est à peu près de même du plus grand observé par Scott, soit 14^{km} de long et 75^m de haut. Le capitaine Scott a trouvé que le plus souvent le rapport des parties émergée et immergée des icebergs antarctiques est de 1/5 ; on s'est immédiatement prévalu de ce chiffre pour soutenir que ces icebergs sont formés de glace de mer parce que c'est justement la proportion trouvée pour celle-ci dans les expériences de Steenstrup ; mais la Nature, qui n'aime pas la rigueur mathématique, se moque des chiffres et fabrique de la glace de terre plus légère que dans le Nord sans doute parce qu'elle contient plus d'air, la pression à laquelle elle est soumise étant plus faible, puisque la pente elle-même est très faible comme la vitesse et puisque aussi la glace non encaissée s'étale librement dans un milieu mobile. Cette nappe de glace s'écoule avec une vitesse d'environ 30ᵐ par mois à 120ᵏᵐ du bord libre.

Les icebergs détachés avec fracas du front des glaciers arctiques ont généralement des formes très variables qui changent encore beaucoup après leur chute ; leur partie immergée entre en fusion et leur équilibre s'en ressent, de sorte que ces blocs se renversent fréquemment, ce qui peut rendre leur voisinage dangereux. Ils sont formés de grains plus ou moins gros mis en évidence par les fines bulles d'air qui les séparent ou qui s'insinuent entre leurs surfaces de séparation quand ils sont exposés à l'air, comme le montre la photographie d'un glaçon échoué, que j'ai prise en 1906 dans la baie Blomstrand au Spitzberg (fig. 100). Certains icebergs se résolvent brusquement, avec explosion, en leurs éléments, à la façon d'une larme batavique ; en général la dilatation des grains et leur décollement se traduisent par de petits cla-

quements secs, tandis que la mise en liberté des bulles d'air produit un crépitement différent : les deux bruits peuvent d'ailleurs se faire en même temps et on croirait entendre un feu qui pétille.

Les icebergs peuvent transporter les débris de roches que la gelée a brisées et qui ont formé des moraines ; mais en général ces masses rocheuses tombent au pied même des glaciers comme cela se voit constamment au Spitzberg : ailleurs les glaciers sont tellement étendus et les sommets ou nunataks qui les traversent sont tellement rares que la grande majorité des icebergs ne transportent aucun débris étranger et ils ne sont pour rien, ainsi que l'a montré M. Thoulet, dans la formation des bancs de Terre-Neuve qu'on a voulu leur attribuer. Les icebergs entraînés par les courants raclent le fond de la mer en l'égalisant, jusqu'à d'assez grandes profondeurs ; c'est là une action qui n'est pas négligeable dans les phénomènes d'érosion sous-marine.

La glace de mer diffère beaucoup de celle que nous venons d'étudier. Quand la température s'abaisse à environ — 2°,5, la congélation commence en produisant une sorte de bouillie glacée de cristaux de glace qui durcit quand le froid augmente. La congélation étant plus brusque à la surface, la saumure est emprisonnée en partie dans la bouillie, et cette glace supérieure est plus salée que celle des couches inférieures congelées plus lentement, de sorte que leur saumure a eu le temps de tomber vers le fond.

Ainsi se forment des champs de glace qui peuvent atteindre des centaines de kilomètres. Nansen, à bord du *Fram*, a fait de nombreuses observations sur l'épaisseur de la glace de mer ; autour du navire la jeune glace datant de 15 jours avait $0^m,39$ d'épaisseur ; dès la première nuit elle atteignait 78^{mm} et dans les deux nuits suivantes elle avait augmenté seulement de 52^{mm}, et de 26^{cm} pendant les douze nuits suivantes, c'est dire que l'épaississement se ralentit à mesure que l'épaisseur augmente et cesse quand celle-ci a atteint une certaine limite. Dans un hiver arctique la glace formée atteint environ 2^m et ne peut dépasser 6 ou 7^m. La glace, mauvaise conductrice, et surtout la neige protègent toute la partie inférieure contre le refroidissement par rayonnement ; en été la fusion empêche que l'épaisseur formée pendant un hiver s'ajoute à celle de l'hiver précédent. Nous sommes loin des épaisseurs de 25 à 45^m attribuées aux glaces de mer soi-disant immobiles de l'océan Arctique et appelées paléocrystiques ; il y existe bien cependant des masses glacées de ces épaisseurs, mais elles ne sont pas dues à l'épaississement par congélation d'une masse initiale pendant de nombreuses années successives, mais bien à des entassements de plaques glacées qui se produisent dans la rencontre des champs de glace. En effet, quand ces champs se forment, la glace plastique peut être

soulevée en larges vagues sans se rompre, mais elle devient dure et cassante avec l'intensité du froid ; il s'y forme des fentes, des chenaux, et les mouvements de la mer ou des vents font monter les glaces les unes sur les autres ou les font saillir en hummocks ou toross par l'effet de la pression; en outre, par le phénomène bien connu du regel, ces blocs se soudent les uns aux autres en une seule masse.

La fig. 101 nous montre un effet de ce genre, bien délimité et très net ; c'est un amoncellement de glaces formé en une seule nuit sur le bord du lac Richard au Spitzberg ; sous la pression du vent les blocs échoués ont monté les uns sur les autres jusqu'à plus de 2^m de hauteur.

Nansen a constaté que les pressions affectant une étendue importante de la banquise dépendent de la marée ; le plus grand hummock signalé par l'illustre explorateur ne dépassait pas, à vue d'œil, 10^m de hauteur ; il n'en a pas *mesuré* de plus de $7^m,50$. En hiver ces mouvements de la banquise se font avec des bruits effrayants, alors que la glace est dure : les récits des marins dont le navire a été pris dans les

glaces sont pleins de ces rapports. Tandis que les parties de la banquise les plus éloignées des terres sont presque uniquement formées de glaces de mer, celles plus voisines de la côte sont mixtes et constituées par des icebergs réunis par la glace de mer.
Ce sont les zones en contact même avec le rivage qui jouent le rôle le plus important
dans le transport des débris rocheux ; ces glaces côtières peuvent en effet englober
en se formant les fragments de roches roulées ou non qui bordent le rivage et les
transporter plus ou moins loin au moment de la débâcle pour les abandonner en fondant ; elles peuvent plus fréquemment encore transporter les blocs que la gelée a

Fig. 102. — Les glaces de mer du bord de la banquise au nord du Spitzberg.

détachés des falaises contre lesquelles butent ces glaces côtières et c'est ainsi que se
sont formés les bancs de Terre-Neuve.

Les blocs de glace échoués et repoussés sur le rivage par la pression refoulent
souvent les graviers en amas irréguliers avec l'aide de la mer et laissent après leur
fusion des cavités.

Les blocs de grès et de syénite pesant de 23 à 93^{kg} que la *Princesse-Alice* a ramenés
de 800^m de profondeur par le travers de l'île d'Yeu ont été abandonnés là autrefois
par les glaces flottantes.

La banquise ou pack occupe des étendues considérables dans les océans polaires.
La fig. 102 représente les plaques de glace de mer sur la bordure de la banquise au
nord du Spitzberg pendant l'été 1906.

On évalue à 32 kilomètres cubes la quantité de glace qui fond chaque année dans
les mers arctiques. On a discuté longtemps la question de savoir si le pôle nord était
immuablement couvert d'une calotte de glace ou au contraire s'il y existait une mer

libre. Les deux opinions ont eu des partisans nombreux et convaincus ; il est extrêmement probable que la vérité est autre, et que la banquise est mobile et change constamment de place, se fragmente, se divise par des canaux temporaires plus ou moins
étendus en grandes surfaces hérissées de hummocks ; une quantité considérable de
glaces flottantes qui s'en sont détachées sous des influences diverses sont entraînées
vers le Sud par la dérive du courant polaire confirmée par l'expédition du *Fram*.
Pendant l'été de 1899 l'amiral Makaroff a réussi, avec son navire brise-glace *Iermak*,
à faire 425^{km} dans le pack, au nord du Spitzberg, avec une vitesse moyenne de 4^{km},2
à l'heure en traversant de la glace qui atteignait jusqu'à 4^m,20 d'épaisseur.

La glace peut se former au fond de la mer dans des circonstances spéciales ; dans
la Baltique et en Norvège, au début de l'hiver, les pêcheurs voient quelquefois leurs
barques environnées brusquement de glaçons venus du fond et auxquels adhèrent
souvent des algues ou même des pierres. Edlund admet que l'eau peut être refroidie
au-dessous de son point de congélation, c'est-à-dire entrer en surfusion, et tomber
au fond sans se congeler, jusqu'à ce que, pour une raison inconnue, elle se congèle
brusquement et remonte à la surface.

Au nord de la Sibérie, on rencontre en certains endroits sur le fond, des étendues
de sable congelé que Nordenskjold attribue à ce que chaque grain de sable apporté par
les fleuves tombe au fond avec une pellicule d'eau douce qui adhère à lui et qui se
congèle au contact de l'eau de mer à une température inférieure à 0°. C'est par un
phénomène semblable que de larges gouttes de pluie sont instantanément transformées en glaçons au contact de l'eau de mer froide, comme on l'a observé à la côte
est du Grönland.

Au contact et jusqu'à quelque distance des glaces flottantes, la température de la
mer s'abaisse notablement et, dans la navigation arctique, la température de l'eau
peut être utilisée pour apprécier si l'on se trouve à proximité ou loin de la glace.
Néanmoins la méthode n'est pas toujours sûre ainsi que l'a observé le Dr Charcot
dans un voyage d'exploration arctique, avant de conduire *Le Français* dans les mers
antarctiques. Voici son observation : le courant d'Irminger envoie une branche
d'eau chaude le long des côtes ouest et nord d'Islande quand les glaces trop
abondantes ou une saison défavorable ne s'y opposent pas et il peut se faire
qu'on rencontre des glaces flottantes plus ou moins espacées dans une eau
relativement chaude où elles ont pu être amenées par le vent. C'est ainsi que le
23 juillet 1902 le Dr Charcot a doublé le cap Nord d'Islande au milieu de glaces
flottantes parmi lesquelles l'eau de surface était à + 7°, alors qu'elle était à 8°
et 9° avant et après. En arrivant à Jan Mayen alors que les glaces étaient à plus
de 100^{km} (60 milles), l'eau n'avait plus que 2° ou 3° (eau polaire). Cela montre
que dans certains parages la température de l'eau n'indique pas le voisinage des glaces
et qu'il y a lieu de tenir compte de ce fait dans la navigation. Dans le cas du Dr Charcot, le thermomètre aurait pu induire en erreur dans l'obscurité ou dans la brume et
exposer le navire à des avaries par suite de rencontre avec des glaces flottantes.

A bord de la *Princesse-Alice* il a été facile de constater plusieurs fois des cas
analogues pendant l'été dernier (1907) entre la Norvège et le Spitzberg.

La limite des glaces flottantes varie naturellement beaucoup suivant les conditions météorologiques et les courants marins. Certaines années, la dislocation et la débâcle des glaces arctiques sont plus importantes que d'habitude et l'océan Arctique est plus dégagé tandis que les glaces qui en viennent encombrent les régions situées plus au Sud ; ainsi, en 1905, des icebergs sont même descendus jusqu'à 40°N, c'est-à-dire à la latitude de Madrid. L'étude continue de ces mouvements des glaces, faite notamment par le C¹ Garde de la marine danoise, permet de prévoir, avec assez de succès, d'une année à l'autre, le régime probable des glaces. Schott a établi par des statistiques que, lorsque les glaces sont abondantes entre le Spitzberg, le Grönland, l'Islande et Jan Mayen, elles sont rares sur les bancs de Terre-Neuve et inversement [1]. Ces données sont intéressantes pour la pêche et pour la navigation. Quand la formation des icebergs est intense, comme en 1902 au Grönland, les icebergs entraînés par le courant du Labrador sont arrêtés dans le sud du banc de Terre-Neuve par le Gulf-Stream, qui les empêche de descendre au sud du 41°N. Quelquefois les icebergs sont tellement nombreux dans ces parages que les transatlantiques sont obligés de modifier leur route [2].

Dans l'Antarctique, on a vu en 1892-93 [3] une débâcle énorme envoyer des icebergs de 100^m de haut et de 100^{km} de long jusqu'à 43°,5 de latitude S. Beaucoup de navires entrèrent en collision avec ces puissantes masses et se firent des avaries ; l'un d'eux même coula après abordage. Dans un autre cas, par environ 41°S, un navire rencontra, en décembre 1894, 708 icebergs.

Les glaces qu'on peut rencontrer en mer ont parfois une origine bien spéciale. M. Rabot [3] nous apprend qu'en 1721 une partie de la glace du Vatnajokull, en Islande, fut projetée au loin dans la mer par une éruption volcanique. La masse de glace ainsi rejetée était telle qu'à 20^{km} de terre elle formait un monticule ; certains blocs étaient assez considérables pour être échoués sur des fonds de 140^m !

[1] RABOT, *La Géographie*, X, n° 2, 1904.
[2] —   —   , VII, n° 6, 1903.
[3] —   —   , — n° 4, 1902.

CHAPITRE VIII

LES MOUVEMENTS DE LA MER

La houle : ses éléments et leur mesure. — Trace-vagues de l'amiral Paris ; emploi du statoscope. — Interférences. — Les vagues. — Lames de fond. — Raz de marée. — Vagues de tempête : leur puissance ; destruction
des falaises et des côtes. — Cordons littoraux et levées de galets.
Les marées : flux et reflux. — Échelle de marée ; marégraphe enregistreur. — Amplitude des marées en divers
lieux. — Les seiches.

MOUVEMENTS DE LA MER

On peut ramener les divers mouvements des eaux de la mer à trois sortes : la houle
qui est une ondulation verticale des molécules d'eau, sans déplacement horizontal,
le courant qui est un déplacement réel et continu des molécules et, le plus souvent,
dans un plan horizontal, enfin les vagues, mouvements complexes dus à de nombreuses causes, en particulier à l'action du vent.

Nous n'entrerons pas dans l'étude des ondulations, des expériences des frères
Weber et des théories des divers cas qui se présentent, celui de la houle par exemple,
et nous nous bornerons plutôt à indiquer, en les illustrant, quelques-uns des phénomènes dont la mer nous offre si souvent le spectacle.

Lorsqu'on laisse tomber un caillou dans l'eau calme d'un bassin, on voit qu'il
provoque autour de lui une série d'ondulations concentriques qui s'élargissent de
plus en plus jusqu'aux bords. Il semble que l'eau se meut ainsi en s'éloignant du
centre ; il n'en est rien et il est facile de voir que les objets flottants à la surface ne
sont pas entraînés et ne se déplacent pas horizontalement, mais subissent seulement
un déplacement vertical ondulatoire, s'élevant sur la crête d'une ondulation pour
s'abaisser dans le creux qui la suit ; il en est de même des molécules d'eau. C'est là
l'image de ce qu'on appelle la *houle* : le phénomène est surtout marqué dans les
régions des calmes équatoriaux ou tropicaux ; là, sans le moindre souffle de vent,
avec une mer d'huile et sans la moindre ride, on voit de longues ondulations se suc-
céder régulièrement, soulever le navire puis le laisser retomber, en infligeant aux
pauvres voiliers en panne un roulis monotone et exaspérant. Cette houle est le résultat de l'agitation des eaux produite souvent à des centaines de kilomètres, comme
l'ondulation qui arrive au bord du bassin, dans notre expérience, résulte de l'agitation relativement lointaine produite au centre par le caillou.

La houle est pour ainsi dire une résultante simplifiée des vagues ou autres causes
qui l'ont formée, débarrassée des actions complexes produites par les divers mouve-

ments de l'eau et du vent, contrariés les uns par les autres, et de leurs interférences. Examinons les divers éléments des vagues ainsi schématisées à l'état de houle ; il y a à considérer : 1° la *période* de la vague ou le temps T que mettent deux crêtes successives à passer au même point fixe ; 2° la *longueur d'onde* λ, c'est-à-dire la distance entre deux crêtes consécutives ; 3° la *vitesse* de propagation V, ou l'espace parcouru en 1 seconde par la crête de la vague ; 4° enfin la *hauteur* ou la distance verticale entre le sommet d'une vague et le fond du creux qui la suit.

Pour mesurer la période T, on note avec un compteur le temps qui sépare le passage de deux crêtes successives devant l'observateur, si celui-ci opère à terre ou sur un navire immobilisé. Dans le cas où le bateau marche, il faut tenir compte de sa vitesse et du sens de sa marche.

Pour mesurer la longueur d'onde λ, c'est-à-dire la distance entre deux crêtes consécutives, si cette distance est plus petite que la longueur du bateau, deux observateurs s'éloignent l'un de l'autre, en tâtonnant, jusqu'à ce que la crête d'une vague passe devant l'un en même temps que la crête de l'autre vague passe devant le second observateur : la distance entre les deux observateurs est donc la longueur cherchée. Si la longueur d'onde λ est plus grande que le navire, on l'extrait de la formule $\lambda = VT$ en mesurant T comme précédemment et V par la méthode indiquée ci-dessous. On peut aussi mesurer λ en laissant filer au bout d'une ligne un flotteur jusqu'à ce que celui-ci se trouve sur une crête en même temps que l'autre extrémité tenue à la main se trouve au-dessus de la crête précédente. La longueur de ligne filée est λ ; il faut naturellement tenir compte de la vitesse et de la direction du navire.

La vitesse V se mesure en comptant le temps que met la crête d'une vague pour passer successivement devant deux points repérés sur le pont du navire immobile et dont on connaît la distance. Si le navire est en marche, il faut tenir compte de sa vitesse.

La mesure de la hauteur des vagues est la plus importante mais aussi, jusqu'à présent, la plus difficile. On peut par exemple monter dans la mâture jusqu'à ce que, le navire étant au creux d'une vague, l'œil se trouve sur la ligne qui unit la crête de la vague et l'horizon. La distance verticale entre l'œil et la ligne de flottaison du navire est la hauteur de la vague. On peut aussi employer le trace-vagues de l'amiral Paris dont nous nous bornerons à indiquer le principe : c'est une perche de sapin de 11 à 12^m de longueur, lestée avec des lames de plomb enroulées sur son extrémité inférieure et pesant environ 30^{kg}. Ainsi lestée, la perche se tient debout dans l'eau dont elle dépasse le niveau d'environ 2^m,50. A cause de l'inertie de la perche lestée, quand une vague arrive elle monte le long de la perche et soulève un flotteur jusqu'à une certaine hauteur ; ce dernier est relié à un crayon disposé de façon telle que celui-ci inscrit, en la réduisant à une proportion déterminée d'avance, l'ascension du flotteur, c'est-à-dire la hauteur de la vague. Le cylindre enregistreur muni d'un mouvement d'horlogerie est installé au sommet de la perche. L'inertie de cette dernière n'est plus suffisante quand les vagues dépassent 2^m,50. On peut alors remplacer le lest par un câble prolongeant la perche et portant un cadre horizontal tendu de toile qui plonge dans la zone tranquille où l'agitation de la surface n'arrive pas. La perche a ainsi de nouveau l'inertie nécessaire aux opérations.

Les observations au moyen de ces instruments sont très incommodes à faire, surtout aux moments intéressants, car il est très difficile et le plus souvent impossible de mettre ces appareils à la mer et de les en retirer par les gros temps.

Mais le procédé le plus simple paraît consister dans l'emploi du statoscope enregistreur de Richard. C'est une sorte de baromètre anéroïde enregistreur extrêmement sensible, disposé d'une façon spéciale : la série des boîtes à membranes ondulées ne diffère de celle des baromètres enregistreurs ordinaires que par les points suivants : la sensibilité en est beaucoup plus grande, leur intérieur communique avec l'atmosphère, la série est placée au milieu d'une boîte à parois isolées par du feutre contre les changements rapides de température. Un robinet permet de faire communiquer l'air de la boîte avec l'air extérieur. Quand le robinet est ouvert, l'air communique donc à la fois avec l'intérieur et avec l'extérieur des boîtes à membranes ondulées du statoscope, la pression est la même à l'extérieur et à l'intérieur et l'instrument est au zéro. Si alors nous fermons le robinet et élevons l'instrument, la pression à l'intérieur diminue et l'aiguille inscrit cette diminution ; une série d'élévations et d'abaissements se traduira par une courbe ondulée de chaque côté de la ligne zéro. Cette courbe sera correcte tant que la température de la grande boîte isolée restera invariable. Or dans le statoscope, 1^{mm} de mercure, qui correspond à environ $10^m,4$ de dénivellation dans l'air, se traduit sur l'enregistreur par 25^{mm}, c'est-à-dire qu'une élévation de $0^m,50$ correspond encore à $1^{mm},25$ sur le papier. Ce procédé peut donc permettre de mesurer la hauteur des vagues avec plus d'exactitude que par les moyens employés jusqu'ici et il est à désirer qu'il soit souvent utilisé. M. W.-S. Bruce a bien voulu m'informer qu'il a fait usage du statoscope pendant l'expédition de la *Scotia* dans l'Antarctique et que le fonctionnement a paru bon ; les résultats n'ont pas encore été étudiés, mais les courbes obtenues semblent être d'un très grand intérêt. Depuis, le statoscope a servi pour mesurer les seiches des lochs (lacs) écossais.

Un autre procédé précis consiste à prendre simultanément et automatiquement, de deux extrémités d'une base mesurée sur le pont d'un navire et sous un angle connu et convenable, des photographies d'un même espace de la mer au moyen d'appareils bien installés. Ce procédé photogrammétrique permet de mesurer non seulement la hauteur, mais encore souvent la longueur d'onde.

En général, sauf pour les deux derniers procédés indiqués, la mesure des éléments des vagues ne s'obtient qu'avec une approximation très grossière, parce que les phénomènes manquent de constance ou sont plus ou moins masqués par des mouvements secondaires, ou à cause de la mobilité du navire. La plupart des hauteurs indiquées pour les vagues sont fort exagérées, à cause de l'illusion due à la pente du navire qui descend dans le creux, et l'effet est d'autant plus marqué que le navire est plus petit par rapport à la longueur de la vague, tandis qu'il est beaucoup moindre sur les grands navires qui reposent presque toujours sur deux ou trois vagues à la fois.

Les différentes dimensions des vagues varient depuis les rides à peine marquées que forme un léger souffle de vent, jusqu'aux vagues énormes des grandes tempêtes. Quand le vent souffle de plus en plus fort, il n'y a plus seulement l'ondulation simple de la houle, mais l'eau est soulevée et poussée par le vent, la vague est *forcée*, la partie supérieure s'écroule, entraînant dans sa chute une masse d'air qui s'échappe en bulles bruissantes et constituant l'*écume* ; on dit que la mer *moutonne*. Ces vagues déferlent ainsi à n'importe quelle distance de terre et au-dessus de fonds considérables ; elles sont loin alors d'atteindre en hauteur le tiers de leur longueur, comme l'indique la théorie ; cela tient précisément à l'*état forcé* de la vague sous l'action directe du vent.

Si dans notre expérience du début nous laissons tomber dans l'eau calme deux cailloux à une petite distance l'un de l'autre, nous voyons que les ondes concentriques de l'un rencontrent les ondes concentriques de l'autre ; ces ondes se croisent, on dit qu'elles *interfèrent*, et elles continuent à s'étendre. Quand il y a ainsi *interférence*, on observe que, suivant les conditions de la rencontre des deux ondulations, il résulte une augmentation ou une diminution de la hauteur de l'onde au point considéré ; si les ondulations vont dans le même sens et s'ajoutent, la hauteur de l'onde résultante est augmentée, tandis que deux ondes de sens contraire peuvent donner une onde résultante diminuée et même nulle, si celles qui lui donnent naissance sont égales, ou au contraire de hauteur double, suivant que les amplitudes vibratoires concordent ou sont opposées. Ce phénomène des interférences est très fréquent à la surface de la mer, où l'on observe souvent deux houles se rencontrant sous des angles variables. Au centre des cyclones, où viennent se heurter les vagues formées par le vent soufflant violemment de toutes les directions, il se produit, du fait des interférences, une mer démontée de vagues énormes et chaotiques. C'est aussi à un phénomène d'interférence que doit être attribué le fait qu'il se produit une vague

Fig. 103. — Grande vague d'interférence à Arromanches-les-Bains, par grande marée.
(Photographie Neurdein frères.)

plus grande après une série de vagues ordinaires, dont le nombre varie de 2 à 10.

Un des cas d'interférence les plus typiques est certainement celui qui se produit entre la vague venue du large et celle qui, réfléchie par une paroi verticale, va rencontrer la précédente à quelque distance du bord. Les deux masses, dans le choc, perdent leur vitesse et se confondent en une seule vague isolée énorme qui s'écroule en écume ; la photographie ci-jointe donne un bon exemple de ce cas (fig. 103). Ce genre d'interférences se produit partout sur les côtes d'une façon plus ou moins marquée. Mais c'est surtout contre les parois abruptes que les vagues ou la houle se réfléchissent avec le plus d'intensité en donnant lieu au ressac. Lorsqu'on est au large sur une mer d'huile par calme plat, on ne voit que l'ondulation, souvent peu apparente, de la houle et il semble qu'il sera très aisé de débarquer à la côte ; ce n'est que lorsqu'on en est arrivé très près que l'on constate l'agitation ou ressac produit par la réflexion de la houle sur le rivage, ressac qui rend souvent tout débarquement impossible (fig. 104).

Le clapotis se présente sous l'aspect d'une surface hérissée de nombreuses petites vagues ou d'eau en ébullition quand il est assez prononcé. Il résulte des interférences de vagues de sens contraires, que ces vagues soient dues à des courants ou à des obstacles contre lesquels elles se réfléchissent. Tous ces mouvements sont considérablement amplifiés dans les tempêtes ; aussi a-t-on cherché à atténuer par divers procédés l'action destructive des vagues sur les navires en empêchant celles-ci de briser ou de déferler : on a remarqué depuis longtemps que les objets flottants, glaces, algues, sargasses, etc., produisent ce résultat à un degré plus ou moins grand et l'on attribue cet effet à ce que les corps flottants détruisent le rythme grâce auquel l'ondulation s'amplifie de plus en plus sous la poussée constante du vent. L'huile répandue en couche mince à la surface de la mer produit le même résultat en empêchant l'adhérence de l'air sur l'eau : l'air glisse sur la surface de l'huile et le vent peut d'autant moins soulever les vagues que la couche d'huile empêche la formation des rides et vaguelettes secondaires grâce

Fig. 104*. — Débarquement à Tarrafal (îles du Cap-Vert). — Ressac.

auxquelles le vent a plus de prise et augmente la vitesse et la hauteur des vagues ordinaires. La mer est souvent sillonnée de longues bandes huileuses qui restent calmes pendant que, de chaque côté, l'eau est ridée sous l'action de la brise : le contraste est frappant. Ces bandes sont dues à plusieurs causes : sillage des navires à vapeur qui rejettent constamment de l'huile de graissage ; sans doute aussi traces de grands cétacés dont les débris de nourriture contiennent beaucoup de parties huileuses, etc. La mer est calme sur de grandes étendues dans les régions voisines de sources de pétrole, comme cela s'observe dans la Caspienne. C'est pourquoi les navires ont souvent recours au *filage* de l'huile pour calmer la mer autour d'eux dans les tempêtes. Il suffit que la couche d'huile ait moins d'un millième de millimètre pour produire son effet. Cette propriété de calmer les vagues est même mise à profit par les pêcheurs, dans la Méditerranée par exemple ; ils suppriment les rides de la surface au moyen d'une petite quantité d'huile et peuvent ainsi distinguer sur le fond les animaux qu'il s'agit de capturer, tels que les oursins, etc.

Les lames dites de fond sont probablement dues à des tremblements de terre sous-marins ; l'onde produite chemine sur le sol et remonte brusquement à la surface en butant contre un banc ou un haut-fond. Ces lames sont capables de faire couler les embarcations qui se trouvent au-dessus d'elles.

Dans d'autres cas les tremblements de terre ou les éruptions sous-marines provoquent les terribles phénomènes appelés *raz de marée* : sous l'influence de l'onde sismique la mer s'éloigne d'abord du rivage : quelquefois jusqu'à 15 kilomètres, et laisse à sec des étendues plus ou moins grandes, pendant un temps qui varie ordinairement de 5 minutes à 24 heures. La mer revient ensuite sous la forme d'une vague énorme

Fig. 105*. — Rides sur le sable vaseux (anse de la Platerre près Angoulins).

qui peut atteindre jusqu'à 30^m de hauteur et détruit tout sur son passage ; des navires sont portés dans l'intérieur des terres. Le 15 juin 1896 le raz de marée du Japon envahit 300^{km} de côtes de ce pays ; des vagues d'environ 10^m de hauteur causèrent en quelques instants la mort de 30 000 personnes. L'onde sismique se propage avec une vitesse qui peut atteindre 185^m à la seconde, soit environ 660^{km} à l'heure.

Jusqu'à quelle profondeur les vagues se font-elles sentir ? C'est encore là une question à laquelle il est impossible de répondre par un chiffre unique, parce que cette profondeur dépend de la vague elle-même et des particularités qui l'accompagnent. Les frères Weber ont montré que, dans les expériences de laboratoire, le mouvement de la vague se transmet à une distance égale à 350 fois sa hauteur. Mais dans la pratique cette distance est beaucoup moindre ; on sait cependant que les fortes tempêtes provoquent l'usure et la rupture, même par 1 150^m, des câbles télégraphiques sur le seuil Wyville Thomson. C'est un fait bien connu que les mers peu profondes comme la Manche et la mer du Nord ont leurs eaux presque constamment troublées grâce à l'agitation de leurs dépôts par les vagues. Il y aurait lieu de faire de nouvelles recherches sur cette question intéressante en adaptant à ce but le dispositif employé par Nansen et Ekman pour immerger leurs appareils de mesure des courants.

Les vibrations produites par les vagues et transmises jusqu'au fond peuvent laisser là des traces si le sol est sableux, sous forme de rides d'aspect spécial appelées ripple-marks ; l'action directe des petites vagues produit des rides analogues dont la fig. 105 donne un bon exemple.

Aimé a constaté que, dans la Méditerranée, des vagues de 3 à 4^m se font encore sentir sur le fond par 40^m de profondeur.

La hauteur des vagues, au large, n'est pas influencée par la profondeur de l'eau ; elle est moindre dans les mers de dimensions restreintes. Leur hauteur atteint rarement 4^m dans la mer du Nord et 3 dans la Baltique. D'après Cornish, dans la Méditerranée, au large de la Riviera, la hauteur moyenne des vagues en tempête attein-

Fig. 106*. — Vague après un cyclone essuyé en 1887 par l'*Hirondelle*.

drait 6^m à 6^m,50. Elles atteignent exceptionnellement 5^m dans la Manche, 7^m dans le golfe de Gascogne. En moyenne le rapport de la hauteur à la longueur des vagues est de 1/33.

La vitesse des vagues est en moyenne de 11 à 12^m par seconde soit de 39 à 45^{km} à l'heure. On a observé, dans l'Atlantique, une houle de 824^m de long ayant 23 secondes de période, une vitesse de 35^m,8 par seconde, soit 128^{km} à l'heure.

Quand les vagues ont atteint une certaine hauteur, variable suivant les mers et les circonstances locales, elles cessent d'augmenter malgré la violence du vent qui les égalise en décapitant celles qui tendent à dépasser le niveau commun, et en réduisant leur crête en une poussière d'eau : on dit alors que la mer fume. Ainsi l'amiral Paris observa près du cap de Bonne-Espérance, par de forts vents d'ouest soufflant très régulièrement depuis 4 jours, que la hauteur des vagues monta seulement de 6 à 7^m tandis que leur longueur passa de 113^m le premier jour à 235^m au quatrième.

La fig. 106 nous montre une de ces grandes vagues du large qui paraît près d'engloutir l'*Hirondelle* pendant que le Prince Albert de Monaco en prend la photographie ; encore s'agit-il de vagues déjà atténuées produites dans un cyclone traversé par le Prince revenant de Terre-Neuve en 1887.

On s'entend bien souvent poser la question suivante : quelle est la hauteur des vagues pendant une forte tempête au large ? Nous allons voir qu'on ne peut répondre par un simple chiffre et qu'il faut entrer dans quelques détails. D'après M. Cornish [1] on peut évaluer à $6^m,5o$ la hauteur *moyenne* des vagues dans un coup de vent en pleine mer. Mais l'amiral Paris, qui a mesuré plus de 4 000 vagues, en deux ans d'observations, alors qu'il était lieutenant de vaisseau à bord du *Dupleix* et de la *Minerve* (1867-70), a constaté que la hauteur des vagues considérées isolément, variait souvent du simple au double, et cela dans une mer à vagues régulières. M. Cornish a lui-même mesuré dans un coup de vent avec forte mer à vagues régulières, dans l'Atlantique nord, de nombreuses vagues de 10 à 13^m de hauteur, et il considère ce dernier chiffre comme *maximum ordinaire*, alors que la *moyenne* de toutes les vagues était d'environ 8^m. Il y a encore des vagues plus ou moins isolées que les commandants de navires signalent de temps à autre sous le nom de *vagues de marée*. Il est difficile de dire quelle peut être leur hauteur maximum. M. Cornish a reçu plus d'une observation digne de foi leur attribuant jusqu'à $2o^m$: sans doute la combinaison accidentelle de nombreuses ondulations indépendantes produit deux ou trois crêtes

Fig. 107*. — Houle déferlant sur une épave à Saint-Vincent du Cap-Vert.

de hauteur beaucoup plus grande que celles des vagues, maximum ordinaire d'une tempête. Paris a observé, et une seule fois, une hauteur maximum de $11^m,5o$, dans l'océan Indien. C'est dans l'océan Antarctique, où le vent souffle constamment sur une mer dont rien ne gêne les mouvements, que les vagues normales sont le plus élevées et le plus régulières ; on y a observé des vagues de 10 à 11^m avec 3oo à $4oo^m$ de longueur, et aussi, dit-on, et d'ailleurs tout à fait exceptionnellement, des vagues de 15 à 18^m. Ces nombres auraient toutefois besoin d'être vérifiés par les procédés relativement précis dont on dispose aujourd'hui.

La vague venue du large se comporte différemment suivant la pente et les accidents du terrain qu'elle rencontre en arrivant sur la côte. Si le fond est égal, régulièrement incliné, la masse profonde de la vague est retardée dans son mouvement en

[1] *The geographical Journal*, mai 1904.

avant à cause de son frottement sur le fond, tandis que la partie supérieure ne subit pas ce retard ; de plus, les ondes suivantes viennent au contraire en accélérer la vitesse, de sorte qu'il arrive un moment où la crête surplombe et s'écroule : la vague *déferle*. On admet que cela se produit quand la vague arrive au-dessus d'un fond dont la profondeur égale sa hauteur. La crête tombe en une volute écumante qui s'étale sur la plage et le phénomène est d'autant plus marqué que la pente est plus forte (fig. 107, 108). En s'étalant, la vague refoule devant elle, sur le haut de la plage, en les roulant les uns contre les autres les objets qu'elle rencontre ou qu'elle a arrachés : galets, goémons, etc. Naturellement,

Fig. 108. — Houle déferlant sur la plage de Saint-Sébastien.

Fig. 109*. — Cordons littoraux de la baie d'Aytré près La Rochelle : 3 niveaux de galets, 3 cordons de fucus, correspondant au niveau des marées.

quand l'action de la marée et celle du vent concordent l'effet maximum est produit et c'est ainsi que les tempêtes coïncidant avec les grandes marées refoulent très haut des bandes de gros galets, tandis que d'autres plus rapprochés indiquent des actions moins violentes. La vague, après avoir dépensé son énergie dans ce travail, revient à la mer en entraînant encore les matériaux plus légers, cailloux, graviers, sables, qu'elle trie, en quelque sorte, suivant leur poids. On peut voir le long de certaines plages des cordons parallèles ainsi déposés, abandonnés par la mer (fig. 109) et qui restent pour indiquer les différents niveaux successifs que le flot a atteints jusqu'au moment où tout est balayé par une grande marée ou une tempête, après quoi les mêmes cordons se reforment.

Quand la vague, au lieu de s'étaler sur une plage en pente douce, vient directement buter contre une paroi abrupte, les phénomènes sont différents. La puissance des vagues est colossale et leur hauteur, quand elles viennent frapper un obstacle, atteint des proportions bien supérieures à celles qu'elles ont en pleine mer. M. de Lapparent (1906) rapporte que Spallanzani cite des lames qui atteignaient, au Stromboli, 97^m de hauteur : c'est là un chiffre qui mériterait d'être contrôlé ; de même on a vu des lames s'élever à plus de 50^m, au phare d'Eddystone près de Plymouth ;

Fig. 110. — Ilot et aiguille de Villafranca (Açores) rongés par la mer.

d'après M. Bonnin ([1]) on a souvent observé des gerbes d'une hauteur de 36^m à la digue de Cherbourg.

De pareilles vagues sont capables d'efforts énormes ; M. Bonnin rapporte qu'en 1877, au brise-lames du pont de Wick à la côte nord-est d'Écosse, un monolithe en béton de $2\,600\,000^{kg}$ fut déplacé par les vagues, et qu'à Ymuiden, en Hollande, un bloc de pierre de 20 tonnes fut soulevé à $3^m,60$ de hauteur et déposé sur le sommet de la digue. On a essayé de mesurer la puissance des vagues en installant, en des points choisis, de robustes dynamomètres. C'est ainsi que M. Stevenson a indiqué des pressions de 30 tonnes par mètre carré au phare de Skerryvore (Écosse) pendant les fortes tempêtes. Mais on estime que sur nos côtes cette pression ne dépasse pas 20 tonnes. La pression moyenne des vagues, aussi bien en France qu'en Écosse, a été

([1]) *La Nature*, 25 août 1906.

trouvée d'environ 3000^{kg} par mètre carré. Ces quelques chiffres permettent de comprendre comment la mer peut détruire les falaises qui se dressent devant elle. C'est un des grands problèmes qui restent à résoudre pour l'asservissement de la nature à l'homme, que celui de l'utilisation de cette énergie inépuisable dont la mer est le réservoir ; un jour ou l'autre il devra être résolu et les mines de houille finiront de faire des victimes. Les vagues n'agissent pas seulement directement dans ce travail de démolition des falaises ; elles se servent aussi, comme projectiles, des blocs tombés à la base de l'escarpement, et les précipitent sans relâche contre la paroi. C'est ainsi que les 140 kilomètres de falaises calcaires qui séparent les embouchures de la Seine et de la Somme, ainsi que celles de la Charente-Inférieure et d'ailleurs, sont détruites graduellement sous l'attaque des rognons de silex qui mesurent jusqu'à 40^{cm} de diamètre. Les fissures et les excavations d'origine extra-marine servent de points de départ pour l'action destructive des vagues ; la falaise est minée par-dessous et des assises supérieures manquant ainsi de point d'appui s'écroulent à ses pieds pour être graduellement anéantis par le flot. Les conditions locales variées donnent leur caractère aux effets produits, l'orientation de la côte, ses indentations, la nature de

Fig. 111. — Pont de porphyre rouge dans l'Esterel.

la roche ont leur importance ; l'action de la mer aboutit à la formation d'arches, d'aiguilles, de grottes, etc. (fig. 110, 111). Les aiguilles et les *portes* d'Etretat sont particulièrement bien connues [1]. Les falaises d'Angoulins, près de la Rochelle, présentent aussi des formations intéressantes dont voici quelques exemples (fig. 112, 113).

C'est ainsi que la mer arrive à empiéter sur les terres et à faire reculer les rivages de certaines régions, aidée souvent par les phénomènes atmosphériques. Ainsi, à la Hève, les infiltrations entre des dépôts géologiques différents amènent des éboulements qui séparent la falaise de la mer et la protègent pour un temps. M. Lennier a évalué à 20 ou 25^{cm} l'ablation annuelle moyenne des falaises aux environs du Havre. D'après Lyell, cette ablation atteint 1^m sur certaines côtes d'Angleterre. L'île d'Helgoland est célèbre précisément par l'importance qu'y acquiert l'érosion marine,

[1] Voyez notamment *Les Falaises de la Manche*, par Jules GIRARD, 1907.

et l'on prévoit sa destruction relativement rapprochée à moins que les travaux d'art entrepris ne réussissent à limiter ou à arrêter les phénomènes d'érosion.

La vague et les courants de marée étant le plus souvent obliques par rapport au rivage poussent peu à peu les galets dans un sens déterminé jusqu'à ce que ceux-ci arrivent dans des endroits tranquilles ou peu profonds et où la vague perd sa force en s'étalant. Ces endroits de prédilection sont généralement les excavations de la côte et surtout les embouchures des rivières, comme à Étretat, Dieppe, Le Tréport. Les galets s'y amoncelleraient et feraient obstacle à l'écoulement des eaux de l'intérieur si on ne les immobilisait à des endroits convenables par des moyens artificiels

Fig. 112*. — Falaise près d'Angoulins (Pointe du Chai).

tels que des épis ou barrages perpendiculaires à la ligne du rivage contre lesquels les galets s'accumulent. La photographie (fig. 114) ci-contre montre un de ces épis au Havre contre un côté duquel sont entassés les galets. Dieppe est bâtie sur un épais cordon de galets.

Sur les côtes sablonneuses, lorsque les marées sont fortes, comme sur les côtes des Landes, le vent enlève le sable desséché à marée basse et l'amoncelle en dunes élevées qui, fixées par les plantes, empêchent l'envahissement de l'intérieur des terres par les sables que la mer repousse sur le rivage en forme de cordons littoraux.

Les cordons littoraux ainsi formés en travers des indentations des côtes régularisent le contour de celles-ci et séparent la mer des anciens rivages correspondants en isolant souvent derrière eux des lagunes d'eau de mer ou d'eau rendue saumâtre par l'apport d'eau douce. Beaucoup de ces lagunes communiquent par un ou plusieurs chenaux étroits avec la mer et forment d'excellents abris ; le Kurisches Haff et le

Frisches Haff, dans la Baltique, sont de très bons exemples de ces lagunes : le cordon littoral qui ferme la première a près de 90^km de long. En France, les cordons littoraux de sable des Landes ont complètement isolé une série de lagunes qui sont devenues des étangs ; seul le bassin d'Arcachon est resté en communication avec la mer ; les autres exemples à citer pour la France sont surtout les étangs du golfe de Lion et en particulier ceux de la région de Cette.

Fig. 113*. — Falaise d'Angoulins : un détail de la falaise.

Il faudrait encore citer une foule d'exemples intéressants, en Amérique par exemple, et notamment les lagunes de la Floride. Mais nous ne pouvons ici qu'en indiquer un petit nombre, parmi lesquelles les célèbres lagunes de Venise. Le plus souvent les lagunes sont d'anciennes embouchures de fleuves plus ou moins rapidement barrées par des flèches que la mer a formées en rejetant les apports de l'intérieur et en faisant un véritable cordon littoral. Dans bien des cas ces lagunes s'obstruent et se comblent ; quelquefois on les entretient pour la pêche, notamment pour la pêche de l'anguille ; telles sont les lagunes de Comacchio, dans l'Adriatique. Quoi qu'il en soit, qu'il s'agisse de lagunes grandes ou petites, le mode de formation est le même ; ces petites lagunes sont très fréquentes dans les baies du Spitzberg ; la fig. 115 représente l'une d'elles, dans la baie Red.

C'est ainsi que la terre à son tour gagne sur la mer dans les régions à côtes plates, à la condition toutefois que la côte ne subisse pas un mouvement d'affaissement ou qu'on y remédie par l'élévation et la transformation artificielle des cordons littoraux en digues, comme cela a été fait pour protéger les terres basses de Hollande contre les envahissements de la mer. « En résumé, écrit M. de Lapparent([1]), le travail de la mer sur les côtes plates est essentiellement créateur et, par la formation des cordons littoraux, l'océan ajoute à la superficie des continents plus peut-être qu'il ne

([1]) *Traité de géologie*, 1906, p. 250.

lui enlève par la destruction des falaises, parce que ces cordons deviennent, pour les alluvions fluviales, un point d'appui précieux. »

Fig. 114. — Épi de protection contre les galets, au Havre.

Les courants de marée jouent dans les phénomènes d'érosion un rôle fort important : il suffit de dire qu'ils atteignent fréquemment 10^{km} à l'heure pour s'en rendre compte ; dans le fond de la baie de Fundy où les marées arrivent à plus de 20 mètres de hauteur, il y a des passes où un courant de 13 à 15^{km} à l'heure balaye tous les dépôts jusqu'à 70 et même 100^m de profondeur, laissant à nu le fond rocheux tandis que le reste de la baie est couvert de vases et de graviers. L'érosion dans la baie de Fundy tend à forcer la faible épaisseur de terres qui en forme le fond et la Nouvelle-Écosse sera ainsi transformée en une grande île.

Les marées.

Fig. 115. — Lagune de la baie Red.

La marée constitue un des phénomènes les plus remarquables qu'il soit donné à l'homme de contempler, et ce mouvement alternatif d'élévation et d'abaissement des eaux fut remarqué de bonne heure, puisque Hérodote parle déjà des marées du golfe Persique. Si nous examinons ce qui se passe sur les côtes de la Manche, par exemple, où les marées sont bien développées, nous voyons l'eau, après avoir atteint son maximum de hauteur à la côte, s'écouler bientôt vers le large : c'est le reflux ou jusant et on dit que la mer baisse ; elle arrive ainsi à un niveau minimum où elle se maintient pendant un certain temps, c'est l'étale de basse mer. Les eaux ne tardent pas à remonter, en constituant le flot ou flux, pour arriver au niveau maximum qui était notre point de départ et qui constitue l'étale de haute mer, état qui dure un temps déterminé.

La grandeur ou l'amplitude de la marée est la différence de niveau entre l'étale de basse mer et l'étale de haute mer qui la suit. Tel est, grosso modo, le schéma du phénomène de la marée dont nous avons à examiner les particularités et qu'il nous faut expliquer brièvement.

Quelle est la cause des marées ? Nous n'en sommes plus à nous contenter des explications fantaisistes des anciens et en particulier de celle donnée par l'Arabe Matsoudi au moyen âge et que nous empruntons à sir John Murray : « Quand l'ange auquel est confié le soin des mers immerge le talon de son pied dans la mer, à l'extrémité de la Chine, la mer se gonfle et le flux se produit. Puis l'ange retire son pied et l'eau revient à sa place, ce qui produit le reflux. »

Nous savons aujourd'hui que les marées dépendent des lois fondamentales de l'attraction et qu'elles sont produites par l'action combinée de la lune et du soleil sur notre planète et en particulier sur la pellicule liquide qui en couvre la plus grande partie. Les corps s'attirant en raison directe des masses et en raison inverse du carré des distances, l'influence de la lune sur la terre est plus forte que celle du soleil à cause de la faible distance qui sépare les deux planètes ; le soleil malgré sa masse bien plus considérable que celle de la lune a un effet environ deux fois et demie plus faible, parce qu'il est beaucoup plus éloigné. Ces attractions réciproques retiennent les corps en équilibre dans leurs positions respectives ; les matières solides et fixes de ces corps ne traduisent pas par des différences de niveau les variations des forces qui agissent sur notre planète, tandis que les liquides, comme l'eau de mer, sont susceptibles de modifier leur surface suivant les variations de ces forces. La masse des eaux se soulève sous l'influence de l'attraction lunaire, mais ce soulèvement varie : si la lune et le soleil se trouvent du même côté de la terre et en ligne droite avec elle, c'est-à-dire en conjonction (nouvelle lune), les actions s'ajoutent et on a une grande marée. On a aussi une grande marée quand la terre est en ligne droite avec le soleil et la lune en opposition (pleine lune), c'est-à-dire entre les deux, chacun de ces astres exerçant son maximum d'action sur le côté correspondant de notre globe. Ces grandes marées de syzygie atteignent leur maximum aux équinoxes, c'est-à-dire quand le soleil est dans le plan de l'équateur, ce sont les grandes marées d'équinoxe ; les unes et les autres sont dites marées de vive eau.

Lorsque la lune cesse d'être en ligne droite avec la terre et le soleil, les marées diminuent graduellement d'amplitude, les actions du soleil et de la lune ne s'ajoutant plus mais se contrariant au contraire de plus en plus, et l'action résultante devient la plus faible aux quadratures, c'est-à-dire quand, au premier et au dernier quartier, la lune et le soleil sont à angle droit par rapport à la terre ; on a alors les marées de morte eau.

Comme la lune tourne autour de la terre en $24^h,5o$, les deux ondes de marée qu'elle produit à chacun de ses deux passages au même méridien, pendant ce temps, se présentent, pour un point déterminé, à 12ʰ25′ d'intervalle, c'est-à-dire qu'en un même lieu il y a deux pleines mers et deux basses mers en 24ʰ50′, durée du jour lunaire. Le jour solaire n'étant que de 24ʰ, l'heure de la marée en un même lieu retardera chaque jour de 50 minutes ; ainsi la pleine mer étant aujourd'hui à 5ʰ, elle aura lieu demain à 5ʰ50′, le surlendemain à 6ʰ40′, etc.

En réalité les phénomènes sont plus compliqués et il ne nous est pas possible d'entrer ici dans les détails qui relèvent surtout de l'astronomie ; qu'il nous suffise de faire remarquer que les ondes de marée provoquées par la lune interfèrent avec celles dues au soleil, que les autres planètes exercent aussi leur action, que la lune et les autres astres dont l'action est sensible subissent des variations dans leurs mouvements et dans leur éloignement de la terre, que notre globe lui-même présente des variations semblables. En outre la configuration du relief terrestre, l'orientation des rivages, etc. viennent perturber le phénomène. Suivant les cas, une seule de ces causes, mais le plus souvent l'action combinée de plusieurs d'entre elles permet de comprendre les particularités si nombreuses que présentent les marées en divers points du globe ; ce n'est qu'en étudiant à fond chaque cas particulier et en tenant compte de tous les éléments de perturbations qu'on peut expliquer, par exemple, le fait qu'en certaines localités il n'existe qu'une marée par jour, comme dans le golfe du Mexique et dans le golfe du Tonkin, alors qu'il y en a quatre à l'embouchure de l'Amazone.

L'onde de marée ne se produit pas instantanément, mais seulement un certain temps après le passage de la lune au méridien, à cause de l'inertie de l'eau, de sorte que la marée se fait à la côte avec un retard plus ou moins accentué par les circonstances locales. Ce retard entre l'heure du passage de la lune au méridien et l'heure de la pleine mer un jour de syzygie d'équinoxe est ce qu'on appelle l'établissement du port. C'est là une notion importante pour la navigation.

De même que pour les vagues, la marée descend plus lentement qu'elle ne monte, la durée du jusant est plus grande que celle du flot et la différence varie selon les localités : ainsi, tandis que la marée met, à Brest, quinze minutes de plus à descendre qu'à monter, elle met près de deux heures au Havre.

De même encore que pour les vagues, la pente du fond de la mer vers la côte entraîne une diminution de vitesse pour la couche profonde par suite du frottement et une augmentation pour la couche supérieure de la masse d'eau ; comme pour la vague, l'onde de marée entraîne l'élévation du niveau contre les obstacles, d'où une plus grande force des marées sur les côtes des continents qu'au milieu des grands océans largement ouverts où rien ne gêne le mouvement d'expansion des eaux. C'est ainsi que la marée n'atteint que 30ᶜᵐ à 50ᶜᵐ aux îles Sandwich et à Tahiti, alors qu'elle arrive à 12 et 15ᵐ dans la baie du Mont Saint-Michel. Le maximum d'amplitude de la marée a été observé au fond de la baie de Fundy, dans la Nouvelle-Écosse. C'est là que l'on peut le mieux constater l'influence de la configuration de la côte : en effet, à l'entrée de la baie, la marée n'atteint pas 3ᵐ tandis que dans la partie la plus profonde, à environ 60ᵏᵐ de l'entrée, elle arrive à dépasser 21ᵐ.

A Saint-Malo l'amplitude de la marée va jusqu'à 12^m tandis qu'elle n'arrive pas à 6^m à Cherbourg. Elle atteint 9^m,40 à Boulogne et 7^m,10 à Calais. Dans la baie de Somme la mer se retire à plus de 5^{km}.

L'attraction s'exerçant sur toutes les eaux du globe, il y a théoriquement des marées dans tous les bassins et même dans tous les lacs, mais elles sont peu ou pas perceptibles dans les eaux de faible étendue. Le lac Michigan, qui a environ 540^{km} de long sur 150 de large, présente des marées qui n'ont guère plus de 3^{cm} à Milwaukee et 7^{cm} environ à Chicago.

Dans la Méditerranée les marées sont aussi, en général, très faibles. A Monaco la différence de hauteur observée entre le niveau le plus bas et le plus haut qui ait été atteint par la mer ne dépasse pas 80^{cm} ; en moyenne la marée n'y a que 20^{cm} d'amplitude ([1]) : on trouve des chiffres analogues à Marseille. Il existe cependant des localités où la marée atteint des hauteurs relativement considérables ; dans le fond du golfe allongé que forme l'Adriatique, par exemple, la marée arrive à 2^m à Venise ainsi que dans la grande Syrte et dans le golfe de Gabès, en Tunisie.

Il est évident que la connaissance des marées est de la première importance pour la navigation, car beaucoup de ports ne sont accessibles aux navires d'un certain tonnage que lorsque la mer est haute. Aussi s'est-on efforcé d'établir pour chaque port les heures des marées ; l'*Annuaire des marées* contient à cet égard tous les renseignements utiles et permet de connaître un an à l'avance les heures de la pleine mer. Ces données sont basées sur les observations antérieures et sur le calcul. Sir W. Thomson a même inventé un appareil qui permet d'obtenir ainsi une année à l'avance la courbe des marées d'un port déterminé.

Les procédés employés pour l'étude de la marée diffèrent suivant qu'il s'agit des observations à la côte ou en pleine mer.

Échelle de marée. — L'instrument le plus simple est une perche ou mire graduée et plantée verticalement dans le fond de la mer en un point convenablement choisi et sur laquelle on lit à des heures déterminées la hauteur du niveau de l'eau.

Marégraphe enregistreur. — On a de bonne heure remplacé l'échelle de marée par un appareil enregistreur dans nombre de localités ; on a ainsi la courbe continue tracée pendant toute l'année et sur laquelle on peut étudier tous les détails beaucoup mieux que par l'observation directe et reconnaître des particularités qui échapperaient autrement. Le principe de ces appareils est le suivant : un puits est pratiqué près de la mer et de façon que l'eau y arrive par un chemin plus ou moins indirect et étroit, afin d'éliminer les irrégularités qu'occasionneraient les simples vagues. Dans ce puits un flotteur s'élève et s'abaisse alternativement avec le niveau de l'eau et communique son mouvement à une aiguille qui trace la courbe sur un cylindre enregistreur mû par un mouvement d'horlogerie. Naturellement il existe des modèles variés de marégraphes et certains d'entre eux fonctionnent électriquement.

([1]) D'après les observations qu'a bien voulu me communiquer M. Chauvet, ingénieur des travaux du port de Monaco.

Marégraphe de haute mer. — L'installation d'un marégraphe à la côte ne présente pas de difficultés spéciales ; il n'en est pas de même pour l'observation de la marée en haute mer ; on ne peut guère songer à mesurer son amplitude d'après la différence de profondeur en un même point à des heures différentes, car l'erreur inhérente à un sondage dans une mer un peu profonde est du même ordre de grandeur que l'amplitude de la marée elle-même. On a proposé d'immerger sur le fond un manomètre enregistreur qui inscrirait les variations de la pression due à l'élévation de l'eau causée par la marée, mais la sensibilité d'un manomètre ne paraît pas suffisante pour indiquer, par des profondeurs notables, des différences de pression correspondant à une faible épaisseur d'eau. Le capitaine Mensing[1] a cependant construit et expérimenté un appareil enregistreur, d'ailleurs fort compliqué, permettant d'enregistrer la marée au large de la côte jusqu'au-dessus de fonds dont la profondeur atteint 200^m ; la partie principale de l'instrument est un tube manométrique de Bourdon ; le Prof. Marini[2] a suggéré certaines modifications utiles à cet appareil qu'il serait intéressant d'employer d'une façon plus suivie.

Seiches.

On connaît depuis longtemps l'existence, sur le lac Léman, d'ondulations spéciales appelées seiches et qui ont été surtout étudiées en détail par M. F. A. Forel. On a constaté depuis que ces ondulations existent dans tous les lacs, et aussi sur la mer ; en un même point l'eau monte et descend alternativement et l'étude simultanée de plusieurs points montre qu'il s'agit d'oscillations longitudinales et transversales dues le plus souvent aux variations de la pression atmosphérique, au vent, aux orages, etc. La hauteur des seiches du lac Léman ne dépasse presque jamais 40^{cm}, le phénomène s'y produit journellement. Aimé a observé dans le port d'Alger des seiches allant de $0^m,50$ à 1^m et dont la durée d'oscillation variait de 1 à 3 minutes.

[1] *The self-registering tidal-gauge for the opensea*, Berlin, J. Springer, 1904.
[2] « Il marcografo d'alto mare, etc. », *Rivista marittima*, déc. 1905.

CHAPITRE IX

LES MOUVEMENTS DE LA MER (*Suite.*)

Les courants: généralités. — Courants de surface: moyens divers de les étudier. — Flotteurs, expériences de flottage. — Courants profonds: appareils divers employés pour mesurer directement leur vitesse et leur direction. — Méthodes d'emploi de ces appareils. — Méthode de M. Thoulet. — Méthode basée sur la température et la salinité. — Méthode de Bjerknes et Sandström. — Méthode de Clève, basée sur l'étude du plankton. — Différentes espèces de courants: leurs causes. — La circulation générale dans les océans. — Mer des Sargasses. — Circulation verticale. — Le Gulf-Stream et ses branches. — Courants et bassin polaires arctiques. — Dérives de la *Jeannette* et du *Fram*. — Variations dans la situation et dans l'importance des courants. — Courants de marée. — Mascaret. — Courants d'origine volcanique.

LES COURANTS

Les courants marins sont de véritables fleuves qui coulent dans la masse générale des eaux océaniques ; leur direction et leur vitesse sont extrêmement variées : les uns sont superficiels, les autres profonds, les uns sont chauds, les autres froids, et il arrive que des courants de température très différente coulent l'un contre l'autre ou l'un au-dessus de l'autre. Les courants sont soumis à l'action de nombreux agents qui peuvent en modifier la force et la direction : les principaux sont la rotation terrestre, les vents, les obstacles qu'ils rencontrent, les marées, etc. Quant à leur formation elle-même elle dépend surtout des vents et de l'inégalité de densité des eaux. Lorsqu'on pense à la variété et aussi à la variabilité extrême des forces qui créent les courants ou qui peuvent les modifier, il semble que cette complication doit fortement s'opposer à ce qu'on puisse se faire une idée générale de l'ensemble de la circulation océanique. Nous verrons cependant que l'on est arrivé dans une large mesure à ce résultat, bien qu'il reste beaucoup de points encore obscurs et bien que le nombre de courants et de faits s'y rapportant de près soient encore à étudier.

Une étude un peu complète du sujet demanderait plusieurs volumes et nous ne pouvons que donner un résumé succinct des connaissances obtenues d'après des faits positifs sans insister sur diverses hypothèses.

Examinons les procédés employés pour l'étude des courants et qui permettent d'en déterminer la direction, la vitesse et la situation.

Courants de surface.

Les courants de surface peuvent être étudiés au moyen de procédés variés. S'il n'y a pas de vent et si l'on est en vue de la côte, dans une embarcation, on peut laisser celle-ci aller librement, et son itinéraire fixé sur la carte au moyen de relèvements à terre donne, avec la mesure du temps, la direction et la vitesse du courant. On peut de même suivre avec une embarcation un flotteur presque entièrement immergé et tracer de même son parcours ; dans ce cas le résultat est bon, même s'il y a un vent très appréciable qui n'agit pas sensiblement sur le flotteur, tandis qu'il ferait fortement dériver un canot.

On peut aussi, d'un point élevé du rivage, relever à divers intervalles les positions de flotteurs convenablement immergés. Quand les conditions sont favorables, ces méthodes donnent des résultats très précis. Mais les occasions qui permettent de les appliquer sont rares, et de plus elles ne peuvent servir qu'au voisinage immédiat de la côte.

En pleine mer le problème devient plus compliqué ; il ne faut pas oublier, d'ailleurs, que les courants de surface sont souvent très variables, suivant les localités, en intensité et en direction et il est nécessaire d'en faire une étude très suivie et très prolongée pour reconnaître ce qu'il y a en eux de temporaire et de permanent. Quand on détermine la position d'un navire à un même moment donné, par deux procédés différents tels que l'observation et l'estime, il arrive fréquemment que les deux résultats ne concordent pas : la position obtenue par l'observation astronomique ne coïncide pas avec celle qu'on obtient en tenant compte de la direction donnée par le compas ou boussole et de la vitesse indiquée par le loch. Cette différence est due à la présence d'un courant qui a fait dériver le navire. Quand un navire va contre le courant, l'hélice du loch tourne plus vite que s'il n'y avait pas de courant ; elle tourne au contraire moins vite si le navire va avec le courant. De sorte que l'on peut évaluer la vitesse du courant par la différence trouvée entre le point estimé et le point observé ; mais cette évaluation est souvent grossière parce qu'il intervient de nombreuses causes d'erreurs ; il est nécessaire, pour des recherches scientifiques, d'employer des méthodes plus précises.

Quand le navire est maintenu immobile à l'ancre, les conditions changent beaucoup. Si la profondeur est très grande, le navire peut être mouillé sur une drague au moyen d'un long câble d'acier, si les circonstances sont favorables. Il est alors facile d'obtenir, dans une embarcation amarrée au câble d'acier, la direction et la vitesse du courant, au moyen d'une sorte de girouette dont le gouvernail s'oriente dans l'axe du courant pendant que celui-ci fait tourner un compteur de tours, réglé dans des expériences préalables ; tous les instruments employés pour la mesure du débit des rivières par exemple ou des courants en général, peuvent être utilisés s'ils sont assez sensibles pour les courants à étudier, tels les anémomètres. La boussole donne la direction. On peut aussi mesurer avec une ficelle, attachée au câble fixe, le chemin parcouru en un temps donné par un flotteur qu'on suit en canot en déroulant la ficelle.

Un autre procédé, fort simple, consiste à jeter à la mer, dans des conditions convenables, des flotteurs appropriés, plus ou moins nombreux. Entraînés par les courants, ils sont retrouvés en mer, par des navires, loin de leur point de départ ou échoués sur les plages. D'après les dates du lancement et de la reprise des flotteurs, il est le plus souvent possible de déduire le trajet probable et approximatif de chacun d'eux, en même temps que la vitesse moyenne des courants qui les ont entraînés ; il est nécessaire évidemment de discuter tous les éléments d'appréciation qui se présentent et d'en tenir compte.

Les flotteurs destinés à ces expériences doivent être presque complètement immergés de façon à subir le moins possible l'action des vents ; malgré cela ils doivent être bien visibles pour qu'il soit facile de les apercevoir quand ils flottent ou quand ils sont échoués, et ce sont là des qualités qui s'accordent peu ensemble ; ils doivent être solides pour ne pas être immédiatement brisés quand ils sont rejetés violemment sur les plages.

Pour les recherches qu'il poursuivait en collaboration avec le Prof. Pouchet sur les courants superficiels de l'Atlantique nord, le Prince Albert de Monaco employa des flotteurs de plusieurs modèles. En 1885, 180 flotteurs furent lancés à la mer : 20 barils à bière, 10 sphères en cuivre rouge et 150 bouteilles ordinaires. Ils contenaient chacun,

Fig. 116. — Flotteur du Prince de Monaco : aspect extérieur.

dans un tube fermé à la lampe, un document écrit en neuf langues différentes, afin que ceux qui les trouveraient pussent faire connaître au gouvernement français, par l'intermédiaire des autorités de leur pays, le lieu et la date de capture. Ces flotteurs avaient été lestés de façon à être presque complètement immergés afin d'éviter l'influence directe du vent. En moins de 32 heures, du 27 au 28 juillet, ils furent jetés à la mer, à intervalles réguliers sur une ligne de 170 milles (315^{km}) orientée au N14°W de Corvo (Açores), en plein travers du Gulf-Stream.

En 1886, 510 flotteurs (bouteilles en verre fort), préparés et lestés avec toutes les précautions voulues, furent jetés du 29 août au 5 septembre, suivant une ligne de 444 milles (822^{km}), le long du 20° méridien à l'ouest de Paris, entre les latitudes du cap Finisterre d'Espagne et du sud de l'Angleterre. Ces bouteilles étaient

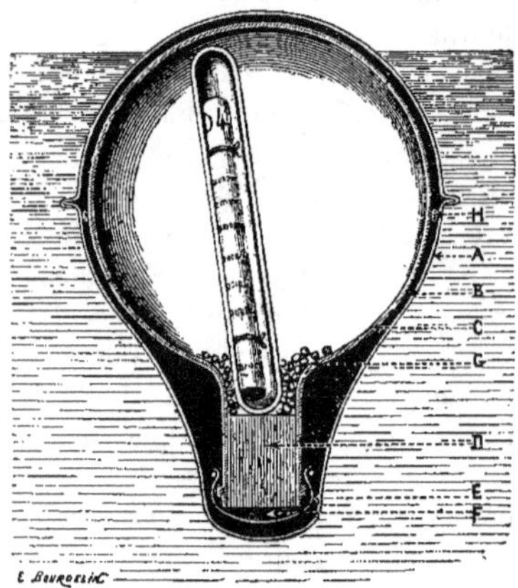

Fig. 117. — Flotteur du Prince de Monaco : coupe montrant la disposition intérieure.

fermées par un bouchon de liège recouvert de brai et d'un gant de caoutchouc.

En 1887, un troisième lancement eut lieu, comprenant 931 flotteurs en verre doublés de cuivre, suivant une ligne qui coupe transversalement le Gulf-Stream sur une longueur de 600 milles environ (1 100^{km}) entre les Açores et Terre-Neuve. Les fig. 116

et 117 représentent l'aspect extérieur et la coupe d'un de ces flotteurs. A est une enveloppe de cuivre rouge ; B, une couche de goudron séparant l'enveloppe de cuivre du ballon de verre C, bouché par un bouchon de liège D et lesté par de la grenaille G ou de petits cailloux. Un tube de verre scellé, contenant le document polyglotte, occupe l'intérieur du ballon de verre.

Le plus souvent on emploie des bouteilles ordinaires mais solides. Les bouteilles à bière ou à champagne sont les meilleures. M. Hautreux qui les a utilisées dans ses recherches sur les courants du golfe de Gascogne en accoupla souvent deux ensemble par une corde de 3^m de long, de façon que l'inférieure, contenant une quantité d'eau convenable servait de lest à celle de la surface et contre-balançait l'influence du vent. C'est une simplification heureuse du flotteur de Mitchell : je l'ai expérimentée avec succès pour mesurer des courants près de Monaco.

En novembre 1901, M. Bénard fit une importante expérience de flottage dans le golfe de Gascogne en substituant, sur les conseils du Prince Albert de Monaco, le lancement simultané de 10 flotteurs au lancement de flotteurs isolés. Les flotteurs étaient des bouteilles épaisses, très allongées, lestées de façon que seule la partie supérieure du goulot émergeait dans l'eau de mer. Le bouchon était enfoncé de manière qu'on pût le recouvrir de 2 centimètres d'épaisseur de plâtre à mouler ; on appliquait ensuite une enveloppe d'étain qu'on recouvrait d'un vernis métallique.

Courants profonds.

L'étude des courants qui se produisent au-dessous de la surface est beaucoup plus difficile et plus compliquée que celle des courants superficiels, surtout quand la profondeur devient très grande, et cependant cette étude, si elle n'a pas une importance directe très grande pour la navigation, en offre une considérable au contraire au point de vue scientifique.

Mesureur de courant de Meyer. — Supposons qu'étant dans un bateau à l'ancre, nous immergions à une profondeur déterminée une ligne de sonde lestée et munie, près du lest, d'un objet capable d'offrir une grande surface de résistance à l'action du courant dans lequel il est plongé. La ligne sera déviée de la verticale suivant un angle dont la mesure indiquera l'intensité, c'est-à-dire la vitesse du courant, tandis que la direction de ce dernier sera donnée par celle du plan vertical passant par la ligne de sonde en la rapportant au compas. L'appareil de Meyer, que son auteur a fait adopter par la Commission de Kiel, remplit ces indications : Un fil d'acier ou de cuivre lesté d'un plomb de sonde porte deux grands cadres verticaux perpendiculaires entre eux et sur lesquels est tendu soit de la toile soit du zinc en feuilles. C'est en somme le même appareil que celui représenté fig. 118, la ligne est seulement fixée au bateau ancré au lieu de l'être à une bouée mobile. Si le bateau à l'ancre était parfaitement immobile, si l'azimut et l'angle d'inclinaison de la ligne étaient faciles à apprécier, si cette ligne était rigide, les mesures pourraient atteindre quelque précision, mais, sauf circonstances exceptionnelles, c'est le contraire qui se présente et il est beaucoup préférable d'employer la méthode suivante.

Drague à courant. — C'est le mesureur de courant de Meyer tenu entre deux eaux au moyen d'un flotteur libre au lieu d'être fixé à un bateau à l'ancre. Le flotteur doit offrir aussi peu de prise que possible à l'action du vent. A bord du *Challenger* l'armature de l'appareil était en fer et pliante de façon à tenir peu de place quand on ne s'en servait pas. Les deux plans verticaux perpendiculaires entre eux étaient des carrés d'environ $1^m,20$ de côté et tendus de toile. Le lest pesait environ 25^{kg} ; la ligne était de chanvre. La bouée, de $1^m,50$ de long, avait son diamètre maximum de 30^{cm} au milieu de sa longueur et décroissant de part et d'autre ; elle pouvait porter dans l'eau un poids d'environ 35^{kg}. Son mode d'emploi est le même que celui du flotteur de Mitchell décrit plus loin.

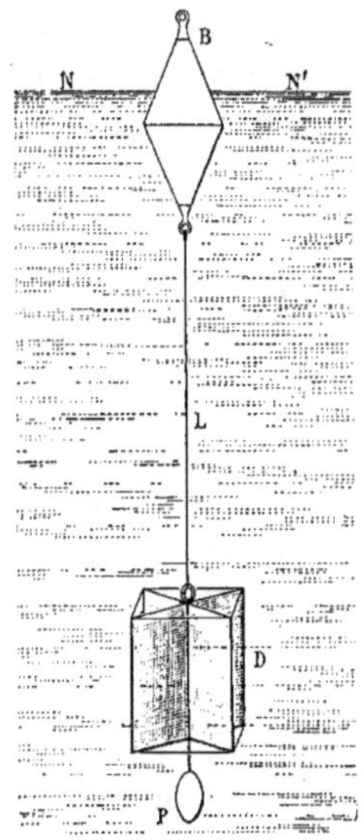

Fig. 118. — Drague à courant.

Flotteur de Mitchell. — Cet appareil simple et pratique a été imaginé par l'Américain H. Mitchell et il a été très employé par les officiers de la marine américaine pour l'étude du Gulf-Stream.

Il se compose (fig. 119) d'un bidon de cuivre relié par un fil métallique à un seau de 20^{cm} de diamètre sur 30^{cm} de hauteur, dans lequel entre juste la partie cylindrique du bidon qui a ainsi le même volume. A la base du goulot est fixé un anneau permettant d'attacher une ficelle fine qui peut être graduée en mètres.

S'il s'agit de mesurer un courant superficiel, le fil qui réunit le seau au bidon est réduit à $0^m,50$ ou 1^m. On leste le système de façon que seule la partie conique et le goulot dépassent la surface de l'eau et on lâche le tout, du bateau immobile à l'ancre, en laissant dévider la fine ficelle à mesure que s'écarte le flotteur. Au bout d'un temps déterminé et soigneusement mesuré, on arrête l'expérience, on prend à la boussole l'orientation de la ligne qui unit le flotteur au bateau ancré, on mesure la longueur de la ficelle déroulée : c'est le chemin fait par le flotteur, et l'on a ainsi la vitesse et la direction du courant.

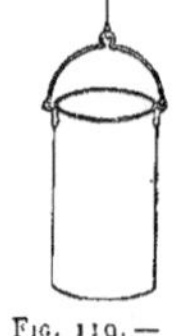

Fig. 119. — Flotteur de Mitchell.

Si l'on veut mesurer un courant profond, on donne au fil qui réunit le seau au bidon la longueur nécessaire, 100^m par exemple, et on procède comme précédemment. Le système suit la direction de la résultante du courant de la surface et de celui où plonge le seau, à 100^m, avec une vitesse égale à la moitié de cette résultante. Connaissant d'une part le courant de la surface, déterminé comme il a été dit plus haut ou autrement, connaissant d'autre part la résultante de ce courant superficiel et du courant profond, il est facile d'obtenir le courant profond en construisant le parallélogramme classique des forces (fig. 120). Si par exemple NS est la ligne nord-sud de la boussole, A le navire à l'ancre, si AB représente en direction et en vitesse le courant de surface, si AC est en direction et en vitesse le courant résultant, AD, construit d'après le parallélogramme des forces représente en direction et en vitesse le courant profond, à 100^{m}.

On procédera de même pour d'autres profondeurs.

Au lieu de rester sur le navire à l'ancre en tenant le flotteur en laisse au bout de la ficelle on peut attacher celle-ci à la chaîne de l'ancre du navire mouillé et suivre le flotteur dans une embarcation en déroulant la ficelle. On peut aussi immerger en même temps deux flotteurs, un pour le courant de surface et un autre pour le courant profond. Il suffit généralement d'observer la dérive des flotteurs pendant quelques minutes ou même moins d'une minute si le courant est rapide.

Le flotteur de Mitchell présente sur la drague à courants, décrite ci-dessus, l'avantage d'être peu sensible à l'influence du vent et d'offrir la même résistance pour le courant superficiel que pour le courant profond, à cause de l'identité de forme et de volume des deux parties de l'appareil.

Cette méthode de détermination des courants superficiels et profonds a été employée dans un très grand nombre de cas ; elle est très bonne quand les circonstances sont favorables et que les courants à mesurer sont assez accentués. Elle a le défaut d'exiger que le bateau soit immobile mais l'avantage de ne nécessiter que des instruments simples et peu dispendieux, d'autant plus que le flotteur de Mitchell peut être remplacé par deux bouteilles ordinaires semblables et convenablement installées.

Connaissant la vitesse et la direction AB du courant de surface, on peut ensuite déterminer tous les courants de fond sans avoir plus à se préoccuper de la fixité du bateau ; c'est là un avantage sérieux. Il suffit en effet de procéder ainsi : revenons à la fig. 120 ; on met à l'eau en un même point A et en même temps un flotteur de surface et le flotteur de fond. Au bout d'un même temps, le flotteur de surface est en B, et le flotteur de fond en E. On mesure BE, à l'aide de la ficelle graduée attachée à un des flotteurs et son orientation avec la boussole ; on prolonge BE d'une quantité égale. On construit AB déterminé antérieurement et on mène AD qui est la vitesse et la direction du courant profond, ainsi qu'on le voit par la construction du parallélogramme classique.

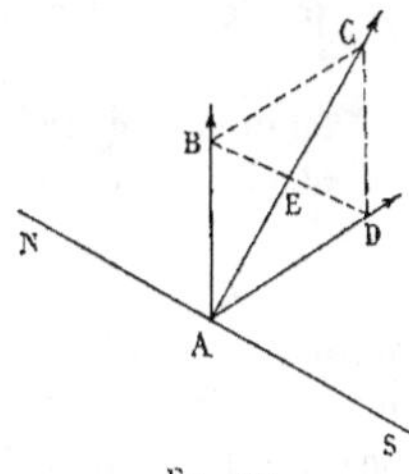
Fig. 120.

Les mesureurs de courant. — Dans les appareils suivants les éléments du courant, vitesse et direction, ou l'une des deux seulement, s'enregistrent eux-mêmes ; la direction est toujours obtenue par l'aiguille d'une boussole. Quant à la vitesse, c'est généralement par le nombre de tours d'une hélice ou d'un tourniquet qu'on l'obtient ; dans le mesureur de Nansen on la déduit de l'inclinaison d'un pendule. Nous dirons quelques mots des anciens appareils mais nous insisterons seulement sur les plus récents ; la fig. 121 (compteur d'Ekman) suffira à illustrer et à représenter le principe des mesureurs à hélice et à gouvernail.

Indicateur de courant d'Aimé (1845). — On immerge à la profondeur voulue l'instrument lesté par un poids ; le gouvernail dont il est muni s'oriente dans le courant et l'aiguille de la boussole se met dans le méridien. Quand on juge qu'elle a pris sa position d'équilibre, on envoie le long du câble de suspension un messager qui sert à abaisser un disque muni de 32 pointes fines ; l'aiguille aimantée se trouve immobilisée entre 4 de ces pointes. L'appareil est alors remonté et il est facile de déduire la direction du courant de l'angle que fait l'aiguille avec le gouvernail.

Il faut remarquer que cet appareil, signalé ici simplement au point de vue historique, ne donne pas la vitesse, mais seulement la direction du courant. De plus, il est évident que, même s'il n'y a pas de courant, l'aiguille de la boussole fait un angle avec le gouvernail et il est nécessaire de renouveler l'expérience pour savoir si cet angle est bien constant et dû à un courant.

Mesureur de courant de E. Mayer (1877). — C'est une sorte de girouette bien équilibrée et capable de tourner autour d'un axe formé par la partie inférieure d'une ligne de sonde lestée convenablement. Le gouvernail, qui s'oriente dans le courant, porte un compas à liquide, tandis que de l'autre côté de l'axe et faisant contrepoids au gouvernail, se trouve une hélice, munie d'un compteur de tours et logée dans un tube horizontal qui empêche qu'elle tourne pendant les mouvements verticaux de descente ou de montée.

L'appareil est descendu à la profondeur voulue ; le gouvernail s'oriente dans le courant qui met aussitôt en marche l'hélice du compteur de tours. On mesure le temps entre l'arrivée à la profondeur désirée et le commencement de la montée. L'aiguille de la boussole est libre pendant la descente, mais disposée de façon qu'à la montée un système de déclanchement à levier lui fait garder la position qu'elle avait dans le courant. Il est donc facile d'avoir la direction de celui-ci d'après l'angle que fait le gouvernail avec l'aiguille aimantée ; la vitesse est donnée par le compteur de tours.

Le grand défaut de cet instrument paraît provenir de ce qu'il est difficile de savoir exactement le moment où l'hélice se met en mouvement et celui où elle s'arrête, d'où des incertitudes sur la vitesse.

Mesureur de courant de Pillsbury. — Le principe de cet appareil est le même que celui du mesureur de Mayer : autour d'un axe vertical peut tourner un système composé d'un large gouvernail pour l'orientation dans le courant, d'une sorte de tourniquet à quatre branches munies chacune d'un petit cône creux comme cela existe dans certains anémomètres. Ce tourniquet actionne un compteur de tours et une boussole forme la partie inférieure de l'appareil. L'instrument étant arrivé à la profondeur voulue, le gouvernail s'oriente et le tourniquet se met à tourner. Après un temps déterminé on remonte le tout ; ce mouvement de montée fait tourner une hélice, comme dans les montures de thermomètre à renversement ou dans certaines bouteilles à eau ; cette hélice provoque l'action d'un jeu de leviers approprié, de sorte que le gouvernail est fixé, le tourniquet arrêté et l'aiguille aimantée immobilisée. On peut donc lire la direction du gouvernail, c'est-à-dire du courant et le nombre de tours du tourniquet, c'est-à-dire la vitesse.

Ce mesureur de courant imaginé par le C' Pillsbury, de la marine des États-Unis, a servi à cet officier à bord du *Blake* pour ses études remarquables sur le Gulf-Stream.

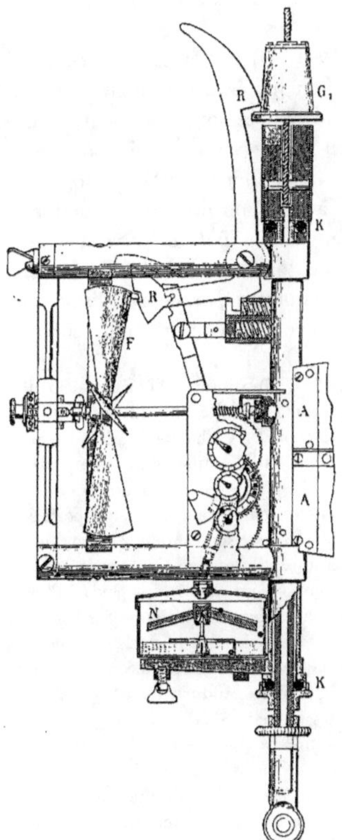

Fig. 121*. — Mesureur de courant d'Ekman.

MESUREUR DE COURANT D'EKMAN ([1]) (fig. 121). — Il se compose essentiellement de l'hélice F munie de son compteur de tours, d'un compas N et d'un gouvernail dont l'attache AA, seule indiquée sur le dessin, est fixée sur l'axe KK qui est très mobile grâce à deux roulements à billes. A la descente, l'hélice est immobilisée par la partie inférieure de la pièce-levier RR contre laquelle bute le petit prolongement d'une aile de l'hélice. L'appareil étant arrivé à la profondeur voulue et ayant eu le temps de s'orienter par son gouvernail, on envoie le messager G₁ qui écarte R et on a l'appareil fonctionnant dans la position de la fig. 121. On voit qu'alors seulement l'hélice peut tourner, le petit prolongement d'une de ses ailes passant librement dans l'entaille de la partie R. Après un temps déterminé, on envoie un deuxième messager taillé de façon à recouvrir le premier et qui actionne le levier RR de telle sorte que le prolongement d'une des ailes de l'hélice vient arrêter celle-ci en butant contre la partie de R située au-dessus de l'entaille médiane.

L'appareil comporte un perfectionnement très important : en effet, la direction du courant n'est pas obtenue par la seule position de l'aiguille aimantée à son retour à la surface, mais chaque fois que l'hélice a fait 50 tours, la direction correspondante de l'aiguille s'inscrit d'une façon très originale. La roue centrale du compteur de tours porte 20 cases occupées chacune par une petite bille de bronze et disposées de telle sorte que lorsqu'une bille arrive dans sa position la plus inférieure elle tombe dans un tube et de là sur le centre du barreau aimanté. De là, par une rainure unique dirigée vers le Nord, elle vient tomber dans la partie inférieure de la boîte du compas et dans une des 36 loges rayonnantes qui y sont formées par des cloisons suivant les divisions ordinaires de la rose. On a ainsi la direction du courant pour chaque chute de bille.

Même avec une vitesse de courant de 3ᶜᵐ par seconde, on obtient, après 10 minutes, au moins une direction du courant. M. V.-W. Ekman a encore perfectionné son appareil ([2]) de telle façon que pendant le temps que l'hélice met à faire 100 tours, il tombe 3 billes dans les cases du compas. En outre un dispositif plus pratique a été appliqué au fonctionnement des billes ; celles-ci peuvent être numérotées de façon à connaître l'ordre dans lequel s'est fait leur chute.

([1]) *Public. de circonstance*, nᵒ 25, 1905.
([2]) *Public. de circonstance*, nᵒ 34, 1906.

Le mesureur de courant d'Ekman est sans contredit le meilleur appareil à hélice qui soit capable de fonctionner pratiquement à toutes les profondeurs. Le principe de la mise en marche et de l'arrêt par un messager est excellent et d'un emploi très sûr.

MESUREUR DE COURANT DE PETTERSSON ([1]). — Le Prof. O. Pettersson, de Stockholm, à qui l'on doit de nombreux perfectionnements du matériel océanographique, a établi spécialement le modèle (fig. 122) qui va être décrit très sommairement, pour les profondeurs ne dépassant guère 100^m et surtout en vue de son emploi à bord des bateaux-feu. Cet appareil est dépourvu de boussole : la direction du courant est donnée par l'angle que fait le gouvernail du compteur de tours avec un tube de fer galvanisé maintenu parallèle à l'axe du bateau dont le compas donne la direction.

Le tube de fer TT' est immergé horizontalement et guidé à chaque extrémité par un des fils FF' tendus par les poids PP'. Chaque fil FF' est porté par une bobine BB', munie d'un compteur ; entre ces deux bobines s'en trouve une troisième B'' sur laquelle est enroulée la corde qui porte le tube TT' et l'hélice avec son compteur M, son gouvernail G, et un cercle gradué CC'. On immerge d'abord à la profondeur voulue les poids PP' en dévidant de la même quantité les lignes des bobines BB'', puis on laisse dérouler la corde centrale F'' jusqu'à ce que les extrémités du tube reposent sur les arrêts pp' des lignes conductrices FF' et on note l'heure.

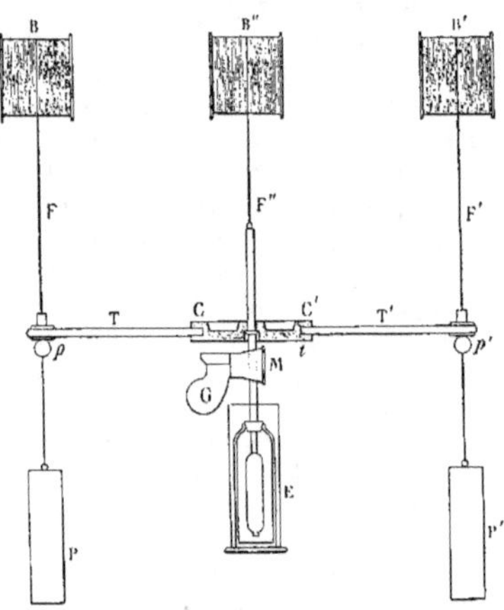

Fig. 122*. — Mesureur de courant de Pettersson : schéma.

Les choses sont disposées de façon qu'à ce moment seulement, l'hélice et le gouvernail entrent en action par leur descente prolongée de quelques centimètres au-dessous du tube TT' ; en effet la tige t fixée au tube TT' n'immobilise plus le système. Au bout de 10 ou 20 minutes on remonte ce dernier, qui revient au contact de la tige t ; par ce seul fait, l'immobilisation du mesureur est de nouveau obtenue. On note l'angle, sur le cercle CC', du gouvernail avec le tube TT' : c'est l'angle du gouvernail avec l'axe du navire dont le compas donne la direction ; on en déduit facilement la direction du courant.

Le compteur de tours donne la vitesse. Il est facile de répéter nombre de fois l'expérience.

M. Pettersson a ajouté à son mesureur une bouteille à eau E munie d'un thermomètre. Au départ, la bouteille est remplie d'eau douce et fermée. Quand l'appareil se met à fonctionner, le bouchon de la bouteille est soulevé par un ressort, l'eau douce légère est complètement remplacée en un quart d'heure par l'eau de mer plus lourde. En même temps que le mesureur est arrêté, la bouteille est rebouchée. On lit rapidement le thermomètre à travers la paroi de verre de la bouteille avant que la température ait eu le temps de changer.

([1]) *Public. de circonstance*, n° 25, 1905.

Depuis, M. Pettersson a imaginé un nouveau mesureur dont il a fait quelques essais à Monaco ; cet appareil permet de noter à la fois la vitesse et la direction du courant, et, en même temps, d'obtenir la température, un échantillon d'eau et une récolte de plankton. L'instrument n'ayant pas encore été décrit par son auteur, je dois me borner à ces quelques indications.

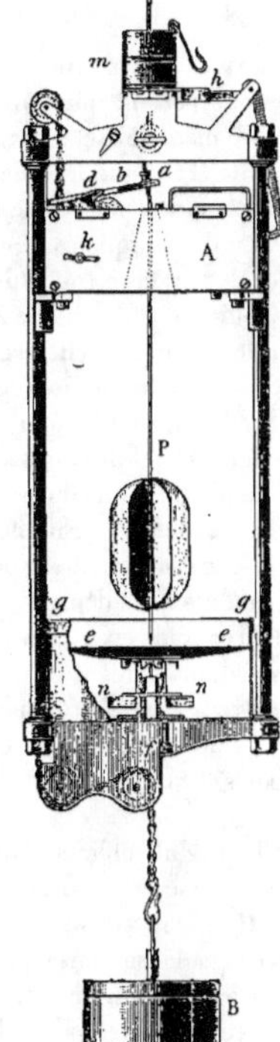

Fig. 123°. — Mesureur de courant de Nansen.

MESUREUR DE COURANT DE RYMER JONES ([1]). — Nous ne ferons que signaler en passant l'appareil proposé par Rymer Jones pour mesurer la direction et la vitesse des courants sous-marins en même temps que la température des eaux à diverses profondeurs ; il s'agit en effet d'un instrument fonctionnant au moyen de l'électricité et relié au navire par un câble armé contenant 16 fils parfaitement isolés.

Il ne semble pas que le mesureur de Rymer Jones ait donné des résultats appréciables ; il présente les défauts communs à tous les mécanismes à enregistrement électrique destinés à être immergés profondément dans la mer, défauts qui vont être signalés pour l'appareil suivant.

MESUREUR DE COURANT A ENREGISTREUR ÉLECTRIQUE DE WITTING. — M. J. Witting, d'Helsingfors a décrit ([2]) un mesureur de courant à suspension bifilaire analogue à celui de Pettersson, mais dont l'enregistreur, qui est électrique, se trouve à bord du navire où il est relié à l'appareil par un câble électrique à 10 conducteurs isolés. Chaque fois que l'hélice fait 10 tours, il se produit un courant qui actionne à bord, au moyen d'un électro-aimant, une plume en contact avec un cylindre enregistreur ; les directions du courant à mesurer sont de même transmises électriquement.

Je n'entrerai pas dans la description détaillée de cet instrument intéressant mais qui présente plusieurs graves inconvénients : un prix très élevé ; entretien difficile des contacts et de l'isolement convenable de pièces immergées dans l'eau de mer ; difficultés très grandes dans le maniement à la mer de câbles électriques volumineux sans que leur isolement soit altéré ; impossibilité de travailler à des profondeurs quelque peu considérables.

Déjà Amsler-Laffon avait appliqué l'enregistrement électrique au mesureur ou tourniquet de Woltmann, mais il ne paraît pas que cet appareil ait eu beaucoup de succès. Cela est très probablement dû en partie aux difficultés qui viennent d'être signalées et qui ont jusqu'ici fait obstacle à l'enregistrement électrique des mesures à la mer, tant pour les courants que pour la température, etc.

([1]) *Proc. Roy. Soc.*, vol. 24, 1876, n° 167.
([2]) *Conseil permanent internat. pour l'exploration de la mer* (Public. de circonstance, n° 30, Copenhague, 1905).

MESUREUR DE COURANT DE NANSEN ([1]). — Le principe de l'appareil (fig. 123) est le suivant : un pendule P, terminé en pointe et muni de 6 ailettes étant suspendu librement est plus ou moins déplacé par le courant suivant l'intensité de celui-ci. Il s'agit d'inscrire ces déplacements et de déterminer leur orientation. La description du mécanisme va nous montrer comment on y parvient.

Le pendule P est suspendu à l'extrémité d'un levier *b* au moyen d'une vis *a*. Un mouvement d'horlogerie qui peut marcher pendant 5 ou 6 minutes fait tourner une roue portant plusieurs dents *d*. Par son intermédiaire, le levier *b* est alternativement levé et abaissé à certains intervalles, à raison d'environ 5 fois par minute. Tant que le levier est soulevé, le pendule est libre et s'équilibre dans le courant ; mais chaque fois que le levier s'abaisse, la pointe du pendule tombe sur un disque concave de métal *e e* et fait une marque sur une couche mince de paraffine (ou d'un mélange de cire et de résine) étendue sur ce disque. Celui-ci est fixé aux deux fortes aiguilles aimantées *n n* d'un compas, de sorte que le disque est facilement maintenu droit et toujours dans la même position horizontale par les lourdes aiguilles. Le disque est divisé en 10 cercles concentriques de même largeur et en segments égaux par des rayons (fig. 124). Les directions, et les distances au centre du disque, des marques faites sur la couche molle par la pointe du pendule indiquent la direction et la vitesse du courant mesuré aux moments correspondants. En effet le déplacement du pendule par rapport à la verticale est proportionnel au carré de la vitesse du courant. Si *a* est le nombre des cercles concentriques à travers lesquels le pendule a été déplacé, et *c* une constante spéciale à chaque pendule déterminée au préalable, la vitesse du courant est $v = c\sqrt{a}$.

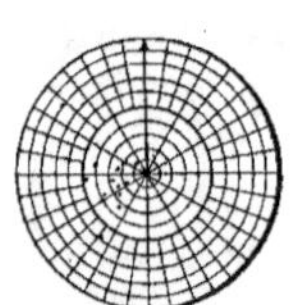

Fig. 124. — Disque du mesureur de courant de Nansen.

Chaque appareil a 4 disques qui ne peuvent se placer sur le support des aiguilles aimantées que dans une seule position, de façon à éviter toute erreur sur la direction des courants. L'enveloppe annulaire, *g g*, sert à protéger la partie inférieure du système et elle peut s'enlever facilement. Le mouvement d'horlogerie est enfermé dans la boîte A et actionné par le poids B qui sert en même temps à tenir l'appareil vertical.

Pour faire une mesure, on remonte le mouvement par la clef *k*. On met le pendule oblique dans une position d'arrêt en tournant la roue jusqu'à ce que l'on puisse mettre la pointe du pendule dans un trou pratiqué dans ce but au bord de l'enveloppe annulaire ; on arrête le mouvement d'horlogerie en soulevant le levier *h*. On immerge l'instrument avec précaution ; quand on pense qu'il est en équilibre dans le courant, on envoie un messager pour abaisser le levier *h* et faire marcher le mouvement d'horlogerie et, après 8 minutes l'appareil est remonté. On peut alors remplacer le disque par un autre et faire une nouvelle observation. On note alors ou l'on copie sur un disque de papier divisé comme le disque paraffiné, les marques faites par la pointe du pendule. On efface ensuite celles-ci avec l'extrémité chauffée d'un canif de sorte que le même disque peut servir nombre de fois. Il est d'ailleurs facile de fondre la couche et d'en étendre une nouvelle.

Il est évident que, suivant la force du courant, le pendule doit être plus ou moins léger. On en a en général 3 modèles : un pour les vitesses extrêmement faibles, depuis 5^{mm} par seconde (moins de 3^m à l'heure) : un pour les vitesses de 2^{cm},5 à 12^{cm} à la seconde ; enfin un pour celles de 5^{cm} à 25^{cm}.

Nansen a constaté que si le courant a sa direction perpendiculaire au plan qui con-

---

([1]) Cet appareil a d'abord été décrit par V.-W. Ekman dans *Nyt Magazin for Naturvidenskaberne*, vol. 39, Christiania, 1901, p. 163-187. Nansen a donné en 1906 une description de l'appareil perfectionné, dans le n° 34 des *Public. de circonstance* du Conseil permanent internat. pour l'exploration de la mer. C'est de ce dernier modèle qu'il s'agit ici.

tient les deux colonnes de la monture, le pendule indique des vitesses qui sont d'environ 25 % plus grandes que celles qu'il indique quand le courant est parallèle à ce plan des 2 colonnes. Cela donne une incertitude moyenne de $\mp$ 13 % ; ainsi, si la vitesse moyenne indiquée est 7^{cm} par seconde, la valeur vraie est entre 6^{cm} et 8^{cm}.

Bien que le courant soit tout à fait régulier et constant, le pendule oscille toujours plus ou moins irrégulièrement dans le courant, de sorte que les marques faites par le pendule sur le disque, pendant une observation, sont distribuées d'une façon plus ou moins irrégulière sur une petite surface. Ces marques n'indiquent pas de réelles irrégularités dans le mouvement de l'eau pendant le temps de l'observation.

Il faut veiller, au cas où l'instrument est suspendu à une longue ligne, à ce qu'il ne présente pas de mouvements pendulaires ; aussi est-il généralement nécessaire d'attendre un temps assez long avant de mettre en marche l'expérience en envoyant le messager. Celui-ci peut aussi provoquer une oscillation pendulaire de l'appareil, et s'il y a un fort courant à la surface, ce courant peut produire dans la ligne de suspension des vibrations capables de faire remuer l'instrument.

Ainsi qu'on le voit par ce qui précède, l'appareil ingénieux de Nansen est extrêmement sensible ; mais en revanche, comme cela arrive d'ailleurs toujours en pareil cas, son emploi est délicat et il ne faut négliger aucune précaution pour éviter les causes d'erreur indiquées plus haut.

Méthode d'emploi des appareils précédents. — Si l'on possède maintenant des mesureurs de courant précis et très bons en tant qu'instruments, il reste à trouver des méthodes sûres et pratiques pour les utiliser, ce qui n'est pas aussi simple qu'on pourrait le croire. S'il s'agit par exemple d'étudier un courant sur le fond même de la mer, on déposera sur ce fond, au bout d'un câble, un trépied dans l'intérieur duquel sera suspendu le mesureur du courant ; de cette façon les mouvements propres de l'appareil sont négligeables ; on mettra celui-ci en marche au moyen d'un messager. Seuls ceux qui ont travaillé à la mer peuvent concevoir ce que les actes exprimés par cette phrase simple et anodine représentent de temps et de difficultés, surtout dès que la profondeur devient un peu grande ; il faut que le câble soit convenablement tendu pour que le messager fonctionne, il ne faut pas qu'il le soit trop pour ne pas risquer de faire remuer ou chavirer l'appareil, etc.

Là où la mer est couverte de glace fixée à la terre, comme dans beaucoup de fjords de Norvège, en hiver, il est facile de mesurer le courant à toutes les profondeurs en immergeant les instruments à travers un trou pratiqué dans la glace, mais l'emploi de ce procédé est naturellement restreint à un très petit nombre de cas.

En général on se contentait le plus souvent jusqu'ici d'ancrer le navire et d'immerger les appareils. Mais un bateau retenu par une seule ancre exécute toujours des mouvements qui rendent les mesures plus ou moins inexactes et incertaines et plus la profondeur est grande, moins les résultats sont dignes de confiance. On a essayé, en particulier MM. Nansen et Ekman, toutes sortes de méthodes pour mouiller convenablement un navire avec deux et même trois ancres. Ils ont conclu de leurs essais que la valeur des observations ainsi obtenue est d'autant moins grande qu'il s'agit de courants plus faibles et plus profonds et que même pour les courants voisins de la surface il faut tenir grand compte des mouvements du navire ; ils ont établi que si l'on veut obtenir en pleine mer des mesures correctes des courants faibles, il faut qu'il n'y ait aucune communication directe entre l'instrument et le bateau d'une part, ni entre l'instrument et la surface d'autre part. La fig. 125 montre le dispositif à employer.

B est une bouée formée de ces boules de verre creuses employées par les pêcheurs norvégiens en guise de liège ; cette bouée est capable de porter le mouvement d'horlogerie H et le mesureur de courant M et de maintenir tendue la partie du câble qui relie le poids P à la bouée. Ce lest P fixé au câble L sert à maintenir le tout sur le fond ; le câble L auquel on laisse le mou convenable aboutit au treuil du navire. Le mouvement d'horlogerie est disposé de telle façon qu'après un intervalle de temps déterminé d'avance, il laisse tomber un messager (s'il s'agit de mettre en route un mesureur à pendule de Nansen) ou successivement deux messagers, par exemple à 5 minutes d'intervalle : le premier met le mesureur en marche tandis que le second l'arrête, comme c'est le cas pour l'appareil d'Ekman. Il faut naturellement procéder avec précaution pour immerger les différentes parties de l'installation, et attendre un temps suffisant pour laisser le système prendre sa position d'équilibre. Il est facile de voir que ce dispositif remplit les meilleures conditions : la distance de la bouée, et par suite de l'appareil, au sol peut être telle qu'on le désire, c'est-à-dire qu'on peut étudier les courants en un point quelconque de la profondeur.

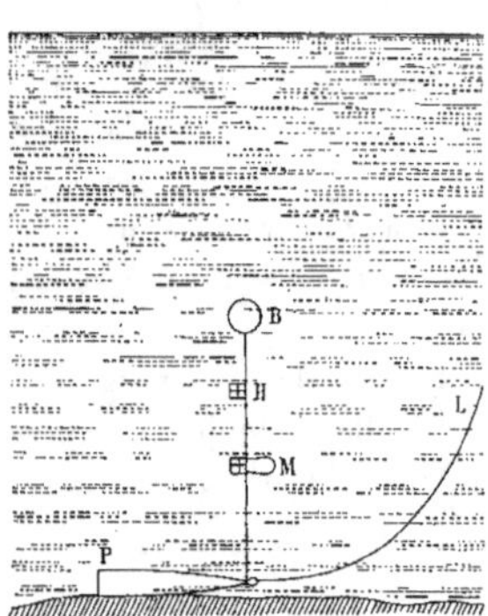

Fig. 125. — Dispositif d'immersion des mesureurs de courant.

C'est surtout à MM. Ekman, Nansen et Pettersson que l'on doit les efforts les plus sérieux pour l'étude directe des courants : ils ont établi des appareils précis et de bonnes méthodes pour leur emploi, mais il reste néanmoins encore des améliorations et des perfectionnements à y apporter.

Méthode de M. Thoulet. — Pour les courants profonds, M. Thoulet[1] a préconisé une autre méthode, simplifiée depuis par M. Chevallier[2], et dont nous ne pouvons donner ici qu'une idée sommaire : supposons qu'en trois points de l'Océan formant autant que possible un triangle équilatéral et écartés de moins de 200^{km} les uns des autres, on prenne, aux mêmes profondeurs, une série verticale de températures et d'échantillons d'eau. On détermine pour chacun de ces derniers les éléments utiles et en particulier la densité *in situ* que nous avons vu être représentée par nS_4^t, *c'est-à-dire le poids du litre d'eau de mer à la température qu'elle avait à sa place initiale et en tenant compte de la pression supportée par cette eau à la profondeur où elle a été recueillie*; c'est là la valeur dynamique à considérer dans l'étude des mouvements de l'eau.

[1] *Bull. Musée océanogr. de Monaco*, n° 12, 1904; *C. R. Ac. des Sciences*, 22 janvier 1906.
[2] *Bull. Musée océanogr. de Monaco*, n° 63, 1906.

On a ainsi trois lignes verticales passant par les trois stations et qui, limitant trois plans verticaux, découpent pour ainsi dire, dans la masse de l'eau, un prisme triangulaire vertical. Il est évident que si, à la même profondeur, de 1 000 ^{m} par exemple, le nS_i^o est le même sur les 3 arêtes du prisme, il n'y a aucun courant à ce niveau. Considérons le cas où il y en a un : faisons passer à 1 000 ^{m} de profondeur un plan horizontal ; il découpe dans le prisme un triangle pour lequel n, qui dépend de la profondeur, est le même aux trois sommets, tandis que les S_i^o y sont différents. Ce triangle topographiquement horizontal est mécaniquement oblique, c'est-à-dire que les molécules d'eau n'y sont pas en équilibre. Par le sommet où le nS_i^o est le plus fort, menons un plan passant par les points de chacune des deux autres arêtes du prisme où le nS_i^o a la même valeur qu'au sommet initial ; ce plan sera incliné sur le plan horizontal précédent bien qu'il soit un plan mécaniquement de niveau ou d'équilibre, puisque la densité y est la même partout, tandis que le plan topographiquement horizontal n'est pas un plan d'équilibre mécanique, puisque la densité y est différente en différents points. Les deux triangles ainsi tracés en travers du prisme découpent sur chaque face du prisme deux lignes, l'une topographiquement horizontale, mais mécaniquement inclinée et où les molécules ne sont pas en équilibre ; l'autre topographiquement oblique, mais mécaniquement horizontale et où les molécules sont en équilibre ; c'est le long de la ligne mécaniquement inclinée que les molécules vont du plus faible nS_i^o au plus fort, avec une vitesse proportionnelle au gradient des densités, c'est-à-dire au quotient de la différence des densités aux extrémités de la ligne, par la distance de ces deux extrémités. L'inclinaison du courant est donnée par l'angle des deux plans ; sa force et sa direction s'obtiennent en construisant la résultante des données obtenues pour chacun de ces éléments dans les faces correspondantes du prisme ; toutes les opérations nécessaires peuvent s'effectuer par la méthode graphique.

On peut obtenir de même les éléments du courant pour une profondeur quelconque dès qu'on connaît le nS_i^o en trois points de cette profondeur.

Méthode basée sur la température et la salinité. — La méthode la plus employée pour l'étude des courants est basée surtout sur la température et la salinité de l'eau ; c'est celle qui est préconisée par le Conseil permanent international pour l'exploration de la mer et elle est suivie par les savants des nations qui ont adhéré au programme de recherches de ce Conseil. La température et surtout la salinité, quelquefois et assez souvent même l'une seule des deux, suffit à caractériser une eau et à la suivre au milieu des autres. On établit des sections en divers sens dans la mer, de la surface jusqu'au fond, et on prend en des points variés, convenablement choisis et suffisamment nombreux, dans chaque section, des séries verticales de températures et d'échantillons d'eau dont on détermine la salinité. On trace les courbes, conformes aux résultats acquis, dans les sections établies, et l'examen des graphiques ainsi obtenus permet de suivre la même eau à travers les sections successives. Je me borne ici à reproduire, en la simplifiant (fig. 126), une section dessinée par Nansen [1] d'après 13 séries verticales, dues à divers observateurs, et situées entre la pointe nord-ouest du Spitzberg et le Grönland, vers le 75°N. Nous voyons d'abord à la surface, en partant de la côte du Grönland à gauche, une eau superficielle peu salée et relativement chaude due à la fusion de la glace ; vers le milieu de la section, la salinité et la salure augmentent notablement ; nous verrons par ce qui suit que c'est une zone de mélange d'eau chaude atlantique salée et d'eau de fusion de la glace ; enfin contre la côte du Spitzberg il y a, à la surface, de l'eau peu salée encore chaude ; c'est

[1] *Northpolar-Expedition*, vol. III, pl. XXX, 1902.

aussi un mélange d'eau côtière et d'eau chaude atlantique sous-jacente. Au-dessous
de cette couche superficielle se trouve à gauche la masse froide du courant polaire
qui suit la côte est du Grönland ; elle a comme deux axes de courant, l'un qui atteint
— 1°,9 au centre, l'autre — 1°,5 ; dans les deux la salinité est inférieure à 35 °/₀₀, qui
est la limite adoptée pour l'eau atlantique et dont la courbe est figurée ici en poin-

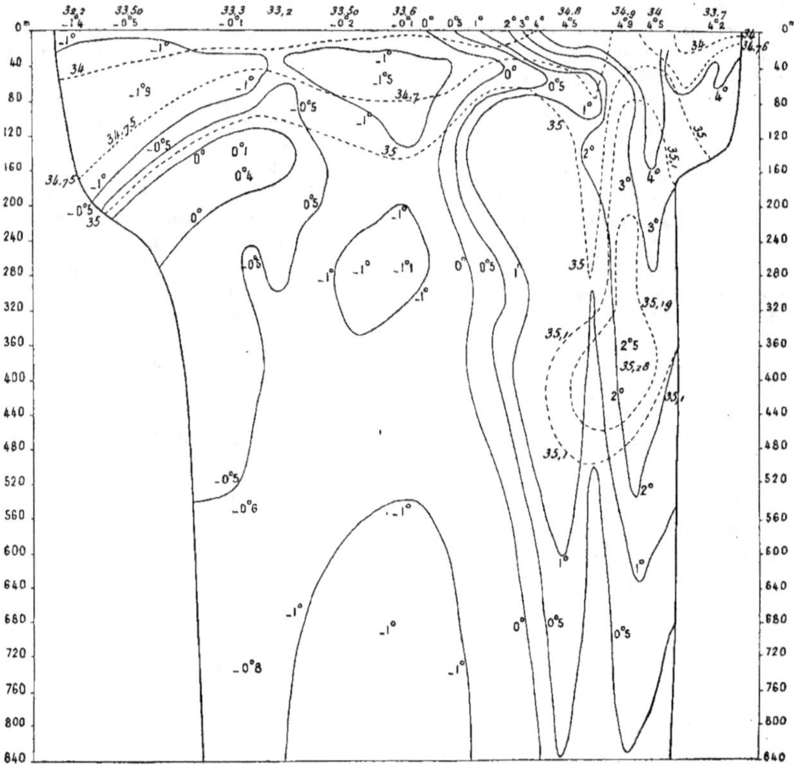

Fig. 126. — Graphique des températures et salinités de l'eau entre le Grönland et le Spitzberg, d'après Nansen.

tillé. Cette ligne 35 est la limite entre l'eau polaire et celle d'origine atlantique : il est
facile de voir que celle-ci, refroidie, occupe la grande masse de la mer, tandis que l'eau
polaire reste dans les couches supérieures. A gauche, tout contre la côte du Grönland, entre 150ᵐ et 250ᵐ de profondeur, nous trouvons un courant inférieur atlantique à température supérieure à 0° et à salinité plus grande que 35. C'est une ramification profonde du Gulf-Stream qui passe sous le courant polaire du Grönland. Mais
la branche orientale du Gulf-Stream qui longe la côte ouest du Spitzberg est, comme

on le voit si nettement dans la partie droite de la section, autrement importante et autrement chaude ; ses eaux, à salinité supérieure à 35, remontent jusqu'à près de 50^m de la surface, mais c'est vers 400^m de profondeur qu'elles atteignent leur plus grande salinité avec 35, 28 et 2°,5 de température.

L'examen de cette section montre comment on reconnaît les diverses sortes d'eau, leur superposition et les zones de leur mélange ; on se rend compte de la facilité avec laquelle on peut suivre le même courant sur des sections analogues se suivant.

Méthode de Bjerknes et Sandström ([1]). — Dans ces dernières années Bjerknes et Sandström ont appliqué à l'étude des mouvements de la mer les méthodes employées en météorologie pour l'étude des mouvements de l'atmosphère. Les progrès de la météorologie sont dus à l'établissement de cartes synoptiques et en particulier de celles qui donnent la distribution de la pression au moyen des isobares ; mais jusqu'à présent ces cartes n'ont pu être établies que pour la couche d'air la plus inférieure. Depuis quelques années l'exploration de la haute atmosphère a fait de grands progrès qui permettront dans la suite une connaissance de plus en plus complète des mouvements qui se font dans toute l'épaisseur de l'atmosphère et par suite une prévision du temps de plus en plus certaine. L'exploration des couches profondes de la mer correspond justement à celle de la haute atmosphère, mais tandis que dans l'air des enregistreurs donnent les éléments : température, pression, humidité pour chaque point du parcours des ballons-sondes ou des cerfs-volants, les procédés actuels d'exploration de la mer ne donnent les éléments : température, densité ou salinité qu'en un nombre de points très restreint. Néanmoins les croisières simultanées, organisées par le Conseil permanent pour l'exploration de la mer, qu'on peut rapprocher des lancements simultanés de ballons-sondes et de cerfs-volants, ont fourni déjà des matériaux assez importants pour l'étude des mouvements de la mer par l'établissement de cartes synoptiques de la pression aux diverses profondeurs ; on trace, au moyen des résultats fournis par les croisières simultanées, les lignes et les surfaces d'égale pression ou isobares, comme pour l'atmosphère. Bjerknes a choisi pour unité dynamique de pression, tant pour l'atmosphère que pour l'eau de mer, la mégadyne par centimètre carré (ce qui correspond à plus d'une atmosphère) ; il désigne cette unité sous le nom de *bar* et il la subdivise en déci, centi, millibar. Le millibar correspond à peu près à la pression de 3/4 de millimètre de mercure ; c'est l'unité pour l'air ; pour l'eau c'est le décibar : la pression y augmente à peu près d'un décibar par mètre.

L'observation des cartes ainsi tracées pour les diverses profondeurs permet, par exemple, de reconnaître que les surfaces isobares des couches supérieures sont à un niveau plus élevé le long des côtes et plus profondément situées dans les régions centrales des mers, et que, dans les grandes lignes, il y a la même relation dans la mer que dans l'air entre les mouvements généraux et la topographie des surfaces isobares.

----

[1] Comme il n'est pas possible d'entrer ici dans les détails, je renvoie le lecteur au mémoire de V.-W. EKMAN, « Beiträge zur Theorie der Meeresströmungen », *Annal. der Hydrographie*, 1906, où il trouvera un exposé plus complet et la bibliographie.

Méthode de Clève. — Le Profes. Clève, qui a étudié attentivement le plankton recueilli en divers points du globe et notamment dans l'Atlantique, a reconnu que les divers courants sont caractérisés par un plankton comprenant des formes spéciales, permettant de suivre un courant déterminé dans son trajet. L'étude du plankton déjà si importante au point de vue de la biologie générale et appliquée le devient ainsi encore davantage. En se basant sur ce fait que des espèces de copépodes trouvées au sud-ouest du Cap se trouvent aussi dans l'hémisphère nord, au nord de la ligne qui passe par le banc de Terre-Neuve et les Açores, Clève a émis l'idée que très probablement les eaux tempérées de l'Atlantique nord ont leur origine, non dans le Gulf-Stream, mais dans le courant de Benguela passant comme courant inférieur au-dessous des eaux tropicales atlantiques. Mais, malgré toute l'autorité du savant suédois, nous croyons nécessaire d'attendre une démonstration plus complète et mieux établie pour admettre sa théorie, en ce qui concerne le cas particulier que je viens de citer, tout en acceptant son idée fondamentale. Il est très désirable de voir recueillir ou étudier le plankton des diverses régions du globe d'une façon suivie aux différentes saisons et à des profondeurs déterminées dans des cas spéciaux ; on pourra alors établir les relations précises entre les courants et les différentes sortes de plankton.

Différentes espèces de courants ; leur cause.

Nous admettrons : 1° des courants de dérive, causés par les vents ; 2° des courants de densité ou de convection, causés par les différences dans la densité (température ou salinité) des eaux ; 3° des courants de marée ; 4° des courants de réaction ou de compensation qui accompagnent les autres ; 5° des courants volcaniques. Les deux premières sortes sont fondamentales.

C'est un fait bien connu de chacun que dès qu'un vent se met à souffler dans une direction déterminée, la surface de l'eau, d'abord unie, se ride, puis se couvre de vagues plus ou moins fortes, et que dès le début, la couche superficielle se meut sous l'action du vent, dans la direction où il souffle, ce qu'il est facile de constater par le déplacement des menus objets flottants. Le courant aérien crée par frottement un courant marin de même direction si aucun obstacle ne s'y oppose, dont la vitesse et la profondeur dépendent de la force du vent. L'Allemand Zöppritz (1878) a cherché à déterminer, par le calcul, jusqu'à quelle profondeur le vent peut faire sentir son action. Il est arrivé à des résultats dont nous exposerons simplement le suivant : si on suppose une nappe d'eau, absolument calme, de surface illimitée et de 4000^m de profondeur, un vent constant en vitesse et en direction, le mouvement communiqué à l'eau à la surface se propagerait dans le liquide de haut en bas, et un état stationnaire ne serait atteint qu'après 200 000 ans ; la vitesse de la surface serait alors uniforme ; mais au bout de 10 000 ans la vitesse de l'eau à 200^m de profondeur ne serait encore que les $37/1\,000$ de la vitesse à la surface. Il faut plus de 1 mois pour que la vitesse de la surface soit communiquée à la couche située à 1^m au-dessous et 239 ans pour que, à 100^m de profondeur, la vitesse atteigne le dixième de celle de la surface. Comme nous l'avons vu, dans ses calculs, Zöppritz suppose un ensemble de conditions tellement différentes de ce qui se passe dans la nature que les résultats obtenus perdent beaucoup de leur intérêt. Nansen a fait remarquer en outre que Zöppritz ne tient pas compte de la rotation de la terre qui fait dévier de plus en plus le courant produit; mais cet effet n'agit que pour retarder encore la pénétration du courant dans la profondeur. Quoi qu'il en soit, l'épaisseur des courants produits par le vent est très réduite et on admet que pour les courants équatoriaux la vitesse est à peine sensible à 150^m et nulle à 200^m. Ce n'est que par suite de circonstances très particulières que cet épaisseur est dépassée notablement, comme c'est le cas du Gulf-Stream qui dépasse 800^m d'épaisseur dans le canal de la Floride.

Quant aux courants de densité, la physique nous apprend que si deux vases communiquants contiennent des liquides de densité différente les hauteurs des liquides dans ces vases sont en raison inverse des densités. Le liquide le plus léger s'élève plus haut que l'autre et tend à couler au-dessus. Il en résulte par exemple, que près des côtes où l'eau est rendue plus légère par les apports des fleuves, le niveau est plus élevé qu'au milieu de l'océan ; il doit donc y avoir un écoulement des bords élevés vers le centre plus bas. D'autre part, là où la surface de la mer est très échauffée, l'eau se dilate et devient plus légère et par suite s'écoule au-dessus des eaux plus froides et plus lourdes ; mais l'évaporation à laquelle est soumise cette eau échauffée concentre sa salinité et la rend plus lourde, de sorte qu'en un même point ou à peu de distance, la même eau est soumise à des influences contraires dont la résultante n'est que la différence de ces deux actions, différence qui peut être à l'avantage de l'une des deux causes suivant les régions et les circonstances.

Les vents sont-ils la cause la plus importante des courants marins ou bien ce rôle doit-il être plutôt attribué aux différences de densité des eaux ? On a longtemps admis que cette dernière cause est de beaucoup la plus efficace et c'était notamment l'opinion de Maury; c'est encore d'ailleurs une idée très répandue que les différences de densité sont l'origine essentielle de la circulation marine et que les vents peuvent seulement modifier plus ou moins cette circulation. Le lieutenant américain J. C. Soley, du bureau hydrographique, vient même de publier une étude sur le Gulf-Stream dans le Golfe du Mexique, dans laquelle il émet l'opinion qu'un courant est seulement une question de densité, que les vents ne produisent aucun courant mais seulement des vagues(¹) ; Maury n'était pas aussi absolu. Lorsque le vent et la différence de densité tendent à mouvoir l'eau en sens opposé, disent les partisans du rôle subordonné du vent, celui-ci ne peut que retarder l'action de la différence de densité jusqu'à ce que cette dernière soit devenue suffisante, grâce à l'action de la chaleur solaire, à l'apport d'eau douce, etc., pour vaincre l'action du vent; et comme l'effet du soleil entre les tropiques est continu, les courants qu'il provoque doivent continuer à transporter la chaleur de l'équateur aux régions polaires, que les vents soient favorables ou contraires à cette circulation. M. W. Ekman (1906)

(¹) *Ann. der Hydrographie*, 1907, Heft II, p. 84.

objecte que, dans ce raisonnement, on ne semble pas attribuer l'importance qu'il mérite à ce fait qu'il existe de puissants courants chauds et froids, riches et pauvres en sel, qui coulent les uns à côté des autres dans des directions opposées et, presque sans exception, dans la direction du vent. Les mers du monde, ajoute-t-il, sont plus qu'assez larges pour donner place à une semblable circulation horizontale, et puisque d'une façon générale les vents entourent les océans, il est très naturel que l'eau suive le même chemin. Les exemples sont nombreux qui montrent que les vents jouent le principal rôle dans la formation des courants, et l'un des plus typiques est le changement régulier de sens du puissant courant de la région septentrionale de l'océan Indien concordant avec le changement régulier des moussons. Si la formation des courants par les vents cessait, il faudrait des différences de température beaucoup plus grandes pour obtenir les mêmes échanges de chaleur et dans ce cas les différences de climat entre les pôles et l'équateur devraient être notablement plus grandes. Il n'en résulte pas qu'on doive regarder comme négligeable l'effet des différences de densité ; cet effet et celui du vent ne sont pas forcément antagonistes et si l'action du vent peut être invoquée surtout pour les courants superficiels fondamentaux, celle des différences de densité a sans doute plus d'importance pour la circulation verticale. C'est à des différences de densité que se ramènent finalement les différences de température et les différences de salinité de telle sorte qu'il suffit de s'occuper des premières.

Il n'en est pas moins bien établi que les différences de densité sont, dans nombre de cas, la cause de courants parfaitement déterminés. Le fait est parfaitement net pour ceux qui s'établissent entre des bassins séparés par un seuil plus ou moins élevé et dans lesquels les densités diffèrent pour une raison quelconque, à cause du climat par exemple. Le détroit de Gibraltar est bien connu pour ses deux courants superposés, dont l'existence a été démontrée par des mesures directes. L'eau de la Méditerranée, alourdie par l'évaporation qui l'a rendue plus salée, tombe au fond de ce bassin fermé et forme une masse très dense qui se déverse par-dessus le seuil du détroit, dans l'Atlantique dont les eaux sont plus légères. La tendance à l'abaissement du niveau de la Méditerranée ainsi produite est contre-balancée par un courant superficiel qui amène à la surface de la Méditerranée les eaux atlantiques moins denses : de cette façon s'établit entre les deux bassins une circulation continue, par simple différence de densité de leurs eaux. Ces eaux lourdes et chaudes à la fois qui s'épanchent ainsi profondément dans l'Atlantique y conservent longtemps et jusqu'à 2 000^m de profondeur une température notablement plus élevée que celle des eaux purement atlantiques par la même profondeur et la même latitude. Ainsi à 60 milles au S. S. E du cap Saint-Vincent, par 36°6′ N et 7°55′ W (Gr.) (Stn. 1268) la *Princesse-Alice* constata une température de 9°,4 à 1 473^m de profondeur, alors qu'on aurait dû la trouver de 6° à 7° si l'eau chaude et dense de la Méditerranée n'exerçait pas son action en ce point. La vase ramenée de cet endroit par le chalut avait une température inférieure (8°,6) à celle de l'eau. Dès 1888, M. J. Y. Buchanan avait reconnu les causes de ces faits. Dans les cartes où le Dr Schott (1902) a indiqué la distribution des températures profondes on constate avec lui que cette masse d'eau chaude s'étend de chaque côté du détroit, jusqu'au golfe de Gascogne dans le Nord et jusque vers les Canaries dans le Sud, tandis qu'elle ne dépasse pas à l'Ouest la longitude de Madère.

Les courants de la Méditerranée sont généralement faibles et rares. Le plus important est celui qui entre par le détroit de Gibraltar, amenant des eaux superficielles de l'Atlantique, pour remplacer celles qui s'écoulent vers l'Atlantique dans la profondeur, par dessus le seuil du détroit. Ce courant est constant dans la partie centrale du détroit et atteint une vitesse de $3^{km},7$ à $5^{km},5$ (2 à 3 milles) à l'heure ; il arrive quelquefois à 9^{km} (5 milles) ; il s'élargit ensuite et se fait sentir, du côté de l'Espagne, jusqu'au cap de Gata. Le courant déviant vers sa droite longe la côte nord d'Afrique vers l'est ; c'est sans doute encore lui ou une de ses branches qui monte au nord la côte de Syrie, puis vers l'ouest celle de l'Asie Mineure ; un courant vient de la mer Noire dans l'archipel ; on retrouve ensuite un courant qui longe la côte est de l'Adriatique et descend le long de la côte ouest de cette mer. Le courant porte vers l'ouest le long de la côte sud de la France. En somme, la Méditerranée paraît pourvue d'un grand circuit superficiel fermé, qui est accompagné comme toujours de courants secondaires. Ce courant étant peu intense, il peut être masqué dans bien des circonstances par des vents de direction différente qui le font dévier de sa route et cela d'autant plus facilement que le point considéré est plus éloigné de l'origine du courant, c'est-à-dire du détroit de Gibraltar. La Méditerranée étant de faible étendue par rapport aux terres qui l'entourent, les vents créés par la forte chaleur des côtes d'Afrique en été sont assez réguliers et compliquent l'étude des courants de cette mer, courants qui ont d'ailleurs été fort peu étudiés jusqu'à présent.

M. Buchanan avait annoncé que ce qui se passe entre la Méditerranée et l'Atlantique doit se passer aussi entre le golfe Persique, la mer Rouge et l'océan Indien. C'est en effet ce qui a été constaté dans la suite : mais comme les seuils des détroits d'Ormuz et de Bab-el-Mandeb sont beaucoup moins profonds que celui de Gibraltar, la différence de température entre l'eau des bassins fermés et celle de l'océan Indien commence déjà à 150^m, au lieu de 400^m (Gibraltar) ; de plus ces différences de température sont plus accentuées et par suite se font sentir plus profondément (jusqu'à $3\,000^m$ dans l'océan Indien) que dans l'Atlantique. D'après le tableau de Schott auquel j'emprunte les chiffres suivants, à 150^m dans la mer d'Oman la température modifiée par le courant chaud qui sort du fond de la mer Rouge est de $21°$ tandis qu'elle devrait être de $17°$ comme dans le golfe de Bengale où l'eau n'est pas soumise à une influence semblable, soit une différence de $4°$.

```
A   150ᵐ l'eau est ainsi à 21°   au lieu de 17° , différence 4°
    200        —        17, 8    —       14      —   3, 8
    800        —        11, 5    —        8, 5   —   3
  2 000        —         4, 5    —        3, 5   —   1
  3 000        —         2, 9    —        2, 5   —   0, 4
```

Ce qui vient confirmer que ces masses énormes d'eaux à température élevée proviennent bien de ces réservoirs d'eau chaude que constituent la mer Rouge, le golfe Persique, etc. c'est la haute salinité de ces eaux, salinité sur laquelle M. Buchanan avait déjà attiré l'attention en ce qui concerne l'eau sortie de la Méditerranée. Dans le golfe d'Aden, à 1 840ᵐ de profondeur, la salinité est de 38,47 °/₀₀, soit 3°/₀₀ de plus que l'eau du fond de l'océan Indien et presque la salinité de la mer Rouge elle-même. On a objecté que la section des détroits est bien petite par rapport aux énormes masses d'eau chaude qu'on leur attribue dans les océans avec lesquels ils communiquent : mais il faut tenir compte du facteur temps et aussi de la grande chaleur spécifique de l'eau.

La mer de Marmara se comporte vis-à-vis de la mer Noire, comme la Méditerranée vis-à-vis de l'Atlantique : l'eau lourde de la première s'écoule par en bas dans la seconde, tandis que celle-ci envoie un courant superficiel d'eau plus légère dans la mer de Marmara.

Des apports sous-marins d'eau douce peuvent, par leur faible densité, donner naissance à des courants locaux, généralement peu marqués d'ailleurs ; il faut en effet attendre de nouvelles observations avant d'admettre les fleuves souterrains qui amèneraient jusqu'à des troncs d'arbres par cette voie sous-marine[1]. Quant aux sources d'eau douce surgissant du fond de la mer à une distance plus ou moins grande de la côte, on en connaît de nombreux exemples ; j'en ai observé plusieurs dans les environs de Monaco : il y en a jusque dans le port même, et plus loin près de la côte ouest du cap Martin. Quand la mer est simplement ridée par une faible brise, l'existence de ces sources d'eau douce sous-marines est décelée par une zone plus ou moins circulaire dont le calme contraste avec l'eau ridée qui l'entoure. La fig. 127 représente l'aspect d'une de ces sources des environs de Monaco.

Fig. 127. — Source d'eau douce sous-marine près de Monaco.

Un fait curieux a été rapporté récemment par le lieutenant américain Soley[2] ; on observe dans le golfe du Mexique une grande tache d'huile qui s'étend à la surface et dure souvent pendant des mois. Cette huile paraît provenir du fond, qui atteint

---

[1] Voir H. DE VARIGNY dans le *Temps* du 23 février 1905. Dans le golfe Persique, les habitants de certaines localités vont chercher l'eau douce des sources sous-marines. Les Phéniciens savaient aussi utiliser ces sources en les coiffant d'une lourde cloche terminée par un long tuyau de cuir amenant à la surface l'eau ainsi isolée (D'après des citations de Pline et de Strabon, que je dois à l'obligeance de M. le chanoine de Villeneuve).

[2] « Der Golfstrom im Golf von Mexico », *Ann. der Hydrographie*. Berlin, 1907, p. 84, 87.

là 1 829ᵐ, au sud du delta du Mississipi, par environ 27°N et 91° — 92°W. Il serait très intéressant d'établir la nature et l'origine de cette huile.

Il faut rapprocher de ce fait celui de l'exploitation du pétrole dans des terrains recouverts de 6 ou 8ᵐ d'eau à marée basse en Californie, à Summerland, dans la région de Santa-Barbara.

Les courants une fois créés, leur direction et leur vitesse peuvent être modifiées par diverses causes :

1° *La rotation terrestre*. La Mécanique nous enseigne que du fait de la rotation de la terre sur elle-même tout corps en mouvement se trouve dévié vers la droite de sa trajectoire dans l'hémisphère nord, vers la gauche dans l'hémisphère sud. Nous verrons plus loin des exemples typiques d'effets dus à cette cause.

2° *Les obstacles,* en particulier l'existence et la direction des côtes que les courants rencontrent.

Lorsqu'un courant C vient normalement contre une paroi ou côte droite AB, il se divise en deux courants opposés comme le montre la fig. 128. Si deux courants parallèles égaux C'C' rencontrent une côte rectiligne, il est facile de voir par la même figure qu'il se forme entre les deux un troisième courant parallèle aux précédents, mais de sens contraire : c'est un contre-courant. Les résultats sont plus ou moins différents suivant l'inégalité des courants, la forme et l'inclinaison de l'obstacle, etc. Si d'autre part deux courants égaux opposés et horizontaux se rencontrent, il peut se former un courant descendant ; de même, un courant ascendant peut prendre naissance lorsque deux courants s'éloignent l'un de l'autre. Ce courant ascendant est un courant de compensation qui amène à la surface, pour rétablir l'équilibre, l'eau entraînée par les courants qui s'éloignent l'un de l'autre. Ces courants de compensation ou de réaction accompagnent constamment les courants primaires et au total ils mettent en mouvement les mêmes masses d'eau que les premiers, mais ils peuvent être multiples et plus ou moins apparents, nous en verrons de nombreux exemples : tous les courants superficiels qui viennent remplacer dans les bassins presque fermés l'eau issue de la profondeur de ces derniers sont des courants de compensation.

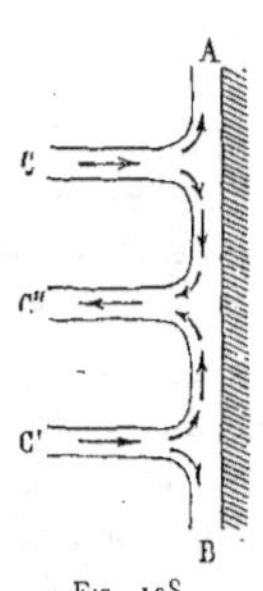

Fig. 128.

Des courants de compensation se produisent encore au-dessus des obstacles immergés, si le courant initial a une vitesse suffisante. C'est par exemple ce qui arrive au-dessus de certains bancs, comme le montre schématiquement la fig. 129 par la direction des flèches ; il y a une sorte d'aspiration de l'eau profonde. Schott (1902) cite comme exemple ce qui se passe au-dessus du banc de la *Valdivia* qui fait partie de la crête de la Baleine (Walfisch-Rücken) en plein courant de Benguela par 25° de lat. S. La température du fond à 936ᵐ était de 3°,5 et de 3°,3 à 981ᵐ, en moyenne 3°,4 pour 950ᵐ. Or en pleine mer, par cette lati-

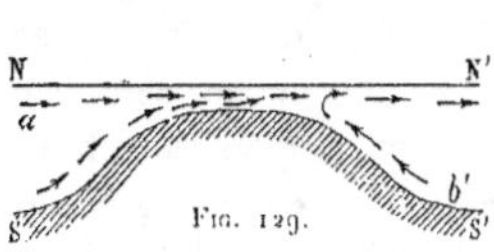

Fig. 129.

tude, il y a 5°,2 à cette profondeur et il faut descendre à environ 1 100ᵐ pour y trouver 3°,4. Par suite du courant horizontal relativement fort, l'eau froide de 1 100ᵐ de profondeur serait aspirée et amenée à 900ᵐ. En général, ces phénomènes de montée ou de descente sont limités à 200 ou 300ᵐ de profondeur ; nous venons de voir qu'ils se produisent quelquefois plus profondément.

On observe fréquemment un abaissement local de la température, par ascension d'eau froide, entre des masses d'eau courant rapidement : ainsi près du cap San-Roque où le courant sud-équatorial se divise en deux branches, l'eau a 23° à 50ᵐ et 11° à 13° à 200ᵐ, alors qu'un peu plus bas, près de Bahia, on observe 26°,3 à 50ᵐ et 18° à 19° à 200ᵐ. Dans le premier cas il y a une sorte d'aspiration ; dans le second, au contraire, on attribue la haute température à la descente de l'eau chaude de surface sous l'action du vent dominant (alizés du sud-est) qui va droit contre la côte.

C'est aussi dans la région située entre le courant de Guinée et le courant nord-équatorial, près de la côte nord-ouest d'Afrique, notamment au sud-ouest des îles du Cap-Vert, qu'on trouve de l'eau froide ascendante surtout bien marquée à 50^m de profondeur ; la *Valdivia* y a constaté une température de 13°,2 dans un espace très restreint entouré d'eau à près de 18°. Il est d'ailleurs à remarquer qu'à cette profondeur l'isotherme de 20°, au lieu de suivre sa direction jusqu'au cap Bojador, s'infléchit vers le sud en se tenant écarté de la côte depuis ce cap jusqu'à l'embouchure du Niger ; tout le long de cette grande étendue de côte, mais surtout du cap Blanc à la côte de Sierra-Leone, existe une zone d'eau fraîche qui permet un développement considérable de la vie animale sur les bancs qu'elle baigne, notamment sur le banc d'Arguin où des pêcheries ont été installées à diverses reprises et dont on s'accorde à vanter la richesse en poissons.

La côte de l'Afrique allemande du sud-ouest présente des conditions très semblables ; jusqu'à près de 300^m de profondeur, la température est notablement plus basse le long de cette côte, dans le courant de Benguela, où elle n'atteint pas 15° tandis que sous la même latitude, en pleine mer, on observe 20° à la même profondeur de 50^m.

LA CIRCULATION GÉNÉRALE DANS LES OCÉANS

Essayons maintenant de nous représenter le schéma fondamental de la circulation océanique tel qu'il est généralement admis aujourd'hui : la météorologie nous apprend que sous l'influence des rayons sensiblement perpendiculaires du soleil la zone d'air d'environ 1 000^{km} de large qui entoure le globe à l'équateur subit un échauffement considérable. Cette bande équatoriale d'air chaud et par suite léger qui s'élève forme une zone de basses pressions vers laquelle se précipitent les masses d'air du nord et du sud, de sorte que si la terre ne tournait pas et si sa surface était homogène, uniformément couverte d'eau par exemple, il y aurait un vent du nord et un vent du sud dirigés vers l'équateur et là une bande équatoriale d'air chaud ascendant retournant ensuite vers les pôles pour compléter cette circulation. Mais comme la terre tourne et que de ce fait tout corps en mouvement est dévié de sa trajectoire vers la droite dans l'hémisphère nord et vers sa gauche dans l'hémisphère sud, les masses d'air venant du nord vers l'équateur seront déviées vers l'ouest et le vent du nord deviendra un vent du N-E : ce sont les *alizés* de l'hémisphère nord ; de même le vent du sud deviendra l'alizé (S-E) de l'hémisphère sud. Ces vents qui soufflent constamment dans la même direction avec une vitesse de 30 à 40^{km} à l'heure viennent au-devant l'un de l'autre vers l'équateur où ils s'élèvent en laissant entre eux la zone des calmes équatoriaux à air ascendant. Il va sans dire que la surface du globe n'étant pas homogène, la distribution des terres introduit des perturbations dans le système précédent comme nous le verrons dans la suite.

Quoi qu'il en soit, des vents soufflant constamment dans le même sens avec une intensité assez grande sur une nappe d'eau arrivent à imprimer à la couche supérieure de celle-ci, grâce à l'effet de la pression tangentielle et à celui du frottement qui s'exerce d'une couche à l'autre, un mouvement de translation en masse, c'est-à-dire à former un courant. C'est ainsi que les alizés du N-E engendrent le courant équatorial du nord dont la direction d'abord NE-SW devient vite E-W par l'effet de la rotation terrestre ; il en est de même pour le courant équatorial du sud, dû aux alizés du S.-E. Les mêmes causes agissant dans le Pacifique, nous avons aussi dans cet océan des courants équatoriaux semblables ; dans l'océan Indien, par suite de perturbations dont nous parlerons plus loin, le courant équatorial du nord présente des particularités spéciales, tandis que celui du sud se comporte comme dans les deux autres océans.

Examinons de plus près ce qui se passe dans l'Atlantique, à l'aide de la carte des courants établie d'après celle de Krümmel : nous voyons que le courant équatorial du sud vient se diviser au cap S. Roque, contre la saillie de l'Amérique du Sud, en deux courants dont l'un va rejoindre le courant équatorial nord pour contribuer à la formation du Gulf-Stream dont une portion revient, mélangée à une eau différente, sous le nom de courant des Canaries, pour fermer le grand circuit de l'Atlantique nord. La branche sud du courant équatorial du sud, sous le nom de courant du Brésil, constamment dévié vers sa gauche comme le Gulf-Stream l'est vers sa droite, forme de même un circuit fermé avec l'aide du courant de Benguela. C'est le grand circuit de l'Atlantique sud, moins important que celui du nord, une partie des eaux du courant équatorial du sud étant détournée dans l'hémisphère nord.

Nous trouvons les mêmes dispositions dans le Pacifique ; elles y sont même plus typiques : nous y voyons en effet, entre les courants équatoriaux du nord et du sud qui vont de l'E à l'W, un contre-courant équatorial qui va de l'W à l'E, formé aux dépens des précédents par suite de leur butée contre la paroi E du bassin de cet océan. Dans l'Atlantique, ce contre-courant est représenté par le courant de Guinée, qui, à cause de la conformation et de l'éloignement relativement faible des côtes d'Afrique et d'Amérique, présente un aspect moins régulier que dans le Pacifique.

Dans l'océan Indien, tandis que le circuit du courant équatorial du sud est normal et complet, le circuit nord subit des perturbations ; pendant l'hiver, d'octobre à avril, les alizés y sont normaux et prennent le nom de mousson du N-E. Mais ensuite les terres de l'Asie s'échauffent rapidement et fortement, d'où production de basses pressions et appel d'air vers ce centre de basses pressions, c'est-à-dire apparition de vents de S-W contraires aux premiers : c'est la mousson du S-W. Les courants qui résultent de l'action de ces vents sont saisonniers comme eux et c'est bien là une des meilleures preuves de l'importance des vents dans la production des courants.

Nous voyons donc que dans chacun des trois grands océans il y a, de chaque côté de l'équateur, un circuit fermé de courant, dont les eaux toujours déviées vers la droite dans l'hémisphère nord vont dans le sens des aiguilles d'une montre, tandis que, toujours déviées vers la gauche dans l'hémisphère sud, elles vont en sens inverse. Seul l'océan Indien a un seul circuit constant, celui du sud. Ce sont là les cinq grands centres d'action de la circulation océanique superficielle. Il est facile de voir sur la carte que dans l'océan annulaire antarctique le courant ne rencontre pour ainsi dire pas d'obstacle, d'où un mouvement d'ensemble de l'ouest à l'est concordant avec le mouvement de la partie sud des trois grands circuits océaniques du sud, mouvement provoqué et maintenu par la constance des vents d'ouest. C'est le grand courant austral de la gauche duquel s'échappent le long de la côte ouest de l'Afrique

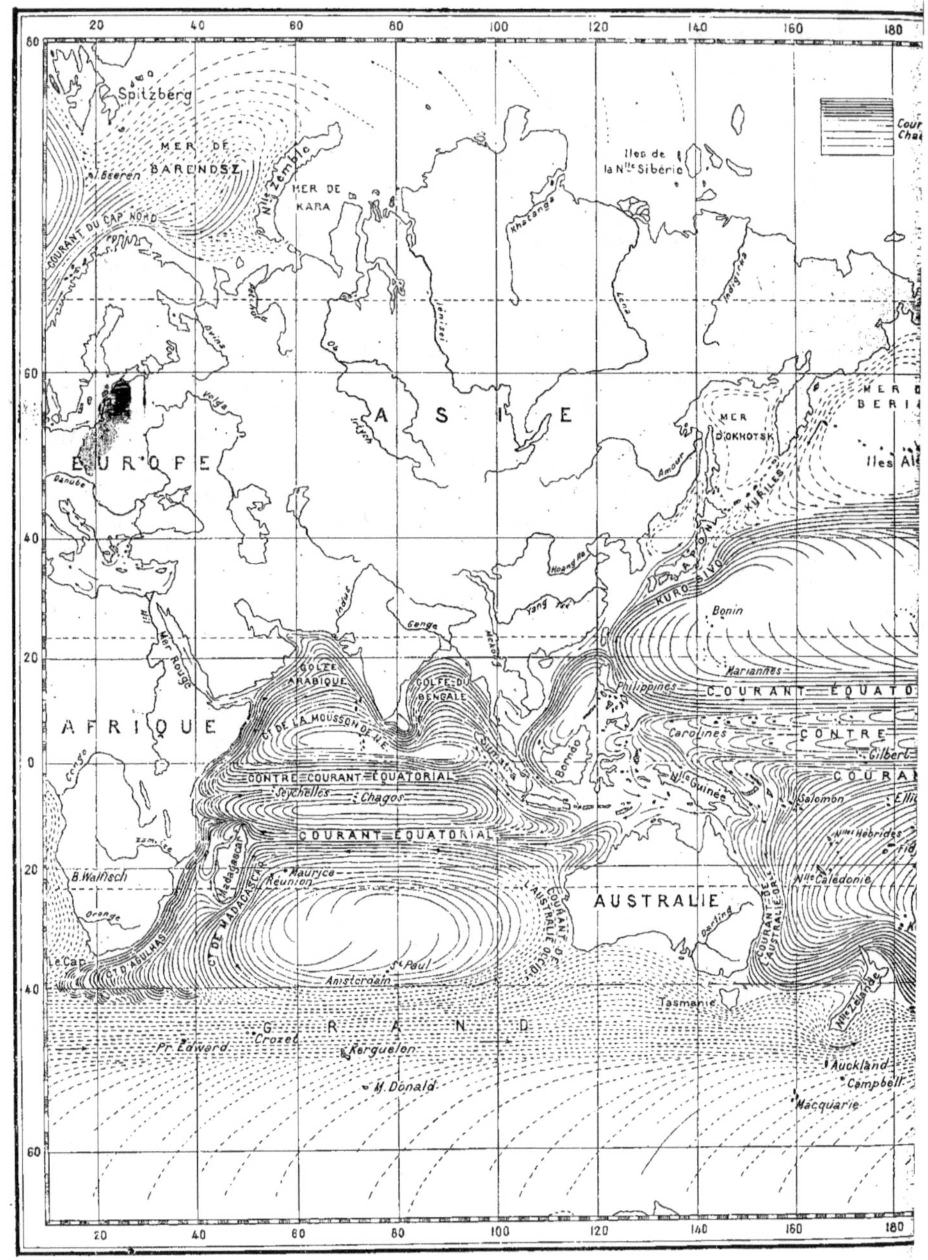

Spitzberg
MER DE BARENDSZ
Beeren
Nlle Zemble
MER DE KARA
COURANT DU CAP NORD
Iles de la Nlle Sibérie
ASIE
EUROPE
Volga
Danube
MER D'OKHOTSK
MER DE BERIN
Iles Al
AFRIQUE
Mer Rouge
Indus
Gange
KURO-SIVO
KURILES
Bonin
Mariannes
GOLFE ARABIQUE
GOLFE DU BENGALE
Ct DE LA MOUSSON DE N.E.
Philippines
COURANT ÉQUATO
CONTRE-COURANT ÉQUATORIAL
Seychelles
Chagos
Carolines
CONTRE
COURAN
Gilbert
Bornéo
Nlle Guinée
Salomon
Elli
COURANT ÉQUATORIAL
Nlles Hébrides
Fid
B.Walfisch
Madagascar
Maurice
Réunion
Nlle Calédonie
AUSTRALIE
Ct DE MADAGASCAR
COURANT DE L'AUSTRALIE OR.
Orange
Darling
Le Cap
Ct D'AGULHAS
St Paul
Amsterdam
Tasmanie
Nlle Zélande
Auckland
Campbell
Pr Edward
Crozet
Kerguelen
Macquarie
M. Donald
GRAND
Cour Cha

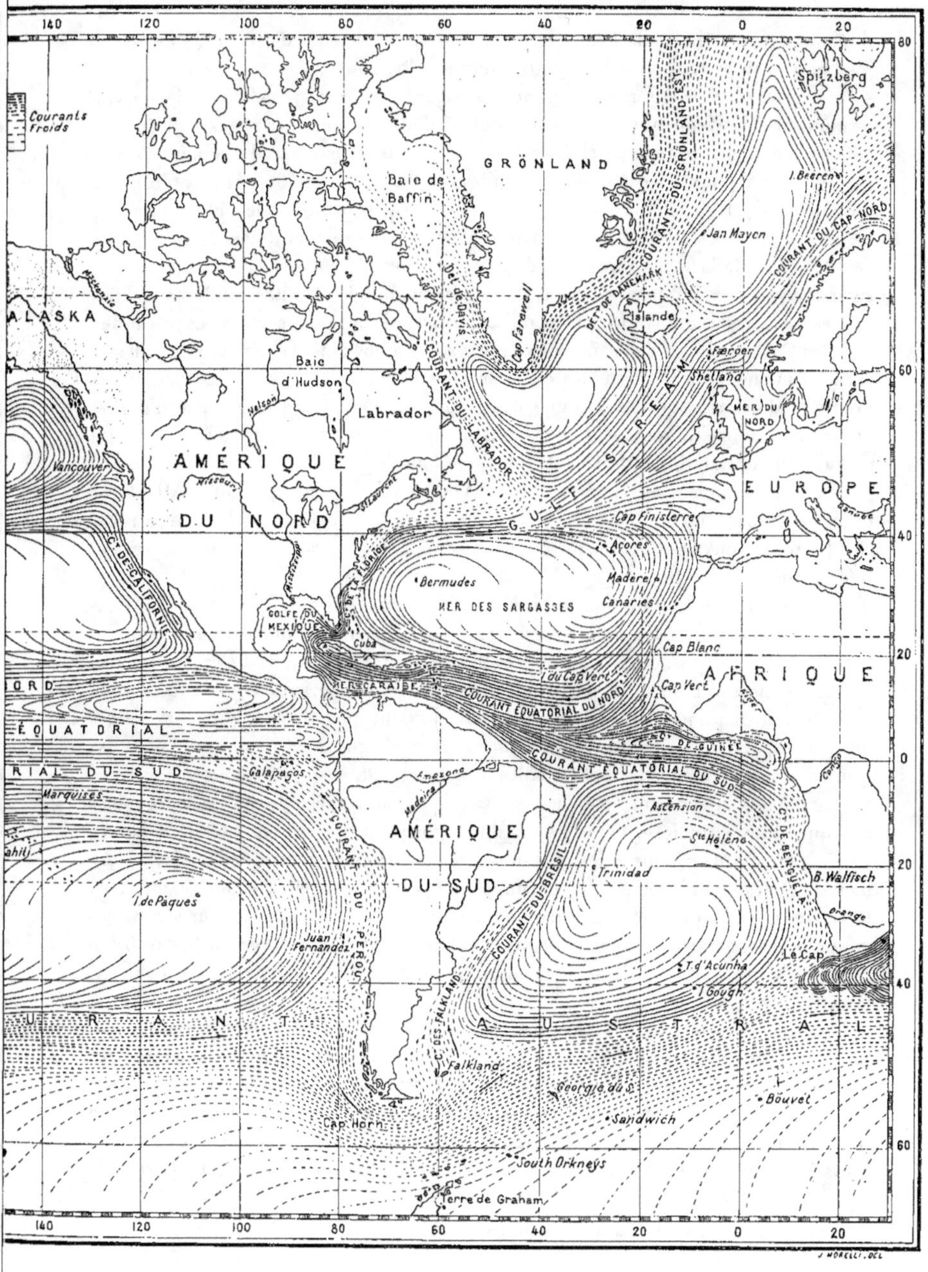

Courants
Froids
ALASKA
Vancouver
C. DE CALIFORNIE
AMÉRIQUE
DU NORD
Baie de Baffin
GRÖNLAND
Baie d'Hudson
Labrador
Missouri
Nelson
Mackenzie
St Laurent
DÉT. DE DAVIS
COURANT DU LABRADOR
Cap Farewell
DÉT. DE DANEMARK
COURANT DU GRÖNLAND EST
Islande
Jan Mayen
I. Beeren
Spitzberg
COURANT DU CAP NORD
Færœr
Shetland
MER DU NORD
EUROPE
Cap Finisterre
Açores
GULF STREAM
GOLFE DU MEXIQUE
DÉT. DE LA FLORIDE
Cuba
Bermudes
MER DES SARGASSES
Madère
Canaries
Cap Blanc
AFRIQUE
MER CARAÏBE
COURANT ÉQUATORIAL DU NORD
I. du Cap Vert
Cap Vert
COURANT
ÉQUATORIAL
RIAL DU SUD
Galapagos
Amazone
Madère
AMÉRIQUE
DU SUD
C. DE GUINÉE
COURANT ÉQUATORIAL DU SUD
Congo
Marquises
Tahiti
I. de Pâques
Juan Fernandez
C. DU PÉROU
COURANT DU BRÉSIL
Ascension
Ste Hélène
C. DE BENGUELA
Trinidad
B. Walfisch
Orange
T. d'Acunha
Le Cap
I. Gough
C. DES FALKLAND
COURANT
AUSTRAL
Falkland
Georgie du S.
Bouvet
Sandwich
Cap Horn
South Orkneys
Terre de Graham
J. MORELLI. DEL.

du sud, de l'Australie, de l'Amérique du Sud, des branches d'eau froide qui complètent à l'est les trois grands circuits indiqués plus haut.

Ces vastes circuits enserrent d'immenses espaces où l'eau est calme et dépourvue de courants ; là viennent s'accumuler les objets flottants entraînés par le courant circulaire. La mieux connue de ces régions de calme est sans contredit la mer des Sargasses, ainsi nommée à cause des innombrables paquets d'algues de ce nom qui y flottent et s'y multiplient, soutenues à la surface par les vésicules pleines de gaz qu'elles produisent. Arrachées à la côte d'Amérique, elles sont amenées en quantité vers le centre de la mer en question dans le sud-ouest des Açores et peuvent osciller, suivant les faibles influences locales, dans une étendue de plus de 4 millions de kilomètres carrés, soit 8 fois la surface de la France. D'après une croyance répandue chez les Carthaginois, la mer n'était pas navigable au delà des Canaries, parce qu'une épaisse couche d'herbes flottantes en recouvrait la surface. C'est là sans doute « la première allusion historique à la mer des Sargasses, à cette immense nappe d'herbes marines qui tourbillonne au milieu de l'Atlantique sous les influences combinées du courant équatorial, du Gulf-Stream et des vents alizés ([1]).

Les Carthaginois, les Romains et les Arabes qui naviguèrent dans l'Atlantique firent des remarques sur la mer des Sargasses, et si les journaux de bord d'Amilcar et d'Hannon pouvaient se retrouver, les impressions de ces explorateurs seraient intéressantes à connaître. »

Étant données les conditions de l'existence de la mer des Sargasses et de sa formation, on peut s'attendre à retrouver les mêmes accumulations d'algues dans les régions de calme qui occupent le centre des autres grands circuits ; c'est en effet ce que l'on constate, mais nulle part la quantité relative des sargasses n'est aussi grande que dans l'Atlantique nord. Remarquons en passant que ces cinq zones de calme, qui correspondent à des zones de calme atmosphérique avec hautes pressions, se trouvent toutes par environ 30° de latitude nord et sud. L'ampleur et la concordance de ces phénomènes atmosphériques et océaniques sont véritablement remarquables et d'une allure grandiose. On se rend compte que si la surface terrestre était homogène, les courants marins et les courants aériens offriraient un parallélisme complet ; dans la réalité, celui-ci n'est guère rompu que par l'existence et l'asymétrie du relief terrestre. C'est là une nouvelle raison d'admettre que l'existence et la persistance des courants fondamentaux, qui constituent avec leurs dépendances la proportion de beaucoup la plus considérable de la circulation océanique, sont bien dus à des courants aériens correspondants.

Nous avons vu que les courants marins qui intéressent particulièrement la navigation et la climatologie, c'est-à-dire les courants superficiels, n'atteignent que rarement 150^m d'épaisseur : en revanche, ils se meuvent avec plus de rapidité que les autres ; le Gulf-Stream par exemple, après sa sortie du golfe du Mexique, a une vitesse moyenne de 111^{km} par jour. Pour Schott (1902), ces courants de surface suffisent à expliquer toute la circulation des océans ; il faut prendre suivant lui, à la lettre, cette phrase de

---

([1]) Prince ALBERT DE MONACO, *Le Gulf-Stream*, 1886, p. 9.

Varenius : « si pars oceani movetur totus oceanus movetur », c'est-à-dire que si une partie d'un fluide comme l'eau de la mer, est mise en mouvement, toute la masse prend part à ce mouvement. L'existence d'un courant à la surface entraîne celle de courants de réaction et surtout de courants de compensation dont l'action totale n'est pas moindre que celle du courant initial puisqu'elle a pour but de rétablir l'équilibre rompu par le premier, et comme le phénomène initial est continu, les mouvements de compensation sont eux-mêmes continus et provoquent une grande circulation verticale dans chaque hémisphère. En effet, considérons par exemple les masses d'eau déplacées par les courants équatoriaux nord et sud avec leurs prolongements (Gulf-Stream et courant du Brésil) ; elles dépassent en importance celle que les courants froids (des Canaries et de Benguela) ramènent vers l'équateur pour fermer les deux circuits. Il faut donc que ce déficit en eau soit comblé d'une façon continue par de l'eau provenant d'une autre source ; cette eau vient de la profondeur pour se distribuer dans les courants superficiels ; ainsi s'établit la partie ascendante de la circulation verticale. D'autre part, arrivée dans les hautes latitudes, l'eau chaude entraînée loin de l'équateur devient plus lourde par refroidissement et tombe dans la profondeur ; dans les calmes situés autour de 30° de latitude N et S, cette eau descend aussi parce qu'elle est devenue plus lourde par évaporation ; toutes ces eaux entraînent plus ou moins profondément une grande quantité de chaleur ; ainsi s'établit la partie descendante de la circulation verticale. Cette circulation verticale est complète entre l'équateur et les latitudes moyennes et elle est plus importante dans l'hémisphère nord que dans l'autre puisque la circulation superficielle y est aussi plus développée ; sous les latitudes moyennes, l'eau tombe ainsi jusque dans des profondeurs de 500, 1 000^m ou plus, avec un mouvement extrêmement lent, et se meut comme courant profond vers l'équateur ; là elle est conduite à la surface, dans un mouvement ascendant pour fermer le cycle. L'existence de ce circuit vertical est due entièrement au courant superficiel. Plus on se rapproche des hautes latitudes et des pôles même, plus les mouvements de circulation verticale sont réduits et plus l'eau est refroidie quand elle arrive au fond.

Il y a lieu d'admettre que dans l'ensemble de la circulation du système considéré, la quantité d'eau transportée de l'équateur vers le pôle est égale à celle qui revient vers l'équateur. Cette dernière est donc fournie par les courants de retour superficiels et par la circulation verticale ; quant à la proportion d'eau ramenée à attribuer à chacune de ces deux causes, elle varie évidemment suivant les cas et les circonstances ; en général, la circulation verticale sera plutôt réduite. Supposons qu'il s'agisse de la circulation verticale entre l'équateur et le 30°.N : le courant de surface a une vitesse moyenne vers le pôle de 24 milles par jour (ce qui est peu par rapport au Gulf-Stream) ; admettons une épaisseur de 100^m ; si l'on suppose que 5 °/₀ de la masse coule pour être de nouveau aspirée comme courant profond vers l'équateur, on trouve, d'après Schott, que la vitesse de ce courant profond sera de 0^{mm},7 par seconde, 60^m par jour et une même molécule d'eau mettra quelque 150 ans pour revenir du 30° N à l'équateur, tandis que le courant superficiel fait le trajet inverse en 80 jours (si l'on suppose qu'il va en ligne droite, ce qui n'est pas). Le courant profond arrivé sous l'équateur à 3 000^m de profondeur par exemple mettra 50 jours pour arriver à la surface. Comme on le voit, il s'agit de mouvements extrêmement lents et qui le sont peut-être encore davantage ; mais il ne faut pas oublier qu'ils sont continus et il semble qu'ils peuvent utilement être associés à la circulation chimique verticale invoquée par M. Thoulet pour le renouvellement de l'atmosphère gazeuse nécessaire à la vie des animaux des grandes profondeurs. L'ascension de l'eau froide sous l'équateur et la chute de l'eau chaude dans les latitudes moyennes n'est pas une simple hypothèse, mais bien un fait démontré par les observations thermométriques. Comparons en effet les colonnes 1 et 4 du tableau ci-joint dressé par Schott et représentant les températures moyennes dans l'Atlantique, sous l'équateur et à 30° N.

PROFONDEUR EN MÈTRES	ZONE DE HAUTES TEMPÉRATURES (EAU DESCENDANTE)			ZONE DE BASSES TEMPÉRATURES (EAU ASCENDANTE)	
	1 Atlantique N. Lat. 30°.	2 Atlantique S. Lat. 30°.	3 Océan Indien. Lat. 30°.	4 Atlantique. Équateur.	5 Océan Indien. Équateur.
0	22°,7	19°,5	20°,0	26°,0	27°,8
50	20 9	18 0	19 0	21 8	27 0
100	19 6	17 3	18 9	16 3	24 3
150	18 6	15 8	17 4	13 6	17 1
200	17 9	14 4	15 0	13 3	14 5
400	15 8	11 4	12 5	8 1	10 3
600	13 0	7 7	10 6	5 4	8 9
800	9 8	5 4	8 3	4 7	7 5
1 000	7 6	3 9	5 5	4 4	6 2
2 000	3 9	2 8	2 5	3 5	2 7
3 000	3 1	»	»	2 7	»

Nous voyons aussitôt que, immédiatement au-dessous de la couche superficielle de 50ᵐ d'épaisseur, plus chaude sous l'équateur qu'à 30° N, les températures sont beaucoup plus basses sous l'équateur que dans les latitudes moyennes ; l'eau relativement froide monte donc jusqu'à 100ᵐ de la surface sous l'équateur où elle a 16°,3 soit 3°,3 de moins qu'à 100ᵐ par 30° N. A 400ᵐ de profondeur, la différence est presque de moitié (8°,1 au lieu de 15°,8). Dans l'Atlantique nord, les différences sont le plus accusées ; elles sont moins sensibles dans l'océan Indien, et c'est dans l'Atlantique sud qu'elles sont le plus faibles. Ces faits s'expliquent ainsi : si dans l'Atlantique nord les différences sont aussi accentuées, c'est que les courants ont le plus d'ampleur et d'intensité, grâce à l'appoint d'une bonne partie du courant équatorial du sud, tandis que l'Atlantique sud présente le contraste minimum entre les températures à l'équateur et à 30° S. On s'explique de même comment les eaux chaudes atteignent jusqu'au fond de l'Océan vers 30° N avec une température qui dépasse 3° jusqu'à plus de 3 000ᵐ, alors qu'elle ne dépasse pas 2°,7 dans les autres océans. Il y a donc manifestement partout de l'eau froide ascendante sous l'équateur, de l'eau chaude ascendante dans les latitudes moyennes de 30°.

Les faits semblent donc bien concorder avec le schéma tracé plus haut. Ainsi se trouvent reliées ensemble, dans la théorie de Schott, la circulation superficielle horizontale et la circulation verticale ; le tout forme un seul système général de mouvements *continus* dont la source principale est dans les courants aériens.

M. Thoulet (1904) a fait l'objection suivante à la théorie d'après laquelle la circulation verticale profonde ramène l'eau du fond à monter sous l'équateur : les mesures récentes tendent à établir qu'un même océan « n'est dans ses profondeurs qu'une succession de cuvettes juxtaposées ayant chacune son régime distinct et remplies d'eaux complètement immobiles ou presque immobiles. » A notre avis, l'existence desdites cuvettes n'altère pas la valeur de la théorie de la circulation *très lente sur le fond* et verticale dont il est question. En effet, si les molécules d'eau qu'on suppose venir le long du fond, des pôles vers l'équateur, sont plus légères que l'eau des cuvettes quelles rencontrent sur leur passage, elles passeront par-dessus comme elles passent par-dessus le sol sous-marin ; si elles sont plus lourdes, elles tomberont au fond de ces cuvettes dont le contenu initial sera expulsé et prendra la place des molécules premières en subissant les mêmes influences, c'est-à-dire que c'est l'eau plus légère de ces cuvettes qui sera entraînée dans le mouvement vers l'équateur ; l'eau profonde peut ainsi s'écouler de cuvette en cuvette ou passer simplement par-dessus si, comme c'est sans doute dans le cas général, sa densité est inférieure à celle des cuvettes. Dans ce dernier cas, on aurait une circulation profonde très lente ; en même temps, dans les cuvettes, l'immobilité de l'eau permettrait certaines actions chimiques pour lesquelles cet état paraît être nécessaire.

Nous venons de jeter un coup d'œil sur l'ensemble de la circulation théorique ; il va sans dire qu'il y a en outre une foule de circulations secondaires dépendantes ou indépendantes des précédentes, comme celles qui se produisent dans des bassins fermés plus ou moins complètement et qui sont soumises à des conditions locales.

Il y a aussi des courants locaux, passagers, souvent très limités, présentant parfois en petit ce que nous avons vu dans la circulation générale. Il peut se produire aussi des perturbations dans la constance et la direction des vents qui forment les courants sans que ceux-ci en éprouvent autre chose qu'un effet très superficiel et passager, sans que la direction et la vitesse de l'ensemble soient beaucoup altérées, du moment où les perturbations considérées sont passagères.

Le Gulf-Stream et ses branches. — Kohl a donné en 1868 une étude très détaillée du Gulf-Stream, surtout au point de vue historique [1]. Il signale un certain nombre de faits intéressants de flottage naturel observés très anciennement et qui ont dû attirer de bonne heure l'attention sur les causes de leur production ; de temps immémorial, les habitants de l'Écosse et de la Norvège recueillaient sur leurs côtes des graines et des noix exotiques. C'est ainsi qu'ils obtenaient un fruit qui croît abondammment à la Jamaïque et qu'ils appelaient fèves des Moluques.

Suivant plusieurs historiens danois, les habitants des îles Färöer et de l'Islande construisaient beaucoup leurs maisons avec des bois flottés qui devinrent de plus en plus rares à mesure que la colonisation s'étendit sur les bords du Mississipi. Ces bois amenés par le fleuve dans le Golfe du Mexique étaient entraînés dans le Nord-Est par par le Gulf-Stream. D'autre part, des graines de *Mimosa scandens*, qui est une plante

[1] Prince ALBERT DE MONACO, *Le Gulf-Stream*. Paris, 1886.

du Mexique, ont été recueillies à diverses reprises aux Färöer, en Islande et même jusqu'au cap Nord, et au sud du Grönland. Les habitants de cette dernière contrée utilisaient même les graines en question en guise de tabac à priser !

On peut rapprocher de ces faits l'arrivée sur les côtes des Iles britanniques, des Shetlands, de l'Islande et du nord de la Norvège, de flotteurs lancés en travers du parcours du Gulf-Stream par le Prince de Monaco.

Nous ne nous attarderons pas à la découverte du Gulf-Stream en 1513 par l'espagnol Ponce de Léon ; on ne tarda pas à en profiter ; les caravelles espagnoles, notamment, venaient dans le Sud, poussés par les alizés pour prendre le bord supérieur du courant équatorial qui les entraînait dans la mer des Antilles et le golfe du Mexique. Elles revenaient par le canal de la Floride portées jusque vers le milieu de l'Atlantique par les eaux du Gulf-Stream.

La première base scientifique pour l'étude du grand fleuve atlantique a été établie par Franklin [1]. Son attention fut attirée sur ce fait que les courriers de l'état mettaient beaucoup plus longtemps pour traverser l'Atlantique que les bateaux de commerce du Massachussetts. Il s'informa auprès du capitaine Folger de Nantucket et apprit ainsi l'existence d'un fort courant dirigé vers l'Est, utilisé par les bateaux marchands pour aller en Europe et qu'ils évitaient au retour en naviguant plus au nord. Folger fit remarquer en outre que ce courant est chaud [2]. Ces faits intéressèrent très vivement Franklin qui sut obtenir de nombreuses indications des baleiniers de Nantucket et qui ne tarda à publier une carte du Gulf-Stream, pour le grand avantage des navigateurs. Il constata par lui-même qu'il était possible de connaître la position du navire par rapport au courant d'après la température de la mer au point considéré et introduisit ainsi l'usage du thermomètre comme instrument de navigation (1776). Cette méthode peut encore donner des résultats utiles dans certains parages brumeux des côtes américaines. Le Coast Survey des États-Unis, à l'instigation du Capitaine Maury, reprit ensuite l'étude systématique du Gulf-Stream, qui est à l'heure actuelle le courant le mieux connu et en même temps le plus important du globe ; pour nous, européens, il joue un rôle capital ; son influence sur le climat des côtes d'Europe est prépondérante : il agit, en effet, directement par le voisinage de ses eaux chaudes ou par la chaleur qu'il communique aux vents venant jusqu'à nous. C'est ainsi par exemple qu'à la pointe sud-ouest de l'Angleterre, les îles Scilly ont un climat tel que les palmiers y vivent et que les aloès y fleurissent.

Les eaux du grand courant équatorial du Nord cheminent à une vitesse de 1^{km} à l'heure vers l'Ouest et la majeure partie, unie à la branche montante du courant équatorial du Sud, pénètre dans la mer des Antilles, entre les îles, tandis que le reste de ces eaux passe en dehors vers le Nord-Ouest. Les premières, à environ 27°, poussées vers l'Ouest par les alizés ont alors une vitesse plus grande ($1^{km},25$ à 2^{km} à l'heure) et arrivent dans le golfe du Mexique, où la température de l'eau peut monter à 30° en été, en traversant le canal du Yucatan, entre la presqu'île de ce nom et l'île de Cuba.

[1] Voir Agassiz, 1888, p. 252.
[2] Dès 1665, Lescarbot avait signalé dans le nord une masse d'eau chaude allant vers l'est, au nord et au sud de laquelle l'eau de l'Atlantique était plus froide.

Là, en entrant dans le golfe du Mexique, les eaux poussées à un niveau plus haut que celui de l'Atlantique se divisent en un courant oriental qui longe le nord de Cuba et arrive dans le détroit de la Floride; un médian, peu important, va au Nord rejoindre le courant principal au sud du delta du Mississipi : quant au courant principal, il se dirige vers l'Ouest, tourne autour du golfe du Mexique où il s'échauffe, recueille sur son passage les eaux du courant médian et va à son tour aboutir au canal de la Floride où il rencontre le courant oriental. Il n'y a plus là, alors, qu'un courant unique, extrêmement puissant qui, sortant du golfe du Mexique, a reçu le nom de Gulf-Stream c'est-à-dire courant du golfe : certains océanographes réservent à cette partie du courant qui sort du détroit de Floride, le nom de courant de la Floride, appelant Gulf-Stream la partie plus éloignée qui a reçu l'appoint des eaux nordéquatoriales ayant passé en dehors des Antilles, sous le nom de courant des Antilles ; mais en général, on ne tient pas compte de cette observation et on donne le nom de Gulf-Stream au courant dès sa sortie du détroit de la Floride.

A sa sortie, le Gulf-Stream est un fleuve d'eau chaude rapide qui a une vitesse moyenne annuelle de 5^{km},5 à l'heure, vitesse qui peut atteindre jusqu'à 10^{km}. Les observations ont montré que dans sa partie profonde au large de Cuba, le courant a une vitesse à peu près constante de 7^{km} à l'heure jusqu'à près de 1100^m de profondeur. Sa vitesse décroît naturellement, ainsi que sa température et sa profondeur, à mesure qu'il s'éloigne de son origine, tandis que sa largeur augmente. La température de la surface, dans l'axe du courant, après sa sortie du golfe, dépasse rarement 28°,3 ; une fois, on a observé 31°,6 à midi par calme plat. Vers 10^m de profondeur la température ne dépasse pas 27°,5. Sa couleur est d'un bleu profond tandis que celle du courant du Labrador, si voisin du Gulf-Stream, est verte et plus ou moins trouble.

Le Gulf-Stream obéit à la loi générale et dévie graduellement vers sa droite par l'action de la rotation terrestre, en coulant d'abord profondément contre la falaise immergée du plateau continental, séparé de la côte par le *Cold-Wall* ou paroi d'eau très froide qui provient du courant du Labrador. Il a 88^{km} environ de largeur dans le canal de la Floride, entre la presqu'île de ce nom et les îles Bemini ; au large du cap Hatteras, cette largeur atteint près de 200^{km} ; on a constaté que, comme pour les fleuves, sa vitesse est plus grande dans son axe que sur ses bords. Au large des bancs de Terre-Neuve, sa vitesse n'atteint même plus 4^{km} à l'heure, et à 500^{km} dans l'Est, elle est à peine perceptible, tandis que sa largeur a considérablement augmenté. Vers le 42° de latitude le courant se divise, une partie continue à dévier vers l'Est puis vers le Sud, où elle forme le courant des Canaries qui vient dans le courant équatorial en fermant ainsi le grand circuit de l'Atlantique nord. Une autre partie remonte vers le Nord en donnant plusieurs branches.

Les expériences de flottage du Prince de Monaco (¹), de M. Hautreux et de M. Ch. Bénard ont montré qu'un prolongement du Gulf-Stream entre dans le golfe de Gascogne, arrive contre la côte des Landes, s'échappe le long de la côte nord

---

(¹) « Expériences de flottage sur les courants superficiels de l'Atlantique nord », *Congrès int. des sciences géogr.* Paris, 1889. Ce mémoire contient le résumé de toutes les expériences de flottage du Prince de Monaco.

d'Espagne et de celle de Portugal en se confondant finalement dans la partie du circuit qui va former plus loin le courant des Canaries. En effet 510 flotteurs ayant été lancés par le Prince en 1886 suivant une ligne N-S, le long du 20ᵉ méridien à l'ouest de Paris, entre les latitudes du cap Finisterre (Espagne) et du sud de l'Angleterre, les flotteurs retrouvés, au nombre de 57, atterrirent sur les côtes de Bretagne et surtout sur celles des Landes et du nord de l'Espagne. Aucun de ces flotteurs n'atterrit plus au nord que son point de départ et l'allure générale des échouements démontra que le courant de Rennell n'existe pas. On admettait jusqu'alors sous ce nom l'existence d'une branche du Gulf-Stream qui pénétrait dans le golfe de Gascogne, longeait la côte nord d'Espagne, remontait vers le nord le long de la côte des Landes, de la Vendée et de la Bretagne pour se confondre dans la masse de l'eau atlantique. Les expériences de M. Hautreux (¹), faites aussi au moyen de flotteurs, confirmèrent les résultats obtenus par le Prince de Monaco relativement à la non-existence du courant de Rennell. M. Bénard (²) arriva de son côté aux mêmes conclusions à la suite d'un lancement de flotteurs, par groupes de 10, entre l'embouchure de la Gironde et le cap Ortegal. Cependant ces deux auteurs constatèrent l'existence, près des côtes des Landes, d'un courant très étroit portant au Nord et connu des pêcheurs. Mais c'est là un courant de réaction produit par l'accumulation des eaux que les vents poussent au fond du golfe et qui n'a rien de commun avec le courant de Rennell tel qu'il a été défini précédemment ; c'est un courant irrégulier et les récentes recherches de D. J. Matthews ne contredisent pas cette assertion.

La carte des courants nous montre que la dérive vers le Nord des eaux du Gulf-Stream vient longer les côtes occidentales de l'Europe où elle se divise en rameaux ; un de ceux-ci entre dans la Manche et amène dans la mer du Nord, par le Pas-de-Calais, de l'eau relativement salée (35,40 à 35,50 °/₀₀) qui perd bien vite son individualité à cause de son mélange rapide avec la masse d'eau souvent agitée de cette mer peu profonde. On a constaté que cette langue d'eau atlantique qui pénètre dans le Pas-de-Calais atteint son plus grand développement en automne.

Au sud de l'Islande se détache la branche connue sous le nom de courant d'Irminger qui se dirige vers l'Islande qu'elle longe en allant vers l'Ouest ; sa vitesse serait de 5ᵏᵐ,5 (3 milles) en 24 heures. C'est dans la zone de ce courant tiède qu'est le meilleur terrain de pêche à la morue au printemps ; à cette époque, c'est seulement là qu'on trouve les œufs de morue flottants.

Une autre branche, plus importante, remonte vers la côte de Norvège après avoir envoyé une faible partie de ses eaux dans la mer du Nord, où elles cheminent dans la profondeur jusqu'au sud de la Norvège. La branche principale, arrivée dans le nord de ce pays, envoie un rameau qui contourne le cap Nord sous le nom de courant du cap Nord et un rameau qui va longer la côte W. du Spitzberg ; en outre de petites branches pénètrent dans la mer de Barents et la plus orientale arrive jusqu'au nord de la Nouvelle-Zemble.

<hr>

(¹) *La Géographie*, nº 12, 1900.
(²) *Ibid.*, VII, nº 1, 1903 : *ibid.*, vol. XI, nº 3, 1905.

A mesure que ces diverses ramifications de la dérive du Gulf-Stream, formée d'eau chaude et salée, avancent vers le Nord, elles se refroidissent, deviennent plus lourdes que l'eau froide polaire moins salée et s'enfoncent plus ou moins profondément. Toutes ces eaux se meuvent lentement avec une vitesse qui va depuis 1 jusqu'à 12^{km} par 24 heures, rarement davantage. Arrivées dans le grand bassin polaire, elles s'infiltrent entre la couche d'eau froide peu salée et légère d'environ 200^m d'épaisseur (salinité de 30 à 32 à la surface, de 34,7 à 200^m) découverte par Nansen et l'eau froide et salée (35,1 $^o/_{oo}$) qui occupe le reste du bassin jusqu'au fond où la température est de — 0°,8 à — 0°,9. On a ainsi une couche plus chaude, dont la température est au-dessus de 0° et dont l'épaisseur varie de 600 à 700^m, située entre deux épaisseurs d'eau froide.

Courants polaires. — Cette circulation de l'eau chaude et salée du Gulf-Stream se complète par celle des courants froids qui viennent du grand bassin polaire. Le courant principal et de beaucoup le plus important est celui qui traverse tout le bassin polaire, se concentre entre le Grönland et le Spitzberg en longeant la côte orientale du premier, pour se rétrécir dans le détroit de Danemark, entre l'Islande et le Grönland, coulant à la surface avec une vitesse moyenne de 20 à 30^{km} par 24 heures ; il contourne alors la pointe sud du Grönland en doublant le cap Farewell, où sa vitesse augmente encore, remonte par le détroit de Davis dans la mer de Baffin où ses eaux froides se joignent à celles de ce bassin pour entrer dans l'Atlantique en longeant la côte du Labrador ; ainsi est formé le courant du Labrador. Ce courant vient buter contre le Gulf-Stream, passe sous lui parce que ses eaux froides quoique moins salées sont plus lourdes, et se mêle aux eaux profondes atlantiques ; une autre partie du courant du Labrador, après avoir passé sur les bancs de Terre-Neuve, longe la côte des États-Unis formant entre celle-ci et le courant de la Floride une bande froide, le *Cold-Wall* dont nous avons déjà parlé. Le courant du Grönland oriental accumule sur la côte est du Grönland une quantité considérable de glaces et rend sévère le climat de cette région très difficile à atteindre ; le courant du Labrador en mélangeant ses eaux à celles du Gulf-Stream dans les parages de Terre-Neuve provoque la formation des brumes si fréquentes et si redoutées de cette région. En hiver, tandis que le courant du Labrador a 6°, on observe 18° à quelques kilomètres à l'est, dans les eaux du Gulf-Stream. Des courants froids de moindre importance existent encore dans la mer de Barents par exemple, un d'eux vient du Nord-Est, envoie un prolongement vers Beeren Eiland, contourne la pointe sud du Spitzberg puis suit la côte ouest de cette terre.

Le fait intéressant est la formation d'un circuit fermé dans la mer de Norvège, entre le Spitzberg, le Grönland, l'Islande et la Norvège, circuit formé par la branche du Gulf-Stream qui remonte le long de la côte W du Spitzberg et des eaux de la branche du courant du Grönland oriental qui vient dans le nord-est de l'Islande. Un circuit fermé analogue se trouve entre l'Islande, la pointe sud du Grönland et Terre-Neuve, circuit formé par la branche ouest du Gulf-Stream ou courant d'Irminger et des eaux du courant du Labrador. Une partie des eaux chaudes de ce circuit entre dans la mer de Baffin en déviant vers sa droite contre la côte W. du Grönland dont le climat ainsi adouci permet l'existence des colonies danoises d'Esquimaux. Il est à remarquer que ces deux circuits secondaires de l'Atlantique nord ont un mouvement inverse de celui du grand circuit tropical. Ce mouvement résulte des obstacles opposés à la déviation du courant chaud vers sa droite et à l'entraînement tangentiel par les eaux froides venant du Nord. Il n'est pas douteux qu'une relation existe entre la position de ces circuits fermés et la prédominance de certains vents (¹) par suite de la distribution de la pression atmosphérique.

Chacun a lu le récit du naufrage de la *Jeannette*, navire envoyé en expédition de découvertes par M. J. Gordon-Bennett, propriétaire du *New-York Herald*. Prise dans la banquise le 6 septembre 1879 au sud-est de la terre de Wrangel, elle fut brisée dans le nord des îles de la Nouvelle-Sibérie en 1881 après une dérive de deux ans. Trois ans plus tard des épaves étaient découvertes sur un glaçon près de Julianehaab (Grönland). En 1100 jours, ces débris avaient parcouru les 5 300^{km} (2 900 milles) qui séparent les îles de la Nouvelle-Sibérie de Julianehaab, soit avec une vitesse d'environ 5^{km} (2,6 milles) par 24 heures. C'est cette expérience involontaire de flottage qui décida Nansen à entreprendre sa célèbre expédition du *Fram*, pour élucider l'océanographie du bassin polaire, et en particulier sa circulation, et de fait c'est à lui que nous devons les observations les plus importantes relatives à cette région. Quelques autres faits venaient confirmer celui de la dérive de la *Jeannette*. On sait que la majorité des bois flottés échoués sur les côtes du Grönland viennent de Sibérie ; ce sont pour la plupart des mélèzes ; les boues recueillies en 1888 par Nansen sur la banquise de la côte est du Grönland sont formées de matériaux qui se trouvent surtout en Sibérie et non au Grönland ; elles renferment en outre des diatomées appartenant seulement à des espèces recueillies par l'expédition de la *Vega* près du détroit de Bering. Tous ces faits et d'autres analogues donnèrent à penser à Nansen qu'un courant venant du côté des îles de la Nouvelle-Sibérie traverse l'océan Arctique pour longer la côte orientale du Grönland ; c'est par ce courant que s'évacuerait le trop-plein de cet océan qui reçoit les eaux des grands fleuves de la Sibérie et de l'Amérique du Nord, ainsi que les eaux salées de la dérive du Gulf-Stream ; c'est ce courant qui entraînerait avec lui la banquise dans sa dérive et amoncellerait les glaces amenées le long de la côte est du Grönland. Nansen partit le 24 juin 1893 sur le *Fram* pour faire, nouvelle épave, le chemin suivi par les débris de la *Jeannette*. Le 29 septembre, le *Fram* était pris dans la banquise près de la terre Sannikov (îles de la Nouvelle-Sibérie) et s'en dégageait le 11 juin 1896 ; le 26 août il arrivait à Tromsö en Norvège. La grande expérience était achevée : elle vérifiait les idées de Nansen sur l'existence du courant polaire qui traverse l'océan Glacial pour longer la côte est du Grönland.

Un flotteur déposé le 13 septembre 1899 par l'amiral Melville (²) au nord-ouest de la pointe Barrow (Alaska) a été trouvé le 7 juin 1905 sur la côte nord d'Islande ;

(¹) Rabot, *La Géographie*, VI, n° 4. 1902, p. 268, etc.
(²) *La Géographie*, XIII, n° 2. 1906, p. 154 (Rabot).

ce fait confirme encore une fois la circulation exposée plus haut pour le bassin polaire. C'est aussi sous l'action de la dérive des eaux polaires que des quantités de bois flottés venant de Sibérie sont arrêtés en route et échouent sur les plages de terres arctiques. Pendant les voyages de la *Princesse-Alice* dans le Nord nous avons eu un grand nombre d'exemples de ce genre. Les chasseurs de phoques et de rennes qui viennent hiverner au Spitzberg construisent des abris solides avec des troncs d'arbres qui abondent souvent sur le rivage. Les Russes notamment conservent là leur mode de construction ; la fig. 130 montre une de ces huttes située dans la baie Wijde, tout au nord du Spitzberg. Les bois, employés tels quels, à peine entaillés vers leurs extrémités encastrées les unes dans les autres, ont leurs interstices simplement bouchés avec des débris végétaux.

Il semble donc que dans l'Atlantique nord, jusqu'au pôle arctique, le schéma de la circulation générale peut être établi ainsi : d'une part l'eau atlantique emportée par le Gulf-Stream et ses branches dans le bassin polaire se refroidit et devenant plus lourde que l'eau superficielle froide et peu salée s'infiltre sous cette couche d'environ 200ᵐ d'épaisseur, tout en restant au-dessus de l'eau froide et salée qui remplit la cuvette profonde du bassin polaire. Cette cou-

Fig. 130. — Hutte en bois flottés ; baie Wijde (Spitzberg).

che d'eau relativement chaude, dont la température est supérieure à 0°, et qui a 600 à 700ᵐ d'épaisseur, se trouve ainsi intermédiaire entre deux couches froides, parce que sa densité est précisément intermédiaire entre celles de ces couches. Sa partie superficielle se mélange avec les eaux douces et avec l'eau résultant de la fusion de la glace et sort par le grand courant polaire froid et peu salé formant le courant du Grönland oriental. Ce courant et celui du Labrador viennent s'absorber dans la masse de l'Atlantique en abaissant la température de ses eaux profondes. Le courant polaire vers le Sud est entretenu par le renouvellement constant de l'eau intermédiaire chaude vers le Nord.

Comme on le voit, l'eau froide profonde du bassin polaire ne participe pas à cette circulation rapide ; c'est qu'elle se trouve dans les conditions d'une mer fermée ; nous savons que la circulation profonde y est extrêmement faible et la température très uniforme jusqu'au seuil plus ou moins bas qui fait communiquer la cuvette profonde avec les eaux voisines. Il est difficile de s'expliquer comment l'eau froide et salée de ce bassin polaire peut se former malgré la couche intermédiaire d'eau relativement chaude qui la sépare de la couche froide superficielle et la protège contre le refroidissement que la circulation verticale ne manquerait pas de produire. Nansen (1906) pense que cette eau profonde maintient sa basse température et sa haute salinité par l'apport d'eau froide et lourde qui peut se produire pendant l'hiver au nord des côtes du Spitzberg, sur le plateau continental, la salinité augmentant par suite de la formation de la glace. Cette eau froide et lourde descendrait sur la pente jusque dans le bassin profond, après avoir été graduellement mêlée avec les couches intermédiaires et après avoir acquis ainsi une température de — 0°,8 à — 0°,9 et une salinité de 35,10. Cette circulation verticale serait évidemment très lente et ne nécessiterait la mise en mouvement que de faibles masses d'eau. Pour Pettersson (¹), cette eau froide profonde serait de l'eau atlantique refroidie par la fusion de la glace.

Un phénomène analogue se produit dans la mer de Norvège dont l'eau de fond est moins salée (34,89 à 34,92) et plus froide que celle du bassin polaire, car sa température varie de — 1,1 à — 1°,3 au fond. Nansen pense que l'eau de fond est entretenue ici par la descente de l'eau froide dans une région où la couche intermédiaire relativement chaude n'existe pas. Cette zone est située dans le Nord, entre Jan Mayen et le Spitzberg. En hiver, l'eau refroidie à la surface et devenue plus lourde par le fait de la formation de la glace peut ainsi arriver directement jusqu'au fond de la cuvette norvégienne. Cette circulation verticale est aussi très lente et d'une importance secondaire.

Courants de la Baltique. — La Baltique constitue un bassin fermé, analogue à la Méditerranée à certains égards, mais très différent par le caractère de ses eaux et de ses courants. Elle reçoit en effet une quantité considérable d'eau douce qui contribue à former la couche superficielle peu salée (moins de 32 °/₀) qui occupe toute sa surface et qu'on appelle l'eau baltique. Dans les golfes de Bothnie et de Finlande, l'eau est même presque douce. Cette eau baltique s'étale à la surface en toutes saisons; sa quantité est 4 fois plus forte au printemps, à l'époque de la fonte des glaces et de la débâcle des fleuves qu'en été et en hiver et sa salinité est alors aussi plus faible; elle s'écoule vers l'Ouest en formant un courant superficiel; c'est le courant de la Baltique, tandis que les masses d'eau plus salées venant de la mer du Nord pénètrent par le fond vers l'Est en constituant le courant de la mer du Nord. C'est donc le contraire de ce qui se passe en Méditerranée, les relations respectives des densités étant inverses. Ordinairement la direction et l'intensité des courants de surface sont subordonnées à l'action des vents, de la pression barométrique, etc.

Les détroits danois forment entre la Baltique et la mer du Nord des passes peu profondes dans lesquelles les eaux sont soumises à des changements souvent très brusques. Ainsi on distingue avec Knudsen (²), sous le nom d'eau de banc, une eau dont la salinité est de 32 à 34 °/₀₀ et dont la présence est intimement liée à celle du hareng. A la fin de l'été et en automne, un courant d'eau de banc avec une température de 10° à 16°, entre dans le Skagerrak apportant avec lui du plankton de la Manche et du sud de la mer du Nord; en même temps la pêche du hareng commence. « Quand l'hiver est un peu avancé, ces masses d'eau sont remplacées par de l'eau de banc venant du Nord, et qui contient du plankton atlantique et arctique et dont la température est basse. C'est dans cette eau de banc septentrionale que se fait la pêche d'hiver au hareng. » Ces données sont très impor-

(¹) *La Géographie*, XII, n° 3, 1905 (LALOY). Voir surtout l'article détaillé accompagné de nombreuses et intéressantes figures de M. Pettersson dans *The geogr. Journal*, vol. XXIV, n° 3, sept. 1904 et sept. 1907.
(²) *La Géographie*, V, n° 1, 1902.

tantes et montrent l'utilité qu'il peut y avoir à connaître exactement la position de cette eau de
banc ; si, pour une raison ou pour une autre, elle subit des variations dans cette position, la pêche
peut être infructueuse en un point où le hareng était auparavant abondant ; l'Océanographie nous
donne le moyen de chercher et de trouver cette eau de banc et de la suivre dans ses déplacements.

Le fond de la Baltique présente quelques petites fosses ; la plus profonde atteint 400^m à l'est de
Landsorts près de la côte suédoise. Suivant la règle, l'eau de ces fosses est à peu près stagnante,
mais en outre la teneur en oxygène y est réduite au 1/7 de la quantité normale ou presque nulle ;
il y a en revanche jusqu'à 50^{cm3} d'acide carbonique par litre ; on y trouve néanmoins quelques animaux inférieurs. La circulation verticale elle-même paraît y être extrêmement réduite.

L'océanographie de cette mer est très compliquée, elle a été surtout bien exposée par le Prof.
Pettersson (1894) et les recherches se sont poursuivies assidûment depuis, en vue surtout d'élucider
les questions relatives aux pêcheries.

Les autres courants ne présentant pas pour nous un intérêt spécial et leurs particularités étant signalées en divers points de ce livre, je renvoie le lecteur à l'examen
de la carte des courants, en me bornant à faire remarquer le parallélisme qui existe
entre le Gulf-Stream et le Kuro-Sivo du Japon, d'une part et le courant du Labrador
et celui des Kouriles d'autre part. Nous savons enfin que l'océan Antarctique dans ses
parties extrêmes présente, comme le bassin arctique, une couche d'eau relativement
chaude, au-dessus de 0°, entre deux couches froides.

Variations dans la situation et dans l'importance des courants.

Etant donné l'influence considérable de la température des océans sur les contrées
qui les limitent, il est évident que l'étude des variations que présentent les courants
froids ou chauds dans leur intensité ou dans leur extension présente une grande importance pour la climatologie.

Ainsi, en 1900, le *Michaël Sars* (¹) signalait de grands changements dans le Gulf-
Stream au large de la Norvège ; sa température était de plusieurs degrés inférieure à
celle observée les années précédentes, même jusqu'à plusieurs centaines de mètres.
C'est à ce fait qu'il faut sans doute attribuer l'été froid de cette année dans le nord de
la Norvège et la présence de la glace près de la côte, loin dans le sud de Beeren
Eiland : M. Rabot fait remarquer qu'à cet état de choses correspond un été extraordinairement chaud en France, comme si les eaux chaudes du Gulf-Stream ne pouvant s'avancer au Nord se rabattaient plus abondamment dans nos parages. D'autre
part, sur la côte des États-Unis (New-Jersey), on a observé en janvier 1907 des températures très supérieures à la normale.

M. Hautreux a réuni, sur deux graphiques, 600 trajets partiels de carcasses flottantes de navires ou d'épaves diverses et ceux de 700 flotteurs observés dans l'Atlantique, en utilisant les documents si précieux publiés dans les Pilot Charts américains.
L'examen de ces graphiques montre que le bord septentrional du grand circuit de
l'Atlantique nord se déplace non seulement avec les saisons, mais aussi avec les années et paraît osciller suivant que les glaces des parages de Terre-Neuve descendent

(¹) *La Géographie*, n° 9, 1900 (EGNEL).

en plus ou moins grande abondance. Quand les glaces sont très nombreuses, quand elles occupent le Grand Banc au delà du mois d'août, les trajets des épaves se rapprochent des Açores, comme si la masse des icebergs poussait vers le Sud le courant du Gulf-Stream ; dans ce cas, suivant M. Hautreux, nos hivers sont rigoureux. Dans le cas d'une faible débâcle glaciaire, c'est le contraire qui se produit, les épaves étant portées plus au Nord.

D'où proviennent ces variations dans l'extension et dans la température du Gulf-Stream ? Le champ est ouvert aux hypothèses. M. Ekholm pense qu'il faut rattacher ces changements à ceux qui se produisent dans les taches solaires, d'où altérations de l'insolation dans les régions équatoriale et tropicale, c'est-à-dire diminution de l'échauffement des eaux et de l'intensité des alizés. Ce n'est qu'après une longue suite d'observations qu'il sera possible d'apprécier la valeur de cette théorie.

Il est fortement à présumer d'après des observations météorologiques très anciennes établissant que les hivers étaient plus froids en Scandinavie, que le Gulf-Stream était plus faible ou arrivait moins loin vers l'Est. Si on suppose cela, on comprend que le courant chaud étant plus occidental, l'Islande et la côte orientale du Grönland ont pu jouir d'un climat plus doux qu'aujourd'hui ; l'histoire des colonies établies dans ces régions semble le démontrer, notamment sur la côte est du Grönland où l'on connaît les restes abandonnés de nombreuses colonies disparues. Le changement apporté dans le Gulf-Stream par une cause inconnue aurait amené la chaleur plus directement vers la presqu'île scandinave en lui donnant un climat plus adouci qu'autrefois. Rien ne prouve d'ailleurs qu'il ne se produira pas de nouvelles variations, le contraire est même certain. Si par suite du développement continu des coraux constructeurs de récifs, la sortie du courant de la Floride devenait plus ou moins obstruée, le courant chaud subirait certainement des modifications importantes dans son allure et le climat des côtes d'Europe serait profondément altéré.

Mais revenons à des faits mieux démontrés. On a constaté l'existence d'une variation annuelle dans la circulation particulière du Gulf-Stream [1] : la couche superficielle la plus chaude est confinée en mars à l'ouest des Açores, puis elle s'étend graduellement vers l'Est et atteint en novembre-décembre les côtes les plus méridionales d'Europe ; dans le Nord, c'est aussi de mars à mai qu'on observe un minimum et en novembre un maximum de température et de salinité. Clève a observé que l'extension du plankton tropical suivait les mêmes oscillations que celle des eaux du Gulf-Stream.

Le retard des saisons dans la zone côtière de la Norvège correspond aux périodes annuelles d'extension et de retrait de l'eau atlantique ; les variations accidentelles de quelque importance dans le Gulf-Stream entraînent la venue d'hivers chauds et froids dans le nord de l'Europe et aussi, le plus souvent, des irrégularités dans les pêcheries d'hiver de certains poissons, tels que le hareng par exemple.

Parmi les cas susceptibles de démontrer d'une façon frappante les relations étroites qui existent entre les conditions océanographiques et les migrations des poissons, le

---

[1] PETTERSSON, *Annal. der Hydrographie*, etc., janvier 1906.

professeur Pettersson (¹) attire notre attention sur ce que le Dr Knipowitsch a observé dans la mer de Barents, en rappelant que la présence des poissons comestibles (morue et autres) est liée à la présence de branches du Gulf-Stream dans cette mer froide : en mars et avril, la mer située au nord de la côte mourmane paraît être généralement pauvre en poissons quoique ceux-ci puissent se trouver en abondance dans la région de la partie méridionale du courant du cap Nord. Ordinairement, à cette époque, les poissons se rencontrent en grand nombre plus à l'Ouest, dans le nord du Finmark ; un peu plus tard se fait la migration en masse des poissons (morue, églefin, etc.) vers l'Est, se tenant dans la partie sud du courant le plus intense, c'est-à-dire dans la région limite du courant du cap Nord ; ils se rapprochent de plus en plus de la côte et la pêche ordinaire, commencée d'abord à une assez grande distance, se fait de plus en plus près du littoral jusqu'à la fin de l'été. Tard dans l'automne, la migration inverse se produit, en s'écartant de la côte pour suivre le retrait des eaux chaudes. Il n'est pas douteux que dans ce cas, comme dans bien d'autres probablement, les migrations des poissons sont des phénomènes qui accompagnent les changements hydrographiques. C'est donc encore là une preuve de l'utilité pratique de l'étude des courants. Pour M. Thoulet (1904), comme pour tous les océanographes sans doute, les migrations des poissons ne sont que la conséquence des variations des courants parallèles à celles du plankton.

Courants de marée. — Lorsque le flot ou le jusant se produisent, la masse des eaux se meut en un courant plus ou moins rapide, dont les navires savent fort bien profiter pour entrer dans les ports ou pour en sortir. Ces courants atteignent dans certaines localités des vitesses fort grandes et rendent la navigation difficile et périlleuse dans les endroits semés d'écueils, par exemple sur nos côtes de l'Atlantique ou de la Manche. A St-Malo, les courants de marée atteignent 11 à 13^{km} à l'heure (6 à 7 nœuds) ; entre les Orcades et l'Écosse, la vitesse arrive à 20^{km} (11 nœuds). Lorsque des courants de marée de direction différente se rencontrent dans des endroits resserrés, il se produit des interférences et des tourbillons souvent fort dangereux, la mer y est très difficile à tenir, c'est le cas des détroits appelés *raz*, dont les plus connus sont le raz Blanchard près du cap de la Hague, le raz de Barfleur près de Cherbourg, et surtout le raz de Sein à la pointe sud du Finistère ; au nord de ce raz se trouve la baie des Trépassés ; ce nom indique le point où viennent échouer les cadavres et les débris engloutis dans cette passe terrible. Nous avons vu précédemment l'importance des courants au point de vue de l'érosion marine.

Les tourbillons produits par la rencontre de courants de marée différents ont souvent été amplifiés par l'imagination des marins ; le Malström, si célèbre dans les légendes scandinaves, est un de ces remous ; il n'est d'ailleurs dangereux que pour les petites embarcations des pêcheurs, seules employées à l'époque où naquit l'histoire de ce tourbillon. Le fameux tourbillon de Charybde dans le détroit de Messine, en face du rocher de Scylla, est dû aussi à des courants de marée qui se rencontrent ;

(¹) Pettersson, *Annal. der Hydrographie*, etc., janvier 1906.

encore moins important que celui du Malström, en raison de la faible amplitude des marées dans la Méditerranée, il est quelquefois plus accentué quand un vent convenable vient ajouter son action à celle de la marée.

Mascaret ([1]). — On donne ce nom à un flot de marée qui remonte le lit de certains fleuves en formant une ondulation élevée. Pour être bien net le phénomème exige des conditions spéciales : marée forte, faible profondeur à l'embouchure du fleuve à courant assez rapide. Le flot de marée arrive en déferlant avec bruit sur le bas-fond et, poussé par les ondes successives, barre la largeur du fleuve dont il arrête les eaux. La barre liquide surélevée, formée par la rencontre des eaux cheminant en sens inverse, remonte le cours de la rivière, sous l'effort plus puissant de la marée, avec une vitesse qui peut atteindre près de 7^m à la seconde. L'ondulation principale est suivie de quelques autres moins importantes et sa hauteur augmente à mesure que le lit, très large d'abord, se rétrécit plus rapidement. En France, c'est sur la Seine que le mascaret s'observe le mieux ; il met 46 minutes pour parcourir les 23^{km} qui séparent Quillebœuf de Caudebec. Les marées étant faibles dans cette région, le mascaret ne s'y produit que lors des grandes marées ; en temps ordinaire le courant du fleuve, plus fort que celui de la marée, ne produit guère qu'un clapotis. Là où les marées sont très fortes, comme à l'entrée de la Severn, le mascaret a lieu presque journellement.

Mais c'est sur l'Amazone que le mascaret a le plus d'ampleur ; la marée s'avance dans le fleuve jusqu'à Santarem, à 100^{km} de son embouchure ; au point où les eaux du fleuve et de la mer se rencontrent, il se fait une ondulation qui atteint jusqu'à 9^m de hauteur, suivie de 3 ou 4 autres ; on l'appelle le *pororoca*, c'est-à-dire le destructeur, à cause des effets qu'il produit sur son passage. On entend son grondement à 10^{km} de distance et beaucoup de navires qui se sont laissés surprendre y ont été engloutis.

Courants d'origine volcanique. — M. Thoulet admet une catégorie spéciale pour les « courants volcaniques » : lorsqu'en un point la température, généralement basse, de l'eau en contact avec le sol sous-marin s'élève fortement sous l'action volcanique, cette eau profonde devenue légère remontera plus ou moins rapidement. Elle s'écoulera à la surface en un courant superficiel après avoir constitué un violent courant ascendant. C'est ce qui a été constaté à diverses reprises pendant l'éruption de la montagne Pelée en 1902. Laissons la parole au Dr E. Berté médecin à bord du bateau de câbles le *Pouyer-Quertier* ([2]) : « Le 7 mai à midi une bouée est mouillée pour repérer le point de passage du câble, mais grand fut notre étonnement de la voir s'enfoncer peu à peu. Afin de prévenir sa disparition une embarcation dut aller la fixer à une chaîne du bord et pendant cette manœuvre le capitaine fit préparer la plus grosse bouée du bord. Dès que ce flotteur fut mis à l'eau il fut englouti dans un

---

([1]) Bonnin, *La Nature*, 15 septembre 1906.
([2]) *La Géographie*, VI, n° 3, 1902.

tourbillon ; en même temps le navire était entraîné dans le Nord par un courant formidable qui n'avait jamais auparavant été observé dans ces parages. En ce point la sonde indiquait 3000^m...... Le 9 mai toute la journée est employée au sauvetage des habitants du village des Abymes. Nous sommes mouillés très près de la terre : brusquement le navire fait trois pirouettes sur sa chaîne en moins de deux minutes et évite ensuite vers le Nord. La chaîne force mais ne cède pas. Il se formait alors, à la surface de la mer, des tourbillons très rapides, qui mesuraient environ un rayon de 25^m, comme l'indiquait le mouvement giratoire des épaves entraînées par ces courants »...... Le 27 mai la réparation du câble était achevée. MM. Wildenstein et Gégou, ingénieurs du *Pouyer-Quertier* rapportent que « lorsque l'extrémité rompue qui provenait d'un fond de 2700^m de profondeur arriva à bord, grande fut la surprise de tous, de la trouver enroulée autour d'une branche d'arbre longue de 1^m et d'un diamètre de 0^{m}15. Le câble avait été serré si fort contre la tige de bois qu'il y avait creusé un sillon profond ; de plus il était enroulé sur lui-même et formait un écheveau inextricable ».

Le Dr Berté fait remarquer la relation qui semble bien exister entre les courants et les manifestations volcaniques : la veille de la catastrophe de Saint-Pierre le courant avait une vitesse de 5^{km},5 à l'heure (3 milles) et faisait couler une bouée, tandis que les jours suivants le navire put rester pendant des nuits à flotter sans dériver d'une façon appréciable. Pendant ce temps la montagne Pelée est calme ou peu agitée ; le 20 mai éruption nouvelle, nouveau courant. Le 6 juin les mêmes phénomènes se produisent.

CHAPITRE X

L'OCÉANOGRAPHIE BIOLOGIQUE

Généralités : benthos, plankton, necton. — Origine marine des êtres vivants ; théorie de M. Quinton. — Distribution de la vie dans la mer. — Régions littorale, côtière, abyssale. — Pression à laquelle sont soumis les animaux des grands fonds ; la décompression ; expériences de Regnard. — Action de la température sur les animaux. — Instruments et méthodes. — Récoltes de surface : haveneaux, filets et chaluts de surface divers ; appareil pour l'examen rapide du plankton. — Récolte des organismes vivant entre deux eaux : filets bathypélagiques divers, à ouverture et à fermeture automatiques ; grands filets verticaux ; filets à grande ouverture ; filets pour le dosage quantitatif du plankton ; méthode de la pompe. — Dragues et chaluts divers.

Nous avons étudié l'étendue et la profondeur des océans, la nature de leurs fonds, les propriétés physiques et chimiques de l'eau de mer ; nous devons maintenant passer à l'étude des êtres innombrables et variés à l'infini qui vivent dans les eaux marines et chercher à connaître les conditions de leur existence. Nous pouvons dire dès à présent que la vie existe partout dans la mer, depuis la côte jusqu'au milieu des océans et jusqu'aux plus grandes profondeurs, qu'elle soit représentée par les êtres les plus infimes ou par des êtres élevés en organisation.

Tout ce que nous savons aujourd'hui nous autorise à croire que la vie a eu son origine dans les eaux de la mer. Dans un livre fort intéressant ([1]), M. Quinton a réuni une foule de faits, de documents physiologiques et d'analyses chimiques des milieux intérieurs, lymphe et sang, des animaux les plus divers et il est arrivé au résultat suivant : on peut considérer tous les êtres vivants comme des êtres aquatiques, car toutes les cellules vivent en réalité, à l'état normal, dans un liquide ; en outre ce liquide peut être regardé comme de l'eau de mer plus ou moins diluée et plus ou moins modifiée, c'est en quelque sorte un reste du milieu originel de tous les êtres. M. Quinton a fait remarquer, en effet, l'abondance du chlorure de sodium dans les plasmas des vertébrés et montré que les rapports de quantité entre ce sel et les autres sels de ces plasmas sont les mêmes que dans l'eau de mer ; il a rappelé qu'on trouve dans les liquides organiques des tissus les mêmes corps rares (ou au moins un certain nombre comme l'iode, l'arsenic, etc.) qu'on rencontre dans l'eau de mer. En un mot nous sommes, suivant les théories de M. Quinton, des êtres marins, malgré toutes les apparences contraires et nos cellules vivent dans un aquarium d'eau de mer diluée mais peu modifiée.

Les êtres qui existent dans la mer peuvent être répartis en deux grandes catégories : ceux qui vivent normalement sur le fond même de la mer et ceux qui vivent normalement entre deux eaux.

([1]) Quinton, *L'eau de mer milieu organique*. Paris, Masson 1904.

La première catégorie constitue ce que Hæckel a appelé le *benthos*, c'est-à-dire ce qui vit sur le fond de la mer, soit à l'état fixé comme les huîtres, les polypiers, soit à l'état libre comme les crabes et une foule d'animaux variés ; les algues fixées comptent naturellement dans le benthos. La deuxième catégorie comprend tous les êtres, animaux ou végétaux, qui sont destinés à nager ou à flotter entre deux eaux pendant toute leur vie ou pendant une partie seulement de leur existence ; on dit qu'ils sont pélagiques : les uns sont des animaux nageurs, capables de résister aux mouvements généraux des eaux marines, au moins dans une certaine mesure, et de se mouvoir dans une direction déterminée, d'une façon plus ou moins rapide, comme les poissons, les cétacés, etc. ; on les réunit sous le nom de *necton* ; les autres êtres, animaux ou plantes, sont entraînés à peu près involontairement par des courants même faibles : ils constituent ce que Hensen a appelé le *plankton*.

Il ne faudrait pas croire que les limites entre le benthos, le necton et le plankton soit bien nettes et absolues ; loin de là. Il y a bien des êtres qui vivent fixés sur le fond à toutes les périodes de leur vie et qui appartiennent toujours au benthos, mais il en existe beaucoup d'autres qui, rentrant dans la catégorie du benthos à l'état adulte et pendant la majeure partie de leur vie, comme les huîtres, appartiennent au plankton pendant les premières phases de leur développement, à l'état d'œufs, puis de larves. Les spores, les œufs, les larves et les embryons d'un nombre immense de végétaux et d'animaux benthiques constituent une partie souvent très importante du plankton, surtout dans le voisinage des côtes ; les êtres uniquement pélagiques du plankton se rencontrent de préférence au large, en pleine mer. La plupart des êtres qui le forment sont très petits, souvent même microscopiques ; mais leur nombre est tel que la quantité de matière vivante contenue dans la masse des eaux sous la forme de plankton dépasse de beaucoup en importance celle qui est constituée par l'ensemble des grands animaux marins comme les cétacés.

En passant en revue les êtres marins dans l'ordre naturel, comme nous le ferons bientôt, nous constaterons que tous ou presque tous les groupes d'animaux sont représentés, dans une proportion plus ou moins grande, et dans le benthos et dans le plankton, nous verrons les adaptations les plus inattendues et les plus curieuses à un nouveau mode d'existence. Pour le moment, bornons-nous à dire que le plankton n'est pas également répandu dans l'épaisseur des eaux et que la zone superficielle dans laquelle pénètre la lumière solaire est de beaucoup la plus riche. C'est dans cette zone que le plankton végétal est exclusivement confiné : elle ne dépasse pas 350ᵐ et son développement maximum se fait avant 200ᵐ de profondeur.

Mais entre cette couche mince superficielle et le sol sous-marin des grandes profondeurs existe une épaisseur d'eau considérable que le professeur Agassiz regardait d'abord comme stérile, mais que les explorations ultérieures, notamment celles de la *Valdivia*, de la *Princesse-Alice*, etc. ont montré être habitée par de nombreux animaux, souvent nouveaux et très remarquables, constituant une faune intermédiaire dont plusieurs éléments peuvent constituer au-dessus du fond une faune pélagique profonde ou bathypélagique.

Du fait que la lumière solaire ne permet pas, pratiquement, le développement de la chlorophylle des plantes au delà de 200^m, il en résulte qu'au delà de cette profondeur, les animaux, benthiques ou pélagiques, sont tous carnivores ; cette limite de l'existence des végétaux marins s'accorde avec la limite du plateau continental au delà duquel on rencontre la région abyssale caractérisée d'une façon générale par l'absence de lumière solaire, par une basse température, et le calme des eaux. L'obscurité n'est pas complète partout, même dans les grandes profondeurs, le développement des yeux des poissons le montre et nous verrons que de nombreux animaux, fixés ou non, ont le pouvoir d'émettre de la lumière.

Sur le fond même de la mer la vie présente son maximum d'intensité dans la zone du plateau continental, là où la lumière, la chaleur, les mouvements des eaux, marées et courants, présentent les meilleures conditions pour le développement des animaux et des plantes.

La région littorale de ce plateau est celle qui tient au rivage et où l'agitation des vagues et des courants superficiels empêche le dépôt des sédiments fins de la vase ([1]). La végétation des plantes marines y est abondante et la faune y varie naturellement beaucoup, suivant que la région considérée est rocheuse ou sableuse, qu'elle appartient à une mer à marée ou à la Méditerranée.

Puis vient la zone côtière où les eaux sont en repos contre le fond, où la végétation fait à peu près défaut, où les fonds sont de nature uniforme sur de grandes étendues et sont constitués d'abord par une zone de vase côtière puis par la zone des sables et graviers du large ; c'est dans cette dernière que se pratiquent les grandes pêches et notamment le chalutage à vapeur. Naturellement la vase côtière manque dans les régions où comme dans la Manche les courants balayent toute l'étendue du fond.

Au delà, la faune profonde benthique se modifie considérablement et devient moins riche et s'appauvrit surtout quand la profondeur arrive à plus de 4 000^m, avec une température ordinairement inférieure à 3°, et sous une pression formidable, sur un fond de vase uniforme. Ainsi le 6 août 1901, dans le sud-ouest de l'archipel du Cap-Vert, le chalut de la *Princesse-Alice* fut envoyé à 6 035^m sur un fond d'argile rouge où régnait une température de 2°,9, tandis que l'eau de la surface était de 27°,4. Cette opération rapporta un poisson voisin des *Dicrolene* et dont les yeux sont remarquables par leur très grande réduction ; une petite actinie pâle ; une annélide habitant un fin et long tube corné ; trois ophiures, nouvelles, sans couleur ; une crevette rouge sans doute prise entre deux eaux, et un stelléride curieux, l'*Hyphalaster Parfaiti* du *Talisman*. Je ne crois pas me tromper en disant que cette profondeur de 6 035^m est la plus grande qui ait été explorée avec un instrument autre que la sonde, et que jamais poisson, ophiure ou étoile de mer n'avaient été ramenés d'un abîme plus profond.

Nous avons vu que la pression augmente d'une atmosphère, soit environ 1^{kg} par centimètre carré pour chaque augmentation de profondeur de 10^m d'eau, de sorte qu'à 6 000^m s'exerce sur tout une pression de 600 atmosphères. Comment les animaux qui vivent

---

([1]) Nous suivons ici la classification de M. le Prof. Pruvôt qui a étudié d'une façon si complète les fonds de la Manche et du golfe du Lion (*Arch. de zool. expér.*, 3e série, vol. V, 1897) et dont le travail est indispensable à celui qui désire étudier la question en détail.

à cette profondeur, car il y en a, résistent-ils à une pareille pression? Telle est la question qui est formulée à chaque instant par une foule de personnes et à laquelle il convient de répondre. Il y a tout lieu de croire que ces animaux naissent et se développent dans les profondeurs où ils vivent, de sorte que dès la première cellule la pression s'exerçant également à l'intérieur et à l'extérieur et les tissus subissant le même effet au fur et à mesure de leur formation, c'est comme s'il ne s'exerçait aucune pression ; nous nous trouvons dans le même cas vis-à-vis de la pression atmosphérique. Si la pression extérieure de 1^{kg} par centimètre carré n'était pas contre-balancée par la même pression à l'intérieur de tous nos tissus et de tous nos organes, nous serions écrasés par la pression des $17\,500^{kg}$ qui agissent sur la surface extérieure de chacun de nous. L'intensité de la pression à laquelle vit un animal n'a donc pas l'importance qu'on est tenté de lui attribuer. Ce qui importe c'est la variation brusque de cette pression, par la différence de pression qu'elle produit entre l'extérieur et l'intérieur du corps. Des différences de pression peu importantes ont une action assez intense si elles sont brusques, comme dans les grandes ascensions rapides en ballon ; les scaphandriers doivent s'immerger et surtout remonter avec une lenteur convenable pour éviter les changements brusques de pression sous peine d'accidents mortels. Mais cette importance des variations de pression varie beaucoup suivant les cas : tandis qu'elle est grande chez l'homme et les mammifères en général, elle l'est beaucoup moins chez les animaux inférieurs. Le Dr Regnard a fait à ce sujet de nombreuses et intéressantes expériences avec la presse hydraulique de Cailletet et un dispositif spécial : il a vu que des copépodes, crustacés si abondants dans le plankton, soumis à une pression rapide de 400 atmosphères, ce qui correspond à $4\,000^m$ de profondeur, tombent immobilisés et comme morts au fond du tube qui les contient, mais si on les ramène d'un coup à la pression ordinaire ils reprennent *instantanément* leur course dans le liquide sans paraître avoir été le moins du monde incommodés. Si, au contraire la pression très élevée persiste, l'animal est plus long à revenir à son état primitif, les tissus gonflés et imbibés d'eau ont besoin de se débarrasser de cet excès de liquide pour reprendre leur état initial ; jusque-là l'animal reste en état de vie latente, à moins qu'il ne meure, ce qui arrive quand la pression a été prolongée assez longtemps. On trouve que les tissus se sont gonflés par imbibition d'eau et que leurs éléments sont distendus et séparés les uns des autres. C'est le phénomène secondaire d'imbibition des tissus qui tue les animaux plutôt que la pression elle-même ; un crabe dont tous les tissus sont protégés contre l'imbibition par une carapace ou une enveloppe épaisse de chitine résiste à des pressions allant jusqu'à 800 atmosphères tandis qu'un poisson, placé dans les mêmes conditions, est mort, rigide et pèse plus qu'avant l'expérience. L'excès comme le manque d'eau tue les tissus ou les met en état de vie latente. Une actinie soumise pendant une heure à une pression de 1 000 atmosphères paraît morte ; elle a doublé de volume et presque doublé de poids ; mise dans l'eau à la pression atmosphérique elle reprend son volume normal et après 5 ou 6 heures reprend sa vie ordinaire. Les levures et les bactéries se conduisent d'une façon analogue.

Voilà l'effet de la pression, c'est-à-dire ce qui se passerait si on immergeait rapidement les animaux en question aux profondeurs correspondant aux pressions indiquées plus haut.

Que se passe-t-il quand au contraire on ramène rapidement à la surface des êtres qui vivent dans les grandes profondeurs? Plusieurs des expériences précédentes nous montrent que la brusque décompression n'apporte pas de troubles graves chez la plupart des animaux. Et cependant lors des dragages, les animaux ramenés de grandes profondeurs reviennent toujours ou presque toujours morts. C'est qu'alors plusieurs causes interviennent. S'il s'agit de poissons, notamment de poissons ayant une vessie natatoire, l'ascension brusque fait dilater le gaz de cette vessie qui refoule souvent devant elle l'estomac lequel fait alors saillie hors de la bouche ; en outre, on observe que les gaz du sang et des humeurs de l'œil sont mis en liberté et les embolies qui en résultent expliquent une mort rapide ; mais c'est surtout la différence de température qui paraît être nuisible pour tous les animaux qui passent ainsi avec assez de rapidité de 3 ou 4° ou moins, à 20° ou davantage. Ce qui corrobore cette opinion c'est que dans les mers où la température des profondeurs diffère peu de celle de la surface, comme dans la Méditerranée, on peut ramener vivants de profondeurs assez grandes et conserver plusieurs jours des crevettes et même des squales, comme nous le verrons dans la suite.

Les effets de la décompression varient quelquefois beaucoup suivant les espèces ; ainsi le même chalut ramena de 4275ᵐ (Stn. 1036) des *Macrurus æqualis* revêtus de toutes leurs écailles et des *Bathygadus melanobranchus* dont les écailles étaient toutes tombées.

C'est un fait bien connu que beaucoup d'animaux sont tués dans les endroits où ils sont soumis à des changements brusques de température, comme cela arrive le long des bancs de Terre-Neuve et sur les côtes du Japon dans la limite d'oscillation des eaux froides ou chaudes, ou lorsqu'un courant froid et un courant chaud se rencontrent ; c'est ainsi que beaucoup de formes pélagiques sont tuées sur la limite du Gulf-Stream et du courant polaire du Labrador, il en est de même au sud des Galapagos où à une certaine profondeur la différence de température entre la branche ouest du courant du Pérou et les eaux voisines atteint plus de 11°. Il est fort probable que la destruction de nombreux poissons lors des éruptions sous-marines est due surtout à une élévation subite de la température.

C'est encore la température qui règle le plus souvent la distribution bathymétrique des animaux marins et il est fréquent de trouver dans les régions arctiques, à de petites profondeurs, des formes animales qu'on ne rencontre plus beaucoup au Sud qu'à des profondeurs bien plus grandes, mais où la température est à peu près la même.

Le plankton des eaux chaudes est plus varié en espèces que celui des eaux froides et les formes à carapaces calcaires y abondent. Les cadavres innombrables qui tombent au fond de la mer sur le trajet de ces eaux permettent à la faune profonde qui se trouve au-dessous de prendre un grand développement ; ainsi Agassiz a constaté que sur une grande partie de l'océan Pacifique le fond est relativement stérile et correspond à une faune pélagique très pauvre, alors que sur le trajet du courant du Pérou qui transporte un riche plankton le fond présente également une faune abondante.

Quant à la température propre des animaux marins, elle est la même que celle du milieu ambiant pour les animaux à sang froid, ainsi que Regnard l'a vérifié après d'autres mais au moyen de mesures très précises. Nous verrons qu'il y a des exceptions apparentes.

Nous nous bornerons pour le moment aux notions précédentes ; elles nous permettront de comprendre le reste de cet ouvrage ; nous allons nous occuper maintenant des méthodes et des appareils utilisés pour la capture des diverses formes animales ou végétales qui vivent dans la mer.

INSTRUMENTS ET MÉTHODES DE L'OCÉANOGRAPHIE BIOLOGIQUE

Les êtres qui vivent dans la mer se rencontrent, inégalement répartis d'ailleurs, depuis la surface de l'eau jusque dans le sol sous-marin lui-même, dans toute l'épaisseur de l'eau qui sépare la surface du fond. Il est donc nécessaire, pour arriver à une connaissance complète de la biologie de la mer, de recueillir et d'étudier de près les espèces innombrables qui pullulent dans les différentes zones. La récolte ne pourra se faire aisément qu'avec des engins appropriés soit à la nature de cette zone soit à la nature des êtres qui l'habitent ; la masse des organismes, le plus souvent microscopiques qui constituent le plankton de surface ne se capturent pas de la même façon que les baleines.

La capture des poissons qui alimentent nos marchés et font l'objet, ainsi que les espèces littorales de divers groupes d'animaux, d'un commerce suivi, ne pourra pas être traitée ici, si ce n'est exceptionnellement et en passant. Il faudrait un gros livre pour ce seul chapitre concernant l'industrie des pêches en général ; c'est d'ailleurs là un sujet qui doit être traité en détail dans un autre volume de la collection ; et nous devrons nous borner à signaler sommairement ceux des engins ordinaires qui peuvent être adaptés aux recherches scientifiques après avoir été plus ou moins modifiés. Pour le reste, le lecteur devra se reporter aux ouvrages spéciaux qui ont été publiés sur les pêches en général ou en particulier.

Nous allons donc passer rapidement en revue, en indiquant leur mode de fonctionnement, les divers engins et méthodes employés dans les recherches d'océanographie biologique, pour recueillir les êtres de la surface, des couches intermédiaires et du fond même de l'Océan. J'aurai soin d'indiquer les publications dans lesquelles on trouvera, si c'est nécessaire, des descriptions plus détaillées que celles qu'il est possible de donner ici.

Engins utilisés pour les récoltes à la surface.

Haveneau, Filet fin, etc. — Pour capturer les animaux isolés qui nagent plus ou moins lentement à la surface, on peut employer, si le bateau où l'on se trouve est arrêté ou marche très lentement, un filet fixé au bout d'un long manche, appelé *haveneau* et dont le fond est arrondi ; c'est le même dispositif que celui de l'épuisette ou du filet à papillon. Les dimensions sont variables, tant pour la longueur du manche que pour la grandeur de l'entrée du filet et pour celle des mailles. A bord d'un navire plus ou moins élevé au-dessus de l'eau on se servira de haveneaux à longs manches, et on emploiera en général le haveneau qui aura les plus grandes mailles compatibles avec les dimensions de l'animal à saisir, parce que plus les mailles sont grandes moins le filet offre de résistance dans l'eau et plus il peut être manié rapidement, ce qui est un point souvent très important pour la réussite. On doit avoir une série de haveneaux divers. Le procédé le plus simple consiste à attacher, sur des cercles en fort fil de fer galvanisé et munis d'un prolongement qui permet de fixer le cercle au bout d'un manche plus ou moins long, en bambou de préférence, des petits filets d'épuisette de mailles variées. D'autres sont faits avec du tulle, notamment avec

Fig. 131. — La pêche au haveneau dans le youyou.

celui qui sert à la confection des moustiquaires et qui est très pratique ; d'autres sont faits en mousseline mais cette étoffe n'est pas recommandée parce qu'une fois mouillée elle ne conserve pas l'élasticité convenable. Enfin, s'il s'agit du plankton le plus fin, il faut employer la soie à bluter (¹) dont les numéros les plus élevés contiennent jusqu'à 6 000 mailles par centimètre carré. A bord de la *Princesse-Alice*, il y a toujours sur le pont, à portée de la main, plusieurs haveneaux variés, dont le manche atteint jusqu'à 6ᵐ de longueur. C'est là un outil plus important qu'on n'est généralement tenté de le croire (fig. 131). Il rend beaucoup de services au cours d'une expédition. Quand le bateau marche très lentement, en traînant le chalut par exemple, ou quand il est arrêté pour une raison quelconque (sondage, etc.), dans une foule d'occasions enfin, le haveneau permet de recueillir près du bord beaucoup d'animaux intéressants et assez souvent même des pièces très rares. Le Prince de Monaco se sert aussi, pour capturer les tortues qui dorment à la surface, d'un grand haveneau à larges mailles, dont le manche a 2ᵐ,30, le filet 60ᶜᵐ de large sur 1ᵐ de long avec des mailles de 3ᶜᵐ de côté.

On rencontre à la surface des animaux tellement délicats que le simple contact de la soie du haveneau le plus fin les abîme complètement ; c'est le cas de certains cténophores et de quelques siphonophores. Le seul moyen de les recueillir en bon état est de les prendre directement dans la mer non pas avec un filet mais avec un

(¹) La soie à bluter la farine se trouve chez les fournisseurs d'articles de meunerie.

bocal ou un cristallisoir de verre, et en agissant aussi délicatement et aussi habilement que possible.

Jusqu'ici nous avons parlé de la capture d'animaux isolés, déterminés d'avance ; mais en dehors de ceux-ci il y a la foule des êtres du plankton microscopique, qu'on ne voit pas du bateau et qu'il faut recueillir pour ainsi dire à l'aveuglette. Pour cela, si le bateau est complètement arrêté, on promène lentement dans l'eau le haveneau de soie à bluter la plus fine, ou bien on filtre une quantité d'eau plus ou moins considérable en plongeant le filet et en le retirant alternativement ; si le bateau va assez lentement on maintient l'orifice du haveneau dans la position convenable pour que l'eau filtre à travers, mais ce procédé est peu pratique.

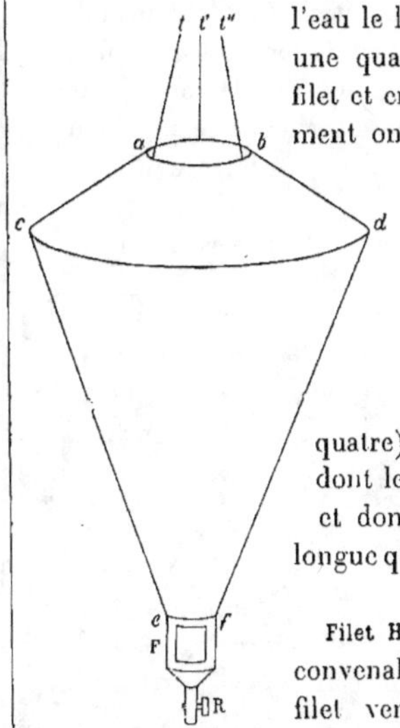

Il vaut mieux traîner un filet spécialement disposé dans ce but ; on en a proposé un grand nombre de modèles, tous avec ouverture circulaire garnie d'un anneau métallique fixé au câble de remorque par une patte d'oie à trois branches (rarement à quatre) ; c'est le cas des filets fins du *Challenger* dont le diamètre de l'entrée mesurait de 25 à 40^{cm} et dont la poche était à peu près quatre fois plus longue que le diamètre de l'orifice.

Filet Hensen. — Le filet qui nous paraît le plus convenable pour le fin plankton est une réduction du filet vertical de Hensen qui est construit de la façon suivante (fig. 132) : deux forts anneaux de cuivre ou de fer galvanisé *ab* de 14^{cm} et *cd* de 40^{cm} de diamètre sont réunis par une enveloppe, toile de coton souple, serrée, solide et pratiquement imperméable. Les deux cercles *ab* et *cd* sont distants de 15^{cm}. Le filet entier avec le récipient à robinet, d'environ 20^{cm} de long, a environ 1^{m},10 de longueur. La partie *cdef* est une poche en soie à bluter la plus fine et a 75^{cm} de longueur ; son extrémité vient se fixer à un petit récipient cylindrique F en bronze muni d'un robinet R, dans lequel viendra se condenser la récolte ; les parois de ce cylindre portent de larges fenêtres fermées par de la soie à bluter, permettant à l'eau de filtrer. A cause de la grande surface filtrante par rapport à l'orifice réduit, la filtration se fait aisément et le dispositif permet de se passer d'une empêche. Quand le filet a été traîné pendant le temps jugé convenable, à une vitesse faible, de 2 à 3^{km} à l'heure en général, on rentre le filet ; l'expérience montre la vitesse qui convient, en ayant soin de commencer à une vitesse très faible qu'on augmente peu à peu. Le filet étant égoutté, on vide son contenu en ouvrant le robinet et la récolte recueillie dans un récipient est ensuite examinée ou fixée de suite dans l'alcool, le formol ou tout autre liquide conservateur.

Fig. 132. — Schéma du filet Hensen.

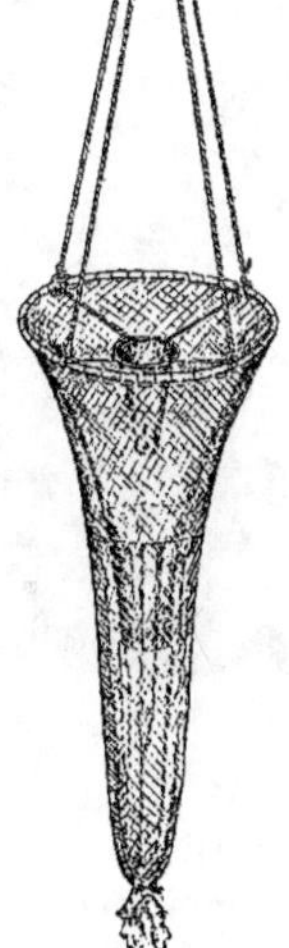

Fig. 133*. — Filet de surface perfectionné de l'*Albatross*.

Filet de surface perfectionné de l'*Albatross*. — La simple inspection de la fig. 133 permet de comprendre la construction et le fonctionnement de ce filet décrit par Tanner (1897). L'anneau de fer galvanisé qui forme l'entrée du filet a 1ᵐ,50 de diamètre environ, le filet a 3ᵐ, ses mailles 12ᵐᵐ de côté, l'empêche du même filet a 1ᵐ,50 de longueur. La dernière portion du sac en filet est doublée à l'intérieur de filet à moustiquaire, et le fond est simplement fermé par un cordonnet ; il va sans dire qu'on peut y fixer un récipient quelconque comme aux autres. Ce filet à mailles relativement très larges, présente, fixé par 4 cordes, au milieu de son orifice, un filet fin ordinaire en soie à bluter très fine, de 30ᶜᵐ d'ouverture pour 50ᶜᵐ de long (cette dernière dimension est trop faible). Ce petit filet est destiné à recueillir le plankton microscopique. L'ensemble est traîné à une vitesse d'environ 2 milles à l'heure (3ᵏᵐ,7).

Chalut de surface (fig. 134). — « Durant la campagne de 1887, écrit le Prince

Fig. 134. — Chalut de surface du Prince de Monaco.

Albert de Monaco([1]), j'ai inauguré l'usage du filet que j'appelle *chalut de surface* parce qu'il récolte les objets flottant à la surface ou bien en suspension quelque peu au-dessous d'elle, tout à fait comme le chalut de pêche ordinaire récolte les objets répandus sur le fond ou bien enfouis sous les premières couches de la vase. Cet engin est construit, dans ses lignes générales, comme le chalut anglais nommé *otter-trawl*: deux ailes qui s'attachent latéralement au corps du filet et près de son entrée, augmentent de toute leur longueur la surface qu'il balaie. Ces ailes se terminent chacune par un plateau en bois lesté de façon qu'il flotte suivant sa tranche et relié au câble de remorque par une patte d'oie qui est fixée sur sa face interne, un peu en arrière de son centre de gravité. Cette installation fait que dès le début d'une traction opérée sur le câble,

([1]) « Recherche des animaux marins », *C. R. du Congrès international de zoologie*. Paris, 1889, p. 136-138, pl. I, fig. 7-10.

les plateaux tendent à s'écarter l'un de l'autre et par conséquent à ouvrir le filet. En avant et au-dessous de l'entrée un tablier s'étend avec une certaine inclinaison, afin de gêner dans leur retraite vers le bas les animaux surpris par l'approche de l'engin et qu'une empêche retient définitivement dès qu'il l'ont dépassée. »

Le filet se termine par un seau en zinc facile à détacher grâce au mode d'attache à bayonnette que lui a appliqué M. de Guerne. Ce seau peut être lui-même muni d'une empêche.

Mais on peut encore terminer le filet par une poche en soie tenue rigide par une armature métallique, en forme de cylindre, par exemple, et maintenue plongée dans un seau de zinc où l'eau peut circuler autour de la poche cylindrique en soie à bluter la plus fine.

Les principales dimensions du chalut de surface employé à bord de l'*Hirondelle* étaient : 7^m pour l'ouverture, avec les ailes, et 4^m,30 de profondeur. Les ailes étaient faites en filet à sardines du modèle le plus fin. Le corps du filet était formé de plusieurs sections de tissus de soie variés et dont la maille était de plus en plus fine à mesure qu'on se rapproche du seau terminal ; on diminue ainsi beaucoup la résistance du filet qui est d'ailleurs soutenu par deux ralingues reliant le seau aux plateaux.

Pour éviter de recueillir dans le filet les poussières et objets divers qui ne manqueraient pas d'y entrer si on le traînait dans le sillage, on écarte le câble au vent du navire au moyen d'une bigue de plusieurs mètres, un mât d'embarcation par exemple.

La façon qui m'a paru la plus simple et la plus pratique de mettre à l'eau le chalut de surface est la suivante : le filet est d'abord allongé sur le pont vers l'arrière suivant la longueur du bateau et préparé de façon que tout soit clair et en ordre ; les lièges qui bordent la partie supérieure de l'entrée étant en dessus, le câble de la patte d'oie est dépassé de tout obstacle, en dehors du bordage ; ceci fait on stoppe la machine et quand la vitesse est convenablement réduite à 1 ou 2 nœuds par exemple, on met le filet à l'eau par l'arrière du navire en commençant par le seau, puis le filet. les ailes, à l'appel, et enfin les 2 plateaux en même temps ; on s'assure que tout est clair et on largue le tout. De cette façon on ne risque pas de prendre le filet dans l'hélice et c'est seulement lorsqu'on a déjà filé du câble et que celui-ci est en bonne position qu'on remet l'hélice en marche pour augmenter la vitesse du traînage.

D'autres personnes préfèrent lancer le chalut sur un côté du navire et abandonner les plateaux l'un après l'autre. Cette manœuvre est plus difficile, surtout la nuit, et c'est généralement pendant la nuit qu'on utilise le chalut de surface qui donne des récoltes plus riches et plus intéressantes que pendant le jour ; c'est là un fait bien connu.

A bord de la *Princesse-Alice* on a employé un chalut de surface de plus grandes dimensions ; tandis, par exemple, que les ailes du chalut de l'*Hirondelle* avaient chacune 3^m,75 de longueur, celles du nouveau mesuraient 4^m,70.

FILETS HORIZONTAUX DE HENSEN ([1]). — Hensen fit divers essais pour traîner un filet à toute vitesse en restreignant la surface de l'entrée et en augmentant celle de la partie filtrante. Dans un modèle, le filet fin était enfermé dans un panier d'osier doublé d'étoffe peu perméable de sorte que le filet se trouvait dans une atmosphère liquide, les pressions intérieure et extérieure à la surface filtrante différant peu à cause de la faible perméabilité du panier doublé d'étoffe. C'est ce même principe que M. Buchet a appliqué dans son appareil.

Dans un autre filet qu'il appelle *cylindre horizontal*, Hensen ([1]) est parvenu à loger

____
([1]) *Methodik* etc., HENSEN, 1895.

dans un cylindre de 1^m,80 de long et de 35^{cm} de diamètre, un filet cylindrique en soie à bluter très fine (n° 18) de près de 3^{mq} en pliant en long ce cylindre de soie d'une façon appropriée ; ainsi, en section horizontale, le filet se présente comme une rosace creuse à six branches, maintenue dans cette position par six tubes égaux et parallèles à l'axe du cylindre et fixés à la monture qui termine à chaque extrémité le cylindre, dont la paroi extérieure est très évidée pour l'écoulement de l'eau filtrée ; celle-ci entre par l'extrémité antérieure de l'appareil. Ce dernier n'est guère employé que pour les pêches pélagiques de surface, à toute vitesse, en réduisant l'orifice d'entrée au moyen d'anneaux plus ou moins larges et qui peuvent se fixer en place dans ce but, suivant la vitesse du navire.

Le cylindre horizontal a été utilisé par l'expédition du *Siboga*.

FILET ET PLANKTONMÈTRE DE G. BUCHET([1]). — L'appareil très ingénieux, inventé par M. Buchet, permet, suivant son auteur à qui nous en empruntons la description, de recueillir le plankton, à bord d'un navire quelconque, quelle que soit sa vitesse, sans influer sensiblement sur celle-ci.

La fig. 135 représente une coupe longitudinale de l'instrument. A est une masse fusiforme de bois paraffiné, à l'émerillon antérieur G duquel est fixé le câble de remorque. L'arrière du fuseau de bois s'engage dans un tronc de cône B en tôle d'acier, dont la surface est parallèle à celle du fuseau et

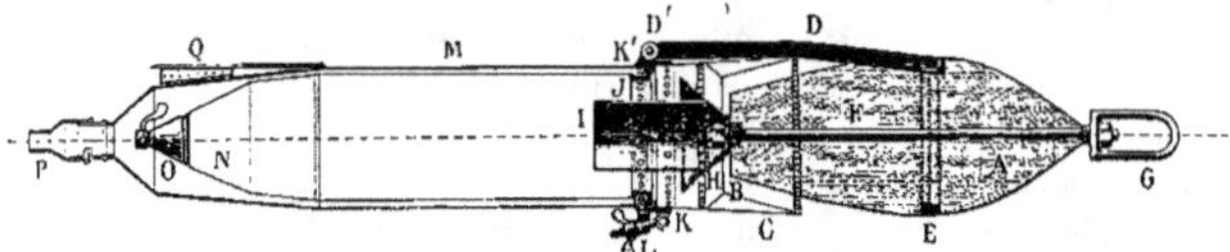

Fig. 135. — Filet Buchet, coupe.

en est distante de 22^{mm}. Un autre tronc de cône C, en tôle d'acier aussi, enveloppe le premier. A l'extrémité postérieure de la tige de fer qui traverse le fuseau de bois est fixé, par un écrou, un tronc de cône H de l'intérieur duquel part un cylindre I dont le diamètre est de 56^{mm} plus petit que celui du filet et qui pénètre dans la poche filtrante du filet N fixé autour de la bague J. Le filet finit par un récipient terminé par une tubulure à bayonnette permettant de vider facilement le contenu, après la pêche. La grande base du tronc de cône H est à 4^{cm} de l'entrée J du filet N qui est en soie à bluter. Le cylindre M, en tôle d'acier, s'ouvre entre les anneaux K et K′, grâce à une charnière D′. La vis de pression L sert au contraire à réunir les deux parties de l'appareil d'une façon rigide. Trois tiges d'acier D réunissent par la bague extérieure E la masse A à l'anneau K. Un ajutage mobile à bayonnette P, termine l'enveloppe générale M ; on peut à volonté employer des ajutages de diamètres variés. Une plaque cordiforme Q (vue ici en section), sert de gouvernail pour maintenir l'appareil horizontal pendant la pêche.

L'appareil étant préparé et prêt à être mis à l'eau, on l'immerge au vent, en faisant passer la remorque sur une poulie fixée à l'extrémité d'une forte perche ou tangon, pour écarter le filet du navire et le traîner en dehors du sillage.

L'eau, après avoir glissé sur le fuseau de bois A, vient frapper sur le tronc de cône H qui lui fait perdre une partie de sa vitesse et entre dans le filet N sous forme d'une nappe annulaire, grâce à la

([1]) *Revue scientifique*, 7 juillet 1900.

présence du cylindre I. L'eau traverse le filet et ne peut sortir que par l'ajutage P. Il s'établit, entre le filet N et l'enveloppe générale M, une pression compensatrice qui croît avec la vitesse du navire de sorte que les organismes délicats ne sont pas froissés contre le filet. La pêche terminée, l'appareil est rentré à bord verticalement (fig. 136) ; on laisse écouler l'eau, on ouvre l'engin entre les anneaux K et K' et on retire le filet qui est fixé au cercle J par une armature à bayonnette.

On arrive rapidement à trouver quel est le diamètre de l'ajutage et la longueur de remorque qui conviennent le mieux pour une vitesse déterminée du navire.

Le filet Buchet ramène les animaux en très bon état ; il a été employé à bord de la *Princesse-Alice* jusqu'à une vitesse de 10 milles à l'heure ; mais je dois dire que pour les pêches qualitatives de surface il a été remplacé par le petit filet fin étroit dont l'usage est beaucoup plus facile et qui donne de très bons résultats. L'appareil Buchet employé par le Prince de Monaco mesure $1^m,50$ de longueur ; son diamètre moyen est de 20^{cm} et son poids de 22^{kg}.

M. Buchet a pensé à modifier légèrement son appareil pour permettre des mesures quantitatives du plankton, grâce à l'adjonction d'un compteur permettant de connaître la quantité d'eau qui a traversé le filet dans un temps déterminé, pendant que d'autre part on mesure la quantité de plankton recueilli pendant ce même temps.

Dans ce modèle, en cuivre et bronze, le fuseau A est en métal et divisé en 3 compartiments à l'intérieur desquels on peut déposer un lest variable suivant le niveau auquel on veut faire fonctionner l'appareil.

PETIT FILET FIN ÉTROIT POUR PÊCHES PÉLAGIQUES A GRANDE VITESSE. — C'est un simple petit filet de soie à bluter la plus fine.

L'orifice est formé par un anneau de fer galvanisé ou de cuivre ayant de 60 à 65^{mm} de diamètre intérieur, autour duquel est cousu l'ourlet de toile du filet et sur lequel est fixée une patte d'oie formée de 2 ou 3 fils de fer galvanisé ou de cuivre, de 2^{mm} environ d'épaisseur et réunis ensemble en une boucle d'amarrage pour la ligne de traîne. Le filet se compose d'une première partie en forte toile *bcdf* (fig. 137) reliée à la partie filtrante en soie *dfgi* qui est terminée elle-même par une petite manchette de cotonnade souple *gijk* qu'on ferme en l'étranglant avec un simple demi-nœud de cordonnet tressé. Le croquis ci-joint (fig. 137) donne les mesures utiles pour la construction d'un pareil filet en tenant bien compte de ce fait que les longueurs *bc*, *df*, *gi*, *jk* ne sont pas les diamètres, mais les demi-circonférences de ces divers niveaux (*ae* $= 120^{mm}$; *eh* $= 450^{mm}$; *ho* $= 40^{mm}$; demi-circ. *bc* $= 95^{mm}$; demi-circ. *df* $= 175^{mm}$; demi-circ. *gi* et *jk* $= 50^{mm}$).

Quant à la ligne de 50^m à 60^m destinée à traîner le filet, la meilleure est la ligne de loch qui ne se tord pas ; l'extrémité portera un solide porte-mousqueton grâce auquel il est aussi facile de fixer le filet à la ligne que de l'en séparer. En outre, à 1 mètre avant le porte-mousqueton, la ligne portera, solidement fixé, un lest en plomb de 1^{kg} à $1^{kg},5$, allongé de façon à faire autant que possible corps avec la ligne ; à deux mètres avant le porte-mousqueton il sera généralement bon de fixer un autre poids semblable.

Dans les fig. 138 et 139 on voit l'ensemble du filet.

L'orifice inférieur du filet étant fermé par une simple boucle du lacet, on met le filet à l'eau et, suivant la vitesse du navire et l'état de la mer, on file de la ligne jusqu'à ce que le filet suive le navire sans sortir de l'eau. Après un temps variable, qui va d'environ 10 minutes à une heure, suivant l'abondance présumée du plankton, on retire le filet, on le laisse égoutter, on retire le lacet en tirant simplement sur le bon bout de la simple boucle, on développe bien l'orifice inférieur qu'on plonge dans un flacon assez haut à ouverture large et aux deux tiers plein d'alcool

Fig. 137. — Filet fin étroit, schéma.

Fig. 138. —
Filet fin
étroit.

ou de formol à 3 % à l'eau de mer. Les flacons à col, bouchés liège, presque cylindriques, de 125^{mm} à 130^{mm} de hauteur extérieure et de 37^{mm} à 40^{mm} d'orifice conviennent très bien. Après repos et décantation du liquide en excès on transvase la pêche dans un flacon plus petit. Une étiquette au crayon noir ordinaire, portant la date, l'heure, le point, etc., est mise directement dans le liquide avec la pêche ; de cette façon elle ne peut ni se perdre ni se détacher.

Une personne seule peut facilement mettre à l'eau et retirer ce filet qui est peu dispendieux et donne des résultats très satisfaisants.

Il est bon d'avoir plusieurs petits filets tout prêts, en cas d'avarie à l'un d'eux, si l'on désire faire des pêches d'une façon régulière ; après chaque pêche, on traîne le filet *ouvert* pendant une minute pour le laver, et on le rince de temps à autre à l'eau douce. Après un certain nombre

Fig. 139. — Dispositif pour l'examen rapide du plankton.

de pêches le filet filtre moins bien et il est préférable de le remplacer ; cela dépend beaucoup de la vitesse et du temps pendant lequel on l'a traîné. A bord de la *Princesse-Alice* on remplaçait le filet quand il avait fonctionné pendant un total d'environ 20 heures à une allure variant de 13 à 18^{km} à l'heure.

La rapidité avec laquelle ce filet peut être traîné compense la petitesse de son orifice et permet la capture d'animaux assez agiles tels que les mysidés, voire même de petits céphalopodes et de petits poissons. Les pêches nocturnes sont particulièrement intéressantes et renferment de nombreuses formes que ne donnent pas, ou beaucoup plus rarement, les pêches de jour.

J'ai employé pour la première fois ce filet le 11 septembre 1903 à une vitesse de 18^{km} à l'heure sur une mer houleuse et agitée. Son fonctionnement est bon même quand la mer est couverte de gros moutons.

C'est en somme le filet fin ordinaire modifié pour être traîné à grande vitesse. On a souvent employé un filet analogue à bord du *Challenger*, mais à des vitesses très réduites, que permettait seulement une ouverture d'au moins 25^{cm} de diamètre. Le 1er septembre 1904, la *Discovery* et la *Princesse-Alice* se trouvant en même temps à Ponta Delgada, aux Açores, les membres des deux expéditions eurent le plaisir de faire mutuellement connaissance ; M. Hodgson, naturaliste de l'expédition anglaise, m'apprit, comme je lui parlais du filet fin étroit en le lui montrant avec les récoltes obtenues, que pendant la navigation de la *Discovery* il avait également employé un filet analogue, mais à l'orifice plus large correspondant à une vitesse du navire moindre que celle de la *Princesse-Alice*. L'orifice doit être d'autant plus petit et la surface filtrante d'autant plus grande, en proportion, que la vitesse est plus considérable.

Si j'insiste autant sur un filet si simple et si commode à manier, c'est que je désire montrer avec quelle facilité chacun peut récolter le plankton de surface et aussi avec quels faibles moyens on peut quelquefois rendre des services à la science. Des séries de pêches semblables, faites pendant les traversées dans des mers encore peu connues à ce point de vue (c'est-à-dire la plupart), et à diverses saisons, seraient d'une grande valeur.

DISPOSITIF POUR L'EXAMEN RAPIDE DU PLANKTON. — Quand on a procédé à une récolte de plankton, on peut désirer en faire un examen sommaire immédiat ; or ce n'est pas une chose facile dans les conditions ordinaires d'un navire, et si, d'une façon générale, le travail de laboratoire est pénible, particulièrement dans les pays chauds, il l'est encore davantage quand il nécessite l'emploi du microscope ou de la loupe montée. J'ai cherché un dispositif permettant de faire commodément sur le pont, à l'air et à la lumière, l'examen du plankton recueilli avec le petit filet fin étroit et j'y suis arrivé d'une façon qui m'a paru très satisfaisante, même pendant des roulis qui auraient fait renoncer à tout autre procédé.

Le principe du dispositif adopté est le suivant : la récolte est enfermée dans une boîte de verre à faces parallèles *complètement pleine de liquide sans la moindre bulle d'air* ; le plankton se dépose sur la face inférieure de cette boîte ; on l'examine au moyen d'une loupe dont l'axe est horizontal et qui se termine par un prisme rectangulaire dont une des petites faces, horizontale, est parallèle à la face inférieure de la boîte de verre et située au-dessous d'elle, de façon à renvoyer dans la loupe l'image des objets déposés sur le fond de la boîte. Celle-ci peut glisser de droite à gauche et de gauche à droite ; d'autre part la loupe de Brucke à prisme peut glisser d'avant en arrière et d'arrière en avant ; la combinaison de ces deux mouvements permet de parcourir tout le fond de la boîte de verre sans changer la mise au point. Toute l'installation est portée par un support qu'on peut solidement fixer à la hauteur qui convient à chacun. Dans la fig. 139 on voit fixé sur la table l'ensem-

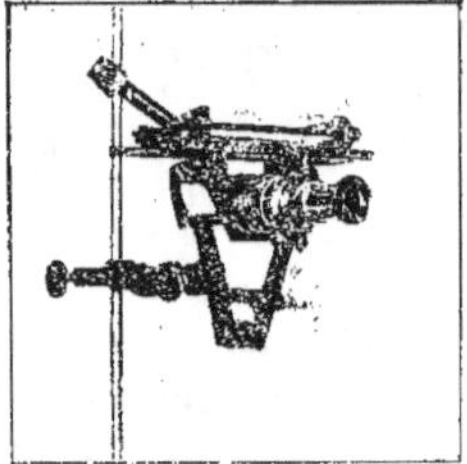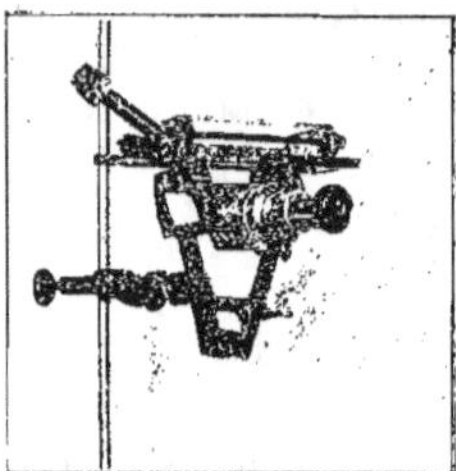

Fig. 140. — Dispositif pour l'examen rapide du plankton (Vue stéréoscopique).

ble de l'appareil sur son support ; la fig. 140 représente l'appareil isolé (¹), et la fig. 141 montre l'observateur examinant une récolte.

La boîte de verre est saisie dans une monture dont la partie correspondant à l'orifice communique

Fig. 141. — En observation.

avec l'intérieur par un tube incliné, qui forme le goulot de cette sorte de bouteille, et par lequel on peut introduire la récolte, qu'elle soit dans l'alcool, le formol ou dans l'eau de mer avec les animaux vivants ; on remplit exactement le récipient en faisant sortir les dernières bulles d'air par le tube. Il n'y a plus qu'à placer la boîte pleine sur son support et à procéder à l'examen (²). J'ai passé ainsi bien des heures délicieuses à l'arrière du yacht, confortablement installé, malgré de forts roulis, à examiner le plankton microscopique de la surface encore bien vivant et à admirer avec mes compagnons de voyage les mouvements rapides ou lents, les formes gracieuses ou bizarres, les couleurs les plus variées et les plus vives, ou la transparence incolore et cristalline, de la foule des êtres infimes, algues ou animaux qui constituent ce plankton. C'est un spectacle dont on ne se lasse pas.

(¹) On peut avantageusement l'examiner avec un stéréoscope à main.
(²) Je ne puis entrer ici dans les détails de construction de l'appareil ; voir à ce sujet ma note « Sur des instruments destinés à la récolte et à l'examen préliminaire du plankton microscopique et sur la présence du genre Penilia dans la Méditerranée » (Kun resumo esperanta), *Bull. Musée océanogr. de Monaco*, nᵒ 52, 1905.

Engins destinés à l'exploration des couches intermédiaires.

La connaissance de la faune et de la flore des couches intermédiaires entre la surface et le fond de la mer est un sujet d'étude qui n'a guère été abordé d'une façon sérieuse que depuis l'expédition du *Challenger*. A bord de ce navire on se contentait d'immerger et de traîner à diverses profondeurs le petit filet fin que nous avons décrit au sujet des pêches de surface en le lestant convenablement suivant la vitesse du navire ; on fixait aussi de ces filets le long du câble de dragage et sur les côtés de la drague et du chalut à perche (fig. 157). Mais naturellement on ne pouvait savoir de quelle profondeur venaient les animaux recueillis. Il est extrêmement important de savoir s'il y a des êtres dans les couches intermédiaires, et, s'il y en a, de connaître leur distribution verticale, leur répartition dans les différentes zones entre la surface et le fond. Les filets divers, immergés à des profondeurs plus ou moins grandes, avaient déjà ramené des organismes qu'on n'avait jamais rencontrés à la surface. Il y a donc des animaux pélagiques dans la profondeur, c'est-à-dire bathypélagiques ; mais il restait des doutes, et même beaucoup de ces animaux pris par les chaluts pendant la montée entre deux eaux furent considérés jusqu'à ces derniers temps comme vivant sur le fond. On ne peut obtenir des renseignements précis à leur sujet qu'au moyen d'appareils permettant de les recueillir sans mélange avec ceux des couches supérieures ou inférieures. En un mot, il faut employer un filet qui, ne s'ouvrant qu'à une profondeur déterminée, soit refermé à cette profondeur, après y avoir travaillé et avant d'être remonté à la surface ; ou qui, ouvert à une profondeur déterminée, soit remonté en filtrant l'eau pendant un certain parcours vertical, puis fermé avant d'achever son ascension. La solution pratique de ce problème difficile a suscité une foule de procédés souvent très ingénieux et qu'il est intéressant d'étudier dans leurs grandes lignes. Nous désignons les appareils à ouverture et à fermeture automatiques qui s'y rapportent sous le nom général de filets bathypélagiques.

Nous ne pouvons décrire tous les appareils qui ont été proposés : plusieurs, en effet, ne diffèrent entre eux que par des détails peu importants ; d'autres n'ont pas fait leurs preuves d'une façon suffisante et sont, en quelque sorte, morts-nés ; certains, enfin, ne remplissent pas à un degré convenable les conditions désirées pour des appareils de ce genre.

Nous laisserons donc de côté : le filet de M. Turbyne ([1]), filet fin ordinaire qu'on peut étrangler au moyen d'une corde avant de le remonter ; il a l'inconvénient de descendre ouvert et de nécessiter deux cordes pour sa manœuvre, ce qui est toujours à éviter, parce que les deux cordes peuvent se gêner l'une l'autre ; — le filet Pavesi ([2]) qui descend fermé, qu'on ouvre à la profondeur voulue au moyen d'un messager et qu'on remonte ouvert, ce qui est encore plus défectueux que de descendre ouvert ; — le filet de Pouchet et Chabry ([3]), qui est monté sur un cercle dont les deux moitiés tournent autour d'un diamètre vertical comme axe ; quand elles sont rabattues l'une sur

---

([1]) *The scottish marine station for scientific research ; its work and prospects.* Edinburgh, 1885.
([2]) *Atti Soc. Venet. Irent.* Padova, vol. VIII, 1883.
([3]) *C. R. de la Soc. de Biologie,* 29 oct. 1887.

l'autre dans la position de départ l'ouverture est fermée, un premier messager permet à un ressort d'écarter les deux demi-cercles, c'est-à-dire ouvre le filet pour pêcher ; un deuxième messager le ferme. Il ne semble pas que cet appareil ait jamais fonctionné, ni même qu'il ait été construit.

Dès le début de ses recherches océanographiques, le Prince Albert de Monaco [1] se préoccupa vivement de la faune bathypélagique. En 1886, il essaya un filet dont le principe est dû au Prof. Pavesi de Pavie ; le filet de Pavesi descendait fermé et remontait ouvert ; M. de Guerne [2] le modifia de façon à le descendre fermé et à le remonter fermé, une fois la pêche terminée. L'ouverture du filet est formée par deux demi-cercles pouvant se rabattre l'un sur l'autre autour d'un axe (diamètre) métallique autour duquel est enroulé un puissant ressort qui tend à appliquer fortement les deux moitiés l'une contre l'autre, c'est-à-dire à fermer l'appareil. Le filet Dumaige [1] est une légère modification de celui de M. de Guerne. Dans les deux, l'action d'un premier messager écarte les deux demi-cercles, rabattus l'un sur l'autre jusqu'à la profondeur voulue, de façon à tenir le cercle grand ouvert pendant la pêche. Un deuxième messager vient ensuite permettre au ressort d'agir et de fermer le filet en appliquant de nouveau les deux demi-cercles l'un sur l'autre. Le Prince de Monaco qui essaya ces appareils en 1886 et 1887 dut y renoncer à cause de l'action inconstante des messagers, et du fait constaté que les deux demi-cercles ne s'appliquaient pas l'un sur l'autre en temps voulu mais quelquefois seulement quand le filet sortait de l'eau.

Nous ne ferons que signaler en passant le filet du D\u02b3 Viguier [2] dont l'ouverture et la fermeture sont produites par un petit moteur électrique qui fonctionne lorsqu'un manomètre réglé pour une profondeur déterminée vient établir un contact électrique. Il suffira d'ajouter que l'appareil n'a pas été construit, que je sache du moins, pour comprendre que nous ne nous y arrêtions pas davantage ; sa théorie seule est séduisante.

Nous rangeons dans la catégorie des engins destinés à explorer les couches intermédiaires, en dehors des appareils à ouverture et à fermeture automatiques, de simples filets sans mécanisme spécial et qui sont particulièrement destinés à pêcher entre deux eaux : tels sont les filets verticaux de Hensen, celui à grande ouverture, etc. Il est évident que la plupart des filets affectés d'ordinaire aux pêches de surface peuvent être, au même titre que les derniers cités, employés pour les pêches bathypélagiques auxquelles il est facile de les adapter.

Bien mieux, les divers appareils que nous examinerons plus loin et qui servent à capturer les animaux vivant sur le fond même ou dans les couches superficielles du sol, peuvent être utilisés avec profit pour explorer les eaux intermédiaires, et les chaluts ramènent souvent des animaux de ces régions. Il n'est pas jusqu'aux fauberts qui ne ramènent des êtres bathypélagiques, des poissons par exemple accrochés par les dents ! Nous pouvons même aller plus loin ; on peut dire qu'à l'heure actuelle l'intérêt se concentre surtout sur les êtres de taille relativement grande ou même de très grande taille qui vivent entre deux eaux et échappent jusqu'ici à toutes nos ten-

---

[1] Prince ALBERT DE MONACO, *Recherche des animaux marins*, Congrès intern. de Zoologie. Paris, 1889, p. 140, 141.
[2] *La Nature* du 21 juin 1890, p. 42-44.

tatives de capture. Je veux parler notamment des grands céphalopodes. Eh bien, il est probable que c'est avec de très grands filets analogues au chalut à plateaux ou au chalut de surface, mais traînés rapidement entre deux eaux qu'on arrivera à les saisir enfin sans se voir obligé d'aller les chercher, combien détériorés le plus souvent, dans l'estomac des Cachalots ou autres cétacés. Il est possible que des nasses immobilisées entre deux eaux donnent aussi des résultats. Le Prince de Monaco a fait des essais préliminaires dans ces deux voies différentes : les nasses intermédiaires ne lui ont rien apporté, mais un chalut à plateaux captura entre deux eaux deux céphalopodes remarquables et probablement nouveaux.

On peut d'ailleurs obtenir d'une autre façon des renseignements très précieux, et qui acquièrent de la précision par leur multiplicité, en ce qui concerne l'existence de la faune des couches intermédiaires et la connaissance des éléments de cette faune aux différents niveaux. Il suffit en effet d'une méthode qu'on pourrait qualifier en quelque sorte d'exploration fractionnée et qui peut se pratiquer avec un simple filet vertical. Supposons qu'en un même point où la profondeur est par exemple de 5 000^m, nous envoyions un filet vertical à 500^m, puis que nous le remontions pour le renvoyer, après avoir recueilli le plankton rapporté de cette première couche, jusqu'à 1 000^m, puis successivement, de 1 000 en 1 000^m jusqu'au fond. La comparaison des récoltes nous montrera que le plankton pris entre 5 000^m et la surface contient des organismes qu'aucune des autres opérations n'a rapportés ; que d'autre part certaines formes animales ne sont jamais obtenues si le filet n'est pas envoyé à plus de 500^m de profondeur, comme cela paraît être le cas de certains Schizopodes (*Eucopia australis* par exemple), et d'une magnifique crevette rouge, l'*Acanthephyra purpurea*. On peut donc arriver, au moyen d'opérations répétées, à connaître la distribution bathymétrique des animaux bathypélagiques, et à localiser la plupart des espèces dans telle ou telle couche d'eau. Il ne faut pas d'ailleurs s'imaginer que les limites de cette distribution soient très fixes ; il y a tout lieu de croire, au contraire, qu'elles sont assez variables et que les animaux bathypélagiques sont soumis à des oscillations verticales dépendant de celles des êtres inférieurs ou plankton microscopique dont ils se nourrissent, etc. Si l'on applique cette méthode à l'emploi du filet vertical Hensen en soie très fine, on arrivera donc à peu près aux mêmes résultats que si l'on employait un filet à ouverture et à fermeture automatiques, en ce qui concerne le plankton microscopique. Mais cette méthode de l'exploration fractionnée est, au moins jusqu'ici, bien supérieure à celle du filet automatique lorsqu'il s'agit d'étudier la distribution verticale non plus du plankton microscopique, mais des animaux de plus grande taille qui vivent à ses dépens et qui ne peuvent être capturés qu'avec des filets de fortes dimensions, tels que le filet à grande ouverture, qui a donné des résultats extrêmement remarquables et a ramené jusqu'à des poissons de 20 à 30^{cm} (*Paralepis coregonoides, Chauliodus*). Les filets automatiques construits jusqu'à présent sont incapables d'un pareil rendement, à cause de leur ouverture généralement petite.

Filet bathypélagique de Tanner. — Le filet de Sigsbee (p. 229) fonctionnant verticalement, alors que M. Agassiz en désirait un qu'on puisse traîner dans un plan horizontal, on essaya un modèle de Chun-Petersen. Mais en traînant ce filet près de la surface on s'aperçut que l'hélice ne tournait pas à cause de la faible vitesse à laquelle il était nécessaire de traîner le filet de soie pour ne pas le détériorer. Le C‍ᵗ Tanner imagina alors un filet bathypélagique, d'ailleurs très inférieur à beaucoup d'autres, puisqu'il descend ouvert, mais qui peut rendre des services néanmoins, l'inconvénient étant beaucoup moins grave que s'il remontait ouvert.

La fig. 142 représente l'appareil descendant, ouvert. On le traîne ainsi à la remorque à la profondeur voulue, puis on stoppe le navire et quand le câble du filet devient vertical on envoie le messager *k* qui vient buter sur un support à crochet soutenant les poids *g g* attachés aux fils *m m*. Les fils *m m* étant libérés, les poids *g g* tombent et agissent en tirant sur les fils *n n* qui y sont fixés et qui passant sur les poulies *f f*, étranglent et ferment ainsi le filet. En remontant (fig. 143) la partie supérieure du filet recueille encore le plankton qui se trouve dans son trajet vertical et qui peut être recueilli à part. La masse *d* est un lest qui fait partie de la monture générale métallique reliée en outre à l'anneau d'entrée du filet. Townsend a décrit en 1896 un filet bathypélagique inspiré de celui de Tanner.

Comme il existe aujourd'hui des appareils à ouverture et à fermeture automatiques fonctionnant bien, le filet de Tanner (1897) peut être laissé de côté. Je ne crois pas d'ailleurs qu'il ait servi ailleurs qu'en Amérique où il a donné de bons résultats à bord de l'*Albatross*.

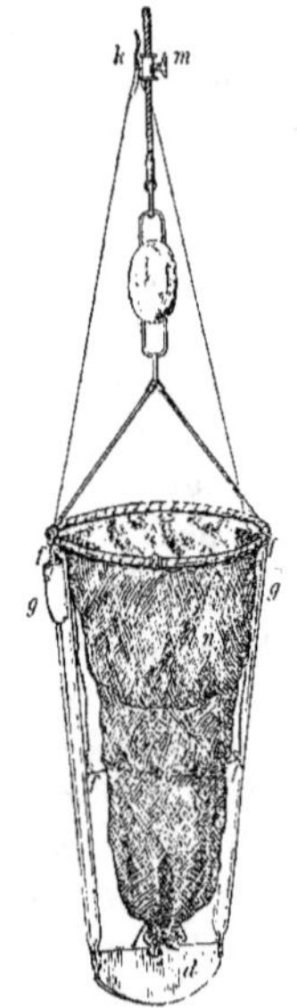

Fig. 142*. — Filet de Tanner, descendant.

Fig. 143*. — Filet de Tanner, remontant.

Filet bathypélagique de Palumbo([1]) (fig. 144). — Soit T une monture de thermomètre à renversement à hélice, suspendue au bout d'un câble et portant à son extrémité inférieure un autre câble terminé par un lest P. M est un messager retenu par le fil *f* autour de la cupule *h* dans laquelle entre l'axe de l'hélice. D est une petite masse fixée solidement au câble et qui peut passer dans la cavité du messager M. Un filet A, dont l'ouverture est munie d'une armature semblable à celle d'un porte-monnaie ordinaire, est relié au câble par des orifices dans lesquels passe celui-ci. Pendant la descente la résistance de l'eau applique la mâchoire inférieure de l'ouverture contre la supérieure malgré le poids *p* ; c'est la position A. La mâchoire supérieure est retenue contre D par le fil *f'* attaché aussi au messager M. Quand le filet est arrivé à la profondeur voulue, la descente cessant, la résistance de l'eau cesse, le poids *p* entraîne en bas la mâchoire inférieure et le filet ouvert est traîné pour la pêche ; c'est la position B. On laisse ensuite le câble revenir à peu près verticalement et on remonte vivement le tout ; l'hélice tourne de façon à laisser basculer le thermomètre dans sa monture, le fil *f* se dégage, le messager M passe par-dessus D et vient fermer l'armature du filet entre lui et le poids P et le filet remonte fermé, dans la position C.

([1]) Voir *Nature*, vol. XXX, p. 365. Londres, 1884.

Pendant l'expédition du *Vettor Pisani* commandé par Palumbo, en 1882-1885, de nombreuses récoltes ont été faites avec cet appareil jusqu'à 3 000ᵐ de profondeur. La construction de ce filet est simple et facile, mais sa position de descente est défectueuse ; à chaque coup de roulis le filet s'ouvre et se ferme alternativement si le câble n'est pas filé d'une façon rapide et sans arrêt. Il y a là une cause d'incertitude à laquelle il convenait de remédier. Le filet de Chun et d'autres suppriment cet inconvénient.

FILETS A RIDEAU DU PRINCE DE MONACO ([1]). — N'ayant pas obtenu des filets antérieurs un fonctionnement suffisant, le Prince Albert de Monaco chercha à en établir un meilleur. La description du fonctionnement jointe à l'examen de la figure suffira à faire comprendre le filet à rideau.

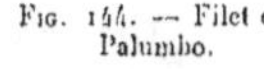

Fig. 144. — Filet de Palumbo.

Le lest étant filé au bout du câble à la profondeur voulue, on laisse l'appareil, fermé dans la position de la fig. 145, glisser le long du câble; quand la tige T' vient rencontrer le lest ou heurtoir, elle s'arrête en même temps que les crémaillères C' extérieures qui sont réunies à la tige T' par une traverse horizontale ; mais le châssis autour duquel est fixé le filet de soie continue à descendre, les pignons P' actionnés par les crémaillères C' se mettent à tourner et font tourner le tambour de laiton sur lequel le rideau vient s'enrouler et l'appareil est ouvert, reposant sur le heurtoir par l'intermédiaire d'un piston hydraulique amortisseur. On traîne le filet ainsi ouvert. Pour le fermer, on envoie le long du câble un messager qui vient s'abattre sur la traverse supérieure T qui réunit les deux crémaillères intérieures C. Celles-ci, n'étant maintenues levées que par le frottement d'un ressort sur leur face postérieure légèrement cannelée, s'abaissent et entraînent

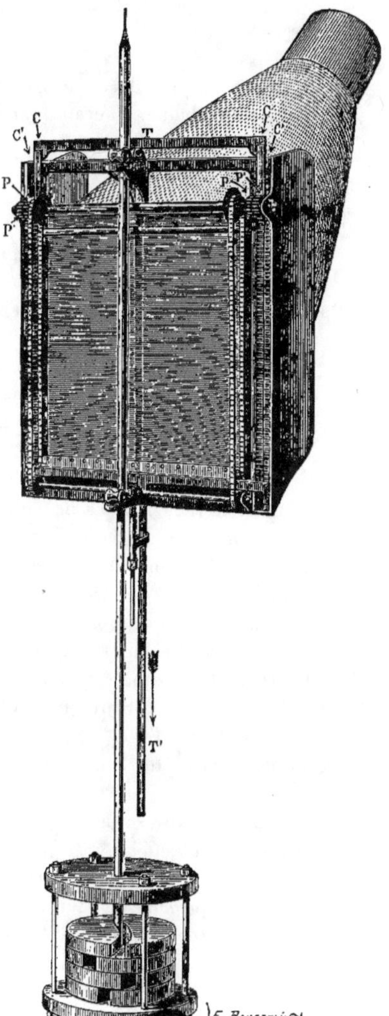

Fig. 145*. — Filet à rideau du Prince de Monaco, à la descente.

([1]) *Recherche des animaux marins*, ibid., p. 143.

RICHARD. — L'Océanographie.

par leur mouvement la rotation des pignons P et des chaînes Vaucanson, le rideau est déroulé par la traction de ces chaînes sur la traverse inférieure. L'appareil est ainsi fermé et prêt à être remonté.

Le mécanisme de cet instrument est malheureusement assez délicat, les crémaillères et les chaînes Vaucanson, qui y jouent un grand rôle, ne fonctionnant pas avec une régularité suffisante; aussi ce filet, si bien établi théoriquement, dut-il être abandonné tant par le Prince que par l'expédition du *Pola*. Il est à croire cependant qu'une exécution très minutieuse avec quelques améliorations de détail amènerait un résultat très satisfaisant.

Le deuxième filet à rideau construit comme le premier par M. J. Le Blanc, est pourvu de deux rideaux. Quand le filet arrive sur le heurtoir, le rideau qui fermait l'ouverture est enroulé sur un axe par l'influence d'un puissant ressort. Après la pêche, un lest envoyé du navire met en action un autre ressort qui tend un deuxième rideau devant l'ouverture et le filet, ainsi fermé, est remonté à bord. Malheureusement encore les ressorts d'acier ne se comportent pas bien dans l'eau de mer, ils se montrent plus ou moins impuissants ou bien se brisent. Il fallut encore renoncer à l'emploi de ce deuxième filet non moins ingénieux que le premier.

Filet bathypélagique de Th. Barrois ([1]). — Ce naturaliste s'est inspiré du filet à rideau décrit ci-dessus pour établir un appareil destiné à l'exploration des lacs de Syrie. Ce filet diffère surtout du précédent en ce que le rideau de soie est remplacé par une feuille de cuivre soudée au cadre mobile qui sert de porte au filet; les chaînes de Vaucanson sont complètement supprimées, ce qui simplifie beaucoup l'appareil. Pour le reste, le filet fonctionne comme celui du Prince de Monaco, au moyen d'un heurtoir et d'un messager.

Le Dr Barrois déclare qu'il a obtenu d'excellents résultats de cet appareil simple et robuste et cela *d'une façon constante*. Néanmoins il ne semble pas que son exemple ait été suivi; actuellement on préfère les filets à fonctionnement vertical.

Filet bathypélagique de Giesbrecht. — En 1893 le Dr Giesbrecht a publié ([2]) la description d'un filet bathypélagique très ingénieux en même temps que simple dans son mécanisme et sûr dans son fonctionnement. Le modèle décrit ici ([3]) est celui auquel j'ai appliqué le principe du heurtoir, principe imaginé et introduit en Europe par le Prince de Monaco, et qui permet d'être absolument maître de l'ouverture et de la fermeture du filet.

Le schéma du filet Giesbrecht est le suivant: qu'on imagine un carré, articulé à ses 4 angles, suspendu par une de ses diagonales tenue verticale et formant ainsi l'ouverture de la poche d'un filet fixé sur tout son pourtour. Supposons maintenant qu'on rapproche les deux côtés inférieurs des deux côtés supérieurs; grâce aux articula-

([1]) *Revue biolog. du Nord de la France*, vol. IV, n° 11, 1892.
([2]) « Ein neues Schliessnetz ». *Mitt. Zool. Stat. zu Neapel*, XI, 1893.
([3]) « Modification du filet bathypélagique de Giesbrecht », *Bull. Soc. Zool. de France*, 22 déc. 1896, p. 214.

tions, les deux côtés supérieurs se mettent dans le prolongement l'un de l'autre suivant une ligne horizontale et il en est de même des deux côtés inférieurs qui viennent au contact des deux côtés supérieurs ; en un mot l'orifice du carré n'existe plus et le filet est fermé dans sa position de départ. Supposons qu'à la profondeur voulue les deux côtés inférieurs soient libérés par un mécanisme quelconque, ils tombent par leur propre poids, les côtés supérieurs restant retenus par le sommet de l'angle qu'ils forment, s'inclinent et viennent former avec les deux autres côtés l'ouverture carrée qui a servi de point de départ à la description. C'est la position de pêche ; le filet est traîné largement ouvert. Si, par un mécanisme, facile à imaginer, on laisse tomber les deux côtés supérieurs, ils tomberont sur les inférieurs dans une position semblable à la position du départ, c'est-à-dire que les 4 côtés se juxtaposeront deux à deux en fermant totalement l'ouverture.

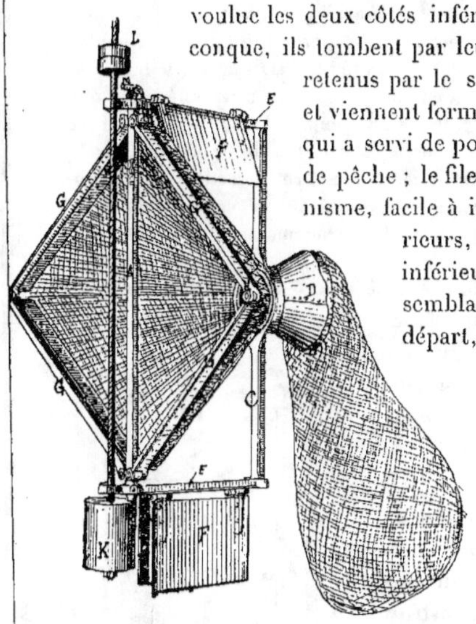

La fig. 146 représente le filet complet et ouvert. Les côtés ont 70^{cm} de longueur ; les supérieurs GG sont articulés en H, H' avec les deux inférieurs et entre eux,

Fig. 146. — Filet de Giesbrecht modifié, ouvert, pêchant.

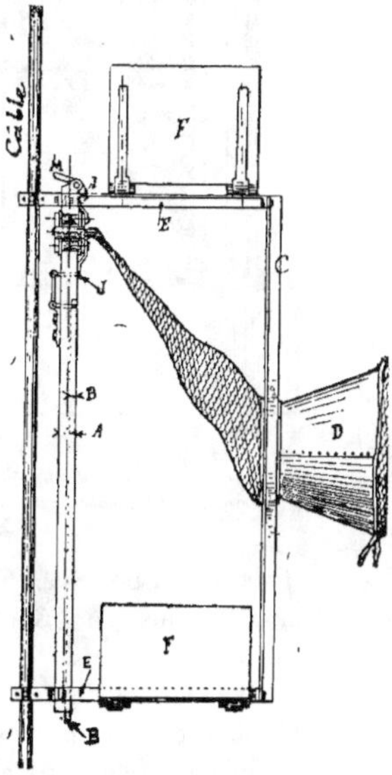

Fig. 147. — Filet de Giesbrecht, modifié, fermé à la descente : coupe.

en haut et en bas, par une articulation à galets permettant un glissement très facile le long de la tige A qui forme un des côtés du cadre fixe AECE perpendiculaire au plan de l'ouverture du filet. Un levier M retient par un crochet les deux côtés supérieurs à la partie supérieure de A, tandis que l'articulation à galets inférieure bute contre la partie inférieure du cadre fixe et empêche le carré de s'allonger en losange. Les deux côtés inférieurs sont munis chacun d'une rainure dans laquelle vient entrer, à la fermeture, une saillie des côtés supérieurs de sorte qu'à ce moment la fermeture est complète. La partie postérieure du filet, dont l'ouverture est attachée sur le pourtour du carré, est fixée à l'entrée du tronc de cône D. La partie postérieure D de celui-ci porte la poche terminale (munie d'un seau non figuré ici) et peut se détacher par un mouvement à baïonnette de la partie antérieure fixée à la pièce EC. Les côtés supérieur et inférieur du cadre sont munis de deux plaques F, ajoutées sur les conseils du Prince Albert de Monaco, et destinées à protéger le filet antérieur contre la traction exercée sur lui par une descente ou une montée trop rapides, et à servir en même temps de gouvernail ; la rotation de ces plaques est limitée dans le sens où elles doivent former une gouttière protectrice pour le filet.

Pour faire une opération, on commence par immerger au bout du câble un lest ou heurtoir. Le filet peut être placé préalablement sur le câble dans la position de départ et tenu ainsi suspendu jusqu'à ce que le lest soit arrivé à la profondeur voulue (fig. 150), ou bien on peut le mettre sur le câble seulement quand cela est fait. L'appareil est armé de la façon suivante (fig. 147): on pousse en haut les 4 côtés du carré pliant de façon que le crochet M s'engage dans l'encoche qui retient les 2 côtés supérieurs, tandis que les inférieurs sont retenus par la tige J qui traverse l'axe A et qui est commandée par la tige d'acier B glissant dans une rainure de A qu'elle dépasse un peu inférieurement. On laisse descendre le filet avec précaution en le retenant avec une corde pendant qu'il glisse le long du câble dans l'eau ; une fois qu'il est complètement immergé, on retire la corde et le filet descend, dans la position dela fig. 147. En arrivant sur le butoir *K* (fig. 148) la tige B met en liberté les deux côtés inférieurs, qui tombent à la suite du retrait de la goupille J, le filet s'ouvre et on le traîne pour pêcher. Pour le fermer, on envoie un messager L (fig. 149) qui abaisse le levier M ; les 4 côtés viennent s'appliquer les uns sur les autres deux à deux, en bas de la monture et fermer ainsi le filet. On remonte l'instrument.

A la profondeur de 1 000^m on sent très bien, en touchant le câble, l'arrivée du filet sur le butoir et le petit choc résultant de son ouverture. La situation différente des côtés du filet au départ (en haut) et à la montée (en bas) permet un contrôle facile du fonctionnement.

Ce filet a été construit par M. J. Le Blanc ; il a fonctionné avec succès à bord de la *Princesse-Alice*

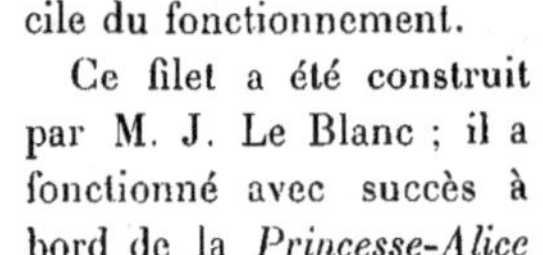

Fig. 148. — Filet de Giesbrecht, modifié, ouvert, pêchant : coupe.

d'abord à 1 000^m, en 1896, puis à plusieurs reprises en 1902, jusqu'à 4 300^m au sud de l'archipel du Cap-Vert.

Dans le modèle initial de Giesbrecht, on descend le filet fixé directement au bout du câble et le premier déclanchement destiné à abaisser les deux côtés inférieurs se fait au moyen de deux ailettes dont un petit prolongement met en liberté, sous la poussée de l'eau quand on traîne le filet, une tige qui soutient les côtés inférieurs du carré. Il est évident que, bien conduite, l'opération avec le filet Giesbrecht primitif ne peut que donner de très bons résultats. Le principe en est excellent, la construction et le maniement très simples et faciles et l'appareil robuste est très recommandable.

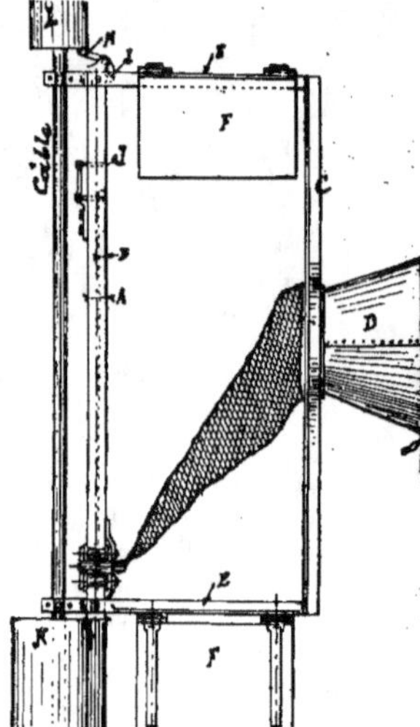

Fig. 149. — Filet de Giesbrecht, modifié, fermé à la montée : coupe.

Filet bathypélagique de Sigsbee. — Le Prof. A. Agassiz était très désireux depuis longtemps d'étudier la faune des eaux intermédiaires, lorsqu'en 1880 il exposa la question au commandant du *Blake,* C. D. Sigsbee, et l'invita à coopérer à ses recherches. C'est alors que cet officier américain imagina l'appareil représenté fig. 151.

Un cylindre métallique A est obturé en haut par une fine toile métallique ou de soie F tandis que le bas est fermé par une soupape munie d'un levier D maintenu en place par le système à crochet P fixé sur le câble à la distance convenable. Un heurtoir T est fixé sur le câble au-dessus du lest. Ceci posé supposons qu'on veuille récolter le plankton entre 3 500^m et 4 000^m de profondeur. On fixe le cylindre et son appareil à déclanchement à 500^m au-dessus du heurtoir T et on immerge ce dernier à 4 000^m de profondeur, puis on envoie un messager qui fait déclancher le levier D ; le cylindre glisse alors le long des 500^m de câble, de 3 500 à 4 000^m de profondeur, la soupape est soulevée par l'eau qui filtre

FIG. 150. — Filet le Giesbrecht, prêt à descendre.

à travers la toile de l'orifice supérieur. L'appareil arrive ur le heurtoir, la soupape se ferme par cela même et on remonte le tout.

Agassiz n'obtint que peu de résultats avec cet engin, soit parce que la faune était réellement pauvre là où il a été employé, soit à cause de sa faible ouverture ; toujours est-il qu'il l'abandonna promptement pour le filet de Tanner.

FILET BATHYPÉLAGIQUE DE CHUN. — Le filet de Palumbo donna à Petersen, ingénieur de la station zoologique de Naples, l'idée d'un filet à ouverture et à fermeture automatiques, avantageusement modifié aussitôt par les Prof. Chun et Hensen ; nous nous bornerons à donner une figure du dernier modèle adopté définitivement par Chun après une longue pratique de cet appareil qui fonctionne verticalement.

Le filet de soie est monté sur une armature circulaire qui forme l'ouverture et dont les deux moitiés peuvent s'appliquer l'une contre l'autre, grâce à une articulation placée à chaque extrémité d'un même diamètre, contre un fer en demi-cercle qui est en quelque sorte l'anse par le milieu de laquelle est

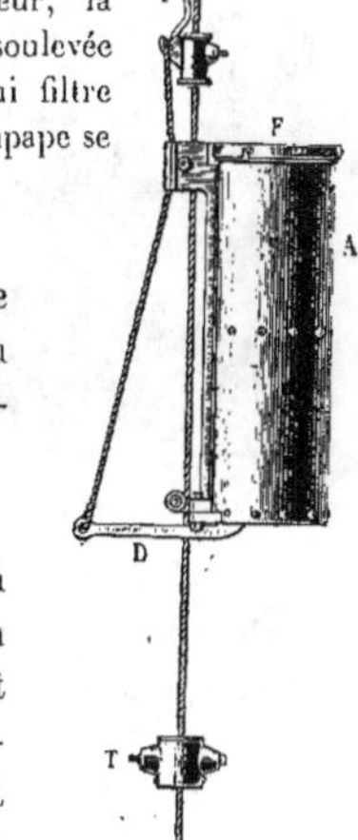

FIG. 151*. — Filet bathypélagique de Sigsbee.

suspendu l'engin ; l'ouverture est ainsi maintenue fermée grâce à deux leviers reliés chacun par une chaîne à l'arbre vertical d'une hélice et grâce au poids du filet lui-même qui est d'ailleurs convenablement lesté. D'autre part, la chaîne qui suspend le filet par le milieu de son anse est aussi tenue par la longue vis qui forme l'arbre de l'hélice.

Les choses sont arrangées de façon qu'à la descente l'hélice soit butée dans le sens où elle tendrait à tourner, de sorte que le filet immergé fermé et suspendu par les

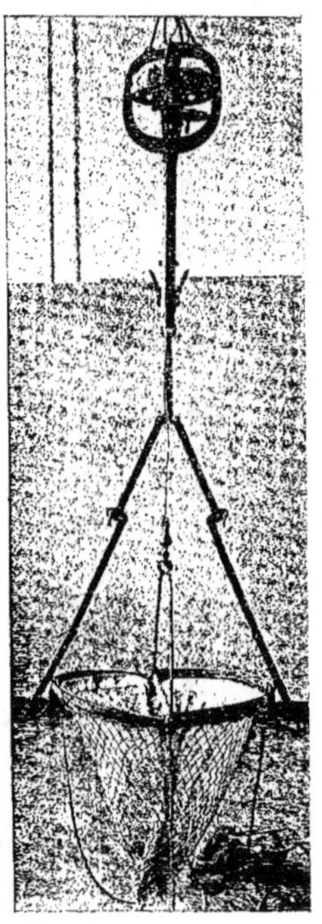

Fig. 152. — Filet bathypélagique de Chun.

deux chaînes raccourcies du cercle de l'ouverture, arrive dans cette position à la profondeur voulue, soit 3 000^m. On remonte alors le tout, l'hélice tourne, libère les deux chaînes du cercle de l'ouverture dont les deux moitiés se rabattent largement et le filet est remonté ainsi ouvert et pêchant, suspendu par le milieu de l'anse médiane ; cela dure pendant un certain trajet vertical, qu'on peut faire varier à volonté de 20^m à 600^m en réglant l'appareil avant le départ. Après 600^m d'ascension dans la position de pêche verticale, la vis de l'hélice qui continue à tourner libère la suspension de l'anse médiane, et le filet retombant est retenu par les chaînes des deux demi-cercles de l'ouverture qui viennent de nouveau fermer l'appareil en s'appliquant de chaque côté de l'anse médiane dont la chaîne n'est plus tendue.

Le filet Chun est certainement un des filets automatiques qui ont été le plus employés ; il a été graduellement amélioré par son auteur et il a rendu de grands services pour la délimitation des zones verticales habitées par les êtres vivant à une certaine profondeur entre deux eaux, notamment pendant l'expédition de la *Valdivia*.

En 1889, le Dr Hoyle de Manchester ([1]) a décrit un filet analogue à celui de Chun, mais fonctionnant horizontalement et dont l'ouverture et la fermeture s'obtiennent par l'envoi de deux messagers successifs. Ce modèle ne semble pas avoir été employé d'une façon suivie.

Filet bathypélagique de Fowler. — Le principe est le même que celui du filet de Chun, mais les pièces qui forment l'ouverture sont rectangulaires au lieu d'être chacune en demi-cercle ; en outre le système d'ouverture et de fermeture par mise en liberté des chaînes au moyen d'une hélice est remplacé par l'emploi de deux messagers envoyés successivement. Beaucoup d'expérimentateurs préfèrent ce procédé dont le fonctionnement est généralement plus sûr.

M. Fowler se sert depuis une dizaine d'années de son appareil qui est très robuste et dont il est très satisfait. Diverses expéditions comme celles de la *Valdivia* et du *Siboga* en ont été munies.

([1]) *Proc. Liverpool biol. Soc.*, vol. III, 1889.

Filet bathypélagique a chariot (Hensen 1895). — Pour recueillir le plankton qui se trouve immédiatement au-dessus du sol sous-marin, le Prof. Hensen a utilisé pendant l'expédition du *National* un filet à ouverture et à fermeture automatiques, analogue à celui de Chun mais qu'on traînait au moyen d'une sorte de chariot à huit roues. Je ne fais que signaler l'appareil, au point de vue historique ; il est fort compliqué, son orifice est placé derrière une partie très encombrante de l'engin, ce qui ne peut guère favoriser la capture des animaux ; son prix est élevé (1 000 fr.) et les rares expériences auxquelles il a donné lieu n'ont fourni aucun résultat satisfaisant. Le problème est intéressant, mais difficile à résoudre et il ne semble pas que depuis Hensen personne ait essayé de nouveau de récolter le plankton qui se meut presque au contact du fond de la mer.

Fig. 153. — Filet pélagique à grande ouverture.

Grands filets verticaux. — Pendant l'expédition du plankton, en 1889, Hensen employa un filet dont l'ouverture était formée de deux demi-cercles de fer capables de s'appliquer l'un sur l'autre au moyen d'une charnière de façon à tenir moins de place et à pouvoir descendre plus rapidement dans l'eau ; l'appareil s'ouvre dès qu'on le remonte et présente alors une ouverture circulaire de 2^m de diamètre. Le filet était en soie n° 5 et muni d'un seau filtrant terminal. Chun, à bord de la *Valdivia*, obtint de merveilleuses récoltes avec un filet vertical en soie à large ouverture circulaire.

F. A. Krupp, d'Essen, se servit à bord du *Maja* et du *Puritan* d'un grand filet de 2^m de diamètre, filet ordinaire à petites mailles, pour recueillir les petits poissons et autres animaux pélagiques relativement agiles. M. Lo Bianco a montré que ces recherches, faites dans le golfe de Naples, ont été couronnées de succès.

Filet pélagique a grande ouverture. — Ce filet (fig. 153), fait pour le yacht *Princesse-Alice* en 1903 sur mes indications, se compose d'une armature carrée en fer, démontable en quatre montants de 3^m de long, et pouvant s'assembler en un cadre rigide qui forme l'entrée du filet. Celui-ci, en toile d'emballage et muni d'une empêche formée du même tissu, a 6^m de longueur et se termine par un seau métallique. Le bord de l'entrée du filet est muni d'un ourlet large, en toile très forte, divisé en quatre parties, de sorte qu'il est facile d'y introduire les barres de fer qu'on assemble ensuite aux quatre angles avec un boulon. Celui-ci est terminé par un anneau qui sert à fixer chacune des quatre extrémités de la patte d'oie de suspension en câble d'acier. Quatre solides ralingues fixées aux ferrures viennent soutenir le seau terminal et le lest nécessaire pour une descente verticale de l'ensemble. Le filet est descendu verticalement (ou obliquement) à la profondeur voulue, puis remonté aussi vite que possible (environ 1 800^m à l'heure à bord de la *Princesse-Alice*), ce qui oppose quelquefois une résistance telle que les barres de fer arrivent ployées, tandis que la vulgaire toile d'emballage revient intacte.

Le premier essai probant de ce filet, qui a 9^{m2} d'ouverture, fut fait le 6 septembre 1903, à 1 500^m, au-dessus d'un fond de 4 780^m. L'appareil rapporta un grand nombre d'animaux rares et variés et de nombreuses formes bathypélagiques nouvelles, dont beaucoup sont du plus grand intérêt.

Dans un cas, les ferrures tubulaires revinrent tordues et même cassées; depuis on renonça aux tubes pour revenir aux fers pleins qui ne présentent pas d'inconvénients puisqu'il faut un lest assez considérable. Le contraste entre la résistance de la toile d'emballage si lâche, et la faiblesse des barres de fer d'apparence si solide, est tout à fait saisissant.

A la suite des essais très réussis du filet à 3^m de côté, le Prince de Monaco en fit construire un autre de 5^m de côté, soit 25^{m2} d'ouverture. Mais bien qu'une expérience ait montré que le yacht du Prince est en état de manœuvrer cet engin un peu encombrant, c'est le filet de 9^{m2} qui a été couramment mis en service, jusqu'à 5 000^m de profondeur, dans les campagnes des années suivantes et toujours avec un très grand succès.

FILET VERTICAL A PLANKTON DE HENSEN. — Cet appareil classique introduit par Hensen dans l'étude quantitative du plankton est construit comme le petit filet du même savant dont nous avons parlé plus haut (fig. 132). Seulement les deux anneaux métalliques sont très solides et reliés entre eux par 3 bandes de fer de 64^{cm} de long qui forment, avec les anneaux, un tout rigide. Une étoffe pratiquement imperméable est tendue entre les deux anneaux. Le diamètre de l'anneau supérieur qui forme l'entrée du filet a 36^{cm} de diamètre, tandis que le second a 98^{cm},5. Le filet en soie à bluter n° 20 de 1^m de long et de 3^{m2} de surface est protégé par un filet à larges mailles qui le soutient de toutes parts ; 6 ou 8 cordes relient le grand anneau à celui de l'extrémité inférieure du filet et auquel on fixe le seau filtreur à robinet. L'appareil entier tout préparé coûte environ 365 francs.

Ce filet s'emploie généralement de la façon suivante : on le descend à une profondeur déterminée, toujours la même, 400^m par exemple, et on le relève avec une vitesse faible, aussi verticalement que possible et d'une façon régulière et continue. On admet que l'on filtre ainsi un cylindre liquide toujours de mêmes dimensions, ayant 400^m de hauteur et pour diamètre celui de l'ouverture du filet. Pour éviter les à-coups dus à la houle, le câble du filet passe sur une poulie portée par un accumulateur en caoutchouc. Le filet avec sa petite ouverture et sa grande surface filtrante se trouve évidemment dans les meilleures conditions.

Le Prof. Hensen, de Kiel, qui s'est occupé d'une façon tout à fait spéciale des procédés de mesure du plankton au point de vue quantitatif, a calculé le nombre de mailles que présentent par centimètre carré les différents numéros de soie à bluter. J'extrais les nombres suivants de la liste qu'il a dressée (Hensen, 1895).

SOIE A BLUTER	NOMBRE DE MAILLES PAR CM^2	SOIE A BLUTER	NOMBRE DE MAILLES PAR CM^2
N° 0.	233	N° 11.	2 417
3.	483	15.	3 324
4.	551	18.	4 324
5.	720	19.	5 448
6.	828	20.	5 882
9.	1 471	20. (autre spécimen). . .	5 918

Comme on peut bien le penser, il y a peu d'organismes capables de traverser un filet qui compte près de 6 000 mailles par centimètre carré. Après un certain usage cette étoffe de soie filtre moins bien parce que les fils de soie s'épaississent et Hensen a constaté que dans certains cas la surface filtrante est réduite de moitié après un long usage. Le prix de la soie n° 20 est d'environ 19 fr. par mètre carré.

Hensen a fait de longs calculs pour apprécier la quantité d'eau filtrée dans un temps donné, à une vitesse déterminée, à travers une surface donnée de soie à bluter, et cela pour arriver à évaluer la quantité de matière vivante par mètre cube à diverses profondeurs et dans des localités différentes : malheureusement il y a de nombreuses causes d'erreurs : le filet de soie employé n'est pas identique à lui-même pendant les différentes pêches ; la nature et l'abondance du plankton varient, de sorte que dans certains cas les mailles du filet sont plus ou moins vite et plus ou moins complètement obstruées et toute la colonne d'eau n'est pas filtrée entièrement comme on pourrait le croire ; une partie est refoulée comme si on remontait un filet à parois plus ou moins pleines et non filtrantes. C'est ce qui arrive à un haut degré pour certains planktons où dominent les *Chætoceras* par exemple, et Kofoid a montré que dans les eaux douces, pour des causes semblables, le filet ne filtrait quelquefois pas la moitié de l'eau qu'on supposait l'avoir traversé.

Quoi qu'il en soit, à son arrivée à bord le filet est soigneusement lavé et rincé de façon à n'y rien laisser du plankton recueilli et on met celui-ci dans des réactifs fixateurs. Les uns emploient l'acide picrique ou picrosulfurique, ou le formol, etc. qu'on remplace finalement par l'alcool à 70° ou 75°. Il s'agit ensuite d'évaluer la quantité de plankton provenant du volume d'eau qui est supposé avoir été filtrée.

On a songé à peser le plankton, mais il se présente de grandes difficultés. Si on le pèse à l'état frais, la quantité d'eau interposée entre les organismes étant variable suivant la forme de ces derniers, les poids obtenus ne sont pas comparables. Si on dessèche le plankton pour le peser, on pèse en même temps le sel laissé par l'eau de mer en s'évaporant ; si on lave le plankton à l'eau douce avant de le sécher, l'eau douce entraîne du sel de l'organisme en même temps que d'autres produits solubles des animaux. En un mot la méthode des pesées doit être abandonnée.

On peut aussi mettre la récolte obtenue, et conservée dans l'alcool, dans un tube étroit gradué en centimètres cubes et fractions et laisser reposer 24 heures après l'avoir agité avec précaution, et mesurer le volume occupé par la récolte au bout de ce temps-là. D'après Hensen, après 48 heures, l'incertitude de la mesure n'est plus que de 7 °/₀. Aussi n'est-ce là qu'une mesure préliminaire. Il y a en effet des causes d'erreur multiples ; disons seulement que les êtres à longs prolongements qui s'enchevêtrent ne se tassent pas comme les objets sphériques par exemple, et le même plankton mesuré plusieurs fois, après agitation suivie d'un repos de 24 heures, ne donne pas les mêmes chiffres pour les volumes ; on trouve quelquefois des variations de 30 °/₀ d'après Kofoid !

Kofoid (¹) eut l'heureuse idée d'adapter à la mesure quantitative du plankton la centrifugeuse des laboratoires, que Cori de son côté employait dès 1896 pour réunir rapidement de petits animaux aquatiques en un très petit volume ; ces petites machines centrifuges permettent en quelques minutes de réduire à un minimum, dans un tube gradué, des récoltes de plankton avec beaucoup plus de précision qu'un repos de plusieurs semaines.

Malgré tout, cette mesure du volume du plankton n'a pas paru suffisante, bien qu'elle donne la quantité de matière vivante contenue dans un volume d'eau donné, et Hensen a institué la méthode de dénombrement qui consiste à compter le nombre d'individus de chaque espèce contenus dans un même volume d'eau déterminé.

Pour cela, la récolte quantitative est placée dans un flacon spécial où l'on peut établir un mélange homogène par agitation, en même temps qu'une pipette à piston étroite permet de prendre au milieu de la masse de 0ᶜᶜ,1 à 2ᶜᶜ,5 du mélange. On porte cette prise, sous le microscope à compter, spécialement installé, dans une cuve très plate sur le fond de laquelle sont tracées des lignes parallèles permettant de parcourir sûrement et régulièrement toute l'étendue de la plaque, sous un grossissement de 25 à 100 diamètres. Suivant des règles qu'il serait trop long d'exposer en détail, on compte ainsi les organismes de façon à abréger les opérations, sans quoi on serait exposé à passer par exemple 40 heures pour compter le contenu d'une prise de 2ᶜᶜ,5, lorsqu'elle contient un *petit nombre seulement* de diatomées *très petites* ; il faut en effet dans ce cas, pour obtenir une moyenne, passer en revue une *grande* quantité de plankton et cela à un fort grossissement pour ne pas laisser échapper des organismes aussi ténus que des petites diatomées.

Les naturalistes qui ont étudié le plankton de l'expédition du *National*, dirigée par le Prof. Hensen, ont passé 10424 heures pour compter le plankton des 126 pêches quantitatives exécutées pendant cette croisière ; c'est-à-dire qu'une personne chargée seule de ce travail, aurait dû compter, sans arrêt d'aucune sorte, pendant 1 an, 2 mois et 9 jours, en comptant pendant 24 heures par jour ! On arrive ainsi à

(¹) *Bull. Illinois state labor.*, vol. V, 1897. art. 1.

des listes interminables de chiffres plus ou moins énormes. Les résultats correspondent-ils à la valeur du temps et des efforts consacrés à cette étude ?

Il semble que ce travail doit être quelque peu décevant lorsqu'on songe à quoi correspondent par exemple les 126 récoltes du *National* par rapport à l'étendue des océans et si l'on réfléchit que les résultats obtenus peuvent différer beaucoup de ceux qui auraient été fournis par des récoltes faites à un moment et en un point un peu différents.

Méthode de la pompe. — Quand C. A. Kofoid ([1]) eut constaté les difficultés présentées par l'emploi des filets fins pour le dosage quantitatif du plankton il songea à utiliser la pompe ; la méthode est bien simple, en théorie, et parfaitement applicable au cas du naturaliste américain qui opérait dans les lacs, d'ailleurs peu profonds, de l'Illinois ; on immerge un tube, de caoutchouc par exemple, relié à une pompe quelconque dont on connaît le débit et on envoie sur un filtre un volume d'eau déterminé provenant d'un niveau également déterminé ; on mesure le plankton recueilli et le résultat cherché est obtenu.

On s'était servi de la pompe avant Kofoid. Ainsi Hensen lui-même avait employé en 1887, près de Kiel, la pompe à vapeur du navire pour verser dans son filet filtrant des quantités connues d'eau de mer de la surface.

Mais bien avant Kofoid, dès 1893, le Dr Regnard ([2]) avait songé à envoyer l'extrémité d'un tube à une profondeur déterminée et à faire arriver ainsi l'eau de tel ou tel niveau sur un filtre au moyen d'une pompe ; l'eau arrivant normalement et toute seule, dans le tuyau, au même niveau que la surface de la mer, la pompe n'a à vaincre que la pression des quelques mètres d'eau séparant le pont du navire de la surface. Le Dr Regnard fit ainsi fabriquer par la Corderie centrale de Courbevoie un câble dont le centre est occupé par un tube d'acier de 7^{mm} de diamètre, formé d'un fil d'acier de 1^{mm} enroulé en spirale très serrée et recouvert, pour le rendre étanche, d'une lame de toile goudronnée. Ce tube très flexible et qui ne s'écrase pas à l'enroulement, forme l'âme du câble et est entouré de 84 fils disposés en 12 torons de 7 fils d'acier dur. Ce câble se rompt sous une traction de 4 000^{kg} et porte, outre son propre poids, un lest de 500 à 1 000^{kg} qui peut être représenté par des engins variés. Dans la pensée de son inventeur, ce câble devait servir à presque toutes les opérations ordinaires de pêche, de prises de température, d'échantillons d'eau, des lancements de filets divers ; il pouvait être, en outre, utilisé à recueillir de l'eau d'une profondeur donnée en quantité mesurable et permettre ainsi de doser le plankton microscopique d'une couche exactement déterminée ; une pompe aspirante et foulante peut encore être adaptée au bout du câble resté sur le pont et forcer l'eau à filtrer à travers des bougies en porcelaine destinées à recueillir les microbes ; on peut ensuite procéder à leur récolte et à leur étude par ensemencement, etc.

Cette méthode de la pompe est plus précise que celle du filet fin, elle peut être employée dans les courants, sous la glace ; on peut toujours filtrer autant d'eau qu'il

---

([1]) *Bull. Illinois state laborat. of nat. hist.*, vol. V, 1897, art. 1.
([2]) « La pêche au câble creux », *C. R. Soc. de Biologie*. Paris, 3 juin 1893, p. 575-578, 3 fig.

est nécessaire pour obtenir assez de plankton pour une mesure normale, et le tout avec rapidité.

Le grand obstacle à l'emploi du tube Regnard est son prix, son poids et la nécessité d'un treuil spécialement modifié dans ce but, mais c'est là certainement la moindre difficulté.

Kofoid nous apprend qu'en 1892, Rafter recueillait pour les examiner au point de vue microscopique, des échantillons d'eau potable au moyen d'une pompe à vapeur reliée à un tube immergé à la profondeur désirée. En 1896 Giesbrecht a décrit les Copépodes recueillis dans la mer Rouge par Kramer en filtrant l'eau de mer que la pompe du paquebot amenait dans une baignoire.

Seau a fermeture automatique pour plankton. — C. A. Kofoid [1] a récemment essayé d'introduire dans l'évaluation quantitative du plankton un nouveau procédé, qui, d'ailleurs, ne me paraît pas devoir obtenir un grand succès. A cause du colmatage des filets de soie très fins et du gonflement de leurs fibres, etc., Kofoid estime que les procédés de récolte du plankton au moyen de ces filets présentent de graves causes d'erreur, ainsi que l'ont reconnu avec lui Lohmann et d'autres. Il recommande la méthode de la pompe tant que la profondeur permet son emploi. Kofoid s'en est servi jusqu'à près de 200^m et Lohmann, à Syracuse, a pu l'utiliser jusqu'à 110^m.

Au delà de ces limites les difficultés pratiques deviennent trop grandes et Kofoid recommande alors de prendre au moyen d'un seau, qu'on ferme à une profondeur déterminée, un échantillon d'eau assez considérable dans lequel on recueillera le plankton par filtration de l'eau. Il se sert dans ce but d'une véritable bouteille à eau de grandes dimensions ; c'est un cylindre de 1^m de haut, de 25^{cm} de diamètre contenant 20 litres d'eau, pesant 25^{kg} et coûtant 500^{fr}. Il est entièrement en cuivre ou en bronze et installé de la façon suivante : Deux plateaux horizontaux éloignés de 92^{cm} sont solidement reliés par quatre tiges métalliques, parallèles, de cette longueur et fixées aux quatre angles des plateaux qui sont carrés. Le plateau supérieur est muni d'un dispositif qui permet d'y suspendre le couvercle du cylindre, celui-ci occupe une partie de l'espace compris entre les quatre colonnes le long desquelles il peut glisser au moyen d'anneaux fixés au cylindre et dans lesquels glissent les 4 tiges, de sorte que le bord inférieur du cylindre peut venir s'appliquer exactement et hermétiquement dans une rainure parfaitement polie du plateau inférieur. Le cylindre est retenu à son couvercle et à une certaine distance de lui par une chaînette intérieure. Le couvercle est donc suspendu au dispositif spécial du plateau supérieur, portant au moyen de la chaînette le cylindre qui se trouve ainsi ouvert largement à ses deux extrémités. Les choses sont arrangées de façon que lorsqu'un messager envoyé le long du câble arrive sur l'appareil il déclanche le couvercle du cylindre, le couvercle tombe et en même temps le cylindre qui lui est attaché. L'orifice inférieur du cylindre vient se fermer dans la rainure du plateau inférieur, et l'orifice supérieur est de même façon fermé par le couvercle tombé sur lui. Il n'y a pas lieu d'entrer dans les détails de construction ; il va sans dire qu'un robinet est disposé pour faire écouler l'eau de façon à pouvoir la filtrer commodément et recueillir les organismes dont il s'agit de mesurer la quantité.

C'est là que gît à mon avis le défaut de la méthode : ce n'est pas avec des prises d'eau de 20 litres qu'on peut prétendre étudier la distribution quantitative du plank-

---

[1] *Public. de circonstance*, n° 32. Copenhague, 1905.

ton des couches intermédiaires, ni même de la surface, car le plankton n'est pas
répandu d'une façon uniforme dans une même couche ; un grand nombre des êtres
qui le constituent se trouvent en essaims, de sorte qu'en deux points peu éloignés on
peut rencontrer, en employant le procédé de Kofoid, un plankton très abondant ou
un plankton très pauvre. De plus la quantité d'êtres contenus dans 20 litres d'eau de
mer est le plus généralement trop faible pour permettre d'établir une moyenne ;
malgré la rigueur théorique de la méthode je doute fort que celle-ci ait beaucoup
d'adeptes, et des pêches comparatives faites au même niveau et en même temps au
moyen du filet fin montreraient probablement des lacunes dans la faune rapportée
par le seau.

Dragues et chaluts.

Les *dragues* et les *chaluts* sont des engins destinés à être traînés sur le fond de la
mer pour recueillir les animaux qui y vivent et les objets qui peuvent s'y rencontrer.
Ils consistent généralement en une armature solide destinée à maintenir béante l'ouverture d'un sac dont les bords y sont fixés. La forme de l'armature constituant
l'entrée est variable ; le plus souvent c'est un rectangle dont un grand côté reposera
sur le fond. Dans presque tous ces engins l'armature forme l'entrée d'un sac plus ou
moins long, fait le plus souvent de filet solide, à mailles petites, qui deviennent pour
ainsi dire nulles, surtout vers le fond, quand la traction sur le filet est suffisamment
forte. Commençant à quelque distance de l'entrée, une sorte d'entonnoir ôu empêche, dont l'extrémité étroite n'atteint pas le fond du sac extérieur, et qui est également en filet, sert à empêcher de sortir les animaux qui sont entrés dans la poche.

Du côté opposé au sac, l'armature est reliée au câble qui servira à traîner l'appareil, au moyen d'une patte d'oie.

Les *dragues* sont surtout destinées à recueillir les objets et animaux qui se trouvent
dans les premières couches du sol ; à cet effet elles sont munies en général d'une
armature capable de pénétrer dans ce sol sous-marin, tandis que les *chaluts* ont plutôt pour but de récolter ce qui se trouve à la surface même du sol ou immédiatement
au-dessus. Mais il arrive que certaines dragues travaillent à la façon des chaluts et
que, d'autre part, des chaluts se comportent comme des dragues, de sorte qu'entre
les deux types on trouve divers intermédiaires.

D'RAGUE DE MÜLLER. — C'est le naturaliste danois O. F. Müller qui imagina, dès 1779,
la première drague. C'est un sac en filet fixé à une armature presque carrée, dont
chaque côté est formé d'une lame coupante placée obliquement de façon à pouvoir
pénétrer dans le sol. La plupart des autres dragues ne sont que des modifications ou
des perfectionnements de cet ancien appareil, comme on va le voir par la suite.

DRAGUE ORDINAIRE OU DE BALL. — Ce modèle, employé surtout depuis 1838 par Ball et
Forbes, naturalistes anglais, ne diffère guère de la drague à huîtres que par un seul
point : celle-ci n'a de fer tranchant que sur un des grands côtés de l'entrée ; dans le

modèle de Ball, au contraire, ces deux côtés sont munis d'une sorte de fort couteau oblique tranchant. La drague se trouve donc toujours dans une position convenable pour entamer le sol, quel que soit le côté qui vient en contact avec lui (fig. 154).

Cette drague, qui est la plus fréquemment employée, a le grand côté de son ouverture rectangulaire environ quatre fois plus long que l'autre. Le sac a à peu près la même longueur que le grand côté de l'entrée. La ferrure la plus grande des dragues du *Challenger* avait 1^m,50 pour le grand côté, 38^{cm} pour le petit et pesait environ 62^{kg} ; la plus petite avait 90^{cm} et 30^{cm} et pesait 38^{kg}. Mais on en fait de plus petites ; ainsi à bord du *Blake*, de l'*Albatross*, de la *Princesse-Alice*, etc. on avait des dragues de 60^{cm} sur 20^{cm} pour l'entrée, le filet n'atteignant pas, ou à peine 1^m de longueur. On peut en avoir même de plus petites pour travailler avec des embarcations, et le premier forgeron venu est capable de les fabriquer.

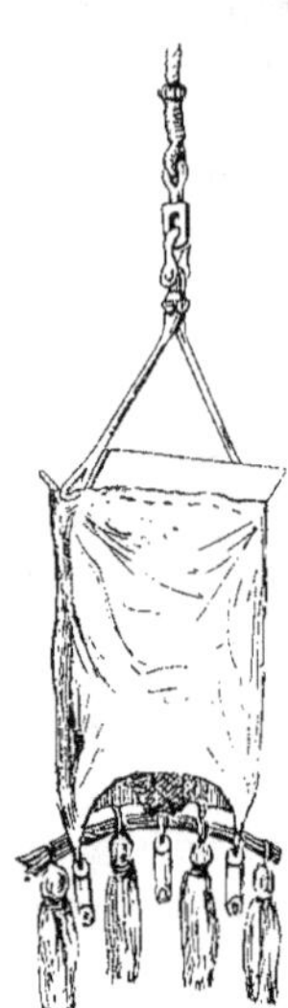

Fig. 154*. — Drague de Ball.

La base des grands côtés du cadre est percée de trous qui servent à fixer le filet, et aussi une enveloppe plus ou moins incomplète destinée à le protéger. Celui-ci peut aussi être terminé par une poche en toile forte qui conserve à peu près intacte une partie de la récolte, à cause de son étanchéité. Les petits côtés du rectangle d'entrée donnent attache à deux bras mobiles en fer, terminés par un anneau et qui servent à fixer la patte d'oie reliant la drague au câble. Ces deux bras peuvent se rabattre dans l'ouverture, de façon à tenir très peu de place quand on ne se sert pas de l'appareil.

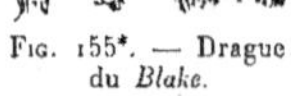

Fig. 155*. — Drague du *Blake*.

Le capitaine Calver, du *Porcupine*, eut l'idée de fixer au-dessous du sac de la drague une tringle de fer reliée à l'armature métallique de l'entrée et garnie de grosses houppes de chanvre appelées fauberts et destinées à accrocher au passage une foule d'animaux.

La drague ordinaire a le défaut de se remplir, le plus souvent dès qu'elle arrive sur le fond, d'une forte masse de vase ou de sable prise à une même place.

DRAGUE DU *Blake*. — Le commandant Sigsbee, du *Blake*, a au contraire cherché à écrémer, pour ainsi dire, la surface du sol sous-marin. La fig. 155 montre ce modèle dont les grands côtés de l'ouverture ont 1^m,20 et sont droits et non coupants de façon à ne pas pénétrer profondément dans le sol. Le filet de 1^m,50 de long est plus ou moins complètement protégé par de la toile et par une carcasse métallique reliée à l'armature de l'entrée dont le petit côté a 22^{cm}. A bord du *Blake*, de l'*Albatross* et du *Washington*, ce modèle a été employé avec succès. On y adaptait des fauberts de la façon qui a été indiquée pour le modèle précédent.

Drague a rateau de Chester. — L'amiral Chester, de la marine américaine, a eu l'idée, alors qu'il commandait le *Blake*, de fixer à la drague de Sigsbee un double râteau placé un peu en avant de l'entrée, comme le montre la fig. 156. Le râteau laboure le sol, et les animaux, surtout les mollusques, qui y sont cachés sont ramassés par la drague sans que celle-ci s'encombre de vase à l'excès.

Voici les dimensions des diverses parties de cet engin ; il va sans dire qu'on peut les modifier à volonté : longueur du grand côté de l'entrée 0ᵐ,90, du petit 0ᵐ,25 ; largeur de la ferrure des grands côtés 4ᶜᵐ, épaisseur 12ᵐᵐ. Les dents du râteau ont 17ᶜᵐ de long, 6ᶜᵐ de hauteur à la base, 12ᵐᵐ d'épaisseur. Les barres qui relient le râteau au câble ont environ 1ᵐ, celles qui relient le râteau à l'entrée du sac ont 0ᵐ,95 environ. Ces barres sont toutes de fer rond de 18ᵐᵐ de diamètre. Le poids est d'environ 36ᵏᵍ.

Chalut a perche. — Le chalut à perche des pêcheurs fut le seul chalut traîné sur le fond par le *Challenger*. Il a été depuis plus ou moins modifié, par les Américains notamment, et notre fig. 157 représente le chalut à perche du commandant Tanner, de l'*Albatross*. Le dessin s'explique de lui-même ; les deux patins *b,b*

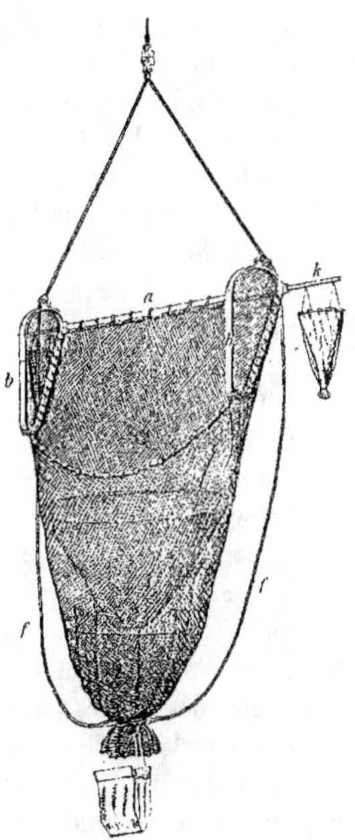

Fig. 157. — Chalut à perche.

Fig. 156. — Drague à râteau de Chester.

de 1ᵐ,50 de long sont réunis par un fort tube de fer *a* de 3ᵐ,30 de longueur et d'environ 7ᶜᵐ de diamètre extérieur, dans lequel glisse une perche de bois *k* qui dépasse le tube de fer de chaque côté. Le bord supérieur du filet est attaché au tube de fer, les bords latéraux, à la partie supérieure des patins ; le bord inférieur est libre et garni de plombs. Comme d'habitude il y a une empêche dans le filet qui peut atteindre 6 ou 8ᵐ de long. Un peu au-dessus du bord inférieur garni de plombs, on voit, dans le dessin, une boule qui n'est autre chose qu'un flotteur norvégien en verre destiné à empêcher la partie supérieure du filet de tomber sur le sol. Les ralingues *ff* servent à soutenir le filet quand il remonte chargé. Au fond du filet est attachée une petite drague de Ball, tandis que les extrémités de la perche portent chacune un petit filet, suivant l'idée que l'amiral américain Chester introduisit en 1880 à bord du *Fish-Hawk*. Ce petit filet en soie est destiné à recueillir les animaux rencontrés entre deux eaux pendant la montée du filet.

Le chalut à perche arrivé sur le fond pose ses deux patins sur le sol, quand il est bien lancé, et on le traîne dans cette position, la perche se trouvant en haut. Le bord inférieur du filet, sous l'action de ses lests en plomb, s'applique sur le fond.

A bord du *Challenger* le plus grand chalut à perche avait 5ᵐ,50 entre les patins, le plus petit un peu plus de 3ᵐ. L'expédition norvégienne du *Vøringen* se servit aussi d'un chalut dont la perche avait 5^m, tandis qu'à bord de la *Pola* elle ne dépassait pas 3^m.

Mais l'emploi de ce filet qui, bien manœuvré, donne d'excellents résultats ainsi qu'en témoignent les collections considérables rapportées par le *Challenger*, pour ne citer que cet exemple typique, ne s'est pas généralisé. Cela est dû surtout à ce que cet engin ne tombe pas toujours en bonne position sur le fond, et il arrive trop souvent que, malgré la position raisonnée de certains lests, c'est la perche qui vient s'allonger sur le sol, et naturellement lorsque cet accident se produit, le filet remonte le plus souvent vide. Cette éventualité est surtout à craindre quand il s'agit de grandes profondeurs parce qu'il est plus difficile de se rendre compte de ce qui se passe, et parce que si l'opération est manquée le temps perdu est plus considérable que lorsqu'il s'agit de petits fonds. Aussi a-t-on cherché à remédier à ces inconvénients et à trouver un chalut qui, comme la drague de Ball, tombe toujours en bonne position sur le fond ; on y est arrivé avec le chalut à étriers.

Il est certain que l'habileté et l'expérience permettent de se servir avec avantage du chalut à perche ; les pêcheurs anglais notamment l'ont démontré pendant longtemps en employant des chaluts à perche dont l'écartement des patins atteignait 10 et même plus de 15 mètres.

CHALUT À ÉTRIERS. — Ce chalut a été inventé à bord du *Blake*, sous le commandant Sigsbee, pour remplacer, dans l'exploration des grands fonds, le chalut à perche qui donnait trop de mécomptes. La fig. 158 représente le chalut à étriers traîné sur le fond, tel qu'il est employé à bord de la *Princesse-Alice*. Son nom lui vient des deux armatures ou patins en forme d'étriers, dont les bases sont réunies par une barre de fer transversale, tandis que le milieu des parties antérieures convexes porte de chaque côté une tige de fer mobile terminée par un anneau. Ces tiges de fer servent de patte d'oie pour attacher le câble au chalut. Le bord du filet est fixé aux bases verticales des étriers tandis que les bords supérieur et inférieur de l'entrée sont bordés d'une forte corde ou ralingue lestée de plombs, qui appuient toujours sur le sol le bord du filet. Il est facile de voir qu'avec cette disposition symétrique le chalut à étriers tombe toujours en bonne position, contrairement à ce qui arrive fréquemment au chalut à perche.

A bord du *Blake* la distance entre les étriers atteignait 3^m,50, la longueur des étriers était de 1^m,20, leur hauteur de 1^m environ. Le filet mesurait environ 5 à 6^m et l'empêche 2^m de long. Les mailles avaient 25^{mm} de côté. Le poids de l'armature en fer était de 125^{kg}.

A bord du *Talisman* on s'est beaucoup servi de chaluts à étriers ayant de 2 à 3^m d'entrée jusqu'à plus de 5 000^m et avec le plus grand succès ainsi que l'ont montré les belles collections rapportées par cette célèbre expédition.

Les chaluts à étriers de l'*Hirondelle* et de la *Princesse-Alice* avaient de 1^m,60 à 2^m,50 entre les étriers, et le filet atteignait 5^m,70 et 7^m,60 de longueur. Les mailles étaient de 2^{cm} de côté.

Le commandant Parfait, du *Talisman*, eut l'idée de faire placer dans le fond du chalut un faubert qui retenait parmi ses filaments de chanvre une quantité de petits organismes qui s'échappaient jusqu'alors à travers les mailles du filet. Le Prince Albert de Monaco [1] s'empressa de suivre cet exemple et de plus disposa en dedans et en dehors du chalut d'autres fauberts qui flottent dans tout leur développement pendant que le filet est traîné sur le fond. « Quelques-uns des poissons ou des crustacés qui ont pénétré dans le chalut, écrit-il, sont saisis par les brins à proximité desquels ils passent et s'enchevêtrent doucement dans cette toison ondulante, au lieu de couler jusqu'au fond de la poche où ils s'entasseraient avec les autres matériaux. »

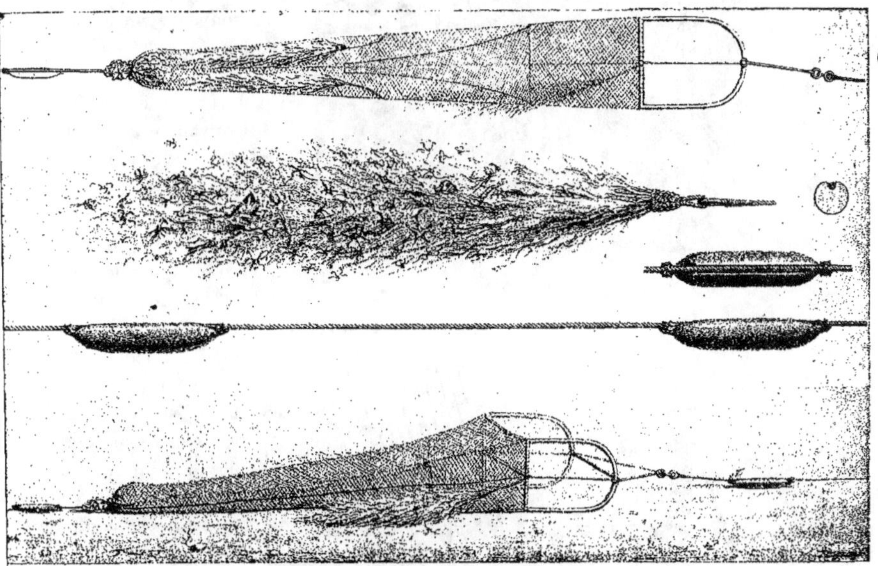

Fig. 158. — Chalut à étriers.

C'est aussi le Prince qui remplaça les lests irréguliers employés jusqu'ici à l'arrière du chalut et en avant de celui-ci, sur le câble, par des lests en fonte appelés olives et ayant la forme d'un noyau d'olive ou de datte portant une gouttière pour loger le câble et deux anneaux pour l'amarrer. Ces olives de fonte « fendent le sol sous-marin sans le bouleverser et glissent parmi les objets sans les écraser ; de plus elles ne risquent jamais de froisser le câble contre des roches », tous accidents auxquels les anciens lests bruts et de formes moins appropriées exposaient davantage. Les détails de la fig. 158 montrent nettement la disposition et le fonctionnement des fauberts et des olives de fonte dont il vient d'être question [2]. Le faubert du fond forme tampon

[1] *Recherche des animaux marins*, loc. cit.
[2] *C. R. Ac. des Sciences*, 14 décembre 1896.

et protège les animaux délicats ; c'est ainsi que le Prince a obtenu ces magnifiques crevettes écarlates du genre *Plesiopenæus* dont les antennes très fines ont plus d'un mètre de longueur. Plusieurs fois le chalut déchiré sur les roches serait revenu vide si les fauberts n'avaient retenu un nombre souvent considérable d'animaux.

Fig. 159. — Chalut à étriers, arrivant à bord.

CHALUT A LARGES MAILLES. — Convaincu qu'un filet traîné sur le fond avec plus de vitesse que l'ancien chalut n'en comportait rapporterait des animaux plus agiles, le Prince Albert de Monaco fit construire un modèle nouveau. Cet engin diffère du précédent : 1° par la grandeur des mailles du filet qui ont 4 à 5^{cm} de côté ; 2° par une disposition différente de l'armature en fer de l'entrée. Dans le grand modèle cette armature se compose d'un rectangle de fer de 2^m,50 de largeur sur 0^m,50 de hauteur ; un des grands côtés repose sur le sol, l'autre est surmonté d'un grand arc de cercle en fer dont les extrémités prolongées forment les petits côtés du rectangle et qui est tel que le centre de l'arc est à 2^m,50 du

Fig. 160. — Chalut à étriers, le fond et les tamis.

centre du grand côté inférieur. Le filet a son bord fixé sur le grand côté inférieur, sur les petits côtés du rectangle et sur le grand arc de cercle. Quand l'engin fonctionne, son armature est maintenue verticale par une patte d'oie formée de 3 câbles ; on traîne ainsi une grande poche en filet à très haute ouverture.

Les résultats obtenus, dans le petit nombre d'opérations effectuées, quoique bons, ont été inférieurs à ceux que donne le chalut à étriers, et il n'y a pas lieu d'en dire plus long sur cet appareil.

CHALUT A PLATEAUX. — Vers 1895, les chalutiers de Grimsby, de Hull et plus tard ceux des autres pays, ont abandonné pour la plupart le chalut à perche dont l'ouverture avait de 10 à 17ᵐ de large, pour le chalut à plateaux (*otter-trawl* des Anglais). Ce filet, qui est dépourvu de perche et dont l'ouverture atteint 20 à 30ᵐ, est moins coûteux, plus facile à employer et pêche mieux que l'ancien. C'est un grand sac en filet muni ou non d'une empêche, et qui se prolonge en avant en deux longues ailes latérales en filet, attachées à deux plateaux de bois verticaux convenablement lestés à la façon du chalut de surface (voir fig. 134). La traction exercée par la marche du bateau fait diverger les plateaux, ce qui écarte les ailes et augmente à volonté l'espace embrassé par celles-ci. Les pêcheurs emploient généralement deux câbles, un à chaque plateau, pour traîner ce chalut à des profondeurs qui atteignent rarement 200ᵐ. On aura une

Fig. 161. — Fond du chalut à plateaux.

idée de l'importance de ce filet quand j'aurai dit qu'il mesure jusqu'à 30ᵐ de long depuis le fond de la poche jusqu'aux plateaux et qu'il peut peser jusqu'à 2 000ᵏᵍ !

M. C.-G.-J. Petersen ([1]), directeur de la station biologique de Copenhague, qui s'est beaucoup occupé des questions de pêcheries, a réussi à employer un chalut de ce genre jusqu'à plus de 500ᵐ. Dans son modèle qu'il appelle *otter-seine*, il n'y a qu'un câble relié aux plateaux par une patte d'oie, comme cela a lieu pour le chalut à étriers ; les ailes sont plus longues que dans le modèle précédent et le sac en filet, au lieu de se rétrécir vers le fond, conserve partout à peu près la même largeur.

En 1901, M. Petersen ([2]) a signalé un certain nombre d'améliorations à son filet qui est employé couramment par de nombreux pêcheurs du nord et aussi un peu partout, jusqu'à 1 800ᵐ environ.

[1] « An Otter-Seine for the exploration of deeper seas », *Rep. Danish Biol. Stat.*, VIII, 1898.
[2] *Ibid.*, XI, 1901, p. 41-43.

Le chalut à plateaux ramène souvent une énorme quantité de poissons mêlés à des animaux de toutes sortes ; les fig. 161 et 162 nous montrent le fond du filet rempli arrivant à bord et le contenu étalé sur le pont de la *Princesse-Alice*.

Dans son rapport, M. Petersen recommande beaucoup l'emploi du chalut à plateaux pour la récolte des animaux des grandes profondeurs ; il est certain qu'un tel appareil traîné sur les grands fonds donnerait d'importants résultats ; mais la manœuvre de cet engin grand et lourd est fort difficile dans ces conditions ; la résistance à la traction est très forte dès qu'on le traîne sur le fond à une vitesse même faible. Quoi qu'il en soit le Prince de Monaco qui avait employé ce filet nombre de fois sur des fonds de pêche ordinaires, essaya en 1905 de l'envoyer plus profondément, par 3 465ᵐ ; bien que le sol sous-marin n'ait pas été atteint, le résultat de cet essai intéressant n'en fut pas moins heureux puisque le filet captura entre deux eaux des animaux très remarquables, en particulier deux Céphalopodes bathypélagiques probablement nouveaux.

Fig. 162. — Le chalut à plateaux est vidé sur le pont.

CHALUT DE KYLE (¹), — M. H.-M. Kyle a essayé en 1903 à Grimsby un nouveau chalut de son invention.

Imaginons un immense parapluie, dont le manche et les baleines seraient en acier, l'étoffe en filet, et dont le fond s'ouvrirait dans une poche également en filet ; nous avons ainsi le schéma de l'appareil qui est fixé au câble de remorque par la poignée du parapluie. Le contour de l'entrée du filet est hexagonal ou pentagonal, suivant le cas. L'engin est facile à manœuvrer et à loger.

Le diamètre du manche, constitué par un tube d'acier, est de 5ᶜᵐ, celui des baleines de 2ᶜᵐ,5 ; elles s'articulent sur le cercle qui sert d'ouverture à la poche du filet et qui est fixé perpendiculairement au manche par des tiges de fer. Les baleines sont soutenues par des tiges articulées comme dans un parapluie et réunies à un anneau qui glisse le long du manche.

(¹) *Public. de circonstance*, n° 6. Copenhague, 1903.

Pour pêcher entre deux eaux, l'appareil étant mis à l'eau s'ouvre par son propre poids (il pèse de 5oo à 6oo^{kg}).

Si l'hexagone a 6^m de côté, l'ouverture atteint une surface de 75^{m2} d'après M. Kyle, qui n'indique pas les dimensions des autres parties de son filet.

Pour pêcher sur le fond, M. Kyle donne une forme pentagonale à l'orifice, la base convenablement lestée venant sur le fond, tandis que la partie supérieure opposée est munie de flotteurs ; une corde est fixée au câble de traction à la longueur juste convenable pour empêcher le filet de se renverser en arrière et pour maintenir l'ouverture verticale. Dans ces conditions le filet balaye une surface notablement moindre que les chaluts à perche et à plateaux.

Il y a déjà des années le Prince Albert de Monaco avait eu l'idée de faire construire un filet du même genre pour la pêche des animaux bathy-pélagiques rapides ; mais il ne l'a pas mise à exécution. A mon avis, cette idée est plus séduisante en théorie que pratiquement réalisable, et je n'ai pas appris que les essais de M. Kyle aient été poursuivis ; l'entrée du filet est plus ou moins obstruée par les tiges de soutien des baleines du parapluie, et je préfère en ce qui me concerne, pour les pêches

FIG. 163. — Examen des objets rapportés par le chalut.

entre deux eaux, le filet à plateaux à grande hauteur employé par M. le Dr Hjort.

Le chalut est l'appareil le plus important pour la récolte des animaux qui vivent dans les grandes profondeurs. Son mode d'action est malheureusement un peu brutal ; et combien de pièces remarquables arrivent en mauvais état pour avoir été frottées par les objets durs recueillis en même temps ou comprimées par un poids énorme de vase ! Les matériaux rapportés par cet engin et consistant souvent en une ou plusieurs centaines de kilogrammes de vase sont lavés graduellement dans trois tamis de mailles différentes emboîtés l'un dans l'autre (fig. 159, 160, 163), et il est curieux de voir retirer de cette masse vaseuse et terne une foule d'organismes de formes très variées et ornés de couleurs qu'on ne s'attendrait guère à trouver dans les abîmes soi-disant obscurs de la mer: ce sont des roses tendres, des rouges écarlates, des violets intenses, etc. Mais ce n'est pas sans peine qu'on retire toutes ces merveilles de leur gangue pâteuse. Qu'importe ! Les résultats surpassent les difficultés.

BARRE A FAUBERTS. — On appelle *fauberts* des houppes de fils de chanvre, qui se trouvent représentées dans les fig. 154, 155, et qui servent à bord des navires en guise d'éponges pour laver le pont. Nous avons vu que le capitaine Calver, du *Porcupine*, eut le premier l'idée, en 1869, de suspendre à une tringle fixée au-dessous de la drague de Ball une demi-douzaine de ces masses de fils de chanvre. Une foule d'animaux, surtout ceux qui sont munis d'aspérités ou de piquants, comme les oursins, les polypiers et beaucoup d'autres, sont accrochés par les fauberts, enlevés tout d'une pièce, ou bien arrachés et brisés comme il arrive pour les gorgones par exemple. Quand les fauberts reviennent ainsi chargés d'objets divers enchevêtrés dans cette sorte de chevelure, c'est un véritable jeu de patience que de les *peigner* et d'en extraire les richesses. Le plus souvent il faut se décider à sacrifier l'un ou l'autre, le faubert ou la récolte, et naturellement il n'y a pas d'hésitation et c'est à coups de ciseaux dans le faubert qu'on dégage les belles pièces. C'est surtout dans les fonds accidentés et rocheux, où l'on ne peut pas traîner de filets que l'usage des fauberts est le plus indiqué.

Les fauberts peuvent être installés de différentes manières qu'il est facile d'imaginer. Une des meilleures dispositions est certainement celle qui a été imaginée par le capitaine Tanner, de l'*Albatross*. Deux barres de 1ᵐ,50 de long formant un angle aigu et portant chacune 5 fauberts sont réunies par un anneau incomplet faisant ressort, ce qui permet aux deux branches de se rapprocher pour passer entre les roches.

Le modèle adopté à bord de la *Princesse-Alice* consiste en deux barres de fer recourbées, réunies par leur centre au moyen d'une chaîne de fer. La plus grande de ces barres est attachée au câble d'acier et porte 8 fauberts ; la seconde, un peu moins grande que l'autre, est suspendue à la chaîne et porte 6 fauberts.

Nasses.

Préoccupé dès le commencement de ses explorations « par l'idée que des moyens nouveaux d'investigation apporteraient beaucoup d'éléments nouveaux à la zoologie et à la biologie marines », le Prince de Monaco [1] avait songé en 1886 à appliquer les nasses à l'étude de la faune des grandes profondeurs. Il est évident que ces appareils sont capables de prendre un grand nombre d'animaux, poissons et crustacés surtout, qui échappent facilement au chalut et à la drague par leur agilité.

Le Prince employa d'abord de grandes nasses cylindriques terminées à chaque extrémité par une empêche, le tout en toile de fer galvanisé ; mais il ne tarda pas à constater que le meilleur modèle et le plus pratique est la nasse en bois et en filet

[1] Prince ALBERT DE MONACO, « Recherche des animaux marins », etc. *Compte rendu des séances du Congrès international de Zoologie.* Paris, 1889, p. 149-154.

dont la description suit et dont l'emploi a été constant depuis 1888 tant à bord de l'*Hirondelle* qu'à bord des deux yachts *Princesse-Alice*.

Comme le montre la fig. 164, cette nasse est formée de trois cadres de bois consolidés par des lattes, et recouverts de filet à sardines ou de filet plus fort. Les deux extrémités du polyèdre portent chacune une empêche en osier permettant l'entrée des animaux mais s'opposant à leur sortie. Aux quatre coins de la face qui reposera sur le sol sont attachés des sacs de lest de 25^{kg} (cailloux) destinés à faciliter la descente et qui restent souvent sur le fond. Les trois panneaux sont assemblés de façon à ne présenter aucune ouverture autre que celle des empêches. Ces nasses dont les détails sont représentés par les fig. 2 et 3 ci-contre peuvent se faire partout très simplement; démontées, elles tiennent très peu de place. La nasse est suspendue par une patte d'oie et un émerillon à billes à un câble de chanvre de longueur variable, fixé lui-même au câble d'acier; ce dernier est formé par une série de bouts de 500^m épissés les uns au bout des autres; il a 6^{mm} de diamètre et sa charge de rupture est de $2\,200^{kg}$. La nasse contient une amorce appropriée: poisson, débris de

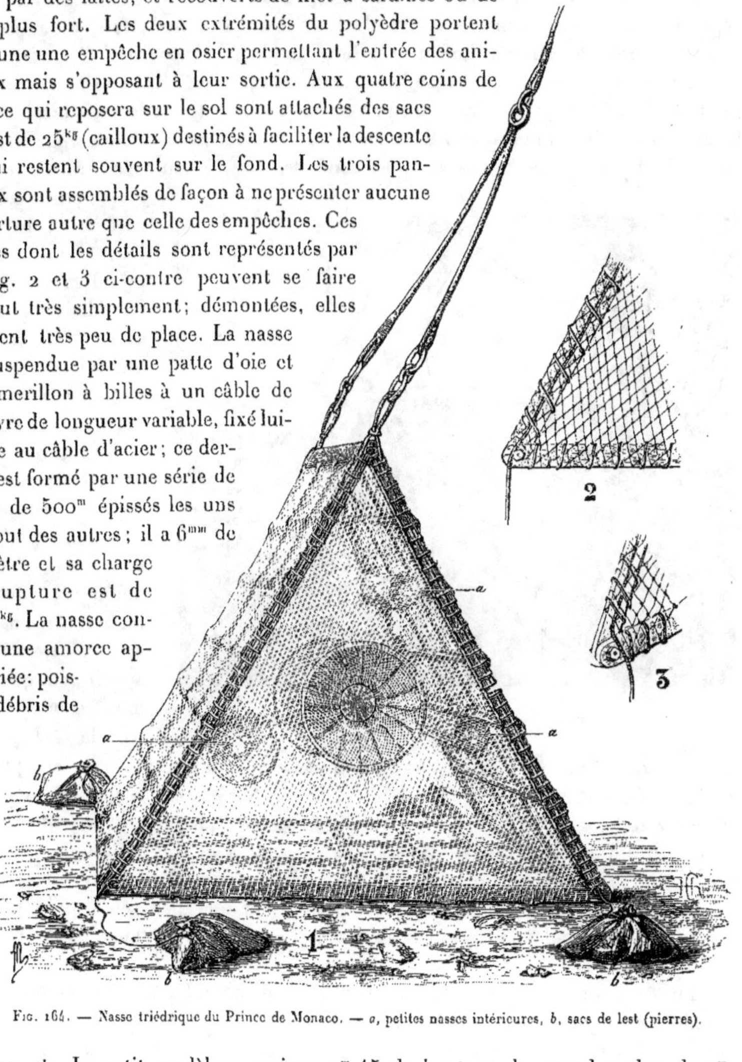

Fig. 164. — Nasse triédrique du Prince de Monaco. — *a*, petites nasses intérieures, *b*, sacs de lest (pierres).

cuisine, etc. Le petit modèle a environ $1^m,45$ de hauteur, le grand a plus de 2^m. L'émerillon à billes est destiné à éviter les torsions et les coques du câble.

Lorsqu'on a trouvé un fond propice, indiqué par la sonde, on immerge la nasse soigneusement préparée, et on file la quantité de câble voulue à une vitesse convenable. Il faut veiller en effet à ce que le câble ne descende pas plus vite que la nasse qui offre à l'eau une résistance considérable. Quand l'engin est sur le fond on défait l'épissure la plus rapprochée et on attache le bout du câble de la nasse à l'anneau de la bouée munie de son mât. La bouée en liège employée à bord de l'*Hirondelle* était un bloc ovoïde pesant 150^{kg}; actuellement elle est remplacée par une bouée en tôle sur le sommet de laquelle on fixe un mât et un pavillon afin de la voir de loin. Pour la nuit on attache au mât un ou deux fanaux allumés. On abandonne ainsi la nasse sur le fond pendant un temps variable, généralement 24 heures, souvent plusieurs jours; on en a laissé parfois jusqu'à dix jours; puis on reprend la bouée, on en détache le câble qu'on rattache par une épissure au câble resté sur la bobine à bord et on vire au moyen du treuil en surveillant attentivement la tension du dynamomètre; il peut arriver en effet que la nasse, plus ou moins entrée dans la vase, soit très difficile à retirer et quelquefois on n'y réussit pas, le câble cédant

FIG. 165. — Retour de la nasse à bord.

sous l'effort de traction. Il arrive aussi que la nasse atteigne presque la surface, puis retombe au fond par suite de la rupture du câble de chanvre usé par un frottement prolongé sur le fond et qu'un coup de roulis plus violent que les autres soumet à une traction brusque trop forte. Ces opérations de nasse sont plus malaisées à exécuter qu'à décrire; il est quelquefois difficile, voire même impossible de retrouver la bouée qui a pu être déplacée par les courants; l'état de la mer peut aussi présenter des difficultés très grandes tant pour la mise à l'eau que pour la remontée de la nasse (fig. 165 et 166).

A l'intérieur de la nasse on attache toujours, à différentes hauteurs, de petites nasses en toile métallique à mailles très fines qu'on amorce également, et qui permettent de recueillir de très petits organismes, notamment des isopodes et des amphipodes, qui échapperaient autrement et qu'on obtient au contraire, de cette façon, en nombre quelquefois prodigieux. La fig. 167 montre une de ces petites nasses en toile de cuivre;

c'est un cylindre avec deux cônes formant empêche et fixés sur le cylindre au moyen de 3 vis d'un modèle courant employé dans la fabrication des piles électriques. Pour ne rien perdre et ne rien abîmer des petits animaux capturés, voici comment j'opère à bord de la *Princesse-Alice* : chaque petite nasse est démontée, et chacune des trois parties qui la composent agitée convenablement dans un seau d'eau de mer un peu plus haut que la nasse elle-même ; on s'assure qu'il ne reste rien sur les cônes et dans le cylindre, on passe l'eau du seau avec tout son contenu sur une pas-

Fig. 166. — Examen du contenu de la nasse.

soire en soie à bluter très fine et on met le tout, soit dans l'eau propre d'un cristallisoir pour examiner et séparer les animaux vivants avant de les fixer, soit directement dans un liquide fixateur, alcool ou autre.

En outre des petites nasses, on peut aussi suspendre dans la grande nasse des objets brillants tels que des fragments de glace, d'assiettes de porcelaine blanche, des tubes phosphorescents du Dr Regnard, tous objets capables d'attirer certains animaux, tels que les Céphalopodes, au moins dans les faibles profondeurs.

A différentes reprises, le Prince a employé les mêmes nasses polyédriques en bois et en filet un peu modifiées dans le but de gagner du temps. Pour cela on dispose au milieu de la traverse supérieure un système de galets laissant entre eux un vide dans lequel peut glisser le câble ; le plancher de la nasse porte une installation semblable en son milieu. On fait passer le câble dans les deux systèmes à galets de la nasse qui est maintenue suspendue au-dessus de l'eau et on fixe à l'extrémité inférieure du câble un lest

Fig. 167. — Petite nasse métallique.

de 100^{kg} environ ou plus ; on met ce lest à l'eau et on laisse filer le câble qui descend rapidement en traversant la nasse

sans inconvénient grâce aux deux systèmes de galets. Quand la longueur convenable est filée, ce qu'on connaît par le sondage préalable, on lâche la nasse qui glisse le long du câble jusqu'au fond ; pendant ce temps on attache le câble à la bouée et on met celle-ci à l'eau comme précédemment.

Il va sans dire que l'on peut immerger dans les grandes profondeurs des nasses de toutes les formes. C'est ainsi que le Prince a descendu au fond de la mer une nasse en osier en forme de pyramide hexagonale tronquée dont l'hexagone supérieur formait l'entrée, d'où pendait, vers l'intérieur, un rideau fait de filet à trémails formant empêche. Cette nasse était envoyée le long du câble grâce aux guides à galets dont elle était munie. En outre, on pouvait, par le même moyen, envoyer un couvercle qui venait fermer l'entrée de la nasse avant de remonter celle-ci. Mais jusqu'à présent, la nasse polyédrique à section triangulaire que nous avons tout d'abord décrite reste la nasse la plus simple et la plus pratique, car on peut l'établir de grandeur variée suivant les outils de travail, bateau, treuils, etc., dont on dispose.

Malgré les résultats intéressants que fournissent les nasses, leur emploi ne s'est pas beaucoup répandu parce que les opérations qu'elles nécessitent sont souvent difficiles et exigent une station prolongée du navire sur place, ce à quoi les missions lointaines s'astreignent difficilement. Cependant il est possible d'utiliser très bien le temps pendant lequel la nasse reste immergée : c'est ainsi que, à bord de la *Princesse-Alice,* après avoir sondé et posé une nasse qui sert de point de repère et qu'on ne perd pas de vue, on fait souvent un coup de chalut, de faubert, de palancre, etc., ou une série verticale de températures avec prises d'échantillons d'eau. On remonte la nasse avant de quitter la station.

L'emploi des nasses, inauguré par le Prince de Monaco pour l'étude de la faune des grandes profondeurs, lui a fourni des résultats très remarquables ; il en a immergé jusqu'à 5 310ᵐ. Certains poissons ont été pris par centaines, tel est le *Simenchelys parasiticus* dont 1 198 spécimens ont été capturés d'un seul coup à 1 266ᵐ de profondeur. Dans un autre cas, 64 gros crabes (*Geryon affinis*) d'une espèce alors nouvelle furent remontés de 1 360ᵐ. Ces deux espèces n'ont jamais été prises dans le chalut de la *Princesse-Alice* bien que ce filet ait été employé très souvent en même temps et sur les mêmes fonds que les nasses. Un de ces derniers engins a rapporté une fois près de 1 800 crevettes dans les eaux du Spitzberg.

Nasse électrique. — Une nasse contenant une source de lumière électrique fournie par une pile à 7 éléments de Bunsen actionnant une lampe Edison de 12 volts, fut immergée en 1888 jusqu'à 40ᵐ avec succès. La pile était enfermée dans une sorte de boîte métallique étanche, suspendue à la Cardan et protégée contre la pression au moyen du ballon compensateur imaginé très ingénieusement par M. le Dʳ Regnard. Un accident arrivé dans la suite au ballon, précisément lorsqu'on allait faire des essais dans les grandes profondeurs, a interrompu ces recherches qui mériteraient d'être reprises dans de nouvelles conditions, avec d'autant plus de chances de réussite que les progrès accomplis depuis en électricité permettraient d'opérer avec plus de sûreté et de facilité.

Tubes lumineux. — En vue d'étudier, d'une façon simple, l'action de la lumière sur les animaux des grandes profondeurs le Dr Regnard eut, en même temps que Fol, l'idée de munir les nasses de tubes contenant des substances phosphorescentes. Hermann Fol descendit dans la Méditerranée des tubes remplis de ces substances, dont le sulfure de calcium est une des plus actives. Mais la pression brisa ces tubes à parois trop minces. Le Dr Regnard s'y prenait autrement : dans son procédé on commence par remplir un tube à parois épaisses d'un vernis épais qu'on laisse ensuite s'écouler de sorte qu'il en reste une simple couche sur la paroi intérieure du tube et on remplit le tube de la poudre phosphorescente que le vernis applique et retient contre le verre.

Fig. 168. — Treuil de la *Princesse-Alice*.

On coule alors de la paraffine fondant à une très basse température de façon à remplir le tube qu'on ferme à la lampe. Un tube de ce genre, à peu près de la grosseur du petit doigt, résiste à des pressions considérables, 800 atmosphères par exemple ; c'est dire qu'on pourrait l'immerger à 8 000^m de profondeur sans qu'il soit écrasé, simplement parce qu'il ne fait plus qu'un bloc de matière presque incompressible.

Un tube préparé comme il vient d'être dit peut rester lumineux pendant plusieurs heures après avoir été exposé à la lumière du soleil ou du magnésium. Cette propriété ne paraît pas s'affaiblir avec le temps. Le Prince de Monaco a des tubes ainsi établis depuis 1889 et qui ne semblent pas avoir perdu de leur intensité à l'heure actuelle, soit après environ 18 années. La couleur de la lumière donnée par ces tubes varie suivant le sulfure employé. Il y aurait certainement des expériences très intéressantes à faire au sujet de l'action de cette lumière pâle, sur divers groupes d'animaux ; il est à remarquer que la phosphorescence de beaucoup d'organismes marins a les mêmes caractères que celle des tubes en question.

Treuils, bobines et câbles. — Pour manœuvrer la plupart des engins il faut des treuils puissants et des câbles à grande résistance. En général le câble est enroulé sur une bobine indépendante du treuil ; c'est ce dernier qui remonte le câble et produit toute la force nécessaire à cette manœuvre, tandis que la bobine, mue par un moteur indépendant de celui du treuil, sert seulement à enrouler le câble ; un tendeur à ressort permet de maintenir toujours une certaine tension du câble entre le treuil et la bobine ; un guide automatique sert en outre à régulariser l'enroulement du câble. La fig. 168 montre le treuil de la *Princesse-Alice* avec sa poupée de tribord

Fig. 169. — Bobine du câble d'acier de la *Princesse-Alice*.

destinée au gros câble du chalut, enroulé sur une grande bobine (fig. 169) qui peut en contenir 12 000^m de 10 à 14^{mm} de diamètre et dont la résistance peut atteindre 7 000^{kg}.

Quand il s'agit d'un petit bateau travaillant à des profondeurs et avec des efforts relativement faibles, on peut enrouler directement le câble sur la bobine sans passer par un treuil ; il convient alors d'avoir un enroulement bien régulier sur une bobine allongée, afin que le nombre de tours du câble dans un même plan vertical soit le plus petit possible.

A bord de la *Princesse-Alice* on emploie généralement, pour les chaluts, des câbles de 10^{mm} de diamètre formés de 6 torons de 8 fils d'acier, capables de résister à une traction d'environ 4 800^{kg} : dans quelques cas on se sert d'un câble de 14^{mm}

Fig. 170. — Le yacht *Princesse-Alice.*

de diamètre résistant à 7 tonnes environ. Le premier pèse environ 300^{kg} pour $1\,000^{m}$;

Fig. 171*. — Le laboratoire de la *Princesse-Alice*, avec, de gauche à droite : MM. Tinayre, Portier et Richard.

le second 500^{kg}. Pour les nasses, le câble d'acier est disposé par bouts de 500^{m}, ayant un diamètre de 6^{mm} et formés de 6 torons de 3 fils d'acier, dont $1\,000^{m}$ pèsent 120^{kg}.

Navires. — Tout l'outillage que nous avons décrit doit être installé dans les conditions les plus favorables sur un navire approprié autant que possible aux travaux qu'il s'agit d'exécuter. Le plus souvent, on utilise des bateaux existants qu'on aménage d'une façon spéciale. Très rarement le navire est construit exprès pour les recherches océanographiques ; c'est le cas cependant de la *Princesse-Alice* dont nous nous bornerons à dire quelques mots. C'est un navire en acier (fig. 170), à deux mâts, gréé

Fig. 172. — Le Prince de Monaco sur la passerelle.

en goélette, construit à Birkenhead par M. Laird. Il mesure $73^m,15$ de longueur entre perpendiculaires, $10^m,40$ de largeur ; il jauge 1 420 tonneaux (1 378 de déplacement) ; son tirant d'eau moyen est de $4^m,50$; il peut prendre 240 tonnes de charbon. Muni de 2 chaudières et d'une machine à triple expansion de 1 000 chevaux il peut atteindre une vitesse de 13 nœuds. Nous avons parlé de la machine à sonder, des treuils, des bobines, tous engins installés sur le pont. On trouve encore sur celui-ci un petit laboratoire pour les travaux préliminaires ou que leur nature ne permet pas de faire à l'intérieur du navire. Le grand laboratoire occupe, avec les quatre cabines des personnes qui y sont attachées, une tranche entière du bateau ; il est vaste, bien éclairé (fig. 171) ; il contient quatre tables à roulis permettant, grâce à une demi-suspension à la Cardan, de conserver, à l'abri des mouvements du navire, les objets en expérience. Une grande table fixe sert à différentes manipulations. Des armoires contenant les produits chimiques, la verrerie, la bibliothèque, des appareils variés, sont disposées tout autour du laboratoire dont le plafond supporte d'autres engins. Un grand évier reçoit l'eau douce et l'eau de mer. Le plancher est recouvert d'une lame de plomb relevée tout autour de la pièce, de sorte que l'épanchement accidentel de liquides quelconques présente peu d'inconvénients. Plusieurs barils métalliques pleins d'alcool se trouvent à portée. Le laboratoire communique directement avec une grande cale qui sert de magasin et de réserve.

Tel est, trop succinctement décrit dans ses parties relatives aux installations scientifiques, le magnifique yacht à bord duquel le Prince (fig. 172) continue depuis 1898 les campagnes inaugurées en 1885 sur un petit voilier de 200 tonneaux, l'*Hirondelle,* (1885-1888) et poursuivies ensuite sur un trois-mâts auxiliaire de 52^m, la première *Princesse-Alice* (1891-1897).

CHAPITRE XI

L'OCÉANOGRAPHIE BIOLOGIQUE (*Suite.*)

LES PLANTES MARINES

Vie animale dépendant de la vie végétale. — Bactéries : procédés de récolte. Distribution des bactéries dans les mers. — Phosphorescence. Rôle des bactéries. — Algues : vertes, brunes (Fucus, Sargasses, Diatomées, Péridiniens) ; algues rouges, algues calcaires ; algues bleues. — Plankton végétal. — Posidonies et Zostères. — Palétuviers.

La vie animale dépend de l'existence des végétaux aussi bien dans la mer que sur la terre. Les plantes à chlorophylle sont en effet seules capables de se nourrir des substances dissoutes dans l'eau ; les animaux ne pouvant faire de même sont obligés de se nourrir de matières végétales ou animales ; il en résulte qu'au-dessous de 250^m environ, où l'on ne trouve plus de végétaux à chlorophylle à cause de l'absence de lumière, il n'existe plus que des animaux carnivores. Nous allons voir que la couche superficielle de la mer abonde en algues microscopiques ; elles servent de nourriture à une foule de petits animaux, en particulier aux Copépodes, qui, à leur tour, sont mangés par les poissons, de sorte que finalement, nous qui mangeons ces derniers, nous vivons en partie sur le plankton végétal des mers, comme nous vivons pour une plus large part de la substance des plantes terrestres, directement ou par l'intermédiaire de la chair du bœuf et d'autres animaux.

Ce qui précède suffit à indiquer combien la quantité des plantes marines doit être considérable pour suffire à la nourriture de la population colossale des mers ; elle l'est en effet, bien que la richesse de la végétation marine soit moins apparente que celle de la végétation terrestre. Ce ne sont pas d'ailleurs les plantes marines garnissant les côtes qui constituent la masse de cette végétation aquatique, mais bien les algues microscopiques flottantes du plankton.

La presque totalité des plantes qui vivent dans la mer appartient à l'immense groupe des Algues ; les champignons sont représentés par les bactéries (Schizomycètes) dépourvues de chlorophylle ; les phanérogames réellement marins sont réduits à quelques monocotylédones (Posidonies et Zostères).

Schizomycètes.

Les schizomycètes, dépourvus de chlorophylle et communément appelés bactéries, vivent en grand nombre dans les eaux marines. Le Prof. Fischer, de Kiel, a été un des premiers à les étudier avec soin. Dès 1885, dans un voyage aux Antilles, sur le *Moltke,* il avait reconnu que même en pleine mer on rencontre des bactéries, tantôt en petit nombre, tantôt en aussi grande quantité que près de la terre ; il découvrit en même temps aux Antilles un microbe lumineux.

Avant d'aller plus loin, il est nécessaire de dire que la récolte des échantillons d'eau de mer destinés aux recherches bactériologiques doit être faite dans des conditions spéciales, et en suivant les principes classiques pour l'asepsie et la stérilisation des instruments employés. Sans insister sur les modifications plus ou moins bonnes que l'on a fait subir dans ce but aux bouteilles à eau ordinaires, nous nous bornerons à décrire brièvement le dispositif adopté à bord de la *Princesse-Alice* et qui nous a paru le meilleur (¹).

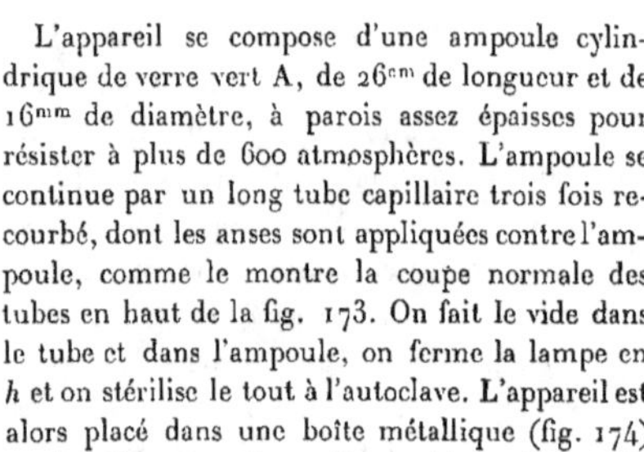

Fig. 173. — Tube à microbes, détail des anses.

L'appareil se compose d'une ampoule cylindrique de verre vert A, de 26^{cm} de longueur et de 16^{mm} de diamètre, à parois assez épaisses pour résister à plus de 600 atmosphères. L'ampoule se continue par un long tube capillaire trois fois recourbé, dont les anses sont appliquées contre l'ampoule, comme le montre la coupe normale des tubes en haut de la fig. 173. On fait le vide dans le tube et dans l'ampoule, on ferme la lampe en *h* et on stérilise le tout à l'autoclave. L'appareil est alors placé dans une boîte métallique (fig. 174) de façon que la pointe du tube soit en haut ; l'ensemble est fixé sur le câble de sondage dans la position de départ (fig. 174) et envoyé à la profondeur voulue. À ce moment on envoie un messager qui actionne le levier (²), la boîte métallique bascule et le tube capillaire vient heurter une sorte de couteau métallique et se briser au point *g* rétréci d'avance ; l'eau de mer se précipite dans l'appareil vide qu'elle remplit. On remonte l'instrument (fig. 175) ; remarquons que par suite de la capillarité du tube il ne peut que sortir de l'eau de l'appareil, en effet, l'eau en se rapprochant de la surface, se réchauffe et se dilate, d'autre part la décompression agit dans le même sens, l'eau sort donc sans qu'une trace de l'eau des couches traversées puisse pénétrer dans le tube et contaminer l'eau recueillie. Les expériences de contrôle du Dr Portier ont rigoureusement établi le fait. Une fois l'appareil à bord, on brise la pointe *a*, on la flambe, on y adapte un appareil stérilisé représenté au bas de la fig. 176. On casse alors le tube en *d* en rejetant les anses capillaires, on flambe *d* et on y adapte un tube *m* plein d'ouate, et stérilisé. En pressant sur la pince à pression continue, on peut à l'abri de la petite cloche,

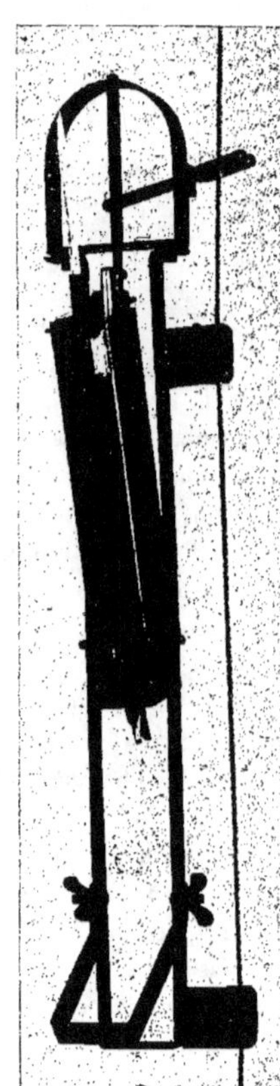

Fig. 174. — Boîte à microbes, à messager, à la descente.

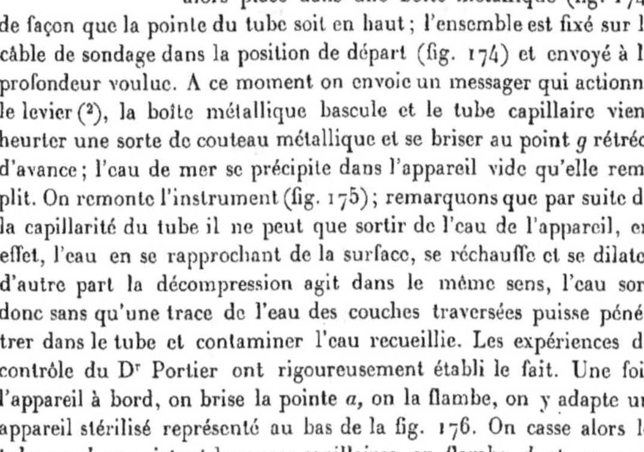

(¹) Portier et Richard, *C. R. Ac. des Sciences,* 14 mai 1906 ; *Bull. Institut océanogr.,* n° 97, 26 février 1907.
(²) Il va sans dire que le levier peut être remplacé par une hélice et qu'on peut disposer plusieurs appareils sur le même câble.

transvaser le liquide de l'ampoule A dans une série de tubes de culture sans craindre aucune contamination, le tube *m* laisse rentrer dans l'ampoule, de l'air stérilisé par filtration. Cet appareil a fonctionné nombre de fois avec succès à bord de la *Princesse-Alice* jusqu'à plus de 5000^m de profondeur (fig. 177, 178).

Les ensemencements devront se faire dans les milieux (bouillon, gélatine, gélose) préparés à l'eau de mer et avec des poissons ou des crustacés marins ; les milieux ordinaires des bactériologistes ne donnent souvent aucun résultat. C'est seulement parmi les bactéries marines qu'on en observe certaines capables de liquéfier la gélose.

Il résulte des recherches poursuivies de divers côtés que l'eau de mer contient partout des bactéries, mais en quantité très variable, et quand une culture ne se fait pas, cela ne veut pas dire qu'il n'y a pas de bactéries mais seulement que l'eau en est très pauvre ; il faut en effet tenir compte de ce fait que la quantité d'eau servant à ensemencer est toujours très faible.

Néanmoins un fait bien reconnu est qu'au large il y a tantôt peu de germes, tantôt des milliers, dans un centimètre cube, mais toujours beaucoup moins que dans les eaux côtières, comme s'il y avait un apport de bactéries de la terre dans la mer ; leur nombre diminue à mesure qu'on s'éloigne vers le large. Ainsi de Giaxa trouva plusieurs centaines de mille de germes par centimètre cube à 50^m de l'orifice des égoûts de Naples, tandis qu'il n'y en avait plus que 26000 à 350^m et 100 seulement à 3^{km}. A cette distance on peut donc dire que l'influence de la terre n'est plus sensible. Dans les mers plus ou moins fermées comme la Baltique et la mer du Nord l'eau est plus riche en germes que dans l'Océan.

Fig. 175. — Boîte à microbes, à la montée.

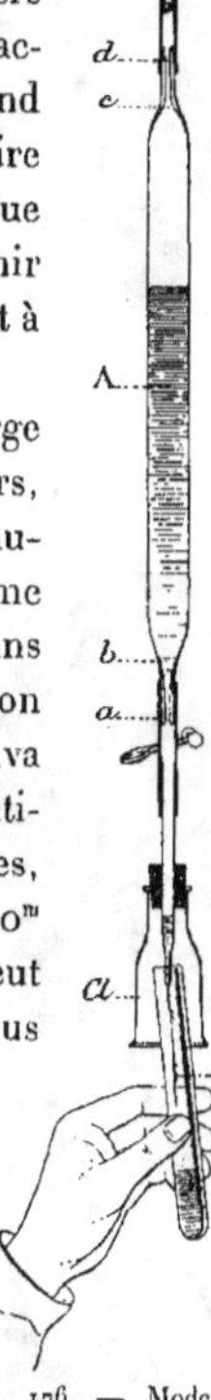

Fig. 176. — Mode d'ensemencement.

Les cultures ensemencées avec le contenu du tube digestif des animaux des grandes profondeurs montrent qu'il y a là des bactéries, mais les couches de vase profondes paraissent en être très pauvres. Le sol sous-marin du golfe de Naples, au contraire, donna à Russell au moins 200000 germes par centimètre cube à 100^m de profondeur et encore 24000 à 1100^m. Cela tient peut-être à la température constante (env. 13°) de l'eau profonde de la Méditerranée.

Si petites qu'elles soient, les bactéries ne constituent pas une portion négligeable du plankton; Fischer, à la suite des observations qu'il fit pendant l'expédition du *National,* a calculé qu'entre la mer des Sargasses et le courant des Canaries la masse des bactéries formerait environ la 260ᵉ partie du volume du plankton.

Fig. 177. — On s'apprête à lancer la boîte à microbes à la mer, du haut de la plateforme de sondage.

Les bactéries marines contiennent peu des formes qu'on a l'habitude de trouver à terre ou dans les eaux douces : les coccus divers et les bacilles manquent à peu près entièrement, sauf dans les cas exceptionnels de contamination passagère par des eaux d'égoût, contamination que des empoisonnements par des huîtres mal placées ont démontrée à diverses reprises. Mais les bactéries pathogènes sont rapidement tuées dans l'eau de mer.

Les vraies bactéries marines ou halibactéries de Fischer, y compris les photobactéries de Beyerinck, sont très variées dans leurs formes et leurs dimensions ; elles produisent régulièrement une forme spirale ou en virgule, comme le bacille du choléra. Les *Photobacterium phosphorescens* et *P. coronatum* comptent parmi les plus grosses bactéries connues ; elles peuvent se conserver en culture pendant des années et donner des bouillons lumineux très remarquables. Il est curieux de constater que ces bactéries lumineuses

Fig. 178. — La boîte à microbes disparaît dans la mer. Ensemble de l'installation de la plateforme de sondage.

sont souvent tellement difficiles à distinguer du bacille virgule du choléra que le meilleur moyen pour reconnaître ce dernier est de l'ensemencer dans un milieu à base d'eau de mer où le bacille du choléra pousse très mal ou pas du tout. Les bactéries lumineuses sont, jusqu'à présent, les seules des bactéries marines qui puissent être pathogènes, d'après les expériences faites sur les souris et les cobayes.

En général les bactéries du large sont peu nombreuses en espèces, le plus souvent même on n'en observe qu'une, *Halibacterium pellucidum*, que le *National* a rencontrée des Antilles au Danemark.

La température a une action bien marquée sur certaines bactéries ; le *Photobacterium indicum* ne croît qu'à partir de 20° ; sur 13 espèces lumineuses, 4 seulement poussaient encore à 37° et une seule était phosphorescente (*P. indicum*) ; d'autre part, plusieurs espèces poussent à 0° : le Dr Charcot a trouvé de très nombreux microbes dans l'eau de mer même à — 1°,8 dans l'Antarctique.

Nous voici donc dès le début en présence du curieux phénomène de la phosphorescence, que nous aurons maintes fois l'occasion de constater ; nous l'observons ici chez les êtres les plus infimes, nous le trouverons jusque chez les poissons, en passant par divers intermédiaires. Tarchanoff a étudié la lumière des bacilles phosphorescents de la Baltique ; les cultures fraîches et pures donnent la plus forte luminosité et le pouvoir lumineux peut durer de deux semaines à trois mois. Ces bacilles ont leur température optima à 7° et 8° : c'est celle qui leur convient le mieux ; ils sont encore lumineux à — 4° et même à — 6° ou — 7°, mais alors le bouillon congelé devient une *glace lumineuse* qui s'éteint après plusieurs heures : la voilà bien, la lumière froide ! Le bouillon refondu devient d'ailleurs de nouveau lumineux. Ces cultures s'éteignent si on les porte de 34° à 37°. elles se rallument par refroidissement, mais s'éteignent pour toujours si on les porte à 50°. La lumière du jour paraît être nuisible à ces bacilles.

Tarchanoff a fait avec ses bouillons lumineux une expérience très curieuse : si on injecte dans le sac lymphatique dorsal d'une grenouille quelques centimètres cubes de bouillon, on obtient une grenouille entièrement lumineuse, qui ne cesse de l'être qu'au bout de trois ou quatre jours, surtout si on la maintient à une température voisine de 8°.

Le Prof. Raphaël Dubois s'est occupé beaucoup des bactéries lumineuses d'origine marine, et de très nombreuses personnes ont pu voir ses cultures au Palais de l'Optique pendant l'Exposition universelle de 1900 à Paris. Ainsi qu'il l'a dit, la meilleure lumière pour l'éclairage serait celle qui contiendrait la quantité maximum de rayons de longueur d'onde moyenne unie à la quantité minimum de radiations calorifiques ou chimiques. C'est la lumière vivante qui se rapproche le plus de cet éclairage idéal : il est très probable en effet, que dans tous les cas, la lumière animale se comporte comme chez les Vers luisants et les Pyrophores ; or R. Dubois a montré qu'au moins 98 °/₀ de l'énergie employée par ces animaux pour faire de la lumière étaient transformés utilement ; nous autres, hommes civilisés, très fiers de notre intelligence et de notre industrie, quand nous faisons de la lumière, nous perdons 98 °/₀ de l'énergie employée, qui se transforme en rayons calorifiques ou chimiques, au lieu d'être utilisée en rayons purement lumineux. R. Dubois a pu éclairer une salle au moyen de ces organismes phosphorescents et obtenir une lumière égale à celle d'un beau clair de lune ; mais on n'est pas encore arrivé à utiliser d'une façon pratique la lumière des photobactéries ; cependant, ainsi que cet auteur le fait observer, la levure de bière est très comparable à ces bactéries et l'on sait si le travail industriel qu'elle fournit est considérable ! Il est très possible que la lumière spéciale des microbes soit utilisée quelque jour dans certains cas. D'ailleurs R. Dubois a perfectionné son procédé : il a remplacé les bouillons liquides par une couche de bouillon gélatineux très nutritif, ensemencé avec des bactéries sélectionnées et appliqué sur la paroi intérieure d'une carafe à fond plat et à tubulure latérale fermée, ainsi que le goulot, par un tampon d'ouate stérilisée pour filtrer l'air ; un tel appareil peut rester lumineux pendant plusieurs semaines. « En réunissant plusieurs de ces sources lumineuses j'ai pu éclairer, dit l'auteur, une grande salle du laboratoire maritime de biologie de Tamaris ; les personnes présentes pouvaient se reconnaître à distance et suivre tous les jeux de la physionomie. » La couleur de la lumière émise varie, dans une même espèce, suivant les milieux de culture.

Le phénomène de la phosphorescence dont nous venons de voir un premier cas est certainement un des plus intéressants et des plus remarquables que présentent les êtres marins ; mais il ne leur est pas spécial, puisqu'il y a des plantes, notamment certains champignons, en dehors des bactéries, et surtout des animaux terrestres phosphorescents ; mais il s'agit là de cas peu fréquents et il faut remarquer qu'aucun être d'eau douce ne produit de la lumière. Si donc les êtres marins ne sont pas tous phosphorescents et s'il existe en dehors d'eux des êtres doués de cette curieuse propriété, il n'en est pas moins vrai que c'est chez eux que le phénomène est le plus répandu et parmi une foule d'animaux les plus variés appartenant aux groupes les plus différents.

Le rôle le plus important des bactéries est de décomposer les êtres organisés, après leur mort, par la putréfaction ou par un processus analogue. On a émis l'idée que les cadavres des naufragés, s'ils ne sont pas mangés par les poissons, doivent se conserver intacts sur le fond à cause de l'action de la pression et du froid qui y règnent sur les microbes que nous emportons. Mais il y a, au fond même, des microbes capables de remplacer ces derniers et de dissocier les éléments de nos tissus. Les substances organiques azotées, plus simples, ainsi formées, sont à leur tour transformées, par les bactéries nitrifiantes, en ammoniaque, en nitrites et en nitrates, eau et acide carbonique, dont les plantes à chlorophylle se nourrissent. Mais il y a aussi des bactéries dénitrifiantes qui sont capables de résoudre en azote les substances azotées formées par les bactéries nitrifiantes. Cet azote retourne dans l'atmosphère et est remplacé dans la mer par les nitrates amenés par les fleuves et formés par les bactéries nitrifiantes du sol ou autrement. Ainsi se trouve complété le cycle de la vie végétale et animale dans la mer.

Les Algues.

Les algues marines sont divisées en : vertes, brunes et rouges ; elles ont toutes de la chlorophylle, dont la couleur verte est souvent masquée par d'autres pigments, brun ou rouge ; mais dans l'eau douce ce pigment supplémentaire se dissout et on peut alors voir la plante colorée en vert par la chlorophylle. La forme est aussi variable que la couleur, et il en est de même de la taille, puisqu'à côté d'algues mesurant une très faible fraction de millimètre, comme les petites Diatomées, on peut en citer qui atteignent 300^m de longueur, dépassant ainsi de beaucoup les dimensions des plus grandes plantes terrestres.

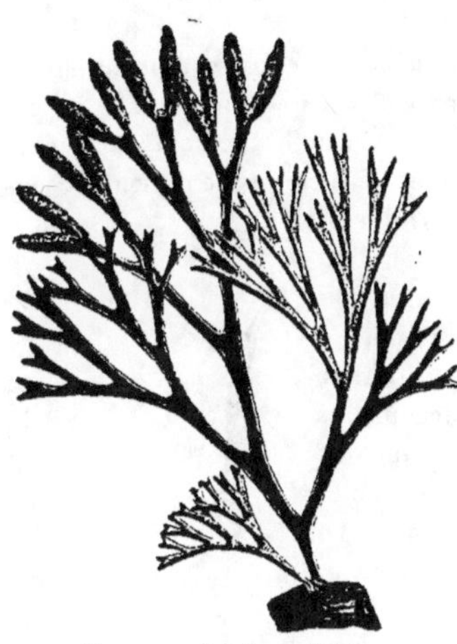

Fig. 179. — *Pelvetia canaliculata.*

Théoriquement et en raison de l'absorption différente des rayons du spectre suivant la profondeur de l'eau, on admet que les algues vertes sont distribuées près de la surface, les brunes plus profondément, et qu'enfin les rouges se trouvent dans les régions les plus profondes où des plantes puissent vivre. En réalité, on trouve des algues rouges là où les conditions de lumière sont analogues à celles de la profondeur où ces plantes vivent d'ordinaire (50 à 150^m), par exemple au milieu des algues brunes ou dans les an-

Fig. 180. — Fucus à marée basse, près Angoulins.

fractuosités où la lumière ne pénètre qu'après avoir traversé ces algues brunes.

A un autre point de vue, les algues peuvent se diviser en deux catégories : celles qui sont fixées et appartiennent au benthos et celles qui flottent entre deux eaux et qui font partie du plankton.

Algues vertes. — Elles se rencontrent le plus fréquemment dans la zone littorale superficielle la mieux éclairée : ce sont surtout les Ulves ou laitues de mer, qui se présentent sous forme de lames minces, plus ou moins contournées, d'un très beau vert tendre. On les mange quelquefois en salade.

Les *Halosphæra viridis* sont de petites algues sphériques unicellulaires présentant de nombreux grains de chlorophylle. Elles sont fréquentes dans nos mers des climats tempérés. Le Prof. Chun, à bord de la *Valdivia*, recueillit de ces algues jusqu'à 2 000ᵐ de profondeur dans son filet à fermeture automatique ; ce résultat allait à l'encontre de tout ce que l'on sait sur la distribution bathymétrique des algues ; un examen attentif démontra qu'il s'agissait d'*Halosphæra* mortes, en train de couler vers le fond en attendant d'être happées au passage.

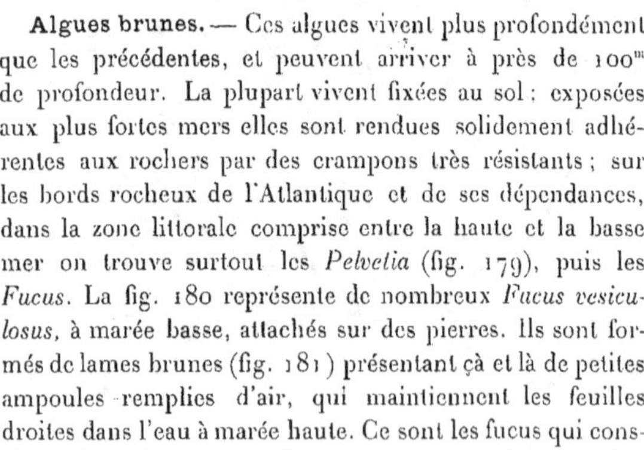

Fig. 181. — *Fucus vesiculosus.*

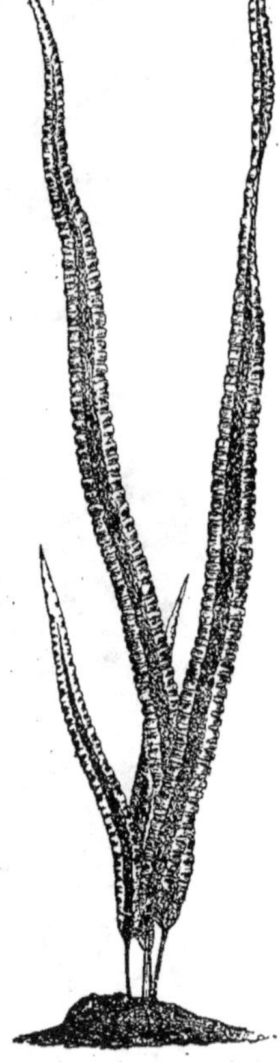

Fig. 182. — *Laminaria saccharina.*

Algues brunes. — Ces algues vivent plus profondément que les précédentes, et peuvent arriver à près de 100ᵐ de profondeur. La plupart vivent fixées au sol : exposées aux plus fortes mers elles sont rendues solidement adhérentes aux rochers par des crampons très résistants ; sur les bords rocheux de l'Atlantique et de ses dépendances, dans la zone littorale comprise entre la haute et la basse mer on trouve surtout les *Pelvetia* (fig. 179), puis les *Fucus*. La fig. 180 représente de nombreux *Fucus vesiculosus*, à marée basse, attachés sur des pierres. Ils sont formés de lames brunes (fig. 181) présentant çà et là de petites ampoules remplies d'air, qui maintiennent les feuilles droites dans l'eau à marée haute. Ce sont les fucus qui constituent la majeure partie du goémon ou varech qu'on récolte sur nos côtes pour les utiliser comme engrais ou comme litière et dont les cendres fournissent de la soude, du brome et de l'iode. Plus profondément et dans les parties découvertes seulement aux plus grandes marées on trouve d'autres algues, notamment les Laminaires dont certaines peuvent atteindre plusieurs mètres de longueur. La *Laminaria saccharina* (fig. 182) donne, ainsi que beaucoup d'algues voisines, une gelée alimentaire quand on la fait bouillir dans l'eau.

C'est parmi les algues brunes que s'observent les géants des végétaux : c'est en effet à cette famille qu'appartiennent les *Macrocystis* des mers australes, qui peuvent atteindre jusqu'à 300^m de longueur. Cette plante est très solidement fixée sur les rochers au moyen de puissants crampons, et sa tige, d'où pendent de nombreuses lames en forme de feuilles de 1 à 2^m de longueur, est maintenue horizontale

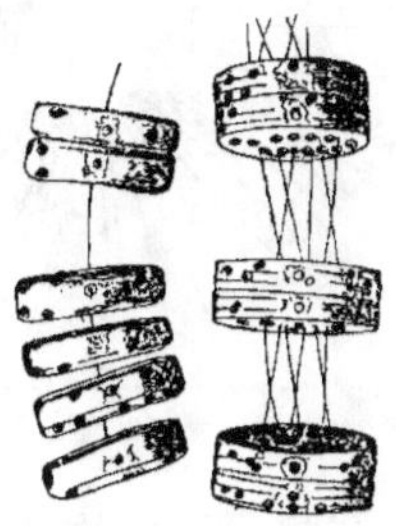

Fig. 184. — *Coscinodiscus* et *Thalassiosira*, d'après Clève.

à la surface de l'eau par de très nombreux flotteurs analogues à ceux du *Fucus vesiculosus*.

Les Sargasses sont encore des algues brunes malgré leur aspect qui les ferait facilement prendre pour des

Fig. 183. — Sargasses.

plantes ordinaires. La fig. 183 en représente un fragment recueilli en 1905 par la *Princesse-Alice* pendant sa croisière dans la mer des Sargasses. On est tenté de voir dans cette plante une tige avec ses rameaux, ses feuilles et ses fruits (*Sargassum bacciferum*), d'où le nom de raisin des tropiques donné à ces algues par les marins. Mais ces fruits sont de simples flotteurs pleins de gaz, qui maintiennent les plantes à la surface. Les sargasses arrachées par les vagues aux côtes de l'Amérique tropicale sont amenées par les courants dans l'immense zone d'eau calme qu'on appelle mer des Sargasses et qui se trouve dans le sud-ouest des Açores, occupant une surface de 200000 kilomètres carrés. Là, les sargasses continuent à végéter activement, beaucoup mieux qu'on le croirait, ainsi que le montre la très grande différence de coloration entre les parties vieilles et les pousses nouvelles ; les premières sont en effet d'un brun noirâtre foncé, tandis que les secondes sont d'un jaune verdâtre clair. Les touffes poussent ainsi dans tous les sens et forment souvent comme des boules de rameaux enchevêtrés. Ces touffes se réunissent assez souvent en paquets occupant quelques mètres carrés de la surface de la mer, mais, comme les savants du *National*, nous n'avons jamais vu ces prairies flottantes conti-

Fig. 185. — *Rhizosolenia semispina*, d'après Clève.

Fig. 186. — *Rhizosolenia styliformis*, d'après Clève.

nues décrites par certains navigateurs et qu'on croyait autrefois capables d'arrêter la marche des navires ! Partout les touffes ou les paquets sont plus ou moins écartés les uns des autres, souvent disposés en traînées interrompues. Ces masses d'algues abritent une faune spéciale : crabes, mollusques, poissons, etc., beaucoup d'animaux sédentaires se fixent sur les sargasses; ainsi les flotteurs sont souvent recouverts de Bryozoaires, d'Hydraires, etc.

Parmi les algues brunes se rangent encore les *Diatomées* qui ne mesurent pour la plupart qu'une très petite fraction de millimètre. Chacune se com-

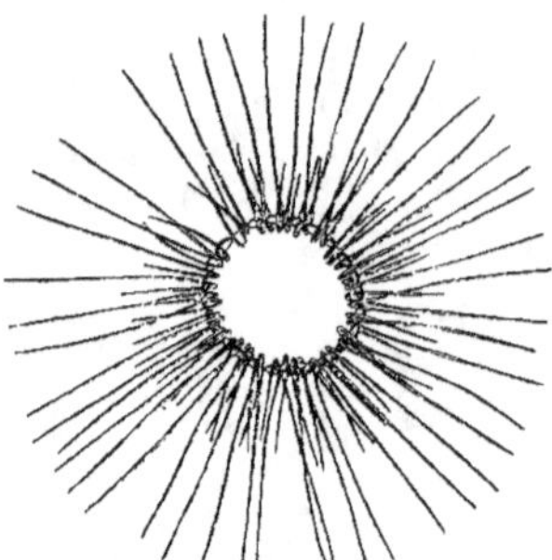

Fig. 187. — *Chætoceros secundum*, en chaîne, d'après Clève.

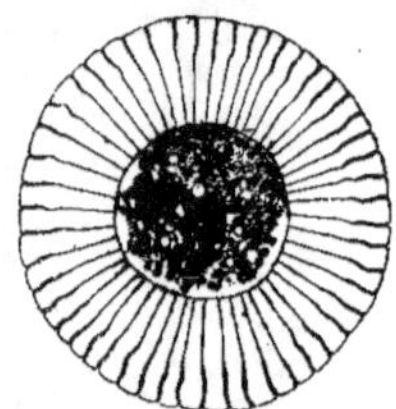

Fig. 188. — *Planktoniella sol*, d'après Clève.

pose d'une masse protoplasmique colorée par un pigment jaune brun et enfermée dans une véritable boîte de cellulose très fortement incrustée de silice, formée de deux moitiés qui s'emboîtent l'une dans l'autre. Chaque moitié de la boîte est garnie, surtout sur la face qui forme le fond, de sculptures extrêmement fines, très variées et fort décoratives. Les parois de la boîte présentent des pores ou des fentes par lesquels peut sortir une sorte de gelée servant à fixer la diatomée ou à la maintenir unie à d'autres sous forme de colonies libres ou fixées ; les diatomées, en

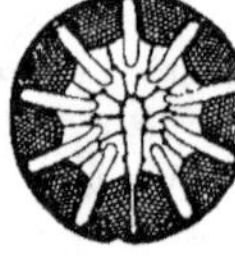

Fig. 189. — *Asteromphalus atlanticus* Clève, d'après Peragallo.

effet, comptent des formes fixées ou rampant sur le fond, isolées ou en colonies ; mais le plus grand nombre des diatomées est pélagique et constitue, d'une façon générale, la masse principale du plankton. Dans la fig. 184 nous voyons, à droite, le *Coscinodiscus polychordus* et à gauche le *Thalassiosira Clevei*, représentant deux genres pélagiques très importants ; les *Rhizosolenia* dont nous figurons deux types (fig. 185), 186 sont au moins aussi fréquentes ; elles sont isolées ou disposées bout à bout en colonies allongées ;

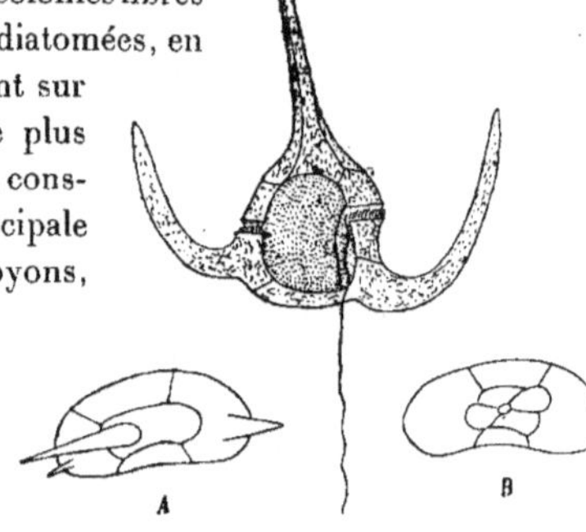

Fig. 190. — *Ceratium tripos*.

les *Chætoceros* se font remarquer par les prolongements filiformes de leur corps cylindrique ; ils sont ordinairement disposés en colonies allongées, souvent incurvées, quelquefois même circulaires comme le *Chætoceros secundum* représenté dans la fig. 187. Signalons encore le *Planktoniella sol* (fig. 188) et les *Asteromphalus* (fig. 189).

On range fréquemment aujourd'hui parmi les algues brunes des êtres appelés *Péridiniens* et que certains naturalistes considèrent encore aujourd'hui comme des animaux en en faisant le groupe des Dinoflagellés. Ce sont de petits êtres ayant en moyenne un dixième de millimètre, formés d'une seule cellule protégée par une cuticule solide qui conserve sa forme après la mort de l'organisme et dont la composition est voisine de celle de la cellulose. Cette coque est constituée par des plaques ornées de dessins et percées de fins pores ; elle est partagée en deux parties à peu près égales par un sillon transversal en hélice dont les deux extrémités sont réunies par un sillon longitudinal perpendiculaire au précédent et d'où sort une sorte de fouet ou flagellum qui sert à la locomotion. Un autre flagellum en ressort à boudin occupe une grande partie du sillon transversal où il présente un mouvement ondulatoire très vif, servant probablement, d'après M. Delage à qui nous empruntons ces détails, à faire tourner le corps qui, finalement, avance avec un mouvement de vis ou d'hélice. Tel est le schéma de ces êtres inférieurs dont certaines espèces sont représentées dans les fig. 190, 191 (*Ceratium tripos* et autres). Ces enveloppes élégantes et décoratives habillent des milliards d'individus qui servent de nourriture à beaucoup d'organismes plus élevés du plankton et même à des poissons tels que les sardines. C'est ainsi que G. Pouchet et J. de Guerne ont évalué à 20 millions de péridiniens le contenu de l'estomac pour chacune des sardines pêchées à La Corogne à bord de l'*Hirondelle* en 1887. Il est impossible de se faire une idée du nombre fantastique de ces êtres engloutis par un banc de sardines !

FIG. 191. — Diverses formes de *Ceratium*.

Les péridiniens contribuent quelquefois dans une large mesure à donner à l'eau de la mer une couleur spéciale. Dans les parages des îles Maio et Sal (Cap-Vert), nous avons constaté, au mois d'août 1901, une coloration vert glauque de la mer jusqu'au-dessus d'une profondeur de 1500ᵐ environ. (Le *Challenger* avait observé cette coloration les 23 et 24 juillet 1873 entre les Canaries et les îles du Cap-Vert.) Près de Maio une pêche pélagique donna des larves diverses, beaucoup de gros infusoires d'un vert foncé rappelant les Euglènes, et des Appendiculaires à corps jaunâtre. En outre, aussi bien là que près de l'île de Sal, l'eau laissa déposer un dépôt jaune verdâtre, uniquement formé d'innombrables péridiniens globuleux extrêmement petits puisqu'ils ont à peine plus de 3 centièmes de millimètre. La coloration de l'eau doit être attribuée à ces organismes ainsi qu'aux animaux (copépodes, etc.), qui s'en nourrissent, dans l'estomac desquels on les distingue grâce à la transparence des tissus. C'est également à un péridinien du genre *Plagiaulax* qu'un naturaliste a attribué la coloration verdâtre de certains espaces sur les côtes du Japon.

Certains péridiniens sont phosphorescents ; je me bornerai à signaler le fait suivant. En juillet 1905, ayant recueilli dans un flacon le contenu d'une pêche au filet fin faite la nuit alors que la mer était phosphorescente, j'ai constaté dans la chambre noire que l'addition de quelques gouttes de formol produisait une phosphorescence uniforme générale et jaune verdâtre de la masse liquide, due à des millions de péridiniens, et en outre, des points lumineux plus intenses dus à d'autres organismes. Cette luminosité dura environ deux minutes.

Algues rouges ou Floridées. — Elles se présentent sous deux aspects bien différents : les unes sont des algues délicates et élégantes, à ramifications extrêmement fines et nombreuses et qui font la joie des collectionneurs. Les autres sont dures, incrustées de calcaire, massives ou ramifiées, ce sont les Corallines dont les plus importantes appartiennent au genre *Lithothamnion*. La fig. 192 représente plusieurs spécimens de *L. coralloides*, ainsi nommé parce qu'il ressemble à certains coraux. M. Pruvôt nous apprend qu'en Bretagne, à l'embouchure de quelques rivières, on trouve entre le plus bas niveau des marées et 25ᵐ de profondeur un sable grossier spécial formé surtout de débris d'algues calcaires analogues à celles de la fig. 194

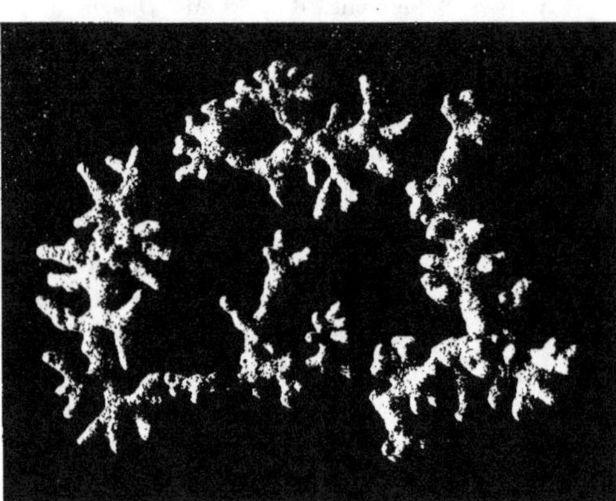

Fig. 192. — *Lithothamnion coralloides*.

(*L. polymorphum* et *L. fasciculatum*) ; ce sable connu sous le nom de *mœrl* sert comme engrais et on en extrait des quantités considérables pour fournir de calcaire les terres siliceuses.

D'autres *Lithothamnion* (*L. incrustans*, *Lithophyllum cristatum*, etc.) forment des masses plus compactes que les précédents et constituent en beaucoup de points de la Méditerranée une bande blanche saillante qui court horizontalement au ras de l'eau, le long des rochers, constituant ce que de Quatrefages a désigné sous le nom de *trottoirs*. Cette bande continue et compacte quoique anfractueuse, est bien développée dans la région de Banyuls où M. Pruvôt l'a étudiée avec soin. Comme les Coraux, ces algues ont besoin d'une eau pure, agitée, et on ne les observe que sur les parties des rochers exposées au large. Elles jouent un rôle important, en protégeant la roche contre l'érosion ; quand la roche est tendre, la partie de la falaise située immédiatement au-dessus de l'eau et que les algues calcaires ne protègent pas est rapidement attaquée par les vagues et creusée en forme d'abri sous roche ; le plancher n'est autre chose que le trottoir ; les algues l'ont protégé en le recouvrant d'une épaisseur de plusieurs centimètres. Les *trottoirs* de Monaco et des environs sont plus étroits que ceux de la région de Banyuls ; il en est de même sur les bords porphyriques de l'Esterel, sans doute à cause de la dureté plus grande de la roche et de la violence moindre des vagues. La fig. 193 nous montre un jeune pêcheur sur le *trottoir*

Fig. 193. — Pêcheur sur le *trottoir*, au pied du rocher de Monaco.

à la base du rocher de Monaco ; juste au-dessus de ses pieds la bande d'algues calcaires longe le rocher ; dans la fig. 194 nous voyons tous les rochers émergeants entourés d'une ceinture d'algues calcaires au-dessus de laquelle la concavité du profil indique l'usure, due à la mer, des parties non protégées.

Dans les mers chaudes on rencontre encore des algues calcaires qui se présentent sous un aspect différent des précédentes et méritent d'être signalées à cause de leur grande abondance. Le 26 juillet 1901 (Stn. 1152) près de Santa Luzia (Cap-Vert) le chalut de la *Princesse-Alice* ramena de 52^m de profondeur une masse d'environ 1500^{kg} de concrétions calcaires plus ou moins arrondies, rouges, blanches, ou noirâtres, formées surtout de *Lithothamnion*. Ce simple échantillon permet de penser quelle importance doivent présenter ces dépôts de calcaire organique ; M. Max Weber a constaté des cas semblables dans les Indes néerlandaises pendant l'expédition du *Siboga*.

Les Algues rouges sont celles qui atteignent les plus grandes profondeurs : elles vont en effet jusqu'à près de 250^m.

Algues bleues ou Cyanophycées. — Plusieurs algues pélagiques appartiennent à ce groupe ; nous ne citerons que les *Trichodesmium* formant des paquets arrondis ou allongés de filaments plus ou moins courts et qui peuvent abonder au point de faire des taches rouges très étendues (*T. erythrœum*) ; c'est de là que vient le nom de mer Rouge, d'après certains auteurs ; normalement les Cyanophycées ont une couleur vert bleuâtre, par suite de la présence d'un pigment bleu associé à la chlorophylle ; les *Trichodesmium*, qui vivent dans les mers chaudes, font exception.

Nous l'avons déjà vu, la nature du plankton permet de caractériser certaines eaux et Clève avait reconnu que les courants différents ont un plankton différent.

Fig. 194. — Algues calcaires autour des rochers de l'île St-Honorat.

Chacun des ces planktons présente des formes caractéristiques ; c'est ainsi que dans la carte ci-jointe (fig. 195), Clève nous montre en D la région des mers chaudes occupée par le Desmoplankton dont la caractéristique est le *Trichodesmium* si fréquent dans les parages de la mer des Sargasses ; S est le Styliplankton dont l'élément capital est le *Rhizosolenia styliformis* figuré précédemment ; on le trouve particulièrement dans les eaux de dérive du Gulf-Stream, tandis que le Siraplankton, Si, à base de *Thalassiosira Nordenskioldi* caractérise les courants froids du Grönland oriental et du Labrador. On distingue encore le Trichoplankton T (avec *Thalassiothrix*, etc.) des mers arctiques ; le Chœtoplankton C avec des masses énormes de *Chœtoceros* variés ; le Tripoplankton Tp riche en *Ceratium tripos* et qui sur la carte occupe toute la mer du Nord. C'est la masse de toutes ces algues microscopiques qui sert de base à la vie animale si puissamment développée dans la mer.

Au Japon les algues marines donnent lieu à une grande industrie de produits pour la préparation des gelées, sauces, soupes, boissons, etc. Ce sont surtout des *Gelidium* (Floridée) qu'on traite dans plus de 5oo établissements. En 1900 on a fabriqué au Japon 843 000^{kg} de ces produits appelés *kanten*, soit pour 5 millions de francs ;

les *Gloiopeltis* ont donné 1133 tonnes en 1901 d'un produit appelé *funóri*, qui sert à l'apprêt des tissus. Le *kombu* est extrait des laminaires, il sert à accommoder toutes sortes de mets : on l'utilise aussi comme légume et même comme thé en infusion (¹).

Phanérogames. — En dehors des cryptogames, la végétation marine comprend encore quelques espèces de monocotylédones de la famille des zostéracées, qui forment souvent dans les eaux claires et peu profondes de grandes prairies ou herbiers qui servent de frayère à une foule d'animaux et abritent une faune très variée.

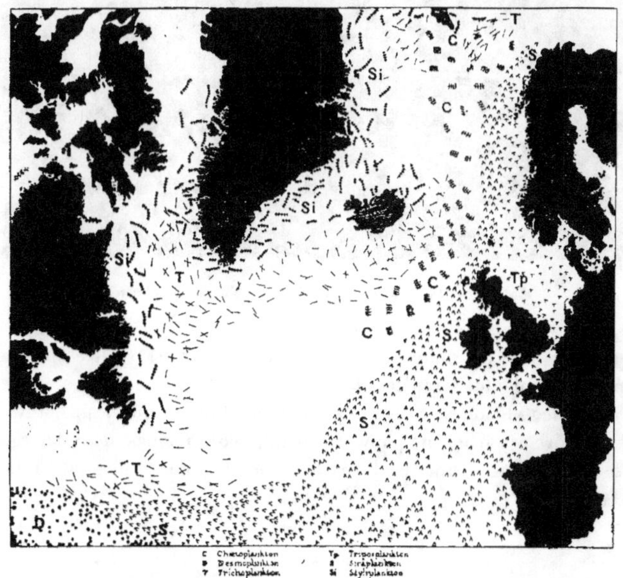

Fig. 195. — Distribution du plankton végétal dans les mers du Nord, d'après Clève.

Les Zostères (*Zostera marina*) sont de véritables herbes marines dont les souches grêles, rampantes, portent à chaque articulation des radicules qui s'enfoncent dans le sol vaseux ou sableux qu'elles fixent et de longues feuilles étroites, rubanées, qui s'élèvent dans l'eau. On les exploite activement comme engrais ou pour en faire de la litière, des matelas, etc. Les zostères sont surtout abondantes sur les côtes atlantiques. Dans la Méditerranée ce sont les Posidonies (*Posidonia Caulini*) qui constituent les herbiers. La souche de cette plante est poilue, écailleuse, trapue ; les feuilles, linéaires, sont longues et d'un beau vert. Mais tandis que les zostères sont

(¹) *La Géographie*, XIV, n° 2, 1906.

parfaitement utilisées, on ne tire aucun parti des amas de posidonies mortes dont les
débris s'accumulent en quantité parfois considérable, sur un grand nombre de plages ;
la photographie ci-jointe (fig. 196) prise dans une baie de l'Esterel, montre quelle hau-

Fig. 196. — Débris de Posidonies au fond d'une baie de l'Esterel.

teur peuvent atteindre ces amoncellements d'herbes marines rejetées par les vagues
surtout après les violentes tempêtes.

Quant aux dicotylédones, il n'y a guère à mentionner que les palétuviers et les
mangliers ; encore ces arbres ne plongent-ils que leurs racines dans les eaux maré-
cageuses saumâtres des lagunes et des rivages des régions tropicales, où ils forment
d'immenses forêts.

CHAPITRE XII

L'OCÉANOGRAPHIE BIOLOGIQUE (*Suite.*)

LES ANIMAUX MARINS

Les Protozoaires : le Bathybius ; les Foraminifères, les Radiolaires ; les Noctiluques. — Phosphorescence et mer de lait. — Les Spongiaires. — Les Cœlentérés : cellules urticantes, Hydraires, Méduses ; Siphonophores, hypnotoxine ; Alcyonaires, Actinies, Polypiers ; les récifs de coraux et les Atolls. — Les Cténophores. — Les Echinodermes : les Étoiles de mer, les ophiures, les oursins, les holothuries, les comatules. — Les Vers : Géphyriens, Bryozoaires, Chétognathes, Némertiens, Brachiopodes ; les Annélides polychètes.

Presque tous les groupes d'animaux sont plus ou moins bien représentés dans la mer. Il y a même des groupes entiers, fort importants d'ailleurs, qui sont ou complètement ou presque exclusivement marins comme les Cœlentérés et les Échinodermes. Nous allons les passer successivement et brièvement en revue en suivant l'ordre zoologique.

Protozoaires.

D'abord se présentent les Protozoaires, comprenant les animaux les plus inférieurs et qui sont essentiellement formés d'une seule cellule. Les plus simples d'entre eux, les monères, sont des êtres microscopiques consistant en une simple goutte de protoplasma, substance albuminoïde vivante, base de la vie. A cet état extrêmement simplifié, l'être vivant est pour ainsi dire indéterminé et on ne peut dire s'il est végétal ou animal ; au point de vue philosophique il présente une grande importance puisqu'on peut le considérer comme la souche commune d'où sont partis, en divergeant, les deux rameaux qui constituent d'une part les végétaux, de l'autre les animaux, par des complications et des différenciations successives. On avait cru un moment, d'après des observations incomplètes et insuffisantes, que de vastes espaces du fond des mers sont recouverts d'une sorte d'immenses monères auxquelles on avait donné le nom de *Bathybius*. On en faisait le point de départ de la vie animale, qu'on supposait avoir ainsi son origine dans les grandes profondeurs, tandis que l'ensemble des faits montre qu'il n'en est pas ainsi. L'importance philosophique du *Bathybius* n'est d'ailleurs pas aussi grande qu'on le croyait ; l'existence certaine des Monères et des Amibes permet de concevoir, en effet, l'origine de la vie et l'existence d'une souche commune aux animaux et aux végétaux, puisqu'entre le Bathybius et une Monère il n'y a qu'une différence de taille.

En général les Protozoaires sont plus différenciés et présentent un noyau, une membrane enveloppante et souvent un squelette calcaire ou siliceux. Une première classe est celle des *Rhizopodes* : ce sont des Protozoaires caractérisés par la présence, à la surface du corps, de prolongements protoplasmiques mobiles, nus, appelés *pseudopodes*. C'est ici que l'on rencontre les Monères et les Amibes qui ne jouent dans la mer qu'un rôle très effacé depuis que l'existence du Bathybius a été réfutée. C'est au moyen de ces prolongements que ces êtres rampent et enveloppent les objets dont ils se nourrissent,

Les *Rhizopodes Foraminifères* ou simplement les *Foraminifères*, ont des pseudopodes fins, anastomosés en un réseau irrégulier ; ils ont une coquille munie d'un orifice. Cette coquille est unie, calcaire, chez la plupart des Miliolides dont plusieurs genres sont représentés par des espèces vivantes et fossiles qui peuvent atteindre jusqu'à 75^{mm} de longueur (*Alveolina*), dimensions considérables pour un protozoaire. D'autres fois la coquille n'est en réalité qu'une agglutination de grains de sable et de vase, ce qui ne l'empêche pas de revêtir des formes variées mais peu solides. C'est à ce groupe des arénacés et des vaseux que se rapporte un rhizopode de grande taille, puisqu'il atteint la moitié de la grosseur du poing, et qui a été recueilli aux Açores par 1 260^m et aux îles du Cap-Vert par 1 642^m pendant les campagnes de la *Princesse-Alice*. Il se compose de masses globuleuses, formées de tubes enchevêtrés et anastomosés ; ces tubes sont constitués par des particules très fines de vase agglutinées ; aussi ces masses sont-elles extrêmement fragiles. Il est probable que cet organisme, qui appartient à un genre sans doute nouveau, est abondant sur le fond, mais il est difficile à recueillir en bon état ; il doit, en effet, être le plus souvent réduit en vase informe parmi les autres objets si divers que rapporte le chalut. On a pu l'obtenir seulement quand il a été protégé fortuitement contre les heurts.

Chez d'autres Foraminifères, le test de la coquille est perforé, en outre de l'orifice ordinaire, par des pores nombreux à travers lesquels passent les pseudopodes filiformes. Toutes les espèces de ce groupe sont marines ; le plus grand nombre vit sur le fond, dans des profondeurs généralement faibles, en présentant un grand nombre d'espèces, fixées souvent sur les polypiers et sur d'autres corps durs. En général la coquille, formée de plusieurs chambres ou loges, est plus ou moins enroulée en spires régulières ou non. C'est à ce groupe qu'appartiennent les *Globigérines*, dont l'importance est considérable : elles constituent en effet d'immenses surfaces du fond des mers où viennent s'accumuler en nombre colossal les coquilles de ces Foraminifères pélagiques après leur mort, pour former la *vase à globigérines* dont nous avons parlé précédemment ; cette vase se rencontre en proportions plus ou moins grandes dans tous les océans, mais c'est surtout dans l'Atlantique qu'elle est le plus abondante car presque tout le fond en est recouvert.

A l'encontre de ce qu'on observe chez les Foraminifères qui vivent sur le fond, ceux qui sont pélagiques appartiennent à un nombre d'espèces fort restreint, mais ce peu de variété dans les formes est bien compensé par le nombre colossal des individus, et l'importance de ces êtres est telle que nous devons en parler un peu plus longuement. Les Globigérines sont formées d'un petit nombre de loges calcaires sphériques percées de pores et groupées suivant une spire mal définie. En général chaque loge a une bouche distincte. L'ensemble a ordinairement un diamètre inférieur à 1^{mm}. Chez plusieurs on observe des productions spéciales qui aident l'organisme à flotter. C'est ainsi que chez la plupart des Globigérines pélagiques, chez les Orbulines et les Hastigérines, la carapace est munie de nombreux prolongements très fins et très longs, ou lamelleux, et, dans certains cas il y a en outre, autour de la coquille, une enveloppe plus ou moins complète d'une substance gélatineuse incolore ; ces diverses formations aident l'animal à flotter, les premières en augmentant la surface de frottement de la coquille contre l'eau, les secondes en diminuant la densité de l'animal. Nous trouverons des faits analogues chez d'autres groupes d'êtres pélagiques. Le Prof. Chun, par exemple, a observé chez les Péridiniens et chez d'autres organismes du courant de Guinée où la densité de l'eau est 1,022, de très longs prolongements, qui augmentent la surface du corps et le frottement résistant à la chute, tandis que ces productions sont très réduites chez les organismes du courant équatorial du Nord ou du Sud où la densité de l'eau est 1,024.

Certains animaux beaucoup plus élevés en organisation que les précédents, emploient des procédés analogues pour aider leur flottaison. J'ai souvent observé à l'entrée du port de Monaco, chez un Mollusque ptéropode (*Creseis acicula*) dont la coquille est fine et pointue comme une aiguille, que le premier tiers, au moins, de la coquille est entouré d'une enveloppe gélatineuse incolore, épaisse, qu'on ne voit que lorsque la coquille est hors de l'eau, et qui correspond tout à fait, comme fonction, à l'enveloppe signalée plus haut pour certaines globigérines.

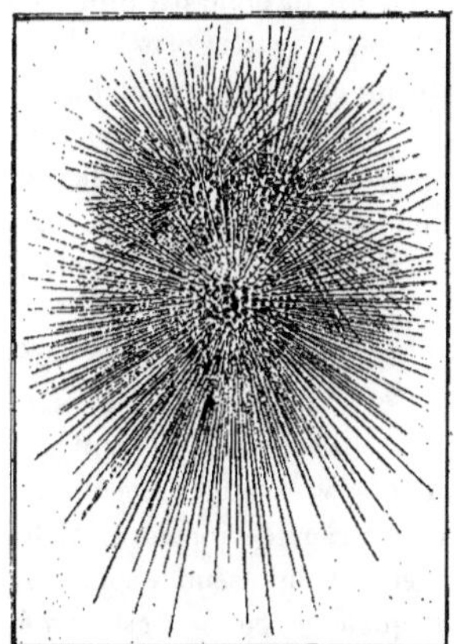

Fig. 197. — *Globigerina bulloides* Brady (*Challenger*).

Les Foraminifères pélagiques sont, nous l'avons dit, peu nombreux comme espèces et se rangent dans les genres : *Pulvinulina*, à loges comprimées, dont *P. Menardi* est la plus fréquente dans les latitudes moyennes. On a trouvé de ses coquilles jusqu'à $5\,000^m$ de profondeur. Les Pulvinulines qui mesurent jusqu'à $1^{mm},2$ se nourrissent surtout de Diatomées et de petits Radiolaires. Le genre *Globigerina*, à loges sphériques, est surtout représenté par la *G. bulloides* qui atteint $0^{mm},6$ et qui est munie de très fines épines (fig. 197) ; les parois des loges sont assez épaisses. Il va sans dire que ces épines délicates et fragiles se brisent et disparaissent après la mort quand la coquille est mêlée aux autres sur le fond.

On trouve d'autres formes de globigérines ressemblant à la précédente, mais à parois très minces ; quand elles ont acquis 12 à 15 loges, elles sécrètent une grande loge sphérique qui les enveloppe complètement et qui est perforée de trous larges et espacés, et, en outre, d'une multitude de trous très fins. Ainsi est constituée, d'après

Rhumbler, l'Orbuline dont la globigérinoïde intérieure peut persister ou dégénérer et disparaître. L'*Orbulina universa* est cosmopolite comme l'indique son nom ; elle atteint o^mm,8 ; à l'exemple des Globigérines, elle se nourrit d'animaux beaucoup plus élevés qu'elle en organisation, particulièrement de Crustacés copépodes qui s'engluent dans le réticulum des pseudopodes dont ils ne peuvent se défaire malgré tous leurs efforts.

Nous laisserons de côté quelques formes rares pour citer en dernier lieu *Hastigerina pelagica* qui n'atteint pas 1^mm et ressemble à une globigérine dont les épines, au lieu d'être fines et nombreuses, sont en nombre relativement petit, à section triangulaire et remplies de protoplasma. Cette espèce est abondante dans certaines régions de l'Atlantique nord, à l'ouest des îles Shetland par exemple.

La vase à globigérines, si abondante au fond des mers, contient donc par milliards les coquilles entières ou brisées des Foraminifères dont la vie se passe près de la surface ou entre deux eaux et qui, après leur mort, tombent en pluie sur le fond, où beaucoup passeront par le tube digestif des mangeurs de vase, tels que les Holothuries, les Étoiles de mer, etc. Les Protozoaires continuent donc à contribuer à la formation, au fond de la mer, de puissants dépôts, comme ils n'ont cessé de le faire depuis des périodes géologiques déjà très éloignées; c'est ; encore le cas des espèces du groupe suivant, les Radiolaires.

Les *Radiolaires* sont des Rhizopodes pélagiques dont la structure peut être schématisée ainsi : un noyau central entouré de protoplasma et à l'intérieur d'une membrane plus ou moins sphérique, perforée ; cet ensemble constitue la capsule centrale. A travers les orifices de cette membrane le protoplasma de la caspule émet un réseau protoplasmique entre les mailles duquel se trouve une gelée incolore. Cette couche extra-capsulaire est épaisse et envoie des prolongements ou pseudopodes à sa périphérie. Le tout est compliqué par la présence d'un squelette ; celui-ci est formé, dans un groupe de Radiolaires, par des aiguilles d'une substance organique appelée acanthine et qui rayonnent du centre de l'animal tandis que dans presque tous les autres Radiolaires le squelette est siliceux. La gelée extérieure peut, par osmose, se gonfler et réduire la densité de l'animal pour faciliter sa flottaison, ou diminuer de volume et le faire plonger grâce à l'élasticité et à la contractilité du protoplasma. Il y a même, chez certaines formes, des parties du protoplasma transformées en véritables muscles insérés d'une part sur les spicules, de l'autre à la surface du corps et qui, par leur jeu, augmentent le volume du corps dans le même but. Le squelette des Radiolaires présente plus de variations qu'on ne saurait en imaginer ; tantôt il est presque nul, réduit à quelques fins spicules peu importants ; tantôt il est formé de plusieurs coques grillagées concentriques ; ou bien il prend les formes les plus inattendues et les combinaisons géométriques les plus régulières, ou bien il donne les dessins les plus élégants, les dentelles les plus fines. Nous ne pouvons ici qu'en reproduire un très petit nombre (fig. 198, 199). En 1862, le Prof. Hæckel, dans sa monographie, avait reconnu à peine 200 espèces de ces animaux. L'étude des Radiolaires du *Challenger* lui fournit 3 500 espèces nouvelles. Il faut parcourir les 150 planches qui illustrent le mémoire du célèbre naturaliste d'Iéna pour se faire une idée convenable de l'inouïe variété de formes que présente le squelette des Radiolaires. Cet examen serait certainement très profitable aux artistes qui cherchent des formes décoratives nouvelles, soit pour l'ornementation, soit pour les bijoux. D'ailleurs Hæckel a fait pour leur usage une sélection des types les plus remarquables à cet égard. Tout ce qu'ils pourraient imaginer est certainement au-dessous de ce que la nature a réalisé à une échelle microscopique. Ces Radiolaires vivent généralement à l'état isolé ou en colonies, flottant tout près de la surface ou à des profondeurs variées. La plupart sont microscopiques, mais des individus isolés, du groupe des Phæodariés, atteignent jusqu'à 3^{cm}, avec leurs prolongements. Parmi les formes où les individus sont noyés dans une gelée commune, on connaît des colonies de plus de 10^{cm} de long, comme j'ai eu l'occasion de le constater maintes fois sur les *Collozoum* de Monaco. Les Radiolaires isolés ou coloniaux (*Collozoum*, *Sphærozoum*, etc.) fulgurent une lumière intermittente verdâtre signalée par Giglioli, consistant en points lumineux scintillants, vifs et changeants ; comme ces êtres gélatineux sont

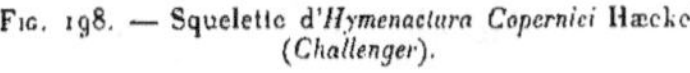

Fig. 198. — Squelette d'*Hymenactura Copernici* Hæckel (*Challenger*).

parfois extrêmement abondants, ils jouent un rôle considérable dans la phosphorescence de la mer. Chez beaucoup d'espèces coloniales chaque individu présente, au centre de la capsule centrale, une grosse goutte d'huile colorée ; c'est à la surface de contact entre cette goutte et le protoplasma voisin qu'est le siège de la lueur phosphorescente, chez les espèces qui ont la propriété d'émettre de la lumière.

Ces Rhizopodes se rencontrent dans toutes les eaux chaudes ou tempérées, mais particulièrement dans le Pacifique ; ils servent de nourriture à une foule d'animaux pélagiques. Comme les Foraminifères, mais à un bien moindre degré, les Radiolaires jouent un rôle important dans la constitution du sol sous-marin, la *vase à radiolaires* se trouve en certaines régions tropicales de l'océan Indien et du Pacifique. Ces dépôts n'existent pas en proportion suffisante

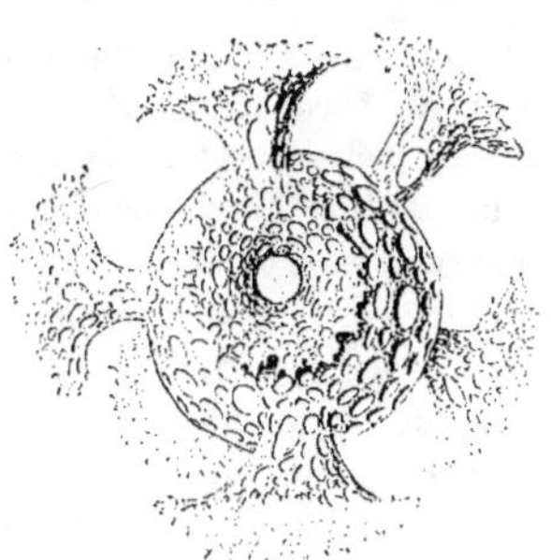

Fig. 199. — Squelette de *Coronosphæra calycina* Hæckel (*Challenger*).

dans l'Atlantique pour qu'il y soit question d'une vase à radiolaires.

Nous laisserons de côté la classe des Sporozoaires qui ne nous intéresse pas directement, car elle ne compte que des espèces parasites et relativement peu de formes marines, toutes microscopiques.

Viennent ensuite les Cystoflagellés qui ont pour type la noctiluque. C'est un petit corps sphérique d'environ 1^{mm}, incolore, muni d'un flagellum court et épais.

On la rencontre parfois par myriades dans les régions chaudes et tempérées. La noctiluque est connue depuis longtemps à cause de sa phosphorescence très vive et due probablement à l'oxydation des gouttelettes graisseuses qu'elle renferme ; Giglioli a vu que la lumière s'y manifeste sous forme de points petits et distincts qui scintillent, s'éteignent et se rallument tour à tour ; la phosphorescence ne paraît donc uniforme que parce que le nombre des individus est immense ; la luminosité de la mer paraît alors diffuse et homogène et présente un aspect laiteux, d'où le nom de *mer de lait* qui lui a été donné par certains navigateurs dans des cas analogues. En rade de Gibraltar, Giglioli a vu la baie recouverte d'une épaisseur de plusieurs millimètres d'une sorte de crème gélatineuse formée de Noctiluques dont un centimètre cube contient de 1 000 à 1 500 individus. Le contact d'un objet quelconque, aviron, etc., avec la surface calme de la mer provoquait une lumière homogène, vive, laiteuse et passant à l'azuré ou au vert pâle.

Les Infusoires n'ont plus de pseudopodes ni de simples flagellums, mais au contraire des cils vibratiles très nombreux, groupés de façons variées, ou fusionnés en membranes ; ou bien ils ont des tentacules spéciaux. Ce sont sans doute les mieux connus des protozoaires, mais leur rôle dans la biologie marine est peu important. Ils vivent surtout dans les eaux douces ; parmi les espèces marines, les Tintinnoïdes, qui sont pélagiques, prennent part à la constitution du plankton.

Spongiaires.

Les représentants les plus connus de cet embranchement sont les Éponges du commerce, qui ne sont d'ailleurs que le squelette corné de certaines espèces. En grande majorité les autres seraient impropres aux usages auxquels servent les éponges, à cause des matières minérales qui constituent leur squelette. Les formes des Spongiaires sont extrêmement variées, ainsi que leur consistance et leurs couleurs ; ce sont des êtres fixés par une partie plus ou moins étendue de leur surface aux objets sous-marins ; ils peuvent avoir un squelette nul, peu ou très développé, corné, calcaire ou siliceux. En examinant une éponge vulgaire du commerce, on voit un certain nombre de trous assez grands qu'on appelle oscules ; ils s'ouvrent dans des cavités ramifiées ou atriums, dont les enfoncements sont garnis de groupes d'alvéoles ou corbeilles vibratiles, contenant des cellules spéciales munies d'un long flagellum et d'une collerette en entonnoir. L'agitation de ces flagellums ou fouets provoque un courant d'eau qui pénètre dans la cavité ramifiée par les pores qui la font communiquer avec l'eau extérieure et ce courant sort par l'oscule. Les mêmes cellules absorbent les particules nutritives entraînées par le courant même qu'elles produisent. Le reste du corps de l'éponge est fait de cellules moins spécialisées et contient le squelette qui joue un grand rôle dans la classification. C'est ainsi qu'on distingue les éponges *calcaires* ; ce sont en général de très petites éponges blanches appartenant aux formes simples, souvent avec un seul oscule ; leur faible rôle dans la nature est

compensé par celui qu'elles ont dans la compréhension de ces êtres bizarres ; ce sont
de véritables éponges schématiques.

Les éponges *siliceuses* possèdent des spicules d'opale extrêmement variés de forme

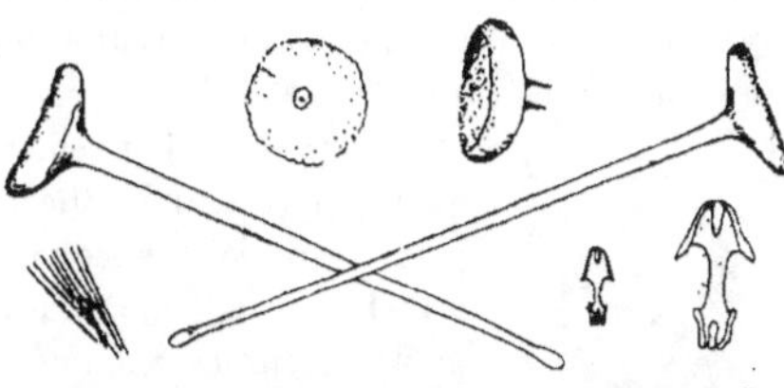

Fig. 200. — Spicules variés d'éponges, d'après Topsent.

dont la fig. 200 représente quelques-
uns : on trouve des spicules en
pointes, en crochets, en boutons,
en sphères, en spirales, etc. Parmi
ces spongiaires, les Hexactinellides,
avec des spicules à 3 axes, se rencontrent dans les grandes profondeurs ; leur squelette, fait de cristal
incolore est fin et délicat : les Eu-
plectelles (fig. 201) qui vivent jusqu'à
2 000^m, ressemblent un peu à des manchons Auer ; les *Asconema,* que les pêcheurs
de Sétubal ramènent quelquefois de 800^m avec leurs lignes à squales, ont la
forme d'un entonnoir dont l'ouverture peut dépasser 60^{cm}
de diamètre ; les *Hyalonema* ont la forme d'un calice allongé
porté par une torsade de longs et gros spicules de cristal,
enfoncée dans la vase et garnie souvent de cirrhipèdes
(*Scalpellum*) et de zoanthes (*Palythoa*); ce genre descend à
plus de 4 000^m ; les *Pheronema* ressemblent à des nids d'oiseaux supportés au-dessus de la vase par une touffe de longs
spicules cristallins enchevêtrés, ressemblant à une chevelure. Le chalut ramène quelquefois un grand nombre de
ces nids délicats ; cela est arrivé aux Açores, en 1888, pendant la dernière campagne de l'*Hirondelle*. Le filet ne contenait guère du reste que de ces éponges, avec les Crustacés et les Ophiures qui les accompagnent presque toujours,
jusqu'à 3 000^m de profondeur.

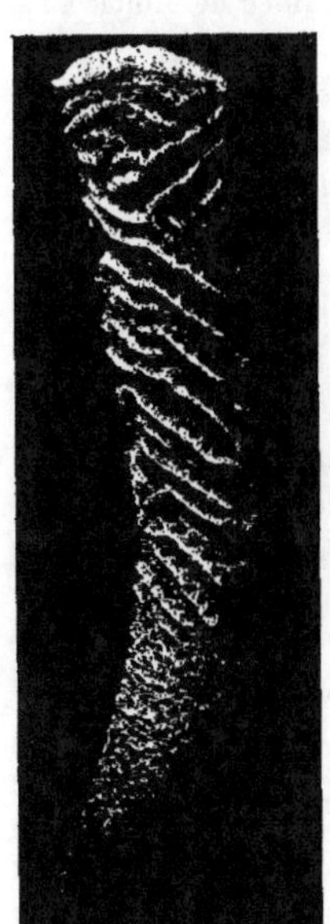

Fig. 201. — Euplectelle (Schulze)
(*Valdivia*).

Les Tétractinellides sont encore des éponges siliceuses
dont les spicules diffèrent des précédents ; ces éponges ont
souvent la forme d'un champignon, telle la *Thenea muricata*
dont l'*Hirondelle* recueillit près de 300 spécimens près de
Terre-Neuve par 1 267^m ; d'autres sont dures comme de la
pierre, telles les *Corallistes*. Toutes ces éponges siliceuses
sont fort désagréables à manipuler, les innombrables
aiguilles de leur squelette, dressées de toute part, pénètrent
facilement à travers la peau et s'y brisent le plus souvent
un peu en dehors de celle-ci, de sorte que le contact des
autres objets peut devenir très douloureux quand il se produit au niveau des points
de la peau où ont pénétré les spicules. La reproduction ci-jointe (fig. 202) d'une des
planches de M. Topsent qui a étudié les Spongiaires recueillis pendant les campagnes
de l'*Hirondelle* et de la *Princesse-Alice* donne une idée des formes variées qu'ils

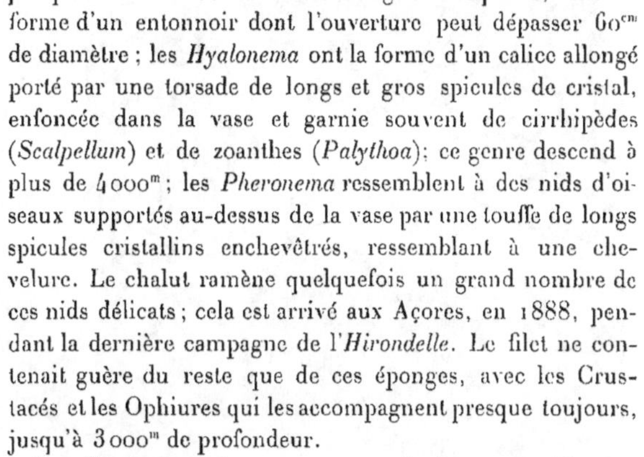

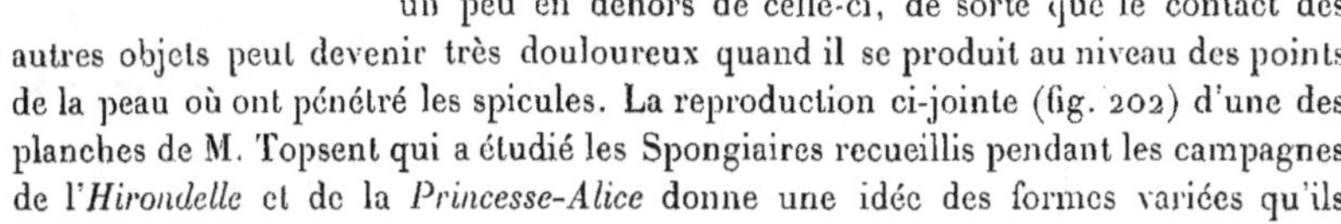

revêtent : l'*Hexactinella Grimaldii* Tops. (n°ˢ 1 et 2, 1 300ᵐ de profondeur) se présente sous forme de plaques ; la *Characella Sollasi* Tops. (n° 3, 300ᵐ), l'*Astrella tuberosa* Tops. (n° 4, 454ᵐ) sont massives, tandis que l'*Axinella flustra* (n° 5, 134ᵐ), ressemble à des flustres ; le *Stylostichon Dendyi* Tops. (n° 6) simule certaines algues, etc. La fig. 204 représente la *Sarostegia oculata* Tops. qui vit aux îles du Cap-Vert entre 800 et 1 300ᵐ où la *Princesse-Alice* l'a découverte ; cette éponge semi-transparente se fait remarquer par sa teinte délicate jaunâtre-rosée, sur laquelle tranchent de nombreuses petites Actinies commensales d'un orangé très vif. Citons encore la *Tetilla longipilis* Tops. (fig. 203) qui vit aux Açores par 1 846ᵐ où le Prince de Monaco l'a récoltée et dont les longs spicules commandent de la toucher avec précaution.

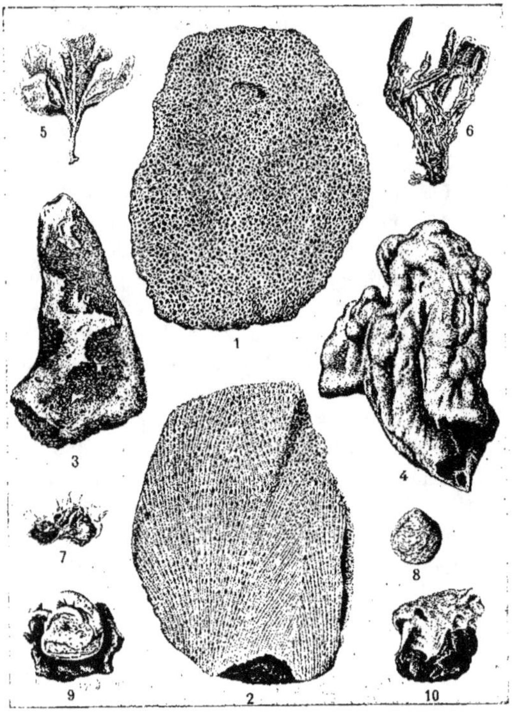

Parmi les autres Spongiaires il faut signaler le *Suberites domuncula*. C'est une éponge massive, généralement d'un beau jaune orangé, qui se fixe sur une coquille de Gastéropode habitée par un pagure, l'englobe peu à peu, de sorte qu'on a bientôt une boule munie d'un seul orifice par lequel sort le Bernard l'ermite ; à mesure que l'éponge croît, le pagure s'éloigne du centre où est restée la coquille, de façon à se maintenir toujours à l'orifice qu'il empêche l'éponge de fermer. Cette vie en commun de deux êtres si dissemblables et où chacun trouve son avantage s'appelle symbiose ou commensalisme suivant les cas ; nous aurons l'occasion d'y revenir ; un Amphipode du genre *Atylus* se joint souvent au groupe précédent. C'est aussi souvent une éponge du genre *Suberites* que certains crabes (*Dromia*) prennent et maintiennent sur leur dos pour se dissimuler, approcher traîtreusement leurs proies et se garantir contre les attaques de leurs ennemis qui n'apprécient pas les éponges comme nourriture.

A part les éponges cornées qui font l'objet d'une exploitation et d'un commerce

Fig. 202. — Diverses formes d'éponges, d'après Topsent (*Hirondelle*).

importants et que nous pouvons seulement signaler, les éponges n'ont pas d'intérêt di-

Fig. 203. — *Tetilla longipilis* Topsent.

rect pour l'homme, sauf certaines espèces (*Cliona*) qui attaquent les coquilles en creusant des galeries dans leur épaisseur. Les ostréiculteurs en effet les considèrent avec raison comme des ennemis redoutables qui leur portent beaucoup de préjudice quand elles envahissent leurs parcs.

Le nombre des espèces d'éponges connues a augmenté dans des proportions considérables à la suite des grandes expéditions océanographiques ; les campagnes du Prince de Monaco en ont fait connaître beaucoup des grandes profondeurs ; elles ont été étudiées, comme beaucoup d'autres, par M. Topsent.

Cœlentérés.

Nous arrivons maintenant à un embranchement considérable du règne animal, celui des Cœlentérés, caractérisés par leur symétrie radiaire et leur appareil digestif muni d'un seul orifice. En effet, dans tous les autres embranchements (sauf naturellement celui des protozoaires), on trouve deux orifices distincts, bouche et anus, aux extrémités du tube digestif. Les Cœlentérés, chez lesquels

Fig. 204. — *Sarostegia oculata*, d'après Topsent (*Princesse-Alice*).

on observe généralement des tentacules, ont une seule ouverture qui sert à l'ingestion des aliments et à l'expulsion des résidus de la digestion.

Cet embranchement contient plusieurs grands groupes auxquels appartiennent les Hydraires, les Hydrocoralliaires, les Méduses, les Siphonophores, les Alcyonaires, les Actiniaires et les Cténophores, ces derniers présentant des caractères bien spéciaux. Chez tous ces animaux (sauf chez les Cténophores) on observe des cellules particulières situées dans des points variables du corps, en quantité souvent prodigieuse, qu'on appelle *nématocystes* ou *cellules urticantes* (fig. 205). Chacune de ces cellules sensitives contient une capsule dans laquelle est enroulé un long filament urticant ; un filet nerveux aboutit à la cellule. Quand une proie vient au contact d'un nématocyste, la cellule de celui-ci fait explosion, le filament urticant s'allonge en se déroulant et frappe la proie ou l'ennemi, en même temps qu'il inocule le venin contenu dans la capsule ; ce filament présente souvent des crochets qui l'empêchent de sortir des tissus de la proie. Dans bien des cas, il y a, en outre, une sorte de fil enroulé en spirale, véritable ressort à boudin, qui cède aux secousses brusques de la victime et empêche celle-ci de se détacher. Les tentacules du Cœlentéré servent à retenir la proie paralysée par les nématocystes et à l'amener vers la bouche. Quant à la respiration, elle se fait chez ces animaux par toute la surface du corps.

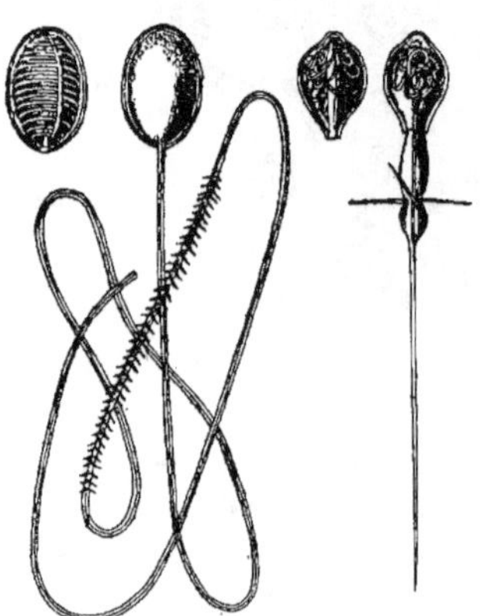

Fig. 205. — Cellules urticantes ou nématocystes, contractés et développés, d'après Moseley (*Challenger*).

Les *Hydraires*, auxquels appartient l'Hydre d'eau douce, célèbre par les expériences de Trembley, sont généralement connus sous la forme de colonies fixées, ressemblant ainsi à de petites plantes plus ou moins ramifiées, comme par exemple le *Cladocarpus sigma* de la fig. 206, à tiges de chitine creuses et qui paraissent fleuries quand les polypes qui terminent chaque ramification sont épanouis. Le tronc de la colonie est fixé sur des coquilles attachées à la roche, ou sur des épaves, etc. ; d'autres fois la colonie entière est rampante et ressemble à des mousses ou à des algues. Les Hydraires forment souvent des touffes assez fournies ; on les rencontre ordinairement dans les faibles profondeurs et ils ne vont pas généralement au delà de quelques centaines de mètres. Ces touffes d'hydraires servent d'abri à beaucoup de crustacés, vers, etc.

Ce qui rend ce groupe d'animaux particulièrement intéressant, c'est qu'ils se présentent sous deux aspects bien différents. Nous venons de voir qu'il s'agit d'êtres vivant en colonies fixées. Or les polypes de ces colonies fixées donnent naissance, par bourgeonnement, à des Méduses, c'est-à-dire à des êtres ressemblant très peu aux premiers, puisqu'ils nagent à l'état libre dans l'eau. Ces Méduses gélatineuses, hyalines, pélagiques, sont sexuées et de leurs œufs naissent, non pas des méduses libres comme elles, mais des polypes fixés qui formeront chacun une colonie nouvelle, souvent bien loin de celle qui a donné les méduses. Ainsi la troisième génération ne ressemble pas à la deuxième qui lui a donné naissance, mais à la première ; la petite-fille ne ressemble nullement à sa mère, mais à sa grand'mère. On dit qu'il y a *génération alternante*. Il va sans dire que ces faits curieux n'ont pas été connus d'emblée ; ils n'ont pu être établis qu'après des recherches longues et difficiles. Aussi s'explique-t-on facilement qu'on ait réparti la forme coloniale hydraire dans un compartiment de la classification très éloigné de celui où l'on rangeait la forme méduse libre, alors qu'il s'agissait d'une même espèce, et à l'heure actuelle, il reste encore bien des vides à combler et bien des difficultés à résoudre à ce point de vue. D'après Forbes et Panceri, la phosphorescence s'observe chez quelques Hydraires (*Sertularia abietina, Obelia geniculata*).

Les *Hydrocoralliaires*, qui se reproduisent aussi par des méduses libres, diffèrent des Hydraires en ce que leurs colonies sont massives ou ramifiées et en ce que les polypes sont enfouis dans une masse calcaire compacte. Tels sont les Millépores et autres genres voisins qui se rencontrent dans toutes les mers chaudes où ils contribuent à la formation des récifs de coraux : leur importance est donc très grande.

Les *Trachyméduses* sont des Méduses sexuées qui se reproduisent directement, sans forme hydraire ni génération alternante. Tandis que les Méduses des Hydraires se rencontrent surtout dans la zone côtière, les Trachyméduses font partie du plankton de haute mer, soit à la surface, soit à des profondeurs variées. Elles sont constituées par une sorte d'ombrelle plus ou moins ferme, des bords de laquelle partent des filaments ou tentacules plus ou moins nom-

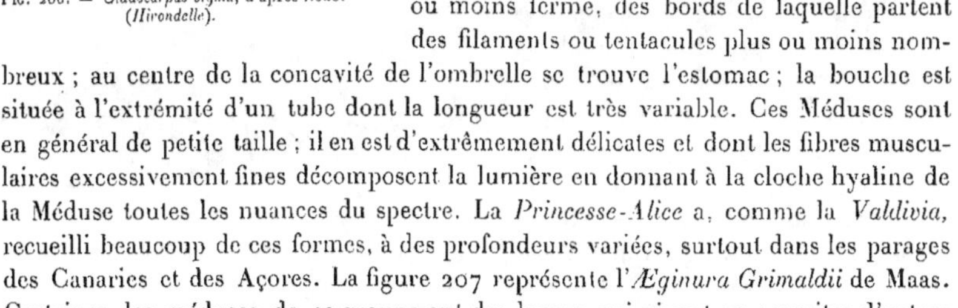

Fig. 206. — *Cladocarpus sigma*, d'après Bedot (*Hirondelle*).

breux ; au centre de la concavité de l'ombrelle se trouve l'estomac ; la bouche est située à l'extrémité d'un tube dont la longueur est très variable. Ces Méduses sont en général de petite taille ; il en est d'extrêmement délicates et dont les fibres musculaires excessivement fines décomposent la lumière en donnant à la cloche hyaline de la Méduse toutes les nuances du spectre. La *Princesse-Alice* a, comme la *Valdivia*, recueilli beaucoup de ces formes, à des profondeurs variées, surtout dans les parages des Canaries et des Açores. La figure 207 représente l'*Æginura Grimaldii* de Maas. Certaines des méduses de ce groupe ont des larves qui vivent en parasites d'autres méduses ou même de leur propre mère.

Les Méduses appartenant au groupe important des *Acalèphes*, diffèrent de celles qui précèdent en ce qu'elles ont un pharynx et en ce que leur estomac est divisé par des cloisons radiaires. Elles en diffèrent encore en ce qu'elles présentent le phénomène curieux de la génération alternante. Sauf quelques exceptions, les Acalèphes (méduses urticantes) sont pélagiques, de taille très variable et qui peut atteindre jusqu'à 80^{cm} de longueur et 30^{cm} de largeur ; elles se rencontrent aussi bien à des profondeurs très grandes qu'à la surface. Au bord de l'ombrelle, outre les tentacules, on constate la présence d'organes sensoriels dont certains, très pigmentés, peuvent être considérés comme des yeux, capables seulement, sans doute, d'apprécier des intensités très différentes de lumière ; d'autres organes contiennent des petits cristaux calcaires ou otolithes et sont destinés à l'équilibration, bien plus tôt qu'à des fonctions auditives ; ils renseignent l'animal, d'après Delage, sur ses mouvements et sur sa position.

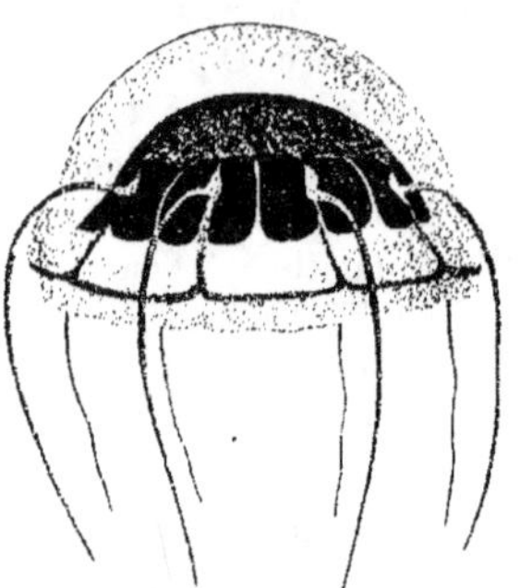

Fig. 207. — *Æginura Grimaldii*, d'après Maas (*Hirondelle*).

Comme il vient d'être dit, les méduses de ce groupe ne produisent pas des êtres semblables à elles, mais leur larve se fixe, prend une forme polypoïde, son bord se divise en lobes et pousse des tentacules (stade scyphistome). Le polype s'étrangle ensuite transversalement à plusieurs niveaux de sa longueur (stade strobile) (fig. 208) ; ces étranglements s'accentuant de plus en plus, les segments ainsi délimités se séparent successivement de la partie fixée, sous forme de méduse larvaire très plate (stade éphyrule) qui devient pélagique et ne tarde pas à devenir adulte en grossissant.

Parmi les Acalèphes se trouvent des formes qui sont fixées par un pédoncule aux algues et autres objets ; telles sont les Lucernaires.

La famille des Périphyllides occupe une place plus importante et qui le devient chaque jour davantage. Ce sont des méduses qui habitent généralement les grandes profondeurs et se font le plus souvent remarquer par une couleur rouge brun, ou pourpre, ou violette, aux lobes de l'ombrelle, à la bouche et dans toute la cavité gastrique (*Periphylla*). Ce sont des formes très élégantes. Il en est de même d'un groupe voisin qui comprend notamment les *Atolla* (fig. 209), espèces bathypélagiques colorées comme les précédentes. On ne ramène ces méduses que dans les filets immergés à de grandes profondeurs, mais sans savoir ordinairement de quel niveau elles proviennent. Chun a réussi à obtenir un jeune

Fig. 208. — Strobile. (Reproduction des Acalèphes).

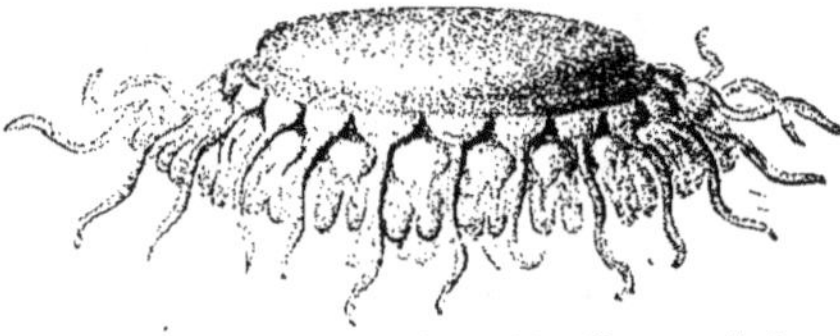

Fig. 209. — *Atolla Bairdi*, d'après Maas (*Princesse-Alice*).

Periphylla dans son filet à fermeture automatique à un niveau que l'on sait être exactement entre 1 000 et 1 500ᵐ, et rien ne paraît s'opposer à ce qu'il s'en trouve à des profondeurs beaucoup plus grandes.

Les méduses dont il nous reste à parler sont au contraire, pour la plupart, des formes pélagiques de surface dont plusieurs, très connues, comme les *Pelagia* (fig. 210) et les *Aurelia,* sont cosmopolites et se rencontrent souvent en bancs immenses à la surface des océans, particulièrement la nuit, ainsi que nous avons pu le constater bien des fois.

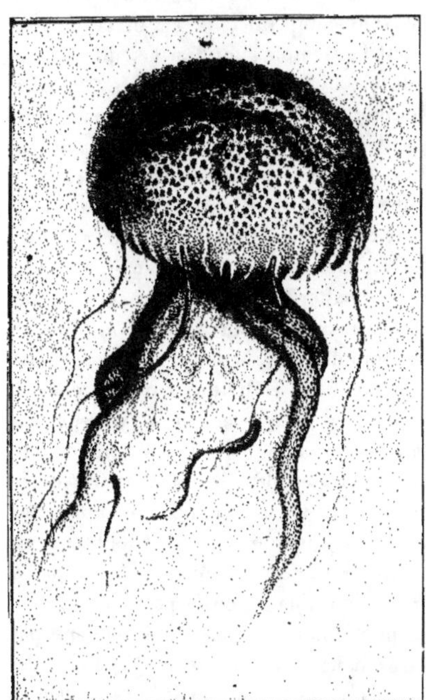

Fig. 210. — *Pelagia noctiluca.*

Chez les Rhizostomes, il n'y a plus de tentacules au bord de l'ombrelle, mais, au centre de la face inférieure se trouvent des bras buccaux compliqués, soudés à leur base, de façon à clore la bouche qui est remplacée par de petits orifices situés sur les bras et le long des points de soudure de ceux-ci, orifices qui font communiquer l'extérieur avec l'estomac. Les bras buccaux se terminent par un bouton urticant. Le Rhizostome de Cuvier, qui est le type de ce groupe, atteint jusqu'à 80ᶜᵐ de long. C'est une grosse méduse d'un blanc laiteux dont l'ombrelle est bordée de bleu violacé ; on l'observe souvent en grand nombre sur les côtes de l'Océan, par exemple près de l'embouchure de la Seine ; le *R. pulmo* qui lui ressemble vit dans la Méditerranée.

Diverses méduses sont phosphorescentes ; la production de la lumière est parfois limitée aux boutons marginaux ou à la base des tentacules, tantôt au contraire elle est diffuse sur toute la surface de l'ombrelle, comme c'est le cas chez la *Pelagia noctiluca* (fig. 210) dont le mucus superficiel est doué d'une luminosité vert pâle et qui rend lumineux dans l'obscurité les doigts et les objets qui l'ont touché. La *Cyanea arctica,* autre méduse dont le disque atteint, d'après Agassiz, jusqu'à 2ᵐ de diamètre et dont les filaments pêcheurs peuvent avoir 30ᵐ de long, répand une lumière vert pâle, tandis que la *Dymophora fulgurans* qui vit dans les mêmes régions, émet une lueur d'un bleu intense. La lueur émise par la plupart des méduses qu'on voit passer près d'un navire à une petite profondeur, paraît globuleuse et pâle comme un globe de verre dépoli portant en son centre une petite lumière verdâtre. C'est par milliers que l'on voit quelquefois filer le long du bateau, ces lanternes sous-marines, chez lesquelles on peut constater aussi des courants lumineux rapides.

Passons aux *Siphonophores* qui comptent certainement parmi les êtres les plus curieux. Ils sont tous pélagiques ; la plupart vivent entre deux eaux, souvent à de grandes profondeurs, tandis que d'autres sont en partie hors de l'eau. Ils sont transparents, souvent presque complètement incolores, de sorte qu'il est difficile de les voir dans l'eau. Généralement, ils ont l'aspect de colonies flottantes d'individus dissemblables, réunis par une sorte de cordon (fig. 211). Celui-ci est ordinairement terminé en haut par une vésicule pleine de gaz, qui sert de flotteur destiné à soutenir la colonie ; les muscles de cette vésicule peuvent comprimer ce gaz et faire ainsi enfoncer dans l'eau tout l'ensemble ; au-dessous du flotteur se trouve une série de cloches natatoires chargées de faire progresser toute la colonie au moyen de contractions vigoureuses semblables à celles des méduses ; puis viennent des groupes d'organismes comprenant chacun un bouclier, sorte de lame protectrice des organismes voisins, tels que : le membre colonial chargé de nourrir la colonie et qui est transformé en un estomac, le tentacule pêcheur garni de batteries de nématocystes, et les individus chargés de la reproduction. Tout se passe comme s'il s'agissait d'une colonie dans laquelle les individus auraient chacun un rôle bien défini, et où la division du travail serait poussée à un très haut degré ; aussi les formes des divers membres de la colonie sont-elles essentiellement différentes suivant leur fonction. On a discuté beaucoup et on discute encore pour savoir de quelle façon on doit interpréter l'aspect polymorphe des Siphonophores, mais nous n'avons pas à entrer dans cette discussion. C'est chez ces animaux que les organes urticants sont le plus nombreux et le plus compliqués. Le Siphonophore flotte en nageant entre deux eaux, ses

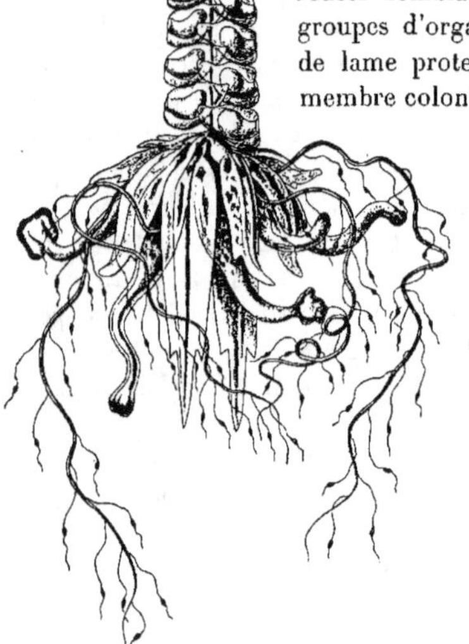

Fig. 211. — *Nectalia loligo*, d'après Hæckel.

filaments ou tentacules pêcheurs sont allongés au maximum ; leur ensemble balaie l'espace tout en se mouvant en tous sens et lorsque l'un d'eux vient au contact d'une proie, les nématocystes voisins font explosion et envoient leurs flèches empoisonnées sur la victime déjà maintenue par le filament terminal de l'appareil urticant. Quand la proie ne se défend plus, le filament pêcheur se contracte et l'amène à l'individu-estomac voisin qui la saisit et la digère. Les Siphonophores se nourrissent surtout de petits crustacés inférieurs, notamment de copépodes ; mais certaines espèces peuvent capturer des proies beaucoup plus fortes, telles que de petits poissons, ce qui se comprend aisément quand on pense que Chun a mesuré un Siphonophore (*Rhizophysa*) de 4ᵐ de long.

MM. Portier et Richet ont répété, sur ma proposition, une expérience curieuse

que j'avais faite, il y a de nombreuses années, et qui consiste à exciter électriquement les filaments à nématocystes d'une Physalie placée hors de l'eau ; sous cette
influence, on voit la portion excitée du filament se recouvrir instantanément d'une
enveloppe présentant l'aspect d'une moisissure et qui est formée par les filaments
dévaginés d'un nombre incalculable de nématocystes, qui d'ailleurs ne tardent pas
à s'affaisser. Cette expérience permet de se faire une idée de ce qui se passe au
contact d'une proie.

Les Siphonophores constituent une part assez importante du plankton ; ce sont
des animaux très élégants ; leurs cloches natatoires incolores ont souvent des formes
géométriques variées. Beaucoup d'espèces sont connues depuis très longtemps déjà
parce qu'on les observe facilement, dans les baies de la Méditerranée, par exemple.
C'est ainsi qu'à diverses époques de l'année, dans le port de Monaco, on peut voir
dans leur milieu, comme dans un véritable aquarium, les grandes Forskalies atteignant jusqu'à 3^m de longueur, parmi les Cestes de Vénus, les *Eucharis*, etc.
Mais il y a des espèces beaucoup plus rares parce qu'on ne les rencontre jamais à la
surface. C'est le cas de la *Bathyphysa Grimaldii* et de l'*Erenna Richardi*, par exemple, découvertes pendant les campagnes de l'*Hirondelle* et de la *Princesse-Alice*. Ces
siphonophores ont été trouvés assez souvent attachés aux câbles d'acier qui ramènent
les engins de profondeurs souvent considérables, sans qu'on puisse toutefois établir
de quelle profondeur proviennent exactement les individus ainsi recueillis ; mais il
est certain qu'il s'agit d'espèces bathypélagiques. Chun a d'ailleurs établi le fait
directement pour des espèces voisines, au moyen de son filet à fermeture automatique.

La Physalie est au contraire une forme de surface ; son flotteur, souvent plus gros
que le poing, est formé d'une vésicule ovoïde couchée sur l'eau et pleine de gaz ; ses
parois, transparentes, sont vivement colorées de rose, de rouge, de bleu, de violet,
etc., ainsi qu'une sorte de crête qui s'élève le long du bord supérieur de la vésicule
et qui sert de voile, le vent remplaçant les cloches natatoires absentes. La Physalie
possède, dit le Prince de Monaco « les plus chatoyantes couleurs du vieux verre de
Venise ; c'est une merveille à contempler dans un vaste récipient d'eau où ses filaments s'allongent et se rétractent indépendamment les uns des autres, mais sans
interruption ». La vessie a un orifice muni d'un sphincter permettant à l'ensemble
de plonger en expulsant le gaz qui est rapidement sécrété à nouveau quand il s'agit
de remonter à la surface. La face inférieure du flotteur porte les autres individus de
la colonie (boucliers, individus-estomacs, tentacules pêcheurs, etc.). Le flotteur de
certaines espèces atteint jusqu'à 30^{cm} et les grands filaments pêcheurs de
ces mêmes spécimens peuvent avoir jusqu'à 20^m de longueur. On peut ainsi
s'expliquer la puissance urticante de ces animaux, et l'on connaît nombre d'accidents
plus ou moins graves, produits chez l'homme à la suite de piqûres très douloureuses
des Physalies, urtications souvent suivies de fièvre, de malaise, etc., pendant plusieurs jours.

En 1901, à bord de la *Princesse-Alice*, MM. Portier et Richet ont fait diverses expériences sur l'action du venin des Physalies : ils ont constaté que « dès qu'une gre-

nouille ou un poisson arrive au contact des filaments urticants, au lieu de se débattre et de fuir, ce qu'il pourrait facilement faire, semble-t-il, il est comme sidéré et immobilisé, si bien qu'il peut être, sans résistance de sa part, amené au contact des organes digestifs ». Les deux physiologistes ont reconnu dans les Physalies la présence d'un poison qu'ils ont appelé *hypnotoxine* parce que les pigeons, canards, grenouilles, etc., auxquels on l'injecte sont plongés dans une somnolence invincible. Je puis ajouter que lorsqu'une grenouille est ainsi paralysée, plusieurs individus-estomacs viennent appliquer contre elle leur bouche qui se dilate considérablement comme une ventouse et chacun dissout avec ses sucs digestifs la partie correspondante de la victime.

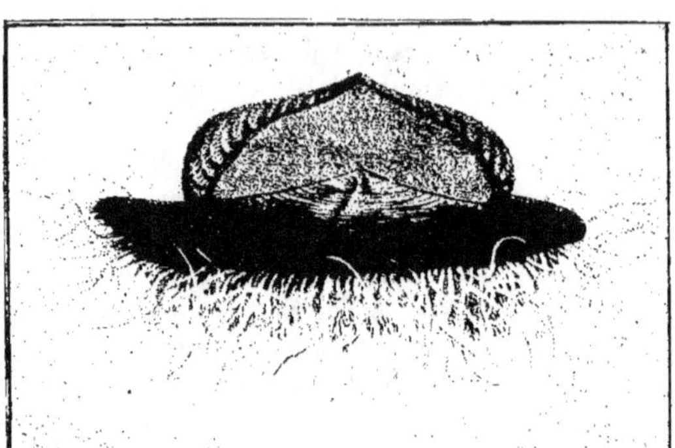

Fig. 212. — Vélelle, d'après Agassiz.

Après les Physalies, il faut signaler les Vélelles (fig. 212) et les Porpites (fig. 213) qu'on trouve retenus à la surface de la mer au moyen de leur flotteur formé d'un plateau bleu soutenu par une sorte de squelette cartilagineux très léger et contenant une petite quantité de gaz. Au centre de la face inférieure du plateau se trouve un gros estomac unique, et autour de lui, d'abord les individus sexués, puis les tentacules bleus armés de nématocystes. Chez les Porpites, le plateau est circulaire et ne porte pas de saillie en dessus. Les Vélelles n'en diffèrent qu'en ce que le plateau du flotteur a la forme d'un rectangle à angles arrondis, atteignant jusqu'à 6cm de long, et sur une diagonale duquel s'élève verticalement une lame mince à peu près triangulaire. Cette lame ressemble à une petite voile, d'où le nom de Vélelle donné à cet animal ; elle lui sert à se déplacer sous l'influence du vent. Les Vélelles et les Porpites sont de très gracieuses créatures, surtout les premières qui sont en même temps

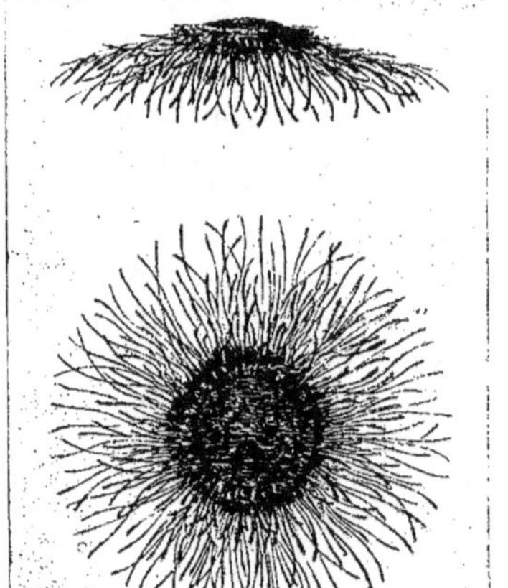

Fig. 213. — Porpite, d'après Agassiz.

les plus communes. Quelquefois on ne rencontre que des individus espacés ; d'autres fois au contraire, on traverse des bancs compacts de ces Siphonophores, comme cela nous est arrivé plusieurs fois au large de Monaco, au printemps ; quelquefois même ces animaux sont poussés par le vent d'Est dans le port en quantités telles que leurs cadavres amoncelés sur la plage doivent être enlevés promptement dans des tombereaux. Comme les autres espèces du groupe, ces êtres aux formes élégantes et aux belles couleurs sont de voraces carnassiers, perçant des flèches empoisonnées de leurs nématocystes les petits animaux qui passent à leur portée ; mais eux-mêmes, à leur tour, deviennent la proie d'autres carnassiers, tels que les tortues, les anatifes, etc.

Dans un autre groupe, il n'y a pas de flotteur, mais seulement des cloches natatoires, contenant d'ailleurs chacune une grosse goutte d'huile colorée qui aide la colonie à flotter entre deux eaux. Le nombre de ces cloches varie énormément suivant les espèces. Ce sont, comme la plupart des autres Siphonophores et des animaux pélagiques, des êtres hyalins difficiles à voir dans l'eau où leur présence est trahie le plus souvent par les parties colorées (digestives ou sexuées) des individus de la colonie (*Diphyes*, etc.).

Parmi les Cœlentérés pélagiques lumineux se trouvent beaucoup de Siphonophores ; tandis que les formes munies d'un flotteur ne produisent pas de lumière, celles qui en sont dépourvues peuvent être phosphorescentes à un degré plus ou moins élevé ; tels sont les *Abyla*, les *Diphyes*, les *Praya*, les *Eudoxia*, etc.

Le plus grand nombre des Cœlentérés qu'il nous reste à passer en revue, sont, contrairement aux précédents, solidement fixés au fond de la mer sur toutes sortes d'objets. Les types les plus connus sont les Gorgones, les Actinies ou Anémones de mer, le Corail ordinaire ; les coraux en général font aussi partie de cette catégorie. Ces animaux sont des polypes, toujours formés d'une cavité digestive plus ou moins cloisonnée, s'ouvrant par un seul orifice autour duquel sont des tentacules en nombre variable.

Chez les Alcyonaires, groupe auquel appartiennent les Gorgones, les polypes sont petits, munis de 8 tentacules et sont généralement groupés en colonies d'aspects variés. Quand la colonie est ramifiée comme chez les Gorgones et que les nombreux petits polypes sont étalés, on prendrait volontiers l'ensemble pour une plante fleurie, ce que n'ont d'ailleurs pas manqué de faire les premiers naturalistes. Ici, la colonie formée par bourgeonnement sécrète un axe de soutien plus ou moins ramifié, constitué par une matière cornée et un peu calcaire ; de plus, chaque polype possède en général dans ses tissus de petits spicules calcaires. Dès que les polypes sont inquiétés, ils rentrent leurs tentacules et sont souvent très longs à s'épanouir de nouveau. Les Alcyonaires comptent des formes très nombreuses et très variées, parmi lesquelles nous ne pouvons citer que quelques-unes des plus remarquables à cause du rôle important qu'elles jouent au point de vue qui nous occupe. Tels sont les Tubipores, dont le squelette, d'un beau rouge, est formé d'étages superposés de tubes rapprochés, ressemblant à des séries d'orgues minuscules élevés les uns au-dessus des autres, séparées par des sortes de planches, ce qui a valu à ces polypiers le nom d'orgues de mer. Ces Tubipores constituent des masses souvent plus grosses que la tête et contribuent à la formation des récifs de coraux, c'est dire qu'ils ne se rencontrent qu'à de faibles profondeurs. Le corail rouge, connu de chacun, et sur lequel je n'insiste pas, se trouve à la face inférieure des rochers anfractueux situés à moins de 80ᵐ de profondeur, surtout dans la Méditerranée.

Fig. 214. — Gorgone flabelliforme (squelette).

Chez les Gorgones, qui sont souvent très ramifiées (fig. 214) et ornées de vives couleurs, on rencontre de nombreuses espèces habitant à des profondeurs qui varient de quelques mètres à plusieurs milliers. Voici le *Stachyodes trilepis* (fig. 215) ramené de 927ᵐ aux Açores, par l'*Hirondelle*. Le *Scirpearia ochracea*, découvert dans les mêmes parages à 318ᵐ, est formé d'une tige unique que la fig. 216 montre en même temps qu'un fragment grossi.

Les Pennatulides sont des Alcyonaires non fixés au support comme les précédents, mais qui se tiennent debout en enfonçant dans la vase leur pédoncule ; cette partie est nue, sans polypes et prolonge l'axe de la colonie qui est elle-même hors de la vase. Ce groupe contient des formes remarquables telles que les Umbellules dont le pédoncule grêle peut atteindre 2ᵐ de longueur et qu'on trouve jusqu'à près de 5 000ᵐ, ainsi que quelques genres voisins. Les Vérétilles et les Pennatules ne vont guère au delà de 600ᵐ, mais l'*Hirondelle* a découvert aux Açores un genre voisin nouveau, le *Gyrophyllum Hirondellei* Studer (fig. 217), qui vit à 1 266ᵐ et dont la couleur, sur le vivant, est d'un rose violacé avec des polypes pourpre foncé. C'est probablement cette forme qui a été tout récemment publiée dans un mémoire posthume de Marion sur les Alcyonaires du *Talisman* et du *Travailleur*, comme espèce indéterminée.

Fig. 215. — *Stachyodes trilepis*, d'après Studer (*Hirondelle*).

La phosphorescence est un phénomène très répandu chez les Alcyonaires. La phosphorescence des Pennatules, si vive, est connue depuis fort longtemps et a surtout été étudiée par Panceri. Chez elles et chez des formes voisines (*Pteroides, Vere-tillum,* etc.) la lumière émane exclusivement des polypes. Les organes lumineux de la Pennatule sont formés par huit cordons adhérents à la face externe de la cavité gastrique et se continuant dans chaque tentacule ; ces cordons contiennent des vésicules remplies de globules adipoïdes, qui deviennent lumineux chez les polypes non seulement par l'excitation directe de ceux-ci, mais encore par l'excitation de points éloignés. Dans ce cas, les courants lumineux qui peuvent parcourir en tous sens la série des polypes, représentent la direction et la vitesse de propagation de l'excitation. La matière lumineuse peut être excitée directement et luire en dehors des polypes, par l'action d'un choc, de la chaleur, de l'eau douce, de l'électricité, non seulement aussitôt après qu'elle a été extraite des poly-

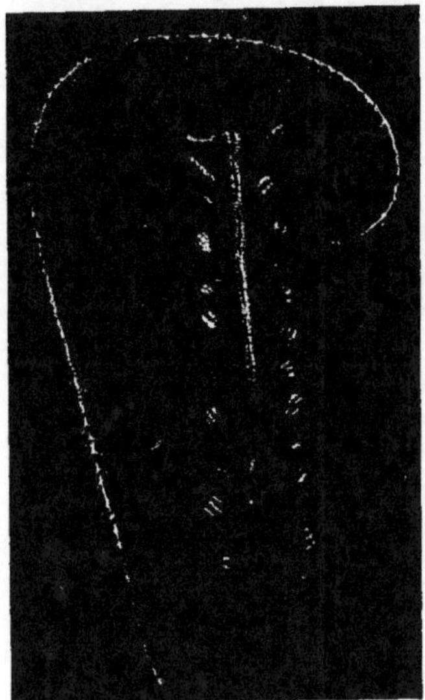

Fig. 216. — *Scirpearia ochracea,* d'après Studer (*Hirondelle*).

pes vivants, mais aussi après la mort de ceux-ci. On peut arriver à écrire en lettres lumineuses un mot sur une Pennatule. J'ai vu une grande Pennatule émettre dans l'alcool à 70° où elle était plongée, une vive phosphorescence verte généralisée, sauf dans le pédoncule, et qui persista plus d'une minute pour s'éteindre en dernier lieu dans l'axe central de l'animal.

Nous savons que beaucoup de corps deviennent lumineux lorsqu'ils ont subi l'action de la lumière ; il est curieux de constater que le contraire a lieu pour un assez grand nombre d'animaux. Allman constata le premier que certains Béroidés perdent leur pouvoir lumineux quand ils ont été exposés à la lumière du jour, et depuis on a reconnu qu'il en est de même pour la plupart des Cœlentérés lumineux. Après l'action de la lumière directe

Fig. 217. — *Gyrophyllum Hirondellei,* d'après Studer (*Hirondelle*).

ou diffuse du soleil il faut de 15 à 30 minutes d'obscurité complète pour que la phosphorescence puisse être réveillée par l'excitation. Cependant les *Pennatula rubra* et *P. phosphorea* font exception et leur pouvoir lumineux ne diminue pas,

RICHARD. — L'Océanographie.   19

après une exposition, même de 1 heure, au soleil, dès qu'on les porte dans la chambre noire ; il est assez bizarre par contre, que le *Pteroides griseum,* forme si voisine des précédentes, se comporte comme les Béroés. Les *Umbellula* et les *Virgularia,* genres voisins des Pennatules, sont également phosphorescents ; certains d'entre eux vivent jusqu'à plus de 4 500^m, de sorte que depuis la surface, avec les polypiers phosphorescents des récifs de coraux, jusqu'aux très grandes profondeurs, la lumière peut se rencontrer, en passant par les Gorgones lumineuses des régions intermédiaires, tels que le *Mopsea* et les *Isis* ; il est probable que cette propriété d'émettre de la lumière est très répandue chez les alcyonaires des profondeurs.

Un autre ordre de Cœlentérés contient les formes à tentacules simples, au nombre de 6 ou d'un multiple de 6, avec ou sans squelette. Celles qui n'ont pas de squelette sont les Actinies ou Anémones de mer. Tout le monde connaît ces magnifiques animaux aux couleurs vives et variées et qui peuvent atteindre d'assez grandes dimensions quand ils sont complètement épanouis. Un corps cylindrique plus ou moins long est fixé par l'une de ses extrémités sur les pierres ou le sol sous-marin ; l'extrémité libre porte, à son centre, la bouche, et, tout autour, des tentacules plus ou moins longs et plus ou moins nombreux. Mais cet aspect de fleur élégamment colorée dissimule une voracité peu commune. Si une proie ou un fragment de nourriture vient en contact avec quelques tentacules, ceux-ci l'arrêtent, le criblent de flèches empoisonnées, les tentacules voisins viennent aider les premiers à amener la capture près de la bouche qui se dilate pour ainsi dire à volonté, de sorte que des proies volumineuses peuvent être ingérées dans l'estomac, où d'autres nématocystes peuvent encore agir. Si l'Actinie est attaquée, ou manque d'eau, elle rentre ses tentacules et se contracte en une sorte de boule ; elle peut d'ailleurs se déplacer lentement. Les Actinies sont surtout abondantes dans les plus petites profondeurs, on les voit souvent en grand nombre hors de l'eau à marée basse, fixées aux rochers sous forme de masses visqueuses rouges, ou vertes, qu'on mange frites ou farcies en certains points du littoral méditerranéen, notamment l'actinie rouge *A. equina.*

M. Piéron a vu que ces actinies, soumises à l'action des marées, se ferment à la mer *descendante* alors qu'elles sont encore entièrement plongées dans l'eau et que l'agitation des vagues assure l'aération ; l'actinie est prévenue par les mouvements précurseurs de l'eau que la mer va se retirer ; il y a, comme dit M. Piéron (¹), anticipation réflexe, et la bête se prépare d'avance, en se fermant, à entrer pour ainsi dire en vie ralentie. Il est fort probable que beaucoup d'autres animaux présentent des phénomènes analogues dont l'étude détaillée, très intéressante, ne peut être poursuivie ici.

Il y a aussi des espèces qui habitent les grandes profondeurs et c'est souvent que l'*Hirondelle* et la *Princesse-Alice* ont ramené des polypiers ou des alcyonaires servant de support à de jolies petites actinies roses. Le prince de Monaco a également ramené de 1 143^m aux Açores et de 1 300^m au Cap-Vert, de grosses actinies violacées voisines des *Bolocera* et dont chaque tentacule peut atteindre 12 à 20^{cm} de longueur et 2^{cm} de diamètre à la base, à l'état de contraction.

(¹) *C. R. Ac. des Sciences,* 11 fév. 1907.

Certaines actinies (*Adamsia*, *Sagartia*) sont remarquables par leur commensalisme avec des Pagures ; elles se fixent, souvent plusieurs à la fois, sur une coquille habitée par un pagure qui les transporte ainsi ; bien mieux, on peut voir des pagures détacher des *Sagartia* fixées sur des coquilles non habitées pour les transplanter sur celles où ils logent ! Le pagure profite de la crainte ou du dégoût qu'inspirent les actinies à plusieurs sortes d'animaux, les actinies de leur côté tirent sans doute parti des restes de repas du pagure.

Les Cérianthaires sont des sortes d'actinies très allongées, logées dans un tube fait d'un mucus plus ou moins durci qui a agglutiné des particules de vase, de sable, etc., à sa surface extérieure. L'animal peut rentrer complètement à l'intérieur de cet étui qui est enfoui dans la vase jusque devant les glaciers du Spitzberg.

Tandis que chez la plupart des actinies la larve se fixe dès qu'elle a perdu ses cils natatoires, il existe chez d'autres, surtout chez les cérianthaires, une autre phase larvaire. Ces larves qui présentent déjà des cloisons et des tentacules, vivent à l'état libre ; ce sont de petits corps rouges ou bleus (*Mynias*) n'ayant que quelques millimètres de diamètre. Elles se sont adaptées à la vie pélagique en creusant leur disque de fixation en une cavité remplie d'une sorte de tissu spongieux dont les mailles sont pleines d'air ; ainsi est constitué un flotteur grâce auquel l'animal est soutenu dans l'eau, la bouche en bas. Dans les pêches pélagiques faites pendant ces dernières années avec le filet vertical à grande ouverture, la *Princesse-Alice* a recueilli un certain nombre de ces larves fort curieuses, qui avaient

Fig. 218. — Epizoanthe sur Pagure des grands fonds, d'après E. L. Bouvier.

l'aspect de petits melons rouges, courts et larges, à côtes bien apparentes et se rangent dans la forme *Peponactis* de Van Beneden.

Les Zoanthidés forment des colonies de polypes peu nombreux, fixées sur des Gorgones, sur des baguettes d'oursins (*Palythoa*) et surtout sur des coquilles habitées par des pagures. De là le nom d'*Epizoanthus cancrisocius* donné à l'espèce la plus fréquente de nos côtes. L'*Hirondelle* a pris, aux Açores, par 1 266^m de profondeur, une espèce nouvelle de grande taille, et qui vit en commensale avec un beau pagure coloré en rouge (*Parapagurus pilosimanus*) ; et la *Princesse-Alice* a retrouvé depuis ces deux compagnons fidèles jusqu'à près de 4 000^m (fig. 218). Le plus souvent la coquille habitée par le pagure a été dissoute peu à peu et le crustacé habite finalement une cavité moulée directement dans le tissu colonial du zoanthe, tissu ferme et plus ou moins incrusté de sable qui réunit les polypes grands et peu nombreux.

Parmi les polypes coloniaux à moins de 8 tentacules, il est un groupe, celui des Antipathes, qui fait le pendant des polypes coloniaux à 8 tentacules, ou Gorgonides, auxquels ils ressemblent à première vue par leur port et leur genre de vie et qu'ils accompagnent parfois jusqu'à de grandes profondeurs, puisque certaines formes ont été ramenées de 5 000ᵐ. Les Antipathaires sont des animaux relativement rares et peu nombreux en espèces, c'est pourquoi il n'y a pas lieu d'en parler plus longuement ici.

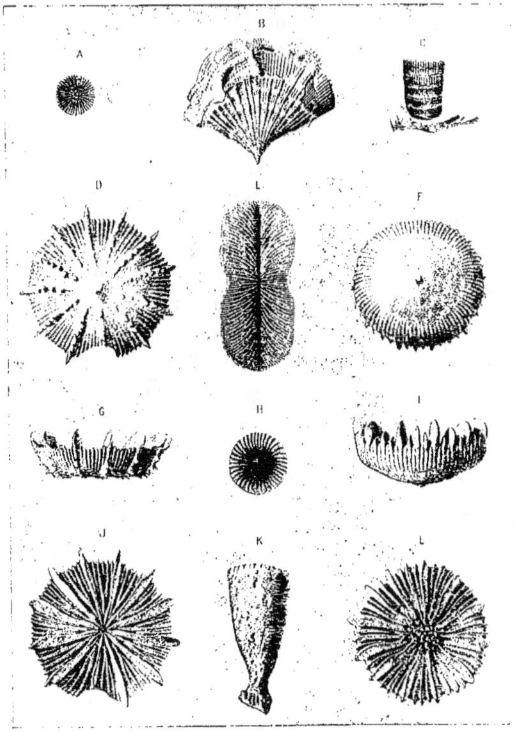

Mais un groupe bien autrement important que les précédents est celui des Coraux, qui ne sont pas autre chose que des Actiniaires à squelette. Ce squelette, calcaire, est recouvert par les tissus mous vivants et souvent richement colorés. Ces coraux peuvent être isolés, ou, au contraire, vivre en colonies serrées et massives, nées par bourgeonnement, et dont nous devons dire quelques mots. Le squelette constitue un puissant soutien pour résister aux mouvements violents des eaux dans lesquelles la plupart de ces polypiers prospèrent le mieux. Les espèces isolées ont généralement la forme d'une coupe fixée par un pied, plus ou moins développé (fig. 219, 220). Du fond de la coupe s'élèvent, souvent à quelque hauteur, une ou plusieurs tiges calcaires dans la région axiale; le long de la paroi interne de la coupe, s'avancent, plus ou moins loin vers le centre, mais suivant une disposition symétrique, des cloisons dont le bord central est libre. Les tissus mous recouvrent toutes ces saillies en épousant leurs formes. Mais lorsqu'il s'agit d'une colonie, les parties squelettiques se pénètrent plus ou moins de mille manières et le squelette devient très compliqué (fig. 221). De là des crêtes sinueuses séparées par des vallées plus ou moins profondes, des cratères, des méandres, d'où le nom de Méandrines donné à toute une série de ces polypiers.

Fɪɢ. 219. — Polypiers divers isolés, d'après Jourdan (*Hirondelle*).
A. C. H. K. Divers aspects de *Balanophyllia cornu*;
B. E. *Flabellum distinctum*;
D. G. J. *Stephanotrochus platypus*;
F. I. L. *Stephanotrochus crassus*.

Beaucoup de ces Coraux forment, par leur groupement en nombre immense près de la surface de la mer, de véritables rochers de récifs qui rendent souvent la navigation difficile dans les mers chaudes où ils sont très répandus. La question si intéressante de la constitution et de la formation des récifs de coraux a fait le sujet d'ouvrages nombreux et de longues discussions dans lesquelles nous ne pouvons songer à entrer. Qu'il nous suffise de donner quelques indications générales et un aperçu des idées admises d'après les faits observés jusqu'ici sur la formation de ces récifs.

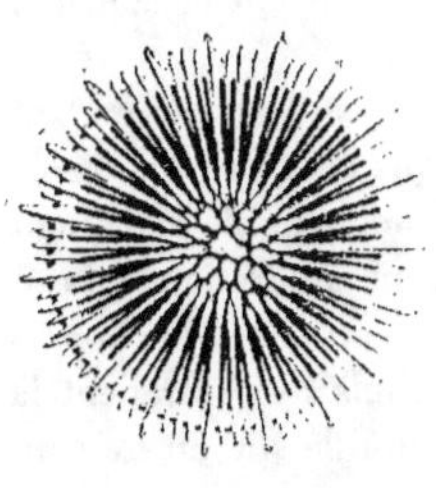

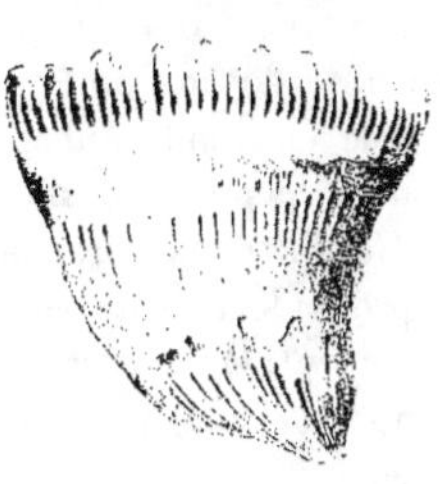

Fig. 220. — *Caryophyllia margaritata* Jourdan (*Hirondelle*).

Le long de certaines côtes, d'îles ou de continents, se trouve une ceinture de récifs directement accolés à la terre ferme, ce sont les *récifs frangeants*, généralement peu larges, mais de longueur indéterminée ; ailleurs cette ceinture est séparée de la terre par un espace de mer appelé *lagune* ; les récifs constituant cette ceinture isolée sont appelés *récifs barrière*. Ils sont très nombreux ; le plus remarquable est celui qui s'étend sur plus de 2 000^{km}, le long de la côte nord-est d'Australie ; sa largeur peut atteindre plusieurs kilomètres. De plus, en plein océan, on rencontre des récifs isolés, ayant le plus souvent la forme d'un anneau circulaire ou ovale, entourant une lagune centrale qui communique généralement avec la mer par un chenal. Un récif

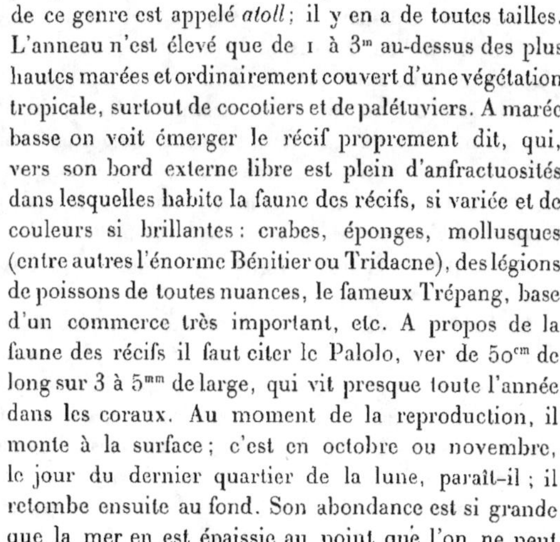

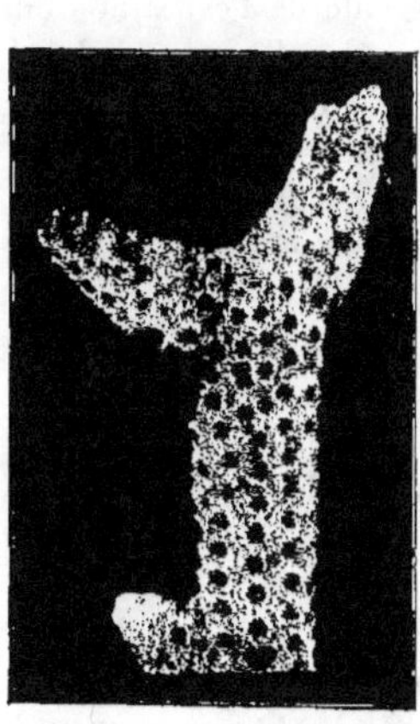

Fig. 221. — Branche grossie de Séria-topore (Muséum de Paris).

de ce genre est appelé *atoll* ; il y en a de toutes tailles. L'anneau n'est élevé que de 1 à 3^m au-dessus des plus hautes marées et ordinairement couvert d'une végétation tropicale, surtout de cocotiers et de palétuviers. A marée basse on voit émerger le récif proprement dit, qui, vers son bord externe libre est plein d'anfractuosités dans lesquelles habite la faune des récifs, si variée et de couleurs si brillantes : crabes, éponges, mollusques (entre autres l'énorme Bénitier ou Tridacne), des légions de poissons de toutes nuances, le fameux Trépang, base d'un commerce très important, etc. A propos de la faune des récifs il faut citer le Palolo, ver de 50^{cm} de long sur 3 à 5^{mm} de large, qui vit presque toute l'année dans les coraux. Au moment de la reproduction, il monte à la surface ; c'est en octobre ou novembre, le jour du dernier quartier de la lune, paraît-il ; il retombe ensuite au fond. Son abondance est si grande que la mer en est épaissie au point que l'on ne peut voir un mouchoir blanc immergé à 10^{cm}. Les indigènes qui se nourrissent de ce ver en prennent alors des quantités énormes. L'apparition de cet animal se fait si régulièrement à date fixe que octobre et novembre sont appelés le petit et le grand mois du Palolo, durant lesquels ont lieu fêtes et festins. Le Palolo japonais (*Ceratocephale Osawai*) se trouve aussi en masse pendant les nuits qui suivent la nouvelle et la pleine lune en octobre et en novembre.

Les coraux ne construisent de récifs que là où la température est d'au moins 20° et où l'écart annuel ne dépasse pas 6° ; aussi les trouve-t-on dans les mers des tropiques, sur les côtes orientales baignées par les courants chauds, tandis qu'ils manquent sur les côtes de l'ouest où viennent les courants froids de la zone antarctique ; l'eau doit en être claire, avoir une salinité élevée et être très aérée ; cette dernière condition est réalisée même en temps calme grâce au ressac infatigable qui entretient la faune des récifs en eau chaude renouvelée. Toute cette faune grouille sur un sol constitué par les algues calcaires, les polypiers et les bryozoaires morts, car ce n'est guère que sur la pente qui réunit les fonds de 5 à 6^m à ceux de 50 à 60^m de profondeur, pente de quelques centaines de mètres, que se trouvent vivants, en grand nombre, les coraux constructeurs de récifs ; là abondent des Madrépores de plusieurs mètres de large, avec les Astrées, les Méandrines, etc. D'après M. Gardiner, on a dragué aux Maldives des coraux constructeurs vivants jusqu'à 71^m de profondeur ; c'est vers 10 à 15^m qu'ils sont dans les meilleures conditions de développement. On a observé qu'en 20 mois certains coraux ont pu former une couche de 60^{cm} d'épaisseur, mais leur vitesse de croissance est généralement beaucoup plus faible.

Pour Darwin, les coraux commencent par croître près d'une île en formant un récif frangeant, qui devient récif barrière par le fait de l'affaissement de l'île, les coraux continuant à croître pour se maintenir au niveau favorable à leur existence ; finalement l'île disparaît et le récif devient un atoll. A la suite de l'expédition du *Challenger* où il eut l'occasion d'étudier de près les formations coralliennes, sir John Murray émit une autre théorie. Pour lui, les nombreux cônes volcaniques qui s'élèvent du fond des océans, en beaucoup de régions chaudes, jusqu'à une distance suffisamment faible de la surface, sont le siège de ces formations. La lagune centrale est due à ce que la croissance se fait du côté du large, qui est mieux aéré et où la nourriture est plus abondante, tandis qu'au centre, la boue formée par les animaux mangeurs de sable corallien empêche le développement des coraux pendant que des parasites tels que les éponges du genre *Cliona*, les perforent et amènent la dissociation de colonies entières.

Le Prof. Agassiz qui a exploré les principaux récifs coralliens du globe est arrivé de son côté aux conclusions suivantes : le soubassement des récifs est formé de roches volcaniques ou sédimentaires qui émergeaient autrefois. L'érosion par les agents atmosphériques, les vagues et les courants les ont détruits jusqu'à une certaine distance au-dessous du niveau de la mer et c'est alors que les polypiers actuels s'y sont développés en les relevant et en les protégeant contre de nouvelles érosions. Quand le soubassement est formé de calcaire corallien fossile, comme celui de l'atoll de Funafuti, au nord des Fidji, où les forages poussés à 370^m n'ont ramené que des restes de coraux ou d'algues calcaires sans matériaux volcaniques, ce calcaire corallien n'a pu se former que pendant un affaissement lent, comme le veut Darwin, si on admet que les coraux avaient alors les mêmes conditions de vie que les coraux actuels. Le soubassement est du calcaire fossile, comme le montrent les fossiles tertiaires ou crétacés rapportés par les forages ; de sorte que les coraux actuels ne forment souvent qu'une croûte mince, relativement peu importante, dans la constitution de l'ensemble d'un récif. Il est fort probable que l'explication des récifs de coraux n'est pas une, mais qu'à côté de l'explication la plus générale, il y a des cas particuliers relevant de causes spéciales. L'amour de la simplification et de l'uniformité ne doit pas, comme cela se produit trop souvent, nous jeter dans l'exclusivisme. En réalité l'ensemble des faits observés par les auteurs précédents et particulièrement par M. Gardiner dans l'océan Indien, montrent que les coraux constructeurs s'installent et se développent sur une base quelconque pourvu qu'elle présente les conditions favorables à leur développement ; quant aux formes en récifs frangeants, barrière, atoll, ce sont les circonstances locales qui les déterminent et on trouve tous les passages entre un banc en croissant et l'atoll fermé. Ce dernier par comblement de la lagune et sa transformation en île peut devenir un récif frangeant. M. Gardiner a observé que les algues calcaires (nullipores, corallines) jouent un rôle important et qu'on les rencontre surtout entre la surface et 10^m de profondeur ; à marée basse un atoll présente une ceinture d'un rouge magnifique, formée d'algues calcaires s'élevant alors à environ 30^{cm} au-dessus de l'eau.

Nous avons déjà vu que les coraux ne comptent pas seulement des espèces de récifs et de faibles profondeurs. Les formes isolées, notamment les *Stephanotrochus, Flabellum, Bathyactis*, etc. (fig. 219) vont jusqu'à plusieurs milliers de mètres ; ainsi l'*Hirondelle* a recueilli une *Caryophyllia* nouvelle (*C. margaritata*, fig. 220) près de Terre-Neuve par 1267^m, un *Stephanotrochus* nouveau (*S. crassus*, fig. 219) aux Açores par 1557^m ; la *Princesse-Alice* et d'autres expéditions en ont ramené de profondeurs encore plus grandes. Bien que le squelette calcaire de ces animaux soit très solide, il arrive que certains exemplaires sont brisés, on ne comprend pas bien de quelle façon ; nous avons recueilli notamment à 1800^m, deux spécimens de *Stephanotrochus diadema* présentant des traces très nettes de fracture à leur face inférieure, fractures qui s'étaient consolidées dans la suite.

Les coraux ramifiés, les madrépores des récifs coralliens donnent une très vive phosphorescence verdâtre ainsi que Giglioli l'a observé à Sumatra et Keller dans les récifs de la mer Rouge.

Cténophores. — Le dernier groupe des Cœlentérés est celui des Cténophores qui diffèrent beaucoup de tous les précédents, notamment par deux caractères essentiels : ils sont dépourvus d'organes urticants et possèdent, par contre, des palettes ciliées, inconnues dans les autres types. Ce sont des animaux pélagiques, transparents, le plus souvent incolores, fréquemment globuleux mais quelquefois capables de modifier leur forme. A une extrémité du corps est la bouche, à l'autre pôle se trouve un organe sensitif spécial, directeur des mouvements. D'un pôle à l'autre sont disposées, suivant 8 méridiens, 8 bandes ou côtes formées chacune de palettes mobiles qui servent à la progression de l'animal ; ce sont des lames rectangulaires de 1 à 2^{mm} de large sur 2 à 3 de long, résultant de la soudure des cils agglutinés de cellules spéciales. Les lames sont tellement minces que la lumière se décomposant à leur contact les rend irisées. Les nématocystes sont remplacés par des *collocystes* qui engluent les proies au lieu de les percer de flèches venimeuses.

Tandis que certains Cténophores ont deux tentacules bien développés (fig. 222, *Hormiphora*) d'autres n'en ont que de rudimentaires ou pas du tout. Ce dernier cas est celui des Béroés et des Cestes (fig. 223), qui constituent les formes les mieux connues et les plus répandues ; mais tandis que les Béroés sont cosmopolites et de toutes les latitudes, les Cestes ou Ceintures de Vénus ne se rencontrent que dans les mers chaudes où le ruban incolore qui les constitue peut atteindre jusqu'à 1ᵐ,50 de long, 8ᶜᵐ de large et moins de 1ᶜᵐ d'épaisseur. Ils sont communs dans la Méditerranée et les ports, celui de Monaco, par exemple, en contiennent parfois un très grand nombre. Les Cténophores, qui ont des formes si élégantes et si gracieuses à l'état vivant, sont malheureusement d'une délicatesse extrême qui les rend très difficiles à préparer et à conserver : les *Eucharis* se liquéfient pour ainsi dire et si par mégarde on les prend dans un filet au lieu de les recueillir directement dans un bocal on les voit littéralement couler à travers les mailles.

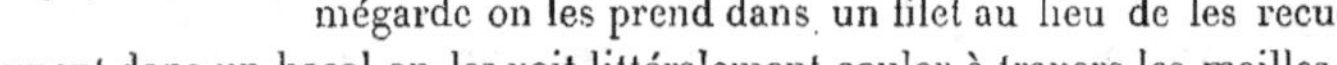

Fig. 222. — *Hormiphora*, d'après Chun (Faune et flore de Naples).

Ce groupe de Cœlentérés n'était connu jusqu'à présent que dans la zone pélagique superficielle ; mais Chun a signalé certains Cténophores venant de grandes profondeurs et présentant, comme les méduses qui viennent des mêmes niveaux, une coloration violacée de l'estomac. Mais le cas est peu fréquent et la *Princesse-Alice* n'a obtenu qu'une fois, en 1904, un Cténophore bathypélagique très voisin de celui de la *Valdivia*.

Dans ce groupe la phosphorescence est très vive et paraît surtout résider dans les méridiens à palettes ciliées, le long desquels court la lumière dont

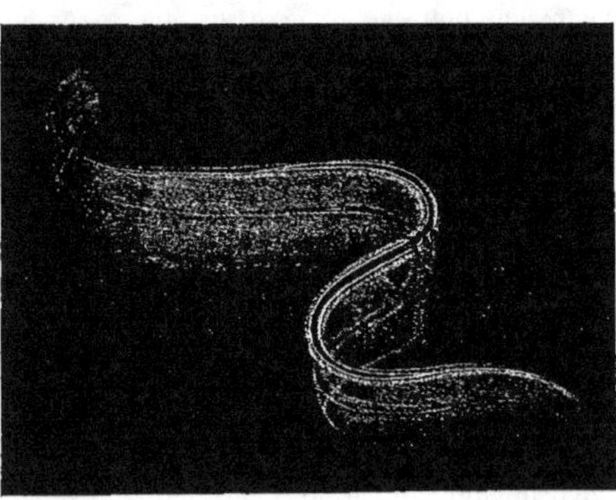

Fig. 223. — *Cestus Veneris*, d'après Chun (Faune et flore de Naples).

la couleur peut être azurée, vert pâle ou rougeâtre. Il est facile de constater le fait sur les Béroés, les Cestes, les Cydippes, les Eucharis, qu'on peut se procurer ordinairement en quantité dès les premiers mois de l'année sur nos côtes de la Méditerranée, et qui constituent, à ce point de vue, un sujet d'étude des plus intéressants.

Échinodermes.

Les animaux désignés sous ce nom forment un embranchement bien caractérisé et bien isolé des autres. On peut les classer en cinq types principaux : l'Étoile de mer, l'Ophiure, l'Oursin, l'Holothurie, la Comatule. Ces noms éveillent l'idée d'animaux généralement bien connus. Partout on trouve un squelette calcaire ordinairement très développé. Tous les Échinodermes sont marins.

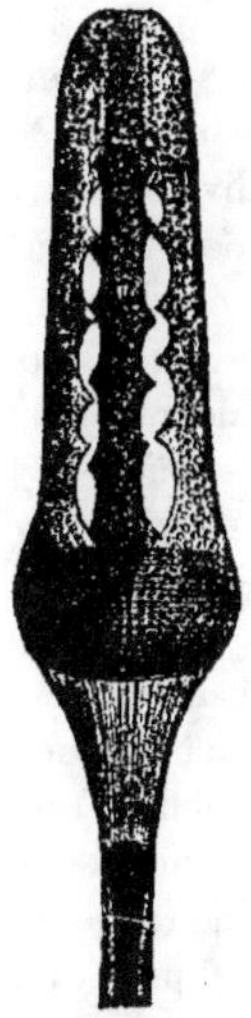

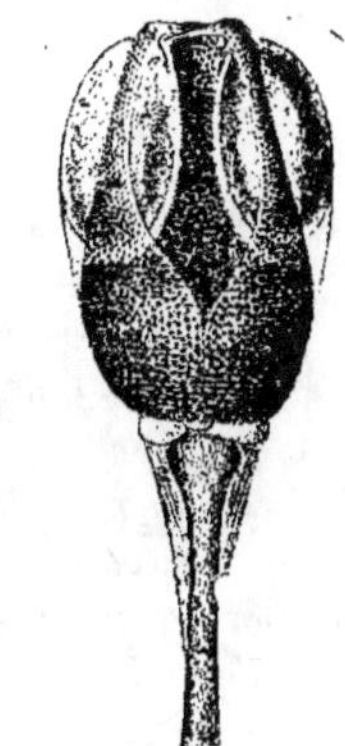

Le *Étoiles de mer* ou *Stellérides* ont la forme d'une étoile dont le nombre des rayons ou bras est le plus souvent de 5, mais peut être bien plus grand. A l'extrémité de chaque bras se trouve un œil rudimentaire qui permet sans doute simplement à l'animal de distinguer la lumière de l'obscurité. Les Étoiles rampent sur leur face ventrale, au milieu de laquelle est la bouche, en se servant de petits tubes extensibles, terminés par une petite ventouse, qu'on appelle pieds ou ambulacres et qui sont disposés d'une façon régulière et symétrique. Ces pieds à ventouses permettent aux stellérides de marcher sur les objets les plus lisses et les plus abrupts, tels que les glaces verticales des aquariums à travers lesquelles il est très curieux de suivre leurs mouvements. Les diverses régions du corps sont soutenues par un squelette dont les parties ne sont pas soudées ensemble, de sorte que l'animal peut prendre des positions très variées et se contourner en tous sens. A la surface du corps, surtout sur le dos, on trouve divers organes protecteurs tels

Fig. 224. — Pédicellaire tridactyle d'*Echinocardium pennatifidum*, d'après Kœhler.

que des piquants, des épines et surtout des appareils curieux nommés *pédicellaires* ; ce sont de petites pinces à deux ou plusieurs branches et dont les mors sont plus ou moins dentelés : ils servent d'organes de défense, et leurs dimensions se mesurent par fractions de millimètres, ou par millimètres ; ils sont toujours prêts à mordre, saisissent tout objet qui se présente et ne le lâchent que lorsque celui-ci se s'agite plus. Les fig. 224 et 225, quoique représentant des pédicellaires d'oursins, nous montrent la struc-

Fig. 225. — Pédicellaire glandulaire de *Temnechinus maculatus*, d'après Kœhler.

ture de ces appendices bizarres ; les glandes du pédicellaire 225 sont probablement venimeuses et déversent leur venin dans la plaie produite par les mors pointus de la pince.

Les Étoiles de mer sont très voraces et s'attaquent même aux oursins et aux mollusques tels que les huîtres et les moules, faisant des ravages dans les exploitations de ces coquillages. Voici comment procède l'étoile : elle dévagine son estomac par la bouche et en entoure la victime comme d'un sac, les sucs digestifs finissent par pénétrer dans la coquille et en paralysent l'animal ; ou bien l'étoile s'aide de ses pieds en tirant en sens inverse sur les deux valves. L'autotomie est très développée chez ces animaux ; quand ils se sentent pris par un bras ils l'abandonnent, quitte à le régénérer ensuite, ce qui se fait aisément ; quelquefois même un bras isolé peut se compléter de façon à former un individu entier.

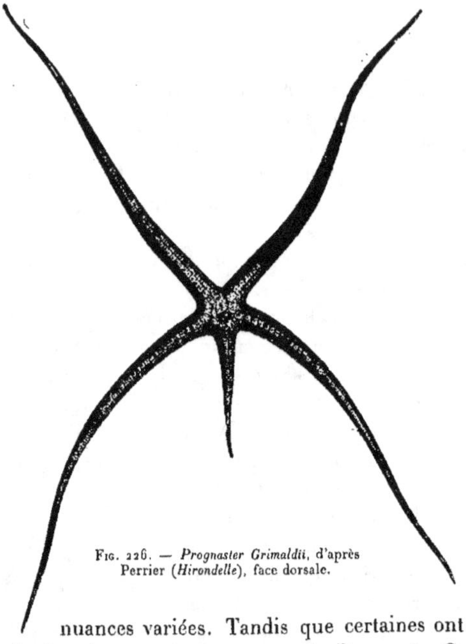

Les étoiles de mer se rencontrent depuis le littoral où elles sont souvent très colorées, jusqu'aux très grandes profondeurs ; c'est ainsi que la *Princesse-Alice* en a ramené de 6 035ᵐ (*Hyphalaster Parfaiti* Perrier, découvert par le *Talisman*). Les espèces de ces profondeurs sont généralement blanchâtres, tandis qu'à des profondeurs moindres on obtient souvent des formes délicatement colorées en rose ou en rouge de

Fig. 226. — *Prognaster Grimaldii*, d'après Perrier (*Hirondelle*), face dorsale.

nuances variées. Tandis que certaines ont un disque central très petit avec des bras longs et étroits comme le *Prognaster Grimaldii* Perrier (fig. 226, Açores 2 870ᵐ, *Hirondelle*), bras qui peuvent être nombreux (*Brisinga*), d'autres ont la forme de pentagones, avec des bras très courts ou qui paraissent manquer (*Pentagonaster*) ; le *Mediaster stellatus* Perrier (fig. 227, Terre-Neuve 1 267ᵐ) présente une forme intermédiaire, et l'*Hexaster obscurus* de Terre-Neuve (fig. 228, 155ᵐ) a six bras très courts et obtus. Les larves des Stellérides font partie du plankton côtier et ont des formes bizarres ; la fig. 229 représente une larve d'*Asteracanthion* à trois phases de son développement ; la fig. 230 nous montre une larve de stelléride

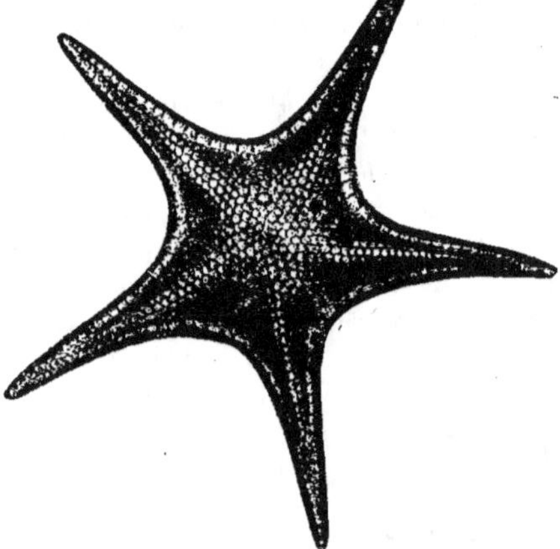

Fig. 227. — *Mediaster stellatus*, d'après Perrier (*Hirondelle*), face dorsale.

différant de toutes celles que l'on connaissait jusqu'à présent. Elle n'a été rencontrée jusqu'ici que par la *Princesse-Alice* dans les parages des Açores et seulement lorsque le filet à grande ouverture a été envoyé au moins à 2 500ᵐ de profondeur.

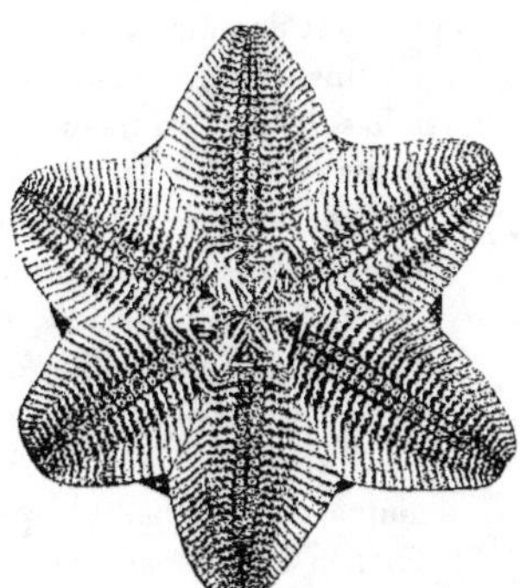

Fig. 228. — *Hexaster obscurus*, d'après Perrier (*Hirondelle*), face ventrale.

Les Ophiurides sont constitués par un disque central d'où partent cinq bras longs, étroits, se mouvant d'un mouvement serpentiforme et dépourvus de pieds à ventouses. On ne trouve ici ni yeux ni pédicellaires. Les Ophiures se rencontrent, comme les Étoiles, depuis le bord de la mer jusqu'aux très grandes profondeurs, où elles sont blanchâtres, comme les *Ophioglypha abdita* ramenés de 6 035ᵐ avec l'*Hyphalaster* mentionné précédemment. Beaucoup de formes, moins profondes, ont de belles couleurs ; les unes vivent sur le sable, d'autres se cramponnent aux coraux et aux éponges ; elles sont beaucoup plus agiles que les étoiles de mer ; l'autotomie et la régénération sont encore plus accentuées que chez ces derniers animaux. Dans une famille d'ophiures de grande taille les bras se ramifient par dichotomie d'une façon très remarquable (*Gorgonocephalus* ou Euryale).

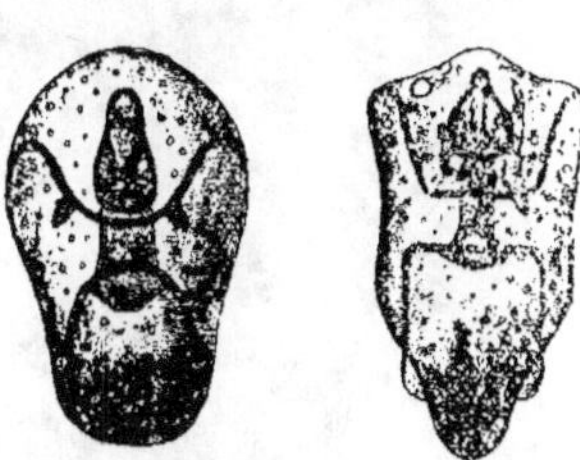

Quant aux Echinides, plus connus sous le nom d'Oursins ou de châtaignes de mer, tout le monde en connaît le type. Ce sont des animaux globuleux, garnis d'une carapace

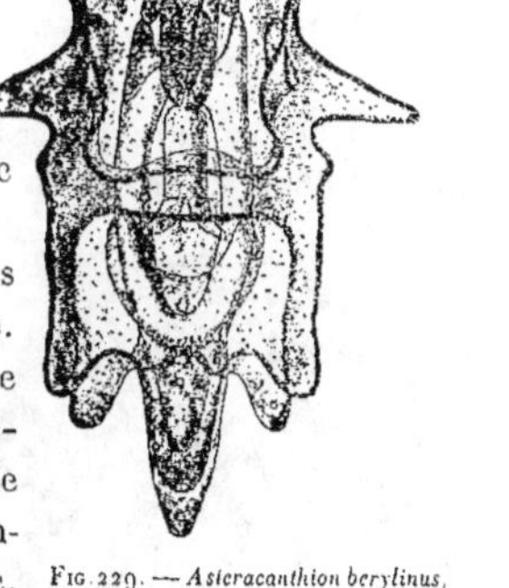

Fig. 229. — *Asteracanthion berylinus*, formes larvaires, d'après Agassiz.

de plaques calcaires généralement soudées d'une façon rigide et recouverte de piquants variés de forme, de taille, etc. Comme chez les étoiles il y a des

Fig. 230. — *Stellosphæra mirabilis*, d'après Kœhler et Vaney, larve vue de côté.

ambulacres, souvent très longs, disposés en cinq rangées régulières ; il y a également, et en grand nombre, des pédicellaires encore plus compliqués et plus variés que chez les étoiles (fig. 224, 225). Ce sont aussi des organes de défense qui peuvent atteindre 10ᵐᵐ de longueur, et souvent des glandes venimeuses leur sont annexées.

Les oursins rampent sur leur face ventrale au moyen de leurs ambulacres, même sur les parois verticales lisses. Ils se nourrissent surtout des végétaux qui poussent sur les rochers en les arrachant au moyen de cinq dents aiguës dont les pointes viennent converger en un même point ; mais dans les grandes profondeurs, ils vivent surtout des débris animaux contenus dans le sable ou dans la vase.

Qui croirait que des animaux aussi bien armés de piquants et de cuirasse que les oursins sont à la merci d'étoiles de mer et même de petits poissons ? Je n'ai pas été peu surpris en voyant un jour dans les aquariums du Musée de Monaco un poisson de petite taille du genre *Blennius* s'élancer avec rage sur un oursin auquel il arrachait chaque fois, en lui donnant de violentes secousses, les extrémités des ambulacres ! l'oursin qui paraissait si bien protégé par ses piquants ne tarda pas à succomber.

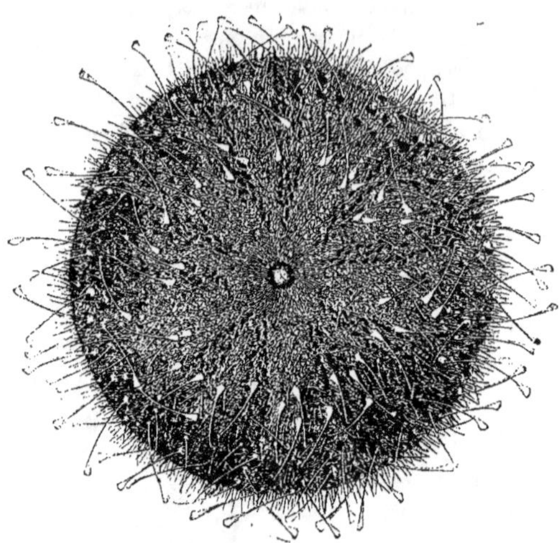

Fig. 231. — *Sperosoma Grimaldii*, d'après Kœhler (*Princesse-Alice*).

Les oursins se rencontrent surtout dans les faibles profondeurs ; c'est là que les pêcheurs capturent avec un simple bâton fendu l'oursin vulgaire (*Strongylocentrotus lividus*) dont on mange les œufs. Dans les grandes profondeurs et même à partir de quelques centaines de mètres, on trouve, outre les formes bien connues à test rigide, des représentants de la famille très intéressante des Echinothurides, qui se distinguent de tous les échinides vivants, en se rapprochant d'oursins fossiles anciens, par ce fait que leur carapace n'est pas rigide, mais jouit d'une grande souplesse. Celle-ci est due à ce que les plaques calcaires ne sont pas soudées entre elles comme c'est le cas ordinaire, mais simplement réunies par une membrane. Ces oursins sont assez mous pour se déformer au roulis du navire, ils sont généralement colorés en violet, quelquefois avec une nuance de pourpre ; le plus souvent ils reviennent aplatis sous le poids de la vase ou des objets lourds ramassés en même temps

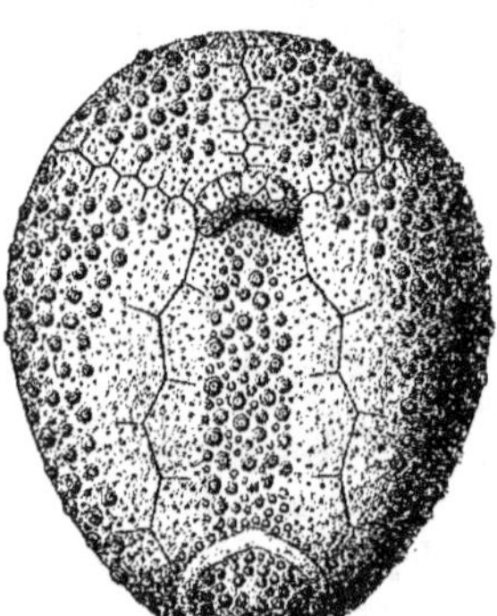

Fig. 232. — *Palæotropus Hirondellei*, d'après Kœhler, face ventrale.

qu'eux par le chalut. De nombreux spécimens d'Echinothurides (*Phormosoma*) ont été ramenés des fonds de 1 500 à 2 000^m pendant les campagnes du *Talisman*, du *Blake*, de la *Princesse-Alice*, etc. Ce dernier navire a découvert dans les parages des Açores un genre spécial dont l'espèce type a reçu de M. Kœhler le nom de *Sperosoma Grimaldii* (fig. 231). Les oursins mous sont encore remarquables parce que certains de leurs

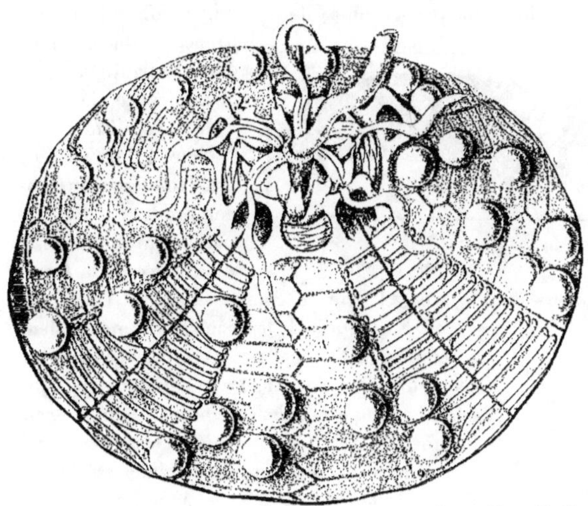

FIG. 233. — *Phormosoma uranus* W. Th., galles à la face interne du test, d'après Kœhler.

piquants constituent des organes de défense très efficaces, en introduisant dans les blessures que fait leur pointe acérée un venin très douloureux. Ces piquants ont la pointe très fragile, recouverte par une sorte de capuchon formé d'un tissu glandulaire. Quand on touche un de ces piquants, l'extrémité perfore le capuchon, s'imprègne du venin et l'introduit dans la piqûre; celle-ci donne une sensation de brûlure vive, mais de très courte durée, que j'ai eu plusieurs fois l'occasion d'apprécier. Outre les oursins ordinaires et réguliers et les oursins mous, il y a encore les oursins

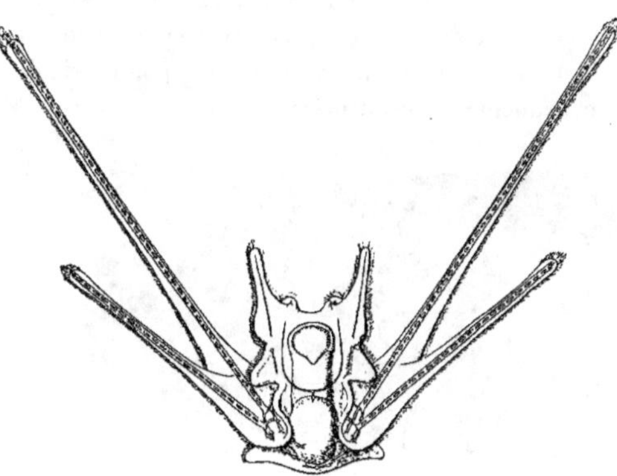

FIG. 234. — Larve de *Dorocidaris papillata*, d'après Prouho.

irréguliers auxquels appartient le Spatangue ; la symétrie ne paraît plus radiaire mais bilatérale; la fig. 232 montre la face ventrale, dépourvue de ses piquants, d'un *Palæotropus Hirondellei* découvert par l'*Hirondelle* aux Açores par 927ᵐ. C'est un petit oursin irrégulier dont le genre n'était connu jusqu'alors qu'aux Antilles et aux Philippines.

Une particularité très curieuse a été observée pour la première fois chez certains oursins mous rapportés par l'*Hirondelle*. C'est la présence, à la face interne du test, de plusieurs exemplaires de *Phormosoma uranus*, d'un nombre plus ou moins grand de véritables galles (fig. 233) déterminées par un copépode parasite inconnu jusque-là, le *Pionodesmotes phormosomæ* Bonnier ; nous donnons plus loin la représentation du parasite dans sa loge.

La fig. 234 est l'image de la larve pélagique d'un oursin régulier à longues baguettes, bien connu dans l'Atlantique et la Méditerranée, le *Dorocidaris papillata*.

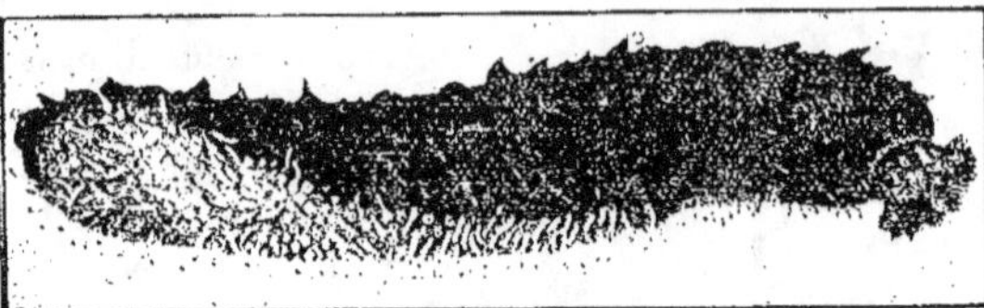

FIG. 235. — Holothurie, d'après Cuvier.

Notre quatrième type est l'Holothurie ou Concombre de mer, dénomination qui donne assez bien l'idée de la forme de la plupart de ces animaux dont le type est figuré ci-contre (fig. 235). La bouche se trouve, entourée de tentacules, à l'une des deux extrémités, et l'animal rampe au moyen d'ambulacres disposés en rangées régulières longitudinales. La peau est épaisse et contient ordinairement un squelette très réduit, formé de corpuscules calcaires microscopiques, utilisés pour la classification ; il n'y a ni piquants ni pédicellaires. Les Holothuries se rencontrent à toutes profondeurs, mais on trouve uniquement dans les grands fonds des holothuries spéciales, à formes variées, souvent colorées en violet comme le curieux *Psychropotes Grimaldii* Hér., qui est muni d'une longue queue, ou en rose comme le *Deima atlanticum* Hér. (fig. 236), dont le corps raide se prolonge en longues pointes rigides à extrémité mousse et disposées symétriquement. Ces formes vivent par environ 4 000^m.

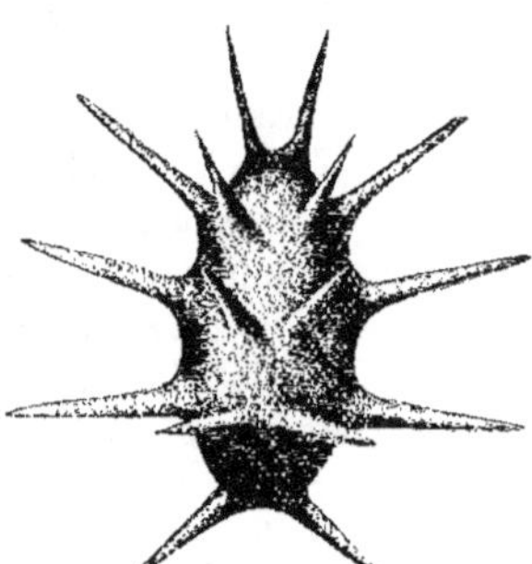

FIG. 236. — *Deima atlanticum* Hérouard.

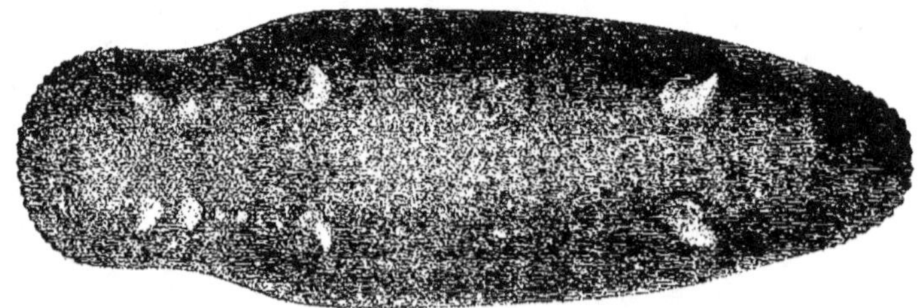

FIG. 237. — *Benthodytes janthina*, d'après Marenzeller (*Hirondelle*).

Le *Benthodytes janthina* Mar. (fig. 237) a été recueilli à près de 3 000^m aux Açores par l'*Hirondelle*. Sa couleur était, sur le vivant, d'un violet intense.

Les Holothuries se nourrissent de matières animales contenues dans la vase ou

dans le sable et des petits animalcules qui s'y trouvent. Quand on excite ces êtres indolents, ils se contractent, deviennent durs, et certains émettent un mucus grâce
auquel ils s'entourent de sable ou de particules variées qui servent aussi à leur défense. Souvent l'animal saisi se contracte et expulse brusquement son tube digestif.
Singulière façon de se défendre ! La bête n'en meurt pas et la régénération se fait
rapidement. Mais si l'animal a rejeté tous ses viscères, il n'en est plus ainsi, et l'holothurie meurt au bout d'un temps qui peut être long : c'est ainsi que M. Hérouard
a vu une peau vidée de cette façon continuer à vivre et à marcher pendant un mois !

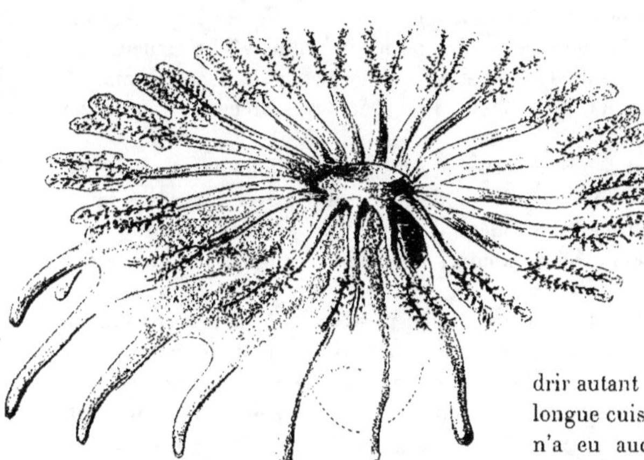

Fig. 238. — *Pelagothuria Bouvieri*, d'après Hérouard (*Princesse-Alice*).

Diverses holothuries, préparées spécialement, font l'objet d'un commerce important et sont consommées sous le nom de *trépang*, notamment en Chine. Nous avons essayé de manger des *Stichopus regalis* qu'on peut attendrir autant qu'on le désire, par une longue cuisson dans l'eau ; ce mets n'a eu aucun succès ; il est particulièrement désagréable de sentir sous la dent les spicules calcaires, pourtant bien petits, qu'il faudrait détruire au préalable par un lavage à l'eau acidulée.

Comme nous l'avons déjà dit, les holothuries rampent sur le fond de la mer. On ne
connaît d'exception que pour un genre, et cette exception constitue en même
temps un des cas d'adaptation les plus extraordinaires que l'on puisse signaler.
C'est celui des *Pelagothuria*, holothuries pélagiques de profondeur, d'un rouge plus
ou moins violacé comme les méduses bathypélagiques. L'ensemble des tentacules
réunis par une membrane rappelle la couronne tentaculaire de certains céphalopodes.
Ces êtres bizarres, découverts par Agassiz à bord de l'*Albatross*, dans le golfe de
Panama, ont été retrouvés par Chun dans l'océan Indien (*Valdivia*) entre 800 et
1 100ᵐ de profondeur. Pendant une campagne récente de la *Princesse-Alice* (1905),
M. E. L. Bouvier recueillit à la surface, dans la mer des Sargasses, un spécimen un peu
altéré d'une forme de ce genre et qui se trouve être nouvelle ; M. Hérouard l'a décrite
sous le nom de *Pelagothuria Bouvieri* et la fig. 238 en reproduit le dessin. Ces échinodermes ressemblent bien plus à des actinies qu'à des holothuries.

Les Crinoïdes sont bien peu nombreux dans les mers actuelles, tandis qu'ils ont
été excessivement abondants aux temps géologiques. La Comatule, que nous prenons

comme type, a un petit corps globuleux d'où partent dix bras très mobiles, pouvant se contourner de mille façons. Le long de ces bras sont insérés de nombreux petits appendices ou pinnules. Au centre de la partie supérieure du corps s'ouvre la bouche ; à l'opposé sont groupés des sortes d'appendices articulés ou cirrhes, au moyen desquels la Comatule s'accroche aux objets : algues, polypiers, roches, etc. Chez d'autres crinoïdes les cirrhes sont remplacés par une tige qui fixe à demeure l'animal sur le fond ; les bras peuvent être multipliés par bifurcations et l'animal épanoui ressemble tout à fait à une fleur ; il s'éloigne ainsi beaucoup, par l'aspect, des autres échinodermes. Les Pentacrines ou Lis de mer, au port élégant, étalés à l'extrémité de leur tige qui peut avoir plus de 3o^{cm} de longueur, ont en effet un facies bien différent de celui que nous présentent les oursins ou les holothuries ! La couleur uniforme de ces pentacrines est d'un bleu verdâtre qui se dissout facilement dans l'alcool en donnant un liquide dichroïque, rosé par transparence, verdâtre par réflexion.

Les crinoïdes, et surtout les comatules, se brisent par autotomie avec une extrême et déplorable facilité. Sur des milliers de comatules prises par 24o^m sur le banc Seine en 1go1, au nord-est de Madère, il nous fut impossible d'obtenir un spécimen intact, malgré divers moyens employés dans ce but ; d'autres fois on arrive à des résultats satisfaisants.

Chez les échinodermes les phénomènes de phosphorescence sont beaucoup moins fréquents et surtout moins bien connus que dans les groupes précédents. Panceri a observé des courants lumineux dans les bras d'une ophiure (*Ophiolepis Balli*) ; l'*Amphiura squamata,* autre espèce du même groupe, présente des points phosphorescents aux articulations des cinq bras. A bord du *Porcupine,* Wyville-Thomson observa la luminosité de l'*Ophiacantha spinulosa* : dans l'obscurité, jaillissaient de ces ophiures des lueurs du vert le plus éclatant ; « de temps en temps une ligne de feu dessinait le disque et l'éclairait jusqu'au centre ; puis la lueur pâlissait et une zone circonscrite, d'un centimètre de longueur, apparaissait au centre d'un des bras, s'avançant jusqu'à sa base, ou bien les cinq branches s'enflammaient vers les extrémités et la lueur s'étendait jusqu'au centre » en dessinant parfois en traits de feu la forme entière de l'animal. Plusieurs Brisingidés, étoiles de mer à disque petit et à bras longs et nombreux, peuvent donner une si belle lumière que certains ont été comparés au *Brisinga,* joyau resplendissant de la déesse Freya (*Brisinga endecacnemos* des mers froides de Norvège).

Vers.

On réunit sous le nom de Vers une foule d'animaux très différents et qui n'ont de commun qu'une apparence vermiforme superficielle, quelquefois même fort vague. Un grand nombre d'entre eux sont parasites dans le tube digestif des poissons et d'autres animaux marins, soit à l'état de larve, soit à l'état adulte. C'est le cas des Vers plats ou Cestodes auxquels appartiennent les Ténias, et celui des Vers ronds ou Nématodes et d'autres encore que nous laisserons de côté parce qu'ils n'ont qu'une importance directe extrêmement faible au point de vue qui nous occupe.

Les Géphyriens sont des sortes de vers ressemblant extérieurement à de petites holothuries et qui vivent dans des conditions analogues. C'est un groupe très restreint qui présente pour nous peu d'intérêt.

Il n'en est pas de même des Bryozoaires dont les espèces, très variées de forme, se présentent à peu près toujours en colonies. Les individus, très petits, ont rarement plus de quelques millimètres et possèdent tous, comme caractère commun, une couronne de tentacules au centre de laquelle est la bouche. Ces tentacules, au nombre de 20 environ, sont délicats, très mobiles, garnis de cils vibratiles ; ils peuvent rentrer dans une gaîne ou se contracter quand l'animal est inquiété. Les bryozoaires vivent fixés sur les corps les plus divers : roches, coquilles, algues, etc. Ils servent souvent à cimenter, pour ainsi dire, les masses de co-

Fig. 239. — *Farciminaria Alice*, d'après Jullien (*Hirondelle*).

raux et d'algues calcaires des récifs où leur rôle est loin d'être négligeable. La colonie, généralement calcaire, est étalée à plat sur le corps étranger, dans toute son étendue, ou bien elle ressemble à certaines algues, ou bien encore elle forme un petit arbuste et a l'aspect de certaines colonies d'hydraires. Le petit arbuste paraît fleuri quand tous les animaux ont étalé leur couronne de tentacules, dont les cils déterminent un courant qui amène à la bouche les particules alimentaires en suspension dans l'eau. Chaque individu de la colonie habite une petite loge, le plus souvent calcaire ou cornée, généralement ornée d'appendices ou de sculptures délicates et variées ; chaque loge a un orifice par où sort la couronne tentaculaire. Certaines colonies possèdent des individus modifiés d'une façon très curieuse : ce sont comme des têtes d'oiseau armées de puissantes mandibules ; ils servent à la défense de la colonie et peuvent, grâce à leur cou, s'incliner dans tous les sens, mordant et ne lâchant les objets saisis que lorsque ceux-ci ne s'agitent

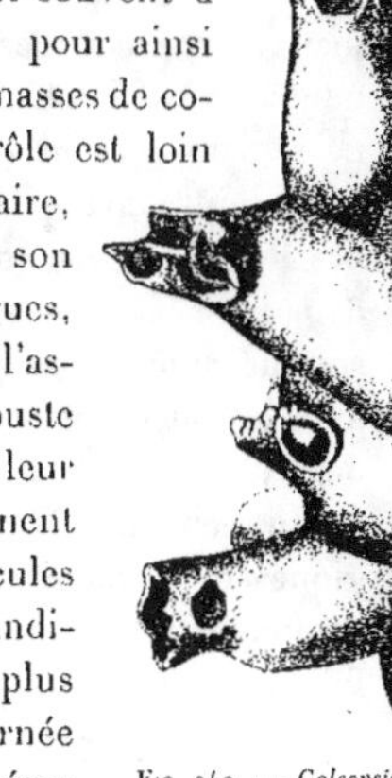

Fig. 240. — *Galeopsis rabidus*, d'après Jullien (*Hirondelle*).

plus, ainsi que nous l'avons déjà vu faire par les pédicellaires des échinodermes.

Fig. 241. — *Diastopora lactea*, d'après Calvet (*Hirondelle*).

La fig. 239 représente l'ensemble d'une colonie de Bryozoaires ayant l'aspect d'une plante, c'est le *Farciminaria Alice* Jull. ; la fig. 240 montre à un fort grossissement quelques individus d'une colonie de *Galeopsis rabidus* Jull. ; enfin nous avons dans la fig. 241 un exemple de colonie étalée en plaque, c'est le *Diastopora lactea* Calvet. Ces trois espèces ont été découvertes au cours des campagnes de l'*Hirondelle*.

Les Bryozoaires se trouvent dans toutes les mers, depuis leur bord jusqu'à des profondeurs assez considérables, mais c'est cependant dans les profondeurs relativement faibles qu'ils présentent leur plus grand développement.

Ils sont peu abondants au delà de 200 à 300ᵐ. Certaines larves de ces animaux, surtout celles connues sous le nom de Cyphonautes, se rencontrent souvent, à des époques déterminées, dans le plankton côtier.

Un autre groupe qu'on rattache aux vers est celui des Rotifères, mais ces êtres microscopiques, qui jouent dans les eaux douces un rôle important et dont certains sont devenus célèbres par leur réviviscence, sont rares dans les eaux marines ; c'est pourquoi nous les laisserons de côté.

Fig. 242. — *Sagitta*.

On recueille très fréquemment dans les pêches pélagiques, quelquefois en grand nombre et jusqu'à de grandes profondeurs, des petits animaux incolores, transparents, ayant parfois une coloration jaune orangé, de 1 à 4ᶜᵐ de long, en forme de fuseau allongé, avec une nageoire à l'extrémité postérieure. Ce sont les vers Chétognathes. La tête porte 6 groupes de grands crochets chitineux avec lesquels le ver saisit les proies qu'il poursuit par bonds, et qui sont le plus souvent des crustacés copépodes. Ces

Fig. 243. — *Lineus geniculatus*.

vers sont essentiellement pélagiques et les filets à grande ouverture en ont ramené de nombreux spécimens atteignant 4ᶜᵐ, à bord de la *Princesse-Alice* ; le genre le plus répandu est la *Sagitta* (fig. 242). Ces animaux forment une partie notable du plankton, surtout à une certaine distance de la surface. On n'est pas encore bien édifié sur leur pouvoir lumineux.

Quant aux Némertiens, ce sont des vers généralement ornés de très vives couleurs ; certaines espèces peuvent atteindre 20^m de long sans dépasser 5^{mm} de largeur. Ils vivent généralement dans les petites profondeurs, au milieu des algues ou dans la vase ; la fig. 243 représente un exemple de ces formes allongées. Les némertiens possèdent une trompe, armée ou non d'un stylet, qu'ils projettent et qui leur sert sans doute d'organe de défense, et aussi à capturer les petites proies dont ils se nourrissent. Il y a exceptionnellement des némertes pélagiques ; elles étaient très rares jusqu'à ces dernières années, mais l'expédition de la *Valdivia*, puis les opérations faites avec le filet vertical à grande ouverture de la *Princesse-Alice* en ont rapporté un assez grand nombre d'exemplaires ; aussi aujourd'hui les collections du Prince de Monaco sont-elles les plus riches à cet égard et M. Joubin y a trouvé des formes nouvelles très remarquables qui vivent sans doute à de grandes profondeurs. Je me contenterai de signaler le *Nectonemertes Grimaldii* Joub. (fig. 244) et le *Pelagonemertes Richardi* Joub. (fig. 245) ; on remarque de suite la différence entre les espèces rampantes comme le *Lineus* (fig. 243) et les espèces pélagiques ; celles-ci se sont adaptées à la vie entre deux eaux en s'aplatissant et en s'élargissant, se développant ainsi surtout en surfaces natatoires.

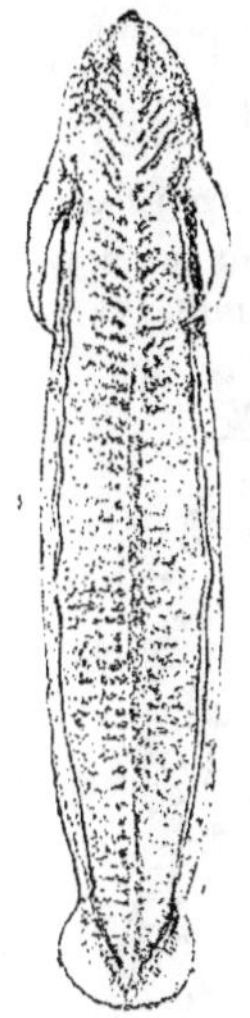

Fig. 244. — *Necto-nemertes Grimaldii*, d'après Joubin (*Princesse-Alice*).

Nous passons maintenant à un groupe que bien des personnes seront étonnées de trouver à cette place, au lieu de le voir signalé parmi les mollusques bivalves ; ce sont les Brachiopodes. Ces animaux sont enfermés en effet dans une coquille à deux valves comme celle des clovisses (*Cardium*). Mais c'est là une ressemblance toute superficielle et l'anatomie comparée démontre que les Brachiopodes n'ont aucun rapport avec les mollusques, mais qu'ils se rapprochent plutôt des bryozoaires. Nous ne pouvons entrer dans les détails ; il nous suffira de faire remarquer que ces animaux vivent fixés sur les objets les plus variés au moyen d'un pédoncule qui traverse l'extrémité de la valve ventrale, et qu'à l'intérieur de la coquille on trouve un animal muni de deux grands bras contournés chacun en spirale et garnis de petits tentacules ou cirrhes. Ces bras commencent aux angles de la bouche ; ce sont là des organes tout à fait spéciaux aux brachiopodes et qui ne se trouvent pas ailleurs ; on ne trouve rien d'analogue surtout chez les mollusques bivalves. Ces êtres bizarres se rencontrent à toutes les profondeurs, dans toutes les mers, mais comme pour les crinoïdes,

Fig. 245. — *Pelagone-mertes Richardi* Joubin, d'après une aquarelle de M. Tinayre.

leur rôle est bien effacé actuellement, en comparaison du développement considérable que ce groupe a présenté dans les temps géologiques. Ces êtres paraissent cependant s'adapter facilement aux conditions nouvelles d'existence ; M. Delage dit que les *Crania* passent facilement de Banyuls à Roscoff et vivent bien 14 mois après, malgré la différence de salinité et de température très appréciable à laquelle ils sont soumis ; le même naturaliste a vu vivre deux mois en aquarium des *Mühlfeldtia* draguées à 200ᵐ de profondeur, ce qui montre leur peu de sensibilité aux écarts de pression.

Les Annélides polychètes sont des vers formés d'anneaux semblables, munis de faisceaux de soies pairs, souvent fixés à des pieds rudimentaires. Les mille-pattes peuvent donner une idée de ces vers, bien qu'ils appartiennent à un ordre tout différent. Les premiers anneaux forment une tête distincte. Les soies des faisceaux latéraux ont des formes excessivement variées : en crochet, fer de lance, sabre, peigne, faux, etc. En outre chaque anneau porte souvent une paire d'écailles protectrices. Ces Annélides peuvent atteindre une grande longueur ; certaines *Eunices* par exemple, ont jusqu'à 2ᵐ. On distingue les polychètes sédentaires et les errantes.

Les premières vivent très souvent dans des tubes qu'elles sécrètent et qui ont fréquemment une consistance parcheminée ; c'est le cas de diverses espèces qui habitent dans les polypiers chez lesquels elles provoquent la formation, autour de leur tube, de véritables tumeurs calcaires ; c'est le cas de l'*Eunice Gunneri* qui vit dans les *Lophohelia prolifera* ; d'autres

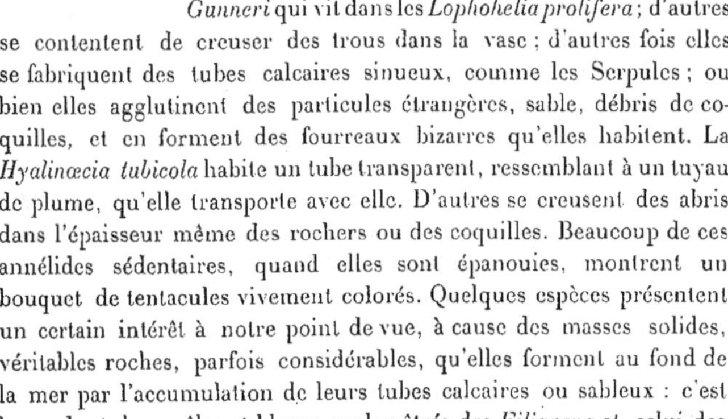

Fig. 246. — Hermelle.

se contentent de creuser des trous dans la vase ; d'autres fois elles se fabriquent des tubes calcaires sinueux, comme les Serpules ; ou bien elles agglutinent des particules étrangères, sable, débris de coquilles, et en forment des fourreaux bizarres qu'elles habitent. La *Hyalinœcia tubicola* habite un tube transparent, ressemblant à un tuyau de plume, qu'elle transporte avec elle. D'autres se creusent des abris dans l'épaisseur même des rochers ou des coquilles. Beaucoup de ces annélides sédentaires, quand elles sont épanouies, montrent un bouquet de tentacules vivement colorés. Quelques espèces présentent un certain intérêt à notre point de vue, à cause des masses solides, véritables roches, parfois considérables, qu'elles forment au fond de la mer par l'accumulation de leurs tubes calcaires ou sableux : c'est

Fig. 247. — *Arenicola piscatorum* (Règne animal).

le cas des tubes grêles et blancs enchevêtrés des *Filigrana* et celui des tubes de sable aggluliné des Hermelles, dont 50 000ᵏᵍ étaient détruits chaque année aux environs de Marseille, d'après Gourret, pour la vente des vers qui les habitent (fig. 246) et servent d'appât pour la pêche aussi bien que l'Arénicole qui vit dans le sable (fig. 247). La Térebelle (fig. 248) appartient aussi à ce groupe. Il faut encore mentionner la *Ditrupa*, qui intéresse l'hydrographie : elle forme de petites coquilles

semblables à de grosses aiguilles courtes incurvées qu'on désigne sous le nom de
« pointes d'alènes » dans les cartes marines de nos côtes du golfe de Gascogne. Elles
y sont souvent abondantes sur le plateau continental.

Les annélides errantes vivent à l'état libre, sans tube protecteur ; aussi les yeux
sont-ils plus développés, ainsi que les appendices natatoires.

Un type bien connu de ce groupe est l'*Aphrodite aculeata*,
gros vers assez court dont les soies très nombreuses et très fines présentent toutes les couleurs du spectre par suite de la décomposition
de la lumière qui tombe sur elles. La plupart
des polychètes errantes sont carnivores et très
voraces ; elles ont souvent des mâchoires puissantes. Les *Nereis* sont si abondantes sur
certains points de nos côtes, vers Marseille
notamment, qu'on les exploite comme amorces
pour la pêche ; il en est de même des *Marphysa*.

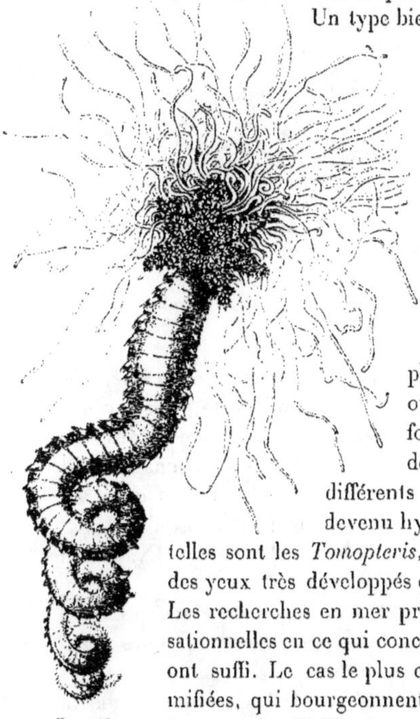

Les Polychètes sont riches en espèces ; la
plupart vivent dans de faibles profondeurs, mais
on en a trouvé jusqu'à plus de 5 600^m. Quelques
formes se rencontrent dans la zone pélagique
des océans et y ont acquis des caractères bien
différents de ceux des formes ordinaires : le corps est
devenu hyalin, c'est-à-dire presque invisible dans l'eau ;
telles sont les *Tomopteris*, les *Alciopa*, etc. Ces dernières ont en outre
des yeux très développés et très compliqués, avec cristallin, rétine, etc.
Les recherches en mer profonde n'ont pas fait faire de découvertes sen-
sationnelles en ce qui concerne les annélides et les cadres admis jusqu'ici
ont suffi. Le cas le plus curieux est sans contredit celui des *Syllis* ramifiées, qui bourgeonnent des ramifications dans les cavités de certaines
éponges des Philippines. Rappelons enfin, en passant, le Palolo, dont
nous avons parlé à propos de la faune des récifs de coraux. Les larves des
annélides forment à certaines époques, une partie appréciable du plankton côtier, et,
à un moindre degré, du plankton du large.

Fig. 248. —
Térebelle.

La phosphorescence, assez répandue chez les polychètes, a son siège dans les points
les plus différents du corps : antennes, élytres, peau, etc., et elle est localisée dans des
glandes unicellulaires en relation avec le système nerveux. Les Chétoptères, vers qui vivent dans des tubes de sable agglutiné, deviennent tout entiers lumineux, d'un vert pâle,
quand on les excite après les avoir retirés de leurs tubes. Le mucus sécrété par les
cellules épithéliales et qui contient des granulations adipoïdes, rend lumineuse l'eau
dans laquelle on l'agite. La *Polynoe fulgurans* émet une lumière verte qui émane uniquement des élytres. Un autre ver, le *Polycirrus aurantiacus* est un des très rares
animaux, sinon le seul, qui donne une phosphorence totale uniformément violette.

CHAPITRE XIII

L'OCÉANOGRAPHIE BIOLOGIQUE (*Suite.*)

LES ANIMAUX MARINS

Les Arthropodes : les Acariens ; les Hémiptères pélagiques (Halobates). — Crustacés : Cladocères ; Ostracodes ; Copépodes ; Cirrhipèdes ; Rhizocéphales ; Pycnogonides. — Amphipodes ; Isopodes ; Schizopodes ; Décapodes : Homards, Langoustes, Crevettes, Pagures, Galathées, Crabes.

Arthropodes.

Dans ce grand embranchement la classe des Crustacés seule joue un rôle, très considérable d'ailleurs, dans la biologie des océans. Cependant les arthropodes à 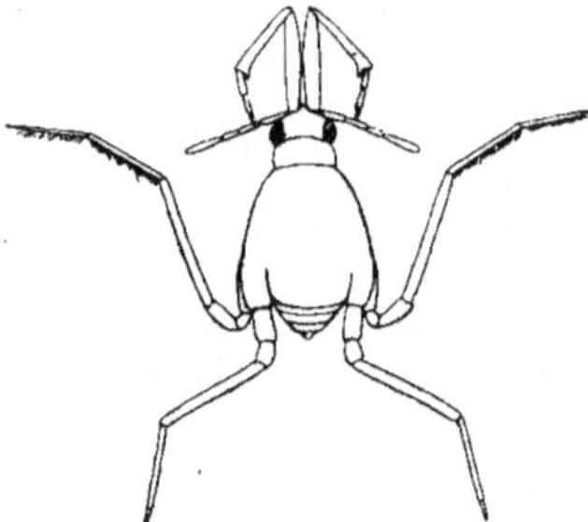 trachées ne sont pas complètement absents, puisque certains acariens vivent constamment sous l'eau dans la région littorale et que d'autres se rencontrent même jusqu'à 1 410^m comme l'a montré M. Trouessart (Expédition du *Caudan*).

Quant aux Insectes, ils ne sont représentés que par quelques hémiptères du genre *Halobates*, voisin d'un genre commun dans nos eaux douces (*Limnobates*). Ces animaux sautent à la surface de l'eau calme des régions chaudes, loin de toute terre ; ils sont dépourvus d'ailes, et tout à fait adaptés à leur genre de

Fig. 249. — *Halobates Wullerstorffi*, grossi 7 fois, d'après E.-L. Bouvier,

vie ; ils plongent très probablement quand ils sont inquiétés ou lorsque la surface est trop agitée. La *Princesse-Alice* a pu rapporter quelques spécimens de ces insectes, difficiles à prendre, soit en 1901 au sud des îles du Cap-Vert, soit en 1905 dans la mer des Sargasses et à une centaine de kilomètres au sud de S. Miguel (Açores) : c'est l'*Halobates Wullerstorffi* que le dessin ci-contre, dû à M. Bouvier, représente dans sa position naturelle à la surface de l'eau (fig. 249).

Les Crustacés ont, au point de vue qui nous occupe, une importance considérable. Beaucoup d'entre eux constituent la partie la plus abondante du plankton, au moins dans de vastes étendues des mers, soit à l'état adulte, soit à l'état de larves et nous savons que le plankton est la base de la nourriture d'une foule d'animaux plus élevés, en particulier de beaucoup de poissons pélagiques. Nous devons donc parler avec quelques détails des animaux de cette classe dont on connaît plus de 6 000 espèces.

Le mot *crustacé* éveille de suite, en général, l'idée d'écrevisse ou de crabe, qui sont en effet des crustacés, mais il en est de beaucoup plus petits d'ailleurs, aussi beaucoup plus importants. Les Crustacés sont des articulés ou arthropodes aquatiques respirant par des branchies et munis de nombreuses pattes articulées ; ils ont une carapace, crustacée chez les grandes espèces, mais très mince et transparente chez les petites formes. Parmi ces dernières et faisant partie du plankton, se trouvent quelques espèces de Cladocères, voisins des Daphnies ou puces d'eau de nos eaux douces ; ils ont rarement plus de 2^{mm} de long et on les reconnaît de suite à leur gros œil frontal noir entouré de cônes cristallins réfringents (*Penilia, Podon, Evadne*). Le premier de ces genres n'était connu jusqu'à présent que vers la Nouvelle-Zélande, Ceylan, les îles de la Sonde, le golfe de Guinée, le golfe du Mexique, et au large de Rio de Janeiro, j'ai recueilli depuis en 1905, avec le petit filet fin étroit, le *Penilia Schmackeri* Rich. dans la Méditerranée.

L'ordre des Ostracodes comprend de petits crustacés enfermés dans une coquille à deux valves, semblables à une moule minuscule qui n'aurait que quelques millimètres de longueur. Ces valves sont le plus souvent transparentes et souvent aussi, ornées de dessins variés. On les rencontre surtout dans la zone pélagique ; beaucoup vivent à une certaine profondeur et viennent la nuit à la surface où le filet fin en prend un grand nombre tandis qu'il n'en prend ordinairement point le jour. D'autres habitent le fond jusqu'à des profondeurs très grandes. Les recherches récentes ont révélé la présence, dans la zone bathypélagique profonde, d'ostracodes géants ayant plus de 10^{mm} de diamètre, sphériques, orangés et présentant deux organes munis d'une surface réfléchissante nacrée d'un brillant éclatant, qui sont sans doute destinés à produire de la lumière, bien que les essais que j'ai pu faire pour vérifier le fait sur les *Gigantocypris* recueillis vivants par la *Princesse-Alice* soient demeurés infructueux ainsi que ceux de Chun. Quelques ostracodes possèdent dans leur lèvre supérieure ou labre des glandes dont la sécrétion produit une vive lueur par son contact avec l'eau, ainsi que l'ont constaté Hansen et Muller.

Les crustacés les plus importants pour la biologie océanique ne sont pas les plus gros (Homards, Langoustes, etc.), mais bien les représentants de l'ordre des Copépodes et particulièrement les Copépodes qu'on appelle *libres,* c'est-à-dire ceux qui ne sont ni parasites ni commensaux d'autres animaux et qui passent toute leur vie à l'état libre dans l'eau. Leur taille varie de $0^{mm},5$ à 12^{mm}, mais ils ont en moyenne 2 ou 3^{mm} de longueur. Leur coloration est très variée, le rouge et l'orangé dominent, le bleu est aussi très fréquent. La fig. 250 nous donne l'aspect général des animaux de ce groupe. La forme du corps est généralement allongée et montre des segments très nets ; la première paire d'antennes est ordinairement très développée chez ces crustacés nageurs qui se multiplient avec une rapidité prodigieuse. En beaucoup d'endroits, dans les mers du nord par exemple, les pêches pélagiques de surface faites au large contiennent souvent, pour ainsi dire uniquement des Copépodes (Calanides), qu'on retrouve au fond du filet sous la forme d'une gelée rouge ou orangée ayant l'odeur de poisson ; cela est fréquent pour certaines espèces telles que le *Calanus finmarchicus* qui vit en bancs immenses et épais, servant de nourriture à beaucoup de poissons et même aux baleines ainsi qu'à d'autres cétacés et à des oiseaux de mer. Les baleiniers américains appellent ces bancs « nourriture de baleines » ; quand, après la ponte des copépodes les bancs deviennent jaunes, ils disent que la nourriture des baleines est mûre et si les copépodes disparaissent, c'est le signe que les baleines vont partir. A d'autres moments les bancs forment d'énormes taches rouges ayant plusieurs kilomètres d'étendue et qui attirent de grandes quantités de harengs, de maquereaux, etc., le

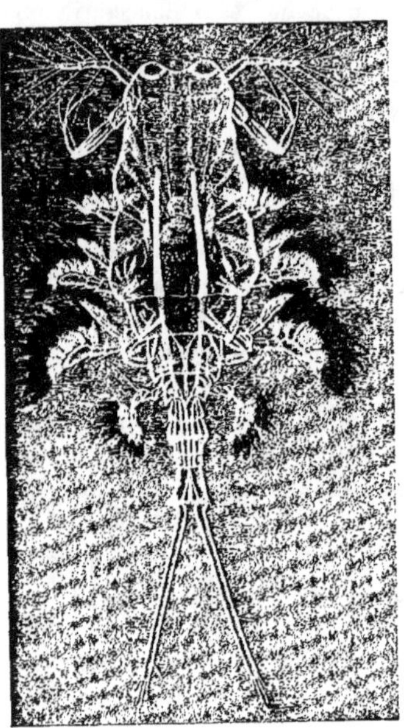

Fig. 25o. — *Copilia vitrea*, d'après Giesbrecht (Fauna u. Flora de Naples).

long des côtes d'Écosse et de Norvège. L'eau en est rendue opaque, et ces poissons devenus gras se laissent alors prendre facilement. On prétend même que les harengs sont de qualité différente suivant les copépodes dont ils se nourrissent. La valeur de cette nourriture vivante étant considérable ainsi qu'on vient de le voir, on comprend aisément qu'une étude biologique complète des espèces qui la constituent figure au programme de recherches du Conseil permanent international pour l'exploration de la mer ; de nombreux travaux dans ce sens ont déjà été entrepris et MM. Paulsen et Schmidt ont reconnu par exemple que les jeunes morues pélagiques subissent les mêmes déplacements que les calanides qu'elles suivent et dont elles vivent ; ils ont vu aussi que la pêche des harengs est fructueuse là où ces copépodes abondent, amenés par le courant d'Irminger. Ainsi en juillet et août, au nord de l'Islande, un bateau norvégien à vapeur a pris en quelques heures plusieurs centaines de barils de harengs. Comme on le voit une fois de plus, la relation entre les courants, le plankton et l'abondance des poissons utiles à l'homme, est évidente et l'étude des courants est la base de la pratique raisonnée et scientifique des pêcheries ; on ne saurait trop répéter cette proposition.

Quelques espèces de copépodes sont curieuses par leur façon de sauter hors de l'eau à plusieurs reprises, ce sont les copépodes volants de M. Dahl.

A côté des formes colorées dont il vient d'être question, il y en a de tout à fait incolores. D'autres, tels que les Saphirines, tout en étant hyalines, offrent, avec les nuances les plus variées, des jeux de lumière extraordinairement vifs et brillants, suivant les mouvements que font ces animaux par rapport à l'œil de l'observateur. Ces colorations sont dues à des phénomènes purement physiques de décomposition de la lumière par des structures spéciales des téguments et la phosphorescence n'intervient pas dans ce cas. Tous ces copépodes pélagiques se nourrissent des éléments plus petits du plankton, diatomées, péridiniens, radiolaires et aussi de larves de leur propre espèce. Beaucoup vivent à une grande distance de la surface sans jamais y arriver ; c'est pourquoi un grand nombre d'espèces nouvelles bathypélagiques ont été rapportées par les expéditions récentes, surtout celles de la *Valdivia* et de la *Princesse-Alice* qui se sont attachées à la recherche des êtres qui vivent profondément entre deux eaux.

On rencontre chez les Copépodes des particularités extrêmement curieuses dont nous ne pouvons mentionner ici que quelques-unes et encore très brièvement : ainsi, parmi les Calanides se trouve un genre (*Pleuromma*) dont la plupart des espèces portent soit à droite, soit à gauche, sur le côté du céphalothorax, un petit bouton glandulaire très foncé dont on ignore la fonction et qui n'est pas lumineux ; peut-être est-ce un *œil thermoscopique* destiné à percevoir les rayons calorifiques comme un organe analogue étudié par M. Joubin chez un Céphalopode ? La présence d'un orifice reconnu par Giesbrecht rend cependant cette hypothèse peu vraisemblable. La famille des Corycéides dont *Copilia* fait partie (fig. 250) est remarquable par les dimensions énormes des yeux très convexes qui s'étendent parfois depuis le front jusque dans l'abdomen !

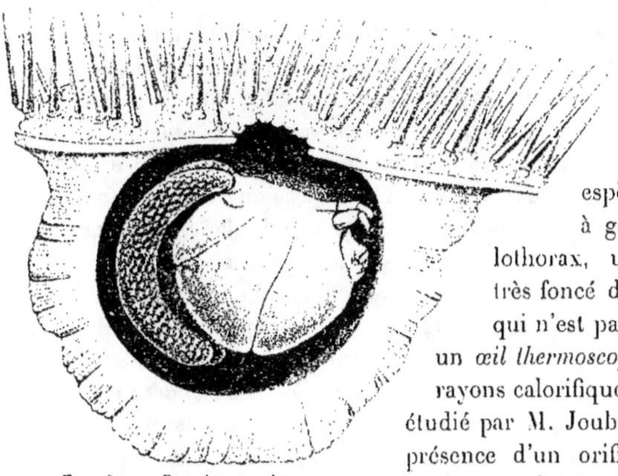

Fig. 251. — *Pionodesmotes phormosomæ*, d'après Bonnier (*Princesse-Alice*).

Nous ne citons que pour mémoire les nombreux copépodes commensaux des Ascidies, des Salpes, etc., ou parasites des autres animaux, notamment des poissons. Les copépodes parasites des poissons sont déformés d'une façon extraordinaire par le parasitisme, mais malgré l'intérêt qu'ils présentent à certains points de vue, nous devons les laisser de côté. Signalons cependant un copépode parasite des oursins mous qui provoque à la face interne du test la formation de galles dont nous avons déjà parlé ; la fig. 251 représente la coupe d'une de ces galles avec un des parasites (*Pionodesmotes phormosomæ* Bonn.) qui y est prisonnier, sa taille l'empêchant de passer par l'orifice étroit.

La phosphorescence est relativement rare chez les copépodes ou plutôt le nombre des espèces douées de cette propriété est assez restreint ; Giesbrecht, qui a étudié spécialement cette question, n'a reconnu la luminosité que chez cinq espèces de copépodes de la baie de Naples. C'est dans le genre *Metridia* que le phénomène a été d'abord observé par Fabricius en 1780 sur des myriades de spécimens dans le détroit de Davis. Pendant l'expédition suédoise au Spitzberg la luminosité de *Metridia armata* fut observée en décembre 1872 et janvier 1873 dans la Mosselbay. D'après

Lilljeborg, les animaux lumineux se trouvaient en partie dans l'eau, en partie sur la neige mouillée du rivage, et même sur la neige sèche. La neige était lumineuse dans l'obscurité, par — 10° C.

J'ai pu souvent constater comme le Dr Giesbrecht qu'une pêche pélagique riche en copépodes lumineux présente, lorsque le filet de soie s'égoutte, une multitude de points lumineux verdâtres. Si, comme je l'ai fait souvent, une récolte de ce genre est portée à l'intérieur de la chambre noire, dans de l'eau de mer, on obtient un spectacle merveilleux en ajoutant à l'eau quelques gouttes de formol, des milliers de lueurs verdâtres apparaissent, s'éteignent, se renouvellent. En étudiant de près les animaux vivants, sous le microscope, Giesbrecht a le premier constaté que la luminosité chez les copépodes est due à une sécrétion produite par des glandes cutanées spéciales d'une couleur jaune-verdâtre, se distinguant par là des autres glandes cutanées incolores ; leur contenu est en partie formé de gouttelettes de même couleur. Quelquefois ces gouttelettes sont chassées au dehors avec force. Le nombre et la position de ces glandes photogènes présentent chez les deux sexes de chaque espèce une situation toujours la même et un nombre constant. Les *Oncœa* ont au moins 70 glandes photogènes, il n'y en a que 18 chez *Pleuromma abdominale*. Les *Heterochæta* en ont au moins 36 et Giesbrecht a remarqué que les espèces de ce genre vident d'un seul coup leurs glandes lumineuses, tandis que les *Pleuromma* en ont toujours quelques-unes en réserve, de façon à répondre par de la lumière à des excitations successives, et c'est pourquoi ils se prêtent si bien à l'expérimentation. La matière des glandes ne devient lumineuse qu'au contact de l'eau, que les crustacés soient morts ou vivants, ou même trois semaines après leur dessiccation. Giesbrecht a vu que l'ammoniaque en solution faible et d'autres corps ont la propriété de provoquer l'évacuation des glandes photogènes, tandis que les acides et d'autres substances empêchent cette évacuation mais sans supprimer la propriété photogène du contenu des glandes, car si on vide artificiellement celles-ci dans l'eau même acide la luminosité apparaît. Il faut et il suffit pour cela que le contenu des glandes vienne en conctact avec l'eau ; le liquide lumineux vert-bleuâtre qui est émis est plus ou moins visqueux et collant au verre.

Giesbrecht suppose que la luminosité des copépodes sert à induire leurs ennemis en erreur ; quand ils sont poursuivis, ils expulsent la substance photogène détournant ainsi l'attention sur la tache lumineuse alors qu'eux-mêmes s'échappent ; on sait en effet que beaucoup de poissons et d'autres animaux capables de manger les copépodes sont curieux et attirés par une lumière subite au lieu d'en être effrayés. Il y a des procédés de pêche basés sur cette attraction exercée par la lumière et le Prince a fait en de nombreuses localités, en général au mouillage et quelquefois en pleine mer, des expériences sur l'attraction des animaux pélagiques au moyen de la lumière artificielle : « Une lampe électrique étanche, de 50 bougies, descendue à 2^m de profondeur, était entourée au bout de 5 minutes par un nuage de crustacés et d'annélides très petits..., il venait aussi des poissons tels que des scopélidés, des poissons volants... et même des céphalopodes. » Il est possible aussi que suivant les idées de Brandt et de Dahl, les copépodes profitent de la répulsion qu'inspirent à leurs ennemis une foule d'animaux marins urticants et lumineux en agissant à leur façon.

Les Cirrhipèdes sont bien différents de tous les autres crustacés en ce qu'ils sont fixés à des corps étrangers, et cela explique les modifications qu'ils ont subies pour s'adapter à un nouveau genre de vie. Ce n'est qu'à l'état de larves, et quand ils ont la forme d'un petit ostracode d'environ 1ᵐᵐ de long, qu'ils sont libres et nagent en pleine mer ou près de la côte en faisant partie du plankton. Mais ils ne tardent pas à se fixer, par exemple sur les épaves qui se garnissent ainsi d'Anatifes dont chacun a l'apparence d'un coquillage blanc-bleuâtre attaché à l'épave par un long pédoncule jaune brun, mou, contractile. La fig. 252 montre trois *Lepas anatifera* dont le pédoncule est contracté. Nous avons souvent rencontré en plein Atlantique de vieilles épaves alourdies par des milliers d'anatifes hébergeant parmi eux de petits crabes, des nudibranches, des amphipodes, etc., en un mot toute une faune spéciale ; on trouve des anatifes sur les objets les plus divers : tortues, bouchons, ponces, fragments de machefer flottants, etc. En certains cas des bulles d'air sont emprisonnées dans un mucus collé au flotteur initial alourdi et le rendent plus léger. A l'intérieur de la coquille, dont les deux valves sont formées de plusieurs plaques calcaires juxtaposées, se trouve l'animal, dont les pattes sont transformées en cirrhes articulés très poilus et formant une sorte de touffe qui sort et rentre constamment, provoquant ainsi le renouvellement de l'eau et servant à attirer les particules alimentaires qu'elle contient ; cela n'empêche pas ces animaux de se servir aussi de leurs cirrhes pour maintenir des objets

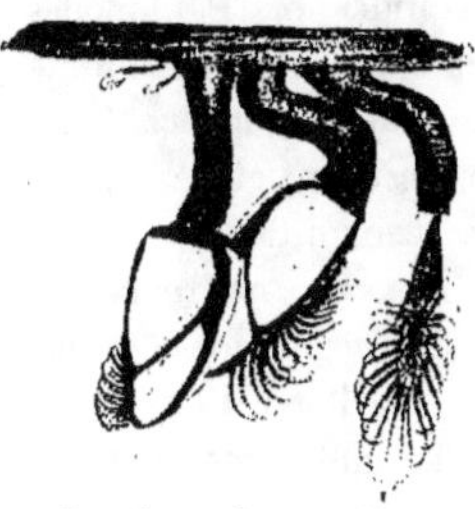

Fig. 252. — *Lepas anatifera.*

plus volumineux. J'ai vu des Anatifes tenir ainsi une Vélelle qu'ils étaient occupés à dévorer ; à leur tour, ils sont la proie des tortues et de certains poissons. Des espèces voisines des précédentes, mais à pédoncule très réduit, se rencontrent dans de grandes profondeurs, fixées à des rochers, polypiers, etc., tel est le *Scalpellum Grimaldii* pris aux Açores entre 845ᵐ et 1 230ᵐ ; *S. debile*, ramené de plus de 5 000ᵐ pendant les campagnes de la *Princesse-Alice*. D'autres formes sont fixées directement sur le corps étranger, sans pédoncule, leur coquille est alors polygonale ; telles sont les Balanes, si nombreuses sur les rochers au bord de la mer et les *Verruca* qui atteignent de grandes profondeurs.

Il existe un groupe de cirrhipèdes qui vivent uniquement sur les Cétacés : les *Xenobalanus* se fixent le plus souvent à l'extrémité des nageoires, non seulement sur les globicéphales, comme on semblait le croire jusqu'à ces derniers temps, mais encore sur les orques, sur les grampus et même sur les dauphins ainsi que les campagnes du Prince de Monaco ont permis de le constater. Les *Coronula* sont des sortes de balanes qui ne vivent que fixées sur les baleines.

Quant aux Rhizocéphales, parasites des crustacés supérieurs, ils sont tellement transformés par le parasitisme qu'ils ne présentent plus que l'aspect d'un sac informe, sans membres, d'où partent dans l'intérieur du corps de la victime des sortes de racines ramifiées qui en aspirent les sucs. Seule l'étude du développement de ces êtres bizarres a permis de s'assurer que ce sont des crustacés du groupe des cirrhipèdes ; on en trouve aussi bien chez les crustacés des profondeurs que chez ceux de la côte. Les Peltogaster sont de petits sacs jaunes, allongés, fixés sur l'abdomen des pagures. Nous en avons trouvé sur *Eupagurus variabilis* par 618ᵐ. Les Sacculines ont une forme plus trapue, un peu semblable à celle d'un gros haricot renflé et court; on les trouve fixées sous l'abdomen des crabes, chez *Geryon affinis* par exemple

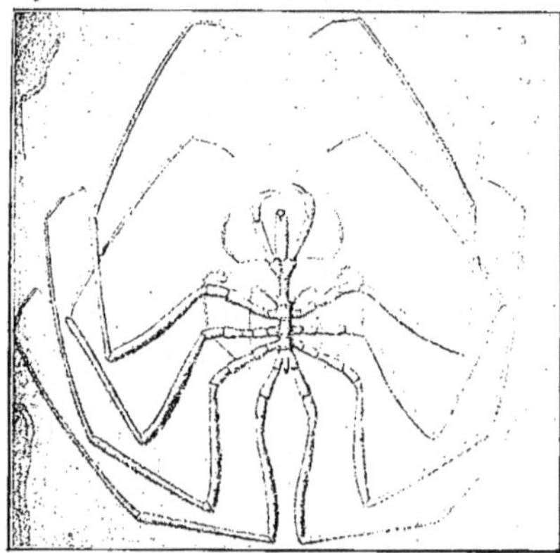

Fig. 253 — *Colossendeis* (*Challenger*).

jusqu'à 1165ᵐ de profondeur. Ces parasites produisent au plus haut degré chez leurs hôtes le phénomène de la castration parasitaire bien mis en lumière par Giard et dont le résultat est d'empêcher les individus atteints de se reproduire.

Les Pycnogonides ou Pantopodes sont des crustacés tout en pattes comme l'exprime ce nom de pantopodes. C'est un groupe très restreint et très homogène. Dans les eaux littorales de nos régions tempérées on ne rencontre que des espèces petites, jaunes ou vertes, tandis que dans le nord on trouve des formes aussi grandes que celles des grands fonds des mers tempérées ou chaudes. Ces animaux bizarres ont un corps très étroit (fig. 253), juste de quoi donner insertion aux pattes, de sorte que la place manque pour loger les viscères dans le corps proprement dit, et le tube digestif obtient le développement qui lui

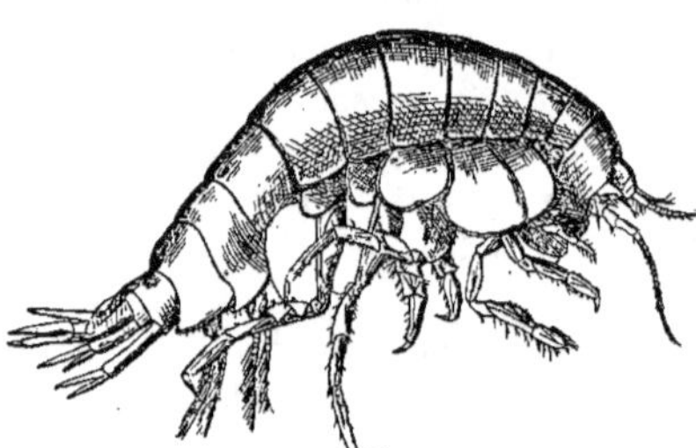

Fig. 254. — *Cyclocaris Guilelmi* Chevreux.

est nécessaire en envoyant de longs prolongements fort loin dans les pattes ambulatoires. Celles-ci sont en général au nombre de 4 paires, ce qui a fait classer les pycnogonides parmi les arachnides par certains auteurs. Mais voici que les expéditions antarctiques récentes de la *Discovery* et de la *Scotia* ont rapporté des pycnogonides à cinq paires de pattes, dont le type, connu depuis longtemps déjà, avait passé inaperçu jusqu'au jour où M. Hodgson

a attiré l'attention sur lui (*Pentanymphon*, etc.). Ces animaux marchent lentement parmi les algues et les plantes marines, etc. ; mais les espèces abyssales se rencontrent souvent sur les fonds rocheux ; les *Colossendeis* y sont fréquents, notamment près des Açores ; ils sont des plus curieux par leur forme grêle qui les fait ressembler à de grands Phalangiums dont le corps, étroit et allongé, serait à peine plus épais que les pattes. Le *Colossendeis gigas* Hoek, dragué par l'*Hirondelle* a des pattes grêles dépassant 20^{cm} de long ; il est d'un beau rouge-orangé. La tête est aussi longue et quelquefois plus épaisse que le corps lui-même et on est très enclin à la prendre pour l'abdomen qui, lui, est presque imperceptible. L'ensemble offre un aspect vraiment curieux (fig. 253).

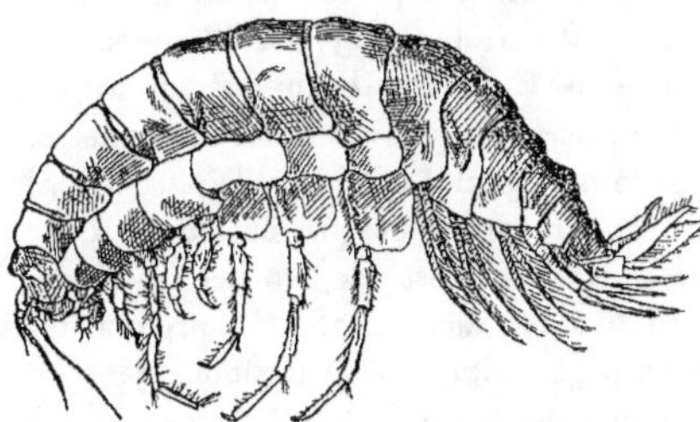

FIG. 255. — *Alicella gigantea* Chevreux.

Quant aux Amphipodes, on se représentera de suite l'aspect général de ces crustacés quand nous aurons dit que les Talitres ou puces de mer, qui sautent de tous côtés lorsqu'on remue les algues et les détritus laissés par la mer à marée basse, font partie de cet ordre, ainsi que les crevettines de nos ruisseaux. Le nombre des espèces est considérable, leurs formes très variées ; le nombre des individus d'une même espèce est quelquefois immense et incroyable ; c'est ainsi que dans le port de St-Jean de Terre-Neuve, en 1887, une nasse de l'*Hirondelle* rapporta une quantité d'*Orchomenella minuta* Kröyer capable de remplir un bocal de trois litres ; or chaque individu ne mesure pas 1^{cm}. La taille de ces crustacés dépasse rarement 2^{cm} ou 3^{cm} et certains sont presque microscopiques. Mais il y a quelques rares espèces qui atteignent des dimensions beaucoup plus grandes. Tel est *Euryporeia gryllus* qui arrive à 6 ou 7^{cm}. La *Princesse-Alice* en a souvent ramené dans ses nasses immergées jusqu'à 5005^m en 1897 entre le Portugal et les Açores. Elle en a trouvé en 1898 au large des îles Lofoten par 1095^m et,

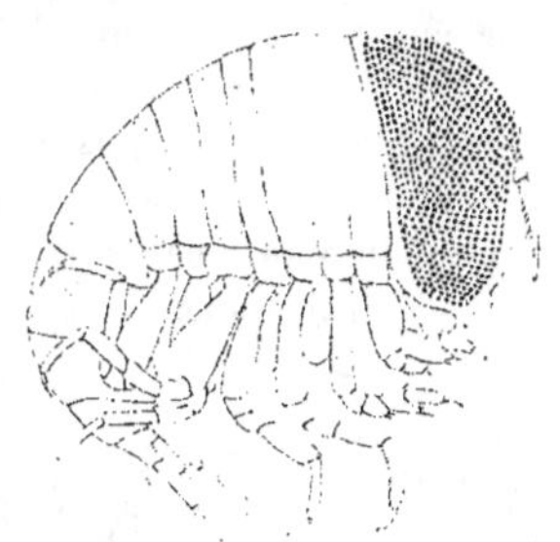

FIG. 256. — *Hyperia schizogeneios* Stebbing.

chose bizarre, un individu de cette même espèce a été rendu par un pétrel (*Fulmarus glacialis*), par 74° de latitude, au-dessus d'un fond de 3 220^m ; il avait sans doute été trouvé mort et flottant à la surface.

La nasse revenue de 1 095^m au large des

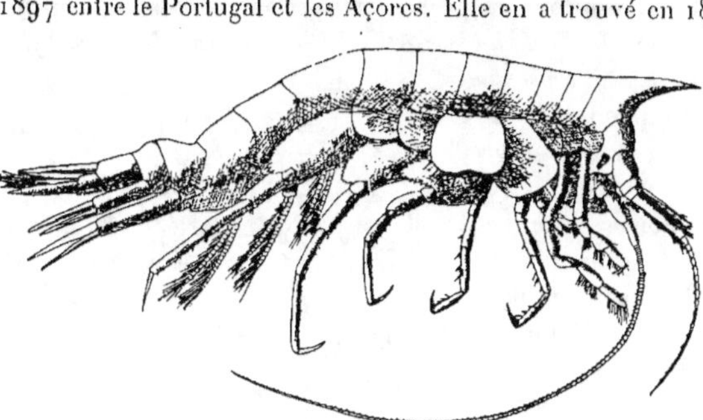

FIG. 257. — *Cyphocaris Richardi* Chevreux.

Lofoten avait rapporté encore d'autres amphipodes très remarquables, tels que *Hyperia Voringeni* Sars, plusieurs centaines d'*Anonyx nugax*, plusieurs milliers d'*Or-*

chomene pectinatus, enfin une espèce nouvelle d'un genre qu'on ne connaissait qu'aux environs de Tahiti, dans le Pacifique ; elle a été nommée par M. Chevreux *Cyclocaris Guilelmi* (fig. 254) en l'honneur de l'Empereur Guillaume II qui assistait, à bord de la *Princesse-Alice*, à la levée de la nasse. Mais le plus grand, et à la fois le plus abyssal des Amphipodes, a été pris au moyen d'une nasse dans la fosse de Monaco, au sud-ouest de Madère, par 5 285ᵐ de profondeur. Ce crustacé, alors nouveau comme genre et comme espèce, est le géant du groupe ; il atteint 14ᶜᵐ de long. M. Chevreux l'a décrit sous le nom de *Alicella gigantea* (fig. 255).

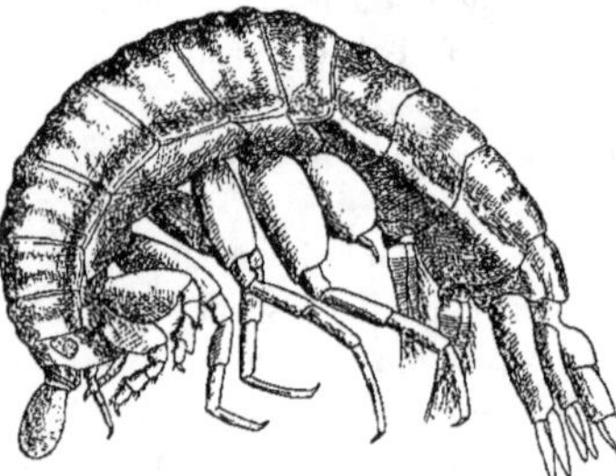

Fig. 258. — *Vibilioides Alberti* Chevreux.

Les couleurs des Amphipodes sont souvent très vives, quelquefois elles manquent totalement et alors l'animal est hyalin et incolore ; c'est le cas des *Phronima* adaptés à la vie pélagique et qui vivent généralement dans une sorte de tonnelet gélatineux ouvert aux deux bouts et provenant sans doute d'un pyrosome mort. Il y a une quantité d'amphipodes pélagiques (Hypérines) remarquables par le développement des yeux qui sont volumineux et très riches en cônes cristallins (fig. 256). Beaucoup d'espèces vivent loin de la surface entre deux eaux, ainsi que l'ont montré surtout les pêches bathypélagiques de la *Valdivia* et de la *Princesse-Alice*. C'est le cas des *Brachyscelus crusculum* qu'on n'observe pas à la surface, mais qu'on trouve fréquemment dans l'estomac d'un petit thon appelé germon. C'est le cas aussi de divers amphipodes ramenés récemment par le filet vertical à grande ouverture, immergé jusqu'à 5 000ᵐ de profondeur, et dont plusieurs espèces nouvelles ont été décrites par M. Chevreux : *Cyphocaris Alicei, Cyphocaris Richardi* remarquable par la terminaison en pointe de sa tête (fig. 257), *Vibilioides Alberti* (fig. 258) ; enfin les fig. 259, 260, 261 montrent la variété d'aspect que peuvent présenter les amphipodes. Ce sont

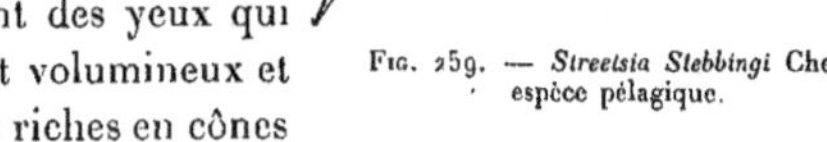

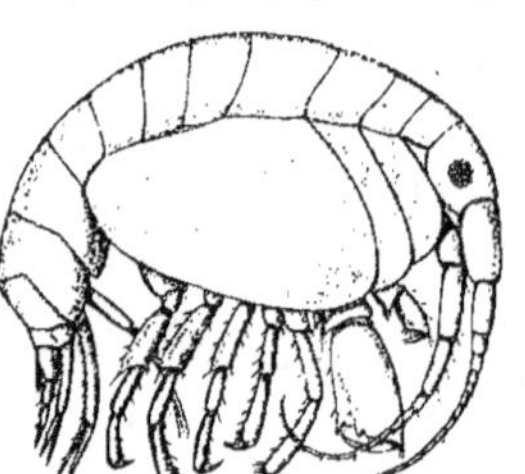

Fig. 260. — *Stenothoides Perrieri* Chev. pris sur une astérie (*Hirondelle*, 150ᵐ, Terre-Neuve).

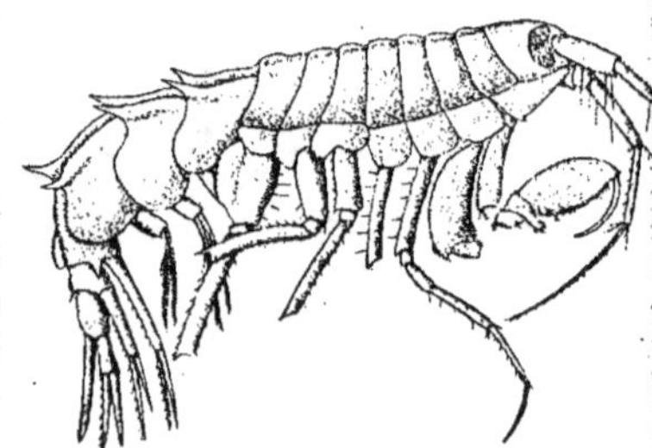

Fig. 259. — *Streetsia Stebbingi* Chev., espèce pélagique.

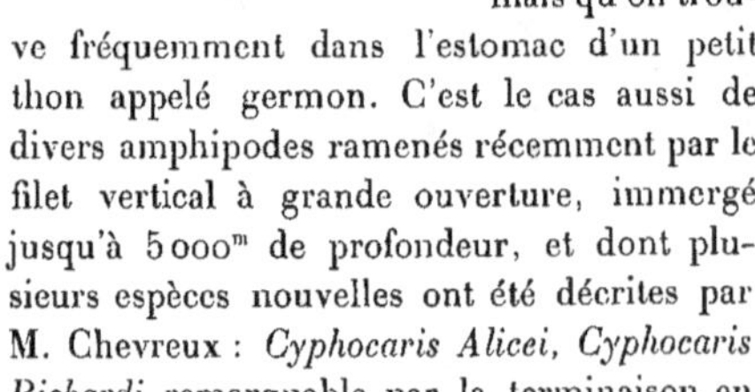

Fig. 261. — *Rhachotropis Grimaldii* Chev. (*Hirondelle*, 510ᵐ, golfe de Gascogne).

des animaux extrêmement voraces ; un squale de 0^m,80 (*Centrophorus*), pris dans une nasse immergée à 2 620^m avait l'intérieur complètement dévoré par ces crustacés ; « la peau intacte s'affaissa comme un sac vide quand elle fut sortie de l'eau » ainsi que l'a très bien exprimé le Prince ; ces êtres nettoient un squelette de poisson comme les fourmis font d'un squelette de rongeur. Quelques espèces sont parasites, tels les poux des baleines ou Cyames, qui ont un aspect tout différent de celui des formes libres.

Jusqu'ici la phosphorescence était inconnue chez les Amphipodes, je parle bien entendu de la phosphorescence normale et non de celle que présentent certains de ces crustacés envahis par des bactéries photogènes. Récemment M. Woltereck a signalé parmi les amphipodes recueillis par la *Valdivia* des formes du genre *Scypholanceola*, munis de chaque côté d'organes ressemblant fort à ceux qui ont été mentionnés plus haut pour les *Gigantocypris* ; la portion extérieure, en forme d'entonnoir, a un éclat irisé et sert de réflecteur pour la lumière qu'émet sans doute la glande qui est située au fond de l'organe.

Les Isopodes sont des crustacés très voisins des précédents, mais au lieu d'avoir le corps étroit et comprimé latéralement, ils l'ont plutôt large et comprimé en sens contraire. Les Cloportes, si fréquents dans les caves et les endroits humides, sont des isopodes et beaucoup d'espèces marines ont la même forme générale. Leurs dimensions varient comme chez les amphipodes, puisque le *Talisman* a recueilli un *Bathynomus giganteus* de plus de 10^{cm} de long. Beaucoup d'isopodes de forme normale (*Anilocra, Cymothoa*) sont parasites dans la bouche ou sur la peau de poissons très variés. Parmi eux il faut signaler une espèce nouvelle du genre *Livoneca*, qui vit dans la bouche d'un poisson (*Synaphobranchus pinnatus*) qu'on prend fréquemment dans les nasses immergées entre 1 000 et 2 000^m de profondeur. La femelle qui atteint 6 à 7^{cm} de long, vit souvent à côté du mâle qui est beaucoup plus petit.

Un très grand nombre d'autres isopodes sont au contraire très déformés par leur genre de vie ; ce sont ceux qui vivent en parasites chez une foule de crustacés appartenant à tous les groupes ; les Bopyriens, parasites des crustacés supérieurs et notamment des crevettes, sont plus particulièrement connus. Mais les isopodes parasites ont eux-mêmes des parasites ; on connaît même un isopode parasite d'un autre isopode qui est lui-même parasite d'un amphipode ! De tous les effets produits par la présence du parasite, le plus important est la castration parasitaire que j'ai déjà signalée à propos des cirrhipèdes parasites des crustacés ; il se traduit comme le dit M. Giard « par la régression plus ou moins complète des organes génitaux mâles et femelles sous l'influence du parasite, et les phénomènes physiologiques ou morphologiques qui accompagnent cette régression ». La plupart du temps l'animal parasité est stérile et perd plus ou moins ses caractères sexuels extérieurs, de sorte que s'il s'agit d'un mâle, on croit avoir affaire à une femelle stérile.

On connaît aussi quelques isopodes pélagiques mais ils sont loin d'avoir l'importance, par le nombre et l'intérêt, des amphipodes qui vivent entre deux eaux. On a rencontré de ces crustacés jusque vers 5 000^m de profondeur, mais en très petit nombre ; parmi eux la famille des Munnopsidés ne compte que des espèces aveugles.

Si on approche un foyer lumineux de la surface de l'eau, dans certaines localités, un grand nombre d'animaux sont attirés et parmi eux souvent de petits isopodes ; c'est dans ces conditions que nous avons recueilli en abondance l'*Eurydice spinigera* Hansen, dans la rade de Safi (Maroc) et ailleurs.

Laissant de côté les Cumacés et les Squilles, nous passons de suite aux Schizopodes qui présentent pour nous le plus vif intérêt. La plupart de ces animaux ressemblent à de petites crevettes et ont 8 paires de pattes partagées en deux branches bien développées. On peut les diviser en quatre groupes : 1° les Lophogastridés, renfermant les espèces nombreuses du genre *Gnathophausia*, auquel appartiennent les plus grands schizopodes, qui peuvent atteindre 15^{cm} (*G. ingens*). Certaines espèces, d'un beau rouge écarlate, ont la carapace prolongée en avant et en arrière, en une longue pointe aiguë (*G. zoea, G. elegans*). 2° Les Eucopiidés ont été représentés longtemps par une seule espèce (*Eucopia australis*), sorte de petite crevette, de nuances variées dans le rouge-orangé, très répandue dans les

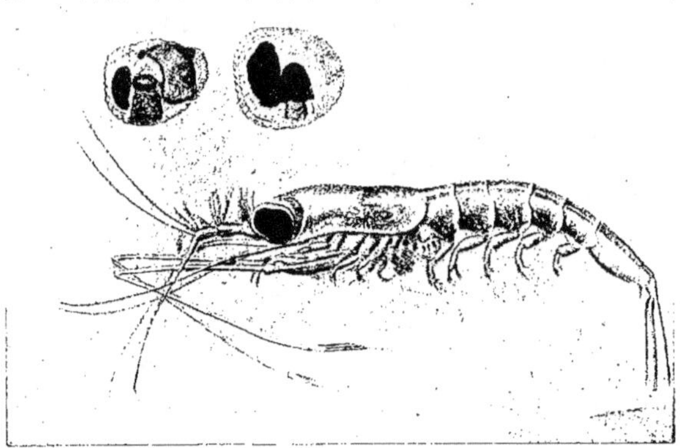

Fig. 262. — Nematoscelis mantis, d'après Chun.

couches profondes de toutes les mers. En 1904 la *Princesse-Alice* a pris une nouvelle forme de ce genre dans l'Atlantique (*E. intermedia* Hansen) et on en connaît d'autres. Tandis qu'on ne rencontre aucun organe lumineux dans les deux groupes qui précèdent, on en observe un grand nombre dans le suivant. 3° les Euphausidés ; les genres *Euphausia, Thysanopoda, Nyctiphanes, Thysanoessa, Nematoscelis* (fig. 262) ont les organes lumineux disposés ainsi : une paire à la base des pattes de la première paire, une paire à la base des branchies de la dernière paire, un organe lumineux sur la ligne médiane ventrale de chacun des 4 premiers segments abdominaux. En outre, chez certains *Euphausia*, il y a un organe analogue immobile à la face interne supérieure du pédoncule oculaire, tandis que les autres organes lumineux sont mobiles, actionnés par des muscles spéciaux. Ils comportent tous une couche de pigment périphérique, un organe central photogène, et une lentille convergente incolore. On a longtemps désigné ces organes sous le nom d'*yeux accessoires* avant de connaître leur faculté d'émettre de la lumière. Les espèces du genre *Stylocheiron* ont quelques organes de moins que les précédents, mais chez le mâle ils sont plus développés et munis d'une lentille accessoire. C'est aussi dans ce genre qu'on observe une différenciation prononcée au plus haut degré dans la conformation des yeux. Ceux-ci sont très développés et, de plus, étranglés en quelque sorte en deux parties, l'une frontale, l'autre latérale, chacune ayant son rôle spécial. 4° les Mysidés sont les plus abondants des schizopodes, ils sont généralement de petite taille, de 10^{mm} à 30^{mm} en moyenne ; *Boreomysis scyphops*, qui mesure 85^{mm}, est le géant de la famille. Les mysidés sont dépourvus d'organes lumineux, et si la plupart ont des yeux bien développés il en est d'aveugles, comme l'espèce précédente recueillie à 3 560^{m} dans les mers du sud, comme le *Petalophthalmus armiger* ramené de 4 500^{m} et dont les yeux sont réduits à deux petites feuilles minces, ovales et complètement dépourvus de pigment et d'éléments visuels. Les *Pseudomma* sont également aveugles.

Les schizopodes, en particulier certains mysidés (*Mysis oculata* par exemple), se rencontrent parfois en bancs immenses et servent de nourriture aux baleines, aux phoques, et à beaucoup d'autres animaux des régions polaires.

Le nombre des espèces de schizopodes connus a été considérablement augmenté récemment par les pêches bathypélagiques exécutées par la *Princesse-Alice* jusqu'à plus de 5 000^{m} de profondeur.

Les schizopodes que nous venons d'examiner nous amènent tout droit aux Décapodes macroures, parmi lesquels d'ailleurs les placent aujourd'hui les spécialistes les plus compétents. Ce sont des crustacés allongés, munis de cinq paires de pattes thoraciques et d'une longue queue ou abdomen : crevettes de toutes sortes, homards, langoustes, connus de tout le monde et qu'il suffit de désigner. Leur classification est surtout basée sur la structure des branchies et les particularités des appendices.

Les Scyllaridés ressemblent à des langoustes dont le dos serait surbaissé et dont les longues antennes seraient réduites à des plaques courtes et larges. Ils vivent en général dans les faibles profondeurs des régions chaudes et tempérées. Les *Scyllarus arctus* sont très communs dans la Méditerranée ; le *S. latus* atteint jusqu'à plus de 30^{cm} de longueur, il est plus rare que le précédent.

Les Palinuridés comprennent les nombreuses espèces de langoustes de nos pays et des mers chaudes. Certaines, comme le *Palinurus tumidus* de la Nouvelle-Zélande atteignent 60^{cm} de longueur, sans les antennes, tandis que l'espèce commune d'Europe (*P. vulgaris*) ne dépasse pas 45^{cm}. Ces crustacés font l'objet d'un commerce important, car leur chair est très appréciée ; on les prend à des profondeurs peu considérables, généralement au moyen de nasses. Les langoustes produisent un bruit, une sorte de stridulation par le frottement de certaines pièces situées à la base de leurs longues antennes.

Les œufs des crustacés précédents ne donnent pas naissance à des êtres ayant déjà la forme de scyllare ou de langouste, mais à des sortes de larves qui ne ressemblent en rien à l'adulte. Ce sont (fig. 263) des crustacés aplatis comme une feuille, transparents, presque incolores, munis d'yeux situés à l'extrémité de longs pédoncules ; ils mènent une vie pélagique et comptent dans le plankton, tandis que les adultes vivent sur le fond, généralement dans les endroits rocheux. — Les Eryonidés ont, pour la plupart, l'aspect de scyllares à dos très aplati, sans rostre, aveugles ou à yeux rudimentaires. Leurs pinces sont ordinairement très longues et très grêles. Cette famille comprend des formes fossiles des terrains secondaires, en même temps que des espèces actuelles de mer profonde et dont le premier spécimen a été signalé en 1863 dans la Méditerranée sous le nom de *Polycheles typhlops*. Les expéditions océanographiques ont depuis ramené à la lumière un assez grand nombre de ces formes à type ancien, prises dans les contrées les plus diverses. Les *Polycheles* et les *Pentacheles* ont des couleurs assez pâles, souvent rose ou violette, les téguments sont minces et ornés de sillons et d'épines ; on les trouve de 450ᵐ à 2 500ᵐ ; les *Willemœsia* sont ordinairement confinés entre 2 400 et 3 700ᵐ. Quant aux *Eryoneicus*, ils se rapprochent le plus des Eryonides fossiles, et diffèrent des précédents par leur thorax globuleux hérissé d'épines (fig. 264). Ils sont à peu près incolores et transparents, mesurant de 1 à 3ᶜᵐ et ressemblent bien plus à des larves qu'à des animaux adultes. On a cru longtemps que c'étaient les larves des *Polycheles* ou de genres voisins. Les

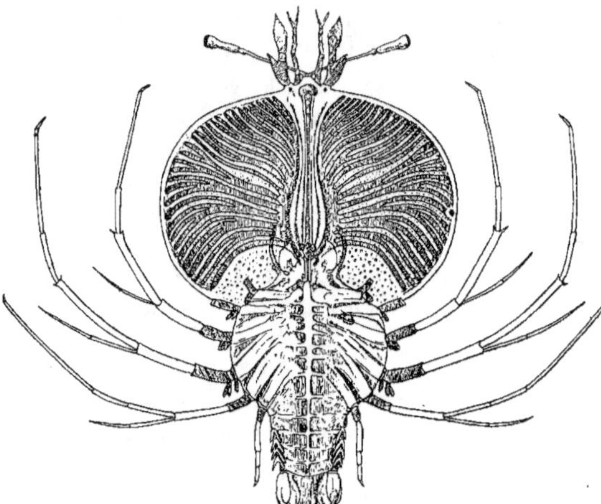

Fig. 263. — Larve phyllosome de Langouste (*Challenger*).

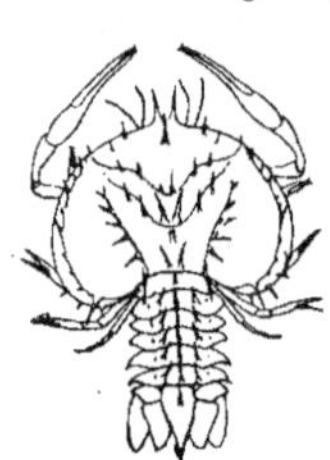

Fig. 264. — *Eryoneicus Alberti*, d'après E.-L. Bouvier (*Princesse-Alice*).

campagnes du Prince de Monaco ont ramené beaucoup de ces formes très curieuses, dont plusieurs inconnues jusqu'alors (*Polycheles dubius*, *P. Grimaldii*) ; parmi les *Eryoneicus* je ne signalerai que l'*E. Alberti* (fig. 264) recueilli récemment entre deux eaux au moyen du filet vertical à grande ouverture.

Les Homaridés comprennent les plus grands crustacés, car on a vu des homards d'Amérique (*H. americanus*) de 1ᵐ,20, pesant 13ᵏᵍ alors que notre *H. vulgaris* pèse de 5 à 6ᵏᵍ. Les *Nephrops norvegicus* sont des sortes de petits homards, moins lourds de forme que les précédents ; ils sont blancs et rouges ; on les rencontre fréquemment dans les fonds moyens du plateau continental d'où on les apporte sur les marchés de la côte. Les *Nephropsis*, encore plus petits, ordinairement rouges et jaunes, couverts de poils, vivent à de plus grandes profondeurs, jusqu'à 1 500ᵐ.

Avec les Pénéides nous arrivons aux crevettes proprement dites, représentées par de nombreux genres dont plusieurs sont riches en espèces. Le rostre est généralement bien développé en une pointe aiguë plus ou moins dentée. Les yeux, pédonculés, sont plus ou moins développés, et, dans certaines formes d'eau profonde, le pigment oculaire est rare ou manque complètement. Chez certaines crevettes (*Gennadas*, etc.), il y a près de l'œil un organe lumineux en forme de petit tubercule. Le type des Pénéidés est le *Penæus caramote* qu'on mange très fréquemment sur les côtes d'Algérie et de Tunisie. Les espèces de ce genre sont nombreuses et habitent un peu partout, à de faibles profondeurs dans les mers chaudes. Les Palémons se trouvent dans des conditions analogues ; ce sont de belles crevettes qui peuvent atteindre 20^{cm} de long.

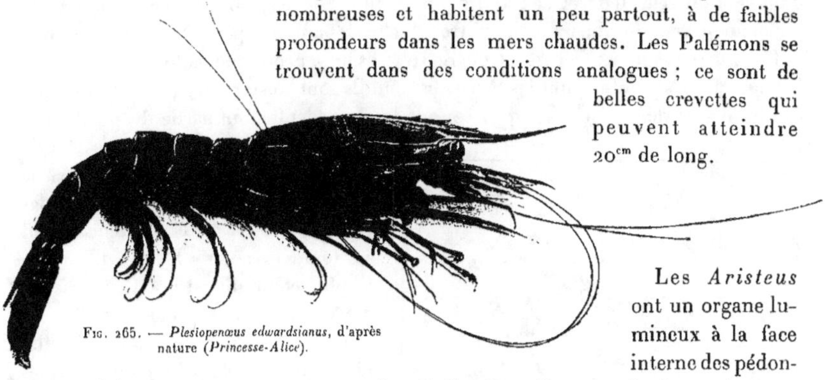

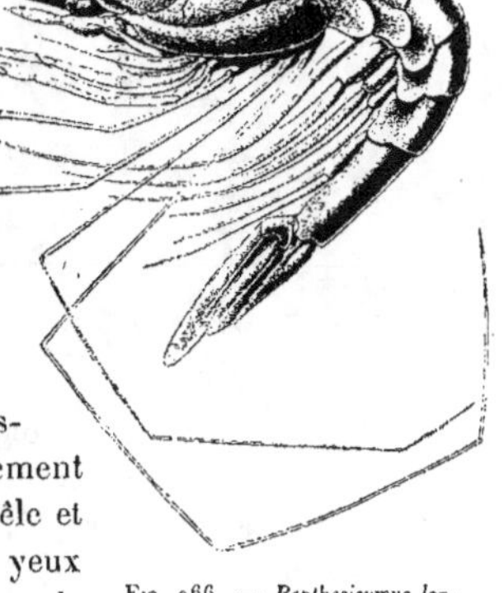

Fig. 265. — *Plesiopenæus edwardsianus*, d'après nature (*Princesse-Alice*).

Les *Aristeus* ont un organe lumineux à la face interne des pédoncules oculaires ; ce genre est surtout formé d'espèces d'eau profonde et n'est pas connu à moins de 5oo^m. L'*Aristeus armatus* pris jusqu'à 4 3oo^m par le *Challenger*, l'a été à 5 4ı3^m par la *Princesse-Alice*. Le *Plesiopenæus edwardsianus* (fig. 265) est une magnifique crevette de 3o^{cm} de longueur, sans les antennes qui à elles seules dépassent ı^m de longueur. Le Prince de Monaco a recueilli plusieurs fois de ces splendides crustacés d'un rouge éclatant, aux pattes plumeuses, notamment au sud du Portugal par ı 745^m environ. Les *Benthesicymus* sont des formes bathypélagiques (fig. 266) dont les pattes sont pourvues de longues soies natatoires. Ils vivent en nageant entre deux eaux, comme les *Gennadas*, mais encore plus près du fond. — Les Sergestidés sont de petites crevettes qui atteignent rarement 5o^{mm} de longueur ; leur corps est généralement grêle et très allongé ; ils sont remarquables par leurs gros yeux en massues, situés au bout d'un long et étroit pédoncule qui dépasse beaucoup le rostre. On rencontre les espèces

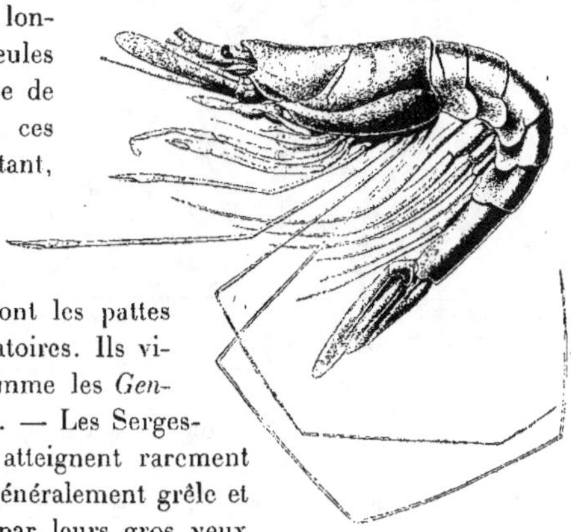

Fig. 266. — *Benthesicymus longipes*, d'après E.-L. Bouvier.

de ce genre pélagique dans toutes les mers. Les formes larvaires (*Elaphocaris* (fig. 267), *Acanthosoma*, *Mastigopus*) par lesquelles passent ces crustacés, sont extrêmement bizarres ; elles présentent des appendices et des épines extraordinairement variés et développés qui sont sans doute bien plus propres à faciliter la suspension dans l'eau de ces êtres pélagiques minuscules qu'à les défendre contre leurs ennemis. H. J. Hansen a trouvé sur un *Sergestes Challengeri* en mauvais état

117 petits organes lumineux distribués sur tout le corps et il pense que le nombre de ces organes chez un individu complet ne doit guère être inférieur à 150 ! La plupart d'entre eux sont dirigés en bas ; ils comportent tous une masse photogène avec d'un côté un réflecteur et de l'autre une lentille convexe. Il est bien remarquable qu'aucun organe lumineux n'ait été trouvé chez les autres espèces du même genre.

Les *Lucifer*, qui ne dépassent guère 10ᵐᵐ, sont encore plus allongés, plus filiformes, pour ainsi dire, que les *Sergestes* dont ils sont voisins ; ils passent aussi par des formes larvaires curieuses qui, comme les précédents, font partie du plankton.

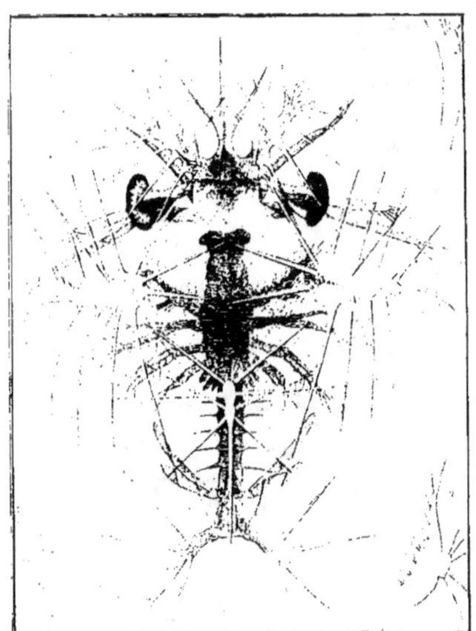

Fɪɢ. 267. — *Elaphocaris*, larve de *Sergestes* (*Challenger*).

Passons maintenant à la catégorie des crevettes, la plus importante par le nombre des familles, des genres et des espèces : les *Crangon* se rencontrent sur toutes les côtes sableuses d'Europe, le plus commun est le *C. vulgaris* ou crevette grise de nos marchés.

Les Alphéidés forment une famille bien curieuse de très petites formes qui ont été bien étudiées par M. Coutière ; il y en a beaucoup dans les récifs de coraux, se logeant dans les cavités des éponges ou des rochers ; ils sont remarquables par la grosseur d'une des pinces de la première paire de pattes ; de ces pinces très inégales l'une est quelquefois presque aussi grosse que le corps même de l'animal, constituant une arme redoutable d'une structure souvent très compliquée ; chez deux genres (*Alpheus* et *Synalpheus*) elle possède la propriété de produire en se fermant un bruit très fort, une sorte de claquement violent. « Un spécimen d'*Alpheus strenuus* long de 7 à 8ᶜᵐ, c'est-à-dire très adulte, placé sous quelques centimètres d'eau dans une cuvette, ferme sa pince avec le bruit que l'on pourrait réaliser en frappant de toutes ses forces avec une règle en bois sur le bord du vase... La violence du claquement est chaque fois, pour l'observateur, une nouvelle surprise. » Le bruit n'est pas produit par la rencontre des deux branches de la pince, mais bien par l'eau qui remplit une cavité d'une des branches et qui « frappée avec une extrême violence, est le centre d'ébranlement qui détermine la production des ondes sonores dans le liquide ambiant » (Coutière). D'après Herrick, il y a tant d'Alphées dans les coraux que l'on entend à marée basse une fusillade continue. On n'a pas trouvé d'Alphéidés au delà de 620ᵐ. Il y aurait beaucoup à dire sur les mœurs très intéressantes de ces petits crustacés, mais la place nous manque ici pour en parler plus longuement.

La famille des Pandalidés est une des plus riches en espèces. Ce sont de belles crevettes à longues antennes, à rostre long et denté. Le *Pandalus annulicornis* se rencontre assez abondamment sur nos côtes dans de faibles profondeurs. Une nasse placée à l'entrée de l'Isfjord, au Spitzberg, en 1898 par la *Princesse-Alice* ramena de 393ᵐ 1 775 pandales (*P. Montagui*), on en mangea pendant plusieurs jours. Il semble que ces crustacés soient assez nombreux pour donner lieu à une exploitation suivie. Le *Stylopandalus Richardi* récemment décrit par M. Coutière est une jolie espèce vivant entre deux eaux et remarquable non seulement par son rostre très long et

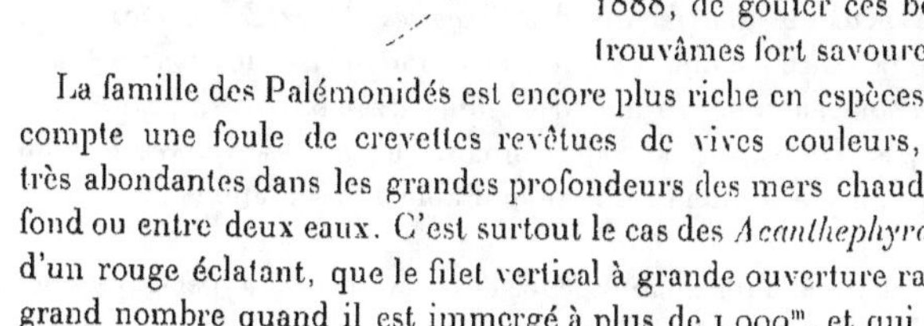

Fig. 268. — *Heterocarpus Grimaldii* Bouvier, d'après nature (*Hirondelle*).

très épineux, mais encore par les productions qui couvrent sa carapace à la façon des écailles des papillons. Ces sortes de petites écailles n'avaient jamais été observées avant M. Coutière qui les a retrouvées chez les *Acanthephyra pulchra* et *purpurea* dont nous dirons un mot plus loin. Parmi les pandalidés figurent encore d'autres espèces dont l'une *Heterocarpus Grimaldii* Bouvier (fig. 268), est une grande forme rouge et jaune orangé que l'*Hirondelle* et la *Princesse-Alice* ont pris en assez grand nombre aux Açores dans les fonds voisins de 1 200ᵐ, à l'aide de nasses. Nous eûmes l'occasion, en 1888, de goûter ces belles crevettes que nous trouvâmes fort savoureuses.

La famille des Palémonidés est encore plus riche en espèces que la précédente. Elle compte une foule de crevettes revêtues de vives couleurs, généralement rouges, très abondantes dans les grandes profondeurs des mers chaudes ou tempérées, sur le fond ou entre deux eaux. C'est surtout le cas des *Acanthephyra*, magnifiques crevettes d'un rouge éclatant, que le filet vertical à grande ouverture ramène en plus ou moins grand nombre quand il est immergé à plus de 1 000ᵐ, et qui ont été pris ainsi entre deux eaux à plus de 2 000ᵐ du fond et à plus de 500ᵐ de la surface. L'*A. purpurea*, qui paraît être la forme la plus commune dans l'Atlantique, vit probablement en bandes nombreuses qui servent sans doute de nourriture aux céphalopodes bathypélagiques et à des poissons. L'*A. pulchra* M. Edw. découverte par le Prince devant Monaco, vit près du fond, elle a été prise dans des nasses à 1 674ᵐ de profondeur. Ces crevettes ont pu être conservées vivantes pendant plusieurs jours, montrant ainsi le peu d'influence qu'exerce la décompression sur les animaux de ce groupe. On a signalé de ces crevettes jusqu'à 4 500ᵐ, mais il est possible qu'elles aient été prises entre deux eaux pendant la remontée des filets, comme cela est certainement arrivé pour divers animaux bathypélagiques. L'*Oplophorus Grimaldii* Coutière est une crevette nouvelle prise aussi entre deux eaux et dont la robe d'un beau rouge vif est parsemée de bandes et de points noirs qui ne sont autre chose que des organes lumineux. Le *Systellaspis Bouvieri* (fig. 269) ne possède pas moins de 55 organes lumineux de chaque côté du corps. Les espèces du genre Palémon sont représentées sur nos côtes par le *P. serratus*, petite crevette qu'on vend sur les marchés sous le nom de bouquet.

Les *Nematocarcinus* sont voisins des *Acanthephyra* ; leurs trois dernières paires de pattes, extrêmement longues et grêles, leur permettent de se soutenir au-dessus de la vase dans les profondeurs de 500ᵐ à 2500ᵐ, à la façon des *Colossendeis*. Le *N.*

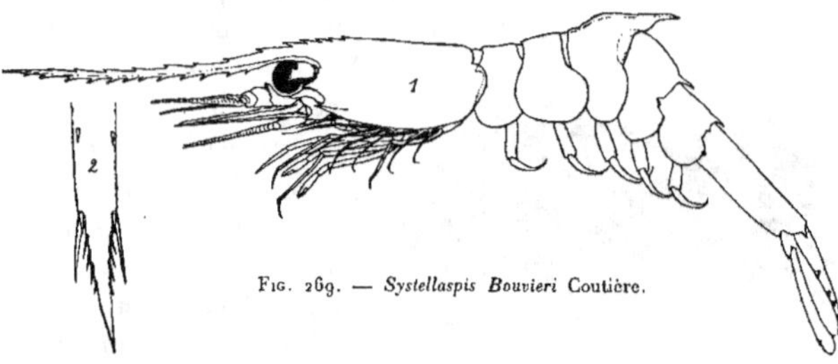

Fig. 269. — *Systellaspis Bouvieri* Coutière.

undulatipes est le type le mieux connu de ce genre qui compte d'assez nombreuses espèces. Les *Notostomus* ont les pattes et le rostre courts, mais le dos de la carapace est fortement renflé, ce qui leur donne un air

lourd. Les *Tropiocaris* et les *Hymenodora* ont le rostre très court et des téguments d'un rouge violacé ; ils vivent très profondément. Les *Hymenodora* présentent aussi des organes lumineux, d'après M. Coutière, au moins sur les pédoncules des yeux, comme les *Acanthephyra*.

Les *Eretmocaris* sont de petites formes ne dépassant guère 20ᵐᵐ de longueur; ils ont un facies larvaire et sont remarquables par leurs gros yeux encore plus longuement pédonculés que ceux de *Lucifer* ou de *Sergestes*. Chez *E. longicaulis* par exemple, le pédoncule oculaire est une tige grêle aussi longue que le corps même de l'animal. Les *Amphion* sont aussi des formes pélagiques très bizarres, incolores, avec des yeux très développés. On est fort loin de connaître les diverses larves de toutes ces crevettes pélagiques, il y a là une source inépuisable d'observations et de découvertes intéressantes.

Les observations relatives à la phosphorescence des crevettes bathypélagiques sont fort rares. J'ai eu l'occasion de faire la suivante sur une très jolie espèce (*Oplophorus Grimaldii* Coutière) capturée le 8 août 1905 dans la mer des Sargasses au moyen du filet vertical à grande ouverture remonté de 4800ᵐ en un point où le fond se trouve à 5382ᵐ de la surface. La crevette en question ayant été apportée dans la chambre noire, j'ajoutai de l'eau douce à l'eau de mer dans laquelle elle se trouvait très vivante, et je vis l'abdomen émettre une lueur bleue pâle assez intense mais de très courte durée. Le lumière ayant cessé, j'ajoutai encore de l'eau douce et constatai que l'animal rejetait, d'une région voisine de la bouche, un liquide lumineux abondant, d'un beau bleu pâle assez intense, ayant l'aspect d'un nuage lumineux dans l'eau ; porté

au jour le liquide ne présentait aucun trouble, l'aspect nuageux étant dû uniquement
à la phosphorescence. Une nouvelle addition d'eau douce provoque une deuxième,
puis une troisième fois le même phénomène, et dans les trois cas l'abdomen ne présenta pas la moindre lueur. Quant aux autres points lumineux du corps, ils n'ont pas
donné trace de phosphorescence ; ils n'émettent sans doute la lumière que dans des
conditions spéciales, non réalisées dans les expériences précédentes. Sauf peut-être
pour le cas de la lumière émise par l'abdomen, nous avons ici une sécrétion glandulaire lumineuse comparable à celle que nous avons déjà indiquée pour les copépo-

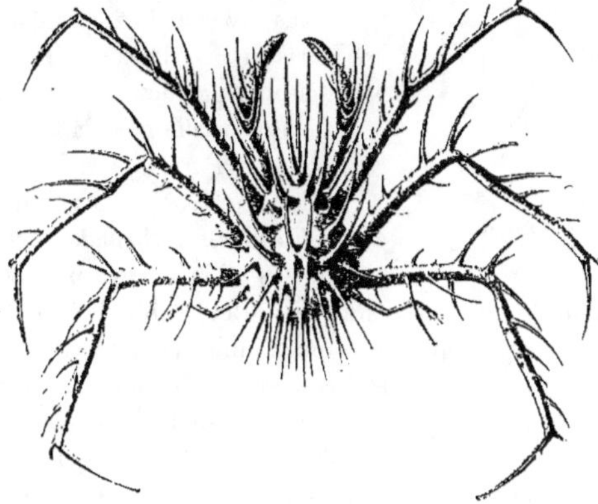

FIG. 270. —*Neolithodes Grimaldii* Milne-Edwards et Bouvier.

des du genre *Pleuromma*. Alcock
a observé des faits semblables chez
plusieurs crevettes des profondeurs de l'océan Indien et il lui
a semblé que le liquide vient des
« glandes vertes ».

Mais contrairement à ce que
quelques naturalistes ont cru, les
yeux ne sont lumineux chez aucun crustacé, et il ne faut pas
confondre l'organe lumineux qui
existe sur le pédoncule oculaire
de certaines crevettes, et qui est
quelquefois enchâssé dans l'œil,
avec l'œil lui-même.

Le sous-ordre des Anomoures
comprend surtout les Paguriens et les Galathéidés. Parmi les premiers se rangent
des crustacés qui ressemblent bien plus à des crabes qu'à des pagures, du moins su-
perficiellement, car l'examen minutieux montre en effet que les Lithodes sont des
Paguriens adaptés à la vie des crabes. Le *Neolithodes Grimaldii* est un bel exemple
de ce type (fig. 270). C'est un crustacé cancriforme hérissé d'épines longues et
acérées qui lui donnent un air redoutable ; ramené de 1 267ᵐ dans les parages de
Terre-Neuve par l'*Hirondelle* il était d'une couleur rouge vif et il a fallu créer un
genre nouveau pour cette forme remarquable.

Le type des Pagures est l'*Eupagurus Bernhardus* ou Bernard l'Hermite, très fréquent sur nos côtes dans les coquilles de divers gastéropodes. Ces crustacés asymé-
triques épousent la forme de la cavité de la coquille dans laquelle ils protègent leur
abdomen resté mou, tandis que le reste du corps qui est exposé plus ou moins à l'extérieur est revêtu d'une forte carapace. Les pattes antérieures sont armées de fortes
pinces dont l'une est toujours plus forte que l'autre et souvent disposée de façon à
fermer l'entrée de la coquille en cas de danger. Certains appendices modifiés permettent à l'animal de se cramponner à l'intérieur de la coquille d'où il devient très difficile de l'extraire entier. Quand ces animaux grandissent, ils sont obligés de changer
de coquille, et comme ils sont souvent plusieurs à la fois dans le même cas au même
endroit, le choix d'une nouvelle demeure donne lieu à des luttes acharnées. Très

souvent la coquille qui contient un pagure porte une ou plusieurs actinies (*Eupagurus Prideauxi* avec *Adamsia palliata*), ces êtres vivent ainsi en commensaux, se rendant des services mutuels. L'actinie reçoit des fragments de la nourriture du pagure, et d'autre part elle protège ce dernier contre les poissons, qui ne mangent pas les actinies mais qui aiment beaucoup les pagures.

Les pagures tiennent tellement à cette association qu'on en voit enlever des actinies fixées à des coquilles pour les transplanter sur la leur et les y maintenir jusqu'à ce qu'elles y soient fixées ! Nous avons déjà vu que dans certains cas la coquille est dissoute par des colonies de zoanthes, comme cela arrive pour le *Parapagurus pilosimanus* qu'on trouve entouré d'*Epizoanthus Hirondellei* depuis 1 000ᵐ jusqu'à plus de

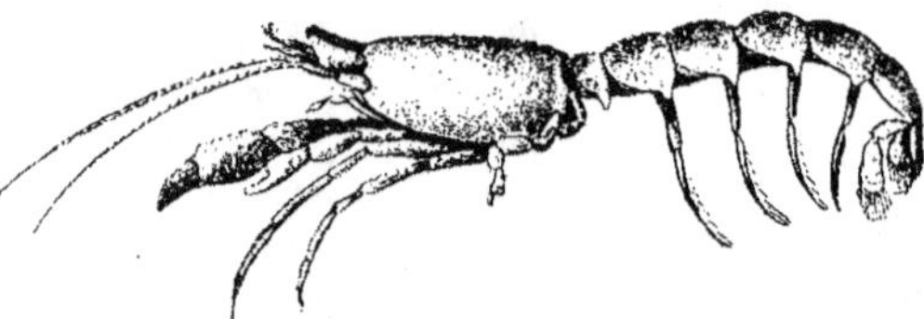

Fɪɢ. 271. — *Glaucothoe Peroni* Milne-Edwards.

4 000ᵐ de profondeur où la variation de quelques caractères a fait établir la variété *abyssorum* (fig. 218). Les paguriens comptent un grand nombre d'espèces dont l'*Hirondelle* et la *Princesse-Alice* ont fait connaître plusieurs formes des grandes profondeurs, comme le *Sympagurus Grimaldii* Bouv., etc. Certaines espèces ayant pris l'habitude de vivre dans les coquilles non enroulées des grands dentales (*D. ergasticum*) sont revenues à une forme presque absolument symétrique.

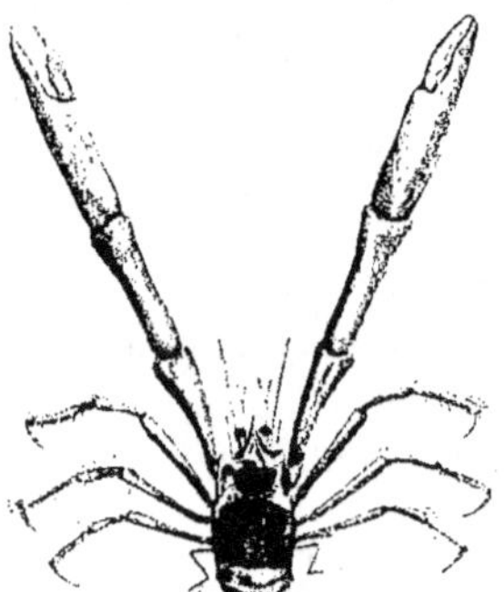

Fɪɢ. 272. — *Diptychus nitidus*, d'après Milne-Edwards et Bouvier.

C'est tout récemment que M. E. L. Bouvier a définitivement éclairci la question des Glaucothoés (fig. 271), curieuses larves pélagiques de Paguriens dont certaines « n'ayant pu s'abriter dans une coquille au moment favorable, continuent à muer, à croître et à mener une vie errante » ; ces larves sont attirées vers la lumière vive d'un fanal électrique approché de la surface de l'eau ; l'expérience a été faite à 100ᵏᵐ au sud des Açores en 1905. On avait méconnu longtemps les rapports entre ces Glaucothoés et les paguriens à cause des différences qui existent entre leur genre de vie et les organes qui y sont adaptés.

Les Galathéidés ressemblent un peu à des langoustes en miniature, à antennes courtes et dont les pattes de la première paire seraient très longues et munies de pinces très développées. Ce groupe comprend des formes d'eau peu profonde comme les *Galathea strigosa* ; la *Munida rugosa* abonde sur le plateau continental océanique. D'autres espèces ne se rencontrent que dans les grandes profondeurs. Ainsi la *Princesse-Alice* a ramené *Munidopsis crassa* de 4 360ᵐ avec *Orophorhynchus Parfaiti* découvert par le *Talisman* ; ces deux formes habitent la vase blanche à globigérines de ces grands fonds, elles en ont la coloration d'un blanc mat, leurs yeux sont complètement dépourvus de pigment. Un autre galathéide, qui vit aux environs de 1 000^m (*Diptychus nitidus*), se fait remarquer par la couleur rouge de ses pattes et de la plus grande partie de son corps (fig. 272).

Les Brachyures sont les décapodes supérieurs à queue courte parmi lesquels se rangent les Crabes, que tout le monde connaît.

Dans un premier groupe on trouve les Dromiacés ou Brachyures primitifs parmi lesquels nous citerons le *Paromola Cuvieri*, grand crabe à longues pattes qui vit dans la Méditerranée et dans l'Atlantique et atteint facilement 75^{cm} d'envergure. *Latreillea elegans* est au contraire une petite araignée de mer dont les yeux sont longuement pédonculés, les pattes fines et grêles. La *Dromia vulgaris*, au dos bombé et poilu, à forme trapue, retient avec ses pattes postérieures des corps étrangers, généralement

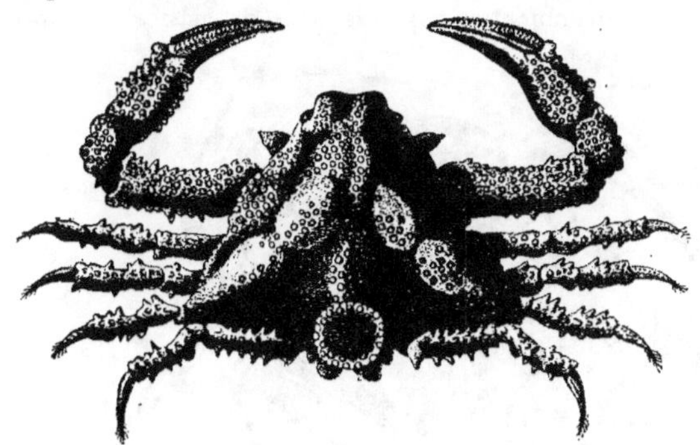

Fig. 273. — *Merocryptus boletifer* Milne-Edwards et Bouvier.

une éponge vivante, qu'elle a placés sur son dos et qui lui servent à se dissimuler, de façon à passer inaperçue de ses ennemis et à approcher plus facilement de ses victimes. Les espèces précédentes se rencontrent ordinairement à moins de 200^m. La *Dicranodromia Mahyeuxi* du *Talisman* vit plus profondément, entre 400 et 1 200^m.

Le premier groupe des Brachyures proprement dits est celui des Oxystomes, dont le cadre buccal est rétréci en avant en même temps que le front. On y trouve les *Calappa*, sorte de crabe plus gros que le poing, à dos très bombé, dont les pinces portent une large crête dentée ; les *Leucosia* et les *Ebalia* sont de tout petits crabes plus ou moins globuleux, très nombreux en espèces dans les faibles profondeurs. Il en est de même des *Dorippe*, dont une espèce (*D. facchino*) se garnit le dos de corps étrangers à la façon des *Dromia* et dans le même but. Seuls de ce groupe les *Ethusina* se rencontrent dans les grandes profondeurs : *E. abyssicola* est même le plus abyssal de tous les crabes ; la *Princesse-Alice* l'a capturé à 4 261^m. Il faut encore citer le *Merocryptus boletifer* découvert aux Açores par le même navire, entre 54^m et 98^m (fig. 273) et qui se fait remarquer par les petits prolongements en forme de champignons qui ornent sa carapace.

Les Cyclométopes ont les bords de leur carapace arrondis. Les uns sont nageurs et ont les pattes munies de palettes : tels sont les *Polybius* (*P. Henslowi*) qu'on rencontre au loin en pleine mer et qui sont les meilleurs nageurs de tous les crabes ; ils vivent souvent en bandes nombreuses. « J'ai vu, dit le Prince dans son beau livre intitulé *La carrière d'un navigateur,* un de ces chaluts travaillant dans le golfe de Gascogne, débarquer sur le pont de l'*Hirondelle,* un nombre de crabes tellement considérable que le cubage de leur masse accusa cinq mille individus. Et le chalut crevé sur plusieurs points, avait dû en perdre beaucoup. Ces animaux, des *Polybius,* gros comme une souris, provenaient des espaces situés entre deux eaux. Ils brandissaient des armes aussi aiguës que les griffes d'un chat et, courant partout, ils s'accrochaient aux pieds nus des marins qu'ils pinçaient jusqu'au sang. » — Les *Portunus* comptent un grand nombre d'espèces littorales (*P. puber,* etc.) ; un genre voisin, le *Bathynectes superba,* est pris fréquemment aux Açores dans des nasses ; il habite

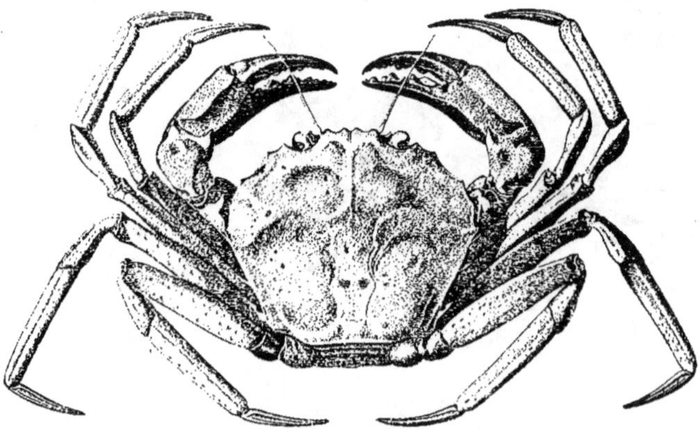

Fig. 274. — *Geryon affinis* Milne-Edwards et Bouvier.

plus profondément, entre 500 et 1 200^m. C'est un magnifique crabe rouge dont la carapace se prolonge de chaque côté en une forte pointe aiguë. Le *Carcinus mœnas* ou crabe enragé se rencontre par milliers sur nos plages atlantiques.

Les Cyclométopes marcheurs ont comme principal représentant le *Cancer pagurus* ou crabe tourteau, gros crabe ellipsoïdal, très apprécié sur les marchés et dont le corps atteint jusqu'à 35^{cm} de largeur. Les *Geryon* habitent le plus souvent d'assez grandes profondeurs ; le *Geryon affinis* (fig. 274) découvert par l'*Hirondelle* est un grand crabe pris abondamment dans les nasses, surtout aux Açores, jusqu'à 1 400^m ; 64 spécimens furent capturés d'un seul coup dans une nasse. Le Prince a remarqué que plusieurs de ces crabes accrochés à l'extérieur du piège et surpris par l'ascension de celui-ci, se sont laissé enlever jusque sur le pont, « tandis qu'une simple détente de leurs ongles eût suffi pour qu'ils retombassent au fond d'abord, et plus tard tout simplement dans l'eau. » La présence de l'amorce dans la nasse leur faisait sans doute oublier tout le reste ou peut-être l'effet de la décompression et de l'augmentation de température les paralysait-il peu à peu ; ou bien est-ce, comme le pense le Prince, parce que « uniquement marcheurs et nullement nageurs, ils ont dû, au moment où la nasse quittait le fond, éprouver les hésitations d'un homme que le départ d'un ballon surprendrait accroché à quelque partie des agrès, et qui bientôt n'oserait plus sauter ».

Les Catométopes, au front élargi penché vers le bas, ont la carapace généralement quadrangulaire. Parmi eux se trouvent les Gécarcins ou crabes terrestres ; les Ocypodes qui courent avec une très grande rapidité sur les plages sableuses des pays chauds, s'emparant des amphipodes sauteurs dont ils se nourrissent surtout. Les *Grapsus* sont de très beaux crabes aplatis, aux couleurs souvent vives et éclatantes. bleu, rouge, etc. ; on a beaucoup de peine à les capturer sur les rochers parmi lesquels ils courent en tous sens avec une étonnante rapidité ; de plus, tous ces crabes marcheurs ont une vue excellente. Une petite espèce, de forme arrondie, le *Nautilograpsus minutus* se rencontre abondamment dans les sargasses, sur les épaves garnies d'anatifes, sur les tortues et en par-

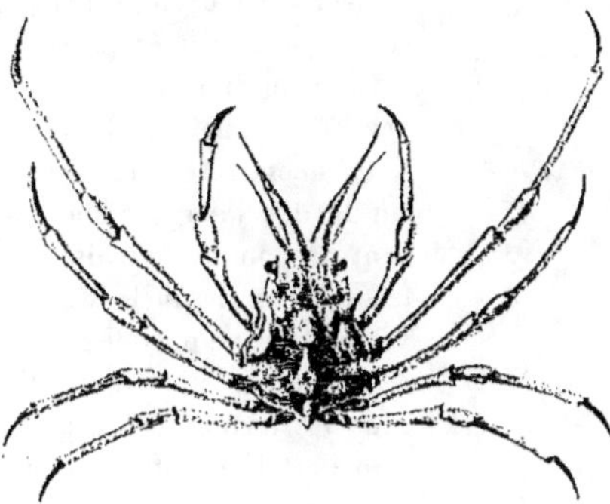

Fig. 275. — *Scyramathia Carpenteri.* d'après Milne-Edwards et Bouvier.

ticulier sous la queue de ces animaux ; ces petits crabes présentent toujours la couleur des objets sur lesquels ils vivent, ce mimétisme homochromique empêche bien souvent de reconnaître leur présence. Les Pinnothères sont encore plus petits que les précédents ; ils vivent en général dans des coquilles de bivalves, dans des tubes d'annélides, etc., on en connaît de nombreuses espèces. Ceux des *Pinna* (sorte de grande coquille à deux valves) ont une carapace mince et molle, ils n'ont plus besoin d'être protégés par une enveloppe solide et ferme et, d'après Stebbing, ils peuvent être utiles au mollusque en lui communiquant leur propre terreur à l'approche d'un ennemi, en l'incitant à fermer sa coquille en temps opportun.

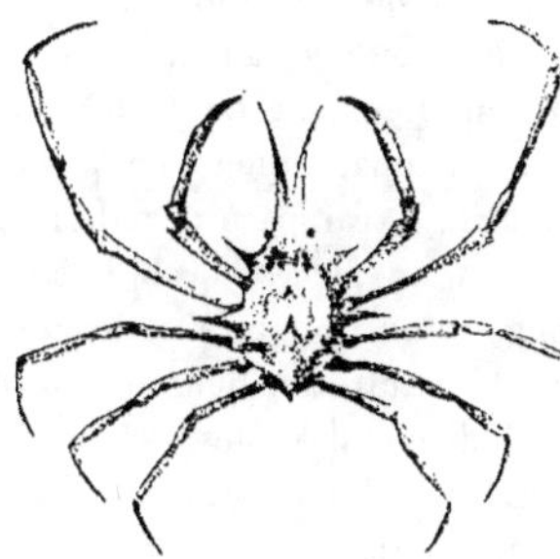

Fig. 276. — *Anamathia rissoana,* d'après Milne-Edwards et Bouvier.

Les Oxyrhynques forment le dernier groupe des Brachyures. Ils ont la carapace rétrécie en avant, avec un rostre bien marqué. Les *Lambrus* et les *Heterocrypta* ont les pattes antérieures fortes et garnies, comme tout le corps, de tubercules et de rugosités ; les *Scyramathia Carpenteri* (fig. 275), *Anamathia rissoana* (fig. 276), *Ergasticus Clouei, Lispognathus Thomsoni* (fig. 277) sont des formes de ce groupe qu'on rencontre jusqu'à 1 500 à 2 000ᵐ, tandis que les précédents, ainsi que les *Pisa* et les *Stenorhynchus* se trouvent beaucoup moins profondément. Beaucoup de ces formes sont remarquables par la gracilité et la longueur de leurs pattes. Les plus communs de ces crabes sont les *Maia* (*M. squinado* et

M. verrucosa). Le *M. verrucosa* se dissimule ordinairement sous des algues ou des animaux divers qui vivent fixés sur lui ; il n'est pas rare d'en voir se cacher sous de petits cailloux qu'ils placent un à un sur leur dos ; le Dr Graeffe a vu un de ces crabes couper avec ses pinces des morceaux d'un alcyonaire (*Alcyonium*) et les porter sur son dos en les plantant parmi ses poils et en ayant soin de maintenir à leur contact, au moyen de ses pinces, la partie coupée qui se fixe ainsi et continue à se développer. Au milieu de la végétation abondante qui pousse sur le dos de ces crabes, vivent de nombreux petits crustacés parmi lesquels M. Chevreux a trouvé plus de 20 espèces d'amphipodes. Pour en finir avec les formes de ce groupe signalons le géant des crabes, le *Macrocheira Kœmpferi* du Japon qui atteint 2^m et même 3^m d'envergure lorsque ses pattes sont complètement allongées de chaque côté du corps, alors que le corps proprement dit n'a pas plus de 3o^{cm}.

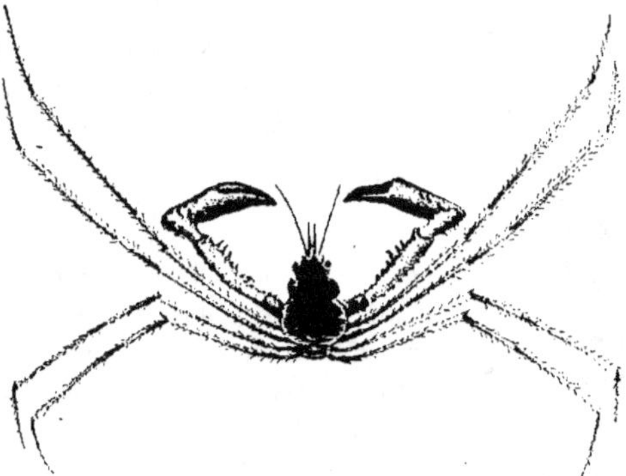

Fig. 277. — *Lispognathus Thomsoni*, d'après Milne-Edwards et Bouvier.

Nous ne pouvons citer qu'en passant le groupe aberrant des Gigantostracés dont la plupart sont fossiles dans les couches géologiques anciennes ; certains d'entre eux atteignaient probablement, d'après ce qu'il en reste, une longueur de 2^m environ, sur 6o^{cm} de largeur. Les Trilobites, si abondantes autrefois, appartiennent à ce groupe qui n'est plus représenté aujourd'hui que par les *Limules* ; la carapace dorsale large et bombée dépasse 3o^{cm} de long, son contour a la forme d'un fer à cheval ; le corps et les pattes sont cachés sous ce bouclier qui se prolonge en une longue et forte pointe caudale solide et mobile. On ne trouve ces animaux, d'un autre âge pour ainsi dire, que dans les eaux chaudes et peu profondes de l'océan Indien et des côtes occidentales de l'Amérique du Nord, où les Limules (*L. polyphemus*) sont si abondantes qu'on les donne à manger aux porcs ou qu'on les emploie comme engrais.

CHAPITRE XIV

L'OCÉANOGRAPHIE BIOLOGIQUE *(Suite.)*

LES ANIMAUX MARINS

Les Mollusques : Pélécypodes ou Acéphales ; Gastropodes ; Ptéropodes. — Céphalopodes. — Les Tuniciers : Appendiculaires, Salpes, Ascidies, Pyrosomes.

Mollusques.

Les êtres qui constituent cet embranchement très important forment plusieurs groupes dont la plupart des types sont bien connus de chacun : les Bivalves ou Lamellibranches ou Pélécypodes (Huîtres, Moules, Clovisses, etc.) ; les Gastropodes (Escargots, Murex, Haliotide, Patelle, Carinaire, Nudibranches…) ; les Ptéropodes ; les Céphalopodes (Poulpes, Pieuvres, Calmars, Seiches, etc.). On connaît plus de 20 000 espèces de Mollusques.

Pélécypodes. — Ces mollusques acéphales, c'est-à-dire sans tête distincte, ont deux valves réunies par un ligament qui tend à tenir la coquille ouverte, tandis que des muscles puissants peuvent la fermer. La coquille présente des formes, des dessins et des couleurs excessivement variés, ses valves peuvent être égales ou très inégales. Ces coquillages vivent dans des conditions diverses, mais ils se nourrissent tous en filtrant l'eau à travers leurs branchies, toutes les particules en suspension sont agglutinées et amenées à la bouche ; ils éclaircissent ainsi rapidement les eaux bourbeuses. C'est le mouvement des cils vibratiles dont sont garnies les branchies qui provoque le courant d'eau constamment renouvelé. Il y a des bivalves fixés par la coquille même à leur support, comme les Huîtres, tandis que d'autres le sont par un produit de sécrétion spécial, le *byssus,* qui est quelquefois soyeux et assez abondant pour être tissé. C'est le cas des *Pinna* ou *Jambonneaux* qui atteignent une grande taille ; il existe au Muséum de Paris une paire de gants en byssus de *Pinna.* Beaucoup de bivalves rampent sur le sable ou la vase ; d'autres y restent enfoncés et ne communiquent avec l'eau que par l'extrémité de leurs siphons. D'autres ont un genre de vie plus ou moins bizarre : le *Myrina pelagica* par exemple paraît n'avoir été rencontré jusqu'à présent que dans des morceaux de graisse de cétacés flottant à la surface. C'est dans ces conditions que la *Princesse-Alice* a recueilli plusieurs de ces mollusques sur un bloc de graisse provenant sans doute d'un Cachalot (Stn. 1416). D'autres réussissent à se creuser des abris dans les objets les plus divers (bois, ambre, enveloppe des câbles sous-marins) et dans les roches les plus dures. On n'est pas encore arrivé à connaître toujours la façon dont ces animaux procèdent ; certains, comme les Pholades, sont capables de faire des trous dans le gneiss ou le granit, en frottant contre la roche les aspérités extrêmement dures de leurs coquilles ; mais on admet généralement que les excavations sont produites par une quantité de petites pointes brillantes, réfringentes, groupées et résistant à divers acides (acétique et nitrique) ; on les croit siliceuses, elles se rencontrent à la surface du pied du bivalve qui agirait ainsi comme avec du papier à l'émeri. On a invoqué aussi une action chimique, mais on n'a pas pu mettre en évidence la présence d'un acide qui d'ailleurs ne suffirait pas à expliquer les perforations dans les roches granitiques.

Le muscle qui sert à fermer la coquille est très puissant ; M. Vaillant a constaté qu'une Tridacne ou Bénitier, longue de 21^{cm} et dont le muscle ne pèse que 39^{gr} soulève un poids de 4914^{gr}. Il évalue à près d'une tonne la force d'une tridacne qui pèserait 250^{kgr}, poids qu'atteignent les grands spécimens.

Certaines espèces (Peignes ou Pectens), en rapprochant brusquement leurs valves font des bonds qui peuvent atteindre 2^{m} et elles en font souvent plusieurs de suite. Les *Limes* sont les meilleurs nageurs de ce groupe et semblent des papillons aquatiques.

La fécondité des Bivalves est énorme, on évalue de 100 000 à plus d'un million le nombre d'œufs que donne une huître ; une espèce américaine en donnerait jusqu'à 60 millions ! On a évalué à 12 millions environ le nombre des œufs d'un Taret. Les larves de ces animaux constituent à certaines époques et dans certaines régions une partie importante du plankton, même lorsqu'elles possèdent déjà leurs deux valves bien formées. On a constaté que beaucoup d'espèces arrivent à toute leur grosseur en un an. Fischer a vu en moins d'un an des moules atteindre 10^{cm} sur une balise à Arcachon. Les Mollusques de cette classe ont beaucoup d'ennemis : le Morse se nourrit surtout de Myes (*Mya truncata*) qu'il extrait de la vase avec ses défenses ; divers poissons (Morues, Trigles, Soles) en font une grande consommation ; on a trouvé jusqu'à 35 000 spécimens de *Turtonia minuta* dans l'estomac d'un Muge ! Dans une nuit, 14 pastenagues, sorte de raie, détruisirent 170 000 jeunes huîtres dans un parc d'Arcachon ; les crabes brisent avec leurs pinces les coquilles de ces jeunes mollusques.

Presque tous les bivalves peuvent être mangés sans inconvénient, mais ce sont surtout les huîtres et les moules qui sont cultivées spécialement dans ce but ; il est assez curieux de constater que ce sont aussi ces coquilles qui dominent dans les kjökkenmoddings préhistoriques ou monceaux de débris de cuisine des rivages du nord. Les huîtres agrandissent leur coquille pendant 4 ou 5 ans, puis elles continuent à épaissir leurs valves. On en connaît une centaine d'espèces vivantes ; elles manquent dans les mers froides. L'ostréiculture était déjà connue dans l'antiquité et les huîtres du lac Lucrin étaient célèbres ; mais cet art n'a jamais été aussi développé qu'à l'époque actuelle ; il en est de même de la culture des moules. Nous ne pouvons traiter ici ce sujet spécial ; mais nous dirons cependant que lorsque les moules se développent à plat dans des endroits vaseux elle produisent rapidement un exhaussement du sol à cause de la propriété qu'elles ont d'agglutiner la vase en suspension dans l'eau, vase qui est retenue par l'enchevêtrement des byssus des moules : M. Joubin qui signale le fait, dit que suivant des pêcheurs, les moulières avaient élevé le sol de près de 30ᶜᵐ par an en certains endroits et l'administration de la marine a dû réduire ces diverses moulières en supprimant les concessions abandonnées et en en refusant de nouvelles.

Les Pintadines ou Huîtres perlières (*Meleagrina margaritifera*) sont de belles coquilles à nacre épaisse, qui se rencontrent surtout dans les mers chaudes (océan Indien, Ceylan, Australie) entre 8ᵐ et environ 20ᵐ de profondeur. Les perles se trouvent généralement entre le manteau et la face interne de la coquille, c'est une sécrétion formée autour d'un corps étranger qui est le plus souvent un œuf ou une larve de ver parasite. Nous avons déjà parlé du byssus soyeux des *Pinna*, grands bivalves à coquille rose-brunâtre plus ou moins transparente qui peut atteindre 70ᶜᵐ. Elles produisent souvent des perles de nacre rouge, ordinairement piriformes et sans valeur.

Les Lithodomes comme les Pholades percent les rochers ; ce sont eux qui ont perforé les colonnes du temple de Sérapis à Pouzzoles à une hauteur qui se trouve aujourd'hui à 4ᵐ,40 au-dessus du niveau actuel de la mer ; c'est l'exemple le plus connu des changements survenus, pendant la période historique, dans les niveaux respectifs de la terre et de la mer ; d'après les uns ce changement a été brusque et local, suivant d'autres il est lié à un mouvement étendu du sol.

Un mollusque américain (*Petricola pholadiformis*) ressemble beaucoup à notre Pholade ; M. Giard a récemment attiré l'attention sur la grande extension qu'il prend en Europe, où il a été introduit accidentellement et où il tend à supplanter l'espèce indigène dans certaines localités.

La Pholade est remarquable par le développement de ses glandes lumineuses qui donnent un liquide louche lumineux, pouvant luire hors de l'animal et après sa mort ; R. Dubois a montré que la matière photogène n'est pas une matière grasse et qu'elle en a seulement l'aspect réfringent, adipoïde, sous forme de granulations. D'après ce physiologiste elle est formée de deux substances qu'on peut isoler, dont l'une (luciférase) est un ferment agissant sur l'autre (luciférine), en présence de l'eau, pour donner un liquide lumineux.

Les *Trigonia*, à coquille triangulaire, présentent la faculté de sauter qui est fort rare chez les Mollusques ; un coquillage de ce genre placé sur le bord d'un bateau sauta à la mer en franchissant un espace de 10ᶜᵐ.

Les immenses Tridacnes vivent à une faible profondeur, jusqu'à 30ᵐ, au milieu des coraux ; les deux valves de ce mollusque qui servent de bénitiers dans l'église Saint-Sulpice à Paris pèsent 250ᵏᵍʳ ; elles avaient été données à François Iᵉʳ par la République de Venise.

Les Solens ou couteaux ont une coquille longue et étroite : ils vivent enterrés verticalement dans le sable où ils s'enfoncent souvent à plus de 30ᶜᵐ.

Les Tarets (*Teredo navalis*) ressemblent bien plus à des vers qu'à des coquilles. Leurs valves sont en effet très réduites et leur corps allongé. Ces mollusques percent le bois avec la plus grande facilité en y traçant d'innombrables galeries ; ils attaquent ainsi les pilotis et détruisirent en 1734 une partie des digues de la Hollande, ce qui fut la cause de grands dégâts. On ne s'aperçoit du travail de ces animaux que lorsque les bois cèdent aux efforts contre lesquels ils sont destinés à lutter. La fig. 278 montre une section à travers un pieu perforé par les Tarets dans le port de Monaco.

Fig. 278. — Coupe transversale d'un pieu perforé par des Tarets.

Les Dentales forment un groupe à part ; leurs coquilles ressemblent à des défenses d'éléphant en miniature, ouvertes aux deux extrémités et en général elles sont de petite taille. Le *Dentalium ergasticum*, découvert par le *Travailleur* dans les grands fonds et qui est une des plus grandes espèces, atteint jusqu'à 10^{cm} de long et peut servir de fume-cigarettes.

Les Gastropodes sont les mollusques les plus nombreux et les plus variés. La coquille existe toujours à un moment donné chez l'embryon, mais elle manque parfois chez l'adulte, ou bien elle est plus ou moins complètement cachée par les téguments. La langue de ces animaux est garnie de dents spéciales qui constituent une véritable râpe ; le nombre de ces dents peut être de 4 000 pour un seul individu et les caractères qu'elles présentent sont très utiles pour la classification. L'estomac de beaucoup d'espèces contient des plaques dures qui servent à broyer les aliments résistants.

Passons en revue quelques-uns des types les plus intéressants parmi ceux qui vivent dans la mer :

Les Nudibranches n'ont pas de coquille, leurs branchies sont nues et non abritées par les téguments ; on les rencontre généralement dans les faibles profondeurs, parmi les algues ou à l'état pélagique. Ils sont d'ordinaire ornés de couleurs très vives et extrêmement variées, leurs branchies présentent souvent à la surface de leur corps des dispositions très élégantes, en forme de bouquets par exemple ; les papilles qui se trouvent fréquemment sur leur dos

Fig. 279. — Nudibranche (*Hervia Berghi*, d'après Vayssière).

possèdent parfois des nématocystes (Eolidiens) (fig. 279). Les *Scyllæa* vivent parmi les Sargasses dont elles miment la couleur. Le mimétisme par homochromie est très répandu chez les Nudibranches ; la place nous fait malheureusement défaut pour nous étendre sur ce sujet étudié en détail par M. Cuénot. Le *Doris imperialis* trouvé par S. Kent parmi les coraux des îles Abrolhos (Australie occidentale) mesure 27^{cm} de long sur 24^{cm} de large ; le corps aplati est d'un rouge magnifique ; c'est le géant de la famille.

Les *Phyllirhoe* (fig. 280) sont pélagiques ; la plus grande partie de leur corps foliacé est hyalin et on peut voir tous les organes internes à travers les téguments ; ils sont phosphorescents. La lumière, vive et azurée, est émise par des myriades de points qui, selon Panceri, seraient formés d'une matière adipoïde, dans les cellules ganglionnaires périphériques. Il y aurait lieu de faire de nouvelles recherches à cet égard.

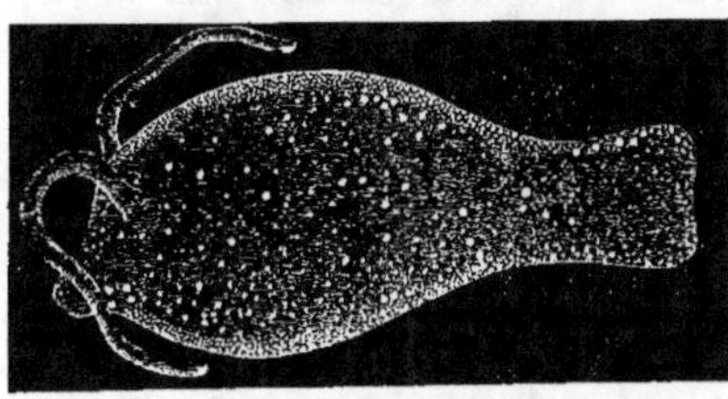

Fig. 280. — *Phyllirhoe bucephala* phosphorescent, d'après Panceri.

Le *Glaucus* (fig. 281) rampe le ventre en haut contre la couche d'air en contact avec la surface de l'eau ; il ressemble à un petit poisson d'un beau bleu intense dont les nageoires s'étaleraient de chaque côté du corps ; le dos, placé en bas, est d'un blanc mat, ce qui le fait confondre comme couleur, pour les animaux aquatiques, avec la surface à réflexion totale, tandis que sa face ventrale bleue tournée en haut, se confond avec le bleu de la mer pour les oiseaux de mer ; nous avons là un des exemples les plus remarquables de mimétisme et d'adaptation ; nous avons souvent eu l'occasion de l'admirer dans les parages des Açores ou dans la mer des Sargasses : ces jolis mollusques dévorent avec avidité les Porpites et les Vélelles, comme font les Anatifes.

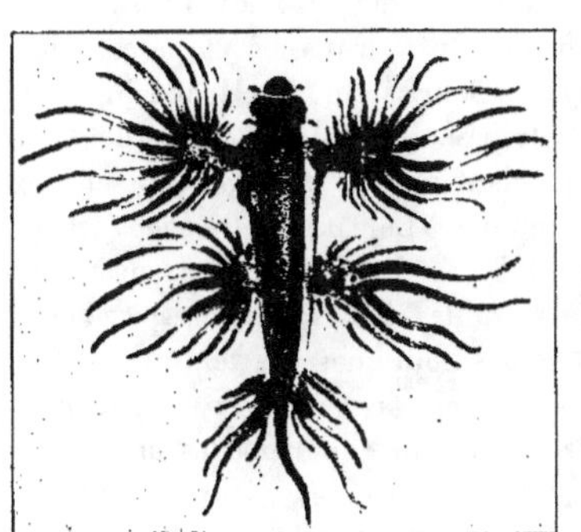

Fig. 281. — *Glaucus atlanticus*, d'après M. Borrel (*Princesse-Alice*).

Les *Marsenia* sont des mollusques nus à coquille interne ; la fig. 282 nous montre en haut la face ventrale et en bas le dos tacheté de la *M. leptolemma* capturée aux Açores par 730^m.

L'Aplysie ou Lièvre de mer qui vit tout près du rivage ressemble beaucoup plus à une grosse limace noirâtre qu'à un lièvre ! La coquille est cachée sous le manteau. Cet animal, qui atteint plus de 20^{cm} de longueur, émet, quand on l'excite, une liqueur d'un violet intense.

Les Hétéropodes forment un groupe fort intéressant de Gastropodes adaptés d'une façon merveilleuse, pour la plupart, à la vie pélagique. Ce sont des êtres hyalins, incolores, qu'on ne voit par suite que difficilement dans l'eau : leur pied est modifié en une nageoire douée de mouvements de godille ; les yeux sont très développés. Les Firoles, qui n'ont pas de coquille (fig. 283), sont très abondantes dans la Médi-

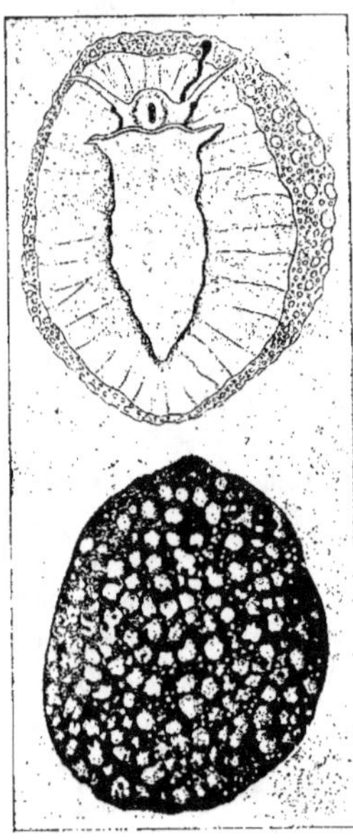

terranée ; il semble que ces animaux, mutilés, peuvent vivre encore longtemps, j'en ai rencontré plusieurs fois des exemplaires vivants dans cet état. Les Carinaires, qui atteignent 25^{cm} de longueur, ont une coquille nacrée transparente, excessivement fragile, et ne protégeant, bien mal d'ailleurs, que la masse viscérale, seule partie qui semble tenter les ennemis de ces mollusques, à en juger par le nombre des carinaires auxquelles il manque seulement cette partie du corps ; le reste est formé d'un simple tissu gélatineux très aqueux mais fort peu nourrissant. Les Atlantes (fig. 284) sont au contraire très petits et peuvent s'abriter complètement dans leur petite coquille aplatie, munie d'une carène très saillante ; on les prend souvent en abondance dans le filet fin.

Parmi les Gastropodes marins répondant mieux que les précédents au type connu, il faut citer : les Cônes, dont le nom rappelle la forme de la coquille et dont les piqûres sont venimeuses : les Volutes, les Buccins ; les Murex sont carnivores et percent les coquillages dont ils se nourrissent, avec leur langue en râpe siliceuse ; ils font aussi de grands dégâts dans les bancs d'huîtres pendant que les *Purpura* agissent de même pour les moules. Le *Murex trunculus* et le

Fig. 282. — *Marsenia leptolemma,* d'après R. Bergh.

M. brandaris donnent la pourpre des anciens : à Saïda, l'antique Sidon, en Syrie, existe un dépôt presque entièrement formé de coquilles de la dernière espèce, et à Pompéi on a trouvé des amas de *Purpura* près des boutiques des teinturiers. On

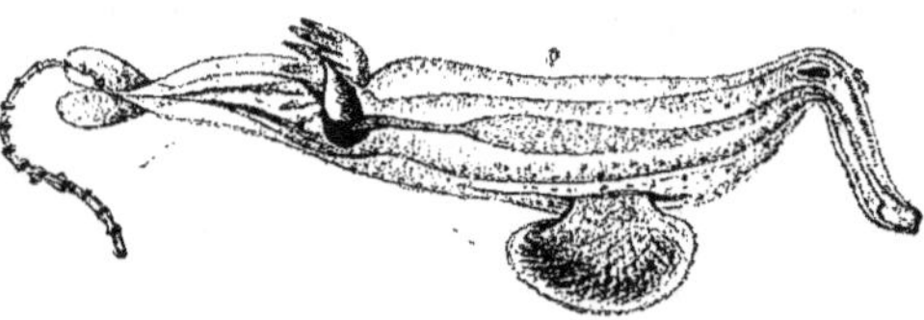

Fig. 283. — *Firola hippocampus,* d'après Vayssière.

en a découvert également beaucoup dans les abris préhistoriques ; leurs habitants connaissaient peut-être les propriétés tinctoriales de ces coquillages. La glande de la pourpre est blanchâtre ; elle donne un liquide à odeur forte, sensible à la lumière, et qui, sous l'action de celle-ci, passe au jaune, au vert, puis au violet. Les Tritons possèdent aussi une glande purpurigène. Les Dolium, les Tritons et d'autres, ont des glandes salivaires accessoires qui sécrètent un liquide acide dans lequel on a reconnu jusqu'à 2,7 % d'acides sulfurique et chlorhydrique libres. Tout le monde connaît les Cyprées ou Porcelaines dont certaines espèces servent encore de monnaie dans le centre africain.

Les *Litiopa* sont de curieux petits mollusques qui se suspendent aux branches des sargasses par des filaments qu'ils sécrètent. Si leur amarre vient à se rompre, ils produisent une bulle de gaz entourée de mucus qui les entraîne à la surface et adhère aux sargasses ; on les a vus aussi remonter le long de leur fil au moyen de leur pied.

De petites coquilles se rencontrent en abondance sur les rochers, à marée basse, notamment les Littorines dont on mange plusieurs espèces. Les *Oocorys* se rangent au contraire parmi les espèces d'eau profonde puisqu'on en trouve jusqu'à plus de 4000ᵐ. Les Janthines (fig. 285) vivent à la surface de la mer grâce à un flotteur original formé de bulles d'air emprisonnées dans un mucus spécial ; ce flotteur sert aussi à porter les œufs qui sont fixés à la face inférieure. Ces coquillages d'un beau bleu violacé qui les rend assez difficiles à voir sur l'eau d'un bleu intense, se trouvent le plus souvent par essaims ; ils rejettent un liquide violet quand on les excite.

Chacun connaît les Patelles, coquilles en cône plus ou moins surbaissé, qu'on trouve solidement fixées sur les rochers de la côte ; le *Bathysciadium conicum* (fig. 286) est une forme très curieuse de ce groupe. C'est en somme une très petite patelle qui ne mesure pas plus de 1ᵐᵐ,5 et qui a été ramenée de 1557ᵐ de profondeur aux Açores par l'*Hirondelle* ; tous les spécimens vivants étaient fixés sur une mandibule de céphalopode. M. Dautzenberg et Fischer ont dû établir une famille spéciale pour ce remarquable gastropode.

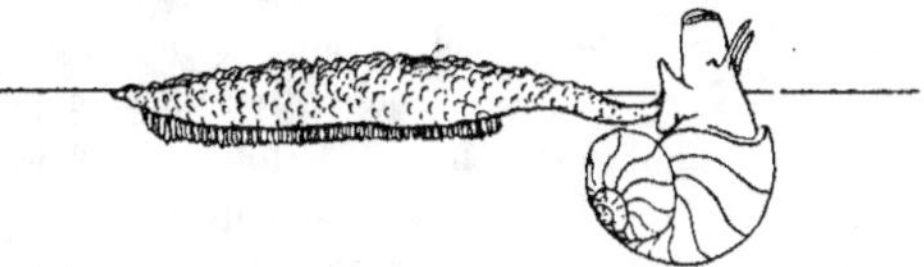

Fig. 284. — *Atlanta inclinata*, d'après Vayssière.

Quant aux Chitons, ils diffèrent de tous les mollusques précédents, en ce que leur coquille, formée de plusieurs plaques calcaires imbriquées, leur permet de s'enrouler à la façon des cloportes auxquels ils ressemblent bien plus, en apparence, qu'à leurs proches parents.

La classe des Ptéropodes ne comprend que des mollusques pélagiques vivant généralement en troupes nombreuses ; ils agitent rapidement leurs deux expansions natatoires, qui ne sont que des parties du pied transformées et adaptées à la vie pélagique. Le nombre des espèces est peu important, mais celui des individus est immense. Le fond de la mer est formé, sur de grandes surfaces, par une vase à ptéropodes, ainsi nommée parce qu'elle contient par millions les coquilles minces et délicates de ces gracieux mollusques tombées après leur mort. Quelques formes sont dépourvues de

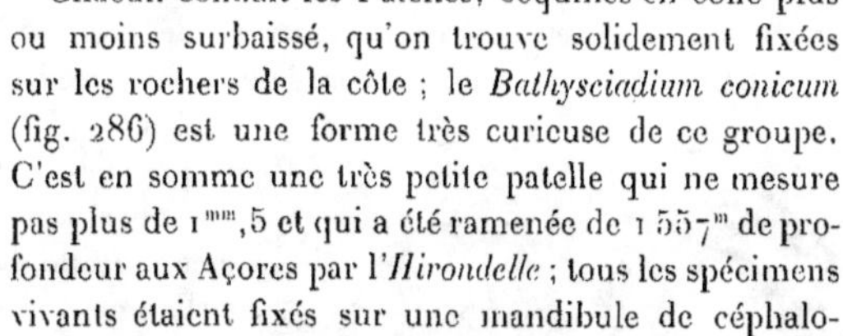

Fig. 285. — Janthine avec son flotteur et sa ponte, d'après E. L. Bouvier.

coquille, telles sont les *Clio,* si abondants dans les mers arctiques où ils forment en partie la nourriture des baleines et de nombreux animaux. D'autres ont une coquille hyaline cartilagineuse et atteignent jusqu'à 10^{cm} comme les *Cymbulia*.dont la coquille a la forme d'une pantoufle de cristal. Les Hyales possèdent une coquille globuleuse terminée par trois pointes ; celle des *Cleodora* est une pyramide triangulaire ; celle des *Creseis* est une pointe creuse très aiguë ; chez les *Limacina* la coquille est

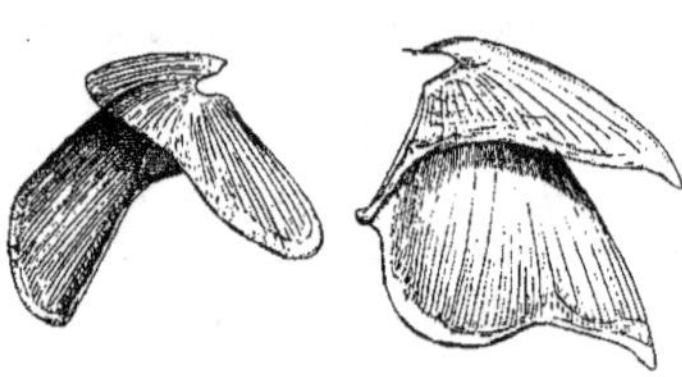

Fig. 286. — *Bathysciadium conicum.*

spiralée comme celle des escargots. Tous ces êtres sont exclusivement pélagiques et forment une part importante du plankton, surtout dans les mers polaires.

Suivant Giglioli, une *Cleodora* donne par le sommet de la coquille une lumière rouge très vive, tandis que la phosphorescence est limitée à la base de la coquille chez une *Creseis* et une *Hyalœa* de Java ; mais ce sont là des cas très isolés et qui, je crois, n'ont pas été constatés à nouveau.

Il suffira de dire que, sous le nom de Céphalopodes, se rangent les Poulpes ou Pieuvres, les Seiches et les Calmars, pour que chacun se fasse une idée de ce que sont ces animaux, c'est-à-dire les mollusques qui ont les pieds (bras ou tentacules) attachés à la tête.

Ce sont les plus élevés et les plus intéressants de tous les Mollusques : ils présentent un très haut degré d'organisation et une foule de particularités extrêmement curieuses. Au milieu du cercle d'insertion des 8 ou 10 bras garnis de ventouses s'ouvre la bouche pourvue d'un bec corné noir, analogue à un bec de perroquet (fig. 287).

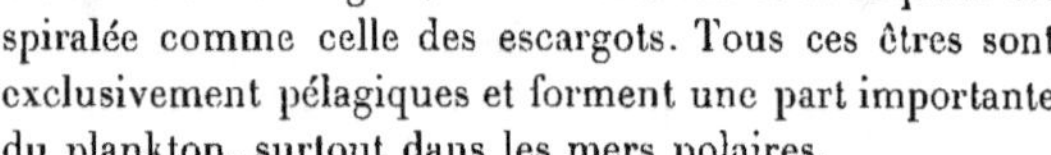

Fig. 287. — Les deux parties d'un bec de Céphalopode (*Alloposus mollis,* d'après Joubin).

De chaque côté de la tête est un œil gros et presque aussi compliqué que celui des vertébrés supérieurs. Les branchies sont dans une poche ventrale, baignées dans de l'eau de mer constamment renouvelée par les mouvements des parois de la poche et du siphon ou entonnoir ; ce dernier organe est une sorte de cône qui surmonte l'entrée de la poche et dont la base peut s'appliquer hermétiquement sur cette entrée au moment de l'expiration, de sorte que l'eau ayant servi à la respiration, s'échappe seulement par la petite extrémité ouverte du siphon, après avoir pénétré dans la poche par les espaces laissés ouverts, après l'expiration, entre le bord supérieur de la poche et le bord inférieur de l'entonnoir. Mais ce dernier organe sert encore à la locomotion dans certaines circonstances ; en chassant brusquement l'eau de sa poche respiratoire au moyen du siphon, l'animal est projeté en arrière avec force, par l'effet d'une réaction semblable à celle du tourniquet hydraulique ; cette force est quelquefois si grande qu'on a vu des Calmars s'élancer hors de l'eau et tomber sur le pont des navires.

Certaines espèces sont nues et dépourvues de coquille, d'autres en ont une, soit externe soit interne et plus ou moins modifiée. Les ventouses des bras sont plus ou moins nombreuses, souvent modifiées ou compliquées, armées de griffes, pour saisir les proies ou servir à l'attaque et à la défense.

Mais un caractère commun à tous les Céphalopodes est la présence, dans la peau, d'organes pigmentés appelés *chromatophores* et qui sont de diverses couleurs. Ces amas de pigment peuvent s'étaler ou se contracter avec la cellule qui les contient, et cela très rapidement, sous l'influence du système nerveux, de sorte que la peau change brusquement de coloration, soit pour se confondre avec la teinte des objets environnants, par homochromie mimétique, soit pour effrayer l'ennemi, soit pour exprimer leurs émotions quand on les irrite ou quand on leur offre quelque proie de prédilection ; si l'animal dilate tous ses chromatophores rouges en contractant les autres, il devient tout rouge : il devient de même marron, noir, etc. Ces organes sont formés, d'après M. Joubin qui les a étudiés tout spécialement, d'une cellule lenticulaire étoilée contenant un protoplasma coloré, amiboïde et un noyau, le tout flottant dans un liquide incolore ; sous l'influx nerveux le protoplasma s'étale, quand l'influx cesse il se contracte en une petite boule au centre de la cellule, la peau devient alors pâle. Si on coupe, à sa sortie du cerveau, le nerf qui agit sur les chromatophores, tout le côté paralysé reste incolore alors que l'autre passe par toutes les couleurs suivant les excitations, ce qui rend la démonstration saisissante.

Les Céphalopodes se servent de leurs chromatophores de très bonne heure. Le 5 septembre 1901, au-dessus d'un fond de 5 460^m, au S-W de Madère, se présenta flottant à la surface une ponte de céphalopode pélagique sous la forme d'un cylindre onduleux, mou, transparent, coloré en partie de petites taches brunes, le reste pâle, blanchâtre ; les embryons étaient enfermés chacun dans une petite capsule sphérique, hyaline, et noyés ainsi dans une sorte de gelée ; quelques-uns, mis accidentellement en liberté par rupture de la capsule, faisaient déjà jouer leurs chromatophores avec une grande intensité, se montrant tantôt hyalins avec des points foncés à peine perceptibles, tantôt devenant complètement bruns.

Les Céphalopodes à quatre branchies ne sont plus représentés actuellement que par le Nautile qui vit dans l'océan Indien, tandis qu'ils étaient jadis extrêmement nombreux en espèces et en individus, tels sont les Ammonites et genres voisins, caractéristiques des terrains secondaires. Le Nautile avec ses tentacules filiformes nombreux et sa coquille à plusieurs loges qu'il remplit ou vide d'air de façon à venir à la surface ou à plonger rapidement, est l'exemple le plus remarquable de la persistance d'un type depuis les époques les plus anciennes jusqu'à nos jours : les Nautilidés étaient en effet déjà abondants dans le silurien, avec plus de 1 600 espèces.

Les Céphalopodes à 2 branchies ont 8 bras à ventouses (Octopides) et en outre quelquefois 2 longs tentacules (Décapides). Chez presque tous il existe une *poche du noir*, sécrétant une liqueur d'un noir foncé qui, projetée avec l'eau, par le siphon, forme un nuage noir grâce auquel l'animal peut fuir sans être vu de son adversaire. Cette substance desséchée sert à la fabrication de la couleur appelée *sépia*, nom latin de la Seiche, qui en fournit le plus.

Voyons maintenant quelques types intéressants de ce groupe si curieux : voici le *Cirroteuthis umbellata* Fischer (fig. 288) découvert par le *Talisman* et que la *Princesse-Alice* a ramené dans un chalut immergé à 4 366^m. Les bras sont réunis par une large membrane d'un violet velouté, tandis que le corps est rougeâtre. Une autre espèce (*C. Grimaldii* Joubin) a été prise aux Açores, probablement aussi entre deux eaux, dans un chalut venant de 1 900ᵐ ; c'est une grosse boule gélatineuse tremblotante et rougeâtre surmontée du parapluie renversé que forment les bras avec leur membrane ; les yeux sont petits et les nageoires presque rudimentaires ; l'ensemble forme un animal d'aspect bizarre. Une autre espèce, nouvelle, et non encore décrite, prise entre deux eaux en 1905 au moyen d'un grand chalut à plateaux, se fait remarquer par sa coloration uniforme d'un noir intense. Le corps gélatineux de ces animaux a presque exactement la même densité que l'eau de mer, de sorte qu'il leur faut peu d'efforts pour se maintenir entre deux eaux grâce aux mouvements de l'ombrelle que forment les bras et la membrane qui les relie.

L'Argonaute (*Argonauta argo* L.) qu'on rencontre dans l'Atlantique et dans la Méditerranée est très remarquable par le fait que le mâle est nu, alors que la femelle habite une très jolie coquille transparente, mince et nacrée, en forme de nacelle, sécrétée et maintenue par deux de ses bras modifiés dans ce but, chacun en une large palette ; la coquille sert de nid pour les jeunes qui y éclosent et s'y développent.

L'*Alloposus mollis* de Verrill est un grand céphalopode gélatineux, pélagique ; certaines parties de cette espèce ont été trouvées flottantes à la surface par l'*Hirondelle* et par la *Princesse-Alice* ; ces débris étaient abandonnés, volontairement ou non, par des cétacés à la suite d'un repas mouvementé fait aux dépens de ces céphalopodes ; leurs tissus, qui rappellent ceux des méduses, sont si mous, si gélatineux, qu'ils passent, en coulant pour ainsi dire, à travers les mailles des filets, et il est très difficile de les obtenir intacts. Un fragment conservé longtemps dans l'alcool a perdu 90 °/₀ de son poids. Les bras sont réunis aussi chez cette espèce par une large membrane.

Fig. 288. — *Cirroteuthis umbellata* Fischer (*Princesse-Alice*).

Les *Octopus* qui partagent avec les *Eledone* les noms de poulpes et de pieuvres, sont les mieux connus des céphalopodes. Ils n'ont pas de nageoires, rampent au moyen de leurs bras, vivant généralement dans les anfractuosités rocheuses et se nourrissent surtout de crustacés ; ils préfèrent les langoustes, les homards et les crabes dont ils détruisent de grandes quantités, au préjudice des pêcheurs. Ils les fixent très promptement au moyen de leurs bras à ventouses (il y en a environ 250 à chaque bras chez le poulpe vulgaire) et les empoisonnent avec leur salive avant de les dévorer de leur bec crochu. Ils mangent aussi les bivalves, après avoir habilement introduit dans les valves, pour les tenir écartées, de petites pierres apportées au moyen de leurs ventouses ; on trouve, devant leur retraite, des amas de débris de crabes et de coquillages : ils gardent même quelquefois en réserve au fond de leur repaire des coquillages vivants pour les jours de disette. L'*Octopus Alberti* découvert par l'*Hirondelle* dans le golfe de Gascogne à 250ᵐ, et décrit par M. Joubin (fig. 289) diffère bien de l'espèce vulgaire par ses bras petits et à ventouses peu nombreuses.

L'*Eledone moschata* de la Méditerranée est remarquable par la forte odeur musquée qu'il répand ; M. Joubin a retiré de la peau de cette espèce une matière huileuse et jaune sentant fortement le musc. Une forme curieuse est l'*Eledonella diaphana* Hoyle, découverte par le *Challenger* ; c'est un petit céphalopode mou, sans doute bathypélagique, qui a cela de particulier qu'il est borgne. C'est le cas de deux spécimens pris par la *Princesse-Alice*, l'un en 1897, entre Madère et la côte du Maroc, dans un chalut venant de 4360ᵐ, l'autre en 1901, aux îles du Cap-Vert, dans un filet immergé à 2 478ᵐ ; M. Joubin s'est assuré que la peau passe au devant de la masse de tissu nerveux qui est à la place de l'œil gauche.

Parmi les Décapodes, la première famille à citer est celle des Bélemnites qui comprend seulement des espèces fossiles que l'on ne connaît guère que par leur coquille interne conique et qui, voisins des Calmars, vivaient comme eux en grandes troupes dans les mers secondaires. Les deux longs tentacules qui accompagnent les bras ordinaires sont capables de se dérouler avec la rapidité d'une flèche et de saisir avec les ventouses, pour les apporter à la bouche, les proies qui passent à proximité, en particulier les crustacés. La Seiche (*Sepia officinalis*) est surtout connue par son squelette vendu sous le nom d'os de seiche et qu'on voit dans toutes les cages de serins. Ce squelette interne est formé de calcaire spongieux ; l'animal qui le porte a le corps ovale bordé de chaque côté par une nageoire longue et étroite ; la Seiche pond de gros œufs noirs attachés aux plantes et que les pêcheurs appellent raisins de mer. Si on retient près du rivage une Seiche femelle, en passant une ficelle dans un trou pratiqué à l'extrémité de son *os*, les mâles arrivent nombreux et se laissent prendre facilement. Il suffit encore de garnir d'un petit miroir un morceau de liège ayant à peu près l'aspect d'une Seiche et de laisser flotter l'ensemble sur l'eau, le scintillement du miroir attire les Seiches qu'on peut alors capturer aisément. La plupart des Céphalopodes, dont la vue est si développée, sont attirés par les objets brillants ou éclatants ; on garnit souvent les nasses qu'on leur destine avec des fragments d'assiettes blanches par exemple.

FIG. 289. — *Octopus Alberti*, d'après Joubin (face ventrale).

Les Sépioles sont plus courtes que les Seiches, tandis que les Calmars proprement dits (*Loligo*, etc.) sont plus allongés et ont les nageoires très développées. Les Spirules (*Spirula Peroni*) sont de petits céphalopodes remarquables par leur coquille enroulée en spirale, cloisonnée, munie d'un siphon et en partie libre. Rien de plus facile que de recueillir leurs coquilles isolées sur diverses plages des Açores, des Canaries, etc. ; mais aussi rien de plus difficile que d'obtenir des spécimens vivants ou complets. La *Valdivia* en a recueilli près de Sumatra un exemplaire dans un filet venant de 594ᵐ. Le *Challenger* et le *Blake* en ont pris aussi chacun un spécimen. La

Princesse-Alice à son tour en a obtenu un spécimen très jeune, de 5^{mm} de long avec le filet vertical à large ouverture immergé à 3 000^m, au-dessus d'un fond de 3 817^m aux îles Canaries en 1904. Il en a été pris plusieurs spécimens par d'autres naturalistes.

Le *Ctenopteryx cyprinoides* Joubin (fig. 290) provient de l'estomac d'un Dauphin capturé dans la Méditerranée ; les nageoires latérales sont formées d'une membrane mince, tendues sur des tigelles rigides, disposition qu'on ne trouve chez aucun autre céphalopode. Chez cet animal, comme chez les suivants, le squelette, interne, est formé par une lame cornée appelée *plume*, plus ou moins étroite, mince, transparente, située dans la région dorsale. Le *Cucioteuthis unguiculata* (fig. 291) est un grand céphalopode, à nageoire très développée, dont les ventouses

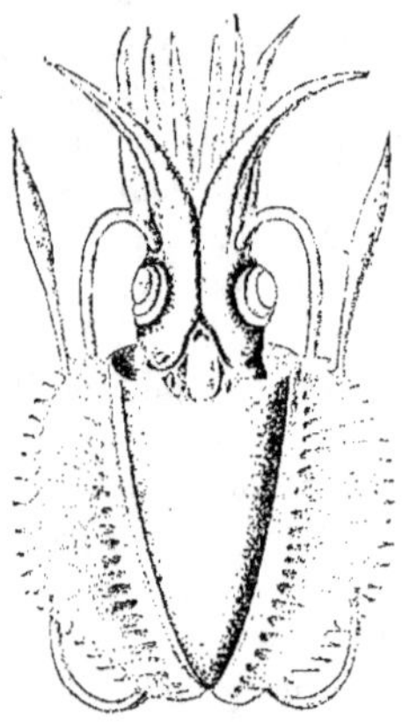

Fig. 290. — *Ctenopteryx cyprinoides*, d'après Joubin, face ventrale (*Princesse-Alice*).

sont armées chacune d'un fort crochet monté sur un anneau corné. Certains de ces crochets ont plus de 25^{mm} de long et l'anneau corné plus de 30^{mm} de diamètre, ce qui représente une ventouse énorme, en même temps qu'un organe d'attaque ou de défense très puissant… sauf sans doute contre les Cachalots qui mangent ces animaux. C'est en effet dans l'estomac d'un cachalot de 14^m capturé aux Açores le 18 juillet 1895 que se trouvait le *Cucioteuthis* qui a fourni les mesures ci-dessus. — Nous avons dit que les calmars s'élançaient quelquefois hors de l'eau ; c'est sans doute le cas d'un *Onychoteuthis Banksi* (fig. 292) qui fut trouvé un matin sur un porte-haubans de la *Princesse-Alice* ; deux autres individus de cette espèce, qui a aussi les ventouses armées de griffes, ont pu être capturés à la surface sous le fanal électrique dont la lumière les avait attirés. Le cachalot capturé aux Açores en 1895 n'a pas donné seulement un *Cucioteuthis* mais encore plusieurs espèces rares ou nouvelles et

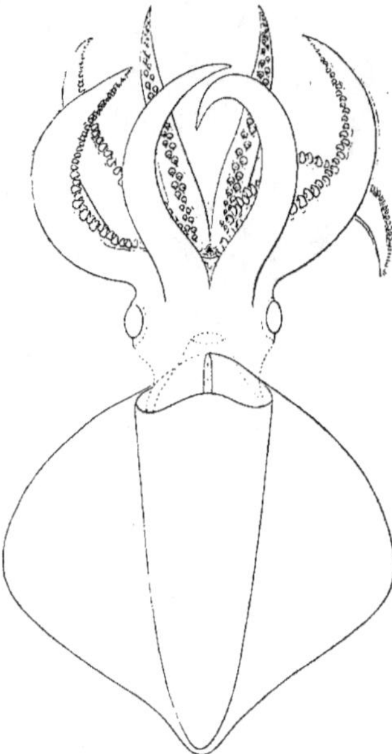

Fig. 291. — *Cuciotheutis unguiculata* Steenstrup, d'après Joubin, face ventrale (*Princesse-Alice*).

qu'on n'a pas encore prises autrement. Seuls les cétacés savent capturer certains céphalopodes à des profondeurs que nous ne connaissons pas et il est certain que ces mollusques sont extrêmement nombreux entre deux eaux puisque beaucoup de cétacés s'en nourrissent exclusivement ou à peu près. Malheureusement on n'a pas souvent la bonne fortune de capturer des mangeurs de céphalopodes (ou teuthophages) et de retirer de leur estomac autre chose que des animaux plus ou moins digérés et plus ou moins complets. C'est ainsi que l'on ne connaît jusqu'ici que le corps, mais non la tête et les bras du *Lepidoteuthis Grimaldii* Joubin, le fameux céphalopode à écailles (fig. 293), le seul de tous les céphalopodes connus qui soit pourvu d'écailles cutanées, polygonales. Le corps seul mesurait environ 1^m de longueur. Nous ne sommes pas encore en mesure d'aller chercher dans leur milieu des animaux aussi actifs, aussi rapides que les céphalopodes bathypélagiques, dont la vue est, en outre, extrêmement perçante et développée : heureusement, le hasard vient quelquefois à notre aide et met à la portée de notre main des pièces de la plus grande rareté. Il semble que certains céphalopodes bathypélagiques viennent mourir à la surface, comme s'ils étaient plus légers que l'eau, et ne puissent se maintenir au-dessous qu'au moyen d'un certain effort : c'est ainsi que je trouvai mourant à la surface, près des Açores, et ne présentant plus qu'une faible activité des ventouses, une espèce des plus remarquables, le *Grimalditeuthis Richardi* Joubin (fig. 294) ; il est transparent, allongé, muni de deux nageoires superposées, dont l'extrême ressemble à une feuille. La transparence de l'animal est si grande qu'on aperçoit nettement, à travers la tête, le cerveau et les nerfs qui en partent ; à travers la nageoire foliacée on peut lire comme à travers une lame de verre. Le *Chiroteuthopsis Grimaldii* Joubin (fig. 295) est un céphalopode pélagique pris par l'*Hirondelle* dans un chalut remontant de 1 445^m, aux Açores ; il est transparent, délicat et muni d'une nageoire puissante. Mais ce qui est particulièrement intéressant, c'est la présence de petits organes foncés, disséminés au nombre de plus de trente, sur la face ventrale du corps et sur la face dorsale de la nageoire. Ils ont l'aspect de petites perles noires. M. Joubin qui les a découverts et étudiés a constaté que chacun d'eux est formé d'une enveloppe fibreuse, d'une masse transparente,

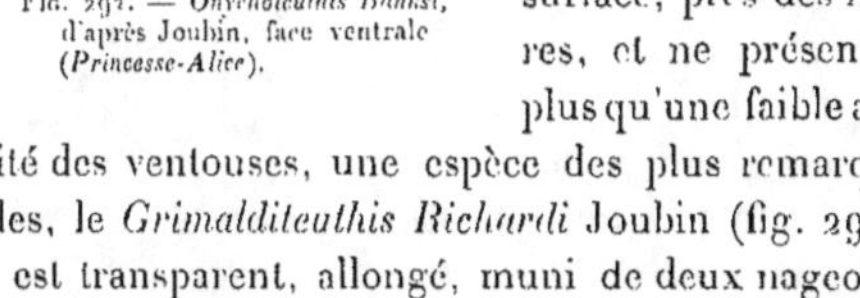

Fig. 292. — *Onychoteuthis Banksi,* d'après Joubin, face ventrale (*Princesse-Alice*).

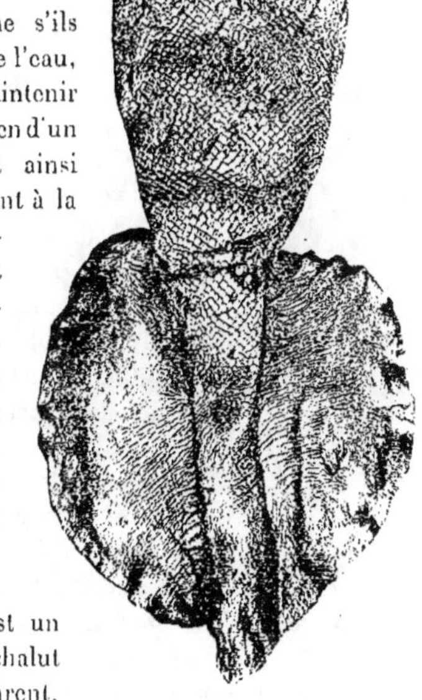

Fig. 293. — *Lepidoteuthis Grimaldii,* d'après Joubin, face ventrale (*Princesse-Alice*).

d'une lentille frontale noire située sous l'épiderme et d'une terminaison nerveuse axiale ; il a émis l'idée qu'il s'agit d'*yeux thermoscopiques* ; la lentille noire biconvexe n'est qu'un chromatophore modifié, c'est le cristallin noir d'un œil qui serait chargé de percevoir les rayons obscurs, calorifiques, seuls capables de traverser la lentille noire à l'exclusion des rayons lumineux. Il serait bien intéressant d'obtenir des indications précises par l'expérimentation, malheureusement ces animaux sont plus difficiles à se procurer que les cobayes ou que les grenouilles ! La fig. 296 représente une autre forme curieuse (*Taonius pavo*), fort rare, dont la *Princesse-Alice* a eu la chance de recueillir, morts à la surface, plusieurs spécimens dans les parages de Madère ou dans là mer des Sargasses. La faiblesse de la nageoire est compensée chez cette espèce par le grand développement du siphon qui est évidemment ici l'appareil natatoire principal ; les yeux énormes occupent presque tout le volume de la tête.

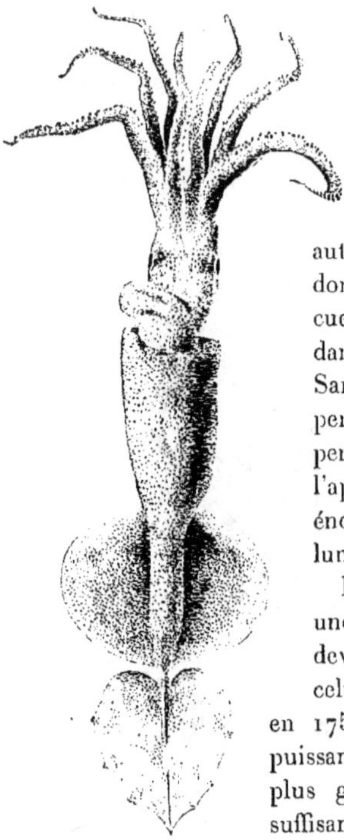

Les céphalopodes peuvent atteindre une taille considérable et certains sont devenus le sujet de légendes, comme celui dont parle l'évêque Pontoppidan en 1752. Ce *Kraken* a « des bras plus puissants que les mâts les plus forts des plus grands navires ; leur vigueur est suffisante pour saisir un vaisseau capable de porter cent canons et pour l'engloutir dans l'abîme ! » Les données scientifiques précises, tout en s'éloignant considérablement de celles de Pontoppidan démontrent cependant l'existence de céphalopodes énormes. Ainsi l'*Architeuthis princeps* atteint 2ᵐ,90 sans les tentacules qui ont plus de 9ᵐ : l'*A. Harveyi* a jusqu'à 4ᵐ,55 sans les tentacules et 15ᵐ,75 avec ceux-ci. Enfin un céphalopode pris sur les côtes de la Nouvelle-Zélande mesurait 17ᵐ,35 de la pointe de la nageoire au bout des tentacules ; les grands céphalopodes de ce groupe vivent en haute mer, il y en a beaucoup dans les parages de Terre-Neuve et dans les régions fréquentées par les cachalots ; on comprend sans peine que les luttes soient violentes entre les mangeurs et les mangés ; en 1887 sur l'*Hirondelle*, le Prince de Monaco eut l'occasion d'assister de loin à un de ces spectacles qu'il décrit ainsi dans son livre (*La Carrière d'un navigateur*) :

Fig. 294. — *Grimalditeuthis Richardi*, d'après Joubin, face ventrale (*Princesse-Alice*).

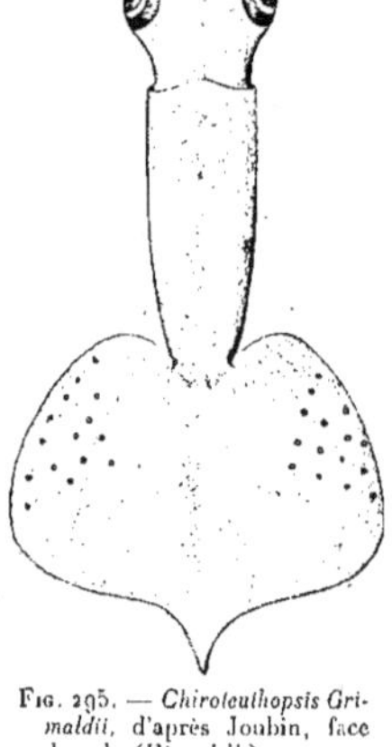

Fig. 295. — *Chiroteuthopsis Grimaldii*, d'après Joubin, face dorsale (*Hirondelle*).

De majestueuses projections d'eau s'étant élevées à l'horizon de la mer calme on vit sans peine qu'elles avaient pour cause les ébats d'un être colossal dont le corps se dressait de temps en temps comme une tour, et qui dispersait l'eau en gerbes formidables, avec le fouet de sa queue. Après cette agitation, l'endroit où elle avait eu lieu garda une nappe blanche, laiteuse ;..... parvenu au lieu qu'elle avait occupé j'y trouvai la tête fraîchement détachée d'un grand poulpe.

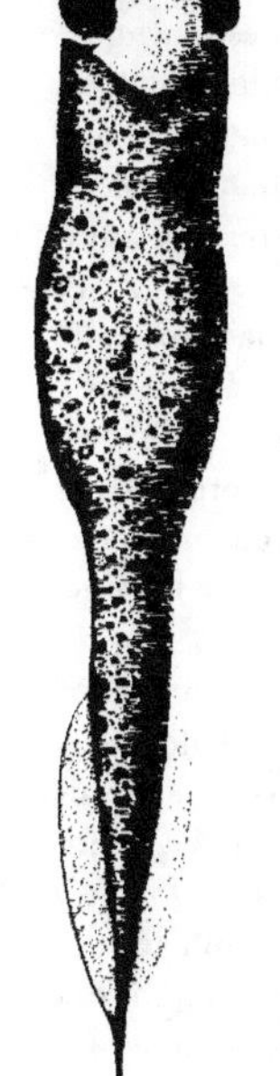

Fig. 296. — *Taonius pavo* Lesueur, d'après Joubin, face ventrale(*Princesse-Alice*).

Plus récemment M. Bullen a vu, près de Sumatra, la lutte d'un cachalot avec un céphalopode à peu près aussi grand, dit-il, et dont les tentacules interminables paraissaient envelopper en entier le cétacé ; les yeux du mollusque avaient 30^{cm} de diamètre ! De pareils géants ne se laissent pas avaler, même par des cachalots, sans faire une vive résistance et sans employer toute la force de leurs ventouses à cercle corné et à griffes, pour se cramponner énergiquement au corps de leur ennemi ; ainsi s'expliquent les stries, les cercles simples ou pointillés, etc., qu'on observe sur la peau de divers cétacés : ces traces sont simplement celles des ventouses et des griffes des céphalopodes, griffes dont certaines sont comparables à celles des tigres ou des lions. Quoy et Gaimard avaient déjà remarqué ces traces sur un dauphin de la Nouvelle-Zélande, sans se rendre compte de leur origine ; mais il est facile de voir sur leur dessin l'empreinte de cercles dentés des ventouses et nous avons eu souvent l'occasion d'observer des traces analogues chez le Cachalot, le Grampus, le Globicéphale et sur les dauphins.

Les céphalopodes fournissent beaucoup d'espèces comestibles. A Terre-Neuve on prend beaucoup de calmars qui servent d'amorce, c'est-à-dire de *boëlle* pour pêcher la morue ; ils sont si abondants que, après de fortes tempêtes, la mer les rejette quelquefois par millions sur la grève. L'ambre gris, dont le prix est si élevé et qui sert en parfumerie, n'est qu'un produit pathologique développé dans l'intestin des cachalots aux dépens des céphalopodes dont ils se nourrissent et qui contient fréquemment des becs de ces mollusques.

Chez les céphalopodes la production de la lumière et la complication des organes lumineux sont poussées à un très haut degré. Il ne s'agit plus de simples glandes émettant un mucus lumineux comme chez la Pholade et beaucoup des invertébrés que nous avons examinés jusqu'ici, mais bien d'organes spéciaux ayant des caractères communs avec les organes analogues des schizopodes : une portion de l'organe produit la lumière qui est projetée au dehors à travers une lentille convergente ; là se rassemblent également d'autres rayons réfléchis sur une sorte de réflecteur concave doublé en dehors d'une enveloppe de pigment afin qu'aucun rayon ne se perde inutilement dans les tissus voisins. Un naturaliste italien, Verany, qui étudiait à Nice la faune de la Méditerranée en 1834 prit un jour à la ligne, par un fond d'environ 1 000^m, un céphalopode extraordinaire qui lançait une multitude de petits éclairs colorés, qu'il comparait à des éclats de topaze et de saphir. On resta ensuite longtemps sans nouvelles observations. Cependant beaucoup de formes pélagiques de ce groupe se font remarquer par la présence d'appareils lumineux. C'est le cas du *Calliteuthis reversa* de Verrill ; un spécimen, trouvé mort à la surface au large de Monaco, présente un grand nombre de ces petits organes longs de 2 à 4^{mm}. Parmi les céphalopodes contenus dans l'estomac du cachalot dont il a été déjà question plusieurs fois se

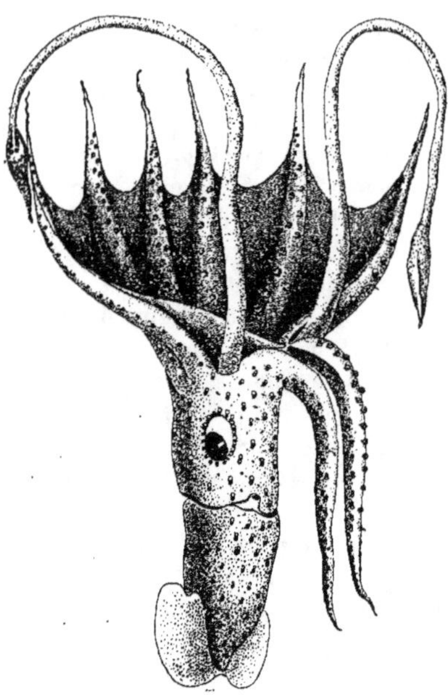

Fig. 297. — *Histioteuthis bonelliana*, d'après Joubin.

trouvaient trois spécimens d'*Histioteuthis Ruppelli* dont le plus grand mesurait 93^{cm} avec les tentacules. Leur excellent état de conservation montre qu'ils avaient été ingurgités depuis très peu de temps par le cétacé : la peau intacte laisse voir une multitude de petits organes lumineux ; la fig. 297 représente une espèce voisine de la précédente et également riche en organes lumineux ; M. Joubin a constaté que, chez cette dernière forme (*H. bonelliana*), plusieurs organes se fusionnent au bout de chaque bras pour former « une véritable lanterne que l'animal peut promener tout autour de lui ». Après avoir attiré l'attention des naturalistes sur les organes lumineux des céphalopodes, M. Joubin vit bientôt réalisées ses prévisions sur leur présence chez beaucoup d'autres espèces. Pendant l'expédition de la *Valdivia* le Prof. Chun a pu photographier des céphalopodes en train d'émettre la lumière et celle-ci a impressionné la plaque sensible. Au mois d'août 1904, entre les Açores et les Canaries, les passagers de la *Princesse-Alice*

ont pu assister à un spectacle merveilleux. Alors que le Prince procédait à des expériences sur l'attraction qu'exerce la lumière sur divers animaux, en se servant d'un fanal électrique, on vit s'approcher un grand céphalopode décrivant des courbes dans le voisinage en émettant des éclats lumineux bleus, verts et rouges d'une grande vivacité ; il fut malheureusement impossible de capturer ce magnifique animal.

Tandis que la plupart des céphalopodes lumineux ont les organes photogènes disséminés en diverses régions de la peau du corps, il y a quelques espèces chez lesquelles ces organes sont concentrés près de l'œil même. C'est ce qui arrive chez le *Leachia cyclura*, petite forme transparente considérée jusqu'ici comme extrêmement rare et dont les collections du Prince de Monaco renferment divers spécimens trouvés mourants, à la surface, particulièrement dans les parages des Açores. Les yeux du *Leachia* sont très saillants, noirs, et dans le bord ventral de chaque œil sont enchâssées 5 perles brillantes d'aspect doré ; une sixième se trouve plus rapprochée du cristallin ; ce sont là des organes lumineux (fig. 298). La fig. 299 représente la coupe d'un des organes photogènes de *Leachia* : on y voit la masse photogène P, la masse transparente L qui sert de lentille, l'enveloppe G qui fait réflecteur, et au dehors la couche pigmentée F, et les chromatophores C ; les rayons émis peuvent prendre les couleurs variées suivant que l'animal leur fait traverser des écrans colorés qui ne sont autres que les chromatophores.

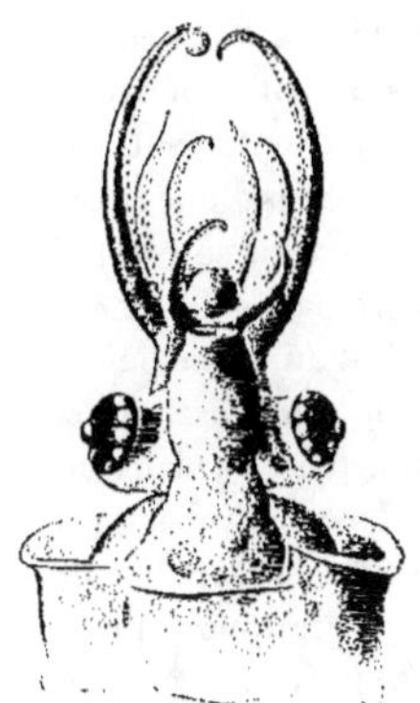

Fig. 298. — *Leachia cyclura*, d'après Joubin, partie antérieure avec les yeux et leurs organes lumineux.

Certaines espèces pélagiques, comme *Chiroteuthis Veranyi*, se servent, pour attirer et capturer leurs proies, de deux tentacules très longs pourvus à leur extrémité de petits crochets qui jouent le rôle d'hameçons minuscules et qui sont accompagnés de petites boulettes argentées (lumineuses?), servant d'appât et munies chacune d'une ventouse qui saisit l'animal venu pour happer une des petites boules brillantes. Cette même espèce possède, le long de ses tentacules, des houppes de filaments gluants qui happent et empêtrent les petits crustacés et les petits poissons attirés par les boules argentées ; de temps à autre le *Chiroteuthis* « épluche » ses filets, comme dit M. Joubin, et mange les animaux qui s'y sont pris. Nous ne finirions pas si nous voulions examiner toutes les particularités curieuses que présentent les céphalopodes, mais il faut savoir se borner.

Tuniciers.

Sous ce nom on réunit un grand nombre d'animaux dont la paroi du corps est revêtue d'une cuticule épaisse, ou tunique, formée d'une substance à très peu près semblable à la cellulose des végétaux. On les divise en deux grands groupes qui diffèrent beaucoup en apparence à cause de leurs adaptations à des genres de vie essentiellement opposés : l'un comprend des êtres pélagiques, l'autre, au contraire, des animaux fixés. Dans tous les cas la cavité du corps communique avec l'eau ambiante par deux orifices entre lesquels s'établit un courant qui traverse les branchies et sert à la respiration et aussi à la nutrition par les particules agglutinées et portées vers la bouche.

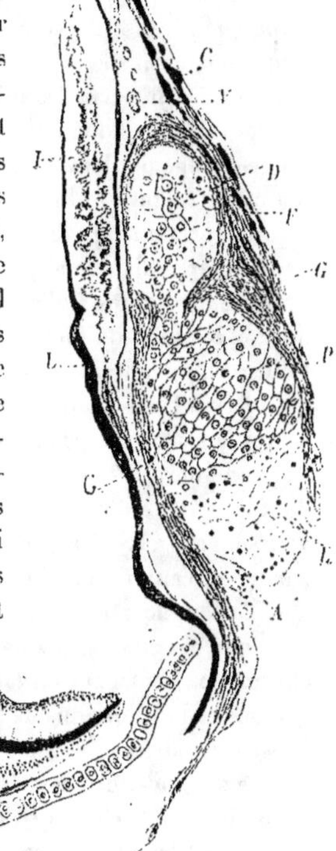

Fig. 299. — Coupe d'un organe lumineux de *Leachia cyclura*, d'après le Prof. Joubin.

A, cercle cartilagineux ; C, chromatophore; D, organe postérieur; F, peau ; G, gaine conjonctive; I, iris; L, lentille; M, N, O, couches de la rétine ; P, cellules photogènes; U, membrane pigmentée; V, vaisseaux.

Les *Appendiculaires* consistent en un corps plus ou moins ovoïde, petit, mais muni d'une longue queue aplatie, très mince, pourvue d'un axe ou corde dorsale qui rappelle celle de l'*Amphioxus* dont nous parlerons plus loin. Chaque individu est logé dans une capsule incolore très délicate dans laquelle il agite violemment sa queue qui sert à la locomotion et à l'entretien du courant d'eau constamment renouvelée. L'animal abandonne sa loge avec la plus grande facilité et très souvent, toutes les trois ou quatre heures par exemple, et s'en fabrique une autre en moins d'une heure. On ne sait à quoi répond un changement si fréquent qui fait que le plus souvent on recueille les appendiculaires sans leur loge ; celle-ci peut d'ailleurs passer facilement inaperçue à cause de sa transparence et de sa délicatesse, et ce n'est qu'en les puisant directement dans la mer avec un bocal et non avec un filet qu'on peut observer ces êtres curieux intacts. Ces animaux constituent parfois une part importante du plankton ; pendant l'été de 1904 nous en avons recueilli (*Stegosoma* ?) qui formaient des taches rouge-orangé par leur agglomération à la surface. Chez la plupart des espèces le corps n'a que quelques millimètres de longueur ; la *Valdivia* a pris dans la zone bathypélagique, près du cap de Bonne-Espérance, le géant de ce groupe ; le corps avait 25^{mm} de diamètre et la queue 70^{mm} de long.

Les *Salpes* et les *Doliolides*, très voisins des précédents, sont des tuniciers pélagiques et hyalins, de forme ovoïde et présentant un large orifice à chaque extrémité. Pour se mouvoir, l'animal contracte les muscles de ses téguments en même temps qu'il ferme l'orifice antérieur, l'eau intérieure est chassée par l'ouverture postérieure ce qui fait progresser la salpe en avant. En général la masse des viscères présente la forme d'une petite cerise rouge (nucléus) qui décèle de suite la présence de la salpe dont le corps est d'ailleurs complètement transparent ; quand la mer est calme on voit souvent à la surface des cadavres de salpes privés de leur nucléus qui a été dévoré par les oiseaux de mer. Les salpes sont tantôt isolées, tantôt attachées en chaînes dont la longueur peut atteindre plusieurs mètres et qui ondulent entre deux eaux ; c'est que ces êtres présentent un nouvel exemple très remarquable de génération alternante. La forme solitaire donne par bourgeonnement la forme en chaîne ou agrégée et les individus de cette chaîne donnent la forme solitaire au moyen d'œufs. Il est très curieux de voir, à l'intérieur du corps transparent d'une salpe solitaire, la chaîne des individus sexués en train de se développer, puis être mise en liberté dans l'eau où toute la chaîne se meut lentement, souvent analogue à un chapelet dont les grains sont les nucléus rouges des divers individus. Les salpes sont très répandues dans toutes les mers, surtout dans les mers chaudes ; elles forment une part, quelquefois considérable, du plankton ; en 1865 le *Magenta* en traversa un banc qui n'avait pas moins de 27^{km} d'étendue dans la direction suivie par le navire. Beaucoup d'espèces sont cosmopolites ; la plus grande espèce est la *Salpa costata Tilesii* dont les téguments sont fermes et qui peut atteindre 30^{cm} de longueur ; la *Princesse-Alice* en a recueilli un spécimen intact mesurant 24^{cm}.

Les *Ascidies* sont des tuniciers fixés et elles sont simples ou composées. Les premières, solitaires, sont assez volumineuses, quelquefois plus grosses que le poing ; la *Cynthia papillosa* (fig. 300) d'un rouge-violacé en est le type ; on la consomme, à

Marseille par exemple, ainsi que diverses autres espèces, sous le nom de *violets*. Leur tégument épais est le plus souvent recouvert de gravier et d'animaux encroûtants qui masquent la vraie nature de l'ascidie ; les larves de ces formes fixées sont munies d'une longue queue comme les têtards de grenouille et les appendiculaires, et la présence dans cette queue d'un axe spécial a fait rapprocher ces êtres de l'*Amphioxus*, le plus inférieur des vertébrés.

Les *Pyrosomes* sont des colonies d'ascidies pélagiques. Ils se présentent sous la forme d'un tube hyalin à paroi épaisse, de consistance plus ou moins ferme, ouvert à l'extrémité la plus large, fermé comme un doigt de gant à l'autre bout ; ce tube peut

Fig. 300. — *Cynthia papillosa.*

atteindre 2^m de long comme chez le *Pyrosoma excelsior* du *Talisman*, en général il a de 10 à 30^{cm}. Le 3 mars 1905 près des côtes d'Arabie, dans l'océan Indien, MM. J. Bonnier et Ch. Pérez ont vu un banc considérable de pyrosomes gigantesques. Pendant une heure ils firent route au milieu de ce banc que la chute du jour leur fit perdre de vue. Ces pyrosomes entraînés par le courant, étaient tous orientés parallèlement, l'extrémité fermée du manchon en avant ; les colonies étaient situées d'autant plus profondément qu'elles étaient plus grandes ; les plus petites avaient 40 à 50^{cm}, les plus grandes qu'on put atteindre avaient 2^m,50 de long sur 20 à 30^{cm} de diamètre. On évalua à 4^m la longueur des plus profondes ; ces pyrosomes sont de beaucoup les plus grands qu'on ait jamais vus et ils appartiennent à une espèce nouvelle à laquelle MM. Bonnier et Pérez donnèrent le nom de *P. indicum* ; dans la cavité du manchon s'abritaient divers animaux, notamment des poissons commensaux et une crevette. Ces manchons sont formés chacun par une colonie de très nombreux individus noyés dans l'épaisseur de la paroi ; chacun ouvre sa bouche à l'extérieur tandis que l'autre orifice s'ouvre à l'intérieur du tube ; la colonie flotte en se mouvant très lentement par des contractions longitudinales, résultantes des contractions élémentaires de tous les individus. Les pyrosomes se trouvent dans toutes les mers chaudes ou tempérées.

Parmi les tuniciers la phosphorescence n'est connue que chez les formes pélagiques ; on n'est pas encore bien fixé sur le point de savoir si les salpes sont phosphorescentes, ce qui peut paraître surprenant quand on pense aux masses énormes de ces animaux flottant dans la plupart des mers. Giglioli a vu lumineux le nucléus de plusieurs espèces ; il a également observé une phosphorescence uniformément verte surtout le corps de plusieurs *Doliolum*, et chez les appendiculaires il a constaté de la phosphorescence, le long de l'axe caudal, se produisant à des intervalles variés comme une lumière claire et vive, d'abord rouge-foncé, puis azurée et finalement verte. Mais les pyrosomes sont très phosphorescents, c'est même cette propriété qui leur a valu leur nom qui signifie *corps de feu* ; chaque individu de la colonie possède deux glandes photogènes contenant une substance adipoïde spéciale ; la lumière émise peut être verte, rouge ou blanche. Panceri a compté qu'une colonie de 8^{cm} de long de *Pyrosoma giganteum* contient environ 3 200 individus ce qui fait 6 400 points lumineux, et les embryons sont déjà capables de briller. La lumière du *P. atlanticum* varie du rouge à l'orangé, au vert pâle et au bleu pâle. Bien souvent nous avons excité cette phosphorescence qui s'irradie dans certains cas, suivant la nature ou l'intensité de l'excitation et l'état de fatigue de l'animal, et qui peut s'étendre à toute la colonie ; celle-ci présente alors dans la chambre noire l'aspect d'un fer chauffé à blanc ; Moseley naturaliste du *Challenger* ayant tracé son nom avec le doigt sur un Pyrosome en vit les lettres devenir vivement lumineuses. Ces colonies sont particulièrement aisées à reconnaître la nuit, quand, bousculées au passage du bateau, elles laissent leur forme se dessiner très nettement par leur phosphorescence généralisée. Il n'est pas sans intérêt de citer le fait singulier que pendant la longue croisière du *Magenta* le Prof. Giglioli n'a rencontré qu'une seule espèce de pyrosome, et encore n'était-elle pas phosphorescente ! A diverses reprises, à bord de la *Princesse-Alice* les câbles remontant quelque engin de la profondeur ont ramené des pyrosomes ; le plus souvent il a été impossible de les voir émettre même des traces de luminosité dans la chambre noire. Peut-être les colonies ainsi obtenues avaient-elles épuisé toute leur activité à la suite d'une excitation prolongée causée par le frottement sur le câble ; mais je ne crois pas qu'il s'agisse là d'espèce non phosphorescente. Le fait déjà signalé pour les Pennatules donne l'explication de ce défaut de luminosité qui fait suite à l'action de la lumière du jour.

CHAPITRE XV

L'OCÉANOGRAPHIE BIOLOGIQUE (*Suite.*)

LES ANIMAUX MARINS

Les Vertébrés : l'Amphioxus, les Poissons : Sélaciens, Ganoïdes, Téléostéens ou Poissons osseux. — Les Reptiles : Serpents et Tortues de mer. — Les Oiseaux de mer. — Les Mammifères marins : Cétacés, Pinnipèdes.

Les Vertébrés.

Les Vertébrés marins comprennent, avec l'*Amphioxus,* un grand nombre de Poissons, quelques Reptiles (Serpents et Tortues), des Oiseaux et divers Mammifères (Cétacés et Pinnipèdes).

L'*Amphioxus* (fig. 3o1) présente un intérêt spécial parce qu'il peut être considéré comme l'ancêtre commun des vertébrés. C'est un animal d'environ 6o^{mm} de long,

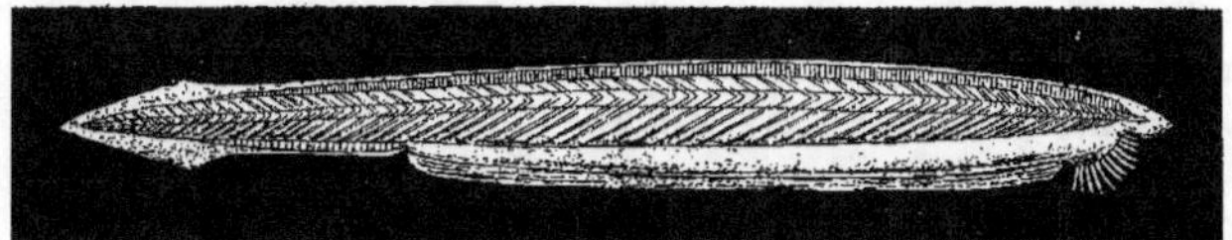

Fig. 3o1. — *Amphioxus.*

ressemblant à un petit poisson blanchâtre de consistance ferme, sans yeux, et qui vit dans le sable où il se tient enfoncé jusqu'à la tête et où il se meut avec une grande agilité ; il se nourrit à la façon des Tuniciers en absorbant les particules en suspension dans l'eau et amenées à la bouche par le courant que provoquent les cils des branchies. Bien qu'il n'ait pas d'yeux, l'*Amphioxus* est très sensible à la lumière grâce à des organes pigmentés spéciaux bizarrement situés dans l'axe nerveux et que la lumière atteint à travers les tissus translucides. Ces diverses particularités et d'autres sur lesquelles nous ne pouvons nous étendre ici, montrent bien que l'*Amphioxus* n'est pas un poisson ; mais il a les éléments capitaux du type vertébré : axe nerveux séparé du tube digestif par une corde dorsale, schéma de l'axe vertébral ; présence de fentes branchiales.

Les Poissons.

Le nombre des espèces de Poissons de mer est considérable ; leurs couleurs sont extrêmement variées, souvent aussi vives et aussi brillantes que chez les plus beaux insectes ; leurs formes sont souvent bizarres. Les uns vivent presque solitaires, d'autres voguent en bandes innombrables ; les uns sont sédentaires, les autres voyageurs. La plupart des espèces sont carnassières et même les individus d'une espèce se dévorent fréquemment entre eux. Comme tout le monde a une idée générale des diverses formes ordinaires de poissons, nous ne parlerons guère des formes littorales ou de petite profondeur, sauf dans le cas où leur biologie présente quelque particularité intéressante, comme c'est le cas d'un grand nombre de formes abyssales ou bathypélagiques, beaucoup moins connues et sur lesquelles les expéditions océanographiques nous ont apporté des notions nouvelles ; aussi insisterons-nous davantage sur les résultats importants qu'ont obtenus ces expéditions.

Les *Lamproies* sont les plus inférieurs des poissons ; elles ont le corps cylindrique et la bouche arrondie faite pour sucer ; elles se fixent souvent sur les Aloses avec lesquelles elles remontent les fleuves au printemps, à l'époque du frai, pour retourner à la mer en automne. Les *Myxines* sont parasites sur d'autres poissons et pénètrent même dans le corps des morues et des esturgeons.

Les Poissons cartilagineux comprennent les Chimères, les Squales et les Raies. Les Chimères ont des formes bizarres ; l'espèce la plus commune (*C. monstrosa*) se trouve assez fréquemment dans la Méditerranée ; le Prince de Monaco en a pris au palancre un spécimen de $1^m,10$ aux Açores par $1\,692^m$ de profondeur ; cet exemplaire était remarquable par la grosseur de ses yeux. Les Squales les plus connus sont : les Chiens de mer ou Roussettes (*Scyllium*) qui vivent à divers niveaux sur le plateau continental ; les Requins proprement dits, qui sont surtout des poissons de surface. Le Requin marteau (*Zygæna malleus*) est très remarquable par la forme de sa tête qui se prolonge de chaque côté en une lame aplatie horizontalement et à l'extrémité de laquelle se trouve l'œil. Le Renard (*Alopias vulpes*) a une queue immense en forme de faux, aussi longue que le corps ; certains exemplaires mesurent plus de 5^m et pèsent 150^{kg}. Les requins du genre *Carcharias* sont très voraces et très redoutés ; leurs dents sont triangulaires, fortes et très nombreuses ; le Peau bleu (*C. glaucus*) et le Lamie (*C. lamia*) vivent dans nos mers. Le *Carcharodon Rondeleti* de la Méditerranée dépasse 10^m de long et est très dangereux ; enfin le *Selache maxima* ou Pèlerin atteint jusqu'à 14^m et pèse plus de $8\,000^{kg}$; le musée de Lisbonne en possède un spécimen de 11^m ; il est facile de comprendre que des poissons de cette taille puissent avaler des objets volumineux. Les requins ont une digestion très rapide et leur estomac est très souvent vide ; sur 17 jeunes individus de *C. glaucus* pris autour des Formigas (Açores), nous n'avons pas trouvé dans leur estomac autre chose que des objets qui venaient d'être jetés du navire : débris de viande ou de légumes. Certains de ces squales se laissent parfois prendre dans des filets : c'est ainsi que deux pièces de trémail coulées par 16^m près de l'île Santa Luzia (Cap-Vert) ont rapporté, outre un nombre considérable de poissons variés, de coquilles, etc.,

9 grands squales dont le plus long mesurait 2^m,64 et pesait 90^{kg} (fig. 302). Il y en avait trois de cette espèce, à longues dents, à pupille circulaire (*Odontaspis taurus*) et 6 autres, plus petits, à pupille allongée (*Carcharias*) et dont le plus grand mesurait 2^m,14. Il est curieux de voir des animaux doués d'une puissance musculaire aussi grande ne pas parvenir à se dégager de filets relativement peu solides. Cela tient sans doute à l'élasticité qui existe dans un trémail (ou dans un long palancre, comme dans le cas du *Pseudotriacis*

Fig. 302*. — Squales sur le pont de la *Princesse-Alice*.

dotriacis signalé plus loin). Cette élasticité est telle que le système cède momentanément et suit l'effort, pour ramener à lui le poisson lorsque ce dernier cesse de s'agiter.

L'*Echinorhinus spinosus* dont la *Princesse-Alice* a capturé un spécimen de 1^m,85 par 446^m dans le Golfe de Gascogne, est remarquable par les boucles, ou épines à base élargie en bouton, dont sa peau est pourvue à la manière de la Raie bouclée. On trouve dans la Méditerranée certains squales qui y sont plus fréquents que dans l'Atlantique ; les pêcheurs de Nice et des environs les prennent avec des lignes spéciales jusqu'à près de 1 000^m de profondeur et les appellent *mounge* ou *monge* ; ce sont l'*Hexanchus griseus* et l'*Heptanchus* ; ces squales se distinguent de tous les autres en ce qu'ils ont 6 ou 7 fentes branchiales au lieu de 5.

Les squales qui habitent les grandes profondeurs se distinguent des squales de surface ou de petits fonds, qui sont gris-bleu ou de couleurs variées, par leur couleur foncée souvent noirâtre : tels sont les *Spinax* (fig. 303), les *Centrophorus*, les *Centroscymnus* et autres. Ces poissons étaient pris à la ligne depuis longtemps par les pêcheurs de Sétubal, près de Lisbonne, à de grandes profondeurs, alors que la présence d'animaux vivants dans ces grands fonds était encore niée par les naturalistes. La peau de ces squales était utilisée en ébénisterie, sous le nom de *galuchat*, pour le polissage du bois. Leur foie est très volumineux et remplit presque à lui seul la cavité du corps ; il donne en grande quantité une huile très analogue à celle du foie des morues et des raies ; il en est d'ailleurs de même du *Lœmargus borealis* qu'on pêche dans les mers du nord pour en obtenir l'huile. Quant à la chair, les pêcheurs de

Sétubal la salent et la mangent ; nous avons pu constater à bord de la *Princesse-Alice*
que celle du *Centroscymnus cœlolepis* est d'un beau blanc, de goût agréable se rapprochant beaucoup de celui de la raie. Ces squales vivent parfois en grand nombre ; ainsi

Fig. 3o3. — *Spinax niger* Bon.

une nasse a rapporté d'un seul coup 89 *Centrophorus squamosus* de 2 23o^m de profondeur au large de Monaco ; ils paraissent être les poissons les plus insensibles à
l'influence de la décompression, particulièrement dans la Méditerranée, sans doute à
cause des faibles différences de température entre le fond et la surface, notamment en
hiver quand ces différences sont presque nulles. C'est ainsi qu'une femelle de l'espèce précédente, ramenée de 1 35o^m de profondeur le 21 mars 1902, près de la Corse,
vécut trois jours à la surface, soit à bord, où elle donna naissance à 7 petits qui vé-
curent plusieurs heures, soit dans un bassin du Musée de Monaco où elle donna
encore deux petits, morts-nés. Cet exemplaire se trouvait donc dans des conditions
très défavorables, et il y a lieu de croire que dans des conditions normales ces squales
pourraient vivre assez longtemps à la surface ; cela tient sans doute à l'absence de
vessie natatoire ou à une moins grande quantité de gaz dissous dans le sang ou dans
les autres liquides de l'organisme, ce qui rend beaucoup moins fréquentes les embolies
gazeuses qu'on observe si souvent chez les autres poissons ramenés des grandes profondeurs ; il y aurait des recherches, intéressantes mais difficiles, à faire dans cette
direction. Le *Pseudotriacis microdon* mérite d'être signalé à cause de la petitesse de
ses dents très nombreuses, toutes semblables et qu'on s'attendrait à trouver plus
grandes chez un animal qui atteint près de 3^m comme le spécimen pris au palancre à
1 477^m aux îles du Cap-Vert par la *Princesse-Alice*. On ne connaissait jusqu'ici que
deux spécimens du *Pseudotriacis*, un en Portugal, et un autre trouvé échoué à Long
Island (États-Unis). Un certain nombre de squales possèdent des organes lumineux
très nombreux et très petits, disposés d'une façon spéciale pour chaque espèce ;
nous reviendrons plus loin sur ce sujet.

Le Poisson-Scie (*Pristis antiquorum*) fait le passage entre les squales et les raies ; la
tête se continue en une lame aplatie qui peut dépasser 2^m de long et qui est garnie de
chaque côté d'une série de pointes osseuses acérées ; cela constitue une arme terrible sur laquelle existent des légendes extraordinaires relatives à l'attaque des Baleines, etc. Les Pastenagues (*Trygon pastinaca*) et les Myliobates sont des sortes de
raies portant à l'origine de la queue une épine barbelée très dangereuse, la blessure
faite par cette épine est en effet souvent suivie d'accidents graves et de douleurs violentes. Les Céphaloptères ou Diables de mer ou Mantes, tels que *Cephaloptera giorna*
de la Méditerranée, sont d'immenses raies, munies de chaque côté de la tête d'un

appendice simulant une corne. Un spécimen de cette famille, capturé près de New-York mesurait 6ᵐ de long, autant de large et pesait 5 000ᵏᵍ. Parmi les autres formes de raies, la plus intéressante est sans contredit la torpille, qui est assez commune en divers points de nos côtes ; chacun sait que ce poisson possède un appareil électrique très développé capable de donner à celui qui le touche une décharge analogue à celle d'une bouteille de Leyde. Certainement, cette production d'électricité et celle de la lumière sont bien deux des propriétés les plus remarquables des animaux !

Les Ganoïdes font la transition entre les poissons cartilagineux et les poissons osseux ordinaires. Ils étaient très riches en individus et en espèces dans les périodes géologiques anciennes ; ils sont actuellement réduits à un très petit nombre de formes dont les mieux connues sont les Esturgeons, remarquables par les plaques dures de leur peau et par leur bouche située très en arrière de l'extrémité pointue de la tête, à la face ventrale de celle-ci ; cette bouche très petite est dépourvue de dents mais munie de barbillons. Ces poissons émigrent en remontant les fleuves pour y pondre ; les jeunes vont à la mer. Le petit esturgeon (*Acipenser sturio*) peut atteindre jusqu'à 6ᵐ (Méditerranée, Atlantique) ; le grand (*A. huso*) a quelquefois 8ᵐ et pèse alors 1 000ᵏᵍ. C'est lui surtout qui fournit les œufs connus sous le nom de *caviar* et dont il se consomme près de 3 millions de kilogrammes par an. Une des membranes de la vessie natatoire des esturgeons constitue la colle de poisson ou ichtyocolle.

Nous arrivons à l'immense groupe des Téléostéens ou Poissons osseux.

Dans un premier ordre, de faible importance, se trouvent les Syngnathes au corps plus ou moins cylindrique et même filiforme, et les Hippocampes ou Chevaux marins ; la plupart de ces Lophobranches vivent dans les algues dont ils prennent les couleurs et où il est difficile de les voir à cause de ce mimétisme qui existe parfois non seulement pour la couleur mais aussi pour la forme ; certaines espèces ont des prolongements foliacés flottants qui ressemblent à des algues au milieu desquelles ils vivent ; il y a des espèces pélagiques qu'on rencontre loin de toute terre ; chez ces poissons, ce sont les mâles qui prennent soin des œufs ; ils les portent sous leur ventre dans une sorte de poche où la femelle les a déposés à l'aide de son oviducte saillant. Les Plectognathes comprennent un petit nombre de formes étranges : telles sont les Coffres ou Ostracions des mers chaudes, dont les parois du corps forment une carapace rigide formée de plaques osseuses polyédriques ; les Balistes, comprimés latéralement, ont sur le dos un ou plusieurs forts piquants qui constituent une arme redoutable. Le Poisson-Lune (*Mola mola*) a le corps enveloppé d'une paroi cartilagineuse spéciale ; il n'a généralement qu'un rudiment de nageoire caudale, alors que les nageoires dorsale et ventrale sont très hautes et très pointues, ce qui donne à l'animal un aspect bizarre et une façon de nager particulière lorsqu'il est à fleur d'eau. Le poisson-lune peut atteindre 2ᵐ, c'est la taille d'un spécimen harponné par le Prince de Monaco en 1887, spécimen qui pesait 285ᵏᵍ et se faisait remarquer par une nageoire caudale bien développée. Ces animaux constituent un véritable musée de parasitologie, ils sont en effet pourvus de parasites abondants et variés tant à l'extérieur qu'à l'intérieur ; les viscères en sont souvent littéralement farcis. Il y a des poissons qui, séchés, ressemblent à des ballons gonflés et hérissés d'épines : ce sont les Diodons et les Tétrodons ; ils possèdent une vaste poche qui communique avec l'œsophage et dans laquelle ils peuvent accumuler de l'air, ce qui leur permet de flotter à la surface. Beaucoup d'espèces de ce groupe sont vénéneuses et on sait pertinemment que chez la plupart le frai et la laitance sont des poisons, quelquefois très violents, notamment au Japon.

Chez les Malacoptérygiens, poissons dont les nageoires dorsale et anale sont dépourvues de piquants, se groupent autour de l'*Alepocephalus rostratus*, décrit de la Méditerranée par Risso, diverses autres espèces de profondeur, à couleur généralement noire, à yeux très grands tels que le *Xenodermichthys socialis* (fig. 304, en haut) qui a

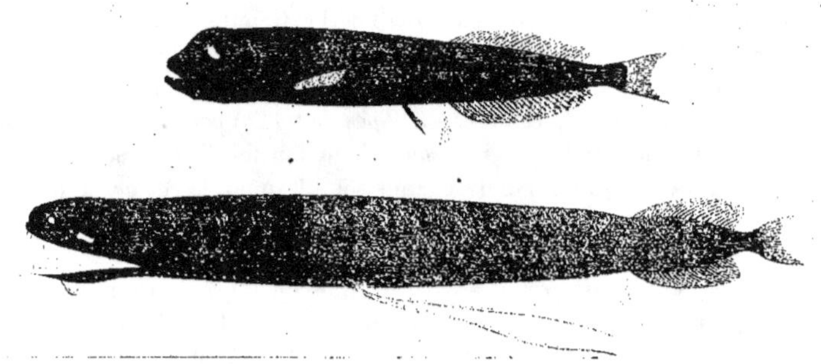

FIG. 304. — *Xenodermichthys socialis* Vaillant, d'après Collett (en haut).
Photostomias Guernei Collett (en bas).

la peau d'un noir velouté et possède des organes lumineux sur le corps et sur la tête ; le spécimen représenté ici a été ramené aux Açores dans un filet immergé à 696^m. Les *Bathypterois* qui vivent de 1 000 à 4 000^m sont remarquables par l'état rudimentaire de leurs yeux. Ce sont des poissons noirâtres dont la taille oscille autour de 25^cm. Ils sont caractérisés par un développement extraordinaire des rayons supérieurs de leurs nageoires pectorales, qui deviennent aussi longs que le corps même et sont formés d'un grand nombre de petits articles. Certains rayons inférieurs des nageoires ventrales et caudales présentent aussi des modifications spéciales, car ils sont souvent longs et terminés par un organe tactile allongé d'un noir velouté ; les deux grands filaments des pectorales peuvent être dirigés en avant (fig. 305) et s'incurver dans tous les sens, remplissant en un mot le rôle des antennes si délicates des crustacés et suppléant ainsi à l'état rudimentaire des yeux. Pour toutes ces raisons on est autorisé à croire que les *Bathypterois* vivent sur le fond même au-dessus duquel ils ne s'élèvent probablement pas ou très peu et rarement. L'*Ipnops Murayi* seul représentant d'une autre famille, a été pris en très petit nombre par le *Challenger* et par le *Blake,* dans l'Atlantique vers 3 000^m. Le corps allongé ne présente rien de particulier, mais la tête est déprimée, le museau aplati et élargi ; les yeux, absents, sont remplacés par deux larges organes lumineux se touchant et situés tout à fait à la face dorsale du museau. C'est, contrairement à une opinion très répandue, le seul poisson marin complètement privé d'yeux. La nombreuse famille des Scopélidés comprend une foule de genres (*Scopelus, Myctophum, Maurolicus*, etc.), tous jolis poissons de petite taille, à écailles brillantes, à yeux bien développés, munis, surtout à la face ventrale et sur les côtés, près de cette face, d'un nombre plus ou moins grand de petits organes lumineux brillants dont le nombre et la disposition sont caractéristiques pour chaque espèce. En outre, chez quelques genres (*Œthoprora,* etc.) la région nasale présente un organe lumineux qui fait une saillie bizarre, parfois très développée ; ces poissons vivent

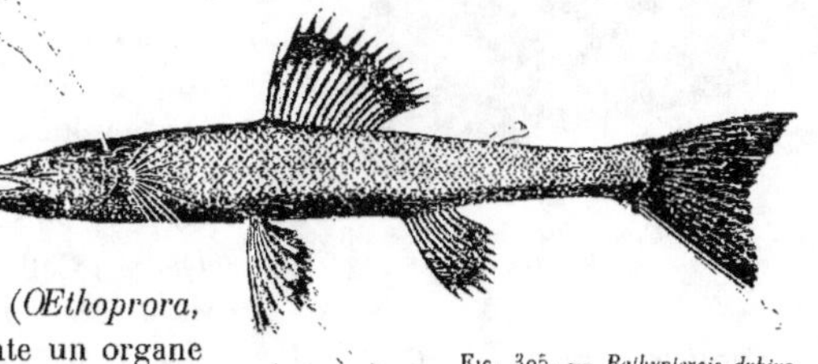

Fig. 305. — *Bathypterois dubius* Vaillant, d'après Collett (*Hirondelle*, Açores, 1300ᵐ).

entre deux eaux et beaucoup d'entre eux viennent à la surface pendant la nuit. Le *Chauliodus Sloanei* (fig. 306) est un beau poisson à organes lumineux nombreux et à dents énormes ; il vit entre deux eaux comme les précédents et le filet vertical

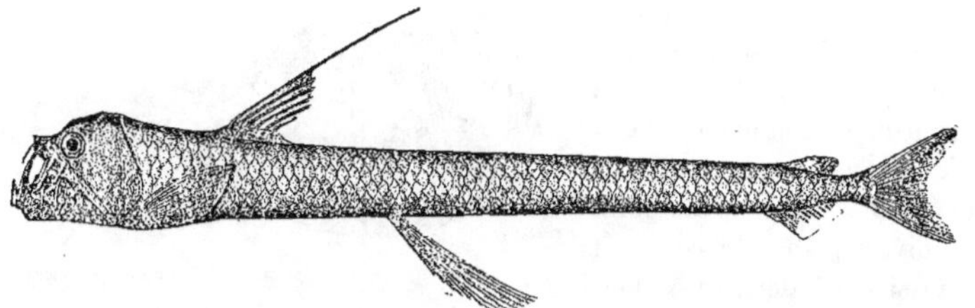

Fig. 306. — *Chauliodus Sloanei*, d'après Goode et Bean.

à grande ouverture de la *Princesse-Alice* en a ramené plusieurs spécimens, avec un très grand nombre de jeunes et quelques adultes de *Cyclothone microdon* (fig. 307) d'un noir velouté, atteignant 7 à 8ᶜᵐ tandis que le *C. bathyphila* qui vit dans les mêmes conditions arrive à 15ᶜᵐ au plus.

Les Stomiatidés sont allongés, pourvus d'organes lumineux le long de la région ventrale et à la mâchoire supérieure ; le type est le *Stomias boa* auquel ses dents donnent un aspect terrible, mais qui ne dépasse pas 15ᶜᵐ ; la mâchoire inférieure est munie d'un

Fig. 307. — *Cyclothone microdon*, d'après Goode et Bean.

petit barbillon terminé par un renflement d'où partent quelques filaments noirs et courts. Sur un *Stomias* ramené de 1 642^m aux îles du Cap-Vert, j'ai constaté que ce petit renflement était de couleur rose, exactement comme la tache lumineuse qui se trouve immédiatement au-dessous de l'œil. Le *Stomias* fait sans doute la pêche à l'appât lumineux en agitant devant sa gueule ouverte l'extrémité de son barbillon et happe l'animal qui croyait saisir quelque animalcule phosphorescent. Les *Malacosteus* n'ont pas de barbillon, mais deux organes lumineux derrière l'œil (fig. 308) et une foule de points photogènes sur le corps ; il en est de même du *Photostomias Guernei* Collett (fig. 304 en bas), ramené de 1 138^m aux Açores par l'*Hirondelle*.

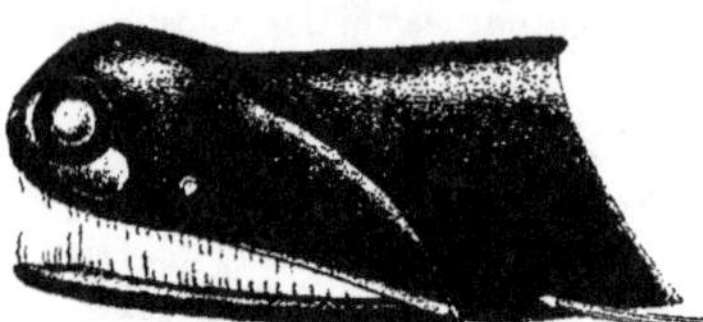

Fig. 308. — Tête de *Malacosteus*, d'après Brauer (*Valdivia*).

Le *Paralepis coregonoides* dont la *Princesse-Alice* a pris deux spécimens dans la Méditerranée au moyen du filet vertical à grande ouverture envoyé soit à 1 700^m sur un fond de 1 738^m, soit à 2 375^m sur un fond de 2 387^m, était considéré jusqu'ici comme un poisson vivant sur le fond même ; les captures précédentes et celle d'un autre spécimen dans une nasse suspendue entre deux eaux à 1 200^m de la surface et à 300^m du fond, montrent nettement que cet animal, et sans doute bien d'autres, peuvent s'élever notablement au-dessus du sol. Les *Sternoptyx* sont très comprimés latéralement, couverts d'un pigment argenté brillant et pourvus de gros organes lumineux en divers points du corps ; ils vivent aussi entre deux eaux, ainsi que leur proche parent l'*Argyropelecus hemigymnus* et l'*A. affinis* de la *Valdivia* (fig. 309) : cette dernière espèce nous offre le premier exemple d'une disposition remarquable des yeux qui sont dirigés en haut et présentent un aspect spécial : ces yeux sont allongés, rapprochés l'un de

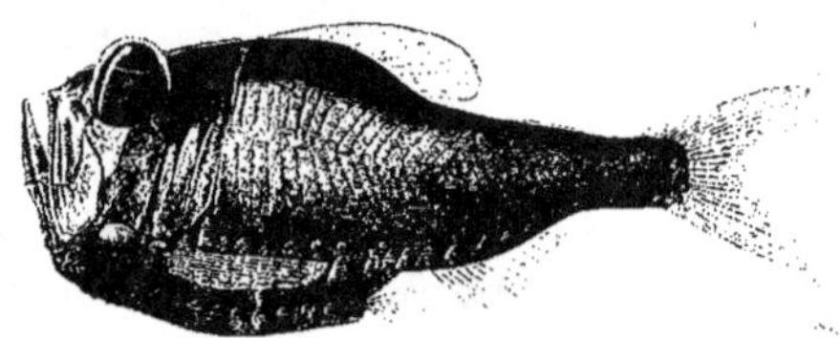

Fig. 309. — *Argyropelecus affinis* Brauer (*Valdivia*).

l'autre comme les deux tubes d'une jumelle, avec une cornée et un cristallin très convexes, ce sont des yeux *télescopiques* ainsi que Chun les a appelés en attirant le premier l'attention sur eux ; ces organes sont disposés de façon à donner une sensation de relief très marquée, permettant à des animaux très myopes l'appréciation des variations de distance faibles dans un champ peu profond, conditions probablement favorables à ces animaux pour la capture de leurs proies ; les yeux peuvent être aussi dirigés en avant comme chez les *Aceratias* (fig. 310). Ces poissons sont ordinairement considérés comme assez rares ; cependant certains d'entre eux tout au moins, vivent en grand nombre à une certaine distance de la surface, ainsi que

Fig. 310. — *Aceratias macrorhinus*, d'après Brauer (*Valdivia*).

le montre le fait curieux que Giglioli a obtenu en trois jours à Messine plus de 700 spécimens de *A. hemigymnus*, apportés à la surface par le courant rapide de ce détroit.

Les Halosauridés sont très allongés, ils ont la queue effilée en pointe et vivent

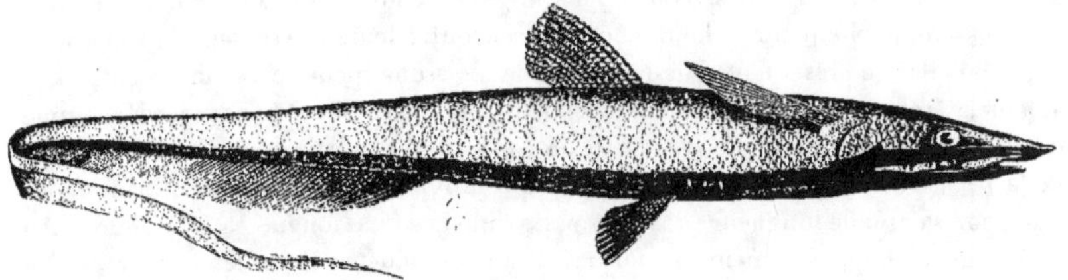

Fig. 311. — *Halosauropsis macrochir*, d'après Collett.

tout près du fond : nous citerons parmi eux l'*Halosauropsis macrochir* (fig. 311) dont l'*Hirondelle* et la *Princesse-Alice* ont pris des spécimens dépassant 60^{cm} entre 1 000 et 3 000^m aux Açores. Cette espèce est remarquable par ses organes lumineux disposés le long du corps au nombre de 64 environ de chaque côté. Chacun de ces organes est situé au centre d'une des écailles de la ligne latérale qui sont plus grandes que les autres. Mais ce n'est pas tout ; cette ligne d'écailles est cachée par une membrane noire formée en réalité d'une série de poches, une pour chaque écaille, et qui s'ouvrent seulement vers le bas, de sorte que la lumière émise ne peut qu'être dirigée obliquement dans cette direction ; mais comme les cloisons qui séparent les poches sont transparentes, on a, quand tous les organes fonctionnent, l'apparence d'une ligne lumineuse continue.

Fig. 312. — En bas une Roussette, au-dessus un Congre et plus haut à droite une Murène. (Photographie d'après nature dans un bac du Musée océanographique de Monaco.)

Dans la famille des Murénidés nous trouvons la Murène jaune à taches brunes (*Muræna helena*) qui atteint 1^m,50 et dont les dents à bascule sont capables d'introduire dans la blessure un venin très fort ; le sang des Murènes et des Anguilles renferme aussi une toxine très active, puisque deux centièmes de centimètre cube peuvent tuer un animal pesant 1^{kg}. Les Congres habitent plus profondément et peuvent devenir plus grands que les précédents. Une nasse immergée dans le détroit de Gibraltar à 924^m de profondeur en ramena sept spécimens mesurant près de 2^m. La fig. 312 montre des Congres et des Murènes vivants dans un bac du Musée de Monaco. Tandis que ces poissons habitent sur le fond même on rencontre leurs larves dans la zone pélagique où elles se présentent sous la forme de poissons incolores, transparents, très aplatis latéralement, ce sont les Leptocéphales qui ont été longtemps regardés comme des espèces particulières. Pendant l'été de 1905, le filet vertical à grande ouverture de la *Princesse-Alice* en a ramené un type qui diffère de la plupart des formes connues par sa grande longueur (23^{cm}) et par sa queue très longue et très effilée. Au même groupe appartiennent des formes d'eau profonde comme les *Simenchelys* et les *Synaphobranchus* ; ces deux genres se trouvent fréquemment ensemble, et le

Fig. 313. — *Simenchelys parasiticus*, d'après Collett (*Hirondelle*).

Prince de Monaco a ramené à la fois *S. parasiticus* (fig. 313) et *Sy. pinnatus* dans des nasses, aux Açores et au Cap-Vert. Ces poissons paraissent se nourrir surtout de cadavres. Les *Simenchelys* ont une petite bouche ronde faite pour sucer, ils attaquent les Flétans vivants, d'après Goode et Bean, ainsi que d'autres gros poissons et font dans leurs masses musculaires de grandes cavités. Ces faits ont été constatés sur les côtes des États-Unis, où les *Simenchelys* ont été pris depuis 400^m de profondeur environ ; on les trouve jusqu'à 2 620^m ; ils ont donc une distribution bathymétrique très étendue ; il en est de même pour leur distribution géographique puisqu'on les rencontre dans le Golfe de Gascogne (*Princesse-Alice*) ; ils vivent souvent en grandes troupes sur le fond ; aux Açores une seule nasse ramena de 1 260^m 1 176 spécimens de ces poissons très désagréables à manipuler à cause de leur peau visqueuse qui sécrète une quantité considérable d'un mucus épais ; leur chair molle est peu appétissante ; quant aux *Synaphobranchus,* ils sont plus riches en fines arêtes qu'en muscles. Le *Cyema atrum* présente un peu l'aspect d'une flèche empennée dont la pointe serait formée par le bec pointu et allongé ; les pêches entre deux eaux de la *Valdivia* et de la *Princesse-Alice* ont montré que ce poisson, d'un noir velouté, est bathypélagique. Les Saccopharyngidés sont au contraire des poissons tout en gueule, si je puis dire ; leurs mâchoires très dilatables sont extrêmement développées et délicates. Ces animaux avalent d'un coup des poissons aussi gros qu'eux, et leurs tissus distendus par cette absorption sont tellement minces qu'on peut voir la victime logée dans l'estomac qui paraît ne faire qu'un avec la bouche (fig. 314) : les noms de *Saccopharynx ampullaceus,* d'*Eurypharynx pelecanoides*, de *Gastrostomus*, expriment tous cette disposition. Ce sont tous des poissons d'un noir velouté profond et vivant entre deux eaux ; leurs yeux extrêmement petits sont situés tout près du bout du museau.

La famille des Scombridés est une des plus importantes, tant à cause du nombre et de la variété de ses formes, qu'à cause de sa valeur considérable pour l'alimentation ;

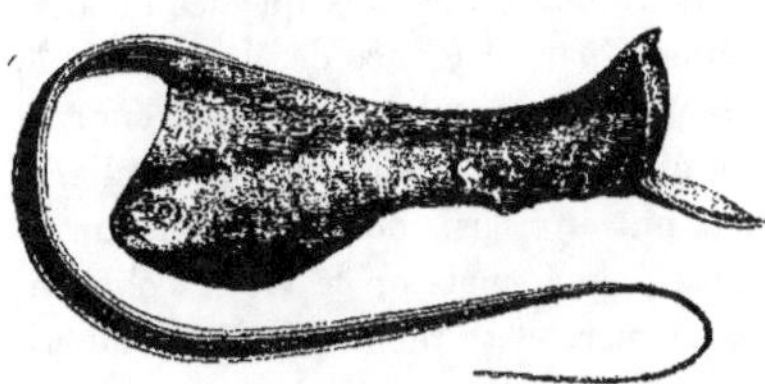

Fig. 314. — *Saccopharynx ampullaceus (Challenger)*.

les Maquereaux (*Scomber scomber*) ont de 3o à 40ᶜᵐ. Ils se montrent dans la Manche au début d'avril et sont alors maigres et petits ; ils sont pleins d'œufs ou de laitance de la fin mai aux premiers jours de juillet. En Méditerranée on a remarqué que ces poissons s'observent quand les Thons sont partis, c'est-à-dire de mars à juillet, pour la région de Marseille. Le vrai thon (*Thynnus thynnus*) peut dépasser 2ᵐ de longueur et peser plus de 150ᵏᵍ ; il est commun dans la Méditerranée ; dans l'Atlantique on le rencontre rarement au-dessus de Bayonne ; il est remplacé au delà par le Germon (*Thynnus alalonga*) qui n'atteint pas 1ᵐ (fig. 315). Les Bonites sont voisins des thons. Tous ces poissons sont des carnassiers très bons nageurs, se nourrissant d'autres poissons et de céphalopodes. Ils sont extrêmement musclés et, contrairement à ce qui arrive pour la plupart des poissons, dont la température musculaire diffère très peu de celle de l'eau, les Bonites, les Thons et poissons voisins peu-

Fig. 315. — Germons sur le pont de la *Princesse-Alice*.

vent présenter une température intérieure supérieure de plusieurs degrés à celle de l'eau, sans doute à la suite de longues courses ou de violents efforts. C'est ainsi que le Dʳ Portier a constaté à bord de la *Princesse-Alice* que la température des germons dépassait de 10° celle de l'eau ambiante. L'Espadon ou Poisson épée (*Xiphias gladius*), bien connu de chacun, au moins par son nom, peut atteindre 4ᵐ de longueur. Le Pilote (*Naucrates ductor*) atteint 3oᶜᵐ ; il a le corps rayé de bandes noires verticales ; il suit souvent les requins et les épaves ; on en voit beaucoup de jeunes individus parmi les sargasses. Le *Remora* qui se fixe aux objets par les ventouses de son disque céphalique, a été le sujet de diverses légendes. Commerson rapporte que les pêcheurs du Mozambique se servent, pour s'emparer des tortues marines, de ces poissons qui ont l'habitude de vivre fixés sur d'autres animaux de grande taille, tels que les tortues, les poissons-lune, etc. ; ce dernier cas a été observé par le Prince de Monaco sur le gros poisson-lune dont nous avons parlé plus haut : « Au moment de hisser l'énorme bête sur le navire, écrit le Prince, on s'aperçut qu'elle était suivie de plusieurs clients parmi lesquels deux Rémoras ; l'un d'entre eux put être saisi, non sans beaucoup de peine, avec une petite foëne ; le second fut abandonné, mais on le vit se coller au puissant Plectognathe, lorsque celui-ci quitta la mer, et se maintenir indéfiniment dans cette position… ». — Les Lépidopidés sont allongés ; tels le *Lepidopus caudatus* et l'*Aphanopus carbo* ; ce dernier, qui atteint $1^m,5o$, est d'un noir velouté et a des dents et des yeux très développés. Le Prince de Monaco en a capturé un au palancre à $1\,168^m$ au nord de St-Sébastien et un autre revenu encore bien vivant sur un palancre immergé à $433o^m$. Ce fait est très intéressant car il n'est pas douteux que cet *Aphanopus* a mordu l'amorce entre deux eaux, à une profondeur inconnue, mais certainement très loin du fond ; ce serait en effet le premier poisson osseux et à vessie natatoire ramené vivant d'une telle profondeur, alors que les squales que nous avons vu résister le mieux, n'en reviennent jamais vivants. Ce fait montre aussi que la faune bathypélagique n'est pas constituée uniquement par de petits animaux, mais qu'elle renferme encore des êtres de grande taille. Le Mérou ou Polyprion (*P. cernium*) peut atteindre 2^m de long ; il se rencontre fréquemment en pleine mer, autour des épaves garnies d'anatifes. En 1887 l'équipage de l'*Hirondelle* en prit un grand nombre, au harpon ou à l'hameçon. « Nous quittions la place au bout d'une heure avec 3oo livres de poissons, dit le Prince, et le nombre de ceux-ci, comme leur ardeur pour se faire prendre, n'avaient nullement diminué. » — Les Scorpénidés comptent des espèces de petit fond, notamment la Rascasse ; ce sont des êtres d'aspect lourd et disgracieux vivant au milieu des roches, des algues, du gravier, etc. ; partout ils savent se dissimuler en prenant la couleur du milieu où ils se trouvent ; les *Sebastes* vivent plus profondément, jusqu'à $5oo^m$. Les Uranoscopes ont les yeux sur le dessus de la tête et regardent en haut ; ils vivent enfouis et immobiles dans le sable, agitant seulement de temps à autre un appendice rosé de leur langue qui simule un ver frétillant et sert à attirer les petits poissons ; ceux-ci sont happés dès qu'ils passent à portée. Au même groupe appartiennent les Vives dont les aiguillons du dos et de la tête, en relation avec des glandes à venin, font des blessures très douloureuses qui s'accompagnent de fièvre et d'accidents plus ou moins graves. Les Gobiidés comptent beaucoup de petites espèces vivant parmi les algues et les roches ; ils ont une sorte de ventouse formée par la réunion des nageoires ventrales. Certains font des nids que garde le mâle ; d'autres collent leurs œufs dans les trous des rochers ou dans des coquilles ; ce sont de petites bêtes très intéressantes à observer. Les *Fierasfer* sont des poissons allongés, à queue effilée, dont certaines espèces se rencontrent fréquemment dans les organes arborescents d'une Holothurie ; on est très étonné,

quand après avoir mis une de ces holothuries isolée dans un bassin, on la trouve
peu après en compagnie d'un poisson qui disparaît ensuite dans l'intérieur de l'Echi-
noderme.

La famille des Gadidés est, comme celle des Scombres, l'une des plus importantes
et des plus riches en espèces
et en ressources pour notre
alimentation. Il faut nous
borner à mentionner ses
principaux représentants :
la Morue (*Gadus morrhua*)
(fig. 316) qui atteint 1^m,50
et peut donner 11 millions
d'œufs ; le Merlan (*Mer-
langus vulgaris*) ; le Colin
(*M. carbonarius*) qui a quelquefois 80^{cm} de long ; le
Merlu (*Merluccius vulgaris*)
qui devient aussi grand ; les
Phycis, dont une espèce est
la fausse morue du banc
d'Arguin, etc.

Fig. 316. — Piles de morues séchant près de Tromsö.

Les Macruridés comptent un grand nombre d'espèces des grandes profondeurs ;
ils se distinguent généralement par leur tête grosse, confondue pour ainsi dire avec
le corps et par leur queue allongée terminée en pointe effilée. Tous ont de grands
yeux. Les *Macrurus* (fig. 317) proprement dits ont en outre des
écailles rugueuses ; certains ont le museau prolongé en une
pointe aiguë (*Macrurus
occa*). Ces animaux sont
communs dans les
grands fonds et
toutes

Fig. 317. — *Macrurus hirundo* Collett (*Hirondelle*, 1266^m, Açores).

les expéditions de mer profonde en ont rapporté nombre de spécimens ;
quelques formes, plus rares, atteignent une grande taille, comme le
Coryphænoides gigas découvert par le *Talisman* et dont la *Princesse-Alice* a ramené
de 4 020^m un spécimen de 80^{cm} ; c'est un des plus gros poissons abyssaux.

Les Pleuronectes ou poissons plats comprennent les Limandes, les Plies, le Flétan
qui peut atteindre 2^m et peser 100^{kg}, la Sole, le Turbot, la Barbue, etc. Tous vivent
à des profondeurs relativement faibles, bien qu'on ait ramené de 1 600^m quelques
rares espèces qui d'ailleurs ne présentent pas d'intérêt particulier. Ces poissons se
font remarquer au premier abord par leur corps aplati et par ce fait bizarre que leurs
deux yeux se trouvent d'un même côté ; ils reposent par un côté sur le sable ou sur

la vase dont ils prennent la teinte et dont ils savent d'ailleurs fort bien se recouvrir presque complètement ; il résulte de cette façon de vivre que le côté tourné vers le sol n'est pas éclairé et est dépourvu de pigment ; l'œil de ce côté, qui n'a que faire dans le sable, émigre peu à peu pendant le développement sur le côté exposé à la lumière ; en effet chez les très jeunes individus (jusque vers 8^{mm} de longueur chez la sole) il y a un œil de chaque côté comme chez les autres poissons, et c'est seulement lorsque l'alevin va abandonner la vie pélagique pour tomber sur le fond que le déplacement d'un des yeux commence. La succession de tous ces phénomènes a été étudiée d'une façon complète sur la Sole par MM. Biétrix et Fabre-Domergue, qui sont arrivés, après de longs et patients efforts, à élever d'une façon pratique ce poisson si apprécié.

Fig. 318. — Sardines tombant des filets sur le pont de la *Princesse-Alice*.

Les Clupéidés rivalisent avec les Scombres, sinon pour le nombre des espèces, du moins pour celui des individus : à cette famille appartiennent le Hareng, le Sprat, la Sardine (fig. 318), l'Anchois, l'Alose, tous poissons qui voyagent en bancs souvent compacts et se comptent par millions. La famille des Triglidés est très homogène ; elle comprend des espèces bien connues sur les marchés : Trigles ou Grondins et Dactyloptères. — Les Trachyptères et les Regalecs sont très longs, argentés, aplatis latéralement en ruban ; le *Regalecus gladius* est remarquable par les longs rayons de la dorsale qui se prolonge jusque vers le museau. Un spécimen de plus de 5^m échoua aux Bermudes en 1860.

Les Lophiidés ont pour type la Baudroie (*Lophius piscatorius*) qui atteint 2^m. Cet animal est tout en gueule ; la tête, aplatie, porte plusieurs filaments articulés de la nageoire dorsale isolés et dont un au moins est terminé par une petite membrane qui sert d'amorce pour attirer les proies, comme dans la pêche à la ligne. Les Baudroies vivent presque enfouies dans le sable, généralement à moins de 200^m de profondeur. L'*Antennarius marmoratus* vit parmi les touffes de sargasses au milieu desquelles il est difficile de le découvrir parce qu'il en a les couleurs et l'aspect ; il s'y glisse et y circule avec la plus grande agilité, non pas en nageant, mais bien plutôt en marchant à l'aide de ses nageoires pectorales coudées et qui lui servent aussi bien de pattes que de nageoires. Le *Chaunax pictus* a un facies bizarre, on dirait une petite baudroie d'un rouge rosé gonflée d'eau. Ici se rangent quelques petits poissons noirs qui vivent entre deux eaux et qu'on croyait se trouver dans les mêmes conditions que les Baudroies auxquelles ils ressemblent à certains égards ; on a dû revenir sur cette idée depuis que la *Valdivia* a pris, à plusieurs milliers de mètres au-dessus du fond, des spécimens de ce groupe. Tels sont les *Mancalias* : ils ont au-dessus de la tête un long filament articulé, terminé par un petit renflement qui est probablement un organe lumineux comme celui du barbillon des *Stomias*. Brauer a reconnu, sur des spécimens de la *Valdivia*, que la structure du bouton qui termine l'appendice frontal (*Gigantactis Vanhoffeni*, fig. 319) est celle d'un organe lumineux glandulaire. Le *Caulophryne Jordani* ramené de plus de 2 000ᵐ par l'*Albatross* est tout noir et

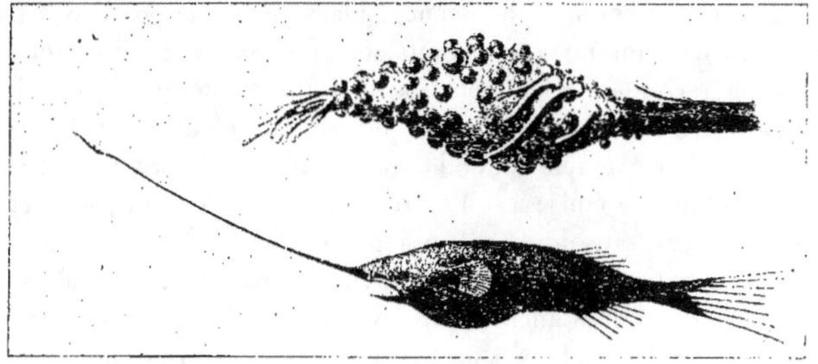

extrêmement remarquable par ses organes lumineux, car, outre le tentacule céphalique à renflement terminal, il possède 9 filaments lumineux courts, de chaque côté de la tête et de nombreux autres filaments semblables sur le dos et sur les côtés du corps ; les yeux sont très petits, les nageoires dorsale et anale ont de très longs rayons. Quelques autres poissons du même groupe sont dépourvus de prolongement à bouton lumineux, mais celui-ci est remplacé par un organe enclavé dans le museau, au-dessus de la bouche, comme chez les *Malthopsis* et les *Dibranchus*.

Ainsi qu'on a pu s'en rendre compte par ce qui précède, nous trouvons chez les poissons des organes lumineux très variés et très nombreux, qui ont été particulièrement bien étudiés par Brauer sur les magnifiques matériaux provenant des récoltes du Profes. Chun à bord de la *Valdivia*. Il résulte des recherches de Brauer que les organes lumineux des poissons sont des organes glandulaires dont le type schématique et complet, comporte, comme chez les *Chauliodus*, par exemple : 1° une enveloppe pigmentaire externe destinée à empêcher la lumière de se disperser et d'aller ailleurs que dans la direction voulue ; 2° une membrane réfléchissante faisant miroir double la précédente ; 3° une masse centrale de grandes cellules, à contenu granuleux, glandulaires et qui produisent la lumière ; 4° une masse plus externe de cellules spéciales formant le plus souvent une lentille convergente, destinée à concentrer les rayons lumineux émis. L'ensemble constitue donc un véritable projecteur.

Cette constitution schématique, qui est la plus fréquente, varie beaucoup, non seulement suivant les espèces mais encore suivant les points du corps où ils se trouvent. Tantôt le pigment, tantôt le miroir, tantôt la lentille fait défaut, mais l'élément central essentiel ne manque jamais. Tantôt l'organe a un orifice, tantôt c'est une glande à sécrétion interne sans ouverture. Ordinairement les organes lumineux envoient la lumière vers l'extérieur ; mais dans quelques cas il en est autrement. Ainsi chez les *Cyclothone* il y en a un orbitaire qui envoie sa lumière uniquement dans la chambre antérieure de l'œil, car il est entouré de pigment dans les autres directions ; chez divers Stomiatidés un organe situé sur l'opercule et invisible du dehors, envoie sa lumière dans la cavité branchiale, il sert sans doute à attirer les proies jusque dans la gueule même du poisson. Il va sans dire que, la grande majorité des poissons lumineux arrivant morts sur le navire, on n'a pas vu fonctionner la plupart des organes considérés comme photogènes ; mais cela a été possible dans quelques cas où ces animaux sont revenus vivants, et la structure détaillée des organes a suffi pour qu'on reconnaisse leur fonction ; on a constaté que le miroir peut être coloré et qu'alors la lumière réfléchie sur lui est également colorée, en violet, en rouge ou en vert, par exemple, pour l'organe orbitaire des Stomiatidés. Jusqu'ici on pensait que la lumière émise sert à attirer et à reconnaître les proies et à effrayer les ennemis ; c'est bien sans doute ce qui a lieu pour les tentacules et les barbillons à renflement lumineux terminal qui ont été signalés précédemment. Mais il y a les nombreux organes du corps même qui envoient leur lumière dans les directions variées, en arrière par exemple ; ils ne peuvent attirer les proies qui se trouveraient ainsi en dehors du champ visuel du poisson. Le Dr Brauer pense que ces organes envoient des lumières colorées dont l'ensemble forme des dessins en couleur que le noir velouté de la peau fait ressortir et qui correspondraient aux dessins pigmentés des animaux vivant à la lumière solaire ; ces poissons qui nous paraissent tout noirs seraient ainsi, au contraire, vivement colorés pour leurs congénères. Ces dessins et ces couleurs serviraient aux poissons de même espèce à se reconnaître, notamment pour le rapprochement des sexes. Évidemment, il s'agit là d'hypothèses, très séduisantes d'ailleurs ; peut-être arrivera-t-on quelque jour à les confirmer par l'observation, mais il ne faut pas se dissimuler les difficultés qui se présentent dans l'étude expérimentale de ces phénomènes : celle-ci nous réserve sans doute encore bien des surprises. Tandis que les crustacés et les poissons qui vivent sur le fond même paraissent dénués d'organes lumineux ou n'en être que très rarement pourvus, les formes bathypélagiques en possèdent souvent et même en grand nombre et il y a évidemment une relation étroite entre le développement des yeux et la présence d'organes photogènes ; la plupart des crustacés et poissons bathypélagiques lumineux ont des yeux très développés, d'autres comme les *Saccopharynx* n'ont pas d'organes photogènes et leurs yeux sont extrêmement petits, mais l'*Aphanopus carbo*, qui est noir et paraît dépourvu d'organes lumineux, a cependant des yeux bien développés, c'est le cas des carnassiers actifs ; il y a ainsi de nombreux cas qui doivent être étudiés séparément et on n'a pas toujours les éléments nécessaires pour leur explication. Les formes absolument aveugles sont très rares dans les régions abyssales, contrairement à ce qu'on croyait, et il semble qu'elles se rencontrent surtout parmi les animaux qui vivent enfouis dans la vase et se trouvent ainsi dans l'obscurité absolue, ou qui vivent dans des conditions spéciales. Chun et Döflein ont montré que le pigment qui paraît destiné à protéger les éléments rétiniens contre l'action d'une lumière trop vive, chez les animaux soumis à la lumière du jour, diminue beaucoup ou disparaît complètement chez la plupart des crustacés vivant sur le sol même des grandes profondeurs, ce qui ne veut pas dire que ces yeux ne fonctionnent pas, tandis que les larves capables de monter vers la lumière ont ce pigment plus abondant, et on trouve tous les intermédiaires entre les extrêmes, suivant le genre de vie des animaux considérés. Chez les schizopodes bathypélagiques, comme *Stylocheiron*, l'œil est remarquable par sa division en deux régions bien distinctes: une latérale du type ordinaire, à laquelle est annexé l'organe lumineux habituel qui éclaire le champ de vision de cet œil, et une région frontale à éléments très allongés séparée de l'autre par un étranglement plus ou moins marqué. Cette partie frontale correspond évidemment aux yeux télescopiques que nous avons signalés chez certains poissons et qui existent aussi chez

Fig. 320. — *Stylophthalmus paradoxus*, d'après Brauer.

quelques céphalopodes ; ces yeux télescopiques sont destinés surtout, d'après Chun, à révéler à l'animal des proies lumineuses mobiles passant à proximité : de plus chez plusieurs poissons ils permettent, comme nous l'avons déjà vu, la vision stéréoscopique. Signalons pour finir les larves bizarres de poissons du genre *Stylophthalmus* (fig. 320) recueillies par la *Valdivia* et par la *Princesse-Alice*, et chez lesquelles les yeux sont portés à l'extrémité de très longs pédoncules. Il faudrait un volume entier pour étudier en détail tout ce qui concerne les variations et les adaptations des organes lumineux des animaux marins et exposer les problèmes extrêmement intéressants qui se rattachent aux radiations lumineuses et autres qui pénètrent ou se produisent dans les eaux. Nous avons vu par exemple, dans les pages consacrées à la biologie des animaux marins, qu'une foule d'animaux des profondeurs, dépourvus d'yeux, comme les holothuries, nous offrent des couleurs variées souvent très vives, allant du rose au violet. La couleur paraît même, dans certains cas, varier suivant le sexe ; des *Geryon tridens* mâles ramenés de 800ᵐ dans le golfe de Gascogne étaient entièrement rouges, tandis que les femelles avaient le dos de la carapace et le bord supérieur des pinces presque blancs. Il est difficile de s'expliquer l'existence de ces colorations et il y a bien d'autres questions analogues qui attendent une réponse [1].

Reptiles.

Les Reptiles marins sont peu nombreux et comprennent les Serpents et les Tortues.

[1] Voir l'excellent article de M. Caullery sur « Les yeux et l'adaptation au milieu chez les animaux abyssaux », *Rev. gén. des Sciences pures et appliquées*, 15 avril 1905, p. 324-340.

Les Hydrophides ou Serpents de mer (*Hydrophis, Platurus,* etc.) ont le corps comprimé ; la queue l'est encore davantage, et en forme de rame ; ils habitent l'océan Indien et le Pacifique, et plus particulièrement l'archipel de la Sonde ; ils dépassent rarement 1ᵐ, quelques-uns atteignent 4ᵐ de longueur. Ils sont très venimeux et leur morsure est souvent mortelle ; les pêcheurs surtout sont exposés à la piqûre de ces serpents, qu'ils ramènent fréquemment dans leurs filets.

Quant au grand serpent de mer au sujet duquel on continue encore les plaisanteries qui l'ont rendu célèbre par l'intermédiaire du *Constitutionnel,* il n'est pas douteux qu'il existe un animal marin de grande taille encore inconnu, mais tout porte à croire que ce n'est pas un reptile et nous en parlerons plus loin.

Les Tortues marines sont peu nombreuses en espèces. Elles vivent en mer et ne vont à terre que pour pondre. Leur carapace est déprimée, et leurs pattes sont transformées en véritables rames. La Tortue franche (*Chelonia viridis* ou *midas*) des mers chaudes est herbivore, elle atteint 2ᵐ,50 de longueur et son poids dépasse facilement

Fig. 321. — Pesage d'une tortue à bord de la *Princesse-Alice.*

500ᵏᵍ ; elle est très recherchée pour sa chair et ses œufs. La *Chelonia imbricata* ou Caret donne la plus belle écaille. La plupart des autres espèces habitent les mers chaudes, sauf la *Sphargis coriacea* ou Tortue luth qui vit dans l'Atlantique et se rencontre plus rarement dans la Méditerranée ; elle peut atteindre 2ᵐ. Enfin la Caouane (*Thalassochelys caretta*) est très répandue dans les deux mers ; cette espèce a été prise souvent par l'*Hirondelle* et la *Princesse-Alice* autour des Açores ou près des Baléares ; elle vient même de temps à autre vers le midi de la France et un spécimen pris près de Monaco y vit encore dans un bac du Musée. L'écaille de la Caouane n'a aucune valeur. Les Tortues de mer peuvent rester longtemps sous l'eau ; elles dorment généralement à la surface, surtout dans les eaux calmes, on peut alors les approcher et les prendre dans un grand haveneau ou à la main ; leur carapace sert souvent de support à des Anatifes et à un amphipode spécial ; de plus il est bien rare qu'il n'y ait pas, sous leur queue, au moins un petit crabe, qui fréquente aussi les sargasses et les épaves ; en mer les tortues mangent un peu tout ce qui se trouve sur leur route : escarbilles flottantes avec ou sans anatifes, vélelles, méduses, animaux morts divers ; les papilles longues et cornées de leur œsophage leur permettent d'avaler sans difficulté des objets durs et rugueux. Le Prince de Monaco a pris aux Açores une tortue de 680^{gr} qui, amenée à Monaco pesait 1 360^{gr} moins de quatre mois plus tard et 40^{kg} huit ans après (fig. 321).

Oiseaux.

Parmi les oiseaux de mer, il n'en est pas qui méritent vraiment le nom de marins dans le sens adopté ici, car aucun ne fait de la mer son habitat exclusif. Les palmipèdes sont cependant adaptés plus spécialement que les autres à la vie aquatique ; on en trouve partout, mais ils abondent surtout dans les régions polaires, et si le nombre des espèces n'est pas très considérable, en revanche celui des individus est souvent inouï.

Les Manchots ont des ailes rudimentaires qui leur servent de nageoires et dont les plumes ressemblent plutôt à des écailles ; les pattes courtes et palmées sont placées très en arrière, de sorte que ces oiseaux se tiennent dans une position presque verticale. Ils ne peuvent pas voler, ils marchent difficilement, mais ils nagent et plongent à la perfection ; on les trouve en troupes innombrables dans les régions antarctiques où ils se nourrissent surtout de crustacés (*Euphausia*). L'*Aptenodytes Forsteri* ou grand manchot, atteint 1^{m},10 de hauteur et un poids de 49^{kg}. Les manchots forment souvent des colonies dont les individus se comptent par dizaines de mille ; leurs mœurs sont très curieuses et fort intéressantes, différentes suivant les espèces, mais nous ne pouvons que renvoyer le lecteur aux récits des explorateurs qui les ont étudiés dans ces dernières années. Les Pingouins ont le corps moins droit ; les ailes encore courtes, permettent le vol chez certaines espèces ; ils habitent les régions arctiques en bandes innombrables, ce sont les *Alca*, dont la plus grande espèce (*A. impennis*) est éteinte depuis un siècle, et qui ne sont plus représentés que par le petit *Alca torda* : les Macareux (*Mormon*) ont un bec aussi large que long, de couleur variable, sillonné, et qui donne à ces oiseaux un aspect bizarre ; ils semblent déguisés et porteurs d'un nez postiche. Le *Mergulus alle* est le plus petit des Pingouins : les Guillemots (*Uria*) descendent en hiver jusqu'à la Méditerranée, tandis que les précédents s'arrêtent bien avant. Les Plongeurs comprennent surtout les Grèbes et les *Colymbus*. Il n'y a pas lieu d'insister ici sur les Cygnes, Oies, Canards, Eiders, Pélicans, Cormorans. Tout le monde connaît les Goélands, les Mouettes et les Hirondelles de mer. La famille des Pétrels renferme le plus grand et le plus petit des oiseaux de mer : l'énorme Albatros qui atteint 4^{m} d'envergure et le petit Pétrel des tempêtes ; tous les deux se rencontrent à des centaines de kilomètres de toute côte, le plus petit comme le plus gros bravant les tempêtes les plus violentes. Ces oiseaux se défendent d'une manière très spéciale : ils rejettent avec force le contenu, généralement huileux, de leur jabot ; c'est ainsi qu'a été découvert un amphipode fort rare (*Euryporeia gryllus*) rejeté par un pétrel (*Fulmarus glacialis*) capturé près du Grönland.

Les Puffins sont très répandus. En arrivant le 29 juillet 1904 devant la grande Salvage, entre Madère et les Canaries, nous vîmes d'innombrables puffins reposant sur l'eau et qui s'envolèrent seulement lorsque le navire passa au milieu d'eux. Ils nichent sur l'île dans des trous de rocher ou dans des abris qu'on prépare à leur intention, car on capture chaque année de 19 à 22 000 jeunes puffins (*P. Kuhli*) sur cet îlot désert, d'après le R. P. Schmitz. On recueille l'huile qu'ils rejettent par le bec quand on les tue ; on sale leur chair qui est vendue à Madère, ainsi que les plumes ; la saison de 1905 a donné 23 sacs de plumes, 40 barils de chair salée, 21 barils de cous salés (les cous sont considérés comme particulièrement délicats) et 16 barils d'huile !

Mammifères.

Les Mammifères marins sont peu nombreux comme genres et se divisent en Cétacés (Dauphin, Cachalot, Baleine, etc.) et en Pinnipèdes (Phoque, Morse, etc.).

Cétacés. — Les Cétacés que bien des personnes s'imaginent encore être des poissons à cause de leur forme et de leur genre de vie, sont des vertébrés à sang chaud, respirant comme nous par des poumons, vivipares et pourvus de mamelles, en un mot des mammifères adaptés à la vie aquatique : leurs membres antérieurs sont transformés en nageoires, les postérieurs ont disparu, il en reste seulement un rudiment squelettique noyé dans les tissus ; l'extrémité postérieure du corps se termine en une nageoire caudale horizontale. Chez tous les Cétacés il se développe sous la peau, qui est très lisse, une couche de tissu graisseux plus ou moins épaisse qui sert non seulement à empêcher la déperdition de chaleur mais encore à diminuer la densité de l'animal. La température du corps de ces animaux oscille autour de 35°. M. Neuville et moi avons trouvé 35°,3 dans les muscles et 35°,6 dans la cavité générale d'un dauphin. Tandis que les uns ont des dents, toutes semblables (Cétodontes, Dauphin, Cachalot, etc.), les autres ont des fanons, vulgairement appelés *baleines*, sortes de lames minces cornées rangées les unes près des autres à la mâchoire supérieure (Mysticètes : Baleine, Balénoptère). Chez la Baleine franche les fanons peuvent atteindre jusqu'à 5^m de longueur ; leur prix s'est élevé jusqu'à 65^fr le kilogramme ; ils n'atteignent guère qu'un mètre chez les Balénoptères. Les Cétodontes ont des dents nombreuses aux deux mâchoires chez les Orques, les Dauphins et les Globicéphales ; chez les Cachalots elles manquent à la mâchoire supérieure qui porte des alvéoles dans lesquels pénètrent les dents correspondantes de la mâchoire inférieure ; les Grampus et les Hyperodons n'ont qu'un très petit nombre de dents. Les Cétacés avalent le plus souvent les proies entières, confiants dans l'efficacité des compartiments de leur estomac, dont le nombre varie de 3 à 5. Les Dauphins se nourrissent de poissons et de céphalopodes ; les Globicéphales, les Hyperodons et les Cachalots sont surtout mangeurs de céphalopodes ; nous avons parlé précédemment des espèces rares de ce groupe que l'on peut recueillir dans leur estomac. Les Orques mangent des poissons et surtout des marsouins et des dauphins. Le 27 mai 1896 deux Orques furent harponnés par le Prince de Monaco ; l'estomac énorme du grand exemplaire, qui mesurait 5^m,90, contenait une grande masse de morceaux de cétacés, probablement de dauphin ; à côté de fragments de chair encore recouverts de peau, on trouvait de grands lambeaux de peau isolés, dont certains mesuraient près de 1ᵐ de long et présentaient cette particularité d'être enroulés un peu comme un rouleau de papier, ce qui leur permet sans doute d'occuper moins de place. Mais qu'est cela à côté des 13 marsouins et des 15 phoques comptés par Eschricht dans la panse d'un orque de 7ᵐ,50 !! Dans les régions antarctiques les orques mangent aussi les manchots.

Les Mysticètes vivent surtout de plankton et il est probable que la nature de l'alimentation varie suivant la saison et les régions. A l'occasion, les Balénoptères et les Mégaptères mangent des bancs de petits poissons. Quelle que soit leur nourriture les cétacés doivent plonger à une certaine profondeur pour la saisir, surtout les Cétodontes qui vivent de céphalopodes agiles habitant au-dessous de la surface, mais ils sont obligés de venir respirer à la surface l'air en nature. On a remarqué que suivant les espèces le nombre des respirations varie, en même temps que les mouvements opérés pour respirer et plonger ; il est même possible de déterminer l'espèce à laquelle on a affaire dans la plupart des cas, au moyen de ces indications, quand il s'agit de grands cétacés. En arrivant à la surface, l'animal qui vient de « sonder » fait une longue et profonde expiration suivie d'une série d'inspirations et d'expirations rapides ; avant de sonder à nouveau, il fait une longue et profonde inspiration pour s'approvisionner d'air pur. En général on n'entend que le bruit de l'expiration, le souffle, qui ressemble à celui de la vapeur s'échappant sous pression d'une chaudière ; mais si l'on est assez près, on entend distinctement le son plus court et beaucoup plus aigu de l'inspiration ; ce bruit ressemble à l'espèce de sifflement qu'on produit en aspirant l'air par la bouche presque complètement fermée. L'expiration se fait juste au moment où l'évent situé au sommet d'une protubérance momentanée, arrive au contact de l'air ; la forme et l'apparence du souffle rendu visible par le nuage qui s'échappe, dépendent beaucoup de l'espèce du cétacé et de la force avec laquelle ce souffle est poussé, de l'état hygrométrique de l'atmosphère, etc. Le souffle n'est pas visible ou bien il l'est à peine chez les petites espèces, tandis que M. Racovitza l'a vu atteindre 15 mètres chez les grands Balénoptères ; normalement, le souffle est formé uniquement par l'air expiré chargé de vapeur d'eau qui se condense plus ou moins suivant la température et l'humidité de l'air ; cette condensation est aussi produite en grande partie par le refroidissement de l'air expiré sous pression par le phénomène de la détente invoqué à juste titre par le Dʳ Portier dans le cas qui nous occupe : on démontre expérimentalement que si on laisse échapper par un petit orifice de l'air humide comprimé à 3 ou 4 atmosphères le froid est tel que le jet dépose sur une lame de verre de la glace résultant de la congélation de la vapeur d'eau ; de même la vapeur d'eau sortant à haute pression d'une chaudière où sa température est très supérieure à 100°, forme un épais brouillard dans lequel la main éprouve une sensation de fraîcheur, alors qu'elle serait brûlée si la vapeur s'échappait simplement d'une chaudière à 100°. C'est sous l'influence de ce même mécanisme de la détente que la vapeur de l'air expiré devient visible par sa condensation et forme un nuage qui disparaît plus ou moins rapidement, mais il n'y a jamais production d'un jet d'eau. Le Dʳ Racovitza qui reçut un jour en pleine figure, à deux mètres, l'expiration d'un Mégaptère, put s'assurer que si cette haleine est empestée, chaude et humide, elle n'en est pas moins privée de toute projection liquide. J'ai

Fig. 322. — Dauphin harponné, suspendu au beaupré (*Princesse-Alice*).

insisté sur cette question parce que les idées exactes sur le souffle des cétacés sont encore peu répandues. Le cachalot qui peut dépasser 25^m, fait jusqu'à 60 ou 70 respirations avant de plonger et il peut rester plus d'une heure (70 minutes) sans réapparaître à la surface. Comme les autres animaux plongeurs (Phoques, Loutres, Manchots, etc.) les cétacés ont une quantité de sang énorme ; en outre la capacité respiratoire de leur sang est beaucoup plus grande que celle des animaux voisins non plongeurs, c'est-à-dire que leurs globules rouges sont plus riches en hémoglobine et permettent de fixer une plus grande provision d'oxygène.

Certains cétacés vont quelquefois droit devant eux en pleine mer, sans sonder ;

Fig. 323. — Globicéphales nageant.

on ignore la cause de ces migrations qui ont peut-être pour but la recherche de la nourriture. Le 21 avril 1904 les passagers de la *Princesse-Alice* furent témoins d'un fait de ce genre : le Prince donna la chasse à un *Balenoptera musculus* près de la Corse ; on constata que cet animal faisait une route régulière à une vitesse moyenne de 7^{km},5 environ à l'heure, presque droit dans le nord-est et cela pendant les six heures que dura l'observation. Il venait respirer toutes les 10 minutes très exactement, de façon à respirer de 2 à 6 fois en 2 ou 3 minutes.

Une autre question intéressante et fort controversée est celle de savoir jusqu'à quelle profondeur peuvent plonger les cétacés ; une réponse précise permettrait de déduire l'indication de la profondeur maximum à laquelle peuvent se rencontrer les céphalopodes rares dont beaucoup de cétodontes se nourrissent et de les rechercher avec quelques chances de succès. Jusqu'ici les essais tentés ont été infructueux, et malgré les dires des baleiniers prétendant que certains cétacés peuvent plonger à plus de 1 000^m, je pense qu'il est loin d'en être ainsi et que cette profondeur ne dépasse pas 200 ou 300^m. Le Dr Racovitza évalue à 100^m cette limite. Il ne faut pas oublier que les cétacés sont organisés comme nous, et s'ils peuvent plonger plus profondément, à cause de leur adaptation spéciale, ils ne peuvent supprimer la dissolution des gaz dans le sang sous l'influence de la pression et leur dégagement pendant une montée rapide, d'où embolies gazeuses souvent mortelles. Quoiqu'il en soit, l'expérimentation seule permettra d'obtenir des connaissances précises sur ce sujet. Toujours est-il que les Japonais savent que la Baleine franche du Japon (*B. japonica*) ne plonge pas au-dessous de 27^m, et on la prend dans des filets qui ne dépassent pas cette profondeur, bien que l'eau soit beaucoup plus profonde ; au contraire les cétacés qui plongent plus profondément ne peuvent pas être pris dans ces conditions ; mais ils ne sont pas assez différents de la baleine, au point de vue physiologique, pour pouvoir plonger à 1 000^m quand celle-ci ne dépasse pas 28^m.

Fig. 324. — Globicéphale harponné, hissé à bord.

Les cétacés se rencontrent souvent en troupes. Les Marsouins (*Phocæna communis*) sont les plus petits, leur longueur dépasse rarement 1^m,50. On les confond souvent avec les Dauphins qui ont le museau beaucoup plus allongé et sont plus grands (1^m,80 à 2^m). Ces derniers suivent souvent les navires, surtout les voiliers : on les voit de loin arriver en troupes, bondissant hors de l'eau, pour venir jouer sous l'étrave : on peut les voir se tourner à demi pour regarder ce qui se passe au-dessus de leur tête, où le plus souvent on procède aux préparatifs de la mort de l'un d'eux. En effet, dès que les dauphins sont signalés on prépare le harpon qui doit en ramener un sur le pont (fig. 322). Assister aux évolutions gracieuses et gaies de ces animaux dans la nuit lorsque la mer est phosphorescente et les fait paraître entièrement lumineux, est un des plus beaux spectacles que la mer puisse nous présenter. Les Globicéphales (*Globicephalus melas*) atteignent 7^m de long, ils sont tout noirs, faciles

Fig. 325. — *Grampus griseus* harponné (*Princesse-Alice*).

à approcher et à harponner (fig. 323 et 324). On en prend chaque année plus d'un

Fig. 326. — Orques soufflant (près de Gibraltar, *Princesse-Alice*).

millier aux îles Fœroer, en entourant avec des embarcations leurs troupes qu'on pousse ainsi au fond des baies où on les tue à coups de harpon et de bâton ; la plupart échouent sur le rivage ; ils constituent une grande ressource pour les habitants. Le *Grampus griseus* ne dépasse pas $3^m,5o$. La *Princesse-Alice* en a pris au large de Monaco et aux Açores. Les individus de cette espèce ont la peau sillonnée de stries blanches et d'empreintes circulaires, traces des griffes et des ventouses des céphalopodes

dont ils se nourrissent (fig. 325). L'*Orca gladiator* (fig. 326 et 327) ou orque peut atteindre 8^m ; il attaque tous les autres cétacés, dont il est la terreur. La fig. 328 représente un orque harponné au large de Monaco traîné à la remorque de la *Princesse-Alice* ; on voit à la face ventrale la grande tache blanche ou jaune à contour sinueux, qui caractérise cette espèce. Le Beluga (*Delphinapterus leucas*) tout blanc, dépourvu d'aileron dorsal, est long de 4 à 7^m. Il vit en troupes dans les mers arctiques où on les prend parfois en abondance dans des filets. Quant au Narval (*Monodon monoceros*), qui dépasse rarement 6^m son

Fig. 327. — Le Prince à la poursuite des Orques.

nom est bien connu à cause de la longue défense que le mâle porte dans le prolongement de la tête et qui n'est qu'une longue dent du côté gauche de la mâchoire su-

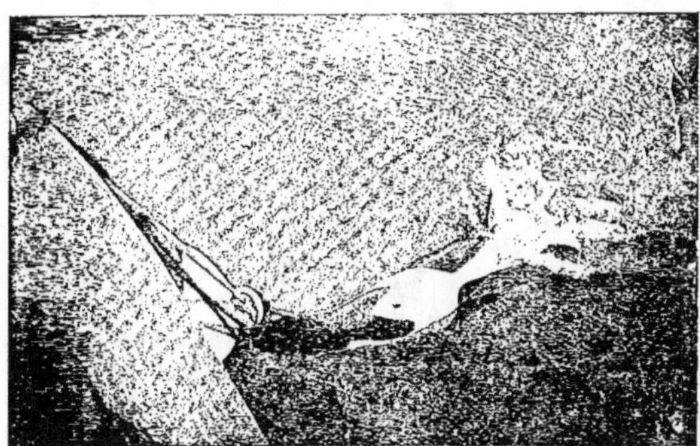

Fig. 328. — Orque remorqué par la *Princesse-Alice*.

Fig. 329. — Cachalot à l'agonie, se débattant, tout en remorquant
la baleinière qui l'a harponné.

périeure. Cette défense peut dépasser $2^m,50$; la femelle en est dépourvue ; on ne sait à quoi sert cette longue dent à laquelle se rapportent diverses légendes. Le Narval vit en troupes de plusieurs centaines dans les glaces arctiques, où il se nourrit de céphalopodes. L'*Hyperoodon rostratus* atteint 10^m ; sa grosse tête renflée se prolonge en bas en un rostre qui est difficile à voir parce qu'il n'émerge presque jamais. Ces animaux sont très méfiants, difficiles à approcher, leurs allures sont très irrégulières, et leur poursuite par les baleinières de la *Princesse-Alice* n'a jamais réussi ; cependant il en a été pris beaucoup à diverses reprises par des baleiniers, on cite un de ceux-ci qui en captura 203 en deux mois. Les Hyperodons se nourrissent surtout de céphalopodes bathypélagiques. Le Cachalot (*Physeter*

Fig. 330. — Cachalot échoué (Açores, 1895).

macrocephalus) est le plus grand des cétodontes, il peut atteindre 25^m. La tête, énorme, fait à peu près le tiers de l'animal. Les dents de la mâchoire inférieure, au nombre de 19 à 26 de chaque côté, sont solidement enfoncées dans le maxillaire : le Musée de Monaco possède une de ces dents mesurant 24^{cm} de long et pesant 1 200^{gr}. Les Cachalots habitent surtout les régions tropicales, mais on en a rencontré jusqu'au Grönland au nord et jusqu'à la Nouvelle-Zélande au sud ; ils vivent en troupes dont le nombre, très variable, peut atteindre 200 ; les mâles défendent les femelles et les jeunes et plus d'une fois on en a vu se retourner et briser les embarcations qui les attaquaient. Pendant la campagne de 1895 de la *Princesse-Alice* nous avons eu

Fig. 331. — Baleiniers et vertèbres de Cachalot aux Açores.

l'occasion d'assister à la capture d'un cachalot par les baleiniers des Açores, le Prince de Monaco dans *La carrière d'un navigateur* a donné un récit plein de vie de cet émouvant spectacle, je ne puis qu'y renvoyer le lecteur. Dans son agonie (fig. 329) le cachalot qui mesurait 14^m de longueur vomit une quantité de céphalopodes dont nous avons parlé antérieurement (p. 344). Il fut amené dans une crique (fig. 330 et 341), dépecé, le lard fut fondu ; entre temps on retira de l'estomac une nouvelle série de céphalopodes plus rares encore que les précédents, mais aussi en moins bon état,

Fig. 332. — Extraction du blanc de baleine d'un Cachalot.

leur digestion étant plus avancée. On procéda ensuite à l'extraction du spermaceti ou blanc de baleine qui est enfermé dans un tissu fibreux situé au-dessus du crâne et des os de la face (fig. 332); on taille là-dedans, comme dans du beurre, avec des sortes de bêches très coupantes, de façon à creuser une cavité où l'on puise la partie liquide avec des seaux. La matière grasse, ou cétine, qui forme le spermaceti se prend en cristaux blanc et onctueux par refroidissement ; on ne l'emploie plus guère qu'en parfumerie et en pharmacie. Nous avons parlé de l'ambre gris à une autre occasion (p. 347), nous n'y reviendrons pas.

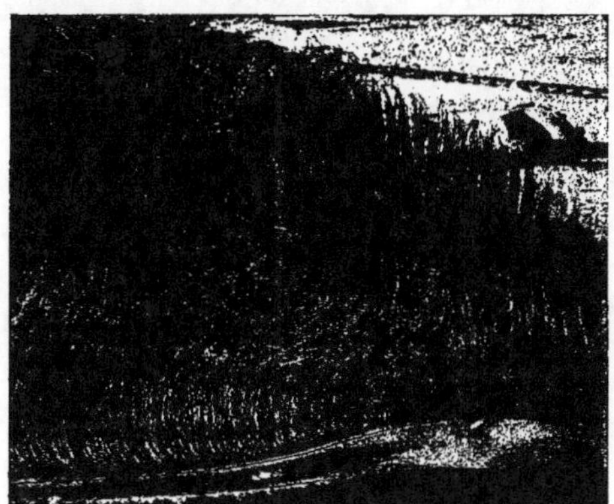

Fig. 333. — Fragment de lèvre supérieure de *Balenoptera Sibbaldi*, montrant le feutrage formé par les poils des fanons. Ce feutrage filtre l'eau et retient les animalcules qu'elle renfermait.

Les Mysticètes se divisent en Baleines qui n'ont pas d'aileron dorsal et en Balénoptères qui en ont un. La plupart se nourrissent de petits animaux qu'ils capturent en nageant la bouche ouverte : ils la ferment ensuite, expulsent l'eau en la filtrant à travers les crins feutrés (fig. 333) et les lames des fanons, au moyen de leur langue

Fig. 334. — Dépècement d'un *Balenoptera Sibbaldi* au Spitzberg.

qui fait l'office de piston, et avalent la masse non filtrée. La Baleine des Basques (*Ba-*

læna biscayensis), chassée par les Basques depuis le ix⁰ siècle ne dépasse guère 18ᵐ. Cette espèce, actuellement très rare, dépasse peu la latitude du cap Nord et habite l'Atlantique septentrional. La Baleine franche (*B. mysticetus*) a en moyenne 20ᵐ de longueur ; le nombre des fanons peut atteindre 300, et leur longueur 5ᵐ ; l'ensemble de ces fanons peut arriver, pour un seul animal, à valoir de 20 000 à 30 000 francs. Cette baleine, presque disparue aujourd'hui, habite parmi les glaces arctiques. Le Mégaptère (*Megaptera boops*) qui a de 18 à 20ᵐ se distingue des baleines et des balénoptères par les grandes dimensions de ses nageoires pectorales qui

ont le tiers de la longueur de l'animal, et par une bosse située sur le dos, simple et vague rudiment de l'aileron dorsal. Ces grands cétacés ont l'habitude de s'élancer entièrement hors de l'eau et de se laisser retomber avec fracas en faisant éclabousser l'eau de tous côtés. On les trouve dans toutes les mers, il en est de même des Balénoptères. Le *Balenoptera rostrata* ne dépasse guère 10ᵐ ; le *B. musculus* qui atteint 20 à 23ᵐ est le plus commun. Longtemps dédaigné par les pêcheurs tant que les baleines franches étaient abon-

Fɪɢ. 335. — Phoque tué sur un glaçon par le Prince de Monaco.

dantes, cet animal est pourchassé activement, et en 1886 on en prit environ 600 individus rien que sur les côtes de Finmark. Il est rare que la *Princesse-Alice* ne rencontre pas un groupe de 3 ou 4 de ces cétacés au printemps, entre Monaco et la Corse ; trois spécimens y furent harponnés à divers intervalles, mais chaque fois l'animal échappa emportant le harpon et une partie de la ligne. La capture des balénoptères est en effet beaucoup plus difficile que celle des vraies baleines, si l'on n'emploie pas le harpon à obus explosibles dont on se sert en Norvège aussi bien pour le *B. musculus* que pour le *B. Sibbaldi* qui mesure jusqu'à 30ᵐ et qui a de 7 à 8ᵐ en venant au monde. Il est bien intéressant de constater qu'un si grand animal ne se nourrit que de petits crustacés de 2 à 4ᶜᵐ de long dont le Prof. Collett a trouvé de 300 à 400 litres dans l'estomac d'un de ces balénoptères. Aujourd'hui on exploite rationnellement les balénoptères dont on ne laisse rien perdre ; on en tire surtout l'huile, le reste est transformé en engrais et en noir animal. La fig. 334 représente une installation de ce genre à Green Harbour au Spitzberg, au moment où on dépeçait un *B. Sibbaldi* de 22ᵐ de longueur (1906).

Les Cétacés herbivores ou Siréniens ont des mamelles pectorales et ressemblent un peu aux Phoques pour la forme générale du corps : ils vivent d'algues et d'autres plantes marines le long des côtes tropicales de l'Amérique du Sud (Lamantins), dans la mer Rouge et dans l'océan Indien (Dugongs). La Rhytine de Steller ressemblait au Dugong, elle atteignait 8^m ; c'est une espèce éteinte qui vivait encore, il y a un peu plus d'un siècle, au Kamtchatka. Tandis que ce groupe a fort peu d'importance, celui des Pinnipèdes est très nombreux, sinon en espèces, du moins en individus : ce sont les Phoques et les Morses, tous excellents nageurs et généralement fort intelligents. Les Phoques et les Otaries se nourrissent surtout de poissons et de crustacés, les Morses de varechs, de crustacés et de mollusques, etc. Les phoques sont surtout

Fig. 336. — *Phoca barbata* sur le pont de la *Princesse-Alice*.

nombreux dans les régions polaires nord et sud : le veau marin (*Phoca vitulina*) vient sur les côtes océaniques de France, pendant que le phoque moine (*P. monachus*) s'observe dans la Méditerranée, à Madère, etc. Dans les glaces du nord on chasse surtout les *P. barbata et grönlandica* (fig. 335 et 336). Citons encore le *P. putrida* (fig. 337). Les Pinnipèdes antarctiques sont actuellement bien connus grâce aux diverses expéditions qui ont visité ces régions dans ces dernières années. Ces animaux passent à dormir le temps qui n'est pas employé à la recherche de la nourriture : tels sont le *Leptonychotes Weddelli*, le *Lobodon carcinophaga*, etc.; le Dr Racovitza a vu ce dernier se nourrir d'Euphausidés à la façon des baleines ; « ils nageaient la gueule ouverte, doucement, dans le banc de ces crustacés, puis fermant la bouche, ils expulsaient l'eau à travers les dents et avalaient les animaux ainsi péchés ». L'*Ommatophoca Rossi* se nourrit exclusivement de céphalopodes qu'il retient au moyen de ses dents aiguës et recourbées en arrière ; il a la faculté d'émettre des sons plus variés que ceux des autres espèces « en gonflant son larynx et en outre son énorme voile du palais, de façon à constituer deux caisses de résonance, deux poches contenant une grande provision d'air. Cela lui permet d'exécuter des trilles et arpèges aussi sonores que bizarres. »

Les Morses sont spéciaux aux glaces arctiques, ils atteignent 6^m de long ; leurs canines supérieures sont transformées en deux défenses dirigées en bas, mesurant jusqu'à 80^{cm} et faites d'un ivoire très dur : elles leur servent à se défendre et à se hisser sur les glaçons et sans doute aussi à retirer du sable ou de la vase les coquillages (*Mya*) dont ils font une grande consommation. Leur nombre a considérablement diminué à la suite de la chasse acharnée qu'on leur a faite. Vers 1600 un seul équipage avait tué à terre plus de 1 000 Morses en moins de 7 heures sur les côtes de l'île Beeren ou des Ours, entre la Norvège et le Spitzberg. Il nous est malheureusement impossible de nous étendre sur les mœurs intéressantes de ces animaux, pas plus que sur celles de la Loutre de mer (*Enhydris marina*) et de l'Ours blanc (*Ursus maritimus*), bien connu de tout le monde par l'image et les récits de voyageurs arctiques auxquels nous renvoyons le lecteur.

Enfin il nous reste à dire un mot du Grand serpent de mer qui a été l'objet de nombreuses discussions et dont l'histoire très intéressante, écrite par Oudemans, a été résumée et complétée par le Dr Racovitza. Il résulte de ces travaux qu'il existe dans l'Atlantique nord un animal de grande taille (15 à 30^m) à tête relativement petite, muni d'un cou très long, de deux nageoires antérieures et de deux postérieures, et d'une queue très longue, puisqu'elle atteint presque la moitié de la longueur totale, le corps

Fig. 337. — Jeune *Phoca pulrida* vivant à bord de la *Princesse-Alice*.

lui-même est relativement gros et court. Il respire par les narines situées au bout du museau et nage en faisant des ondulations dans le sens vertical. Tel est l'animal, peut-être cosmopolite d'ailleurs, et qui n'a rien de commun avec les reptiles ; c'est un mammifère, à rapprocher des phoques, couvert de poils comme eux. Un animal de 20^m et répondant à la plupart des caractères ci-dessus a été vu plusieurs fois dans la baie d'Along par des officiers de marine qui lui donnèrent en vain la chasse. Jusqu'ici nos connaissances sur cet être bizarre sont extrêmement restreintes et il est fort à désirer qu'au lieu de le poursuivre à coups de canon on tâche de l'approcher le plus possible pour l'observer de près et le photographier. Il ne faudrait l'attaquer que si l'on a beaucoup de chances de le tuer sur un bas-fond ou de le prendre au moyen d'un harpon, car, autrement, les cadavres de ces animaux coulent et sont perdus.

CHAPITRE XVI

Nous voulons dans ce dernier chapitre exposer très brièvement l'état actuel de l'Océanographie en insistant particulièrement sur l'entente internationale qui s'est établie dans ces dernières années pour l'exploration des mers septentrionales et sur les fondations faites par le Prince de Monaco, parce qu'elles sont des points importants de l'histoire de cette science.

L'Océanographie moderne date réellement des croisières préliminaires du *Lightning* (1868) et du *Porcupine* (1869-70) et surtout de la mémorable expédition du *Challenger* autour du globe (1873-76). Jusque-là cette science n'était guère représentée que par les Offices ou Bureaux hydrographiques des divers pays maritimes, bureaux qui ne se préoccupent que des recherches intéressant directement la navigation, comme les sondages près des côtes, les courants superficiels et les marées. Les magnifiques résultats obtenus par le *Challenger* dans toutes les branches éveillèrent l'attention générale et cette expédition fut le signal d'une série de grandes explorations sous-marines parmi lesquelles il nous suffira de citer les suivantes : *National* (1889), *Valdivia* (1898-99), *Gauss* (1901-1903), *Planet* (1906-....) pour l'Allemagne ; *Challenger, Investigator* (1887-1902), *Discovery* (1901-1904), *Scotia* (1902-1904) pour l'Angleterre et l'Écosse ; *Belgica* (1897-1899) pour la Belgique ; *Ingolf* (1895-1896) pour le Danemark ; *Travailleur* et *Talisman* (1880-1883), *Caudan* (1895), *Français* (1903-1905) pour la France ; *Willem-Barents* (1878-84) et *Siboga* (1899-1900) pour la Hollande ; *Washington* (1881-1882) et *Vettor Pisani* (1882-1885) pour l'Italie ; *Pola* (1891-....) pour l'Autriche ; *Vöringen* (1876-1878), *Fram* (1893-96), *Gjoa* (1903-1905) pour la Norvège ; *Véga* (1878-1880) et *Antarctic* (1901-1903) pour la Suède ; *Vitiaz* (1886-1889) pour la Russie ; *Blake* et *Albatross*, depuis de longues années, pour les États-Unis. D'autre part, le Prince de Monaco fait, on peut dire annuellement, une croisière scientifique depuis 1885, c'est-à-dire depuis 22 ans, soit avec l'*Hirondelle* (1885-1888), soit avec les yachts *Princesse-Alice I* (1891-1897) et *Princesse-Alice II* (1898-1907) ; de son côté, le roi de Portugal Dom Carlos poursuit depuis 1896 des recherches océanographiques appliquées aux pêches depuis 1896 avec son yacht *Amelia*. Quelques propriétaires de yachts ont favorisé ces études en France et M. Glandaz a été un des premiers à donner l'exemple en faisant faire à son yacht *Andrée* deux croisières dans le golfe de Gascogne ; il a ainsi montré que les yachtmen pourraient rendre de grands services.

Toutes ces expéditions et bien d'autres que je ne puis même énumérer ont accumulé une quantité énorme de matériaux et de résultats de la plus grande valeur dans tous les domaines de l'océanographie. Mais l'Océan est si vaste que ces documents sont plus ou moins épars et ne constituent que des jalons pour des recherches plus complètes. On comprit qu'il fallait étudier de près les mers qui nous environnent, et c'est dans ce but que s'établirent des Commissions pour l'étude des mers allemandes, de l'Adriatique ([1]), etc.

Les grandes expéditions océanographiques que nous venons simplement de rappeler ont en général laissé de côté l'étude des mers baignant les pays qui les ont organisées ; elles ont été souvent uniques, ou n'ont eu lieu qu'à de longs intervalles et ordinairement pendant la saison la plus favorable. Et il arriva que des mers éloignées furent, durant un temps, mieux connues que celles qui limitent notre vieille Europe. Les questions économiques qui se rattachent à l'industrie des pêcheries et à l'existence des nombreux pêcheurs et du personnel qui dépend de cette industrie, devenant de plus en plus pressantes, on ne tarda pas à reconnaître un peu partout qu'une étude sérieuse des mers d'Europe s'imposait et ne pouvait se faire que d'après des méthodes scientifiques. L'analogie des phénomènes océanographiques avec ceux qu'étudie la météorologie, leur égale complexité, montraient que, comme pour cette dernière science, les observations devraient être poursuivies pendant les différentes saisons de l'année : c'est ce que mit en lumière le Prof. O. Pettersson en montrant que l'influence de la mer sur le climat est bien plus considérable en hiver qu'en été, au moins en ce qui concerne les côtes ouest d'Europe. Ces observations hivernales furent faites pour la première fois par M. Pettersson dans le Skagerrak et le Cattégat et portèrent sur la salinité, la température et le plankton ; il va sans dire que la navigation en hiver dans ces mers du nord est extrêmement pénible ! On s'aperçut bien vite qu'une entreprise telle que l'étude méthodique et systématique des mers ne peut être couronnée de succès que grâce à une coopération internationale. MM. G. Ekman et Pettersson présentèrent un projet dans ce sens en 1892 au Congrès des naturalistes à Copenhague et en 1893-94 une première expérience fut exécutée avec 4 séries d'observations, une par trimestre, faites simultanément par l'Allemagne, l'Angleterre, le Danemark, la Norvège et la Suède. Le 6ᵉ Congrès international de Géographie (Londres, 1895), reconnaissant l'importance scientifique et économique des résultats obtenus, exprima le vœu que les recherches fussent continuées, par la coopération des divers états intéressés, suivant le plan présenté au Congrès par M. Pettersson. En 1897 MM. G. Ekman et Pettersson, membres de la

([1]) Voir, pour ce qui concerne ce chapitre, les notes suivantes :

Braun (G.), *Die internationale Meeresforschung, ihr Wesen und ihre Ergebnisse.* (Geogr. Zeitschrift. Leipzig, 1907, p. 295-316 et 370-378).

Johnstone (J.), *Some results of the international fishery investigations.* (Journ. mar. biolog. assoc. Plymouth, 1906, p. 437-486).

Marini (L.), *Lo sviluppo, lo stato attuale e gli odierni problemi della talassologia.* (Boll. Soc. geogr. ital. Roma, 1907, p. 288-304).

Commission hydrographique suédoise, obtinrent une audience de S. M. le Roi Oscar II et lui proposèrent de convoquer une Conférence pour organiser une exploration internationale des mers du Nord. Le roi s'intéressa à ce projet et c'est ainsi que fut convoquée par le gouvernement suédois la Conférence de Stockholm en juin 1899. Sur l'invitation du gouvernement norvégien une deuxième Conférence se tint à Christiania en mai 1901, dans laquelle furent définitivement établies et complétées les dispositions arrêtées à Stockholm. Les 8 États suivants décidèrent aussitôt de prendre part à la coopération internationale : Allemagne, Angleterre, Danemark, Finlande, Hollande, Norvège, Russie, Suède ; la Belgique adhéra dans la suite. Chaque État donna les moyens pour exécuter les travaux de sa participation et pour la contribution annuelle à l'institution centrale pour une période de 5 ans, sauf le Danemark, l'Angleterre et la Russie qui ne s'engagèrent tout d'abord que pour 3 ans.

On reconnut la nécessité d'établir un Conseil international permanent pour l'exploration de la mer, présidé par le Prof. Herwig avec Bureau central à Copenhague et un Laboratoire central à Christiania, dirigé par F. Nansen, de façon à assurer l'unité de direction et l'uniformité des méthodes de recherches et de présentation des résultats. Le Conseil international permanent fut constitué par les représentants des États participants réunis en une 3e Conférence par le gouvernement danois le 22 juillet 1902. Le Bureau central, organe du Conseil international, est chargé de fournir aux océanographes et aux biologistes les instructions conformes aux programmes arrêtés et approuvés par le Conseil ; de veiller à la publication des comptes rendus périodiques et des mémoires spéciaux. De son côté, le Laboratoire central contrôle et perfectionne les appareils, étudie les méthodes de recherches et poursuit des études spéciales. En outre, des Commissions étudient les problèmes biologiques dont l'importance immédiate est très grande, tels que les migrations des poissons et diverses questions relatives aux pêcheries ; car il ne faut pas perdre de vue ce point que la coopération internationale poursuit avant tout un but pratique immédiat.

Les publications faites par les soins du Conseil international sont les suivantes : les *Rapports et Procès-Verbaux* contiennent les comptes rendus administratifs et officiels des discussions et décisions du Conseil et des Commissions spéciales ; le *Bulletin des résultats acquis pendant les courses périodiques* donne les résultats des observations faites à chaque station : date, latitude, longitude, direction et intensité du vent, hauteur barométrique, hygrométrie, température de l'air ; salinité, température de l'eau de surface, direction et intensité du courant superficiel ; température, salinité et densité de l'eau à diverses profondeurs ; quantité des gaz dissous ; plankton. Tous ces résultats sont le plus souvent réunis dans des tableaux ou des graphiques avec les explications et annotations nécessaires relatives aux méthodes et aux appareils employés ; les *Publications de circonstance* étudient des questions spéciales d'océanographie pure ou biologique, lorsque le besoin ou l'occasion s'en présentent. Cette série contient une foule de mémoires intéressants dans lesquels nous avons beaucoup puisé pour la rédaction de ce livre. Enfin une quatrième publication (*Berichte über die Resultate der internationalen Forschungsarbeit*) donne l'ensemble des résultats du travail international commencé en août 1902.

Outre le Bureau central de Copenhague et le Laboratoire central de Christiania qui sont les deux parties d'un même organe directeur, chaque État participant à la coopération internationale a son organisation propre : comité, laboratoires, navires, publications. Des stations biologiques ou des sociétés de pêche apportent leur contribution.

En Allemagne la partie hydrographique des recherches est dirigée par le Prof. Krümmel, de Kiel, que représente le Dr Apstein dans les croisières périodiques. Une partie des recherches biologiques est entre les mains du Prof. Brandt, de Kiel, tandis qu'une autre partie et l'étude des questions relatives aux pêcheries sont sous la direction du Dr Heincke du laboratoire biologique d'Helgoland. La statistique des pêcheries dépend du Dr Henking de la Deutsche Seefischerei Verein de Hannover. Pour les croisières périodiques, la section allemande possède un vapeur de 1 360 tonnes, le *Poseidon*.

En Angleterre, l'Association de biologie marine du Royaume-Uni coopère à l'exploration internationale par ses laboratoires de Plymouth et de Lowestoft, avec le *Huxley* et l'*Oithona* ; le Bureau des pêcheries d'Écosse, etc. y prend aussi part avec le Prof. d'Arcy W. Thompson.

Le Prof. Gilson, de Louvain, dirige la section belge et dispose d'un aviso *Ville d'Anvers* et d'autres bateaux.

En Danemark, M. Knudsen dirige la partie hydrographique et le Prof. C.-G.-J. Petersen la partie biologique. Le vapeur *Thor*, construit spécialement dans ce but, sert aux recherches avec quelques autres bateaux plus petits.

En Finlande, les recherches sont entre les mains de M. Homén d'Helsingfors qui dispose du petit vapeur *Nautilus* employé comme brise-glaces en hiver.

En Norvège, toutes les recherches sont dirigées par le Dr J. Hjort dont les croisières se font à bord du *Michael Sars* construit spécialement dans ce but et qui travaille pendant neuf mois de l'année dans les circonstances les plus difficiles et les plus pénibles.

Quant à la Russie, une partie des recherches a son centre à Alexandrowsk, sur la côte mourmane, avec le vapeur *Andrei Pervosvanny* sous la direction du Dr Breitfuss. L'autre partie a son siège à Saint-Pétersbourg.

En Suède, le Prof. Pettersson, vice-président du Conseil international, dirige les travaux hydrographiques et dispose du vapeur *Skagerak*.

Les États participants se sont distribué la besogne sur des étendues bien définies des mers du nord de l'Europe. Chaque année, au même moment, au commencement des mois de février, mai, août et novembre ont lieu les croisières périodiques des différentes sections, croisières pendant lesquelles les observations que nous avons indiquées précédemment sont faites successivement à chacune des stations déterminées d'avance et toutes les mêmes ; nous avons exposé plus ou moins succinctement au cours de ce livre les méthodes et les appareils employés, nous n'y reviendrons pas ici ; il en est de même pour les principaux résultats obtenus jusqu'à présent. Nous avons vu en effet que nos connaissances se sont singulièrement accrues en ce qui concerne la bathymétrie et surtout la circulation des mers septentrionales, notamment les oscillations dans l'extension des eaux atlantiques originaires du Gulf-Stream, oscillations qui ont leur répercussion sur le climat et sur les pêcheries.

C'est surtout à ce dernier point de vue que s'est placé le Dr Hjort, directeur de la section norvégienne : plus que les autres il s'est efforcé de montrer que les recherches scientifiques poursuivies pouvaient immédiatement donner des résultats économiques importants. Il rechercha et découvrit de riches terrains de pêche. Il y a 15 ans on comptait peut-être 100 000 pêcheurs en Norvège, munis seulement de très petits bateaux non pontés et ne pouvant par suite s'aventurer loin de la côte. Aujourd'hui ces pêcheurs ont constitué une flotte de plus de 4 500 bateaux pontés qui vont au large et jusqu'en Islande, exploiter les terrains que le D* Hjort leur a signalés. C'est le même océanographe qui a découvert les gisements du *Pandalus borealis*, jolie et grande crevette dont il se fait une consommation considérable en Norvège, et c'est encore le D* Hjort qui a trouvé de nouveaux terrains de pêche de la morue, amenant ainsi une augmentation de recettes annuelles de 2 à près de 3 millions de francs.

Il est extrêmement désirable que la coopération internationale pour l'exploration de la mer se prolonge encore pendant de nombreuses années dans les conditions actuelles ou avec certaines modifications. La France s'est tenue jusqu'à présent à l'écart de ce grand mouvement océanographique international, malgré l'intérêt puissant qu'elle aurait à y participer, en raison du grand développement de ses côtes ; elle pourrait cependant y prendre part au moins indirectement, en entreprenant pour son propre compte, les mêmes recherches d'après le programme même du Conseil permanent, de façon à obtenir des résultats comparables et utilisables pour tous. Certains des nombreux laboratoires maritimes échelonnés sur nos côtes pourraient servir dans ce but en même temps que des navires de guerre ou des services publics pourraient faire les courses périodiques ; ce ne sont pas les hommes compétents et de bonne volonté qui feraient jamais défaut.

En dehors du Conseil international, il existe un grand nombre d'organisations s'occupant d'une façon plus ou moins active d'océanographie pure ou appliquée : c'est le cas de nombreuses stations maritimes répandues en divers points des côtes d'Europe et d'ailleurs : c'est le cas des écoles de pêche et des laboratoires de pisciculture marine, de la Commission des pêcheries des États-Unis, du Fishery board d'Écosse, etc. Le D* Hjort a ouvert en 1903 à Bergen des cours accompagnés d'exercices pratiques sur les diverses questions d'océanographie et leurs applications. En 1905 a été inauguré l'*Institut für Meereskunde* de l'Université de Berlin : puis le Laboratoire océanographique d'Édimbourg.

En France, malgré les magnifiques résultats du *Travailleur* et du *Talisman*, l'océanographie progressait lentement, malgré tous les efforts de M. Thoulet, professeur à l'Université de Nancy. C'est lui en effet qui s'est le plus attaché à plaider chez nous la cause de cette science, tant par ses cours, ses conférences et ses ouvrages didactiques ou de vulgarisation, que par ses travaux originaux, de science pure, sur une foule de problèmes de la mer. Néanmoins c'est au Prince Albert de Monaco que nous devons surtout le grand mouvement qui se dessine actuellement en faveur des études océanographiques auxquelles il se consacre depuis vingt-deux ans par ses croisières annuelles et par ses fondations. C'est à son exemple et souvent sous son patronage que se sont organisés des cours ou des expéditions ; un Institut maritime fondé par la Ligue maritime française a établi des cours dans lesquels l'océanographie occupe une partie du programme : une Commission scientifique a été instituée au Yacht-Club surtout pour intéresser les yachtmen à ces études ; la Société océanographique du golfe de

Gascogne se fonda à Bordeaux, prenant une initiative qui mérite d'être suivie. Le Prince ne s'est pas contenté de se consacrer lui-même à ces recherches qu'il poursuit depuis si longtemps, mais il a attiré sur elles l'attention des personnalités dont l'influence peut aider considérablement les progrès de la science au service de laquelle il a mis ses relations les plus hautes en France et au dehors.

Il me reste à dire quelques mots sur les fondations faites par le Prince dans ces dernières années. Le 25 avril 1899 eut lieu avec solennité, sous le parrainage de S. M. l'Empereur d'Allemagne, la pose de la première pierre du Musée océanographique de Monaco, construit par M. Delefortrie. L'idée première du Prince a été de fonder un établissement destiné à recevoir et à mettre en valeur les collections importantes réunies au cours de ses campagnes scientifiques. Mais ensuite une idée plus large est venue au Prince qui décida d'abriter dans le Musée non seulement ses

Fig. 338. — Musée océanographique de Monaco : façade principale.

collections et ses instruments, mais encore tout ce qui, d'une façon générale, se rapporte à l'océanographie. Ainsi compris, le Musée de Monaco devenait une fondation unique et appelée à présenter un intérêt considérable. Commencé en 1898, le Musée est actuellement en voie d'achèvement. Les fig. 338 et 339 montrent l'aspect de ses deux façades : il mesure 100^m de longueur, la balustrade supérieure est à 75^m au-dessus du niveau de la mer. Deux sous-sols renferment des salles d'aquariums, de manipulations diverses, des cabinets de travail et des laboratoires pour les recherches que peuvent venir y poursuivre des savants étrangers, car les collections, les aquariums et les laboratoires d'étude sont mis largement à la disposition des personnes qui sont à même de les utiliser avec fruit. Les deux étages supérieurs sont destinés à l'exposition, pour le public, des objets du domaine de l'océanographie : instruments, cartes, animaux marins, etc., qui ont fait le sujet de ce livre.

Pour créer en France un mouvement en faveur des études qui lui sont chères, le Prince décida de faire faire chaque hiver à Paris une série de conférences dont il inaugura la première, faite le 11 janvier 1903, par M. Thoulet au Conservatoire national des arts et métiers ; ces conférences qui ont le plus vif succès continuent depuis cette époque. Enfin l'année dernière, le Prince, pour compléter son œuvre et en assurer la pérennité, fondait l'*Institut océanographique* et informait de ses inten-

Fig. 339. — Musée océanographique de Monaco : façade sur la mer.

tions le Ministre de l'Instruction publique par la belle lettre que nous reproduisons ci-dessous.

« Monsieur le Ministre,

« Ayant consacré ma vie à l'étude des sciences océanographiques, j'ai reconnu l'importance de leur action sur plusieurs branches de l'activité humaine, et je me suis efforcé de leur obtenir la place qui leur appartient dans la sollicitude des gouvernements, comme dans les préoccupations des savants.

« Plusieurs États ont déjà lancé vers toutes les mers du globe des croisières scientifiques, et constitué à l'Océanographie une base solide pour son développement ; mais la France, malgré l'intérêt spécial que présente pour elle la science de la mer, ne l'a pas traitée avec la même libéralité que d'autres branches de la Science. Cependant, je faisais faire à Paris, depuis quelques années, des conférences suivies par un auditoire chaque fois plus nombreux et plus attentif, tandis que les pouvoirs publics, en la personne de M. le Président Loubet et des membres du Gouvernement, leur témoignaient, en y assistant, un intérêt certain.

« Alors j'ai voulu combler une lacune en créant moi-même et en établissant à Paris un centre d'études océanographiques étroitement relié avec les laboratoires et collections du Musée océanographique de Monaco, où j'ai réuni depuis vingt ans les résultats de mes travaux personnels et ceux des éminents collaborateurs qui me sont venus de tous les pays d'Europe.

« Informé par des amis de l'Université qu'un projet d'agrandissement nécessaire à la prospérité de ce corps illustre éprouvait des difficultés et des retards dans sa réalisation, j'ai pensé que le rapprochement des deux combinaisons profiterait à chacune d'elles, et j'ai offert à M. le Vice-Recteur ma collaboration dans ce sens. Il m'a été possible ensuite d'apporter ma part dans la constitution du capital nécessaire pour l'acquisition du domaine dont la Sorbonne avait besoin, et en retour, l'Université m'a cédé un terrain faisant partie de ce nouveau groupe et sur lequel j'élèverai l'Institut océanographique dont je vous communique aujourd'hui les Statuts.

« C'est pour moi un grand plaisir de reconnaître ainsi l'hospitalité que Paris et la France accordent à tous les travailleurs de la pensée ; j'ajoute que je ne limite pas à l'immeuble qui sera construit à Paris le patrimoine du nouvel Institut : le Musée océanographique de Monaco, ses laboratoires, ses collections, ses aquariums et ses dépendances sont dès à présent la propriété de l'Institut océanographique, auquel j'ai donné, pour son fonctionnement, un capital de quatre millions.

« Désireux que cette institution me survive dans les conditions qui m'ont paru de nature à assurer les services que j'en attends pour le progrès de la Science, je prie le Gouvernement français de la reconnaître d'utilité publique et d'en approuver les Statuts.

« Veuillez agréer, Monsieur le Ministre, les assurances de ma haute considération. »

Signé : ALBERT, *Prince de Monaco.*

Palais de Monaco, le 25 avril 1906.

L'Institut océanographique est donc une institution indépendante, reconnue d'utilité publique par décret présidentiel du 16 mai 1906. La direction scientifique appartient à un Comité de perfectionnement international. Le Conseil d'administration est présidé par le Prince et composé de MM. E. Loubet, ancien Président de la République, et le Dr Regnard, directeur de l'Institut national agronomique, vice-présidents ; MM. Cailletet et Becquerel, membres de l'Académie des Sciences ; M. G. Kohn, banquier et M. L. Mayer, conseillé privé du Prince.

Les cours d'Océanographie sont professés par MM. Berget, Joubin et Portier à la Sorbonne, depuis l'année scolaire 1906-1907, en attendant que la construction de l'Institut océanographique à Paris soit terminée et permette de les continuer dans l'établissement définitif.

L'Institut océanographique dispose ainsi d'un établissement situé à Paris en plein quartier universitaire et chargé de l'enseignement au moyen de cours et de conférences, et d'autre part d'un Musée situé à Monaco, au bord de la mer, pourvu d'aquariums, de cabinets de travail et de collections superbes. Un petit vapeur, l'*Eider*, mis à la disposition du Musée par le Prince, permet aux élèves océanographes ou aux savants étrangers de se familiariser avec les méthodes de travail à la mer, ou de poursuivre des recherches spéciales.

Il ne m'est pas possible d'entrer ici dans plus de détails, mais je pense avoir convaincu le lecteur que l'Institut océanographique sera une institution extrêmement utile et qu'il est appelé à rendre les plus grands services quand il sera en plein fonctionnement. Ce sera là une œuvre durable, personnelle et caractéristique du Prince Albert, pour qui tous les hommes de science et tous ceux qui aiment la Science, éprouveront un vif et profond sentiment de reconnaissance.

INDEX BIBLIOGRAPHIQUE (¹)

———

L'index suivant ne contient guère que les principaux ouvrages de langue française relatifs à l'océanographie ; les ouvrages déjà indiqués dans les notes du texte n'ont généralement pas été cités à nouveau.

AGASSIZ (A.). — *Three cruises of the Blake* (Bull. Mus. comp. zool. Cambridge, vol. XIV. 1888) (Exposé des travaux océanographiques poursuivis aux États-Unis jusqu'en 1888 sous la direction de l'auteur).

ALBERT Iᵉʳ, PRINCE DE MONACO. — *La carrière d'un navigateur*. Paris, Plon, 1902.

— Publications diverses (fig. 15, 30, 31, 115-117, 134, 145, 158, 164).

— Photographies (fig. 37, 101, 104, 106, 107, 302, 305, 323, 325, 327, 335).

BÉNARD (Ch.). — Section internationale d'Océanographie etc. de l'Exposition coloniale de Marseille 1906. *Rapport général*. Marseille, 1907. (Publication importante, pleine de documents et d'illustrations relatives aux études océanographiques.)

BOURÉE. — Photographie (fig. 171).

BRUCE (W.-S.). — Photographie (fig. 99).

CHUN. — Photographie (fig. 152).

DELAGE et HÉROUARD. — *Zoologie concrète* (Ouvrage précieux par la multitude des renseignements biologiques qu'il renferme. Il est malheureusement encore inachevé).

FAIDEAU (F.). — Photographies (fig. 105, 109, 112, 113, 182).

FILHOL (H.). — *La vie au fond des mers*. Paris, Masson, 1885 (Explorations du *Travailleur* et du *Talisman*).

FOLIN (DE). — *Sous les mers*. Paris, J.-B. Baillière, 1887 (Campagnes du *Travailleur* et du *Talisman*).

GIGLIOLI et ISSEL. — *Pelagos, saggi sulla vita e sui prodotti del mare*. Genova, 1884.

GIRARD (J.). — *Les explorations sous-marines*. Paris, Savy, 1874.

GOODE et BEAN. — *Oceanic Ichthyology*. Cambridge, 1895 (fig. 303, 306, 307).

HENSEN (V.). — *Methodik der Untersuchungen bei der Plankton-Expedition*. Kiel, 1895 (L'auteur décrit les méthodes et les instruments employés pendant l'expédition du *National*).

KRÜMMEL (O.). — *Handbuch der Ozeanographie* vol. I. Stuttgart, 1907 (C'est le traité le plus récent d'océanographie).

LAPPARENT (DE). — *Traité de géologie. Phénomènes actuels*. 5ᵉ édit. Paris, 1906.

— *Géographie physique*.

(¹) Les numéros de figure placés entre parenthèse à la suite d'une référence indiquent les figures du présent ouvrage qui sont reproduites d'après cette référence et qui n'en portent pas l'indication immédiate.

Le Blanc (J.). — Photographie (fig. 34).

Navarrete (A.). — *Manual de Zootalasografia* etc. Madrid, 1896.

Perrier (Ed.). — *Les explorations sous-marines*. Paris, Hachette, 1886.

Regnard (Dʳ P.). — *Recherches expérimentales sur les conditions physiques de la vie dans les eaux*. Paris, 1891 (Ouvrage important pour la biologie des animaux marins) (fig. 23, 26, 28, 32, 33, 67, 80, 82-84, 95).

Richard (J.). — *Les Campagnes scientifiques de S. A. S. le Prince Albert Iᵉʳ de Monaco*. Monaco, 1900.

  —   *Le Musée océanographique de Monaco* (La Nature, 7 avril 1906).

Roché (G.). — *Des procédés nouveaux employés par les missions d'explorations sous-océaniques* (Revue techn. de l'Exposit. Univ. de 1889).

Schott (G.). — *Oceanographie und maritime Meteorologie*. Wiss. Ergebnisse… Valdivia. Iena, 1902 (Le volume et l'atlas traitent non seulement des recherches poursuivies par la *Valdivia*, mais encore de questions d'ensemble, notamment des températures de la mer. Cet ouvrage est capital pour l'océanographie) (fig. 68, 69).

  —   *Deutschlands Anteil an der geographischen Erforschung der Meere*. (Beiheft zur Marine-Rundschau, Berlin, 1907).

Tanner (Z. L.). — *Deep-sea exploration : a general description of the steamer « Albatross », her appliances and methods* (Bull. U. S. Fish Commission, vol. XVI, for 1896). Washington, 1897 (fig. 12-14, 17, 18, 61, 81, 133, 142, 143, 151, 154-157).

Thomson (C. Wyville). — *Les abîmes de la mer*, trad. de Lortet. Paris, Hachette, 1875 (fig. 5, 6).

Thoulet (J.). — *Océanographie (Statique)*. Paris, 1890 — (*Dynamique*), 1896. Libr. militaire Baudoin (Unique traité d'océanographie en français, demande une nouvelle édition).

  —   Carte bathymétrique des Açores (Ext. fig. 45).

  —   L'Océan, ses lois et ses problèmes. Paris, Hachette, 1904 (Ce livre forme avec le traité du même auteur la base des ouvrages de langue française relatifs à l'étude de la mer).

  —   *Guide d'océanographie pratique* (Aides-mémoire Léauté. Paris, Gauthier-Villars).

Tinayre (L.). — Photographies (fig. 163, 166).

DIVERS

Publications du Challenger (fig. 55-59, 75-77).

Publications du Siboga (fig. 35).

Publications de la Valdivia (fig. 320).

Publication du Vöringen (fig. 78).

Publications de l'Hirondelle *et de la* Princesse-Alice (1889-1907, 32 fascicules parus) (nombreuses figures).

Bulletin du Musée et de l'Institut océanographique de Monaco 1903-1907. (Ce recueil contient de nombreux travaux spéciaux et plusieurs des conférences d'Océanographie fondées à Paris par le Prince) (fig. 9-11, 206 et nombre d'autres).

Publications de circonstance du Conseil permanent pour l'Exploration de la mer (fig. 2, 3, 20-22, 66, 87-90, 121-125).

  (X.).   — *Handbuch der nautischen Instrumente*. Berlin. E. S. Mitter u. S. (fig. 1, 4, 29, 62-64, 72-74).

TABLE DES MATIÈRES

CHAPITRE IV

L'eau de mer.

CHAPITRE V

L'eau de mer *(Suite.)*

CHAPITRE VI

L'eau de mer *(Suite.)*

CHAPITRE VII

La glace.

CHAPITRE VIII

Les mouvements de la mer.

CHAPITRE IX

Les mouvements de la mer *(Suite.)*

CHAPITRE X

L'Océanographie biologique.

CHAPITRE XI

L'Océanographie biologique *(Suite.)*

LES PLANTES MARINES

CHAPITRE XII

L'Océanographie biologique *(Suite.)*

LES ANIMAUX MARINS

CHAPITRE XIII

L'Océanographie biologique *(Suite.)*

LES ANIMAUX MARINS

CHAPITRE XIV

L'Océanographie biologique *(Suite.)*

LES ANIMAUX MARINS

CHAPITRE XV

L'Océanographie biologique *(Suite.)*

LES ANIMAUX MARINS

CHAPITRE XVI

CHARTRES. — IMPRIMERIE DURAND, RUE FULBERT.

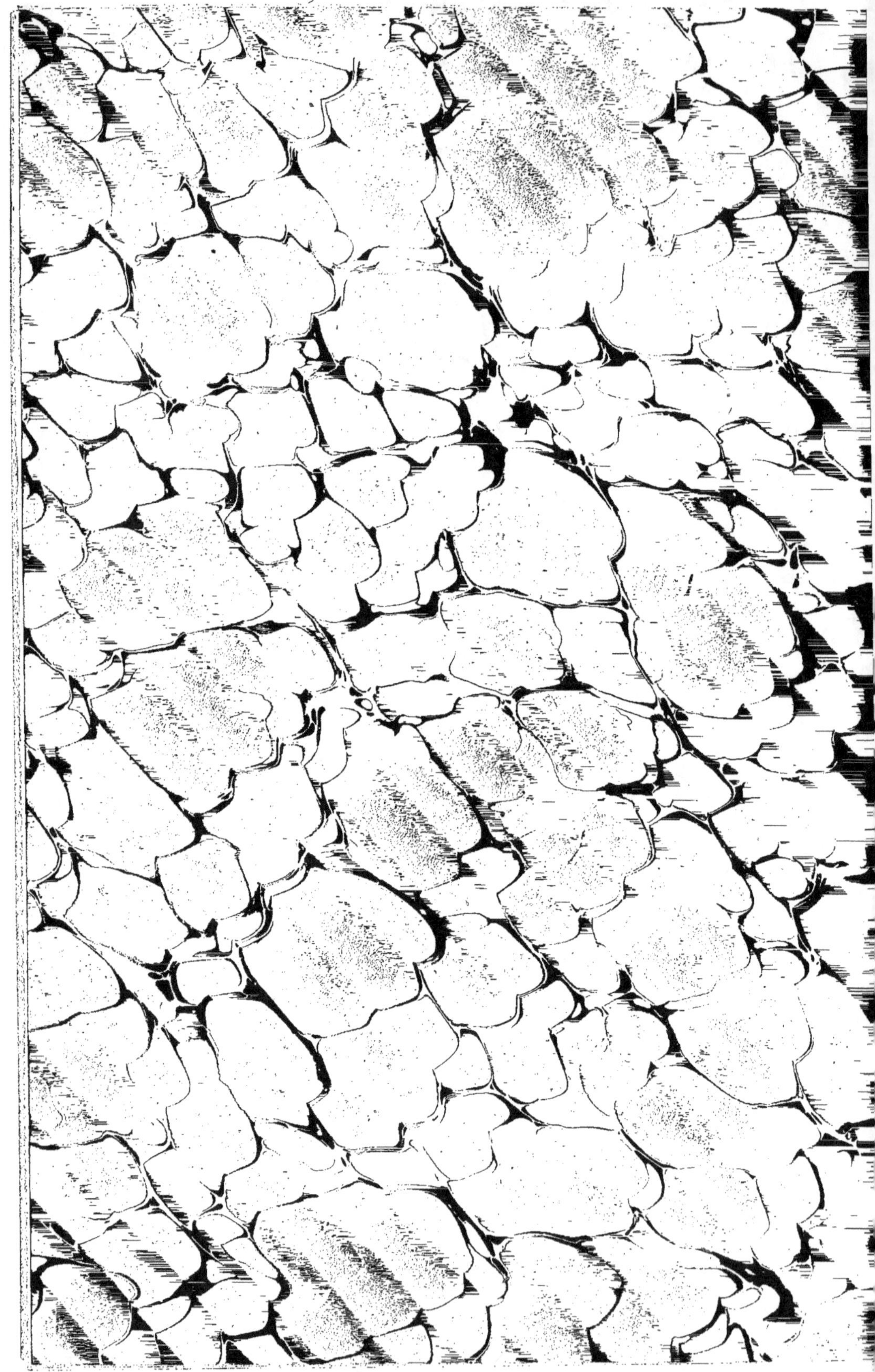

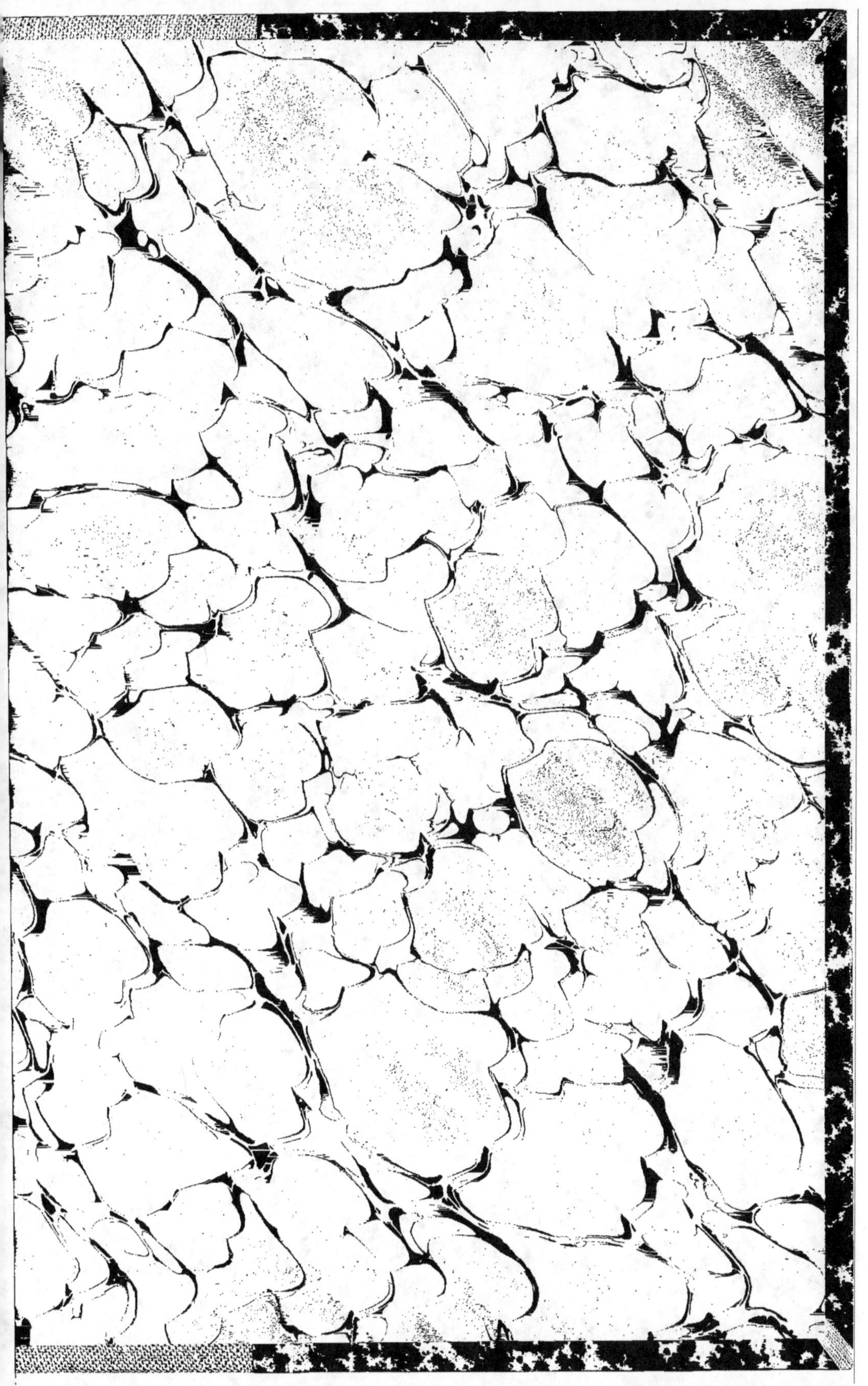